U0425792

大数据治理与应用丛书

数据与信息质量

维度、原则和技术

Data and Information Quality
Dimensions, Principles and Techniques

[意] 卡洛·巴蒂尼
莫妮卡·斯坎纳皮耶科 著

翁年凤 曹建军 江 春 张骁雄 等译
刁兴春 审校

国防工業出版社
·北京·

著作权合同登记 图字：军-2017-026 号

图书在版编目（CIP）数据

数据与信息质量：维度、原则和技术/（意）卡洛·巴蒂尼著；翁年凤等译.—北京：国防工业出版社，2022.8

（大数据治理与应用丛书）

书名原文：Data and Information Quality：Dimensions，Principles and Techniques

ISBN 978-7-118-12539-9

Ⅰ.①数… Ⅱ.①卡… ②翁… Ⅲ.①数据管理-研究②信息管理-质量管理-研究 Ⅳ.①TP274②G203

中国版本图书馆 CIP 数据核字（2022）第 119682 号

数据与信息质量：维度、原则和技术

Data and Information Quality：Dimensions，Principles and Techniques

ISBN 978-3-319-24104-3

© Springer International Publishing Switzerland 2016

All rights reserved.

本书简体中文版由 Springer 授权国防工业出版社独家出版发行。

版权所有，侵权必究。

※

国防工業出版社 出版发行

（北京市海淀区紫竹院南路 23 号 邮政编码 100048）

三河市腾飞印务有限公司印刷

新华书店经售

*

开本 710×1000 1/16 **印张** 31½ **字数** 548 千字

2022 年 8 月第 1 版第 1 次印刷 **印数** 1—1500 册 **定价** 158.00 元

（本书如有印装错误，我社负责调换）

国防书店：（010）88540777 书店传真：（010）88540776

发行业务：（010）88540717 发行传真：（010）88540762

《数据与信息质量：维度、原则和技术》翻译组

组织与统稿

翁年凤　曹建军　江　春　张骁雄

审　校

刁兴春

翻　译（按姓名汉语拼音排序）

冯　钦　顾楚梅　姜　博　李红梅

刘　艺　彭　琮　权　政　尚玉玲

徐雨芯　许永平　严　浩　张　磊

周　星

译者前言

物联网的发展和移动终端的普及，催生了大数据时代的到来，给整个社会带来了深远的影响，而以 Hadoop 为代表的技术栈很好地解决了大数据的存储与处理问题，一时间出现了不少大数据分析应用的成功案例。正当人们为进入大数据时代而欢欣鼓舞时，一个现实而紧迫的问题摆在了人们面前，即随着时间的推移和数据的不断累积，大数据的费效比也随之不断增大。其原因是多方面的，但数据质量问题无疑是主要原因之一，即数据的存储和维护成本不断增加，而数据重复、数据不一致等数据质量问题却不断恶化，导致数据无法满足分析应用的需要。尽管数据质量是一个古老的话题，但大数据为其赋予了全新的时代内涵。

传统的数据质量研究关注于结构化数据，然而，随着社交网络、多媒体技术的发展，半结构化、非结构化数据的比重不断提高，仅关注于结构化数据对于当下的现实需求来说是不充分的。《数据与信息质量：维度、原理和技术》一书构建了完整的数据与信息质量知识体系，对数据质量这一研究主题进行了全面的综述，并将数据质量扩展至更广泛的信息质量，将地图、法律文本、图像等非结构化数据作为研究对象，大大拓展了数据与信息质量研究领域的外延，给读者带来了耳目一新之感，相信广大读者一定可以与译者一样从中收获很多启发。

本书翻译工作中，第 1、3、9、12、14 章，以及前言、索引的初译由翁年凤完成；第 2、4、5、6、7、10、11、13 章的初译分别由许永平、冯钦、姜博、尚玉玲、彭琮、张磊、严浩、李红梅完成；第 8 章的初译由刘艺和周星共同完成；翁年凤和权政对全书初译稿进行了统稿；第 4、7 章，以及第 8 章部分内容的校稿由翁年凤完成；前言、索引、第 2、3、5 章，以及第 6、8 章部分内容的校稿由曹建军完成；第 1、9、10、14 章的校稿由江春完成；第 11、12、13 章和第 6 章部分内容的校稿由张骁雄完成；索引对照工作由翁年凤、曹建军、江春、张骁雄、徐雨芯和顾楚梅共同完成；最后，由刁兴春对全书内容进行了审校。

本书的翻译工作受到装备发展部装备科技译著出版基金的资助，并得到了国防工业出版社张冬晔编辑的大力支持，在此表示感谢。本书涉及计算机科学、信息学、语言学、心理学等多个领域，翻译难度大，为了保证翻译质量，翻译组在翻译过程中反复研讨求证，力求忠于原著，并保留原著的风格；但受水平所限，书中一定还存在不妥甚至错误之处，恳请广大读者批评指正，并欢迎直接与我们探讨交流，可发送邮件至 xinxizhiliang@ 163. com，我们将及时予以回复。

本书翻译组

2022 年 1 月

本书的出版动机

2006年，作者出版了《数据质量：概念、方法与技术》一书（简称前一本书），而本书在前一本书基础上融入了之后8年取得的研究成果，增加了大量新的内容。

前言部分对前一本书的出版动机以及从数据质量（Data Quality，DQ）转向信息质量（Information Quality，IQ）研究与应用的演变过程进行了回顾。

数据质量的研究动机

在信息与通信技术（Information and Communication Technology，ICT）领域，电子数据（Electronic Data）扮演着重要角色：它们由企业和政府的应用系统管理，是政府、企业和民众之间联系的基础。由于电子数据的广泛存在，这些数据的“质量”及其对ICT领域每种活动的影响越来越关键。

一些国际机构和组织已经认识到数据质量对决策和运营过程的重要意义。例如，欧洲统计系统（European Statistical System）质量宣言[209]明确阐述了决策过程中数据质量的重要性，描述其使命是“向欧盟和世界范围提供欧洲、国家及地区层面的高质量经济和社会信息，并使每个进行决策、研究及讨论的人员可以使用这些信息。”

此外，对企业和组织的运营流程而言，数据质量也是一个重要问题。根据2013年的文献［432］，每年跨部门开放的数据所产生的经济价值高达3万亿~5万亿美元，就开放数据质量的重要性而言，“可用数据的范围和质量是交通运输行业使用开放数据的最大障碍之一”。

“2000年问题”就曾经是一个数据质量问题。为了解决这一问题，必须修改使用两位数字表示年份的软件和数据库，修改费用估计约1.5万亿美元（参见文献［202］）。

数据质量问题甚至会引发灾难，其中涉及使用了不准确、不完整、过时的数据。例如，文献［234］从数据质量视角讨论了“挑战者”号航天飞机爆炸事件，分析报告列举了与灾难有关的超过 10 种数据质量问题。

这些因数据质量低下导致的问题，是推动公共和私有部门、标准化机构因数据质量的重要性而采取新举措的基础（见第 1 章）。例如，2002 年美国政府颁布施行了“数据质量法案”（Data Quality Act）[478]。

电子数据只在一定程度上比纸质文档上的数据具有更高的质量。尽管电子数据得益于定义明确而规范的表示，但产生这些数据的流程常常失去控制，从而导致数据错误大量增加。

数据库技术在过去 40 年里一直是信息系统的基础。最近数十年以来，随着组织中可用于商业目的的潜在数据源在规模和范围上的急剧增加，信息系统不断从分层/整体结构向网状结构演变。这种演变趋势使数据库中的数据质量问题进一步恶化。在网状信息系统中，流程涉及复杂信息交换，通常需要操作从外部数据源获取的输入数据，而且这些输入数据常常是事先未知的。

因此，一方面，如果流程及其输入数据自身未做严格的质量控制，在信息系统之间流动的数据的整体质量会随时间推移迅速下降；另一方面，同样的网状信息系统也为数据质量管理提供了新的机遇，为选择拥有更高质量数据的数据源，以及通过比较数据源进行错误定位与修正提供了可能，从而有利于整体数据质量的控制和改进。

鉴于上述动机，研究人员和组织机构需要不断了解并解决数据质量问题。因此，需要回答如下问题：数据质量的本质是什么？哪些技术、方法以及数据质量问题正处于巩固发展阶段？有哪些众所周知的可靠方法？存在哪些未解难题？本书试图逐一回答这些问题。

从数据质量到信息质量

最近 40 年来，ICT 技术发展迅速。

信息系统的发展呈现出了分布式和网状特征。在集中式系统中，信息流具有相同的格式，便于通过一致且集中化的规程和管理规则实现信息质量控制。分布式信息系统允许资源和应用散布在地理上分布的系统网络中，其信息管理问题比集中式系统更为复杂，异构性和自治性也常随着层级和节点的增加而增强。一个协同信息系统连接着多个拥有共同目标的自治组织的信息系统，协同信息系统与数据质量之间的关系具有两面性：一方面，可以通过代理之间的协作来选择质量最佳数据源；另一方面，与集中式系统相比，对信息流的控制更弱，信息质量可能随时间推移迅速下降。

最近，信息系统已演化为采用各种 Web 技术的 Web 信息系统，数据生产者高度自治且异构，不对所产生信息的质量负责，并且没有生产者拥有系统全局视图。因此，从信息质量的角度，这些系统非常关键。

伴随着信息系统的演化，系统所管理的信息已覆盖各种各样的信息类型（Information Type），突出信息所具有的感知特性（Sensory Perceptual Character）和语言特性（Linguistic Character）。每一种信息类型以特定的方式组织信息，并且具有某种（正式或非正式的）语法和语义。对于信息的感知特性，有图画、地图、图像、声音、视频和味道；对于信息的语言特性，又可以分为如下几种类型。

（1）结构化信息。即由一组与某种模式紧密耦合的实例表示的信息，模式将语义解释绑定到具有类型、值域、完整性约束等特征的实例属性（如数据库中的关系表）。

（2）半结构化信息。即部分结构化或者具有描述性模式而不是约束性模式的信息[5,97,109]。XML 记录就是一种半结构化信息，其模式定义可以只绑定所包含信息的一部分。

（3）非结构化信息。即无法由某种明确的模式引出语义的，以自然语言或者其他符号语言编码的任意符号序列。

最近几年来，Web 已经成为信息产生、传播和交换的特殊渠道。可以根据结构、用途或者在 Web 中的位置划分 Web 信息类型。

（1）开放数据（Open Data）。

（2）链接开放数据（Linked Open Data）。

（3）深层 Web（Deep Web）。

（4）表层 Web（Surface Web），即“静态”HTML 中的数据。

（5）社交数据（Social Data）。

（6）大数据（Big Data）。

开放数据是免费可获取的、可用计算机处理的数据，很久以前在政府机构中就建立了开放数据背后的思想体系，但是术语“开放数据”最近才出现，并随着因特网（Internet）和万维网（World Wide Web）的发展，特别是开放数据政府行动的推出得以流行。Bauer 和 Kaltenböck[48] 采用了如下属性来定义开放数据：数据必须是完备的、初始的、及时的、可访问的、机器可处理的、非歧视的、非专属格式的以及无须许可的。

满足以下条件的开放数据称为链接开放数据[60]。

（1）信息可在开放许可下从 Web 上（以任意格式）获取。

（2）信息可以结构化数据形式获取（如采用 Excel 表格，而不是扫描图片）。

（3）使用非专属格式（如采用 CSV 格式，而不是 MS Excel 格式）。

（4）使用 URI 标识，以便人们可以指向个人数据。

（5）将数据链接到其他数据，以提供上下文。

创造“大数据”这一术语是为了表示超过传统数据库系统处理能力的数据，即数据太多、移动太快，或者结构不适合组织的数据库架构。大数据正越来越受到学术界和工业界的关注。虽然在数据工程和信息系统领域，（超）大型数据库不是新的研究主题，但是，目前经常面临大数据所谓“3V”——多样性（Variety）、体量（Volume）、速度（Velocity）——不匹配的挑战（关于该问题的更深入讨论见第 14 章）。

读者可能已经注意到，到目前为止，数据（以及数据质量）和信息（以及信息质量）的使用是可互换的，没有明确区分。为清晰起见，本书的其余部分将用到如下术语。

（1）数据（Data）。数据是指数据库中的结构化数据，并用其组成文献中广泛使用的复合术语，如数据源、数据模型、数据集成（技术）、链接开放数据、Web 数据以及大数据。

（2）信息（Information）。信息是指所有其他信息类型（除了上面提及的链接开放数据和大数据）。

（3）数据质量。数据质量是指与结构化数据紧密相关的维度、模型和技术。

（4）信息质量。在其余场景中，信息质量是指更广泛信息类型的维度、模型和技术。

本书的目的

本书的目的是系统描述并比较数据与信息质量相关的研究课题，从而阐明数据与信息质量领域的研究进展。解决“数据质量的研究动机”一节列出的所有信息类型的问题是一项艰巨的任务，因此本书聚焦如下内容。

（1）地图。

（2）松散结构文本（介于无结构和半结构化信息之间的文本，见第 3 章关于该问题的进一步讨论）。

（3）一种特定但与松散结构文本相关的类型，即法律文本。

(4) 链接开放数据。

(5) 图像。

(6) 一般 Web 数据。

(7) 大数据。

一般 Web 数据和大数据这类信息在现代经济与社会中日益重要。同时，对于 Web 数据和大数据质量的研究尚不成熟，此类主题更接近于开放问题，本书第 14 章将对其进行讨论。

信息质量作为私有或者公共部门大量活动中的一个现实问题，近来其研究机构成果丰硕。1995—2008 年，出现了 3 个信息质量期刊：Data Quality Journal（1995 年）、International Journal of Information Quality（2007 年）和 ACM Journal of Data and Information Quality（2008 年）。

几个由数据库和信息系统机构发起的国际会议已将信息质量列为主题。其中包括 1996 年由麻省理工学院全面数据质量管理计划（Total Data Quality Management（TDQM）Program）发起的信息质量国际会议（International Conference on Information Quality，ICIQ）[325]。

在实践方面，许多信息质量软件工具得到推广，并在数据仓库等多种数据驱动应用中使用，以改进业务流程的质量。通常，这些软件工具的适用范围是有限的，并且是与领域相关的，甚至不清楚在数据质量流程中如何协调使用。

在研究方面，对技术、方法、工具的需求与相对有限的领域成熟度之间仍然存在差距，导致到目前为止文献中出现的成果零散、稀少，并且缺少系统的领域视图。

此外，与对现实生活有着深刻影响的其他研究领域一样，数据质量领域也推崇将实践方法与理论研究分开的做法。本书试图打破这种二分法的边界，不仅提供现有方法的对比综述和解释框架，还原创性地提供结合具体实践方法和完备理论的解决方案。通过理解解决方案的动机和差异化的背景，弄清影响信息质量环境的范式和动因。

本书首先讨论数据质量，主要围绕数据库和信息系统领域中的数据质量，充分、完整、全面地描绘其现状和发展趋势。本书包含对数据质量研究核心技术的详细描述，包括记录链接（Record Linkage）（也称为对象识别（Object Identification））、数据集成（Data Integration）、错误定位（Error Localization）和错误修正（Error Correction），并在一个原创性的整体方法框架中对这些技术进行检验。深入分析了质量维度定义以及所采用的模型，重点讨论解决方案之间的差异。此外，在将数据质量作为独立研究领域进行系统描述的同时，突出了源自其他领域的范式和影响，如概率论、统计数据分析、数据挖掘、知识表示和机器学习。本书还提供了诸如方法、最有效技术的基准、案例研究和示例等非常实用的内容。

本书针对数据质量问题，给出了以严格形式化为基础的方法，辅以实用解决方案，为已出版的书籍提供必要补充。有些书籍仅对特定主题或观点采用面向学术研究的形式化方法。具体而言：Dasu 和 Johnson[161] 从数据挖掘和机器学习视角出发研究数据质量问题；Wang 等[649] 通过将不同项目和研究组的研究成果整合起来，提供一种通用的数据质量视角；Jarke 等[341] 描述了数据仓库环境中数据质量问题的解决方案；Wang 等[651] 调查研究了数据质量测量、质量改进流程建模，以及关于信息质量组织和培训问题的新方法。

还有一些书籍在实践方面用的篇幅比形式化内容多得多，尤其以 Redman[519,521] 和 English[202] 两位开创者的著作为代表。Redman 的两本书给出了一组可扩展的数据质量维度，讨论了有关数据质量改进管理方法的诸多问题。English 的书给出了一种数据质量测量和改进的详细方法，讨论了数据架构、标准、流程驱动的改进方法、数据驱动的改进方法、成本、效益以及管理策略等问题。

据我们所知，本书是数据质量领域第一本将数据质量延伸到信息质量的书籍。下面讨论本书的结构，重点关注《数据质量：概念、方法与技术》[37] 一书的新章节和增加的内容。

（1）第 2 章讨论结构化关系数据的数据质量维度，随后又新增了三章（见第 3 章~第 5 章）有关数据质量维度的内容：第 3 章讨论地图质量、半结构化文本质量和法律文本质量；第 4 章讨论链接开放数据质量；第 5 章讨论图像质量。第 4 章简要介绍链接开放数据的典型语言和模型（特别是资源描述框架（Resource Description Framework，RDF））。

（2）第 8 章讨论对象识别，文献［37］也包含该内容；第 9 章是新增加的一章，讨论该主题的最新进展。

（3）第 11 章关于信息质量的应用，填补前一本书的空白，从效用（特别是经济效用）的视角，讨论信息质量与业务流程质量以及决策质量的关联关系。前一本书在第 7 章中讨论活动（Activity），其中的成本-收益分类部分移到了本章中。

（4）第 12 章讨论信息质量评价与改进方法，增补了两部分内容：一部分是将数据从关系数据扩展到更一般信息类型的方法；另一部分是根据一些准则对 12 种主要的信息质量评价和改进方法进行比较。

（5）第 13 章涉及健康信息系统领域，包括大量信息类型和信息用途的描述。

(6) 第 14 章讨论开放问题，这部分内容与前一本书相比进行了全面升级，重点关注一般 Web 数据和大数据，通过讨论两个领域的若干研究成果，给出两个领域研究进展的全景图。

全面对照前一本书，本书删除了关于工具的一章，原因是工具的发展变化非常迅速，保持这部分内容的稳定非常困难。

本书的组织结构

本书共 14 章，图 1 列出了各章之间的依赖关系。

第 1 章给出了基本概念，建立探索数据和信息质量领域的方向。第 2 章讨论数据库中数据（包括值和模式）的质量维度的测量，并介绍一种根据若干具有相近含义的维度类簇对大量数据和信息质量维度进行的分类。第 1 章和第 2 章是本书其余章节的准备。

第 3 章~第 5 章讨论信息质量和信息质量维度，针对本书讨论的不同信息类型引入 3 个视角。

(1) 感知信息的质量，第 3 章讨论地图的质量，第 5 章讨论图像的质量。

(2) 语言信息的质量，第 3 章讨论一般半结构化数据以及更具体的法律文本的质量。

(3) 链接开放数据的质量，在第 4 章中讨论。

第 6 章研究数据质量和半结构化信息质量的表示模型，随后几章致力于（但并非专门地）讨论与结构化数据质量相关的活动和技术。第 7 章介绍测量和改进数据质量的主要活动，如错误定位和错误修正。

第 8 章~第 10 章讨论最为重要的一组技术及其相关研究领域。

(1) 对象识别，第 8 章介绍其基本发展阶段，第 9 章讨论其最新研究进展，还将对象识别从结构化数据扩展到其他信息类型，即地图和图像。

(2) 第 10 章为数据集成。

本书的第三部分转向讨论与信息质量应用相关的问题。

第 11 章讨论与数据质量应用相关的诸多问题，从上下文质量维度到信息质量和信息效用之间的关联关系、信息质量改进措施的成本-收益分析、信息质量和决策质量的关联关系。

维度、模型、活动和技术是所有数据质量测量和改进方法的构成要素，方法是第 12 章的主题。具体来说，该章基于大量案例研究对现有方法进行分析和比较，并提出一个原创的综合信息质量方法。

第 13 章讨论健康信息系统领域的具体问题。

第 14 章讨论研究前沿中有关 Web 数据质量和大数据质量的若干开放问题（图 1）。

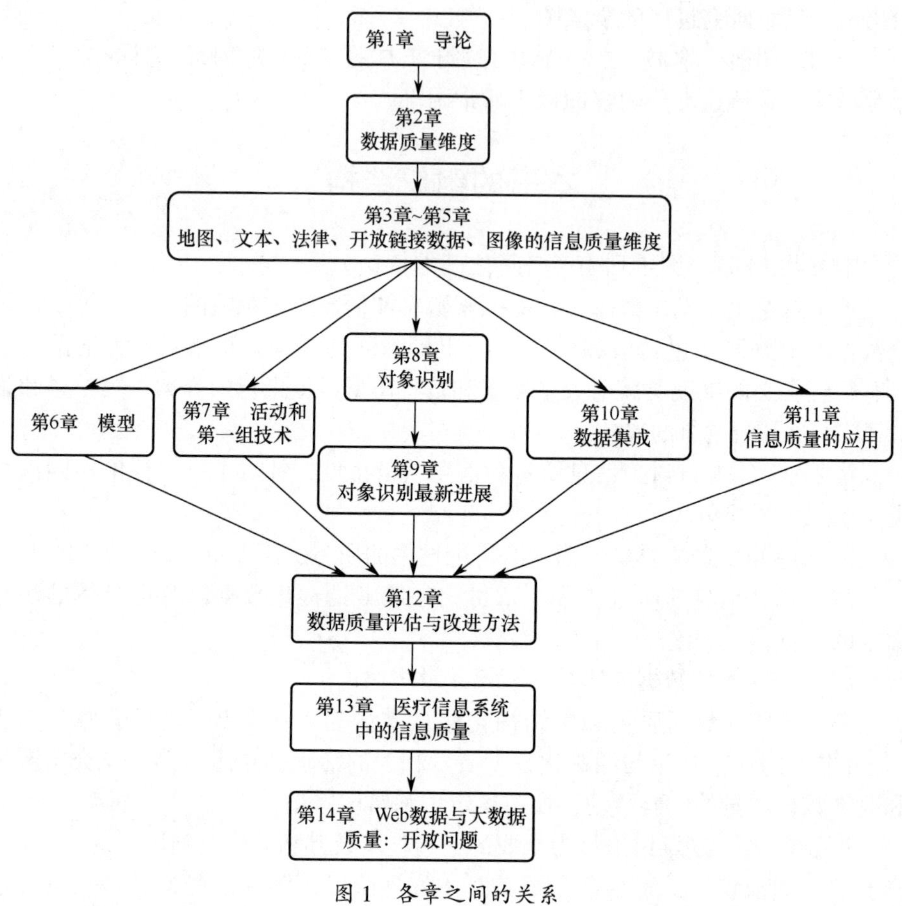

图 1　各章之间的关系

本书的主要作者是 Carlo Batini 和 Monica Scannapieco，另外，其他几位作者参加了其中几章的撰写。第 4 章由 Anisa Rula、Andrea Maurino 和 Carlo Batini 撰写，第 5 章由 Gianluigi Ciocca、Silvia Corchs、Francesca Gasparini、Carlo Batini 和 Raimondo Schettini 撰写，第 13 章由 Federico Cabitza 和 Carlo Batini 撰写，第 14 章由 Monica Scannapieco 和 Laure Berti 撰写。

预期的读者

本书面向有意全面了解与数据和信息质量有关问题的人员，主要面向数据库和信息管理领域中，致力于探究影响流程质量和现实生活质量的数据和信息特性的研究人员。本书将向读者介绍独立的数据质量研究领域，在对最新研究进展进行比较的基础上，提供范围广泛的定义、形式化和方法。基于此，本书有助于确定与数据质量最相关的研究领域、统一议题和开放问题。

第二类潜在读者是需要该领域系统理论与实用方法的数据和信息系统管理员和实践者，还有如电子商务、电子政务系统等出现相关数据质量问题的复杂协同系统和服务的设计者。

第三类读者是如医生、护士、保健助理等专业人员，更一般地涉及与健康信息系统交互的医疗政策与条例的利益相关者，以及应当了解健康信息质量相关问题的利益相关者。

图 2~图 4 给出了适合上述读者的阅读路径和建议。

对数据质量核心研究领域感兴趣的研究人员，可以跳过有关方法（见第 12 章）的部分，信息系统管理员可以跳过有关模型（见第 6 章）、数据集成问题（见第 10 章）和健康信息质量（见第 13 章）的部分，医疗专业人员可以跳过有关模型（见第 6 章）和数据集成问题（见第 10 章）的部分。

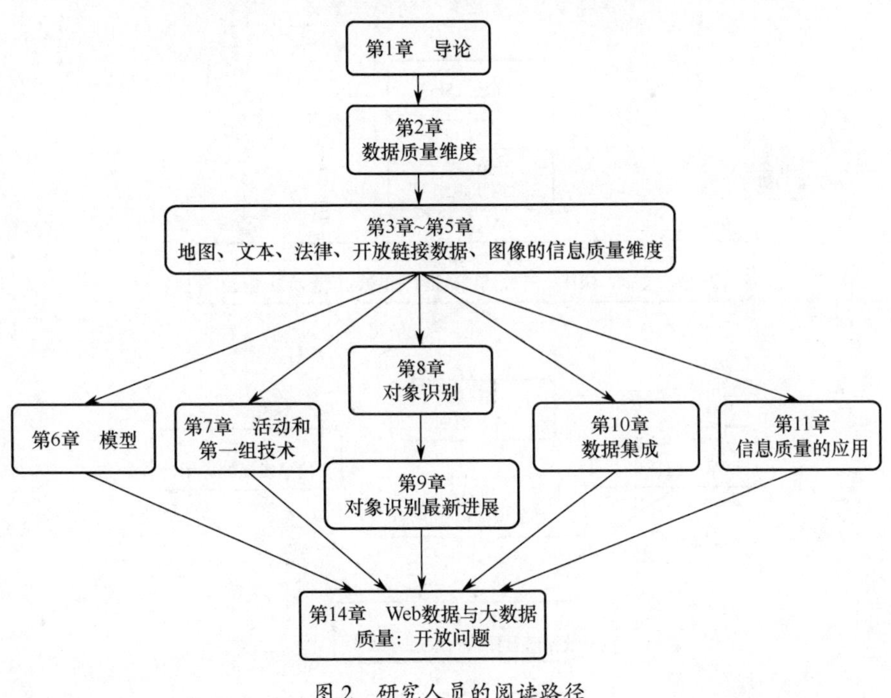

图 2　研究人员的阅读路径

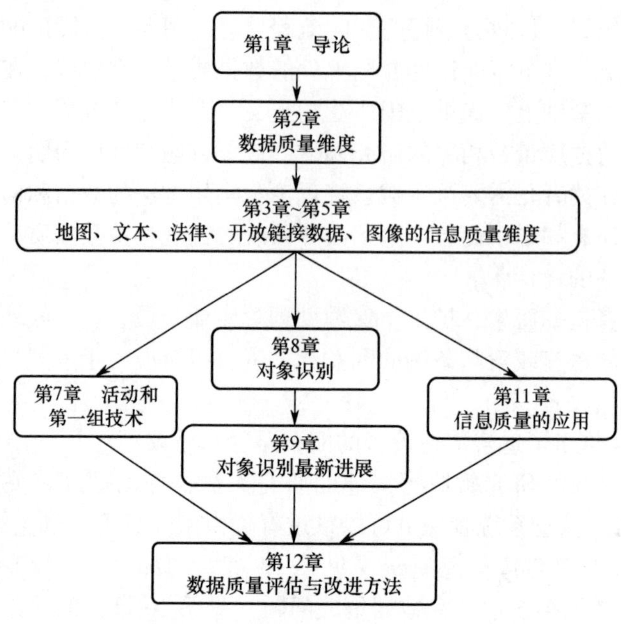

图 3　首席信息官的阅读路径

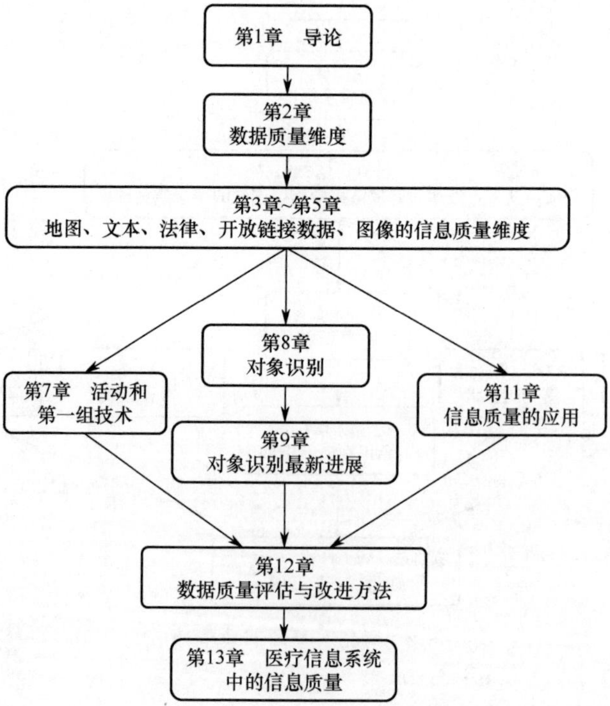

第1章　导论

第2章
数据质量维度

第3章~第5章
地图、文本、法律、开放链接数据、图像的信息质量维度

第8章
对象识别

第7章　活动和
第一组技术

第11章
信息质量的应用

第9章
对象识别最新进展

第12章
数据质量评估与改进方法

第13章　医疗信息系统
中的信息质量

图 4　医疗专业阅读路径

教学指导

据我们所知，本科生和硕士研究生课程内容通常不涉及信息质量，一些博士研究生课程只涉及主要的数据质量问题，同时，给专业人员提供昂贵课程的市场在迅速增长。然而，在本科生和硕士研究生课程中引入数据质量是近期的发展趋势①。

随着大数据时代的来临，开始出现一些数据科学的课程（见 Coursera 的“数据科学”专项课程）。大部分课程包括如下专题：①在预处理阶段清洗数据；②在数据分析流程的入口和出口评估数据质量。

本书按照数据库和信息系统质量的高级课程进行组织，目前数据库和信息系统领域尚缺少统一的数据质量教科书，我们试图填补这一空白。尽管本书不能界定为教科书，但可以将本书部分内容作为信息质量课程的基本素材。由于这些数据质量主题无可辩驳的重要性，20 世纪 80 年代发生在其他数据库领域的情况（如数据库设计），同样可能发生在信息质量领域——出现大量热衷于对该领域进行介绍的大学课程教科书。

信息质量可以是独立成套的课程主题，或者作为数据库和信息系统管理课程定期研讨班的主题，数据集成课程也可以从数据质量研讨班获益。至于信息系统管理，信息质量可以与信息管理、信息经济学、业务流程再造、流程和服务质量、成本-收益分析等相关主题一起讲授。信息质量技术还可以作为数据库和数据挖掘的特别课程。

本书的素材对于能够参加数据库课程的学生是充分独立的。作为预备知识，学生最好（但不是必须）具有数学基础，包括一定程度的概率论、统计学、机器学习和知识表示方法。

本书提供了覆盖所有主题的必要素材，不需要其他教科书的辅助。在博士研究生的课程中，本书的参考文献可为学生对具体问题进行深入研究提供帮助。

图 5~图 7 呈现了适合数据质量基础课

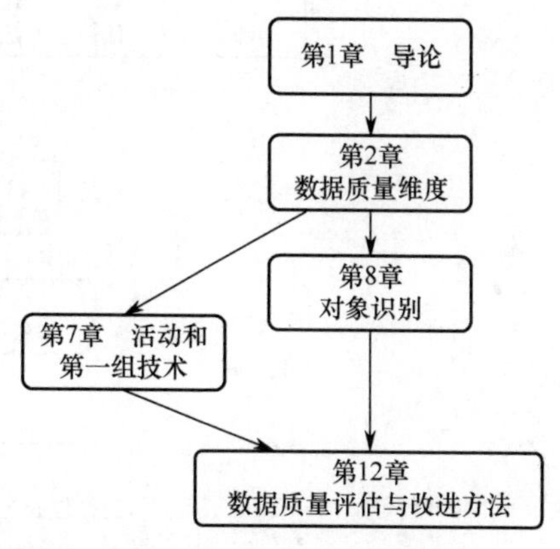

图 5　数据质量基础课程教学路径

① 例如，阿肯色大学小石城分校于 2005 年开始设置信息质量科学硕士学位（Master of Science in Information Quality，MS IQ）。

程与高级课程以及信息质量基础课程的阅读路径，整本书可作为信息质量的高级课程。

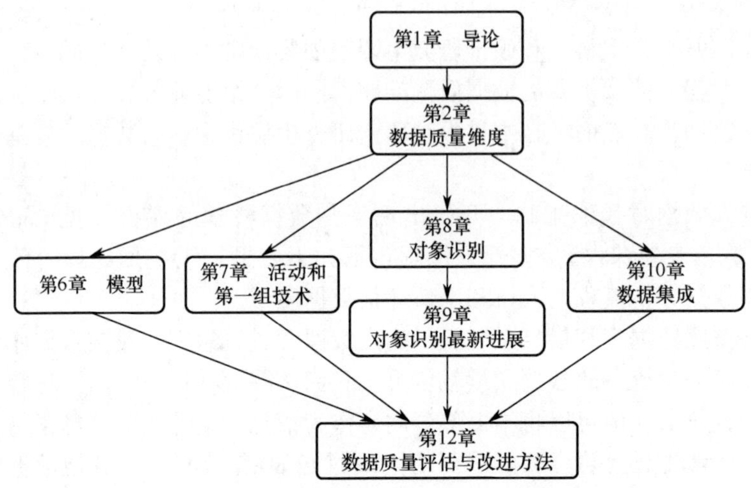

图6　数据质量高级课程教学顺序

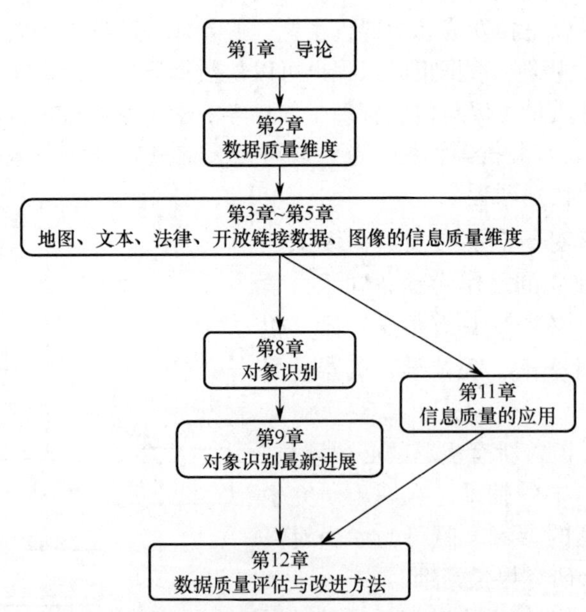

图7　针对信息质量基础课程的教学路径

至于练习，可开发一个由3部分构成的复杂信息质量项目：第一部分对某个组织中用于若干业务流程的两个或多个数据库进行质量评估；第二部分选择和应用第 7 章~第 9 章以及第 11 章和第 12 章中介绍的方法与技术，将数据库的数据质量提升到指定水平；第三部分涉及第 4 章和第 5 章，处理扩展到图像和链接开放数据集的数据库。这样可以让学生体验到现实环境中可能出现的问题。

致谢

感谢斯普林格出版社的 Ralf Gerstner，是他最初提出在一本书中统一呈现数据质量议题的想法。感谢数据与信息质量研究领域贡献的参考文献以及讨论，特别是本书部分章节的合作者。特别感谢我们的家人，在我们用周末时间对本书进行修订期间，对我们保持耐心。

卡洛·巴蒂尼（Carlo Batini）于意大利米兰
莫妮卡·斯坎纳皮耶科（Monica Scannapieco）于意大利罗马
2015 年 5 月

目录

第 1 章　信息质量导论

1.1　引言

在谷歌公司搜索框输入“data quality”，可返回约 300 万个页面，类似地，搜索“information quality”可返回约 150 万个页面，这两个数字反映了数据和信息质量不断提升的重要性。本章的目标是向读者展示并讨论数据和信息（Data and Information，D&I）质量研究的重要意义。1.2 节突出信息质量在日常生活中的重要性，并介绍几个公共和私有领域的主要行动。1.3 节通过几个示例说明信息质量的多维特性。1.4 节讨论信息质量及其与信息领域中的一些分类的关系。1.5 节分析适于信息质量研究的不同类型信息系统。1.6 节介绍信息质量领域的主要研究问题、应用范围以及相关研究领域。研究问题（见 1.6.1 节）聚焦于构成本书其余部分的维度、模型、技术和方法。由于数据和信息是人与组织所有活动的基本要素，因此，D&I 在很多具体应用领域中都至关重要。1.6.2 节讨论 3 个尤其重要的应用领域，即电子政务、生命科学以及万维网，并突出信息质量在每个领域中的作用。信息质量相关的研究领域将在 1.6.3 节进行讨论。

1.2　信息质量为什么重要

日常生活中低质量信息导致的不良影响随处可见，但通常没有与其产生原因建立明确联系。例如，信件的延迟投递或者错误投递往往会归咎于邮政服务；然而，进一步分析往往可以追溯到与原始数据库中的数据相关的原因，如地址错误。类似地，自动生成电子邮件的重复投递往往表明数据库中存在重复记录。

信息质量严重影响组织和企业的效率与效力，数据仓库研究所（Data Warehousing Institute）（见文献［162］）在其基于对业界专家和重要客户的采访以及对 647 名受访者的调查数据形成的信息质量报告中估计：信息质量问题每年导致美国企业损失超过 6000 亿美元。组织流程中体现信息质量重要性的例子如下。

（1）客户匹配（Customer Matching）。公共和私有组织的信息系统可以认为是一组几乎不受控制且相互独立的活动的产物，而这些活动往往会产生多个以信息重叠为特征的数据库。在行销机构或者银行这类的私有组织中，存在几个（有时是很多个）客户列表、客户列表被不同的组织流程更新从而产生不一致或重复信息的情况司空见惯。例如，对于银行来说，向客户提供该客户所有账户及资金情况的列表是一件十分困难的事情。

（2）企业群落分析（Corporate Householding）。一方面，许多组织与家庭，或者更一般地，一群相关人员中的每个成员分别建立联系；另一方面，出于市场营销的目的，他们希望重建与家庭的关系，以更加有效地执行市场战略。这个问题比前一个更加复杂，因为前者需要匹配的信息涉及相同的人，而后者则涉及同一家庭中的一群人。关于企业群落分析信息与各种商业应用领域的关系的详细讨论（参见文献［650］）。

（3）组织融合（Organization Fusion）。当不同的组织（或者组织内的不同部门）合并时，需要对他们的遗留系统进行集成。这种集成需要信息系统任意层次的兼容性和互操作性，数据库层则需要确保物理和语义互操作性。

上述例子表明，对来自完全不同数据源的信息进行集成的需求不断增加，而低质量数据却会阻碍集成工作。许多领域正逐渐意识到改进信息质量的重要性，下面对私有和公共领域主要的行动进行概述。

1.2.1　私有行动

在私有部门，应用提供者、系统集成者以及直接用户正体验着信息质量在各自业务流程中的作用。

应用提供者和系统集成者方面，IBM 公司（2005 年）对数据集成工具的领导者 Ascential 软件（Ascential Software）的收购，凸显了数据与信息管理在企业中的关键作用。2005 年，Ascential 关于数据集成的报告[665]表明，信息质量和安全问题已经成为数据集成项目成功的主要障碍（占调查反馈的 55%）。调查反馈突出表明，信息质量不仅仅是一个技术问题，还需要成熟的管理，从而将信息作为企业的资产，并意识到信息资产的价值依赖于其质量。

在 2012 年经济学人智库（Economist Intelligence Unit）[617]的一项关于管理者对大数据管理最大难点的认知的研究中，“访问正确的数据”（一种涉及数据切题性的数据质量维度）排在首位，而数据的准确性、异构性调和以及合时性分别排在第二位、第三位和第四位。

Oracle（参见文献［481］）在意识到信息质量问题的重要性之后，以增加信息价值、减轻数据迁移负担、降低数据集成风险为目标，通过一个对信息进行系统性分析的框架，对其产品和服务进行增强，从而提供一个改进信息质量的架构。

直接用户方面，作为金融领域内的国际性行动，Basel 2 和 Basel 3 要求金融服务公司具有风险敏感的受监管资本评价框架。最初发布于 2004 年 6 月的 Basel 2 引入了监管需求，并要求进行信息质量改进。例如，《企业信用内部评级系统监管指导意见草案（Draft Supervisory Guidance on Internal Ratings-Based Systems for Corporate Credit）》指出（参见文献［239］）："机构针对受监管资本使用基于内部评级的方法需要高级数据管理实践，以进行可信和可靠的风险预估"，以及"由银行保留的数据对于受监管的基于风险的资本计算和公告将是必不可少的，对这些数据的使用强调需要定义良好的数据维护框架以及对数据完整性的强力控制"。

由 Basel 银行监管委员会（Basel Committee on Banking Supervision）成员于 2010 年通过的 Basel 3，通过对其风险加权资产模型进行微调，根据经过改进的基础资产评级覆盖和透明度来改进其信息质量，并优化其资产分割，为金融服务公司提出了进一步策略（参见文献［295］）。根据观察，Basel 3 要求金融机构的风险位置更加透明，文献［172］提出了一种新的评估和改进金融部门信息质量的方法，使用业务流程建模标注（Business Process Modeling Notation）表示银行业务流程，以识别信息元素在何处进入流程，并追踪流程的各种信息输出。

1.2.2 公共行动

政府部门有许多行动解决国际和国内层面的信息质量问题，下面关注于两个主要的行动，即美国数据质量法案和欧洲公共信息使用指南。

2001 年，美国总统签署并生效重要的新数据质量法律，涉及"确保并最大化联邦机构所发布信息的质量、客观性、效用和完整性的指南"，即《数据质量法案》。管理与预算办公室（Office of Management and Budget，OMB）发布了关于信息质量问题的策略和过程的指导文件（参见文献［478］），要求机构定期向 OMB 报告收到的信息质量投诉的数量和性质，以及这些投诉是如何被处理的，而 OMB 必须建立公众可以请求机构纠正不符合 OMB 标准的信息的机制。在 OMB 指导文件中，信息质量被定义为由效用、客观性和完整性构成的范畴术语。客观性度量关注所发布的信息是否准确、可靠和公正，以及是否以准确、清晰、完整和公正的方式表示。效用是指信息对于预期的人和预期的目的的有效性。OMB 致力于发布可靠和有用的数据。完整性指信息的安全性，即保护信息免遭非授权、非预期或者非故意的修改，避免信息遭受损坏或伪造。通过定义基于风险和低成本的具体策略，保证信息的完整性。

欧洲公共信息使用指南 2003/98/CE（参见文献［206］以及发布于 2013 年的修订版[207]）强调使用政府机构所拥有的大量信息资产的重要性。政府部门在很多领域的活动中收集、产生和发布大量信息，如社会、经济、地理、气象、企业以及教育信息。向公众开放政府部门持有的所有一般可用文件，其中不仅涉及政治流程，还涉及法律和管理流程，被认为是拓展信息权利的一项基本手段，是民主制度的一项基本原则。该指南提出的信息质量因素有公共信息的可访问性，以及不依赖于特定软件格式的可用性。同时，对于公共信息使用的一个相关而必要的步骤是通过信息清洗活动保证其在准确性和流通性方面的质量，这对新的潜在用户或客户具有吸引力。

1.3 信息质量概念简介

质量通常定义为“产品满足规定的或潜在需求的特性的总和”[331]，也称为“对（预期）用途的适应性”[352]、“需求符合性”[156]，或者“用户满意度”[657]。

从研究的角度，信息质量在不同领域都有涉及，包括统计学、管理学和计算机科学。20 世纪 60 年代后期，统计学家提出采用数学理论处理统计数据集中的重复数据，最先对信息质量相关的问题进行了研究。紧随其后，管理学研究者在 20 世纪 80 年代早期关注如何控制信息制造系统以检测并消除信息质量问题。在 20 世纪 90 年代早期，计算机科学家开始研究如何定义、度量和改进存储于数据库、数据仓库与遗留系统中的电子信息的质量问题。

当人们思考信息质量时，经常将其简化为准确性。例如，对于姓“Batini”，如果在打电话过程中拼写，另一边会出现各种错误，如“Vatini”“Battini”“Barini”和“Basini”等都是不准确的版本。如果存在排印错误或者概念实例关联了错误值，信息通常被认为是低质量的，如错误的出生日期或者年龄。然而，信息质量绝不仅仅是准确性，为了全面地描述信息质量，其他重要的维度也是必不可少的，如完备性、一致性、流通性。图 1.1 给出了结构化数据质量维度的示例，第 3 章将对其进行详细描述。图中 Movies 关系表描述的是电影，包括 Title（标题）、Director（导演）、Year（年份）、#Remakes（翻拍数量）以及 LastRemakeYear（最新翻拍年份）属性。

图 1.1 中，存在数据质量问题的单元格使用阴影进行了标记。首先，只有

电影 3 的标题所对应的单元格似乎存在数据质量问题。事实上，标题中存在拼写错误，即 Rman 实际上是 Roman，从而导致准确性问题。然而，另一个准确性问题是电影 1 和电影 2 的导演交换了位置，即 Weir 实际上是电影 2 的导演，而 Curtiz 则是电影 1 的导演。其他的数据质量问题还有电影 4 的导演信息缺失带来的完备性问题，以及电影 4 的翻拍版本数量为 0 导致流通性问题，因为已经存在一个实际翻拍版本。还有两个一致性问题：首先，电影 1 的 LastRemakeYear 值不可能比 Year 属性值早；其次，由于电影 4 的#Remakes 属性值为 0，其 LastRemakeYear 属性不可能是除 null 以外的其他值。

Id	Title	Director	Year	#Remakes	LastRemakeYear
1	Casablanca	Weir	1942	3	1940
2	Dead poets society	Curtiz	1989	0	null
3	Rman Holiday	Wylder	1953	0	null
4	Sabrina	null	1964	0	1985

图 1.1　存在数据质量问题的 Movies 关系

上述关于维度的例子涉及关系中数据值的质量（Quality of Data Values）。此外，大部分关系模型设计方法关心与模式质量（Quality of Schema）有关的特性，如基于范式设计好的关系模式、消除异常和冗余。第 3 章将讨论其他数据质量和模式质量维度。

上述例子和讨论表明以下几个问题。

（1）数据质量是一个涉及多方面的概念，其定义由不同维度共同组成。

（2）质量维度，如准确性，在某些情况下很容易检测（如拼写错误），而在另一些情况下则很难检测（如所提供的是被允许但不正确的值）。

（3）前面已经展示了一个简单的完备性错误的例子，但就如同准确性，完备性也很难评价（如表示某部电影的元组在 Movies 关系中完全缺失）。

（4）一致性检测并不总能定位错误（如电影 1 的 LastRemakeYear 属性值是错误的）。

上述例子只涉及一个数据库中的一个关系表，当涉及不同于结构化关系数据的其他信息类型时，问题就变得很不一样。图 1.2 展示了一张表示花朵的图片。直觉上，与左侧图片相比，右侧图片的质量要更高一些，同时，无法立即识别出能得出这一结论的维度。

前言部分提供了不同信息类型的列表，1.4 节将介绍与质量问题有关的几种信息分类，同时，1.5 节将讨论与几种信息系统类型（Types of Information Systems）相关的信息质量问题。

图 1.2　直观上具有不同图像质量等级的相同花朵的两幅图像

1.4　信息质量与信息分类

结构化数据采用可以由数据库管理系统（Database Management System, DBMS）存储、检索和描述的格式及模型表示现实世界对象，通过结构化数据可以表示大量现实世界中的现象，如尺寸、事件、人的特征、环境、声音和味道。这种结构化数据表示的功能非常强大，但仍受限于其本质特征。

前言中介绍的信息类型极大地增强了结构化数据表示现实世界现象的能力。由于必须处理各种可能的信息类型，信息质量领域的研究者提出了几种信息的分类方法。前言中讨论的第一种分类是指信息的感知和语言特性，而语言类型信息又可分为结构化、半结构化和非结构化信息。

第二种分类是将信息视为产品。这种视角被信息制造产品（Information Manufacturing Product）模型[648]的扩展 IP-MAP 模型（参见文献［563］）所采用，第 6 章将对其进行详细讨论；IP-MAP 模型将信息的质量与制造企业的产品质量进行类比。该模型区分 3 种不同类型的信息。

（1）原始数据项（Raw Data Item）即为较小的数据单元，被用于构建信息和作为半成品信息的组件数据项。

（2）原始数据项可能存储很长时间，组件数据项（Component Data Item）只是短暂存储直至最终产品被制作出来。每当需要信息产品时，就会产生组件数据项。同一组原始数据项和组件数据项可（有时是同时）用于制作不同的数据产品。

（3）信息产品（Information Product）是在数据上实施制作活动的产出。

通过将信息视为产品，制造业流程中采用了很长时间的质量保证方法和过程经过适当调整后就可应用于信息，这部分内容将在第 6 章和第 12 章讨论。

文献［446］中提出的第三种分类方法，使用了信息系统中常用的区分基础数据和聚合数据的方法。基础数据（Elementary Data）在组织中由运维流程管理并表示现实世界的原子现象（如社会保险号、年龄以及性别）。聚合数据（Aggregated Data）是通过对一组基础数据应用特定聚合函数（如给定城市中纳税人的平均收入）得到的。

Dasu 和 Johnson 在文献［161］中研究了网络和 Web 上出现的新数据类型，下面是与本书相关的几种新数据类型。

（1）联邦数据（Federated Data）。来自于不同的异构数据源，并且后续需要利用近似匹配对不同的数据源进行联合。

（2）Web 数据（Web Data）。从 Web 上“抓取”的数据，尽管以非传统格式和信息低可控性为特征，但对一些活动来说却是最主要的信息源。

上述分类都没有将文献［85］中研究的信息的时间维度纳入考虑范围。根据变化频率，可以将信息分为 3 类。

（1）稳定信息（Stable Information）是指不太可能改变的信息，如科学出版物，尽管可以将新的出版物添加到数据源中，但旧的出版物仍然保持不变。

（2）非频繁变化信息（Long-term-changing Information）是指具有非常低变化频率的信息，如地址、货币、酒店价格清单。“低频率”概念是特定于领域的，在一个电子贸易应用中，如果股票报价 1h 更新一次，就被认为是低频率变化的，而一个商店每周更新一次商品，对于顾客来说都是高频率变化的。

（3）频繁变化信息（Frequently Changing Information）是指密集变化的信息，如实时交通信息、温度传感器测量数据、销售量数据。变化可能以一个预定义的频率发生，或者随机发生。

对于这种分类方法，建立具有稳定、非频繁变化和频繁变化 3 种类型信息的时间维度质量的过程正变得更加复杂。

1.5　信息质量与信息系统类型

组织中的信息系统在为业务流程提供服务过程中会收集、存储、加工、检索和交换信息。对信息系统的类型及其对应的架构进行分类有不同的标准，这通常与使用信息系统的一个组织或者多个组织所采用的整体组织模型有关。为了分析信息质量对不同类型信息系统的影响，采用文献［486］中针对分布式数据库的 3 种标准对信息系统进行分类，即分布性、异构性和自治性。

分布性（Distribution）指的是将数据和应用分布于计算机网络的可能性；异构性（Heterogeneity）则指的是如数据库管理系统、编程语言、操作系统、中间件以及标记语言等用于建模和表示数据的系统之间的所有类型的语义和技术多样性；自治性（Autonomy）涉及组织中为构建权利和职责体系而用信息系统定义的层次结构与协调规则。两个极端情况是：完全层次化的系统，决策者只有一个，没有自治性可言；完全无序的系统，没有规则，每个子组织的设计与管理决策是完全自由的。为简便起见，采用<是，否>对这 3 种标准进行归类，并请读者注意极端情况之间的连续区域。

在图 1.3 所示的分类空间中同时展示了 3 种分类。图中突出显示了 6 种主要的信息系统类型，即孤立信息系统、分布式信息系统、数据仓库系统、协同信息系统、云信息系统以及 P2P 信息系统。

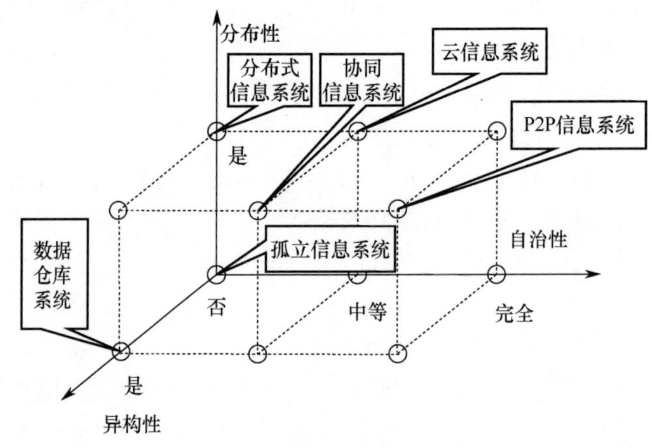

图 1.3　信息系统类型

（1）在孤立信息系统（Monolithic Information System）中，展现、应用逻辑和数据管理合并在单个计算结点上。许多孤立信息系统仍在使用，尽管过于死板，孤立信息系统仍然可为组织带来优势，如因解决方案的同构性和管理集中化带来的成本降低。在孤立系统中，数据流具有通用的格式，数据质量控制将会因为过程和管理规则的同构性和集中化而受益。

（2）数据仓库（Data Warehouse，DW）系统是一个收集不同数据源的数据并集中管理的数据集，用于支持业务分析、管理决策等多种任务。数据仓库设计最为关键的问题是对加载到数据仓库中的数据清洗与集成，而且大部分的建设预算都花费在数据清洗活动上。

（3）分布式信息系统（Distributed Information System）对孤立系统的严格集中化要求进行了放宽，允许资源和应用可以分布于由地理上分散的系统所构成的网络上。这个网络可以按照多层结构组织，每个层又由一个或者多个计算结点组成。展现、应用逻辑和数据管理分布于不同的层，不同的层和结点具有一定程度的自治性；数据设计通常集中进行，但由于无法建立统一的过程，可能会出现某种程度的异构性。由于集中化程度的降低，数据管理要比孤立系统更加复杂。随着层次和结点数量的增多，异构性和自治性通常也会增加。

（4）协同信息系统（Cooperative Information System，CIS）可以定义为一个在共同目标下连接不同自治组织中的多个系统的大型信息系统。根据文献[170]，即 CIS 宣言，“如果一个信息系统与环境中的其他代理，如信息系统、人工代理以及组织本身，具有共同目标，并为实现共同目标做出积极贡献，则该信息系统是协同的”。CIS 与信息质量之间的关系具有两面性：一方面，可以通过代理之间的协同，选择高质量的数据源，从而改进信息的质量；另一方面，与孤立系统相比，CIS 的信息流缺少控制，一旦失去控制，信息质量就会迅速下降。数据源的集成对于 CIS 来说也是一个重要问题，特别是当协同方决定将一组独立开发的数据库替换为一个集成的内部数据库时。在虚拟数据集成（Virtual Data Integration）中，通过构建一个唯一的虚拟集成模式来提供统一的访问。这种情况会受到信息质量问题的影响，因为一旦存储于不同地方的信息存在不一致，就会导致很难提供集成的信息。

（5）云信息系统（Cloud Information System）由多个通过网络连接的远端服务器组组成，提供集中的数据存储和计算服务或资源的在线访问①。由于存在逻辑上集中化的数据存储，这类系统不是完全的自治和异构。

（6）P2P 信息系统（Peer-to-Peer Information System）基于网络通信中对等的角色（不同于客户端-服务器通信），这类系统不需要集中协调，因而表现出最大程度的自治性和异构性。

上述分类没有考虑“领域/具体”信息系统的情况，典型地，在医院和诊所大量使用的医疗信息系统是值得关注的另一种类型。从结构化数据到半结构化的血液检测结果、手写文档、射线或者超声扫描产生的图像，这类系统以使用大量不同类型的信息为特征，其对异构类型信息的集成分析过程突显了目标的挑战性。第 13 章将对医疗信息系统进行讨论。

1.6 主要研究问题和应用领域

由于信息质量内在的关联性，以及信息类型和信息系统的多样性，使得信

---

① 维基百科的定义参见 http://www.en.wikipedia.org/wiki/Cloud_computing#Architecture。

息质量成为一个多学科交叉的复杂研究领域，涉及多个研究主题和现实应用领域。图 1.4 展示了其中几个主要研究问题。

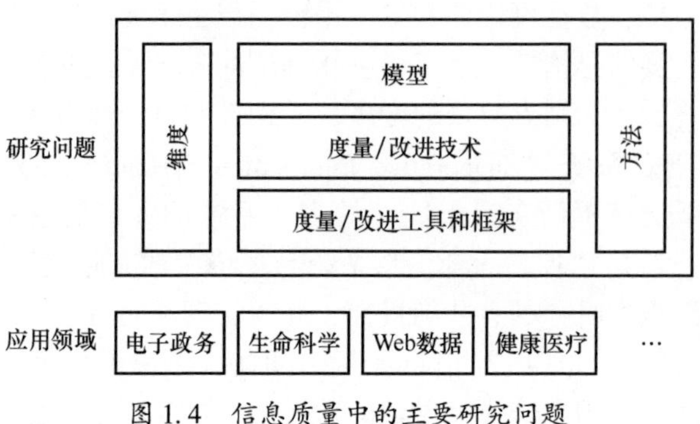

图 1.4　信息质量中的主要研究问题

在某种意义上，所有技术的研究首先要关注的是模型，以及与模型有交叉的两个“垂直”区域，即维度和方法，1.6.1 节将对其进行讨论。图 1.4 中提到的 3 个信息质量至关重要的应用领域，即电子政务、生命科学和万维网，将在 1.6.2 节进行讨论。

信息质量中的研究问题发端于其他研究领域的研究路线图，信息质量与这些研究领域的关系将在 1.6.3 节进行讨论。

1.6.1　信息质量的研究问题

选择维度（Dimension）来测量信息质量的水平是任何信息质量活动的起点。尽管对 ICT 技术、制品、流程和服务质量的测量不是新的研究问题，多年以来，各个标准化机构已经着手工作（如 ISO，参见文献［327］），以在质量特征、可测量指标以及可靠的测量过程等领域建立成熟概念。在第 2 章 ~ 第 5 章、第 13 章和第 14 章关于维度的讨论中，维度以不同的角色被应用到技术和模型中。

在数据库中，模型（Model）用于表示数据和数据模式。在信息系统中，模型还用于表示组织的业务流程。为了表示维度以及其他信息质量相关的问题，需要对这些模型进行丰富。第 6 章将讨论模型。

技术（Technique）对应算法、启发式信息、基于知识的过程以及学习流程，为特定信息质量问题或者信息质量活动（Information Quality Activity）（见第 7 章）提供解决方案。信息质量活动的例子包括识别不同数据库中两条记录是否表示现实世界中的相同对象，以及查找某些具体信息的最可靠数据源等。第 7 章将给出信息质量活动的定义，第 7 章 ~ 第 10 章以及第 14 章将对技术进行讨论。

方法（Methodology）从可用技术开始，为在一个具体的信息系统中选择最有效的信息质量测量和改进过程（同时希望在可比较的结果中是最经济的）提供指导。第12章将讨论该方法。

1.6.2　信息质量的应用领域

如图1.4所示，本节分析信息质量的3个独立应用领域，即电子政务、生命科学和万维网。在过去几年里，这些应用领域越发重要，因为它们与人和组织的日常生活密切相关。第四个应用领域是健康医疗，将在第13章单独进行讨论。

1.6.2.1　电子政务

所有电子政务项目的主要目标都是通过信息和通信技术改进政府、机构、居民之间，以及机构与企业之间的关系。这一雄心勃勃的目标可分解为不同的任务。

（1）政府向居民和企业提供服务的完全自动化，以及涉及政府机构之间交换信息的管理过程的完全自动化。

（2）创建一个架构，通过连接不同的机构，使机构可以在不增加用户负担并从中受益的情况下满足管理流程。

（3）创建可以简化授权用户访问服务的门户网站。

电子政务项目可能面临的问题是居民或企业的相似信息会出现在多个数据库中，每个数据库都由不同的机构分别管理，并且从来没有共享关于居民和企业数据的经验。

由于各种原因，数据库中常出现的很多错误将使问题进一步恶化。首先，由于管理流程的原因，许多居民信息（如地址）很长时间没有更新。这是因为从官方居住信息维护方获得数据更新是不切实际的，在存储个人信息时也会发生错误，一些错误没有得到纠正，而且还有很大一部分没有被发现。其次，不同数据源所提供的信息按照各自习惯存储，具有不同的格式，并随时间发生变化，从而产生多个版本。最后，当前数据库中的许多记录是多年来使用包含多个人工数据录入步骤的遗留流程录入的。

信息冗余和错误的直接后果是频繁出现表示同一个居民或者企业的不同记录之间的错误匹配（Mismatch），而分别维护多个具有相同信息的独立视图的后果是居民和企业在与机构交互过程中感受到服务质量的持续下降。更糟糕的是，记录错误对齐（Misalignment）将会产生额外的成本。首先，机构必须安排投资采用人工审查方式调和（Reconcile）记录，如人工追踪那些不能被准确识别的居民和企业；其次，由于预防税务欺诈之类的大部分查证技术依赖于不同机构记录间的相互参照，记录错误对齐将导致税务欺诈行为无法检测以及税收减少。

1.6.2.2 生命科学

生命科学信息，特别是生物信息，以信息类型多样、数据量大和质量多变为特征，数据存储于分布广泛的数据源和互不相连的存储库，其质量很难评估，而且往往无法满足使用需求。例如，生物学家通常从几个数据源中搜索高质量信息以进行可靠的生物信息学实验。然而，对这类信息的质量水平进行实际评估的工作落到了生物学家的肩上，为了识别最佳的信息，他们需要人工分析分散的数据源，试图集成并调和异构且相互冲突的信息。图 1.5 展示了基因分析场景中一个简单的信息分析过程，经过微阵列实验后，生物学家希望分析一组基因，以了解其功能。

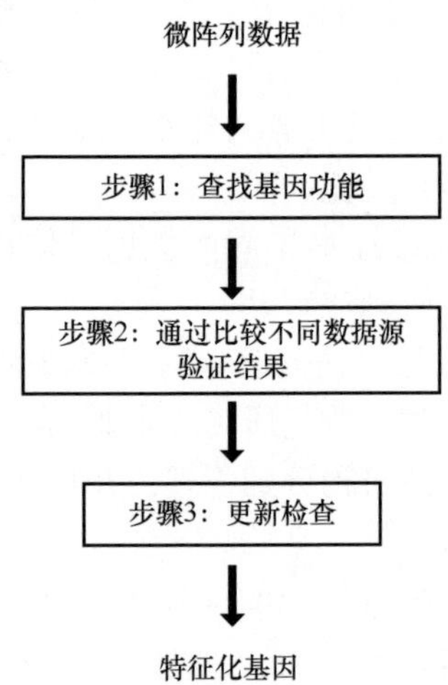

图 1.5 生物信息分析过程示例

步骤 1，生物学家在一个包含特定器官基因信息的网站进行搜索，一旦获得信息，生物学家就必须评价其可靠性。

步骤 2，生物学家再次执行一次新的网站搜索，以检查其他网站是否也提供相同的基因信息。很可能的情况是，不同的网站提供了不一致的结果。

步骤 3，生物学家还需要通过 PubMed（参见文献［619］）等检查提供的结果信息是否是最新的，即是否尚无该基因的相关信息，或者最近没有关于该基因的文献。

图 1.4 中所描述的场景存在如下不足。

（1）生物学家必须对所有可能提供感兴趣基因功能信息的数据源进行耗时的人工搜索，这一过程还依赖于用户具有需要查询哪些网站的知识。

（2）生物学家没有评价结果可信赖性的方法。

（3）在步骤2中，生物学家没有评估各个网站所提供信息的质量的方法。

（4）在步骤3中，需要再次进行非常耗时的网站搜索。

为了克服上述不足，生命科学和生物学需要高端的信息质量技术。

1.6.2.3 万维网

Web信息系统以向广大受众展示大量信息为特征，其质量差异非常大。对于这种多样性，可能有如下两个原因。第一个原因是每个组织和个人都可以创建网站，并加载各种信息，而没有任何质量控制，有时甚至是恶意为之。第二个原因是两种需求之间的冲突：一方面，当信息源中的信息可用时，Web信息系统需要在最短的时间内将信息发布出去；另一方面，需要检查信息的准确性、流通性以及信息源头的可信赖性。这两方面需求之间是相互矛盾的：信息结构以及网站中页面之间导航路径的良好设计、信息正确性的验证都是代价高昂且漫长的活动，然而，Web站点发布信息又有时间约束。

Web信息系统在信息质量上呈现出了有别于传统信息源的特征：首先，Web站点是一个持续演化的信息源，而且信息没有固定的版本时间；其次，在信息变化的过程中，不同的阶段会产生新的信息，还可能对先前发布信息进行纠正，从而产生了另外的质量检查需求，这些特征还导致了不同于传统媒体的信息类型的产生；最后，在Web信息系统中，不太可能为特定信息类别落实责任主体，即所谓的信息所有者（Information Owner）。实际上，信息通常在不同的参与组织之间被相互复制，因此无法界定一个组织或者主体是否对特定信息负有主体责任。

上述因素使得判定一个数据源的质量，以及对于用户来说评价其他用户或者数据源的信誉非常困难。Web和大数据的信息质量将在第14章讨论。

1.6.3 信息质量相关的研究领域

信息质量是一个全新的研究领域，计算机科学和其他学科中的领域（图1.6）已经对相关的或重叠的问题进行了探讨。同时，在过去10年间（就统计学而言，是过去一个世纪），这些领域开发的范式、模型和方法已经被证明是信息质量研究领域的重要基础。下面对这些研究领域进行讨论。

（1）统计学（Statistics）包括用于收集、分析、展示和理解信息的方法。在过去两个世纪里，统计学领域提出了一系列的方法和模型，使得人们可以在存在不确定和不准确信息的上下文中，对关心的领域进行预测和决策。正如文献［410］所指出的，统计学和统计方法作为信息分析的基础，关注两类基本问题：①汇总、描述和探索信息；②使用采样数据推断信息产生流程的特性。由于低质量信息是对现实世界的不准确表示，因此，各种各样的统计方法被提出并用于测量和改进信息质量。第 7 章～第 9 章将讨论一些统计方法。

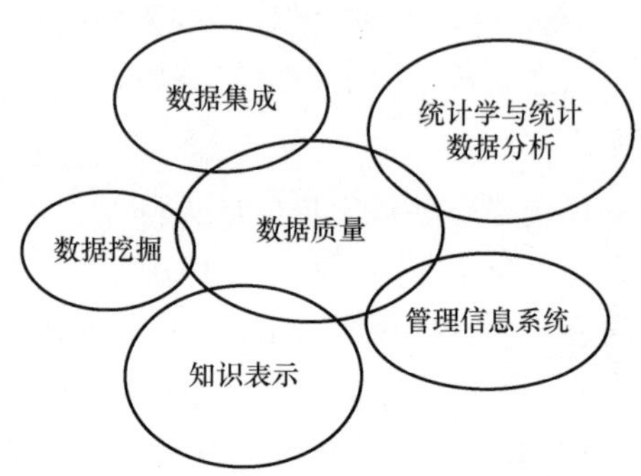

图 1.6　信息质量相关的研究领域

（2）知识表示（Knowledge Representation）（参见文献［166，467］关于该领域富有见地的介绍）研究如何表示应用领域的知识，以及可以对知识进行哪种推理（称为知识推理（Knowledge Reasoning））。应用领域的知识可以程式化地表示为程序，或者隐含地表示为神经网络的激活模式。知识表示领域假设知识存在明确的、声明式的表示，就知识库（Knowledge Base）而言，包括逻辑公式或者用表示语言表达的规则。给定应用领域的丰富表示，并可以进行推理，已经成为许多信息质量改进技术的重要前提。第 8 章和第 9 章将对相关技术进行介绍。

（3）数据质量和信息挖掘（Data and Information Mining）（参见文献［294］）是一个用于探索大数据集中属性/变量的一致模式或系统性关系的分析过程。文献［161］将探索式数据挖掘（Exploratory Data Mining）定义为使用统计归纳、可视化和其他方法发现数据集的结构的预处理过程。在该上下文中，高质量信息是任何数据挖掘活动的内在目标（参见文献［63］）。否则，发现模式、关系和结构流程的有效性将严重退化。从另一个角度看，数据和信息挖掘技术可被用于改进数据质量的活动，第 7 章～第 9 章将对相关的一些活动进行介绍。

（4）管理信息系统（Management Information System）（参见文献［164］）是为对组织进行有效管理提供必要信息的系统。因为信息和知识正成为运维和决策流程中的重要资源，而低质量信息将导致低质量流程。管理信息系统提供控制和改进信息资源质量的功能和服务正变得越来越重要。

（5）数据集成（参见文献［397］）以在分布协同信息系统中建立和表示异构数据源的统一数据视图为目标。第7章将数据集成作为以改进信息质量为目的的基本活动，第10章将详细加以讨论。尽管是一个独立且成熟的研究领域，本书将数据集成视为与数据质量紧密相关的领域，重点研究两个问题：以数据源中数据的质量特征为基础提供查询结果，以及识别并解决表示相同现实对象的数据之间的冲突。

1.7 信息质量的标准化工作

ISO在2008年颁布了ISO/IEC 25012:2008标准（参见文献［330］），其中对数据质量的定义是“在特定环境下，数据特征满足规定的或者潜在需求的程度”，并提供了“计算机系统中结构化数据的通用数据质量模型”。该标准还包括以下内容。

（1）一组术语和所涉及概念的定义。

（2）考虑数据质量特征（本书后续部分称为维度）时可以采用的两个视角，即内在视角和具体系统的视角。

图1.7给出了ISO标准中定义的所有维度。

从ISO标准中关于数据和信息的定义如下。

（1）数据定义为“信息以一种形式化的方式便于通信、理解或处理的、可再理解的表示”。

（2）信息定义为“在具体上下文中具有具体含义的信息处理知识，涉及如事实、事件、事物、流程或者包括概念在内的想法之类的对象”。

该定义不同于本书前言中给出的定义，也不同于教科书和科技论文中的定义，即根据数据定义信息（参见文献［241］）。

ISO的工作具有一定的局限性。

（1）所采用的对特征的简单分类与“ISO/IEC 9126软件工程——产品质量——一种评估软件质量的国际标准”所提供的分类不一致，后者的质量特征基于子特征定义。

（2）尽管没有明确提出，但许多特征（如完备性）依赖于数据表示所采用的模型。

（3）数据以明确区分实例和模式的模型组织，如关系模型，而忽略了如文本文档之类的无模式信息类型。

（4）没有尝试区分从结构化数据到文本和图像的不同类型数据和信息。

数据质量特征	定 义
正确性	数据在特定上下文中正确表示概念或事件属性的真实值的程度
完备性	特定上下文中与实体相关的主题数据具有全部期望属性和相关实体实例
一致性	数据在特定上下文中不存在矛盾且与其他数据保持连贯的程度
可信性	数据在特定上下文中被用户认为是真实且可信的程度
流通性	数据在特定上下文中具有正确存在时间的程度
流通性	数据在特定上下文中可被访问，特别是被那些因某方面能力的缺失而需要支持技术或者特别布局的人的访问
遵从性	数据在特定上下文中遵从与数据质量相关的标准、惯例或法规以及类似规则的程度
机密性	数据特定上下文中确保只被授权用户访问和解析的程度
高效性	数据在特定上下文中通过使用适当数量和类型的资源可以被处理并达到期望性能水平的程度
精确度	数据在特定上下文中准确或提供分辨能力的程度
可追踪性	数据在特定上下文中提供数据访问或者任何数据变更的审计线索的程度
可理解性	数据在特定上下文中用合适的语言、符号和单位表达，以使其可被用户读取、理解的程度
可用性	数据在特定上下文中用合适的语言、符号和单位表达，以使其可被用户读取、理解的程度
可移植性	数据在特定上下文中保持现有质量的情况下可被从系统中安装、替换或移动的程度
可恢复性	数据在特定上下文中，即使是在失败事件中，继续维持特定水平操作和质量的程度

图 1.7　ISO 标准数据质量维度

1.8　本章小结

本章将信息质量视为多学科交叉领域，这并不奇怪，因为格式和媒介多样的信息被用于各种活动，并深深影响使用信息的流程的质量。许多私有和公共组织都认同信息质量对其资产和使命的影响，并采取了具有重大影响的行动。同时，不同于孤立系统中的信息由受控活动处理，在网络和 Web 的推动下，信息的创建和交换流程更加“混乱”，从而需要更加成熟的管理。

本章讨论的问题引出了本书的结构，维度、模型、技术和方法将会是主要关注的议题。尽管信息质量是一个相对较新的研究领域，而统计数据分析等其他领域已经解决了某些信息质量相关的问题。统计数据分析、知识表示、数据与信息挖掘、管理信息系统和数据集成等，与信息质量具有一些共同的问题和特征，同时，也提供了可用于信息质量测量和改进活动的范式与技术。

第 2 章　数据质量维度

2.1　引言

第 1 章给出了信息质量的直观概念，介绍了几个数据质量维度，如准确性、完备性、流通性和一致性。

本章对信息质量进行更深入的研究，特别是对以关系型数据库为代表的结构化数据，并提出多个相互关联的维度。根据这个研究重点，本章采用“数据质量”这一术语并采用“DQ”作为其缩写。每一个维度刻画了数据质量整体范畴的一个具体方面，并且数据维度和模式维度都很重要。低质量数据深刻影响着业务流程的质量，而一个低质量的模式，如关系模型中的非规范化模式，则可能会在数据使用过程中造成冗余和异常。与模式维度相比，数据维度与实际应用和流程更加相关。

具体来说，质量维度指的是数据的“外延”（Extension），即数据的值，或者是数据的“内涵”（Intension），即数据的模式。数据维度和模式维度通常采用定性方式定义，涉及数据和模式的一般特性，而且相关的定义并不能为维度自身的评价提供便利，即这些定义不提供定量的测量，并且每个维度具有多种相关联的、独立的“指标”（Metrics），每个指标又具有多种测量方法（参见文献［521］）：①在什么地方进行测量；②应该包含什么数据；③采用什么测量装置；④在什么尺度报告结果。本书将结合具体文献，有时区分维度和指标，有时则直接给出指标。

在数据库设计和使用过程中，概念模式和逻辑模式的质量非常重要。概念模式通常在信息系统开发的第一阶段产生，错误的概念模式设计将会对系统开发产生强烈影响，因此必须尽早发现这样的设计错误。逻辑模式则是所有数据库应用实施的基础。在不同的应用领域中评价、评估和改进概念模式与逻辑模式的方法和技术仍然是一个多产的研究方向。

尽管已经认识到模式的重要性，但是数据质量维度定义通常的关注点仍然落在数据值上。相比模式而言，数据值在业务和管理流程中使用更加广泛。因此，本章重点讨论数据维度，但也讨论一些重要的模式维度。

为了理解各种可能的含义和指标，本章将详细讨论数据维度。这里对术语进行说明，当提及“关系模型”（Relational Modal）时，使用术语“元组”（Tuple）表示与描述具体真实对象的“属性”（Attribute）的不同定义域（Definition Domain）或域（Domain）相对应的一组“字段”（Field）或“单元值”（Cell Value）；使用可互换的术语“关系表”（Relational Table）、“表”（Table）或“关系”（Relation）表示元组集合。当提及一般数据时，使用术语“记录”（Record）表示字段集合，并且使用可互换的术语“文件”（File）或“数据集”（Dataset）表示元组集合。因此，“元组”可以用来替代记录，“表”或“关系”能够用来替换结构化文件（Structured File）。

本章组织结构如下：2.2 节介绍一种数据和信息质量维度的分类框架，对“相似”的维度进行分组；2.3 节~2.6 节，聚焦具体的维度类簇，即准确性、完备性、可访问性和一致性。2.7 节首先给出文献中提出的一些维度综合分类，随后对它们进行比较；2.8 节讨论模式维度，简要描述正确性、最小性、完备性和针对性（Pertinence），并详细讨论可读性和规范性。

2.2 数据和信息质量维度分类框架

本章通过一个跨不同信息类型进行维度比较的通用分类框架介绍数据质量维度，后续各章将通过该框架讨论信息质量维度。该框架是基于文献［45］提出的根据维度的相似性对维度进行聚类的一种分类方法。接下来列出这些类簇的定义，其中，第一项为各类簇的代表性维度，紧随其后的是该类簇包含的其他维度。本节以一种简单的方式对维度进行介绍，以使读者能直观地理解其含义。

（1）准确性（Accuracy）、正确性（Correctness）、有效性（Validity）和准确率（Precision），侧重于信息与给定感兴趣事实的符合性。

（2）完备性（Completeness）、针对性和切题性（Relevance）是指信息描述所有仅与感兴趣事实相关的特征的能力。

（3）冗余性（Redundancy）、最小性（Minimality）、紧凑性（Compactness）和简洁性（Conciseness）是指信息使用最少资源表示感兴趣事实的特征的能力。

（4）可读性（Readability）、可理解性（Comprehensibility）、明晰性（Clarity）和简易性（Simplicity）是指用户容易理解和享有信息。

（5）可访问性（Accessibility）和可用性（Availability）涉及用户从其文化背景、身份地位或职责以及可用技术出发访问信息的能力。

（6）一致性（Consistency）、内聚性（Cohesion）和连贯性（Coherence）是指信息与感兴趣事实的所有特性相符合、没有矛盾的能力，包括完整性约束（Integrity Constraint）、数据编辑规则（Data Edit）、业务规则（Business Rule）和其他形式。

（7）有用性（Usefulness）与用户从信息使用中获得的优势相关。

（8）信任（Trust）包括可信度（Believability）、可靠性（Reliability）和信誉度（Reputation），刻画来自权威源的信息的多少，还包括与安全性相关的问题。

本章及第 3 章~第 5 章将讨论前 6 类维度；有用性类簇将在第 5 章和第 11 章中涉及；信任类簇将在第 14 章中专门针对 Web 数据和大数据进行讨论。

本书后续部分将根据上述分类对维度进行介绍和讨论。

2.3　准确性类簇

准确性定义为数据值 v 和 v'之间的接近程度，其中，v'是数据值 v 要描述的真实现象的正确表示。例如，一个人的名字是 John，那么数据值 v'=John 是正确的，而数据值 v=Jhn 是不正确的。

现实世界不断发生变化，而上面的定义中所谓“数据值 v 要描述的真实现象”则反映了这一变化。因此，需要一种特别且重要的数据准确性类型，反映由数据值更新所体现的实际现象变化的快速性。与结构准确性（Structural Accuracy）（或者简称为准确性）相对应，将该准确性类型称为时间准确性（Temporal Accuracy），刻画的是在数据值稳定不变的一个具体时间范围内观察到的数据准确性。下面首先讨论结构准确性；然后讨论时间准确性。

2.3.1　结构准确性维度

结构准确性有两种，即语法准确性和语义准确性。

语法准确性（Syntactic Accuracy）是数据值 v 与对应定义域 D 中元素的接近程度。在语法准确性中，对 v 和真实值 v'的比较并不感兴趣；更确切地说，感兴趣的是 v 是否是 D 中的任意值，而不论它是具体哪一个值。因此，如果 v=Jack，即使 v'=John，v 也是语法正确的，因为 Jack 是人名这一定义域中的一个允许值。语法准确性可以通过比较函数（Comparison Function）来测量，该函数求取 v 和 D 中的值之间的距离。比较函数的一个简单例子是编辑距离，即将字符串 s 转换为字符串 s'所需要进行的字符插入、删除和替换的最少次数。还有更复杂的比较函数，如考虑相似发音或者字符换位的函数。第 8 章将会详细描述主要的比较函数。

考虑在第 1 章介绍的关系 Movies，如图 2.1 所示。

Id	Title	Director	Year	#Remakes	LastRemakeYear
1	Casablanca	Weir	1942	3	1940
2	Dead Poets Society	Curtiz	1989	0	NULL
3	Rman Holiday	Wylder	1953	0	NULL
4	Sabrina	NULL	1964	0	1985

图 2.1　关系 Movies

由于不与任何一个电影名称相对应，第 3 部电影的 Title 属性值 Rman Holiday 是语法不准确的。Roman Holiday 是与 Rman Holiday 最接近的电影名称，事实上，Roman Holiday 和 Rman Holiday 之间的编辑距离为 1，仅仅需要将字母 o 插入字符串 Rman Holiday。由于编辑距离为 1，所以语法准确性的测量值也是 1。更确切地说，给定一个比较函数 C，可以将数据值 v 在定义域 $\boldsymbol{D}$ 上的语法准确性测量值定义为使用 C 对 v 和 $\boldsymbol{D}$ 上的所有值进行比较得到的最小值。这个测量值将处于定义域 $[0,1,\cdots,n]$ 中，其中 n 是比较函数可能取的最大值。

语义准确性（Semantic Accuracy）是数据值 v 与真实值 v' 之间的接近程度。再次讨论图 2.1 中的关系 Movies。语义准确性错误的一个例子是交换元组 1 和元组 2 的导演：对于电影 1，导演名 Curtiz 是允许值，因此是语法正确的。然而，Curtiz 不是电影 Casablanca 的导演，因此就产生了语义准确性错误。

上面的例子清楚地呈现了语法准确性和语义准确性的区别。需要注意的是，尽管用距离函数来度量语法准确性是合理的，但是语义准确性的度量使用值域<是，否>或<正确，不正确>更加适合。因此，语义准确性与正确性的概念一致。与语法准确性的情形相反，为了测量值 v 的语义准确性，必须知道对应的真实值，或者通过参考另外的知识推断出 v 是否为真实值。

从以上论述可知，语义准确性的计算通常要比语法准确性更加复杂。如果事先知道错误率较低且错误主要为排印错误，那么，语义准确性一般会与语法准确性保持同步，因为排印错误产生的数据值接近于真实值。因此，可以通过将不准确的值替换为其定义域中最接近的值（假设其为真实值）提升语义准确性。

从更一般的意义来说，检查语义准确性的技术需要在不同的数据源中查找同一数据，并通过比较来找到正确数据。后者还需要解决对象识别问题，也就是要弄清两个元组是否指代同一个现实实体；这一问题将在第 8 章和第 9 章进行深入讨论。为了应对对象识别问题，需要讨论的问题包括以下两种。

（1）识别（Identification）。来自不同数据源的元组可能不具有唯一标识符，因此需要通过适当的匹配键（Matching Key）将它们对应起来。

（2）决策策略（Decision Strategy）。一旦这些元组通过匹配键链接起来，必须就它们是否对应着相同实体做出决策。

上面讨论的准确性是关于关系属性的单个值的。在实践中，可能会使用更粗粒度的准确性定义和指标。例如，有可能计算一个属性的准确性（属性准确性（Attribute Accuracy）或列准确性（Column Accuracy）），计算一个关系的准确性（关系准确性（Relation Accuracy）），或者计算整个数据库的准确性（数据库准确性（Database Accuracy））。

当考虑数据值集合准确性而不是单个数据值准确性时，可以另外引入一个准确性概念，也就是重复（Duplication）。当一个现实实体在一个数据源中存储两次或两次以上，就会产生重复。当然，如果在填充关系表时执行了主键一致性检查，并且主键分配的过程是可靠的，那么重复问题就不会发生。重复问题对于不允许定义键约束的文件或者其他类型数据结构来说更有意义。例如，当客户信息在数据库中存储了一次以上时，企业因此额外支出向客户邮寄的费用是典型的由重复问题导致的损失。除了直接损失外，还必须加上一项间接损失，即在客户心目中造成的企业声誉的损失，因为多次收到相同的材料会对客户造成打扰。

对于关系准确性和数据库准确性，语义准确性和语法准确性通常都是计算准确值的数量与值的总数之间的比率。例如，关系准确性可以表示为一张表中正确单元值数量与单元值总数之间的比率。如果考虑比较函数，可以定义更加复杂的指标。又如，典型的语义准确性评估流程是将待检查数据源中的元组与另一个数据源中的元组进行匹配，并假设后一数据源包含相同并且正确的元组。

在这样一个流程中，属性值的准确性错误要么不会影响元组匹配，要么会终止流程而不允许匹配。例如，在 SocailSecurityNumber（社会保险号码）这一属性值的准确性错误会严重影响匹配；相反地，假设 SocailSecurityNumber 的值被用来进行匹配。那么，在只有较小分辨能力的属性上的准确性错误，如 Age（年龄），就不会影响识别流程的正确执行。本节接下来的部分将讨论考虑上述因素的一些指标[222]。

考虑包含 K 个属性的关系模式 R 和一张由 N 个元组构成的关系表 r。设 q_{ij}（$i=1,2,\cdots,N$；$j=1,2,\cdots,K$）是一个对应于单元值 y_{ij} 的布尔变量，如果 y_{ij} 是语法准确的，则 $q_{ij}=0$，否则 $q_{ij}=1$。

为了识别准确性错误是否会影响关系表 r 和包含正确值的参照表 r' 之间的匹配，引入另一个布尔变量 s_i，如果元组 t_i 与 r' 中的元组匹配成功，则 $s_i=0$，否则 $s_i=1$。在元组这一语境下，可以引入 3 个指标来区分值准确性的相对重要度。前两个指标旨在给具有较高识别能力的属性错误赋予不同的重要度，这与前面的讨论相一致。

第一个指标称为弱准确性误差（Weak Accuracy Error），定义如下：

$$\sum_{i=1}^{N} \frac{\beta((q_i > 0) \land (s_i = 0))}{N}$$

式中：$\beta(\cdot)$ 是一个二值变量，如果括号内的条件为真，则 $\beta(\cdot)=1$，否则 $\beta(\cdot)=0$，并且 $q_i=\sum_{j=1}^{K} q_{ij}$。该指标考虑了元组 t_i 存在准确性错误（$q_i>0$），但是并不影响识别（$s_i=0$）的情形。

第二个指标称为强准确性误差（Strong Accuracy Error），定义如下：

$$\sum_{i=1}^{N} \frac{\beta((q_i > 0) \land (s_i = 1))}{N}$$

式中：$\beta(\cdot)$ 和 q_i 的含义与前面相同。该指标考虑了元组 t_i 存在准确性错误（$q_i>0$）且影响识别（$s_i=1$）的情形。

第三个指标是能够与参照表匹配的准确元组的比例，该指标可表示为关系实例表 r 的语法准确程度：

$$\sum_{i=1}^{N} \frac{\beta((q_i = 0) \land (s_i = 0))}{N}$$

实际上，上式考虑的是准确（$q_i=0$）匹配（$s_i=0$）元组的占比。

2.3.2 时间相关的准确性维度

数据的一个重要特点是它们会随时间变化和更新。第 1 章从时间维度给出了数据类型的一种划分，即稳定数据、非频繁变化数据和频繁变化数据。用于表征以上 3 种类型数据的时间相关维度主要是流通性、易变性和合时性。

流通性（Currency）关注的是数据随真实世界变化而更新的迅速程度。如图 2.1 中的例子，电影 4 的#Remakes 属性值就具有较低的流通性，因为电影 4 已被翻拍，但是这一信息没有反映到翻拍数目属性值的增加上。类似地，如果一个人的居住地址更新为其现住址，那么居住地址的流通性就高。

易变性（Volatility）刻画数据随时间变化的频率。例如，出生日期这样的稳定数据的易变性为 0，因为它们根本不会变化。相反地，股票报价作为一类频繁变化的数据，具有较高的易变性，因为它们仅在一个很短的时间段内保持有效。

合时性（Timeliness）表示数据对于当前任务的及时程度。合时性维度反映了如下事实，即当前的数据事实上可能没有用处，因为这些数据对于某个具体用途来说是过时的。例如，包含最新数据的大学课程表可能是流通的，但是如果在开课之后才得到该课表，则它是不合时宜的。

下面给出时间相关维度的指标。流通性通常可以用最近一次更新的具体数据对应的最近更新（Last Update）元数据来度量。对于以固定频率变化的数据类型，可以利用最近更新元数据直接计算流通性。相反地，对于变化频率不固定的数据类型，一种可能的做法是计算平均变化频率，并以此计算流通性，同时允许存在误差。如果一个数据源中存储的是产品名称，约每 5 年变更一次，一个产品的最近更新元数据的发布日期在观测时间之前 1 个月，那么，该产品信息可以假定为流通的（Current）；相反地，如果发布日期是观测时间之前 10 年，该产品信息就假设为不流通的（Not Current）。

易变性是一个刻画具体数据类型的维度。易变性的一个指标是数据保持有效的时间长度（或其倒数）。

合时性意味着数据不仅是流通的而且对使用数据的事件是及时的。因此，合时性的测量方法包括：①流通性度量；②检查该数据在计划的使用时间之前是可用的。

也可以给时间相关维度定义更加复杂的指标。例如，在文献［31］中定义的指标，通过将合时性定义为流通性和易变性的函数，将三者联系起来。

（1）流通性（Currency）定义为

$$\text{Currency}=\text{Age}+(\text{DeliveryTime}-\text{InputTime})$$

式中：Age 为数据单元被接收时的新旧程度；DeliveryTime 为信息产品交付给客户的时间；InputTime 为数据单元的获取时间。因此，流通性是已接收到数据的时间长度加上数据在信息系统中已存在时间的长度（DeliveryTime-InputTime）。

（2）易变性（Volatility）定义为数据保持有效的时间长度。

（3）合时性定义为

$$\max\left\{0,\ 1-\frac{\text{Currency}}{\text{Volatility}}\right\}$$

合时性的取值范围是为 0~1，其中 0 表示合时性差，1 表示合时性好。

流通性紧密依赖于易变性，即高度易变的数据必须保持其最新状态，而对于低易变的数据来说流通性就不太重要。

2.4 完备性类簇

完备性一般定义为“数据对当前任务在广度、深度和范围上的充分程度”[645]。文献［504］中提出了3种类型的完备性：模式完备性（Schema Completeness）定义为模式中的概念及其属性的未缺失程度；列完备性（Column Completeness）定义为表中特定属性或列的值缺失的度量；总体完备性（Population Completeness）基于参照总体对值缺失进行评价。

如果聚焦于一个具体的数据模型，还可以更加精细地对完备性进行表示。下面讨论关系模型的完备性。

2.4.1 关系数据的完备性

直观上，表的完备性刻画的是表描述对应真实世界的程度。关系模型的完备性可以从以下方面进行讨论：①空值的存在与否及其意义；②开放世界假设（Open World Assumption，OWA）和封闭世界假设（Closed World Assumption，CWA）哪一个是有效的。下面分别介绍这两个问题。

在一个有空值的模型中，存在空值通常意味着存在缺失数据，也就是说，某个真实存在的值由于某种原因无法获得。为了刻画完备性，重要的是，了解数据缺失的原因。实际上，数据缺失的原因要么是数据存在但未知，要么是数据根本不存在，又或者是数据可能存在但是不能确切地知道其是否存在。对于不同类型空值的讨论参见文献［30］。在此，通过一个例子描述3种类型的空值。

如图2.2所示，考虑一个关系Person（人员），它的属性包括Name（名）、Surname（姓）、BirthDate（生日）和E-mail（电子邮箱）。对于ID为2、3和4的元组，属性E-mail的值为NULL。假设元组2表示的人员没有电子邮箱，则未发生不完备的情况。如果元组3表示的人员有电子邮箱，但是并不知道电子邮箱地址，那么，元组3就展示了一种不完备性。最后，如果不知道元组4表示的人员有没有电子邮箱，那么，可能并没有出现不完备。

ID	Name	Surname	BirthDate	E-mail
1	John	Smith	03/17/1974	smith@abc.it
2	Edward	Monroe	02/03/1967	NULL
3	Anthony	White	01/01/1936	NULL
4	Marianne	Collins	11/20/1955	NULL

图2.2 关系Person（E-mail属性的空值具有不同含义）

在数据库的逻辑模型中，如关系模型，对于关系实例 r 表示数据的完备性有两种不同的假设。封闭世界假设认为除了真实出现在关系表 r 中的值，不存在表示事实的其他值；开放世界假设认为存在真相和假相均未在 r 的元组中得到表示的事实。

根据是否考虑空值，以及采用封闭世界假设还是开放世界假设，可以得到 4 种可能的组合，下面重点讨论以下两种最有趣的情形。

（1）采用开放世界假设的无空值模型。

（2）采用封闭世界假设的有空值模型。

在采用开放世界假设的无空值模型中，为了表示完备性，需要引入参照关系（Reference Relation）的概念。给定关系 r，r 的参照关系，记为 ref（r），是一个包含满足 r 对应的关系模式的所有元组的关系。也就是说，参照关系描述了构成该模式当前外延的所有实体。

如果 Dept 是一个描述某一给定部门的雇员的关系，并且该部门中某一具体的雇员没有表示为 Dept 中的元组。那么，对应于这一缺失雇员的元组必然存在于 ref（Dept）中，并且 ref（Dept）和 Dept 对该元组的表达不同。在实际情况下，很少能够得到参照关系，而获取它们的基数则容易得多。也有一些情况下参照关系是可得到的，但是仅仅是在一定时期内（如当开展了一次人口普查时）。

在参照关系的基础上，无空值模型中关系 r 的完备性可以用关系 r 中实际表示的元组所占的部分来测量，即其大小与 ref（r）中元组总数之比：

$$C(r) = \frac{|r|}{|\mathrm{ref}(r)|}$$

以罗马市民数据为例，假设根据来自罗马市政当局的信息，罗马的市民总数是 600 万。某公司出于商业目的存储了罗马市民的数据，如果存储数据的关系 r 的基数为 5400000，那么 $C(r) = 0.9$。

在采用封闭世界假设的有空值模型中，完备性的具体定义可以考虑模型元素的粒度，即值、元组、属性和关系，如图 2.3 所示。具体来说，可能定义如下。

（1）值完备性（Value Completeness）。表示元组中某些字段存在空值的情况。

（2）元组完备性（Tuple Completeness）。根据元组的所有字段的值表示元组的完备性。

（3）属性完备性（Attribute Completeness）。测量关系中某一具体属性的空值数量。

（4）关系完备性（Relation Completeness）。表示整个关系中存在空值的情况。

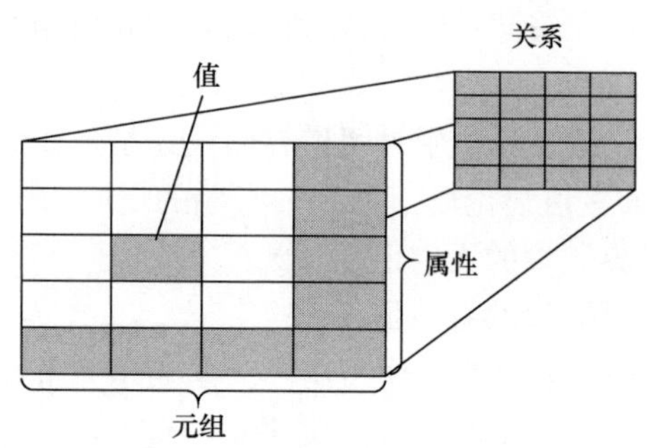

图 2.3　关系模型中不同元素的完备性

图 2.4 给出了一个关系 Student（学生）的例子。元组完备性可以通过元组中已指定值的数量占元组自身属性总数的比例来测量。因此，这个例子中元组 6754 和 8907 的完备性为 1，元组 6587 的完备性为 0.8，元组 0987 的完备性为 0.6 等。可以将元组完备性视为元组所包含信息量相对于元组最大可能信息量的一种测量。对于以上解释，隐含的假设为元组中所有值对元组总信息量的贡献是相同的。当然，也有不同情况，因为不同的应用可能会对元组的属性赋予不同的权重。

StudentID	Name	Surname	Vote	ExaminationDate
6754	Mike	Collins	29	07/17/2004
8907	Anne	Herbert	18	07/17/2004
6578	Julianne	Merrals	NULL	07/17/2004
0987	Robert	Archer	NULL	NULL
1243	Mark	Taylor	26	09/30/2004
2134	Bridget	Abbott	30	09/30/2004
6784	John	Miller	30	NULL
0098	Carl	Adams	25	09/30/2004
1111	John	Smith	28	09/30/2004
2564	Edward	Monroe	NULL	NULL
8976	Anthony	White	21	NULL
8973	Marianne	Collins	30	10/15/2004

图 2.4　关系 Student（元组、属性和关系完备性示例）

属性完备性是指属性对应列中已指定值的数量占其应指定值总数的比例。在图2.4中，考虑一个计算学生平均得票数的应用。属性Vote（得票数）的某些值的缺失意味着均值计算存在偏差，因此对属性Vote完备性的刻画是有实际意义的。

关系完备性对需要评价整个关系的完备性并允许某些属性出现空值的所有应用都很重要。关系完备性通过评价相对于最大可能信息量（没有空值）的实际可用信息量，测量关系中所表示的信息量。依据以上说明，图2.4中关系Student的完备性是53/60。

2.4.2　Web数据的完备性

Web信息系统中的数据的特点是会随时间演化。在传统纸质媒介上，信息是一次性全部发布的，而Web信息系统则以信息的持续发布为特征。

考虑在一个大学Web站点上发布的本学年课程列表。在某一给定时刻，可以认为该课程列表是完备的（Complete），因为它包括了官方核准的所有课程。不过，待其核准后，还会有更多课程加入这一列表。因此，需要理解该列表的完备性是如何随时间演化的。传统的完备性维度仅仅刻画了完备性的静态特征。为了关注Web信息系统中需要的完备性随时间变化的动态，引入了可完备性（Completability）的概念。

考虑函数$C(t)$，将其定义为在时刻t的完备性值，$t \in [\text{t\_pub}, \text{t\_max}]$，其中t_pub是信息发布的初始时刻，t_max是完成计划的一系列更新对应的最大时刻。基于函数$C(t)$，可以定义所发布数据的可完备性：

$$\int_{\text{t\_ curr}}^{\text{t\_ max}} C(t)$$

式中：t_ curr是评判可完备性的时间，且t_curr<t_max。

如图2.5所示，可将可完备性以图形化方式描述为一个函数的区域C_b，该区域表示了从观察时刻t_curr到t_max完备性是如何演变的。注意：与t_curr对应的值记为c_curr，c_max是估计的t_max时刻的完备性值。值c_max可以作为一系列元素实际可达到的完备性的极限；如果该极限不存在，那么c_max=1。在图2.5中，还给出了一个参照区域A，其定义如下：

$$(\text{t\_max}-\text{t\_curr})\times\frac{\text{c\_max}-\text{c\_pub}}{2}$$

将区域A与C_b相比，就可以将可完备性的范围定义为［High，Medium，Low］。

在上面的例子中，考虑了某大学Web站点发布的课程列表，完备性维度给出的信息是当前的完备性程度；可完备性给出的是该程度随时间增长的速度，即课程列表完备的速度。感兴趣的读者可通过文献［498］了解更多细节。

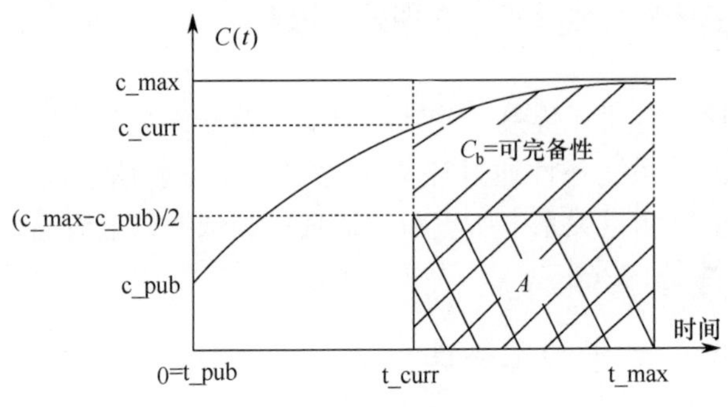

图 2.5　可完备性的图形描述

第 14 章将讨论由于 Web 数据的时变性导致的低质量给对象识别问题带来的影响。

2.5　可访问性类簇

在 Web 站点上发布的大量数据并不能保证对每个人充分的可访问性。用户为了访问这些数据，需要访问网络，弄懂在 Web 上浏览和查询需要使用的语言，并且辨别和理解可得到的信息。可访问性测量的是用户使用其文化、身体状态/机能以及可利用的技术，对数据的访问能力。下面主要讨论导致可访问性降低的身体或感知能力下降的原因，并简要描述获取较高可访问性的指导方针。其中，万维网联盟（World Wide Web Consortium，W3C）[637] 将残障人士进行如下划分。

（1）不能方便地看、听、移动或者处理某些类型的信息，或者根本不具备这些能力。

（2）在文本阅读或理解时存在困难。

（3）不能使用键盘或鼠标。

（4）只有文本界面、小屏幕或者缓慢的网络连接。

（5）不能流畅地说或理解自然语言。

为了保证可访问性，国际和国家机构提供了管理数据生产、应用、服务和 Web 站点的一些指导方针。下面具体介绍由 W3C 给出的与数据相关的几个指导方针[637]。

第一条（或许也是最重要的一条）指导方针指出要为视听内容提供与其

等价的可替代表达，称为文本等价内容（Text Equivalent Content）。使一幅图像可访问的文本等价内容，可以结合语音、盲文和可视文本的形式呈现给用户。这 3 种方式利用了 3 种不同的感官，使得受各种感官或者其他残障影响的人群能够访问信息。实用起见，文本必须要具有和图像一样的功能或用途。考虑一幅卫星拍摄的非洲大陆图片所对应的文本等价内容：如果该图片的用途主要是作为点缀，那么，文本“卫星拍摄的非洲照片”就能完全起到预期作用；如果该图片的用途是说明非洲地理有关的具体信息，如政府机构和分支，那么，文本等价内容就应该传递更加清晰和丰富的信息；如果该图片是用来让用户依据图像或其部分图像（如通过点击图片）选择与非洲相关的信息的，那么，等价文本内容可以是“关于非洲的信息”，并附带可供选择的描述图像各部分的选项列表。因此，如果文本能如图像之于其他用户一样对残障人士具有相同的功能或用途，就可以被看作是一种文本等价内容。

其他指导方针包括以下几方面。

（1）避免将颜色作为表达语义的唯一手段，以帮助色障人士充分理解数据含义。

（2）通过提供首字母缩略词的全称、提高可读性、使用简明的措辞，使自然语言更加清晰。

（3）Web 站点的设计要保证设备独立性，从而可以通过各种输入设备激活页面元素。

（4）提供上下文和方向信息，帮助用户理解复杂的页面或元素。

有几个国家已经颁布了具体的法律条文，强制公共或私有的 Web 站点和应用提高可访问性，以方便公民或雇员进行有效访问，并缩小数字鸿沟。

第 14 章将进一步讨论 Web 数据的可访问性，重点关注特定于具体系统的特征，如会话识别、自动探测和滤波等。

2.6　一致性类簇

一致性维度关注违反定义在（一组）数据项上的语义规则的情况，其中，数据项为关系表中的元组或者是文件中的记录。根据关系理论，完整性约束就属于此类语义规则。在统计学中，数据编辑规则是另外一种进行一致性检查的语义规则。

2.6.1　完整性约束

感兴趣的读者可以从文献［30］中找到关于关系模型中完整性约束的详

细讨论。本节的目的是对一些主要概念进行概述，以便向读者介绍一致性相关的主题。

完整性约束是数据库模式的所有实例都必须要满足的特性。尽管完整性约束通常定义在模式上，同时也可以在当前代表数据库外延的该模式的具体实例上进行检查。因此，可以针对模式定义完整性约束，以描述模式质量维度，也可以针对实例定义完整性约束，以表示数据维度。本节将针对实例定义完整性约束，而 2.8 节将针对模式定义完整性约束。

完整性约束主要分为两类，即关系内约束（Intrarelation Constraint）和关系间约束（Interrelation Constraint）。

关系内完整性约束考虑的是关系中单个属性（也称为域约束（Domain Constraint））或多个属性。

考虑一个关系模式 Employee（雇员），其属性包括 Name（名）、Surname（姓）、Age（年龄）、Workingyears（工作年限）和 Salary（薪资）。定义在该模式上的约束的一个例子是“Age 的值应为 0～120”，涉及多个属性的完整性约束的一个例子是“如果 Workingyears 小于 3，那么 Salary 不应该超过每年 25000 欧元”。

关系间完整性约束涉及多于一个关系的属性。考虑图 2.1 中的关系实例 Movies（电影），同时考虑另一个关系 OscarAwards，该关系描述每一部电影获得的奥斯卡奖项，包括一个对应于奖项颁发年份的 Year 属性。那么，关系间约束的例子是“Movies 关系中 Year 值必须等于 OscarAwards 关系中的 Year 值”。

在完整性约束中，可以考虑以下主要的依赖（Dependency）类型。

（1）键依赖（Key Dependency）。这是一种最简单的依赖类型。给定一个定义在一组属性上的关系实例 r，对于属性子集 $\boldsymbol{K}$，如果 r 中的任意两行都不具有相同的 $\boldsymbol{K}$ 值，则 r 包含键依赖。例如，如属性 SocialSecurityNumber（社会保险号码）可充当关系模式 Person（人员）的任一关系实例的键。当应用键依赖约束时，关系中就不会产生重复记录（见 2.3 节对重复问题的讨论）。

（2）包含依赖（Inclusion Dependency）。这是一种非常常见的依赖类型，也称为参照约束（Referential Constraint）。关系实例 r 上的包含依赖是指 r 的某些列包含于 r 的其他列中，或者包含于另一个关系实例 s 的列中。外键约束（Foreign Key Constraint）就是包含依赖的具体实例，指一个关系中的参照列必须包含于被参照关系的主键列中。

（3）函数依赖（Functional Dependency）。给定关系实例 r，$\boldsymbol{X}$ 和 $\boldsymbol{Y}$ 是 r 中的两个非空属性集合，如果对于 r 中的每一对元组 t_1 和 t_2 下式都保持成立：

$$\text{If}\quad t_1.\boldsymbol{X}=t_2.\boldsymbol{X},\ \text{then}\quad t_1.\boldsymbol{Y}=t_2.\boldsymbol{Y}$$

则 r 满足函数依赖 $\boldsymbol{X}\rightarrow\boldsymbol{Y}$。其中，记号 $t_1.\boldsymbol{X}$ 表示元组 t_1 在 $\boldsymbol{X}$ 中的属性上的投影。如图 2.6 所示，分别展示了满足和违反函数依赖 $AB\rightarrow C$ 的关系实例。图中关系 r_1 满足函数依赖，因为前两个元组在属性 A 和 B 上具有相同的值，并且在属性 C 上也具有相同的值；关系 r_2 不满足该函数依赖，因为前两个元组具有不同的 C 字段值。

A	**B**	**C**	**D**
a_1	b_1	c_1	d_1
a_1	b_1	c_1	d_2
a_1	b_2	c_3	d_3

r_1

A	**B**	**C**	**D**
a_1	b_1	c_2	d_1
a_1	b_1	c_1	d_2
a_1	b_2	c_3	d_3

r_2

图 2.6　函数依赖示例

2.6.2　数据编辑规则

2.6.1 节在关系模型中对作为一类具体的一致性语义规则的完整性约束进行了讨论。然而，当数据不是关系型时，仍然能够定义一致性规则。举例来说，在统计领域，来自于普查问卷的数据具有与问卷模式（Questionnaire Schema）对应的结构。因此，在这样一种结构上能够以与关系约束非常相似的方式定义语义规则。这样的规则称为编辑规则（Edit），因为它们不像关系模型一样依赖于数据模型，其约束力要弱于完整性约束。不过，自从 20 世纪 50 年代以来数据编辑已经在美国的各统计机构广泛应用，并且已经开辟了一个成果丰硕且有效的应用领域。数据编辑（Data Editing）定义为一项通过形式化的规则来检测不一致的工作，所有合格的答卷都必须遵守规则。这些规则就被表示为表达错误条件的编辑规则。

对于某一调查问卷的一个不一致回答如下：

marital status ＝ “married”，age＝ “5 years old”

检测该类错误的规则可以表示如下：

If marital status is married，age must not be less than 14.（如果婚姻状态为已婚，那么，年龄必须不能小于 14 岁。）

该规则可以表示为表达错误条件的编辑规则的形式，即

$$\text{marital status}=\text{married}\wedge \text{age} < 14$$

对错误记录进行检测之后，通过恢复正确值来纠正错误字段的过程称为插补（Imputation）。利用编辑规则定位错误并插补错误字段的问题就是所谓的编辑-插补问题（Edit-imputation Problem）。第 7 章将研究编辑-插补问题涉及的

一些议题和方法。

2.7 数据质量维度定义方法

本节介绍文献中关于维度的一些概括研究。进行全面的维度定义的方法有3种，即理论方法（Theoretical Approach）、经验方法（Empirical Approach）和直觉方法（Intuitive Approach）。理论方法采用形式化的模型来定义或解释维度；经验方法从实验、访谈和调查问卷出发构建维度；直觉方法则只是根据常识和实践经验来定义维度。

下面对明确描述维度定义方法的3个主要文献进行概述，即Wand和Wang[640]、Wang和Strong[645]、Redman[519]。

2.7.1 理论方法

Wand和Wang[640]提出了一种定义数据质量的理论方法。该方法将信息系统（Information System，IS）看作是现实系统（Real-world System，RW）的一种表示，如果满足：①存在一个满射RW→IS；②RW中不存在两个状态映射到IS中同一状态，即其逆映射是一个函数（图2.7），则称RW在IS中得到恰当表示。

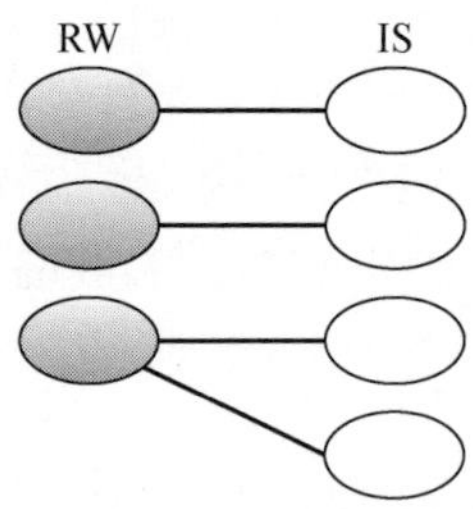

图2.7 理论方法中现实系统的恰当表示[640]

对恰当表示的所有背离都会产生缺陷。这些缺陷可以分为设计缺陷（Design Deficiency）和运行缺陷（Operation Deficiency）。设计缺陷包括3种类型，即不完备表示（Incomplete Representation）、歧义表示（Ambiguous Representation）和无意义状态（Meaningless States），如图2.8所示。

运行缺陷则只有一种，即RW中的一个状态可能会映射到IS中的一个错误状态，这种情况称为扭曲（Garbling）。将某一映射扭曲到一个无意义状态上是危险的，因为它可能妨碍映射回现实状态（图2.9（a））。如果扭曲到一个有意义但是错误的状态，用户则可以将其映射回一个现实状态（图2.9（b））。

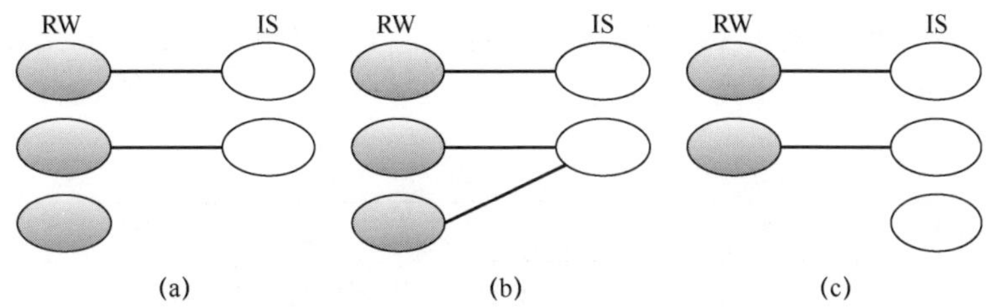

图 2.8　理论方法中现实系统的表示
（a）不完备表示；（b）歧义表示；（c）无意义表示。

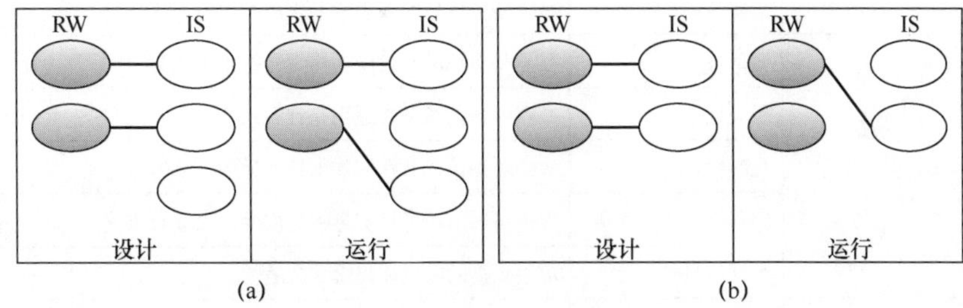

图 2.9　现实系统的扭曲表示[640]
（a）无意义的；（b）有意义的。

在上述缺陷概念的基础上定义数据质量维度。具体来说，有如下维度（引文出自文献［640］）。

（1）准确性是指“不准确意味着信息系统表示了一个与其本应表示的现实状态不同的现实状态。”不准确信息系统存在指向错误状态的扭曲映射，尽管不正确，但该扭曲映射仍可能指向一个有效现实状态（图 2.9（b））。

（2）可靠性是指“是否可以依靠数据传递正确信息，可被视为数据的正确性”。没有从数据缺陷的角度给出解释。

（3）合时性是指“现实状态的变化与相应的信息系统状态修正之间的时间延迟”。缺乏合时性会导致信息系统状态反映的是过去的现实状态。

（4）完备性是指“信息系统对所表示的现实系统的每个有意义状态的表示能力”。完备性无疑与不完备表示密切相关。

（5）一致性是指如果信息系统有超过一个状态与现实系统的同一状态匹配，则会产生一致性问题。因此，“不一致意味着表示映射是一对多映射”，这种情况由表示进行刻画，因此不认为不一致性是由缺陷导致的。

2.7.2　经验方法

在 Wang 和 Strong[645] 讨论的方法中，通过对数据用户进行访谈来选取数据质量维度。从 179 个数据质量维度中选出了 15 个维度，图 2.10 给出了它们的定义，并进行两层分类，从而将 4 个类别（Category）进一步细分为若干维度。这 4 个类别如下。

分类	维度	定义：……的程度
内在数据质量	可信性	数据是可接受的或者被认为是真实可信的
	准确性	数据是正确的、可信赖的并且确信无误的
	客观性	数据是无偏并且全面的
	信誉度	数据是可信任的或者因其来源和内容而被特别看重
上下文数据质量	增值性	数据是有益的并且能为使用数据带来优势
	相关性	数据对当前任务是适用并且有用的
	合时性	数据对当前任务在时效上是合适的
	完备性	数据对当前任务具有足够的广度、深度和范围
	数据适量性	可用数据的数量或规模是合适的
表示数据质量	可解释性	数据使用适当的语言和单位，并且数据定义清晰
	易理解性	数据是清晰无歧义，并且易于理解
	表示一致性	数据总是用同一种格式表示，并且与以前的数据兼容
	表示简洁性	数据表达简明，不繁琐
可访问性数据质量	可访问性	数据是可用的或者易于快速检索
	访问安全性	能够对数据访问进行限制，从而保证安全

图 2.10　经验方法提出的维度

（1）内在数据质量（Intrinsic Data Quality）。刻画数据自身具有的质量，如准确性是数据的一个内在质量维度。

（2）上下文数据质量（Contextual Data Quality）。考虑使用数据的上下文，如完备性维度与任务上下文紧密相关。

（3）表示数据质量（Representational Data Quality）。刻画与数据表示质量有关的特征，如可解释性。

（4）可访问性数据质量（Accessibility Data Quality）。与数据的可访问性有关，并进一步涉及数据访问的一项非功能特性，即安全等级。

2.7.3　直觉方法

Redman[519] 将质量维度划分为三类，即概念模式（Conceptual Schema）、

数据值（Data Value）和数据格式（Data Format）。概念模式维度对应于所谓的模式维度，数据值维度指的是具体的数据值，独立于数据的内部表示，后者则称为数据格式维度。此处关注数据外延，因此，图 2.11 只给出了数据值维度和数据格式维度的定义。

维度名称	维度类型	定义
准确性	数据值	v和v'之间的距离，其中v'看作是正确值
完备性	数据值	数据值在数据集中存在的程度
流通性	数据值	数据的新鲜程度
一致性	数据值	表示的同一数据的多个副本的一致性，或者不同数据与完整性约束和规则的一致性
适当性	数据格式	一种格式比另一种更恰当，如果该格式更加适于用户需求
可解释性	数据格式	用户根据其格式正确解释数据值的能力
可移植性	数据格式	数据格式能够应用于尽可能广泛的情形
格式精度	数据格式	用户必须能够区分值域内不同元素
格式灵活性	数据格式	用户需求发生变更时，记录媒介能够易于适应
空值表示能力	数据格式	从域中可用数据中迅速（无歧义）地区分空值和缺省值的能力
存储利用效率	数据格式	物理表示的效率，如图标的效率要低于代码
表示一致性	数据格式	数据的物理实例与其格式的一致性

图 2.11　直觉方法提出的维度[519]

2.7.4　维度定义比较分析

根据前面的定义，无论是采用哪一套维度来定义数据质量，还是每一个维度的准确含义，都没有形成共识。实际上，所讨论的方法中，并没有以一种可测量和形式化的方式来定义维度。相反地，这些维度通过描述性语句进行定义，因而对其语义是存在不同理解的。尽管如此，本节仍尝试对所讨论的不同定义进行比较，目的是为了说明不同研究成果中可能的一致与不一致之处。为了尽可能覆盖更多的研究成果，除了前面描述的 Wand 和 Wang[640]、Wang 和 Strong[645] 以及 Redman[519] 的研究成果以外，还考虑了 Jarke 等[341]、Bovee 等[86]、Naumann[461] 和 Liu[408] 的研究成果。后面将使用第一作者的名字指代相关研究成果。

对于时间相关的维度，图 2.12 列出了不同作者提出的流通性、易变性和合时性的定义。图中，Wand 和 Redman 对不同的维度，即合时性和流通性，分别给出了非常相似的定义。Wang 和 Liu 定义的合时性具有相同含义，Naumann 则提出了一个非常不同的合时性定义，而 Bovee 只是从流通性和易变性的角度定义了合时性。Bovee 的流通性对应于 Wang 和 Liu 定义的合时性，Bovee 和 Jarke 定义的易变性具有相似的含义。通过比较表明，对于时间相关维度中使用的名称并没有达成基本一致，流通性和合时性经常用于指代相同的概念。对于具体的维度甚至没有取得语义上的共识，对合时性，不同的作者给出了不同的含义。

参考文献	定义
Wand (1996)	合时性仅指现实状态变化与信息系统状态相应修正之间的时间延时
Wang (1996)	合时性指数据存在时间对于当前任务的合适程度
Redman (1996)	流通性指数据的新鲜程度。在时间相关的变化可能造成正确值差异的情况下，如果某个数据值仍正确，那么，该数据值是最新的
Jarke (1999)	流通性描述信息输入到数据源或数据仓库的时间。 易变性描述信息在现实中保持有效的时间周期
Bovee (2001)	合时性包括两部分：存在时间和易变性。存在时间或流通性是根据记录信息的时间对信息新旧程度的测量。易变性是对信息不稳定性的测量，即一个实体属性值的变化频率
Naumann (2002)	合时性是数据在一个数据源中的平均存在时间
Liu (2002)	合时性指数据对某任务来说足够新鲜的程度

图 2.12 时间相关维度的定义

对于完备性，图 2.13 列出了完备性维度的不同定义。通过比较这些定义可以看出，对于完备性是什么有着基本共识，虽然它经常针对不同粒度层次和不同数据模型要素，如 Wand 指的是信息系统、Jarke 指的是数据仓库、Bovee 指的是实体。

参考文献	定义
Wand (1996)	信息系统表示所描述现实系统的每个有意义状态的能力
Wang (1996)	数据对当前任务具有足够广度、深度和范围的程度
Redman (1996)	数据值在数据集中存在的程度
Jarke (1999)	现实信息输入到数据源或数据仓库的比例
Bovee (2001)	所处理的信息包含实体信息中需要的所有部分
Naumann (2002)	数据源中非空值的数量与全体关系规模的比例
Liu (2002)	按照数据采集理论，应该被收集的所有值

图 2.13 完备性维度的定义

2.7.5　维度之间的权衡

数据质量维度并不是独立的，也就是说，它们之间存在关联。如果对一个具体应用而言一个维度比其他维度更重要，那么，选择偏好该维度可能就意味着对其他维度的忽视。本节就可能的权衡给出一些示例。

首先，需要在合时性与准确性、完备性和一致性 3 个维度中的任何一个之间做出权衡。事实上，获得准确的（或完备的，或一致的）数据需要花费时间检查并采取一些活动，这就会对合时性造成负面影响。相反地，拥有合时的数据可能会导致较低的准确性（或完备性，或一致性）。大部分 Web 应用都属于合时性优先于准确性、完备性或一致性的典型场景：因为对于 Web 数据来说，时间约束一般都很苛刻，因此这些数据的其他质量维度可能是有缺陷的。例如，在大学 Web 站点上发布的课程列表必须是合时的，尽管它可能存在准确性和一致性错误，并且有些用来明确课程的字段可能缺失。相反地，当考虑一个管理方面的应用时，对准确性、一致性和完备性的要求要比对合时性的要求更加严苛。因此，对除了合时性维度以外的其他维度来说延迟通常是允许的。

另一个重要的案例是一致性和完备性之间的权衡[33]。这里的问题是“拥有较少（即完备性差）但一致的数据和拥有较多但不一致的数据哪个更好？”这个选择同样与具体应用领域密切相关。举例来说，统计数据分析通常需要大量有意义且具有代表性的数据来执行分析活动；在这种情况下，应该偏重完备性，同时容忍不一致性或者采用相关技术来解决不一致问题。相反地，当考虑公布作为考试结果的学生得票数列表时，那么，得票数列表需经过一致性检查就比完备性更加重要，宁可推迟完备列表的公布。

2.8　模式质量维度

前面各节对数据质量维度进行了深入讨论，本节将重点讨论模式质量维度。然而，模式质量与数据质量之间存在着严格的关系，正如下面例子所强调的那样。假设要对人们的居住地址进行建模，如图 2.14 所示，有两种可能的方式对这一概念进行建模。具体来说，在图 2.14（a）中，将居住地址建模为关系 Person（人员）的属性；在图 2.14（b）中，将居住地址建模为具有字段 Id（标识）、StreetPrefix（街道前缀）、StreetName（街道名称）、Number（门牌号码）和 City（城市）的关系 Address（地址），以及存储人员与居住地址关联的另一个关系 ResidenceAddress（居住地址）。图 2.14（a）给出的解决方案存在一些问题。第一，用单个字段来表示地址造成了地址不同组成部分含义不明确，如在关系 Person 的元组 3 中，4 到底是公民号码还是街道号码（实际上它是街区名字的一部分）？第二，属性 Address 的值也可能包含一些并没有明确要求表示的信息（如关系 Person 中元组 1 和元组 2 的楼层号和邮政编码）。第三，因为关系 Person 并没有规范化，所以产生了冗余问题，从而有可能进一步在属性 Address 上引入错误（如关系 Person 中元组 1 和元组 2 具有相同的地址值）。另外，图 2.14（b）所示的解决方案则更加复杂。在实际执行中，往往需要在两个建模方案之间进行权衡。

Person

ID	Name	Surname	Address
1	John	Smith	113Sunset Avenue 60601 Chicago
2	Mark	Bauer	113Sunset Avenue 60601 Chicago
3	Ann	Swenson	4Heroes Street Denver

(a)

Person

ID	Name	Surname
1	John	Smith
2	Mark	Bauer
3	Ann	Swenson

Address

ID	StreetPrefix	StreetName	Number	City
A11	Avenue	Sunset	113	Chicago
A12	Street	4 Heroes	null	Denver

ResidenceAddress

PersonID	AddressID
1	A11
2	A11
3	A12

(b)

图 2.14　居住地址建模的两种方式

Redman 的著作[519] 中对模式维度给出了一套全面的解决方案，包括关于模式质量的 6 个维度和 15 个子维度。

本节聚焦与 8.5.3 节介绍的准确性、完备性、冗余性和可读性相关的维度类簇。在即将给出的定义中，假设数据库模式是通常由自然语言表达的一组需求转化而来的，并由概念（或逻辑）数据库模型表示的一组概念（或逻辑）结构。

2.8.1　准确性类簇

准确性，或者当前语境下称为正确性，分为以下两类。

(1) 相对于模型的正确性关注于正确使用模型构件表示需求。例如，在实体关系（Entity Relationship，ER）模型中，可能会使用两个实体——Person（人员）和 FirstName（名）——以及它们之间的关系来表示人员与名字之间的逻辑联系。从模型的角度来讲，这一模式是不正确的，因为当且仅当一个概念在现实中是唯一存在且具有标识符时，才可以将其作为实体。对于FirstName来说显然不是这样的，将其表示为实体Person的一个属性较为恰当。

（2）相对于需求的正确性关注于根据模型构件正确表示需求。假设在组织中每个部门仅有一个经理，并且每个经理也只领导一个部门。如果将Manager（经理）和Department（部门）作为实体，那么，他们之间的关系应该是一对一的。这种情况下，相对于需求来说模式是正确的。如果使用一对多的关系，则模式就是不正确的。

2.8.2 完备性类簇

完备性度量的是一个概念模式包含满足某些具体需求所必需的所有概念元素的程度。设计者有可能没有把需求中出现的某些特征包括到模式中，例如，与实体Person相关的属性，此时模式是不完备的。针对性测量的是有多少不必要的概念元素包含进了概念模式中。在模式针对性不强的情况下，设计者对需求建模时考虑的范围过大，把过多的概念都包含了进来。

完备性和针对性是同一个问题的两个方面，即在概念设计阶段结束时得到的模式应与需求描述的现实模型有着准确的对应关系。

2.8.3 冗余性类簇

本节讨论最小性和规范性（Normalization）。

如果需求的每一部分在模式中仅被表示一次，则该模式是最小的。换句话说，不可能在不损失信息的情况下把某个元素从模式中删除。考虑如图2.15所示的模式，该模式描述了概念Student（学生）、Course（课程）和Instructor（指导老师）之间的关系。图中给出了这些关系中实体的最小基数和最大基数，除了在一种情况下用“?”来表示最大基数。如果在Student和Instructor之间的直接关系Assigned to（分配）与Attends（参加）和Teaches（教授）这两个关系的逻辑组合具有相同含义，那么，该模式是冗余的，否则是非冗余的。注意：仅在实体Course未指定的最大基数为“1”的情况下，该模式才可能是冗余的，因为只有在这种情况下才会有唯一的老师与每门课程对应，并且Attends和Teaches这两个关系的组合才可能产生与关系Assigned to相同的结果。

规范性的性质已得到深入研究，特别是在关系模型中，尽管它表示的是一种模型独立的一般意义上的模式。

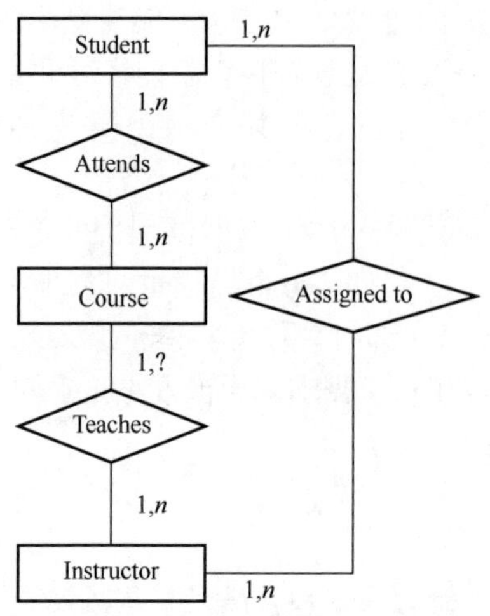

图 2.15 一个可能冗余的模式

在关系模型中，规范性与函数依赖的结构紧密相关。在关系模型中已经定义了几种不同的规范性等级，如第一范式、第二范式、第三范式、Boyce-Codd 范式、第四范式和其他一些范式。最常用并且最直观的范式是 Boyce-Codd 范式（Boyce Codd Normal Form，BCNF）。如果对于关系模式 R 上的每一个非平凡函数依赖 $X \rightarrow Y$，X 包含 R 的键 K，即 X 是 R 的一个超键，则 R 符合 BCNF。BCNF 与其他范式的更详细讨论参见文献［30，198］。

如果一个关系模式 R 上所有的非平凡函数依赖的左侧都包含键，从而所有非键属性都依赖于唯一键，那么，R 符合 BCNF。这一特性可以解读为该关系模式表示的是一个唯一概念，其中所有非平凡函数依赖均与之相关联，并且其属性由所有非键属性表示。

通常将规范性放在冗余性类簇来讨论，这是因为与对应的规范模式相比，非规范模式中包含了异常。

就像前面提到的那样，规范性是一个能够在任何概念或逻辑模型上定义的性质。举一个不适用于关系模型的规范性的例子，图 2.16 呈现了实体关系模型中的一个非规范模式。该模式由一个名为 Employee-Project（雇员-项目）且具有 5 个属性的唯一实体构成；其中两个标有下划线的属性，定义了实体的标识符。根据文献［38］，通过关联定义于实体属性上的函数依赖，并结合以上实体和关系上的 BCNF 定义，可以定义规范 ER 模式这一概念。在该模式中定义下列函数依赖。

（1）EmployeeId→Salary。

（2）ProjectId→Budget。

（3）EmployeeId，Project→Role。

可以看出，上述函数依赖违反了 BCNF。为了将模式规范化，可以将实体 Employee-Project 转换为一个由两个实体构成的新模式（图2.17），即 Employee（雇员）和 Project（项目）。转换后实体及其关系是符合 BCNF 的，整个模式也同样如此。

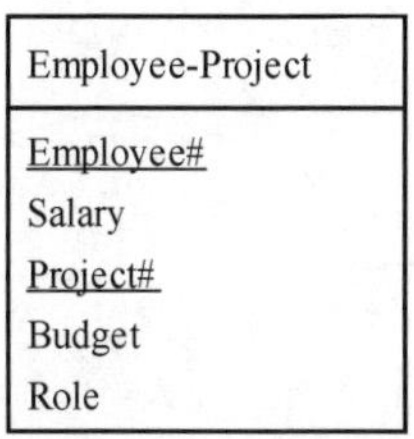

图2.16 一个非规范的实体关系模式

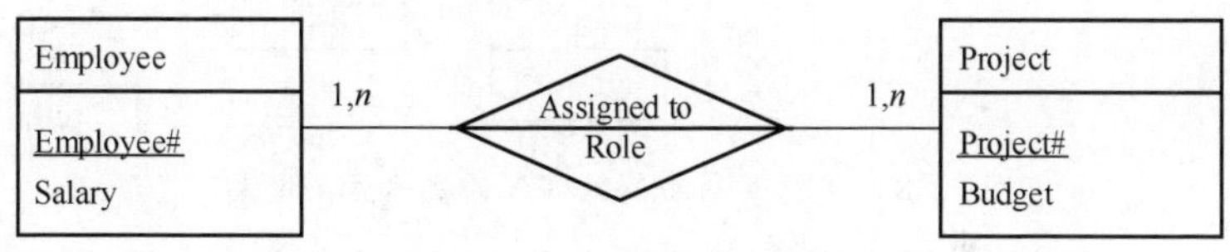

图2.17 一个规范的模式

2.8.4 可读性类簇

直观地讲，只要一个模式能够根据应用目的清晰地表示其代表的现实含义，它就是可读的。这一简单、定性的定义很难转化为更加形式化的形式，因为“清晰（Clear）”的评价带有一些主观因素。在模型中，如实体关系模型，能够给出模式的图形化表示，称为模式图（Diagram）。可读性既关心模式图也关心模式本身。下面对其进行讨论。

对图形化表示来说，可读性可以通过人们用来绘制模式图的一些美学准则（Aesthetic Criteria）表示：应尽可能避免线条的交叉，图形符号应嵌入网格中，线条应由水平或竖直的线段组成，线条上弯曲的地方应尽可能少，图形的总面积应尽可能小，层次结构应该组织有序。例如，对于由一个父实体 E_1 和两个子实体 E_2 与 E_3 组成的泛化层次结构来说，在图中 E_1 应该被放置到高于 E_2 和 E_3 的层次上，并且图中的子实体相对于父实体应该保持对称。关于美学准则的进一步讨论参见文献［47，601］。

图2.18所示的实体关系图并没有遵从上述美学准则。在图中可以看到很

多交叉线条。多数对象在图中随意摆放，并且很难根据泛化层次结构辨别相关的实体组。总之，这个模式图具有“意大利面条风格”。

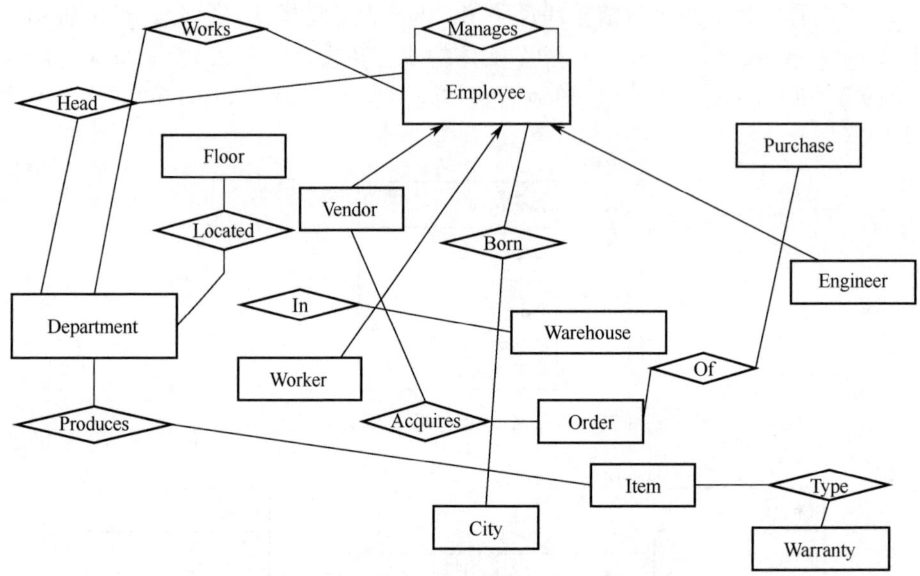

图 2.18 “意大利面条风格”的实体关系模式

依据前面描述的美学准则，可以将该模式图完全重构，产生如图 2.19 所示的一张新图。在图 2.19 中，大部分重要概念具有较大的尺寸，线条上没有弯曲，而且泛化层次结构更为清晰。

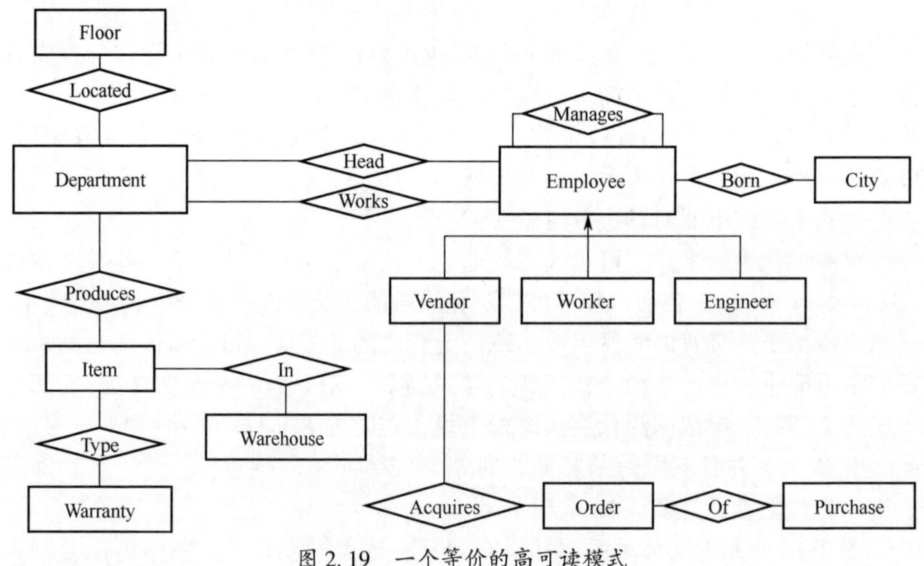

图 2.19 一个等价的高可读模式

可读性需要解决的第二个问题是模式表示的紧凑性。在能够等价地表示具体现实的不同概念模式中，一般更倾向于其中一个或几个更加紧凑的模式，因为紧凑性有利于可读性。例如，在图 2. 20 的左侧可以看到一个模式，该模式以泛化层次结构表示实体 City（城市）及其相关的 3 个子实体。由于存在继承性[198]，所有的概念状态既与父实体相关也与所有的子实体相关，可以取消与实体 City 相关的 3 个关系，并将其转换为与实体 Employee（雇员）的单一关系，得到一个更为紧凑和可读的模式。

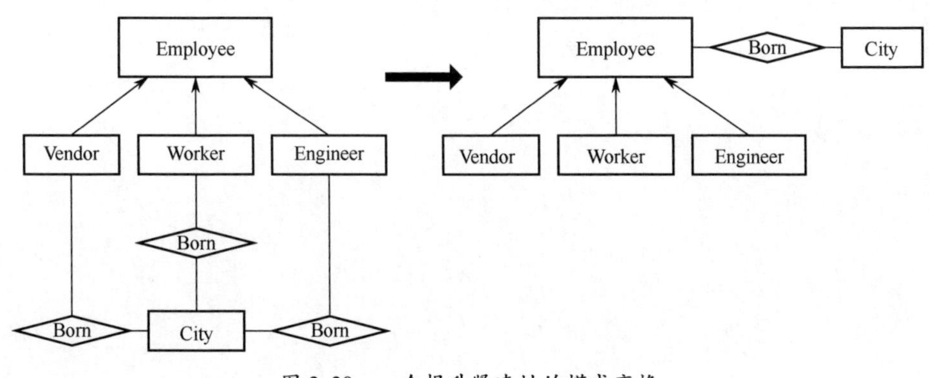

图 2. 20　一个提升紧凑性的模式变换

2. 9　本章小结

本章针对结构化数据讨论了刻画信息质量概念的各种维度和指标。这些维度为对数据质量感兴趣的组织提供了一个参考框架，允许他们刻画并在某种程度上测量数据集的质量，进而确定和测量数据质量维度，并与可视为组织要达到的目标质量值的参考阈值进行比较。因此，质量维度是组织所有数据质量测量和改进流程的基础。例如，在与数据销售有关的合同中，服务质量的问题是至关重要的，需要精确并且无歧义地表达对高质量数据的需求。最后，在涉及政府为改善市民/企业关系使用数据的法律条款中，可能提及这些维度。

此外，还讨论了文献中提出的几种通用的数据质量维度，目的是充分地说明一般场景下的数据质量概念（见 2. 7 节）。但是，还有一些与具体领域相关的观点，因为刻画这些领域的特殊之处需要专门的维度。这样的示例包括以下几种。

（1）档案领域（Archival Domain）（参见文献［380，677］和 InterPARES 项目[328]）。使用了文档状况（Condition）的一些维度，指文档物理上适合扫描的特性。

（2）统计领域（Statistical Domain）。国家统计组织和诸如欧盟、国际货币基金组织等国际组织，为统计数据和科学数据定义了一些维度（参见文献[326]）。例如，与统计系统在统计数据收集、整编和传播中应遵循客观性原则这一事实相关的概念——完整性（Integrity）。

维度是所有数据和信息质量研究的核心，而且在本书的其余部分会用到它们。从第 3 章开始，将详细探讨几种信息类型，并认识数据和信息质量不变的特性，以及会因信息类型而变化的特性。

第3章　地图和文本的信息质量维度

3.1　引言

第2章研究了结构化数据的质量维度，本章从数据质量维度转向信息质量维度，将考虑两种信息类型方向，即感知方向（Perceptual Coordinate）和语言方向（Linguistic Coordinate）。一方面，将探讨维度如何根据方向和信息类型变化，感知方向以地图为例，语言方向以半结构化文本为例；另一方面，将进一步讨论第2章介绍的主题，涉及维度在具体领域中的变化或演变方式，具体讨论一种特殊的半结构化文本，即法律文本。

本章内容组织如下：3.2节讨论将关注点从结构化数据转向其他信息类型的不同方向；3.3节讨论地图，将介绍表示空间和时间的一般的地图概念结构，进而辨别质量维度中的空间和时间特征，对于空间概念结构，研究与地图的拓扑、几何以及主题特征相关的问题；3.4节讨论半结构化文本的质量，具体关注文本的质量维度，涉及可读性、可理解性、内聚性、连贯性，以及测量这些维度的指标；3.5节讨论法律领域的文本，包括个体法律、国家的法律框架、若干联盟国家的法律框架3种情形的质量维度。

3.2　从数据质量维度到信息质量维度

第2章讨论了针对结构化数据定义的维度，而大量表示客观现实的信息并不是结构化的。客观现实由其固有特性（如风景照片、班级里一群学生的照片或旅游手册上的地图和描述文本）或其他形式的信息片段表示，如小说和诗歌是对现实本身的虚拟表示（如John Ronald Reuel Tolkien的小说《霍比特人》中的半结构化文本，或者Judith Schalansky的《遥远岛屿地图集》中的地图）。

结构化数据的维度与底层数据模型的内在特性和属性紧密相关。例如，根据是否满足开放世界假设，定义各种关系模型结构（元组、列、表，以及表集）的完备性。

本章将从前言中定义的3个信息视角着手研究维度演化，即语言视角、感知视角和 Web 视角。图 3.1 呈现了各章所讨论的信息类型。

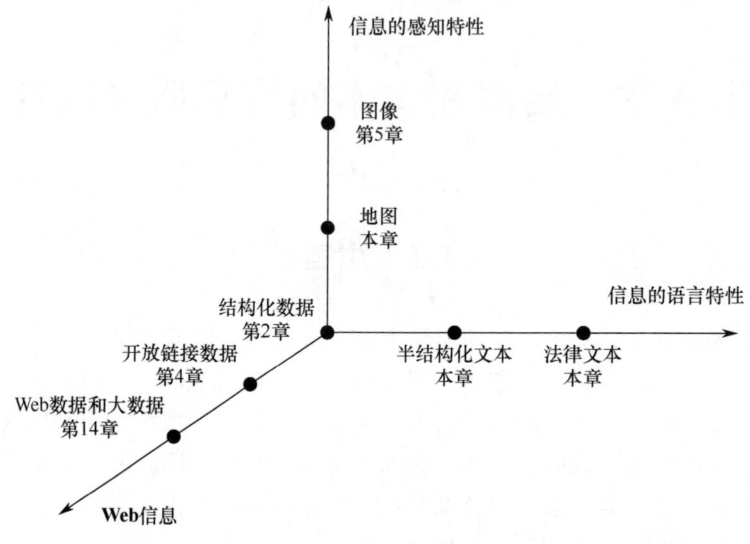

图 3.1　本书涉及的各类感知、语言和 Web 信息类型

本章关注感知类型信息中的地图，以及语言类型信息中的半结构化文本和法律文本。在这些情形下，维度与信息类型的固有概念属性（如空间与时间），以及它们要表示的具体领域（如法律文本）紧密相关。

3.3　地图的信息质量

地图定义为地球上某个区域或部分空间的特征表示，通常在一个平面呈现其形态、大小和关联关系（按照某种表示习惯），以及它们随时间的演变。长期以来，地图在人类活动中得到大量应用，针对需要做出的决策和行动，如航海、驾驶、步行等，人们需要诉诸地图以获取相关区域不同程度的近似表示。地图提供的信息属性可分为如下 3 类：空间、时间以及现实世界在其空间位置和时间方面演化的特征或机制。对于空间，至少可区分两类空间对象属性，即拓扑学属性和几何学属性。

拓扑学（Topology）研究特定对象（称为拓扑空间）在特定变换（称为连续映射）中不变的定性属性，特别是一种特殊的等价（称为同胚）关系中不变的属性（参见文献［667］）。拓扑学是研究空间最基本属性（如连通性、连续性和界）的一个重要数学领域。几何学（Geometry）是数学的一个分支，研究形状、大小、图形相对位置以及空间属性等问题。

根据以上讨论，对地图所表示的对象采用以下质量维度，即空间拓扑、空间几何、空间主题和时间分类。对于空间的考虑，涉及拓扑和几何特征的不同概念与相关原语可由概念模式表示，在地理信息系统（Geographical Information System，GIS）文献中称为应用模式（Application Schema）。通过对照拓扑学原语，图3.2所示为引自文献［570］的应用模式。

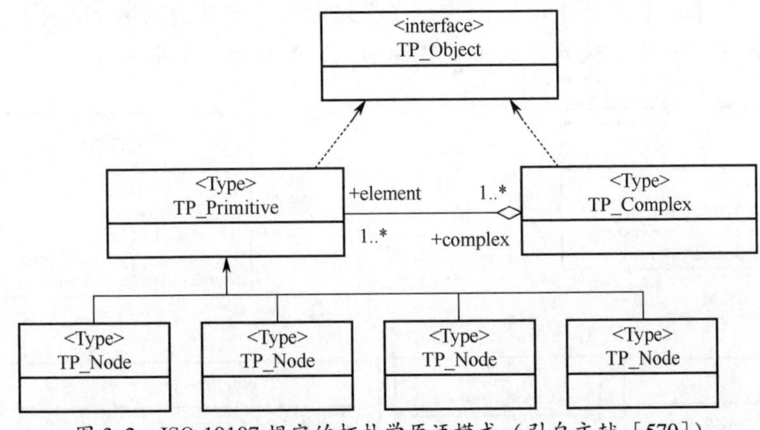

图3.2 ISO 19107规定的拓扑学原语模式（引自文献［570］）

对于几何学，ISO 19107规定了3类几何特征，即原语特征、聚合特征和复杂特征。图3.3所示为ISO 19107中的基本几何原语。上述几何原语提供了

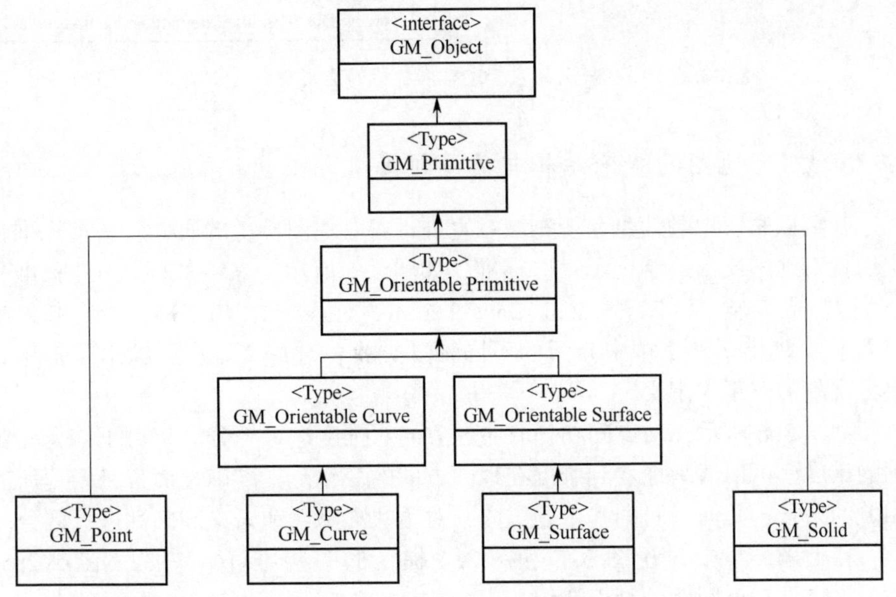

图3.3 ISO 19107规定的基本几何学原语模式（引自文献［570］）

描述用户构建形状和位置所需的组件，如楼宇、道路、交叉路口、环岛、桥梁、公路网、铁路网和电网，或者河流、湖泊、海洋、山川等其他自然景观。

对于每个这样的地域特征集合，地图提供者可以进一步采用符号或文本生成更大的规则集，从而对特征集合进行增强，这样的特征还可以进一步用应用模式加以表示。ISO 19107 对一些应用模式进行了标准化。图 3.4 所示为表示公路网络中道路和桥梁的应用模式。在尚未标准化的其他领域，地图提供者可以通过自定义的概念模式显式或隐式地引入新的对象和关联关系。

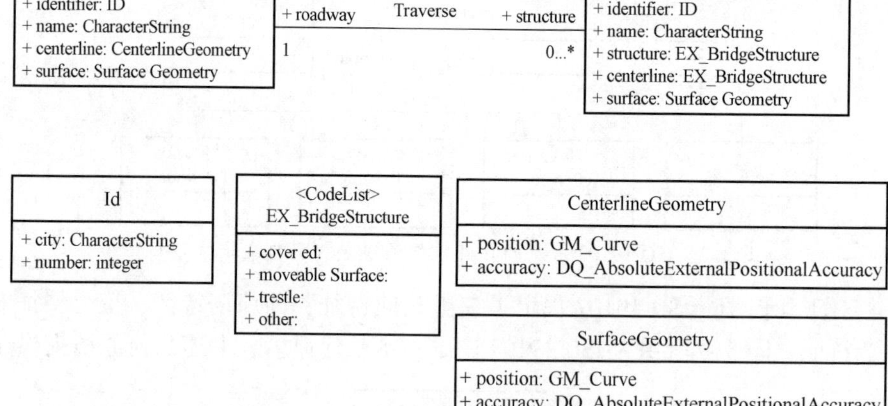

图 3.4　遵循 ISO 19109 规则的表示道路和桥梁的应用模式（引自文献［570］）

3.3.1　地图的概念结构与质量维度

长期以来，地理信息系统领域一直进行着对地图质量的研究，并且标准化组织针对地图质量还制定了一些标准。如图 3.5 所示，参考 ISO 19100 标准和空间数据传输标准（Spatial Data Transfer Standard，SDTS）（参见文献［573］），列出了第 2 章中介绍的不同维度类簇。对每个维度，给出了借鉴自参考文献的非正式定义。

如图 3.6 所示，从空间/时间/主题方向对维度进行划分。相对于结构化数据的维度，可以清晰地看到维度在地图方向的变化。就准确性而言，根据所有相关的拓扑、几何、时间和主题方向，对语法准确性和语义准确性进行区分。

接下来，集中讨论图 3.5 和图 3.6 提及的一些维度（参见文献［285，328，485］对该问题的全面介绍）。

类簇	维度	来源	定 义
准确性	位置准确性	ISO 19100	特征位置的准确性
准确性	相对位置准确性	ISO 19100	数据集中特征的相对位置与其对应的接受或者实际真实值的接近程度
准确性	绝对位置准确性	ISO 19100	报告的方向值与接受值或真实值的接近程度
准确性	水平位置准确性	SDTS	数据集中水平位置的准确性
准确性	垂直位置准确性	SDTS	数据集中垂直位置的准确性
准确性	网格数据位置准确性	ISO 19100	网格数据位置值与接受值或真实值的接近程度
准确性	主题准确性	ISO 19100	定量属性的准确性和非量化属性、特征分类及其关联关系的正确性
准确性	定量属性的准确性	ISO 19100	定量属性的准确性
准确性	时间有效性	ISO 19100	与时间有关的数据的有效性
准确性	时间测量准确性	ISO 19100	数据项时间引用的正确性（时间测量错误的报告）
准确性	非量化属性的正确性	ISO 19100	非量化属性的正确性
正确性	分类的正确性	ISO 19100	比较特征及其属性的分类与某个体域（如地面实况或参考数据集）的相似性
完备性	—	ISO 19100	特征及其属性和关联关系的存在或缺失
完备性	针对性（或专注度）	ISO 19100	数据集中出现的多余数据
一致性	逻辑一致性	ISO 19100	与数据结构、属性和关联关系逻辑规则的符合程度
一致性	概念一致性	ISO 19100	与应用概念模式规则的符合性
一致性	域一致性	ISO 19100	值与值域的符合性
一致性	格式一致性	ISO 19100	存储的数据与实际形式的符合性
一致性	拓扑一致性	ISO 19100	显式编码的数据集拓扑特征的正确性
一致性	时间一致性	ISO 19100	有序事件或序列的正确性

图 3.5　ISO 19100 地理信息质量标准和空间数据传输标准中的地图质量维度

<table>
<tr><th rowspan="2">维度类簇</th><th colspan="4">概念问题</th></tr>
<tr><th>空间-拓扑</th><th>空间-几何</th><th>空间-主题</th><th>时间</th></tr>
<tr><td>准确性</td><td></td><td>1.位置准确性
2.绝对位置准确性
3.相对位置准确性
4.网格数据位置准确性
5.水平位置准确性
6.垂直位置准确性
7.几何精度</td><td>1.主题准确性
2.定量属性的准确性/正确性
3.非量化属性的准确性/正确性
4.分类准确性/正确性
5.主题精度</td><td>1.时间测量准确性
2.时间有效性
3.时间精度</td></tr>
<tr><td>完备性</td><td></td><td></td><td>1.完备性
2.针对性</td><td></td></tr>
<tr><td>一致性</td><td>1.概念一致性
2.拓扑一致性</td><td>概念一致性</td><td>1.逻辑一致性
2.概念一致性
3.域一致性
4.格式一致性</td><td>时间一致性</td></tr>
</table>

图 3.6　根据地图概念特征分类的地图质量维度

3.3.1.1 准确性类簇

准确性描述地理数据与所谓最合理真实值的符合程度。本节关注相对位置准确性（Relative Positional Accuracy）和绝对位置准确性（Absolute Positional Accuracy）。

传统上，相对位置准确性用于指明地图的位置准确性，定义为地理空间数据集中给定两点之间的距离与其在总参照系中的实际距离的差异。相对位置准确性的示例如图 3.7 所示。

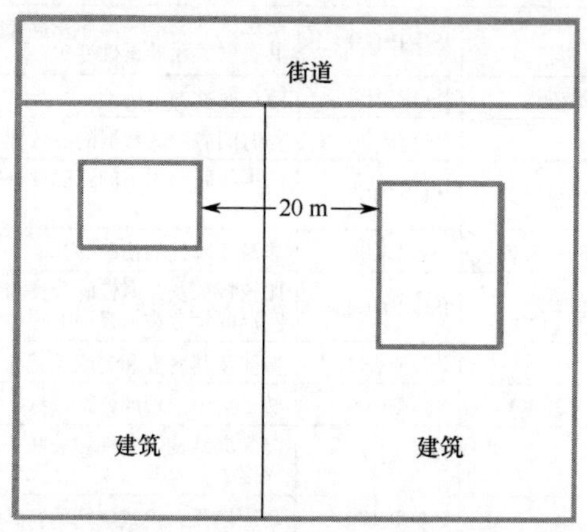

图 3.7 相对位置准确性的示例

卫星导航技术，如全球定位系统（GPS），使得无须关联相邻特征就直接获得点坐标成为可能。因此，需要另外一种准确性定义。绝对位置准确性定义地理空间数据集中的给定点到其在总参照系中实际位置的距离，如图 3.8 所示。

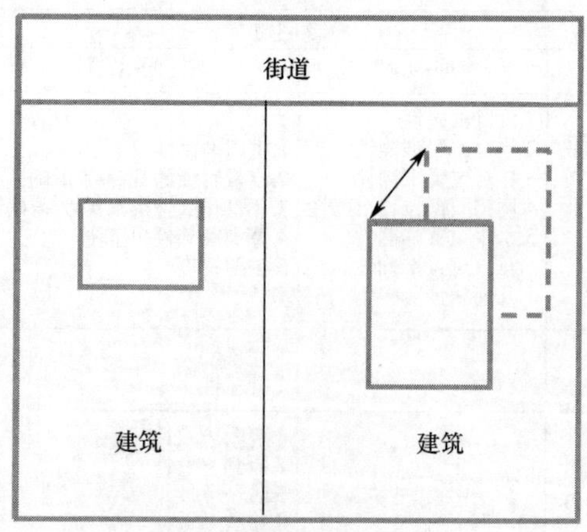

图 3.8 绝对位置准确性的示例

精度（或分辨率（Resolution））是指在空间（几何精度）、时间或主题（主题精度）上可分辨的细节量。精度总是有限度的，因为不存在无限精确的测量系统，并且数据库总是有意减少细节[624]。

精度与准确性相关，因为精度等级影响地图规格，而准确性正是基于此进行评估的。如果总体准确性等级相同的两个地图具有不同的精度等级，则二者不具有相同的质量；精度等级低的地图对准确性需求也较低。例如，像对市区这样的一般土地利用或土地覆盖类别的主题准确性要求要比住宅区高。

正确性是指地理数据（特征、属性、函数、关联关系）与论域中对应元素的符合程度。如果准确定位的地理特征没有正确编码，则存在正确性问题。应当根据各个数据集的重要性设置可接受的正确性下限值。事实上，国家边界线编码中即使存在一个错误也不可接受，而土壤覆盖率数据中一定数量的错误则是可容忍的。

3.3.1.2　完备性类簇

完备性是地理数据的全部内容（特征、属性和关联关系）与论域的符合程度。完备性是当前数据集中可找到的特征与数据集中应有特征的对照评价，完备性还与评价是否所有相关属性都已经得到说明的属性数据有关。合理的数据集完备性下限是地图中缺失的特征和属性不超过源数据特征与属性的1%。

3.3.1.3　一致性类簇

一致性是地理数据与模型和模式（应用模型、应用模式和数据模型）的语义规范（数据结构、特征、属性和关联关系）的符合程度，可用一致地理数据的百分比来度量。拓扑/几何一致性（Topological/Geometric Consistency）质量维度可用与显式编码的数据集拓扑/几何特征一致的百分比来度量。

3.3.2　地图的抽象层次与质量

在与数据质量的关系中，地图能够通过参照区域的表示解决计算机科学中最重要的问题之一——抽象问题。数据库概念模型只关注具体特征的表示，对感兴趣的对象和现实现象的不重要细节进行抽象。从现实世界进行抽象时会忽略部分信息，不可避免地进行了近似，从而可能损失现象的表示质量。地图中抽象的效果和抽象与质量之间的关联关系特别复杂，抽象会影响到地图的所有特征，如拓扑、几何、时间以及符号与文本主题。例如，游览一座城市和驾车旅行时，需要不同详细程度的地图。地理信息系统（GIS）中众所周知的制图综合（Cartographic Generalization）过程，涉及应用数据符号化和一系列表达数据中显著特征的技术。这些技术试图突显所要刻画的特征的本质，如建筑物保留棱角形状之类人为的性质。图 3.9 呈现了一个制图综合算子的列表。

操作	操作前	操作后
(a) 平滑 减少地图对象的转角	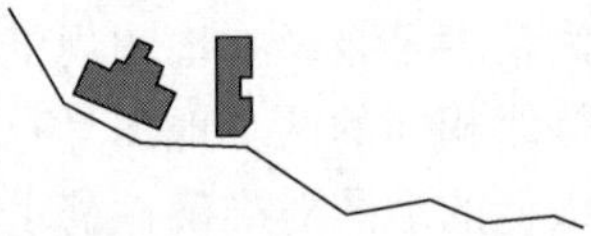	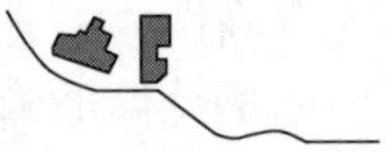
(b) 折叠 减少地图对象的维度（区域到点，线性多边形到线）		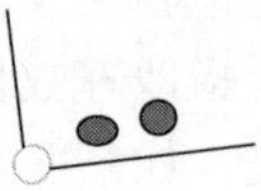
(c) 替换 地图对象的小的移动，以减少重叠	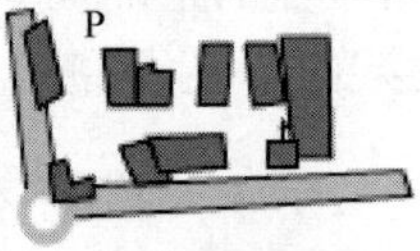 P	 P
(d) 增强 突出地图特征以满足最低易读性需求	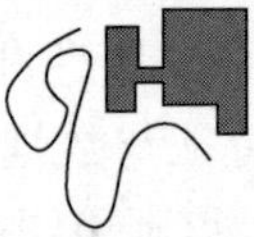	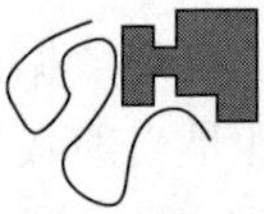
(e) 类型化 将一组地图特征替换为原型子集	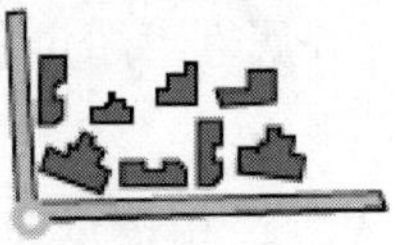	
(f) 文本替换 替换文本以消除重叠和歧义	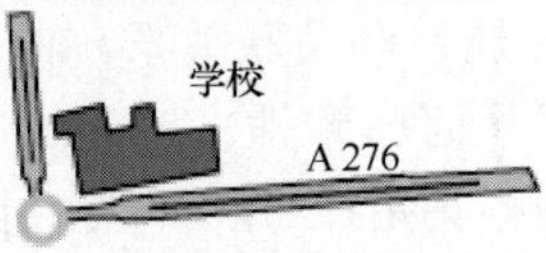 学校 A 276	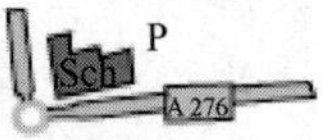 Sch P A 276
(g) 符号化 根据主题（形象的、符号的）改变符号或者减少符号所中空间	 火车站	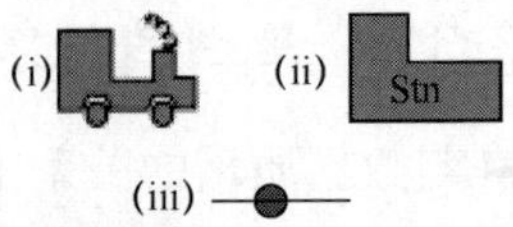 (i) (ii) Stn (iii)

图 3.9　引自文献［570］的制图综合算子列表

正如文献［570］所述：

这些技术的不同组合、大量应用以及不同排列可产生不同但可接受的解决方案。重点不在于对数据库中包含的信息做出改变，而在于避免图像理解上的歧义。该过程反映了对制图员长期以来持有观点的一种妥协，即制图中为了讲述实情需要引入小的谎言。

3.4　半结构化文本的信息质量

一般而言，没有固定结构的文本信息的组成如下。

（1）词。原子元素，由空格作为分隔符进行分隔。

（2）句子。一个或多个词组成的语法单元。

（3）文本。作为一个整体的一组句子。

（4）文本集。符合某个特定用途的一组文本。

当使用自然语言时，所写或所说的句子由词汇（Lexicon）、建立句子中词的结构规则的语法（Grammar），以及赋予句子、文本或者文本集含义的语义（Semantics）所刻画。另外，修辞（Rhetoric）是产生文学效果的语言的使用，语用（Pragmatics）是根据上下文形成含义的方式。除了语法，句法（Syntax）也用于指各种语言中约束句子结构的规则和原则。

词汇、句法、语义、修辞、语用可视为语言结构（Linguistic Structure）。一方面，这些结构提供了能够识别文本中的概念和概念间关联关系的文本组织结构；另一方面，这一结构并没有像关系表中的数据那样严格地组织文本。

完全非结构化文本并不常见，图 3.10 给出了一个示例，呈现了 James

I saw them not long ago I love flowers Id love to have the whole place swimming in roses God of heaven theres nothing like nature the wild mountains then the sea and the waves rushing then the beautiful country with the fields of oats and wheat and all kinds of things and all the fine cattle going about that would do your heart good to see rivers and lakes and flowers all sorts of shapes and smells and colours springing up even out of the ditches primroses and violets nature it is as for them saying theres no God I wouldnt give a snap of my two fingers for all their learning why dont they go and create something I often asked him atheists or whatever they call themselves go and wash the cobbles off themselves first then they go howling for the priest and they dying and why why because theyre afraid of hell on account of their bad conscience ah yes I know them well who was the first person in the universe before there was anybody that made it all who ah that they dont know neither do I so there you are they might as well try to stop the sun from rising tomorrow the sun shines for you he said the day we were lying among the rhododendrons on Howth head in the grey tweed suit and his straw hat the day I got him to propose to me yes first I gave him the bit of seedcake out of my mouth and it was leapyear like now yes 16 years ago my God after that long kiss I near lost my breath yes he said I was a flower of the mountain yes so we are flowers all a womans body yes that was one true thing he said in his life and the sun shines for you today yes that was why I liked him because I saw he understood or felt what a woman is and I knew I could always get round him and I gave him all the pleasure I could leading him on till he asked me to say yes and I wouldnt answer first only looked out over the sea and the sky I was thinking of so many things he didnt know of Mulvey and Mr Stanhope and Hester and father and old captain Groves and the sailors playing all birds fly and I say stoop and washing up dishes they called it on the pier and the sentry in front of the governors house with the thing round his white helmet poor devil half roasted and the Spanish girls laughing in their shawls and their tall combs and the auctions in the morning the Greeks and the jews and the Arabs and the devil knows who else from all the ends of Europe and Duke street and the fowl market all clucking outside Larby Sharons and the poor donkeys slipping half asleep and the vague fellows in the cloaks asleep in the shade on the steps and the big wheels of the carts of the bulls and the old castle thousands of years old yes and those handsome Moors all in white and turbans like kings asking you to sit down in their little bit of a shop and Ronda with the old windows of the posadas 2 glancing eyes a lattice hid for her lover to kiss the iron and the wineshops half open at night and the castanets and the night we missed the boat at Algeciras the watchman going about serene with his lamp and O that awful deepdown torrent O and the sea the sea crimson sometimes like fire and the glorious sunsets and the figtrees in the Alameda gardens yes and all the queer little streets and the pink and blue and yellow houses and the rosegardens and the jessamine and geraniums and cactuses and Gibraltar as a girl where I was a Flower of the mountain yes when I put the rose in my hair like the Andalusian girls used or shall I wear a red yes and how he kissed me under the Moorish wall and I thought well as well him as another and then I asked him with my eyes to ask again yes and then he asked me would I yes to say yes my mountain flower and first I put my arms around him yes and drew him down to me so he could feel my breasts all perfume yes and his heart was going like mad and yes I said yes I will Yes.

- Trieste-Zurich-Paris 1914-1921

图 3.10　完全非结构化文本的著名例子

Joyce 的《尤利西斯》一书最后一章的内容。这段著名的文本除了一些诗的破格（Poetic License）以及句子方面的英语语法规则，没有任何标点符号。抛弃由标点符号建立的结构类型是 Joyce 使用的文学技巧，以模仿人们每晚从精神抖擞到睡意绵绵、思绪和言语慢慢褪去时的体验。

可以根据词汇、句法、语义、修辞和语用方向对文本的相关维度进行分类。如图 3.11 所示，从图中可以看到与本节研究的自然语言文本相关的质量维度。需要注意的是，相较于结构化数据和地图的视角的改变，因为人们必须通过阅读来理解文本所描述的真实的、人为的或虚构的故事。

<table>
<tr><td rowspan="2">维度类簇</td><td colspan="5">概念问题</td></tr>
<tr><td>词汇</td><td>句法</td><td>语义</td><td>修辞</td><td>语用</td></tr>
<tr><td>准确性</td><td>词汇准确</td><td>句法准确</td><td></td><td></td><td></td></tr>
<tr><td rowspan="2">可读性</td><td colspan="2">易读</td><td></td><td></td><td></td></tr>
<tr><td colspan="5">文本可理解
更接近文本基础的可理解
更接近场景模型层的可理解</td></tr>
<tr><td>一致性</td><td colspan="5">连贯
参照内聚——局部互参照
参照内聚——全局互参照</td></tr>
<tr><td>可访问性</td><td></td><td></td><td></td><td></td><td>文化可访问性</td></tr>
</table>

图 3.11　半结构化文本的维度及相关分类标准

下面研究其他维度类簇。

3.4.1　准确性类簇

词汇准确性（Lexical Accuracy）讨论文本中的词与参照词汇表的接近程度。为了测量这一接近程度，可以采用第 2 章中的结构化字母数字混编数据的句法准确性指标。如图 3.12 所示的公式，对于包含 K 个词的文本，其接近程度应将每个词 w_i 与文本中用到的词汇表 V 进行对照来测量。

$$\text{词汇准确度} = \frac{\sum_{i}^{K} \text{closeness}(w_i, V)}{K}$$

图 3.12　词汇准确度的计算公式

句法准确性（Syntactic Accuracy）是指文本与该文本所参照的对应自然语言中定义的句法规则的符合程度。这里不对该维度进行详细讨论。

3.4.2　可读性类簇

本节讨论两个维度，分别是可读性和文本理解。

3.4.2.1　可读性

可读性是指阅读的容易程度，也可定义为使某些文本比其他文本更容易阅读的特性[184]。Klare[370] 将可读性定义为“由书写风格带来的易理解性”，该定义关注的书写风格，有别于诸如内容、连贯和组织结构问题。因此，可读性关注的是阅读书写文本的相对难度。可读性不应与关注字体和版式的易读性（Legibility）混淆。

一般认为，Kitson[369] 最先对可读性进行了研究，阐述了两份报纸和两本杂志之间按照音节测量的句子长度和单词长度的真实差异。文献［689］也曾对可读性进行研究，提出的大多数可读性指标都建立在与两类理解难度相关的因素之上，即词汇和语义特征、句子或句法复杂性。根据文献［114］，由于这些因素易于和文本关联，基于这些因素的可读性计算公式是当前主流。

基于以上讨论，通常使用考虑给定文本句法特征（如单词长度和句子长度）的数学公式度量可读性。从 20 世纪 20 年代到 80 年代，度量英语文本可读性的公式就有超过 200 个[184]，包括迷雾指数（Gunning Fog Index）[283]、自动可读性指数（Automated Readability Index，ARI）[560]、Flesch 易读度（Flesch Reading Ease）[225,240] 以及 Flesch-Kincaid 学历等级（Flesch-Kincaid Grade Level）[368]。下面详细讨论迷雾指数和自动可读性指数。

迷雾指数产生理解文档所需要的一个近似难度等级，该指数的基本思想是句子越长，所使用的单词越复杂，文本阅读的难度就越大。图 3.13 给出了迷雾指数公式。

$$0.4\times\left[\left(\frac{\text{单词数}}{\text{句子数}}\right)+100\times\left(\frac{\text{复杂单词数}}{\text{单词数}}\right)\right]$$

图 3.13　迷雾指数的计算公式

文献［494］给出了如图 3.14 所示的文本迷雾指数计算示例。图中文本段落包含 7 个句子、96 个单词，平均句子长度是 13.7，包含 9 个复杂词（加粗字体），其迷雾指数=0.4×（13.7+9.375）= 9.23。

ARI 用于表示理解文本所需的美国学历等级。不同于其他指数，ARI 依赖于每个单词的平均字符数，而不是通常的每个单词的平均音节数。图 3.15 给出了 ARI 公式，其中：

（1）字符数是文本中字符的数量；

（2）单词数是文本中的单词的数量；
（3）句子数是文本中句子的数量；
（4）复杂单词数是具有 3 个或者更多音节的难词的数量。

In **describing** the humpback whale song, we will adhere to the **following designations** . The shortest sound that is **continuous** to our ears when heard in "real time" will be called a "unit." Some units when listened to at slower speeds, or **analyzed** by machine, turn out to be a series of pulses or **rapidly** sequenced, discrete tones. In such cases, we will call each discrete pulse or tone a "subunit." A series of units is called a "phrase." An **unbroken** sequence of **similar** phrases is a "theme," and **several** distinct themes combine to form a "song."
{From "Songs of Humpback Whales." 1971. Payne, R. S. & S. McVay. Science 173: 585-597.}

图 3.14　迷雾指数的计算示例

$$\text{ARI} = 4.71 \times \frac{\text{字符数}}{\text{单词数}} + 0.5 \times \frac{\text{复杂单词数}}{\text{句子数}} - 21.43$$

图 3.15　ARI 的计算公式

3.4.2.2　文本理解

传统的可读性计算公式通常不是基于阅读或理解构建理论的，而是基于统计相关性的。在 20 世纪 60 年代初期，新的发展使可读性研究发生了变化，包括新的阅读理解标准以及语言学和认知心理学的相关工作。例如，作为可读性概念发展演化的例子，文献［433］将可读性定义为“给定人群发现特定读物引人入胜与可理解的程度”。该定义强调文本与具有阅读技能、先验知识、阅读动机等已知特征的读者群之间的相互作用。

当将传统公式与读者用于文本处理的心理语言学模型进行对比时，其不足也变得明显起来。心理语言学家将阅读视为一项运用于多个不同处理层次（词汇、句法、语义和语篇）的多元技能[372]。就解释读者如何与文本相互作用而言，一个基于心理语言学的文本可理解性评价方法一定会比表面可读性特征更加深入。因此，必须包括对文本内聚性、含义构建的测量，并将文本理解视为一个多层次过程[372]。

这些研究较为广泛，可以采用术语“文本理解”（Text Comprehension）或“可理解性”来刻画对应的质量维度。可理解性是指表达清楚和易于理解的能力。理解还指从心理上领会某些东西的能力，以及理解思想与事实的能力。理解技能涉及利用上下文和先验知识帮助阅读的能力，以及弄清所读到和听到内容的能力。因此，理解是建立在读者的先验知识、文本呈现的信息，以及通过上下文认知单词和含义的基础之上的。

另一个影响可读性研究的方面是修辞结构理论（Rhetoric Structure Theory，RST）[426]，一种描述自然文本的语言方法，主要依据文本中各部分之间的关系来刻画文本结构。RST 识别文本中的层次结构，用功能术语描述文本各部分之间的关系，并提供描述文本中从句之间关系的一般方法，无论其是否有语法或词法证据。

文献［184］最先提出了从可读性演变到文本理解的相关要素，如图 3.16 所示。

内容 命题 组织 一致	样式 句法以及 语义要素
结构 章节 标题 导航	设计 排版 格式 插图

图 3.16　文献［184］中的易读性基本要素

虽然没有对图 3.16 中的术语进行文字解释，仍然可以别识出：①设计要素中扩展上述易读性维度的美学和符号特征；②诸如章节和标题的新结构项；③下面即将关注到的诸如组织和连贯性等内容项。

文献［469］提出了一种更先进的面向文本理解的增强可读性的模型，其增强动机来源于这样一个现象，即在撰写文档时，作者必须留意预期读者的需求，以及文本在所采用的语言、主题以及逻辑或叙事结构这 3 个主要方面必然存在的某些匹配，如图 3.17 所示。可以根据对该主题感兴趣的程度、已经了解的程度、阅读能力以及智力水平来界定读者。

一个通过主题和假设知识增进理解的示例是，Agatha Christie 在几部侦探小说中利用序言对小说的主要角色进行介绍。如图 3.18 所示，在《斯泰尔丝庄园奇案》中，读者利用先验知识提升对文本的理解，这将增加文本的可理解性。

最后，给出两种评价文本结构的度量指标，即逻辑连贯性（Logical Coherence）和命题密度（Propositional Density）。逻辑连贯性是指一个陈述根据推理链、事件链序列、层级或分类进行安排的程度；命题密度是一个重要构思与下一个重要构思之间以中间词为度量的紧密度。

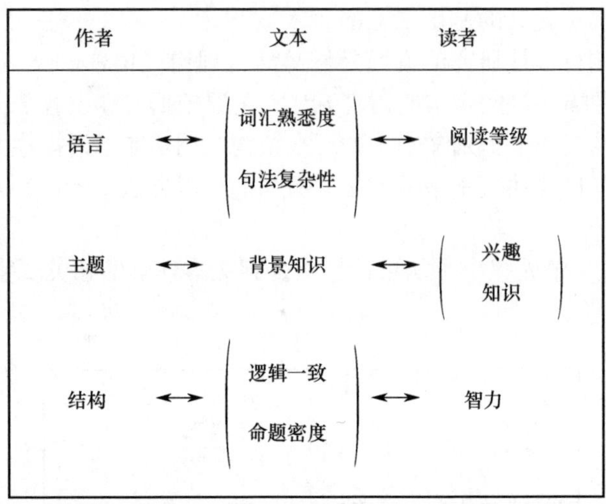

图 3.17　文献［469］给出的易读性所需的匹配

Characters in "The Mysterious Affair at Styles"
Captain Hastings, the narrator, on sick leave from the Western Front.
Hercule Poirot, a famous Belgian detective exiled in England; Hastings' old friend
Chief Inspector Japp of Scotland Yard
Emily Inglethorp, mistress of Styles, a wealthy old woman
Alfred Inglethorp, her much younger new husband
John Cavendish, her elder stepson
Mary Cavendish, John's wife
Lawrence Cavendish, John's younger brother
Evelyn Howard, Mrs. Inglethorp's companion
Cynthia Murdoch, the beautiful, orphaned daughter of a friend of the family
Dr. Bauerstein, a suspicious toxicologist

图 3.18　可理解性示例

3.4.3　一致性类簇

一致性类簇的讨论涉及内聚性和连贯性两个方面，本节首先对这两个方面进行总体介绍，之后将进行单独的讨论。

3.4.3.1　内聚性和连贯性

研究表明，文本理解与本节讨论的两个维度——内聚性和连贯性——有着内在联系。文献［273，275，434］验证了一条提升语篇理解模型与工具研究的路径，并以此作为从文本项向更复杂的语篇概念演变的基础。上述文献对语篇的定义包括口语会话和书面材料。口语会话中的言语和书面材料中的句子是由说话者或书写者编排的，目的是向聆听者或阅读者传递感兴趣和有用的消息。由于语篇交流常常会中断，语篇理解模型要处理成功理解之外的交流中断的情况。

多年来，大量研究者对多层次理解进行了研究。文献［273］中给出的分类方法包括 5 个层次，如图 3.19 所示，即表层编码、明确的文本库、环境模型（又称心理模型）、语篇体裁和修辞结构（语篇的类型及其组成），以及说话者与聆听者之间或者书写者与阅读者之间的语用交流。表层编码（Surface Code）保存分句的准确措辞和语法。文本库（Text Base）包含明确的用于保存含义的命题，但不涉及准确措辞和语法。环境模型（Situation Model）是文本所涉及的内容或微观世界，一篇说明文的环境模型是指读者对文本主题的先验知识。文本体裁（Text Genre）是文本的类别，如科技文本或悬疑小说。修辞结构（Rhetorical Structure）是带来文学效果的语言的使用。语用（Pragmatics）是通过上下文加深含义理解的方式。图 3.19 通过给出每个层次的编码、组成和内容，对 5 个层次进行了详细的说明。实际上，图 3.19 描述的每个层次都可能出现理解失败，失败的原因可能是读者的缺陷（读者缺少先验知识或者处理技能）或者语篇的缺陷（如不连贯的文本、不够高明的演讲）。理解失败的结果可能是理解的完全中断，也可能是由轻度的不合规则导致的理解不顺畅。

表层编码

构词（字形、字音、音节、语素、词元、时态、外观）
词汇（词条）
词类（名词、动词、形容词、副词、限定词、连词）
句法成分（名词短语、动词短语、介词短语、从句）
语言风格与方言

文本库

明确主题
引用表达关联的指示物
显式连接从句的连接词
语篇焦点成分与语言预设

环境模型

媒介、对象以及抽象实体
时间性、空间性、因果性、意向性维度
联系与阐述思想的推理
给定的信息与新的信息
事件的图像与心理模拟
环境的心理模型

语篇体裁和修辞结构

语篇分类（记叙、议论、说明、描述）
修辞组成（情节结构、声明+证据、问题+解决方案等）
命题和从句的认识论地位（声明、证据、保证、假设）
言语行为分类（断言、问题、命令、许诺、间接请求、问候、表达评价）
语篇的主题、寓意或者要点

语用交际

说话者/书写者与聆听者/读者的目的
风格（幽默、讽刺、歌颂、贬低）
请求澄清以及反向反馈（仅针对口头语）

图 3.19　文献［273］给出的语篇层次

尽管可读性、可理解性和文化可访问性是整个文本的属性，但这些属性都和文本难度的度量问题相关，不具备刻画不同句子中单词和概念之间关系焦点的能力，而这正是内聚性和连贯性所关注的。

文献［274］对内聚性和连贯性进行了辨析。内聚性由显性文本特征组成，这些特征对帮助读者理解文本思想起到一定作用；连贯性是一种反映语言的语篇特征与现实世界知识之间联系的认知表征。

当关注点是将文本作为研究对象时，连贯性可定义为一种有利于心理表征连贯的文本特征（内聚方面）。

内聚性和连贯性表示文本中单词和概念是如何与特定层次的语言、语篇及现实世界知识建立联系的。内聚性被视为语言和文本的客观属性，是通过允许表达单词、句子等之间连接（关系）的语言资源来实现的。这些内聚资源给读者提供了统一表示文本所要表达概念的思路；连贯性是文本内聚性与读者交互的结果，依赖读者从环境中获得的技巧和概念，在读者头脑中构建连接关系，连贯性被视为读者心理表征的一个特征，是主观的。某个层次的内聚性可能导致一个读者的连贯心理表征和另一个读者的不连贯心理表征。

文献［275］对多种内聚性和连贯性进行了分类。一种常见的分类是局部层面和全局层面，即内聚性和连贯性都是局部与全局结构的。读者可以发现文本中相邻从句之间的局部内聚关系，以及多个从句和段落之间的全局内聚关系。此外，内聚性和连贯性可进行如下的概念分类，即词汇、参照、时间、位置、因果和结构。

对内聚性和连贯性进行一般性介绍后，以下是对内聚性和连贯性的具体讨论。

3.4.3.2 内聚性

文献［291］将内聚性定义为“将文本单元连接到一起的特定语言手段的使用”，例如，两个语篇单元之间的词汇内聚性（Lexical Cohesion）是指两个单元中单词之间词汇关系的使用，如相同单词（反复）、同义词、上位词、连接词等。例如，文献［291］中的例子。

（1）Before winter **I** built a chimney, and **shingled** the sides of my **house**. **I** thus have a tight **shingled** and plastered **house**.（冬天来临之前，**我**修建了烟囱，并给**房子**四壁**贴了墙砖**，因此**我**拥有了一所牢固的**贴有墙砖**且粉刷过的**房子**）。

（2）Peel, core and slice **the pears and the apples**. Add **the fruit** to the skillet.（把**梨和苹果**削皮、去核、切片，将**水果**加到锅里）。

非词汇内聚性（Nonlexical Cohesion）对应于使用诸如句首反复（Anaphora）之类的非词汇关系，即使用诸如代词之类的语言单元指代另一个表示相同的人或对象的名词单元。例如，“Anne 向 Edward 要盐，Edward 将盐递到她的手中”，其中，“她”指代句子中的 Anne[667]。

对于参照内聚性（Referential Cohesion），第一个衡量参照内聚性的指标是局部互参（Local Coreference），即使用名词、代词或者名词短语指代文本中另一个成分。使用文本中拥有共同名词的相邻句子的比例来度量局部互参内聚性：

$$\text{局部互参内聚性} = \frac{\sum_{i=1}^{n-1} R_{i,\ i+1}}{n-1}$$

其中，当临近句子 i 和 $i+1$ 拥有相同的名词时，$R_{i,i+1}=1$，否则 $R_{i,i+1}=0$。全局互参（Global Coreference）包括计算了局部互参内聚性的所有可能的句子对。指标是互参句子对的比例：

$$\text{全局互参内聚性} = \frac{\sum_{i=1}^{n}\sum_{j=1}^{n} R_{ij}:\ i<j}{n \times \frac{n-1}{2}}$$

其中，R_{ij} 涉及句子 i 和句子 j，与之前的 R 定义相同。

3.4.3.3　连贯性

连贯性对于文本理解研究尤为重要：作者设计文本时应当考虑到受众可以发现连接文本组成的关系，从而可以构建一致的文本内容心理模型。

文本连贯性可使用一组联系文本中语义组成的联接关系进行重建。这种关系的类型可以通过连词来确定，如句子“由于生病，Laure 待在家中”。或者，不明确关系，由读者通过上下文线索和背景知识进行推理，如句子“Jennifer 生病了，她待在家里”。为了重建各个组成之间的关系，这种推理可能基于相当复杂的画面和脚本知识，如句子“Barbara 被邀请参加 Carlo 的生日派对，她想知道他是否想要一只风筝，她进入她的房间并摇了摇她的储钱罐，但没有声音”。

由于许多连接关系是不明确的，需要读者自行理解，所以读者不能直接确定文本的连接结构，主要体现在以下两个方面。

（1）从语篇生成的角度，连贯性是文本编排所要传达内容的心理表征的属性，这一属性可以作为作者连接结构进行重建，该结构确定了作者编排文本的策略，并通过连接线索反映在表层文本中。

（2）从语篇理解的角度，连贯性是文本阅读过程中心理表征的属性。此时，连接线索支持读者构建文本内容的一致心理模型。这一属性可作为读者的连接结构进行重建。

3.4.3.4 Coh-Metrix 工具

Coh-Metrix 是用来分析和测量 1~4 级文本的工具。Coh-Metrix 项目起初的目的是聚焦于文本库的内聚性和语篇的连贯性。

Coh-Metrix 可以用来做如下工作。

（1）在多个等级上评估语篇的整体内聚性和语言复杂度。

（2）研究等级内部以及等级之间的语篇约束。

（3）测试多等级语篇理解的模型。

Coh-Metrix[275] 报告了语言细节和内聚特征，代表了传统可读性度量的升级。系统整合了语义词典、模式分类器、词性标注器、句法解析器、浅层语义解释器，以及计算语言学领域中开发的其他组件，这一整合可以深化与文本处理和阅读理解相关的深层语言特征的研究。

Coh-Metrix 度量（即指数、指标）涵盖了图 3.19 中的许多组件，这里介绍其中与浅层编码相关的部分。对于单词度量，Coh-Metrix 计算词频、模糊性、抽象性、词性分值。例如，单词（如名词、主动词、形容词）的模糊性和抽象性通过使用 WordNet[227] 计算多义度与上位度的值来衡量。多义度（Polysemy）是指一个单词具有的词义数量，模糊单词具有更多的词义数量。上位度（Hypernymy）是指单词出现在一个概念、分类层次中的等级深度。较低的分值意味着单词位于相对较高的层级，因此也更加抽象。

对于语法，Coh-Metrix 建立了语法复杂度的多个指标，其中包括以下几个方面。

（1）每个名词短语的修饰语数。每个名词短语的平均修饰语数是参照表达的复杂度指标。

（2）主句中主动词之前的单词数。主句中主动词之前的单词需要消耗理解器的工作内存，因此其数量是语法复杂度的一个指标。

3.4.4 文本理解领域研究的其他问题

部分文献研究了文本理解中的其他问题，下面逐一进行讨论。

（1）缺乏知识和阅读技能对理解的影响。文献［487］探究了在不考虑文本内聚性的情况下阅读技能和先验知识对理解的相对贡献。有充分的证据显示先验知识对说明文本理解具有较大影响。Ozuru 等[487] 进一步研究了先验知识的相对贡献是否以及如何随着理解水平变化而变化。该研究考虑了两个层次的理解，即亲文本库和亲场境模型。亲文本库的理解定义为对需要最少信息整合（句子中明确陈诉的信息）的理解问题的性能。而亲场境模型的理解定义为对需要更广泛信息整合（涉及两个或多个句子之间信息整合的桥接）的理解问题的性能。文献［487］中研究了用不同类型理解问题的函数来表示先验知识对文本理解贡献的变化。

（2）英语作为第二语言时的文本理解。多项研究关注于针对第二语言（Second Language，L2）学习者的文本理解和文本难度。此时，被研究最多的语言仍然是英语。Crossley 等[157] 针对日本读者研究了这一问题，实验显示，与其他传统的可读性度量相比，Coh-Metrix 公式可以对阅读难度进行更加准确的预测。使用更加适合预测 L2 文本可读性的基于认知的可读性公式，可为老师分析和选择适合 L2 学习者的文本提供有价值的参考。

（3）特定领域的文本理解。在医疗领域，文献［194］研究了一个语料库驱动的方法，建立了专业和非专业医疗术语的语义等价配对词典。这一词典可被用到文本到文本生成系统中，以使专业文本对于非专业读者来说更好理解。该方法的核心是组合多个关联度量来识别语义等价的术语对，以及使用基于知识的启发式方法作为识别语义等价对的过滤器。

（4）非英语文本的理解。文献［18］中提供了一个研究非英语文本理解的例子，即葡萄牙语，该方法将 Coh-Metrix 方法的许多特征引入葡萄牙语（称为 Coh-Metrix-PORT），并引入一系列新的特征，包括反映简化操作的句法特征以及 *n*-gram 语言模型特征，其中 *n*-gram 字符串是在参照手写文档大型语料库中使用的一组包含 *n* 个词的字符串。

选择的特征集（图 3.20）有 3 类：第一类包含感知驱动的特征，并被分解为一组由不需要任何语言工具或者外部资源计算的简单计数构成的基础特征（第一组）和一组更加复杂的特征（第二组）；第二类包含服务于文本简化系统的、反映特定句法构造出现率的特征（第三组）；第三类包含从根据一元、二元、三元概率和库外词汇占比分值构建的 *n*-gram 语言模型获得的特征（第四组）。

感知驱动特征- 基础
- 单词数
- 句子数
- 段落数
- 句子平均单词数
- 段落的平均句子数
- 单词的平均音节数

感知驱动特征- 复杂
- 功能单词的发生率
- 上位动词的平均数量
- 人物代词的数量
- 否定词的数量
- 连接词的数量
- 动词模糊比例
- 名词模糊比例

文本简化系统中的句法构造
- 因果关系的发生率
- 主从关系的发生率

从*n*-gram语言模型（LM）和库外词比例分值获得的特征
- 一元LM概率
- 二元LM概率
- 三元LM概率
- 库外词

图 3.20　文献［18］中的特征集

3.4.5 可访问性类簇

可读性指标中引入的复杂词概念，建立了与难词概念的联系。当基于浅层语法（音节数）对复杂词进行评价时，难词被关联到读者对词义的理解上来，从而将难词的概念关联到文本的语言（或文化）可访问性维度上来。

文本使用非难词越多，其语言可访问性就越高，而难词的概念是依赖于用户（以及上下文）的。文本的语言/文化可访问性可以通过文本中难词占所有词的比例进行度量，其中难词可以定义为不包含在基本词典中的词。

文化可访问性（Cultural Accessibility）关注对文本进行理解所需要的技巧和能力在用户中的传递，所以可用以下几个指标加以度量。

（1）对于使用一种语言书写的消息，一种可行的指标是普通人可理解其含义的词的百分比。可通过核对出现在具有特定教育水平（如强制教育水平）的人应当掌握的词汇表中的词数来计算这个百分比。例如，在意大利，构建了一个 5000 个词的列表，作为接受 10 年教育即具备意大利强制教育水平的人应当掌握的词汇。

（2）对于使用多种语言书写的消息，一种可行的指标是以列表中至少一种语言作为母语的全球人口比例。

本书的一位作者曾撰写介绍计算机科学理论中最重要问题的教材。该作者致力于仅使用前面提及的列表中的 5000 个词，教材中其余的术语必须使用这 5000 个词以及其他已经定义过的术语进行定义。教材初稿中开篇之句是“Everyone of us makes use daily of lot of different types of information”（我们每个人每天都要使用大量不同类型的信息），后来这一句被改成了“Almost every day everyone of us makes use of lot of different types of information”（几乎每一天我们都要使用大量不同类型的信息），因为基本词汇表中不包含“daily”（每天）这个词。

3.4.6 行政文书的文本质量

本节暂时不考虑本章关于半结构化文本的部分以及后续关于法律文本质量的章节。本节关注公共行政部门发给市民和企业的信件之类的行政文书的质量，尤其指税务部门发给纳税人的信件。尽管从准确、无歧义等角度来说，这类文书没有法律文本那么严格，但作为行政文书，需要慎重对待。Renkema[522] 对这一领域进行了研究，以荷兰税务部门为例，提出一个用于评价文本质量的模型。如图 3.21 所示，该模型基于 3 个质量类别，即相符性、一致性以及正确性，也称为 CCC 模型。

项目	相符性	一致性	正确性
A. 文本类型	1. 适当	2. 体裁纯粹	3. 应用体裁规则
B. 内容	4. 信息充分	5. 事实一致	6. 事实正确
C. 结构	7. 充分连贯	8. 结构一致	9. 连接词正确
D. 用词	10. 用词合理	11. 样式一致	12. 句法和选词正确
E. 表示	13. 布局合理	14. 布局适应文本	15. 拼写和标点正确

图 3.21　CCC 模型中关注的质量维度

相符性（Correspondence）是指信件内容契合发送者意图的质量。在这个意义上，相符性与有效性（Effectiveness）非常相似，因此，显示半结构化文本质量维度的图 3.11 中没有考虑这一类别。由于信件是一种特殊类型的半结构化文本，将其视为为用户提供的信息服务更加合适。因此，当考虑这种服务的质量时，有效性确实是最重要的方面（参见文献［631］关于这一点的详细讨论）。本节之前从一致性与准确性类簇对一致性和正确性进行了探讨。对于其子维度，参见文献［522］对其进行的详细讨论。此外，该研究将关注的重点放到了通信相关的问题上。特别地，文献［522］强调荷兰税务部（Dutch Tax Department）的座右铭是“We can't make it more fun，but we can make it easier”（我们不能使其更有趣，但我们可以使其更简单）。

3.5　法律文本的信息质量

法律是通过一系列公共机构强制执行的规则系统，是支撑执法、政治、经济和社会的基础手段。

法律可由国家、州省（如美国的自治市、特区、州、地区等）层面，或者如欧盟这种联邦或联盟国家层面支配公民、公共行政部门、公司行为的立法机构颁布，法律通常以条款形式组织，条款又以标点（或者段落）进行组织。

论及法律文本的质量时，涉及两种截然不同的含义。

（1）法律的有效性，在国家、州省或者联邦层面，用以改变组织的一系列规范和社会某个方面的行为规则。

（2）表述法律的文本的质量。

特别指出，上述两个含义是相互关联的。例如，一部法律若用模棱两可的句子进行表述，会产生不同的理解，这将导致潜在的腐败或者权利滥用，降低其有效性。为了深入阐述这一点，文献［513］（图 3.22）给出了法律文本质量的5条黄金法则。法则1针对阐述法律的文本。法则2涉及法律的有效性。针对相同事件的不同法律之间的相互影响取决于法律文本之间的联系（见稍后的引用准确性维度）以及法律文本的一般语义架构。法则3针对法律文本的质量问题和法律的目标。法则4和法则5再次针对为法律文本质量引入的第一层含义，即有效性。

1.陈述简单、简练、清晰：执法者、解释者和受法律约束者理解法律文本和法律的意图。
2.实现其目标是完全成功的：民主社会中的每部法律都以解决某个问题为宗旨，符合人民最大利益并反映最高愿望。理想的法律能完全成功地达到其目标。
3.与其他法律协调一致：一部法律通常会对其他法律产生影响，也受其他法律的影响。理想的法律应当确保在达成解决问题的目标上与其他法律协调一致。
4.不产生有害的副作用：所有人造产品，包括法律，都具有非预期的副作用，可能是有益的、中性的、或者有害的。如果一部法律在完成其解决问题目标的同时，其非预期副作用损害了人的已有生活标准、质量或者人权，那么该法律就是不可接受的。因此，理想的法律不会对人权、人的生活标准或质量产生有害的副作用。
5.对人施加了尽可能少的负担：理想的法律向人们施加尽可能少的成本和其他负担，以达到其最大的积极净收益，它是高效、安全、无干扰和用户友好的。

图3.22 表达法律文本质量的5条黄金法则

接下来讨论第二层含义，将法律文本视为特殊类型的文本。从这方面来说，质量维度可分为以下的3个情境，即单个法律、作用于单个国家的法律框架、作用于多个以某种形式联合或者联盟的国家的法律框架。接下来讨论的质量维度在这3个情境中具有不同的相关性，如图3.23所示。

类簇	质量维度	单个法律	单个国家的法律框架	多个联盟国家的法律框架
准确性	引用准确性	不相关	×	×
冗余性	简明性	不相关	×	×
可读性	清晰 简洁 非歧义	× × ×	× × ×	× × ×
可访问性	文化可访问性	×	×	×
一致性	一致 无歧义	不相关 ×	×	×
全局质量指数		×	未定义	未定义

图3.23 法律文本的质量维度及其相关情境

多个国家通过列举法律形成过程中采用的一系列起草规则来解决法律文本的质量问题，下面给出一个定义和一些相关的起草规则来研究法律文本最相关的质量维度。图3.24中的示例引自文献［559］，同时参见文献［680］中对欧盟法律起草规则的论述。

多个工具可以为法律起草者提供规划法律条款的指导，Biagioli等[72]给出一个模型驱动工具，可帮助法律起草者从法案的概念模型开始构建一个新的法案。这种模型的使用与典型的起草过程不同，即条款的结构基于其语义构建。Gostojić等[272] 发现尽管大部分现有方法使用形式逻辑、规则或者本体来建模法律规范，但都不是以起草、检索、浏览法律为目的的。因此，提出了一个用 OWL 建模的法律规范形式模型，使用法律元素以及所规定的法律关系元素形式化地定义法律规范，用于法律的半自动化起草、检索和浏览。

质量维度	规则示例
（引用）准确性	第1版：条款1——本法律废除所有先前关于税务欺诈的法律； 第2版：条款1——本法律废除第122/2005号法律关于税务欺诈方面的条款； 第3版：条款1——本法律废除第122/2005号法律中的整个第1条和第7条，第1段和第3段
无歧义性	• 不要使用“和/或”，使用“或”表示任一或更多； • 使用“the”消除引用时的歧义，否则，可使用“这个”“那个”“这些”“那些”
简明性	• 去除冗余的语句，如果一个单词与一个短语同义，就使用单词； • 使用能表达想要表达含义的最短的句子； • 因为“大体上”是模棱两可的，行政部门不应当使用“大体上如下”或“基本如下”这样的语言
清晰性	• 从针对性的角度，明确其目的或者偶尔使用示例可能对用户包括法庭理解法案有帮助； • 法案的编排顺序的建议如下： a. 短标题 b. 前言；判定要素；目的 c. 定义 d. 范围、例外以及排除，如果有 e. 建立机构或办事处 f. 行政和程序审查 g. 内容（按时间、重要性、或其他逻辑顺序列举积极要求） h. 禁止与惩戒 i. 废除 j. 现有关系的保留或者传递审查，如果有 k. 生效日期
简洁性	• 根据一般和常用的习惯选择简短、熟悉的单词和短语来表达含义，语言必须是庄严的而不是浮夸的。例如，使用“after”代替“subsequent to”，使用“before”代替“prior to”
内聚性和连贯性	• 不要同时使用同义词； • 在整个法案中始终保持语言一致，不要使用相同的单词或短语表达不同的含义，不要使用不同的语言表达相同的含义

图 3.24 法律文本最常用的质量维度以及相关起草规则示例

下面阐述图 3.23 所示的各个维度。

3.5.1 准确性类簇

本节讨论准确性维度和无歧义性维度。

3.5.1.1 准确性

一般而言，准确性对所有类型的文本和文档都十分重要，特别是规范人、组织、企业行为的法律文本。一种特殊的准确性是引用准确性，在一个国家的法律框架中尤为重要。每部法律都规范一个国家生活中的具体问题，如财政系统、污染与环境以及家庭职责。世界上的所有国家都会发生这样的事情，即一部新的法律会废止、拓展或修改另一部或者多部先前法律的条款，表达这种强烈变化的句法结构（或引用机制）影响着法律的准确性。引用准确性（Reference Accuracy）是解决这一问题的质量维度，如图 3.25 所示，3 个不同句子的引用准确性逐渐提高。句子“本法律废除（撤销）先前关于税务欺诈的所有法律”是一个引用不明确的示例：如果想知道哪些规则被废止了，就必须查阅整个法律框架中先前所有的部分或者全部涉及税务欺诈的法律文本，以及其不明确或明确的引用。第二个句子“本法律废除法律 320/2005 与税务欺诈方面相关的条款”改进之处是将查阅的范围缩小到一部法律。第三个句子“本法律废除法律 320/2005 中的第 1 条和第 7 条、第 1 段和第 3 段”，此句精确指出了法律文本中不再适用的条款部分。

第1版：
条款1：本法律废除先前关于税务欺诈的所有法律。

第2版：
条款1：本法律废除法律122/2005与税务欺诈方面相关的条款。

第3版：
条款1：本法律废除法律122/2005中第1条和第7条、第1段和第3段。

图 3.25　法律文本中具有不同引用准确性的句子

特别指出，上述例子与另外两个将要讨论的质量维度（清晰性和无歧义性）相关联，表明不同维度是彼此相关的，正如 3.5.6 节讨论的全局质量指数。

3.5.1.2　无歧义性

无歧义性是准确性的一种形式，一组规范歧义性越大，其整体的确定性和准确性就损失越多。如文献［483］所述：

> 监管要求应当是无歧义的，应当尽量降低监管人员和裁决人员有不同理解的可能性。对规则的遵守应当可通过观察行为和可见的，或可客观确认的，或在法定程序中适用的证据规则下可证明的条件加以辨别。执行机构和监管机构可以最低的成本获得裁定遵守的必要信息。

另外，应当避免在法律文本和规则中使用具有一般含义的词。例如，文献［559］针对市政当局颁布的规则指出，不应当使用短语“实质上以下列方式”或“实质上如下”，因为“实质上”是有歧义的。这一短语可能意味着不允许对“实质”进行修改，或不允许进行“重要”修改。

文献［680］指出，截止研究成果发表时，欧盟成员国中比利时、德国、意大利、葡萄牙、西班牙和英国都对起草者提出了无歧义性要求。

最后，文献［310，337，349］从有效性和无歧义性的角度讨论了腐败和法律质量的关系。特别地，文献［349］指出腐败与自由裁量权之间关系紧密，官员的决定权越大将“……导致企业负担更高、腐败更多，以及对非法经济的激励更强烈”。

3.5.2　冗余性类簇

简洁性与单个法律文本中用于表达该法律本质的词和句子的数目有关。简洁性涉及用来表述法律的自然语言词汇，语言中表达技术问题的专门术语越多，就可以更多地避免重复，该法律也就越简明。同时，技术术语的大量使用建立了与清晰性和简单性的平衡。简洁性同样可用于法律框架，据估计，意大利的法律总数至少要比法国和德国的法律数量多出一个数量级。这种形式的简洁性可通过单一文本方法加以改进，即将同一个时间段内通过的关于相同问题的法律整合为一个文本。例如，在意大利，每年都会通过一个调整居民和企业财政职责的财政法律。

3.5.3　可读性类簇

清晰性和简单性是可读性的特定类型，其差异如图 3.24 所示。清晰性是法律文本的全局特性，其目的是确定表述法律的句子的顺序，以使读者不需要进一步探究就可以理解句子之间的因果关系和法律文本中表达的立法者的核心构想及目标。简单性是一个更独立的质量维度，对应于词和句子中简单语言的使用。

文献［21］研究法律文本的清晰性，分析了法律知识验证在提高法律决策质量中的作用。提出了一个基于知识的环境，以帮助立法者发现法律中的语义异常。如果法律或者法规中的使用规则不够清晰，就会出现语义异常，被检测出的异常会报告给立法者，他们可以在法律生效之前对异常进行修复。因此，不仅法律的质量得到了改进，法律的实施也会得到提升。

文献［620］将法律文本转换为知识库的翻译过程分为两步，即翻译和整合。翻译步骤对法律的层次结构进行分析，从而得到检测结构缺陷所需的细节，并将结构缺陷作为关注点。然后，使用概念抽取（由自然语言解析器支持）来识别每一章、款和节中使用的概念，并置于一个概念模型中。最后，使用代表法律条款唯一解释的概念模式描述每个块中的规范。

整合对使用相同概念创建集成概念模式的条款进行组合。在这一过程中，同义词（不同的词具有相同的含义）被作为相同概念处理，同型词（同一个单词具有不同含义）被区别为不同的概念，并将每个概念解析成一般规则的特例和扩展以产生最终的概念模型。

3.5.4 可访问性类簇

由引用准确性可知，一个法律框架中，每部法律都包含多个对其他法律的引用。整个法律语料库可视为一个网络，每部法律都是其中的节点，并通过自然语言表述节点之间的连接。通常，需要人工构建一个分布式法律语料的超文本。法律框架可访问性（Legal Framework Accessibility）是一组法律文本被组织起来以允许公民和企业在网络中就感兴趣的事件查询当前规范时具有的属性。由于法律文本通常存在于一个国家的不同机构和公共行政部门中的多个文档库，因此访问和查询机制应当独立于管理和储存法律文本的特定文档库。该质量维度也称为互操作性（Interoperability）。

文献［71，418-419］给出了一个架构为公民和企业提供协作信息服务，提供关于意大利和欧盟法律的不同公共机构 Web 站点的统一访问。该系统构建于协作技术架构之上，实现了不同平台的法律数据库的邦联。通过合适的应用网关来实现协作，通过采用两种标准来识别资源、使用遵循自描述 DTD 的 XML 标记表示文档结构和元数据，以提供“松散”集成。这些标准的采用将实现法律文本之间自动动态超链接，以及当前生效法律的半自动化查询。

该系统的架构（以意大利语“Norme in Rete”的缩写 NIR 或规范网络（Network of Norms）命名）如图 3.26 所示。

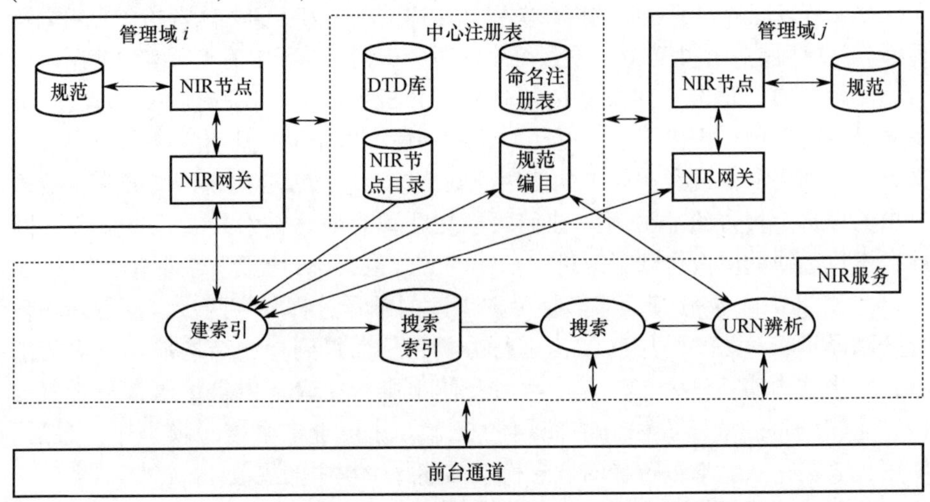

图 3.26 NIR 系统的协作架构

关于可访问性的其他研究参见文献［9］，其中提出了一个规范条款的OWL模型，并提供了关于该方法如何通过推理支持规范可访问性和推断的示例。该方法在一个欧盟指导委员会案例研究中得到了应用。

3.5.5 一致性类簇

单个法律文本具有弱化的一致性和连贯性，一致性是指不同的条款和段落之间不存在冲突（尽管很少见），而连贯性是指3.4.3节讨论的局部连贯性。对于国家法律框架，一致性和连贯性更加有趣，包括在不同时间通过的关于相同主题的法律，以及由不同权威机构通过的法律。例如，在意大利国会和地区都可就相同主题进行立法。此种情况下，规范就可能是彼此冲突的（缺乏一致性），或者兼容但不连续的（缺少连贯性）。联盟国家的法律框架也具有相同的特点。

文献［542］研究了连贯性问题，分析了欧盟采用的多语言政策，该政策确定如下准则。

（1）规章和官方文件应当用所有成员国的语言起草。

（2）所有语言版本均被视为原始版本，至少从法律的角度来说各语言版本之间是等价的。

这些规则与任意两种语言系统不一致原则形成对比，而这也导致现实中关于是否能够对任意法律文本进行“完美”翻译的争论。文献［542］的目的不是支持或者否定这一可能性，而是通过分析翻译者采用的方法、机制和标准，比较翻译问题，并生成等价于原始法律文本的文本。特别引入了一种语际翻译的框架，根据辨别的标准、等价的水平、差异的水平以及辨别的值来分析两种语言版本的法律。

这里跳过前3个方面，仅聚焦于辨别的值。语言版本之间的差异可根据如下类别进行分组。

（1）特异性。可以是时间、空间、对象、目标、领域或者语言。

（2）着重点。可以是流程（关于所描述的行动的动态方面）、产品（关于所描述活动的结果）或者代理（与被动式的使用有关）。

（3）版本的语言质量。可随准确性/清晰性（相对于含糊）、正式性/修辞性（相对于非正式）以及象征性（相对于直接）变化而变化。

3.5.6 全局质量指数

本节总结并讨论质量指数，对应于一种聚合的质量维度。托斯卡纳（意大利的一个地区）的地区委员会工作组（在意大利区际法律观察站指导下）提出了一种法律质量指数（参见文献［148，484］），其中100%对应于最高质量，0 对应于最低质量。由该指数评价的质量旨在衡量“法律文本符合法律起草规则的程度”。从技术的角度，这些规则可以由地区立法机构官员在不需要深入理解的情况下直接应用。这些规则关注与文本的句法和结构相关的层面，如格式限制、命名和应用规范以及领域特定的表述与术语。工作组从“法律起草的规则和建议”的 93 项中提取并识别出了 21 个规则，称为“质量要素”。关于质量要素的假设如下。

（1）它们是相互独立的。

（2）它们具有相同的重要性。

（3）规则（在引用的所有法律文本中）恰当应用越频繁，质量要素对单个法律整体质量的贡献就越大；质量要素可以根据其遵从相应规则的频率进行加权。

（4）权重 W_i 介于 5（非常重要）和 1（不重要）之间，这些权重与特定的时间段、区域层级（一个地区）和法律范围相关。

图 3.27 中列出了质量要素及其定义。

质量要素ID	质量要素（规则的范围）
R1	使用简写（尽可能少地使用简写、首字母、词汇表中的扩展表达）
R2	数字格式化（除了度量和百分比，使用拉丁符号）
R3	日志格式化（dd 月 yyyy 时）
R4	分区引用（遵从章节结构）
R5	度量单位惯例（书写完整、ISO标准）
R6	法案引用（降序排列，完整引用）
R7	参照和引用草案
R8	规则引用例外
R9	法案分区
R10	法案分区：分章节
R11	法案分区：编号（拉丁符号，即字母）
R12	条项起草
R13	条项编号
R14	段落起草和编号（阿拉伯数字，不分行）
R15	段落划分
R16	条项或段落引用
R17	修改规则起草
R18	附加条项编号
R19	附加段落编号
R20	附加字母和数字（段落划分）
R21	明确规则废除的表述

图 3.27　评价全局质量指标时考虑的质量要素

质量要素与本章开始介绍的质量维度之间是多对多的关系，图 3.28 展示

质量维度	质量要素ID																				
	R1	R2	R3	R4	R5	R6	R7	R8	R9	R10	R11	R12	R13	R14	R15	R16	R17	R18	R19	R20	R21
1.正确性、准确性、精确性		×	×		×	×	×	×			×		×	×	×	×		×	×	×	×
2.完备性、针对性			×	×		×	×	×									×				
3.最小性、冗余性、紧凑性				×			×	×			×		×	×	×	×		×	×	×	
4.一致性、连贯性、遵从性	×	×	×	×	×	×	×	×	×	×	×	×	×	×	×	×	×	×	×	×	×
5.可读性、可理解性、有用性	×			×	×		×	×	×	×	×	×	×	×	×	×	×	×	×	×	×
6.可访问性			×	×		×			×	×	×	×	×	×	×	×		×	×	×	×

图3.28　质量要素及其与质量维度的关系

了其对应关系。

质量指标的评价过程如下，对于每部法律进行计算。

（1）定性标准（Qualitative Standard，QS）= $\sum W_i$，规则 R_i 在法律中得到了恰当地应用。

（2）定性剖面（Qualitative Profile，QP）= QS - $\sum W_i$，规则 R_i 在法律中没有得到（恰当地）应用。

（3）质量指数（Quality Index，QI）= QP/QS。

（4）改进指数（Improvement Index，II）= 1-QI。

质量指数可以用于识别需要进行语法修正或替换的法律文本和法律文本的章节；其他指标（见 3.4.2 节讨论的指标）可用于识别需要提高可读性的法律文本和章节。

3.6 本章小结

数据和信息的概念从以关系数据库为典型代表的结构化数据，演变为半结构化数据、非结构化数据、图像、声音和地图，从而引起信息质量概念的不断变化。本章针对地图、普通半结构化文本以及法律文本，研究了刻画信息质量概念的多个维度和指标。

当从结构化数据转向其他类型信息时，发现维度类型和较高层维度定义在不同类型信息之间表现出不变性。同时，对于每种信息类型，根据其固有特性，可以对其维度进行具体化。第 2 章也有相似的情况，以完备性为例，针对关系模型中诸如元组、属性和关系等不同信息结构，引入了几种完备性类型。对于地图，由于其二维或者三维空间建模的固有特性，定义了与不同空间方向（如水平或垂直）相关的不同类型的准确性。类似地，根据这一维度类型的特性对指标进行了定制。

此外，还发现特定信息类型维度重要性取决于该类信息的用途。对于人们用于沟通交流的书面半结构化文本，最为重要的维度是可读性类簇和一致性类簇。在数据库中，数据分别从模式和值两个层面进行表示，因此必须分别使用不同的维度；对于其他类型信息，这一区别并不明显。

由于信息旨在描述现实世界中的所有空间、时间和社会现象，所以存在众多维度。只要 ICT 技术持续发展并应用到新的学科和领域，数据质量维度也将随之发展，并且会出现新的维度。

第 4 章　链接开放数据的数据质量问题

Anisa Rula，Andrea Maurino，Carlo Batini

4.1　引言

作为在 Web 上共享知识的一种标准方式，不断丰富的链接数据使用户、公共或私有组织可以从非常庞大的数据集中充分挖掘利用结构化数据，而这在以前是办不到的。在过去的短短几年间，链接数据已经发展成为非常庞大的数据集，并具有多个开放访问的通道，从而产生了链接开放数据（Linking Open Data，LOD）云①。和结构化数据之类的信息一样，链接数据也存在诸如不一致、不准确、过时、不完备等质量问题，这些问题频繁出现，并且阻碍了对这些数据的开发利用。因此，在链接数据应用程序使用数据集之前对其质量进行评估是很重要的，这样可以让用户或应用程序了解这些数据是否适合当前的任务。

目前，链接数据质量评估尚未得到链接数据社区的充分重视[692]。本章研究链接数据场景下的信息质量，采用质量维度评估链接数据并不容易，这是一个在其他类型信息场景中没有先例的新挑战。

本章重点关注外延层次的质量维度。在链接数据场景下，与内涵层次的质量相比，外延层次的质量更为重要，因为链接数据意图在 Web 上发布结构化且相互链接的数据，而不太关注数据的模式。因此，对信息质量维度的定义普遍聚焦于在链接数据中使用更多的实例。

本章 Web 信息系统、语义 Web 和关系数据库对 3 个不同领域的质量维度进行统一和形式化，并在此基础上描述一组信息质量维度。第 2 章在介绍每个质量维度类簇时，详细描述了信息质量维度及其各自的指标。沿着这一思路，本章针对链接数据场景，给出所采用的每个维度的定义，给出与每个维度相关联的指标。

接下来，4. 2 节首先概述链接数据以及在该领域中使用的语义 Web 相关

① http：//www. lod-cloud. net/。

技术，4.3节对准确性、完备性、冗余性、可读性、一致性和可访问性类簇进行详细描述，4.4节讨论维度之间的关系。

4.2 语义Web标准和链接数据

链接数据应用于万维网（简称Web）的一般体系结构，并采用语义Web标准，如资源描述框架（Resource Description Framework，RDF）、RDF模式（RDF Schema，RDFS）、Web本体语言（Web Ontology Language，OWL）以及简单协议与RDF查询语言（Simple Protocol And RDF Query Language，SPARQL）。本节介绍的链接数据的原理基于Web和语义Web的技术与标准。

4.2.1 Web与链接数据基础

Web是一个信息全局空间，其中Web文档通过超链接链接到其他Web文档，用户可通过因特网在不同的文档之间浏览访问。Web文档依赖于一组标准，如统一资源标识符（Uniform Resource Identifiers，URI）和超文本标记语言（Hypertext Markup Language，HTML）。一个URI全局标识一个Web文档。此外，作为全局唯一标识机制的URI也可用于标识诸如现实对象（如地点、人或图像）之类的其他Web资源。Web通过特定应用层协议——超文本传输协议（Hypertext Transfer Protocol，HTTP）等——使用URI实现与其他文档的交互，由计算机解释的Web文档的内容通过HTML表示，包含格式化的自然语言、数字图像（如JPEG格式）以及其他类型的信息。

尽管Web提供了许多方便，但大多数Web的内容是为人类阅读而设计的，计算机并不能理解进而使用信息。例如，假设一个人对以下问题感兴趣："世界上人口最多的世界之都是哪一个？"如果有人之前查找并公布过该问题的答案，或者存在可以下载并离线处理结构化数据资料的网站，就可以从网站上得到这种问题的答案。计算机可以解析网页布局并进行常规处理，但是它们通常不能处理上述查询，因为相应数据源没有提供机器可读的结构化数据和语义，进而使它们可以由机器处理。一般来说，在Web上发布的数据是CSV、XML之类格式的原始文档，或HTML表格，牺牲了大部分结构和语义。此外，如前所述的Web文档通过超链接彼此链接，而计算机在处理超链接时并不涉及语义。

4.2.2 语义Web标准

语义Web被认为是当前Web的扩展，从而可以通过Web共享和重用数据。习惯上，语义 Web 表示为“语义 Web 夹心蛋糕”结构，每个层表示构造语义 Web 所需的技术组件（图 4.1）。这里简要讨论一些基本的“蛋糕”层，包括 RDF、RDFS、OWL 和 SPARQL。

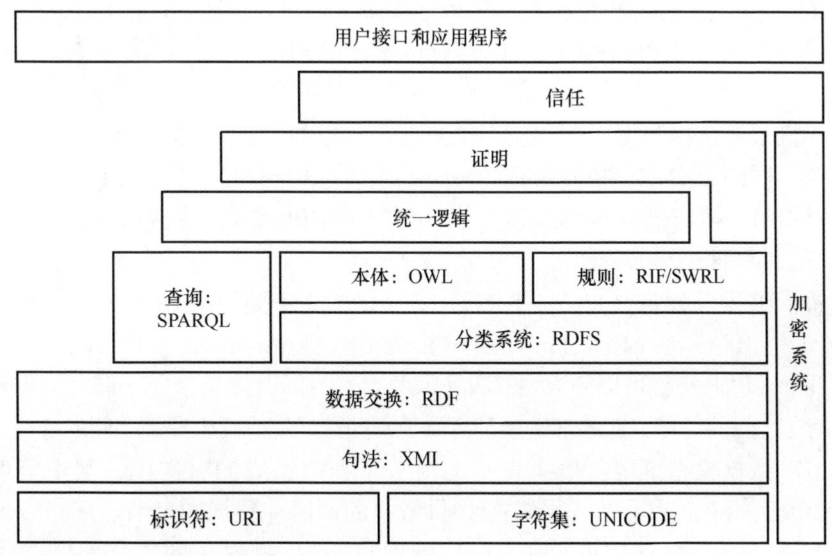

图 4.1　语义 Web 夹心蛋糕结构

4.2.2.1　资源描述框架

为了使应用程序能够处理 Web 上的数据，关键是要用标准格式表示内容。为此，语义 Web 采用了 RDF 数据模型。RDF 数据模型的基本构成是关于资源的语句（Statement）。语句由三元组（Triple）表示，可以在不损失含义的情况下在应用程序之间交换，而三元组又由主语-谓词-宾语形式的 3 个 RDF 术语（RDF Term）构成。RDF 术语是一个 URI、文字（Literal）或空白节点（Blank Node）类型的元素。

在 RDF 数据模型中有两种类型的文字，即无格式文字和有类型文字。无格式文字和有类型文字都表示一个文字值，如字符串、数字或日期。无格式文字是与语言标签相关联的字符串。语言标签（如“Lisbon”@en）表示字符串元素所使用的语言，如英语；有类型文字是与数据类型 URI 相关联的字符串。数据类型 URI 由 XML 模式①定义，并对应于日期、整数和浮点数等，如“1985-02-05”^^xsd:date。空白节点仅表示没有名称的资源。空白节点只能在包

① XML 模式是对 XML 文档的描述。

含 RDF 描述的文档内使用，而且不能在原先范围之外引用。在定义三元组的核心元素之后，下面给出 RDF 三元组的正式定义。

定义 4.1（RDF 三元组） 给定一个 URI 的无穷集 $\boldsymbol{U}$，一个空白节点的无穷集 $\boldsymbol{B}$ 和一个文字的无穷集 $\boldsymbol{L}$，三元组 $<s,p,o> \in (\boldsymbol{U} \cup \boldsymbol{B}) \times \boldsymbol{U} \times (\boldsymbol{U} \cup \boldsymbol{B} \cup \boldsymbol{L})$ 称为 RDF 三元组（RDF Triple），其中 s、p 和 o 分别表示三元组的主语、谓词和宾语。

不建议在链接数据中使用空白节点，因为空白结点不具有一致的名称，即在两个不同的图中具有相同名称的节点并不表示相同的节点。下面假设主语和谓词是 URI，而宾语（也称为属性值）可以是 URI 或文字。基于宾语的类型，RDF 三元组可以分为两类。

（1）文字三元组（Literal Triple）是宾语为文字类型的 RDF 三元组。

（2）RDF 链接（RDF Link）是宾语为 URI 类型的 RDF 三元组。

此外，RDF 链接可以分为内部和外部两类。内部链接是指属于同一数据集的两个资源之间的链接，而外部链接是指属于不同数据集的两个资源之间的链接。

RDF 数据模型可以将信息表示为由节点和边组成的有向图，其中节点是指主语或宾语，边是指在节点之间提供链接的谓语。数据类型节点用正方形表示。术语“RDF 图（RDF Graph）”借用自 W3C 数据访问工作组[49,93,303]，其正式定义如下。

定义 4.2（RDF 图） RDF 图 $\boldsymbol{G} \subset (\boldsymbol{U} \cup \boldsymbol{B}) \times \boldsymbol{U} \times (\boldsymbol{U} \cup \boldsymbol{B} \cup \boldsymbol{L})$ 是 RDF 三元组的有限集合。

图 4.2 为包含 5 个三元组的 RDF 图。这个图的语义是：足球运动员 Kaka 于 1985 年 2 月 5 日出生在葡萄牙，里斯本是葡萄牙的首都。在图 4.2 中，Kaka、葡萄牙、里斯本和足球运动员由 URI 引用标识，出生日期和里斯本标签被标识为文字，并用正方形节点表示。

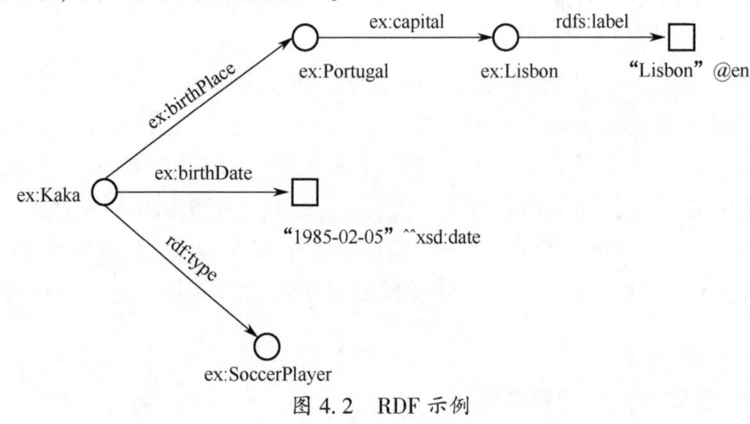

图 4.2 RDF 示例

4.2.2.2　RDF 的语法

RDF 数据模型在抽象层面上进行信息表示，序列化则通过为抽象模型提供具体格式让使用 RDF 变得切实可行，从而可以在 Web 上的不同信息系统之间发布和交换 RDF 数据。有多种序列化格式，如 RDF/XML、N-Triples、N3 和简洁 RDF 三元组语言（Terse RDF Triple Language，Turtle）。本章将使用 Turtle 表示 RDF 三元组和图。Turtle 定义了一种文本语法和一种紧凑、自然的文本形式，其中常见的使用模式和数据类型都使用缩写。URI 要位于括号内，并且可以通过使用符号@ prefix 和在文档中使用的限定名对重复 URI 进行缩写。文字要位于双引号之间，并且可能会被赋予由@ 符号和语言标签组成的语言前缀，或者由^^符号和任何合法 URI 组成的数据类型 URI。空白节点则使用下划线前缀来表示。

表 4.1 所列为用 Turtle 语法编写图 4.2 中描述的 RDF 图的结果。

表 4.1　一组 RDF 三元组的示例

@ prefix	ex: <http://example. org/ontology/> .	
@ prefix	rdf: < http://www. w3. org/1999/02/22-rdf-syntax-ns#> .	
@ prefix	rdfs: < http://www. w3. org/2000/01/rdf-schema\#> .	
ex:Kaka	rdf:type	ex:SoccerPlayer
ex:Kaka	ex:birthDate	"1985-02-05"^^xsd:date
ex:Kaka	ex:birthPlace	ex:Portugal
ex:Portugal	ex:capital	ex:Lisbon
ex:Lisbon	rdfs:label	"Lisbon"@ en

4.2.2.3　RDF 的语义

本节讨论与 RDF 语义相关的两个方面，即 RDF 模式和 Web 本体语言。

1. RDF 模式

RDF 提供了一种建模信息的方法，但没有提供明确信息含义（即其语义）的方式。为了丰富 RDF 数据的含义，需要定义词汇来描述事物的类属以及它们的关系，而这正是用于定义资源的 RDF 词汇描述语言 RDFS 所扮演的角色。RDFS 将资源分为类和属性，类的所有资源都具有由类决定的共同特性。资源可以是多个类的实例，类也可以有多个实例。最常见的属性是 rdf:type（为了简洁起见，使用“rdf”前缀代替<http://www. w3. org/1999/02/ 22-rdf-syntax-ns#>)，它说明了资源与其关联类之间的关系。

RDFS 中的一些重要资源如下（为简洁起见，使用“rdfs”前缀代替 <http://www.w3.org/2000/01/rdf-schema#>）。

① rdfs:Class：用于表示资源，其类型为 RDF 类。

② rdf:Property：用于表示属性，其类型为 RDF 属性。

③ rdfs:subClassOf：用作谓语，表示主语是宾语的子类。

④ rdfs:subPropertyOf：用作谓语，表示主语是宾语的子属性。

⑤ rdfs:domain：用作谓语，表示当主语是属性时，宾语是此属性域的类。

⑥ rdfs:range：用作谓语，表示当主语是属性时，宾语是此属性范围的类。

图 4.3 显示了一个 RDF 模式，该模式描述作为 Athlete（运动员）类子类的 Soccer Player（足球运动员）类。可以看到属性 ex:playsFor（rdf:Property 的示例）具有域 ex:SoccerPlayer 和范围 ex:Team，术语 ex:Athlete 和 ex:Team 声明为 rdfs:Class 的示例。

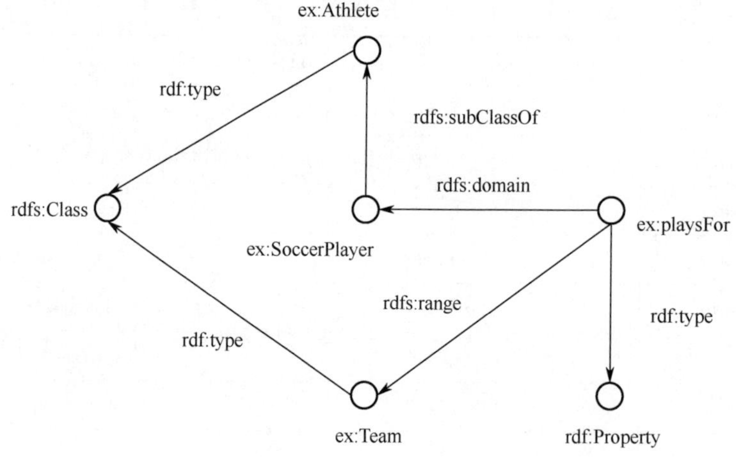

图 4.3 RDF 模式示例

通过使用这些关系原语，RDFS 词汇的作者隐含地定义了可以从 RDF 图中推断出额外信息的规则。例如，考虑三元组 ex:Kaka rdf:type ex:SoccerPlayer，可以根据 rdfs:subClassOf 的属性推断出 ex:Kaka rdf:type ex:Athlete。

表 4.2 是对图 4.3 的 Turtle 格式序列化。

2. Web 本体语言

作为语义 Web 和链接数据的支柱，本体（Ontology）明确了可以在不同系统之间共享和交换的、通过描述数据的术语以及术语之间关系的语义定义的知识，从而使人和机器能够理解正在交换的数据的含义。

表 4.2 “ex:playsFor” 属性定义的示例

@ prefix	ex : <http://example. org/ontology/> .	
@ prefix	rdf : <http://www. w3. org/1999/02/22-rdf-syntax-ns#> .	
@ prefix	rdfs : <http://www. w3. org/2000/01/rdf-schema\#> .	
ex:playsFor	rdf:type	rdf:Property
ex:playsFor	rdfs:domain	ex:SoccerPlayer
ex:playsFor	rdfs:range	ex:Team

Web 本体是使用标准网络本体语言并发布在 Web 上的本体，如 RDFS 和 OWL。OWL 通过启用更丰富的蕴涵①机制来形成更具表达性的模式、子类层次结构以及附加的逻辑约束，从而可以用于扩展 RDFS。OWL 得到了 W3C 推荐标准的认可，并于 2008 年升级为 OWL2，OWL2 同样得到了 W3C 的认可。

OWL2 使用公理、实体和表达式 3 个本体概念，对感兴趣领域中的知识进行建模②。公理（Axiom）是 OWL 本体表达的基本部分，通常称为语句，如 “罗马是意大利的首都” 就是一个语句。通常，在给定的条件下，OWL 语句为真或者为假。

在 OWL 语句中，如果在任何条件下，当语句集合 A 中的所有语句都为真时，语句 a 也为真，则称语句集合 A 蕴涵语句 a。有推理器可以自动计算蕴涵关系，从而能够发现对人们来说微妙且难以理解的公理。

OWL2 中的语句包括个体名称（Individual Name）（如 “罗马” “意大利”）、标记为类（Class）的类别（如 “城市” “状态”）和标记为属性（Property）的关系（如 “是……的首都”）等要素[453]。本章主要涉及构成 RDF 术语、在三元组的主语或宾语位置表示现实中物体的个体名称，并使用术语 “实体”（Entity）作为个体名称的简称。

事实（Fact）包括实例（陈述个体名称具有类表达式类型的公理）、关系、属性或个体等价（陈述两个名称指的是同一个体的公理）。特别地，认为事实是形如 $<s,p,o>$ 的关系，其中 s 和 o 为实体，p 为属性。直观来说，这意味着将 s 关联到 o 的属性 p 成立，即在一种解释下，该事实为真。

4.2.2.4　RDF 的查询语言

SPARQL 是由 W3C 数据访问工作组于 2008 年开发的 RDF 数据模型的标准查询语言，并与查询 Web 上各种数据集的 SPARQL 协议紧密相关。SPARQL

① 从已有知识得出结果。

② 可通过创建复杂的描述，将实体整合进表达式。

查询的结果是结果集（Result Set）或 RDF 图（RDF Graph）。为了区分查询应答中的图和文档中的图，将前者命名为应答图（Answer Graph）。

SPARQL 查询可以包含一个到多个 RDF 图，这样的图称为基本图模式（Basic Graph Pattern）。基本图模式包含的不是 RDF 三元组，而是主语、谓语或宾语可以为变量的三元模式（Triple Pattern）。基本图模式中的三元组与 RDF 数据集中的三元组相匹配，从而产生解映射，即结果集。结果集是变量与 RDF 术语之间绑定的集合，而每个满足三元模式的绑定都返回一个存在于 RDF 图中的三元组。

如图 4.1 所示，SPARQL 建立在 RDF 之上而不是 RDFS 和 OWL 标准之上，因此，不能直接支持推理。在不久的将来，可能会将 RDFS 和 OWL 蕴涵与 SPARQL 集成起来。SPARQL 类似于数据库查询语言 SQL，两者的区别在于 SPARQL 操作表示为 RDF 三元组的图数据，而 SQL 操作结构化的关系数据。

考虑提取“AC Milan”球队所有队员的姓名和上场次数（表 4.3）的情况。

表 4.3　SPARQL 查询示例

```
PREFIX    ex:<http://example.org/ontology/>.
PREFIX    rdf:<http://www.w3.org/1999/02/22-rdf-syntax-ns#> .
SELECT   DISTINCT   ?name ?appearance
WHERE {
    ?s   rdf:type   dbo:soccer_player;
         ex:name    ?name;
         ex:team    ex:AC_Milan
}
```

PREFIX 声明定义命名空间的缩写。SELECT 子句包含两个以“?”开头的变量，用于检索球员的姓名和上场次数。从 WHERE 开始的查询的剩余部分是一个包含 3 个用分号分隔的 RDF 三元模式的 RDF 三元模式列表，其中，第一个模式匹配类型为 dbo:soccer_player 的资源，第二个和第三个模式声明资源有一个姓名和值为 ex:AC_Milan 的球队属性。

通过称为图匹配（Graph Matching）的计算过程，得到查询的响应如图 4.4 所示，其中查询和数据集都显示为以 Turtle 格式给出的结果集（简便起见，仅包括上述数据集的一部分）。

SPARQL 端点（SPARQL Endpoint）是从 SPARQL 客户端接收请求的 HTTP 服务器（由给定 URL 标识）。SPARQL 查询通过充当 SPARQL 端点的程序或 Web 站点执行。

?name	?appearance
Mario_Balotelli	33
Kaká	20

图 4.4　SPARQL 查询结果集的示例

4.2.3　链接数据

本节讨论两个问题，即链接数据原理和链接开放数据。

4.2.3.1　链接数据原理

链接数据是语义 Web 的一部分，建立在语义 Web 技术之上，通过生成数据集之间的语义连接来关联数据。2006 年，Tim Berners-Lee 提出了链接数据（Linked Data）概念，包括一组在 Web 上发布并链接结构化数据的原理。

（1）1 使用 URI 作为事物的名称。

（2）使用 HTTP URI，以便这些名称可以被解引用。①

（3）基于标准（如 RDF、SPARQL）解引用 URI，以提供有用的信息。

（4）包含使用外部可解引用 URI 的链接，以发现更多的事物。

第一个链接数据原理鼓励使用 URI 来识别事物。一方面，正如在文档 Web 这样的链接数据中，URI 用于标识描述实体的文档。一个可返回如 RDF 描述之类表示的、由 URI 标识的文档，称为信息资源②（Information Resource, IR）。另一方面，在链接数据中，URI 不仅标识文档，而且标识现实对象或抽象概念（如地点、人、图像）。

第二个链接数据原理提倡使用如 HTTP 之类特定应用层协议作为识别机制（如 URI），以实现独立信息系统之间的互操作。

根据第三个链接数据原理，假设标识实体的每个 URI 都是可解引用的，并通过 HTTP 的所谓内容协商（Content Negotiation）机制解引用 URI 实体。内容协商机制通过解引用标识实体的 URI，以用户代理指定的数据格式和语言返回实体的描述。简便起见，将对实体的描述称为实体文档（Entity Document）。

供人阅读的实体文档可以 HTML 页面的形式呈现，而由机器读取的实体文

① 译者注：通过引用获取被引用内容。

② 所有必要的特征都可以由消息表达，并由 HTTP 之类的协议传输。

档则被表示为 RDF 文档，以便不同的应用程序可以处理标准化的内容。此外，应用程序应该知道实体与其描述之间的差异，以便进一步查证。一些发布者（如 DBpedia）通过明确地为实体及其描述分配不同的 URI 来避免混淆。例如，使用 http://www.example.org/resource/Milano 代表实体，使用 http://www.example.org/data/Milano 代表实体文档。但要注意的是，术语“实体文档”和“文档（Document）”在本章中可以互换使用。

分布于 Web 上的链接数据运用一种标准机制来指定现实对象之间的连接（第四个链接数据原理），互链的机制是通过 RDF 链接实现的。与连接文档的标准 Web 不同，链接数据连接实体。RDF 链接支持以一种直接的方式发现、访问和整合数据。

4.2.3.2 链接开放数据

2007 年，W3C 的 LOD 项目开始基于链接数据原理使用开放许可证发布已有数据集。根据开放数据定义[①]，转换为 RDF 的数据集可以被自由访问、重用和重新分发。

LOD 可视为一个新的应用领域，其重要性在过去几年中一直在提升。为了鼓励人们发布链接数据，链接数据模式的发起者 Tim Berners-Lee 提出了五星评级系统[②]。这样，数据发布者可以根据图 4.5 所示的评级系统评估他们的数据集与链接数据原理的符合程度。

可从Web上获取（无论以何种格式），但使用开放许可证
可以机器可读的结构化形式获取（而不是表的扫描图片）
在2级基础上，进一步要求使用非专有格式（如用CSV取代Excel）
在以上基础上，进一步要求使用W3C的开放标准（RDF和SPARQL）来识别事物，以方便被引用
在以上基础上，进一步要求建立你的数据与其他人的数据的链接，以提供语境

图 4.5 五星评级系统

每增加一颗星都对应于所发布数据在可重用性和互操作性方面的提升。

4.3 链接开放数据的质量维度

五星评级系统根据遵从链接数据原理的程度来度量数据集的质量。正如在

① http://www.opendefinition.org/。

② http://www.opendefinition.org/http://www.w3.org/DesignIssues/LinkedData.html。

前几章中所看到的，一般来说，度量质量意味着评估一组刻画信息质量特定方面的维度。链接数据质量维度的定义具有许多独特的挑战，包括以下几方面。

（1）链接数据是指整个 Web 范围内由大量自主信息提供者发布且彼此链接的数据所组成的知识库。所提供信息的质量取决于数据提供者的意图，此外，链接数据提供者所发布数据集的元数据可能不完备或不准确，这将影响数据集本身的质量。

（2）链接数据模式的日益盛行，使得消费者可以充分开发利用过去无法得到的大量数据。显而易见，随着数据规模的扩大，评估数据的质量变得越来越困难。

（3）链接数据中的数据集经常会被第三方应用于非数据集原创者预期的方式使用。

（4）链接数据通过建立异构数据源中数据之间的互链来实现数据集成。集成数据的质量与原始数据源相关，并且很难建模。

（5）同样重要的是，可将相关的链接数据视为一种动态环境，其中信息可以快速变化，并且不能假设（数据变化速率）不变。链接数据源的变化应反映现实的变化，否则，数据很快就会过时。过时信息反映存在数据不准确问题，并会传递无效信息。

链接数据的质量包括许多新的方面，如涉及外部数据集链接的连贯性、数据表示的质量、涉及隐含信息的一致性。链接数据的结构化特性使其类似于能处理大量分布式异构数据的关系数据库。正如 2.4 节所讨论的，在关系数据库中有封闭世界假设和开放世界假设，这也适用于链接数据。虽然关系数据通常满足封闭世界假设，但是链接数据的互链特性使其自然满足开放世界假设。开放世界假设会对定义和评估数据与模式之间兼容性的难度产生影响：即使模式没有对两个概念之间的关系进行建模，它们的实例之间也可以存在某种关系；相反，不能因为某种关系在数据实例中没有体现，就断定对应模式的概念之间不存在该关系。然而，在关于链接数据的文献中，为定义和评估如完备性与一致性之类的质量维度，通常隐含封闭世界假设。

此外，如 Virtuoso[205] 之类基于 RDF 的数据库管理系统使用无模式方法，允许用户首先发布 RDF 数据，然后（可选地）再提供模式。关系数据库中的数据表示模型使用富有表达力的模式语言来定义数据的结构和约束，从而确保数据库模式和数据库实例之间的一致性。在链接数据中，无模式方法导致数据库管理系统本质上不会阻止向数据集中增加不正确或不一致的信息。

为此，链接数据社区研究了对 RDF 数据进行后期验证的工具和技术，以确保 RDF 数据在准确性和一致性等维度上的质量。

接下来的章节介绍最常用的质量维度，如准确性、完备性、冗余性、可读性、可访问性和一致性。

4.3.1 准确性类簇

准确性是指实体和事实正确地表示现实中现象的程度。与关系数据类似，链接数据的准确性可以分为语法准确性和语义准确性。

4.3.1.1 语法准确性

语法准确性定义为实体文档符合序列化格式规范的程度，并且文字相对于一组语法规则是准确的。

语法准确性问题主要是指文字与数据类型的取值范围不兼容或文字的数据类型畸变。例如，属性 ex:dateOfBirth 的类型为 xsd:date，但有的三元组中，处于谓语位置的 ex:dateOfBirth 类型却为 xsd:integer。在第二种情况下，假设一个文字的数据类型是 xsd:gYear，但可能出现使用 xsd:dateTime 类型文字代替的三元组。拼写错误的文字可以认为是语法不准确的数据[312]，如 Milano-Bicoca 是 Milano-Bicocca 的拼写错误文字。

语法准确性的测量是给定属性的不正确值的数量与属性值的总数之间的比值。发现不正确属性值的技术可以分为基于距离的技术、基于偏差的技术和基于分布的技术[78]。例如，假设 John 是 foaf:name 的正确属性值，而 Jack 是不正确的属性值，那么，可以使用比较函数来评估正确值和不正确值之间的距离。至于软件工具，一般使用验证器[238,312] 检测数据类型（根据给定属性的正确/不正确值度量）、范围（根据数值属性的正确/不正确值范围度量）和语法规则（相对于给定模式的正确/不正确的值）方面的语法准确性[249]。

4.3.1.2 语义准确性

语义准确性被定义为数据值正确表示事实的程度。语义准确性是指含义的准确性。为了发现语义的不准确性，需要了解事实是否准确地刻画了现实的状态。考虑两种类型的语义准确性问题：不准确标注（Inaccurate Annotation）和虚假标注（Spurious Annotation）。

例如，考虑一个以 Turtle 语法编写的 RDF 文档，该文档描述了数据集中的一组三元组，如表 4.4 所列。

这个示例突出了虚假标注的问题，其中在第一个三元组中对象 ex:Milan 是假的，因为现实中不存在这一事实（由于 ex:Milan 不是意大利的首都）。在第三个三元组中，实体 ex:Italy 被分为 ex:Place 类的实例，而不是更合适的 ex:Country 类的实例。这个问题代表了不准确分类（Inaccurate Classification）

的情形，即三元组已被正确表示但没有被准确分类。

表 4.4　描述实体 http://example.org/Milan 的 RDF 三元组

@ prefix	ex:<http://example.org/ontology/>	
@ prefix	rdf:<http://www.w3.org/1999/02/22-rdf-syntax-ns#>	
ex:Italy	ex:capital	ex:Milan
ex:Italy	ex:areaTotal	"301338"^^xsd : double
ex:Italy	rdf:type	ex:Place

语义准确性比语法准确性更难以评估，因为包含所有术语定义的词汇表对于语法准确性指标评估就足够了，而语义准确性则需要由标准或参考数据集给出的现实状态表示。

然而，文献中提出的指标包括：①事实的有效性，即以多个数据源或者 Web 站点为依据来检查事实的语义准确性[393]；②检测标注、表示、标签或分类的准确性得到 0~1 的值[395]。此外，数据集的语义准确性的验证可以借助于公正可信的第三方（人）[78]。

4.3.1.3　流通性

链接数据中的数据集是动态的①，并通过模式层和实例层的变化反映现实状态。因此，需要对实体文档以及实体之间链接进行添加、移除或更新[154,615]。如果模式层和实例层的变化不能及时反映现实状态，则用户或应用所使用的信息就是过时的，而过时数据可能反映的是无效信息（虚假信息）。

流通性关心的是数据更新有多迅速。举一个 2013 年 5 月从 Web 上检索三元组的例子，如表 4.5 所列，第一个和第三个三元组具有高流通性，而第二个三元组不是数据检索时与现实对应的当前结果。第二个三元组的对象没有更新为当前的俱乐部，即 Parma。在这种情况下，其流通性就低。

表 4.5　描述当前俱乐部的 RDF 三元组

Ronaldinho	currentclub	Clube_Atletico_Mineiro
Antonio_Cassano	currentclub	Internacional
Cristiano_Ronaldo	currentclub	Real_Madrid_C. F.

数据元素的流通性是指示数据元素是否表示当前值（当前状态下的有效值）的指标。由于难以自动将现实中的事实与 RDF 三元组相关联，导致该指

① http://www.w3.org/wiki/DatasetDynamics。

标难以应用。流通性可以根据诸如用最近更新时间（Last Update Time）之类的文档或事实的时间标注来测量。流通性可以在文档和事实层面进行评估，因为文档和事实都可以与时间标注相关联。测量链接数据中任意文档或事实的流通性存在几个挑战：①事实未必关联了时间标注（如最近修改日期）；②时间标注并非总是可用；③作为链接数据的特征之一，自主提供者使用不同词汇和不同方法表示时间标注。与事实或文档相关联的时间标注比较稀少，这将对评估流通性产生负面影响[533]。测量流通性的方法主要依赖于两个时间点：①数据的最近修改时间；②观测时间。数据元素的流通性被定义为这两个时间点之间的时间差。

4.3.1.4 合时性

合时性表示数据对于手头的任务来说有多新。合时性维度针对的是：当前数据实际上是无用的，因为它反映的现实状态对于特定应用来说太旧了。根据合时性维度，理想情况下，当数据源发生变化时，应当立即进行记录和报告，从而保持数据永不过时。

考虑用户检查从 *A* 城到 *B* 城的航班时刻表。假设结果是由实体 *A* 的描述构成的三元组列表，如连接的机场、出发和到达时间、航站楼和登机口等。该航班时刻表每 10min 更新一次（易变性）。现在假设出发时间推迟了 1h，该信息稍后被传送到控制室，并在 30min 后才被输入系统。此时，每 10min 更新时刻表仍将导致信息过时，从而不能满足合时性约束。

分析数据元素合时性的第一步是量化流通性和易变性。上面介绍了流通性，这里简要介绍易变性以及如何对其进行评估。易变性刻画了随时间更新数据的频率。

可以在文档和事实层面对易变性进行评估。根据文档或事实变化的频率，可以区分两类数据元素（见第 1 章中的讨论）：①稳定数据元素（Stable Data Element），即不随时间变化的数据元素；②易变数据元素（Volatile Data Element），即随时间变化的数据元素。作为示例，人的出生日期可以被归为稳定数据元素；相反，公司的雇员很可能会变换工作，因此其工作属性可以被归为易变数据元素。

易变性可通过两次更新之间数据元素保持有效的时间长度（也称为数据元素的保质期）加以度量，可表示为两个部分：①过期时间（数据从有效变为无效的时间）；②输入时间（数据首次在链接数据中发布的时间）。由于流通性中所罗列的挑战，过期时间和输入时间并非总是可用，但可根据给定的数据元素变化历史来估计数据元素的过期时间[134]。

表 4.5 中关于足球运动员的事实属于易变事实。如果这些事实的流通性时

间不包括在其易变性所定义的事实的保质期内，这些事实就不再有效。事实的易变性是指事实有效性的替代指标。例如，如果注意到 Antonio Cassano 平均每两年更换一次球队，那么，可以推断，在上一次更换球队 2 年以后，事实就可能是无效的。

虽然流通性和易变性这两个指标的组合似乎是衡量合时性的正确方法，但它不代表就是衡量合时性的必要条件，其他未反映在系统中的因素也可以影响对信息合时性的评判。

合时性在数据集成场景中起着重要的作用。链接数据与关系数据库不同，它可以利用原始数据源，从而无须用户参与即可进行评估。正如易变性中所呈现的，链接数据中的数据集所表示的事实通常不是直接来自现实，而是来自被视为现实表示的信息系统。例如，考虑表示相同信息的两个不同的数据集 A 和 B，希望将数据集 C 与数据集 A 或数据集 B 进行集成。显然，应当将数据集与最新的一个进行集成。因此，可通过数据源的最近修改时间和数据集的最近修改时间之间的距离，来测量数据集基于原始数据源的合时性。

4.3.2　完备性类簇

4.3.2.1　完备性

完备性是指特定数据集中包含全部所需信息的程度。就链接数据而言，完备性包括以下方面：①模式完备性，是指包含本体的类和属性的程度；②属性完备性（Property Completeness），是指特定属性值缺失的程度；③总体完备性（Population Completeness），是指数据集中的特定类型实体占该类型所有实体的百分比；④可链接完备性（Linkability Completeness），仅针对链接数据，是指数据集中的实例相互链接的程度。

作为示例，考虑一个查询返回的结果集，结果集中包含的三元组具有属性 ex：areaTotal 或属性 ex：populationTotal。这些属性建立了类型为 Country（国家）和类型为文字的两个实体之间的联系。每个属性的完备性通过具有上述属性的国家类型实体数量与国家类型实体总数之间的比值给出。

一般来说，完备性可以根据以下方式测量。

（1）模式完备性。类和属性出现的次数/所有类和属性的数量[78,249,436]。

（2）属性完备性。特定属性的值出现的次数/特定属性的值的总数[78,249]。

（3）总体完备性。被表示现实对象的数量/现实对象的总数[78,249,436]。

（4）可链接完备性。数据集中互相链接的实例的数量/数据集中实例的总数[282]。

应当注意，在这种情况下，应该采用封闭世界假设，即可以获得标准数据集，并使用标准数据集与转换后的数据集进行比较。

只有 LOD 而非关系数据涉及链接完备性。考虑一组实体以及为每个实体所构建的网络，可以向每个局部网络添加一组新边，从而创建围绕原始实体集合的一组新的局部网络。原始局部网络一旦创建，就可以着手分析每个节点的链接的完备性。为了测量链接的完备性，首先需要根据可链接度、聚类系数、owl:sameAs 链、中心性（Centrality）和描述丰富性等网络度量来评估可链接维度[282]。

4.3.2.2 切题性

切题性（Relevancy）是指提供与当前任务一致并对用户查询很重要的信息。

切题性高度依赖于上下文，并且对 Web 信息系统尤为重要，因为大信息流使得检索相关信息的过程变得很复杂。作为切题性的示例，考虑一个用户正在寻找任意两个城市之间的航班。他正在寻找切题的信息，即出发和到达机场以及开始和结束时间、旅程长度和每人花费等。除了切题信息之外，一些数据集还包含如汽车租赁、酒店预订、旅行保险等大量相关的额外信息，提供不相关数据分散了服务开发者和潜在用户的注意力并浪费了网络资源。相反，将数据集限制为仅包含航班信息就会简化应用程序开发，增加向用户返回切题结果的可能性。

切题数据的检索过程包括：①组合使用超链分析和信息检索方法[78]；②排名（类似于 PageRank 的数值，确定 RDF 文档和事实的中心性[84]）；③计算元数据属性（如标题、描述、主题）中切题数据的出现次数[78]。另一个替代指标是数据集中的覆盖度（即数据集中描述的实体的数量）和细化级别（即属性的数量），以确保对于特定任务有适量的切题数据[238]。

4.3.3 冗余性类簇

4.3.3.1 简洁性

链接数据场景中的简洁性是指存在相对于值域、相对于最小化的冗余模式元素或者相对于最小化冗余数据元素的不相关元素的情况。

简洁性分为以下两种。

（1）内涵简洁性（Intensional Conciseness）（模式层）。数据不包含冗余模式元素（属性和类），只定义必要的属性和类。

（2）外延简洁性（Extensional Conciseness）（数据层）。数据不包含冗余对象（实例）。

内涵简洁性度量数据集中相对于模式中模式元素总数的唯一模式元素（即属性和类）的数量[436]。外延简洁性度量相对于数据集中实体总数的唯一实体的数量[436]。此外，外延简洁性还可以被度量为相对于相关实例总数的违反唯一性准则的实例总数[249,395]。

一个内涵简洁性的例子是航班数据：假设名为 A123 的航班，由同一个数据集中的两个不同属性表示，如 http://flights.org/airlineID 和 http://flights.org/name。在这种情况下，airlineID 和 name 之间的冗余可以很好地通过融合两个属性并且只保留一个唯一标识来解决。换句话说，由于复用可以提高数据互操作性，可通过简洁性约束推动利益相关者尽可能多地从现有的本体中复用模式元素，而不是创建新的模式元素。

4.3.3.2　表征简洁性

表征简洁性（Representational Conciseness）是指信息被简洁地表示的程度。例如，搜索引擎使用机场代码简洁地表示目的地的 URI。例如，MXP 是 Milano Malpensa 机场的代码。因此，其 URI 为 http://airlines.org/MXP。这种 URI 的简短表示有助于用户分享和记忆。表征简洁性可以度量为：①是否存在长 URI 或包含查询参数的 URI[313]；②是否存在 RDF 原语，即 RDF 元语句、RDF 容器和 RDF 集合[313]。

数据的简洁表示不仅有助于该数据的可读性，还影响查询数据的性能。因此，如果需要处理大规模 RDF 数据，或者需要高频处理、高效索引和高效序列化 RDF 数据，强烈建议保持 URI 简洁性和可读性。Hogan 等[313] 建立了使用非常长的 URI（或包含查询参数的 URI）与数据表征简洁性两者之间的联系。

4.3.4　可读性类簇

4.3.4.1　易懂性

易懂性（Understandability）是指数据可以被使用信息的人毫无歧义地理解并使用的容易程度。

这个维度也可以称为信息的可理解性，要求数据应当足够清晰从而便于使用[78,238]。语义 Web 意图以机器可读格式提供信息，从而使数据可被计算机处理。易懂性有利于实现来自人类的计算机可读数据的可用性。在链接数据中，鼓励数据发布者提供人类可读的实体标签和描述。考虑关于航班信息的数据集如下（表 4.6）。

由表 4.6 可以看到，前两个三元组不包含人类可读的标签，这些三元组对用户是没有意义的。再看最后两个三元组，它们标记了第一个三元组中的两个实体。使用人类可读的标签，人们就可以理解第一个三元组，即美国航空公司的航班已经离开波士顿洛根机场。

表 4.6 易懂性的示例

ex:m. 049jnng	ex:departure	m. 043j22x
ex:m. 049jnng	ex:arrival	m. 045j23y
m. 049jnng	ex:label	"American Airline"@ en
m. 043j22x	ex:label	"Boston Logan Airport"@ en

易懂性可通过如下方式度量：①实体有完备的人类可读标签[195,313]；②使用遵循常规模式的 URI①[195]；③有 SPARQL 查询示例[238]；④只具有一个标签的实体数与所有具有标签的实体数之间的比率[195]。

4.3.5 可访问性类簇

4.3.5.1 许可

许可（Licensing）定义为对消费者在给定条件下复用数据集的授权。

许可是一种新的质量维度，关系数据库一般不予考虑，但对 LOD 之类的开放数据来说却是强制性的。许可允许信息消费者在明确的法律条款下使用数据。Flemming[238] 以及 Hogan 等[313] 都声称每个 RDF 文档都应当包含使用（复用）其内容的许可。另外，许可的计算机可读标识（通过在 VoID② 描述中包含规范）和人类可读标识非常重要，这不仅明确了许可的授权，还明确了消费者必须满足的要求[238]。检测 RDF 数据集是否与原始数据集具有相同许可的授权可以使用户理解许可的兼容性[238]。虽然这两项研究都没有提供正式的定义，但在使用许可以及许可的重要性方面是一致的。度量许可的指标包括：①数据集附有许可；②数据集附有许可的摘要和完整许可的链接；③许可规定署名、复用、再分发和商业用途的条件。此外，文献［381］提出了一个语义框架，用于评估知识共享之相同方式共享（Creative Commons（CC）ShareAlike）许可的递归声明。类似于 Gangadharan 等提出的方法[255]，Villata 和 Gandon[629] 给出了一种应用于只使用 Web 语言的数据 Web 场景的方法，他们都只考虑了 CC 许可的兼容性和构成。

提供许可信息增加了数据集的可用性，因为可以让消费者或第三方了解相

① http://www. w3. org/Provider/Style/URI。

② http://vocab. deri. ie/void。

关法律权限和许可，从而使所针对的数据可用。考虑一个搜索引擎从多个现有数据源聚合数据的情形，明确的许可使得搜索引擎可以复用数据。例如，LinkedGeoData 数据集基于开放数据库许可（Open Database License）①，从而允许其他人复制、分发和使用数据，并从允许修改和转换的数据中产生新的成果。由于该特定许可的存在，使得航班搜索引擎能够从该数据集提取地理空间信息，并用于搜索结果。

4.3.5.2　可用性

数据集的可用性是数据（或其某一部分）存在、可获得和准备好被使用的程度。数据集的可用性指的是实体文档的访问方法。一种方法是解引用实体文档的 HTTP URI。此外，可以通过 SPARQL 端点或通过下载 RDF 文档来使数据集可用。链接数据搜索引擎则为爬取数据提供 API。

考虑用户利用航班搜索引擎查找航班的情况，然而，用户收到的是错误响应代码“404 Not Found”，而不是检索结果，这表明所请求的资源不可用。特别地，通过该错误代码，用户可能猜想该 URI 没有信息可提供或者信息不可用。因此，用户不大可能使用明显不可靠的搜索引擎，即遇到这种情况以后，用户就不会预订该搜索引擎提供的航班。

可用性可以通过如下方式度量。

（1）检查服务器是否响应 SPARQL 查询[238]。

（2）检查是否提供了 RDF 文档，并且可以下载[238]。

（3）检测能解引用的 URI（通过检查无效或破损的链接[312]）。例如，当发送 HTTP-GET 请求时，未返回状态代码“404 Not Found”[238]。另一个指标是检测访问 URI 时返回的有用数据（特别是 RDF）[312]。

（4）检测 HTTP 响应是否包含说明返回文件内容类型的头字段，如 application/rdf + xml[312]。

4.3.5.3　可链接性

可链接性（Linkability）是指数据源内部或者多个数据源之间表示相同概念的实体彼此链接的程度。

可链接性是链接数据中的一个重要维度，通过在各个数据集之间建立的链接使得数据集成成为可能。可链接性由在作为主语的实体与作为宾语的实体之间建立链接的 RDF 三元组实现。通过有类型的 RDF 链接，有效地建立数据项之间的互连。此外，正确使用属性对于确保实体之间关系类型的恰当表示

① http：//www.opendatacommons.org/licenses/odbl/。

（如 owl:sameAs、skos:related、skos:broader 等）非常重要[292]。

为了解决这些问题，需要一些指标来评估链接的质量。现有的指标都是基于网络度量的——可链接性可根据网络中存在的中心节点的多少来度量[282]①。其他度量有聚类系数（网络有多密集）和中心性，即表明节点处于另外两个节点之间最短路径上的可能性。可替代的指标是基于属性 owl:sameAs 的 owl:sameAs 链接（owl:sameAs Chain）和 owl:sameAs 链接（owl:sameAs Link）的描述丰富性[282]。

4.3.5.4 互操作性

互操作性是指数据的格式和结构与先前返回数据或者其他来源数据相符合的程度。

作为示例，考虑使用不同标注表示特定航班位置地理坐标的航线数据集。其中一个数据集使用 WGS 84 测量系统，另一个数据集则使用 GeoRSS 点系统来标注位置。由于需要用户和机器理解异构模式，加大了查询集成数据集的难度。此外，由于用于表示相同概念（此处为坐标）的词汇表的差异，消费者还面临着如何解释和显示数据的问题。

可通过检测数据集是否复用现有词汇表或已发布词汇表中的实体来评估互操作性。复用公知的词汇表而不是引入新的词汇表，不仅可以确保不同的数据集一致地表示数据，还便于数据集成和管理。例如，在实践中，当数据提供者需要描述关于人的信息时，应该选择 FOAF② 词汇表。此外，复用词汇表可提升数据直接被使用公知词汇表的应用程序使用的概率，而不需要对数据进行预处理或修改应用程序。即使没有现有词汇表的中央存储库，也可以在 SchemaWeb③、SchemaCache④ 和 Swoogle⑤ 中找到合适的术语。此外，文献［556］进行的全面综述列举了一组用于避免不一致的命名约定⑥。作为另一种选项，LODStats[175] 允许在链接开放数据云中搜索常用的属性和类。

4.3.6 一致性类簇

一致性意味着知识库中不存在关于特定知识表示和推理机制的（逻辑或形式）矛盾冲突。例如，考虑表 4.7 中的事实。

---

① 在文献［282］中，网络是数据 Web 图中排除空节点以后的事实的集合。

② http://www.xmlns.com/foaf/spec/。

③ http://www.schemaweb.info/。

④ http://www.schemacache.com/。

⑤ http://www.swoogle.umbc.edu/。

⑥ 尽管其仅局限于 OBO 铸造领域的需求，但也可以应用于其他领域。

表 4.7　违反公理的数据集的示例

:Boy	owl:disjointWith	:Girl
:John	a	:Boy
:John	a	:Girl

OWL 属性 owl:disjointWith 用于声明两个类是不相交的，不存在同时属于这两个类的实例。然而，在数据集上进行推理之后，可以识别由第三个三元组引起的不一致，因为实例 John 不能既是男孩又是女孩。

可使用支持潜在知识表示形式体系表达的推理引擎或推理器评估一致性。在实践中，可以采用可伸缩权威 OWL 推理器（Scalable Authoritative OWL Reasoner，SAOR），以便清楚地展示与理解 Web 上 RDF 数据相关的推理问题。或者，使用针对不同 OWL 描述的 RDFS 推断和推理来测量数据集的一致性。给出一些不一致问题。

（1）用如下公式检测使用实体作为不相交类成员的情况[312]：

$$\frac{\text{被描述为不相交类成员的实体总数}}{\text{数据集中描述的实体总数}}$$

（2）使用指定术语在三元组中位置的蕴涵规则检测位置错误的类或属性①[312]。

（3）通过本体维护器②检测 owl:DatatypeProperty 或 owl:Object 属性的误用[312]。

（4）通过本体维护器，或指定已弃用术语到兼容术语的手动映射，检测 owl:DeprecatedClass 或 owl:DeprecatedProperty 成员的使用情况[312]。

（5）通过检查逆函数值的唯一性和有效性来检测无效的 owl:InverseFunctionalProperty 值[312]。

（6）检测外部类或属性的第三方重定义（本体劫持），从而影响对使用这些外部术语的数据的推理[312]。

（7）使用关联规则检测属性之间的非依赖或非相关[83]。

（8）通过语义和几何约束来检测空间数据的不一致[452]。

4.4　维度之间的关系

4.3 节所讨论的信息质量维度彼此之间不是独立的，而是存在着相关性。

① 例如，一个定义为类的 URI 作为属性使用，或者相反。

② 例如，用于两个资源之间的属性与用于文字值之间的关系。

如果特定应用（或用例）中一个维度被认为比其他维度更重要，那么，选择倾向该维度可能就意味着对其他维度的忽视。正如下面关于维度之间可能关系的示例，研究维度之间的关系是一个重要的问题。本节描述一些维度之间的内部关系。

首先，考虑语义准确性和合时性之间的关系。事实或文档的合时性评估说明了它们的语义准确性。如果事实或文档是过时的，那么，它很可能是不准确的。其次，合时性与语义准确性、完备性以及一致性维度之间存在着联系。实际上，语义上准确、完备或一致的数据可能对时间有要求，从而对合时性产生负面的影响。相反，合时的数据可能导致低准确性、不完备或不一致。

基于 Web 应用程序的质量偏好，信息质量维度的顺序可能是合时性、一致性、准确性、完备性。例如，在大学网站上发布的课程表首先应该是合时的；其次要是一致的和准确的；最后才是完备的。相反，当考虑电子银行应用时，首先应该严格要求是准确的、一致的和完备的，然后才是合时的，因为为了提供正确的数据，延时是可以接受的。

表征简洁性维度和简洁性维度也彼此密切相关。一方面，表征简洁性是指表示数据的简洁性（如短 URI），而简洁性指的是数据本身（冗余属性和对象）的紧凑性。因此，两个维度都是指数据的紧凑性。此外，表征简洁性不仅允许用户更好地理解数据，而且提高频繁使用 RDF 数据的处理效率（从而影响性能）。另一方面，Hogan 等[313] 将性能与诸如元语句、容器和集合等“使用冗长 RDF 特征”的问题相关联。应该避免使用这些特征，因为它们表示三元组时非常笨重，同时在数据密集型环境中被证明是代价高昂的。

此外，互操作性维度与一致性维度之间存在内部联系，因为误用词汇表可能导致数据的不一致。

通用性（Versatility）与可访问性相关，因为它使得数据可以不同方式访问（如 SPARQL 端点、RDF 文档），并且顺其自然地指出访问数据的方式。通过以不同语言提供数据，通用性还使不同国籍的用户可以更好地理解信息。此外，在简洁性和切题性维度之间存在相互关联。简洁性通常对切题性产生积极影响，因为删除冗余增加了被检索的切题数据的比例。

可链接性维度与语法准确性维度之间也存在关联。重要的是，选择正确的相似关系，如通过相同、匹配、相似和相关等，恰当地刻画两个实体之间的关系[292]，从而有助于提升数据的语法准确性。此外，可链接性维度与可链接完备性维度直接相关。然而，可链接性维度关注互链的质量，而可链接完备性维度关注数据集中所有重要互链是否存在。

这些维度之间相互关系的例子突显了它们之间的相互作用，并且说明这些维度在不同的信息质量评估场景中应该区别对待。

4.5　本章小结

本章给出了链接数据中信息质量所涉及的质量维度和指标。本章的目标是让读者对可用于链接数据质量评估的质量维度和指标有一个清楚的了解。分析了与关系数据库中提出的质量维度和指标相对应的维度及指标。这些维度为那些对链接数据质量感兴趣的组织提供了一个参考框架，从而可以表征并在某种程度上测量数据集的质量。

如前所述，大多数维度保留着相同的定义，但测量对应指标的方法则有所不同。这些指标很大程度上取决于带来新挑战的数据输入。

自 2005 年[692] 以来的 10 年内，关注链接开放数据质量的出版物凤毛麟角，其中一个原因可能是研究领域尚处于起步阶段，或缺少相关成熟领域可供借鉴。加之大多数现有成果都没有明确定义指标，或不涉及精确的统计测量。再者，实际上只有少数方法有工具实现，而且没有一个工具能够确保数据集的总体质量。直到最近（2015 年）才有 COMSODE① 等欧盟项目提供的框架可以根据本章中定义的质量维度和指标评估链接数据的总体质量。

同时，现在还有很多关于信息质量的研究，以及关于如何发布“好的”数据的指南和建议。然而，很少关注如何使用“好的”数据。应当先对数据集的质量进行评估，然后采取措施改善有缺陷的方面。有关数据和信息质量应用的讨论，参见第 11 章。

① http://www.comsode.eu/。

第 5 章　图像的质量

Gianluigi Ciocca, Silvia Corchs, Francesca Gasparini, Carlo Batini, Raimondo Schettini

5.1　引言

图像是光学成像过程的结果，该过程对场景的几何形状和场景中对象的特性进行编码，把物理场景特性映射到一个二维亮度分布[339,611,687]。

相关文献中提出了几种定义图像质量的方法。图像质量通常被理解为对图像内容渲染或再现的好坏的主观印象[527]，或是关于图像整体满意度的综合认知[199]；或是观察者感知到的图像的优点或长处，并且与摄像和题材的选取无关[359]。在这些定义中，图像质量实际上取决于获取或渲染图像的成像系统的质量。虽然我们经常对合适的目标和工作室场景进行测试，但事先并不知道实际会获取和处理哪些客体或主体。根据具体应用的不同，场景内容和成像条件既可能完全不受约束，也可能受到严格限制。

图像技术咨询服务（Technical Advisory Service for Images）给出以下定义："只能根据计划用途来考虑图像质量。对于某个用途来说，一幅图像是完美的，但是对于另一个用途来说或许并非如此"[604]。第 11 章将讨论"适用性"问题。根据国际成像行业协会（International Imaging Industry Association）[321]，图像质量是当图像进入市场或投入应用时对其所有视觉上重要属性感知的加权组合。事实上，必须考虑图像数据的应用领域以及预期用途。例如，图像可以作为数字档案中一项内容的视觉参照。虽然图像质量没有精确定义，但是在这种情况下可以合理地假设图像质量要求较低；相反，如果图像要"替代"原始档案，那么图像质量要求就较高。文献［340］给出了另一个质量定义，它将图像作为交互过程中视觉部分的输入，并声称为了回答图像质量是什么的问题，必须将该问题拆分为 3 个问题：①什么是图像；②图像的用途是什么；③图像用途对图像的要求是什么？首先回答前两个问题，它们注意到图像是关于外部世界视觉信息的载体，并且用作人类视觉感知的输入。考虑到图像不必由人类观察者处理，根据这一定义，可以将图像质量视为图像在具体应用领域内具有功能或实现目标的充分程度。

视觉感知本身是人与环境交互 3 个过程——感知、认知和行动——的一部分（图 5.1）。因此，图像可以看作交互过程中感知阶段的输入。从感知的技术角度，可将图像定义为人类交互的一个阶段，通过该阶段实现对外部事物的各个属性的测量并进行内部量化。这种量化具有双重目的：首先，外部事物可以通过其内部量化属性来区分。这是构建场景几何和对象位置更高层抽象描述的关键步骤，其后在此场景下的导航等过程是以该抽象描述为基础的。其次，通过对外部事物的内部量化属性与记忆中过去观察到的相似事物的量化属性进行比较，可以识别出外部事物。识别图像中描绘的内容是解释场景内容的关键步骤，这决定了对场景内容的语义认知。

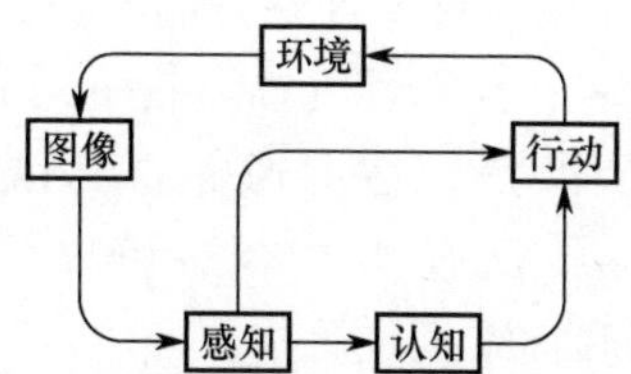

图 5.1　Janssen 和 Blommaert 给出的交互过程的示意图[340]

关于第三个问题，作者认为图像中所描述的事物应该是可成功辨别和识别的。总而言之，根据 Janssen 和 Blommaert 的观点：一幅图像的质量是该图像作为视觉感知输入的充分性，并且这种充分性由图像所描绘事物的可辨别性和可识别性给出。图 5.1 呈现了交互过程的示意图。视觉处理的结果作为认知的输入（针对需要场景内容解释的任务）或作为行动的输入（如感知与行动直接相连的导航）。由于行动通常会导致环境状态的改变，所以交互过程的本质是一个循环。

本章组织如下：5.2 节讨论影响图像质量的因素、质量模型和相关质量维度；5.3 节讨论图像质量评价方法；5.4 节研究质量评价和图像生成工作流之间的关联关系；5.5 节致力于高质量图像档案的质量评价；5.6 节则专注于视频质量和视频质量评价。

5.2　图像质量模型和维度

给定一个特定的领域和任务，一些因素可能影响感知到的图像质量。

（1）场景内在特性，如场景几何结构和照明条件。

（2）成像设备内在特性，如空间分辨率、几何失真、锐度、噪声、动态范围、颜色精度和色域。

（3）特定的成像处理流水线，如对比度、颜色平衡、颜色饱和度和压缩。

（4）人类视觉系统的内在特性，如亮度灵敏度、对比灵敏度和纹理掩蔽。

（5）特定的人类观察者，如以前的经验、偏好和期望。

前几章按照第2章介绍的类簇划分对数据质量维度展开讨论。图像质量相关文献根据不同的标准从模型角度对维度进行分组。模型的第一个示例是保真度-有用性-逼真度（Fidelity-Usefulness-Naturalness，FUN）模型[527]，该模型假设存在3个主要维度，即保真度（Fidelity）、有用性（Usefulness）和逼真度（Naturalness）。

保真度是图像与原件（图5.2）的匹配程度。理想情况下，如果一副图像具有最大保真度，应该给观察者和原件一样的印象。例如，油画编目需要相对于原件的较高的图像保真度。真实性（Genuineness）和忠实性（Faithfulness）有时被用作保真度的同义词[321]。在图像保真（Image Fidelity）和图像重建（Image Reproduction）方面，已有几十本书和数百篇相关论文（参见文献[565]）。保真度可归入准确性维度类簇中。

图5.2　呈现出不同保真度的图像

（a）原始图像；（b）量化图像；（c）压缩图像。

有用性是指图像对特定任务适用的程度。在许多应用领域，如医学或天文学成像，图像处理过程可用于增加图像有用性[270]。图5.3呈现了图像有用性的例子。相对于原始图像，图5.3（a）可能是准确的，但由于应用了对比度增强算法，图5.3（b）的背景显示了更多细节。这个增强处理步骤对保真度有明显影响。

逼真度是图像与观看者内部参照之间的匹配程度。当必须在不访问原始图像的情况下评估图像的质量时，这个属性发挥着重要作用。例如，那些从网上下载的或在期刊上看到的图像都需要高逼真度。对于待评估的图像在现实中不存在的情况。例如，在虚拟现实领域中，逼真度同样发挥着重要作用。图5.4呈现了相对于皮肤颜色心理参照的逼真度逐渐递减的3幅图像。

图5.3　图像有用性示例

（a）保真图像；（b）背景中显示更多细节的对比度增强图像。

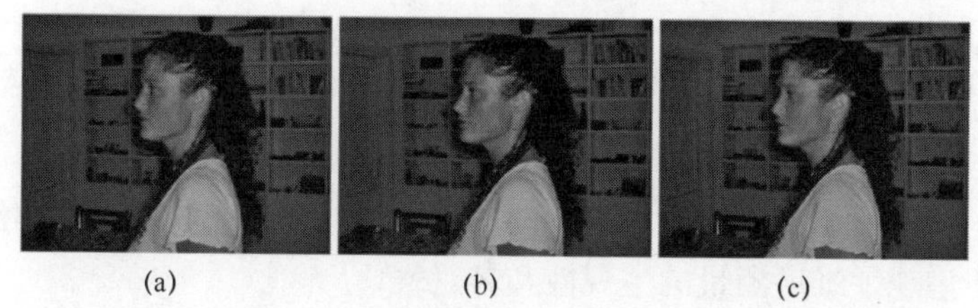

图5.4　相对于皮肤颜色心理参照的逼真度逐渐递降的图像

最近，通过将视觉美学（Visual Aesthetic）和内容（Content）也考虑在内，Moorthy等[450]建议扩展图像质量维度，可以将他们的模型称为质量-美学-内容（Quality-Aesthetic-Content，QAC）模型。

视觉美学是对从视觉刺激感知到的美感的度量（图5.5）。美学本质上是主观的，不同的用户会因为其背景和期望等不同原因而认为一幅图像是符合审美的。为了解决该维度具有主观性的问题，几项研究成果通过开发计算程序来估算图像的美学指标。这些程序试图利用视觉特性和构成规则预测与人类感知高度相关的美学指标值[70,163,474]。

图5.5　图像美学的实例（图中呈现的图像依据的是DPChallenge网站（http：//www.dpchallenge.com）社区的投票结果，其主题为“扇子”）

语义内容对图像质量的评估有重要影响，因此在评价过程中不能将其忽视（图 5.6）。用户之前的经验会影响对图像内容的优劣判断。例如，如果图像描述了（对用户来说）具有攻击性的内容，则会认为图像是劣质的。但是，如果用其他质量维度评估同一图像，则可能得到较高的质量评分。

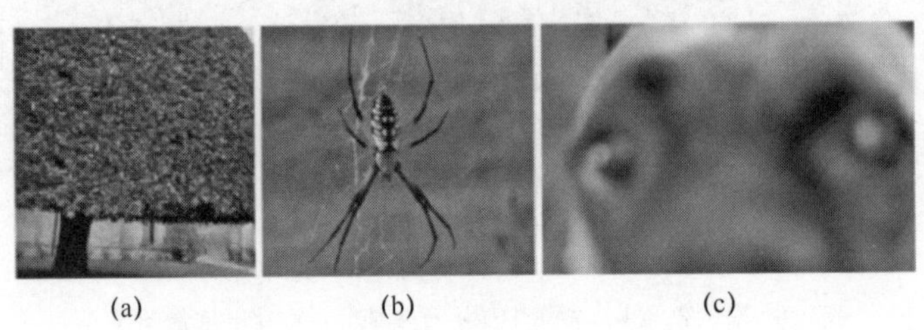

(a) (b) (c)

图 5.6 图像内容影响图像质量的方式

(a) 因为树没有被完全刻画，所以会认为该图像是劣质的；(b) 由于人们厌恶蜘蛛，所以图像质量也会认为是不好的；(c) 如果图像的内容对于摄影师来说是重要的，那么即使模糊的图像也会认为是高质量的。

如图 5.7 所示，上述两个模型可以与第 2 章介绍的质量维度类簇进行比较。该图还呈现了维度测量的主观性和客观性。

模型	Fun模型			QAC模型		
维度	保真度	有用性	逼真度	质量	美学	内容
准确性	× 客观		× 主观	× 主观		× 主观
完备性				× 主观		× 主观
冗余性				× 主观		× 主观
可读性				× 主观	× 主观	× 主观
可访问性				× 主观		× 主观
一致性				× 主观		× 主观
可信任性				× 主观		× 主观
有用性		× 适用性		× 主观		

图 5.7 质量维度类簇和图像质量模型之间的对应关系

根据 FUN 模型，保真度和逼真度对应准确性，保真度是客观的，逼真度是主观的。有用性对应于适用性。QAC 模型 3 个维度中的质量维度和内容维度与维度类簇中的维度是正交的，并且是主观的。美学维度对应于可读性类簇，并且是主观的。第 2 章在讨论模式质量时，考虑了类似维度。

在对现有维度进行讨论的基础上，引入其他两个图像质量维度。

（1）图 5.8 显示了 3 个不同的缺乏完备性的例子，图像的部分主要内容被其他内容遮蔽了，原因是：①从美学角度故意为之；②偶然的无意之举；③系统原因。如果一幅数字图像描述了它必须表达的所有信息，则可以说该图像是完备的。

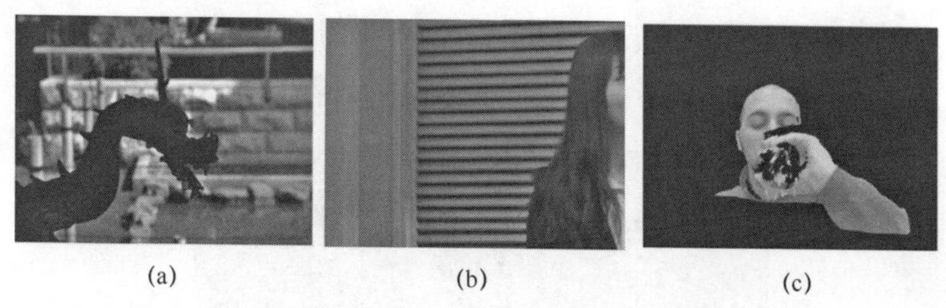

(a)　(b)　(c)

图 5.8　由于不同原因造成不完备的例子

（a）故意的（美学）；（b）偶然的；（c）系统原因。

（2）讨论的第二个图像质量维度是最小性，可将其定义为保持图像仍然适用的最小存储空间的大小。图 5.9 显示了几幅具有拥挤对象场景的图像，从左到右，从上到下，图像的存储空间大小递减，最后一张图像由于与其相关联的存储空间太小而无法清晰地感知其内容。最小性是冗余性类簇的一个维度。

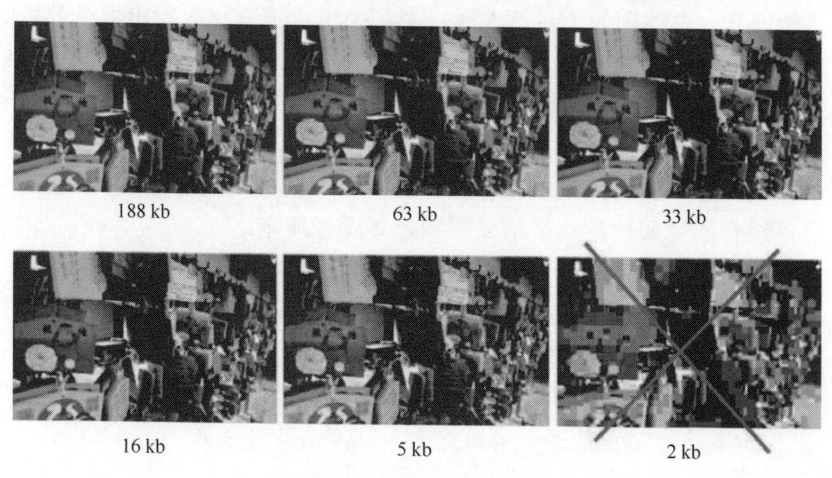

图 5.9　最小性的示例

最后涉及第 2 章所讨论的维度之间权衡的问题。如图 5.10 所示，由图可以看到，表示同一个场景的两幅图像：上面的图像的特点是对浓雾进行了真实地呈现，所以它有更高的保真度；而下面的图像由于对停车信号和自行车道更清晰的表示，具有更高的有用性（和较低的保真度）。

图 5.10　保真度和有用性之间进行权衡的示例

总而言之，总体图像质量可以通过对各个组成部分加权得出综合值进行评估。这些权重取决于具体图像数据的类型及其功能或目标。此外，建立图像质量模型的方法包括以下 3 个步骤[36]。

(1) 识别与当前任务相关的质量属性。

(2) 确定感知到的质量值与客观测量值之间的关联关系。

(3) 组合质量属性的测量结果预测总体图像质量。

5.3　图像质量评价方法

图像质量评价既可针对单独的一幅图像，也可针对有参照图像的图像[422]。评价方法通常包括接下来讨论的主观方法或客观方法。

5.3.1　主观方法

主观方法基于所涉及观察人员的心理学实验。当前有用于测量主观图像质量的标准心理学测量工具，并在一些标准中有所描述，如 ITU-R BT. 500-11[199,334,610]。

主观试验方法可分为两大类：显式参照方法和非显式参照方法。单一刺激（Single Stimulus，SS）方法属于第一类，而刺激比较（Stimulus Comparison，SC）方法属于第二类。在 SS 方法中，呈现单个图像或图像序列，评价者给出整个呈现的评价指数；在 SC 方法中，显示两个图像或一组图像，并且观察者给出图像之间关系的评级。每次显示一幅或多幅待评级图像称为呈现（Presentation）。SC 和 SS 方法存在不同变体，主要区别在于评价者用于评价呈现的等级。

主观图像质量评价有必要考虑人类视觉系统（Human Vision System）特性、图像渲染过程、主体特性和感知任务[199]。人类视觉系统是经过优化和调整的，以识别出对于人类进化和生存最为重要的特征，同时也存在人类不能区分或容易忽视的图像特征[655]。这使得质量评价高度依赖图像内容。

例如，考虑图 5. 11。对图像施加等量的高斯噪声，首先是天空/云区域（图 5. 11（a）），其次是砂/岩石区域（图 5. 11（b））。感知的图像质量受到失真可见度的强烈影响。对砂/岩石区域施加失真并不太明显，噪声被该区域纹理的变化所掩盖。当失真施加于如天空/云这样几乎均匀的区域时，失真就被凸显出来。这种效果称为纹理掩蔽（Texture Masking），是设计图像质量指标的基础。

(a)　　(b)

图 5. 11　失真能见度影响感知质量的示例：在图像的上部（图（a））和底部（图（b））施加高斯噪声，通常图（b）比图（a）拥有更高的感知质量

主观经验和偏好会影响人类对图像质量的评价，如已经证明测试人员所感知到的失真取决于其对观察到的图像的熟悉程度[322]。图像质量评价还受到用户的任务的影响，如在文献［191，417］中，当观察者在医疗诊断中观看到的是假期图像而不是 X 光片时，就可以合理地假定结果是消极的。像眼动

(Eye Movements) 这样的认知理解和交互式视觉处理自上而下地影响着所感知的图像质量[654]。当观察者对给定的图像进行评价时，为其提供不同的方法说明，也会导致观察者根据方法说明对同一图像给出的分数不同。因此，关于图像内容或注视（Fixation）的先验信息会影响图像质量的评价。

虽然有效，但主观方法的效率非常低，这促进了对不需要人参与的客观的图像质量测量方法的研究。

5.3.2 客观方法

客观方法基于从数字图像直接计算得到的恰当指标（图 5.12）。这些图像质量指标大体上可以分为全参照指标、无参照指标和部分参照指标[654]。

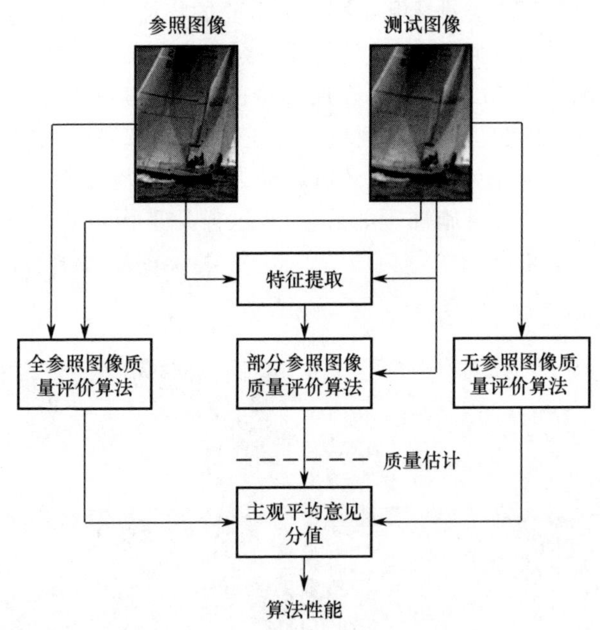

图 5.12 客观图像质量评价方法

5.3.2.1 全参照指标

全参照（Full Reference，FR）指标在恰当定义的图像空间中对被评测图像和参照或“原件”图像进行直接比较。该指标需要访问原件。在之前介绍的质量维度中，仅可以评价图像的保真度。在文献 [118，654] 中描述和比较了不同的全参照指标，其中包括结构相似度指数（Structural Similarity Index）[654]、视觉信息保真度指数（Visual Information Fidelity Index）[567]、瞬时相关指数（Moment Correlation Index）[659]、最明显失真指数（Most Apparent

Distortion Index)[389]，以及梯度量级相似度偏离（Gradient Magnitude Similarity Deviation)[681]。

5.3.2.2　无参照指标

无参照（No Reference，NR）指标假设可以在没有对原件和处理后的图像进行直接比较的情况下评判图像质量。无参照指标包括设计用来识别是否存在具体处理缺陷（Defect）的一些指标。其中包括以下几个方面。

（1）艳丽度（Colorfulness)[300]。以丰富、生动、独特的各种色彩为特征。

（2）对比度（Contrast)。图像各部分之间的颜色和亮度差异，或图像的最暗和最亮区域之间的区分。

（3）块效应（Blockiness)[598,653]。以由块或斑点构成为特征。

（4）模糊度（Blurriness)[143,429]。以模糊不清并且没有清晰轮廓为特征。

（5）颗粒感（Graininess)。以结构和形状不连续为特征。

（6）噪声（Noise)[153]。图像中对人形成干扰或对感知图像内容造成困难的多余的效果。

（7）量化噪声（Quantization Noise)[91]。将振幅转化成离散像素点的过程中，对连续信号进行采样时产生的误差。

（8）锯齿感（Zipper)。由单一传感器阵列获取原始图像并转换成 RGB 图像（去马赛克）的过程中产生的缺陷，图像的一些边界出现了颜色偏移。

（9）锐度（Sharpness)[150]。图像边缘的对比度。

图 5.13 显示了上述缺陷的一部分示例，需要注意的是，这些缺陷会使可读性变差。以上介绍的缺陷不能作为新的图像质量维度，然而，它们与图 5.7 中讨论的质量维度是相关的。图 5.14 显示了最显著的相关性，分为正相关、负相关以及非单调相关，即同时包括正相关和负相关。

(d) (e) (f)

图 5.13 通过无参照指标检测图像缺陷的示例

（a）原始图像；（b）艳丽度；（c）对比度；（d）块效应；（e）模糊度；（f）颗粒感。

质量维度 \ 缺陷	艳丽度	对比度	块效应	模糊度	颗粒感
准确性			高负相关		
保真度			高负相关		
逼真度	高非单调相关	高非单调相关	高负相关		
有用性			高负相关	高负相关	高负相关

图 5.14 缺陷和图像质量维度之间的显著相关性

5.3.2.3 部分参照指标

部分参照（Reduced Reference，RR）指标处于全参照和无参照指标之间。部分参照指标从参照和被测量图像中提取一些特征（参见文献［111，383，541，586，652］），用这些特征替代图像所要传达的所有信息，并且图像比较仅基于这些对应的图像特征。因此，5.2 节建议的维度中仅可评价保真度。

上述方法直接通过考虑像素或特征值形式的图像自身属性来评价图像质量。考虑 QAC 模型的有用性维度，图像质量还可以通过量化基于图像的一项或一组任务的完成情况进行间接评价。该过程可以由领域专家人工完成或由计算系统自动完成。例如，在生物统计系统中，如果通过一幅脸部图像能够可靠地识别出一个人，则该图像具有好的质量。该过程可以通过人工检查所获取的每幅图像并评估姿势是否满足应用约束（如面部无遮挡）或法律强制要求（如眼睛睁开）来完成，而与任务无关的图像失真可能未被观察者察觉或被忽略。质量评估可以通过一个脸部识别算法来完成，算法自动处理每幅图像并评价约束和要求的满足情况[417]。

也可以通过评价成像/渲染设备的性能间接评估图像的质量。利用合适的图像集和多个直接方法（客观的和主观的），可以评价成像和渲染程序的质量。此时，图像质量与成像/渲染设备的一些可测量的特性相关，如空间分辨率、颜色深度等。利用标准目标以及 Imatest[322] 和 IQLab[149] 等专门设计的软件工具，可以定量评价这些特性，但这些单独的测量方法不足以全面评价图像质量。最后，需要注意的是，国际成像行业协会关于拍照手机图像质量的倡议中同时给出了客观和主观表征过程的建议[321]。图 5.15 图形化地描述了不同的图像质量方法。

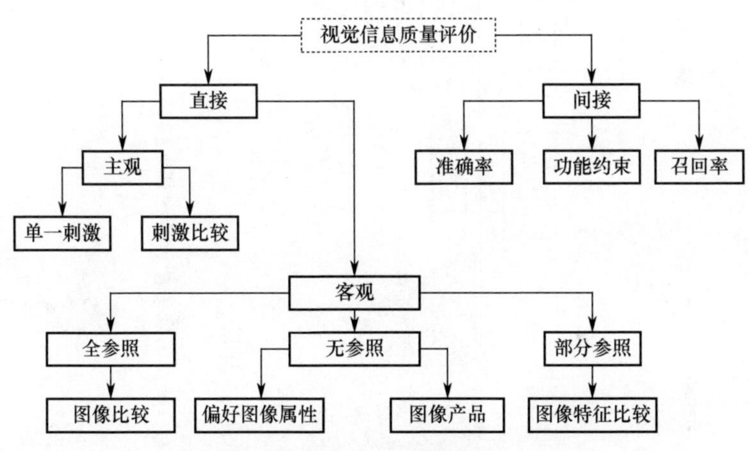

图 5.15　不同图像质量评价技术的分类

典型的验证图像质量方法的过程是对数据库进行指标评价，同时使用标准精神物理学测量工具进行主观测试；计算所获得的感知质量等级的平均值以获得平均意见分数；然后通过不同的性能指标来比较客观和主观结果。由于主观质量得分是单个数值，所以客观质量测量必须使用单个数值表示。典型的性能测量是与相对主观评价而言的预测准确性、预测单调性和预测一致性相关的。根据人类主观判断，需要使用不同的数据库来测试算法的性能。最常使用的数据库包括 LIVE[568]、MICT[546]、IVC[108]、TID2008[509] 和 Toyama[612] 数据库。尽管 A57[117] 数据库是一个相当小的数据集，也是可用来测试算法。

5.4　质量评价和图像生产流程

图 5.16 展示了一般图像生产流程链中应用不同图像质量评价方法的地方。该工作流程链从由数字图像刻画的源数据（如自然场景、现象、测量值）开

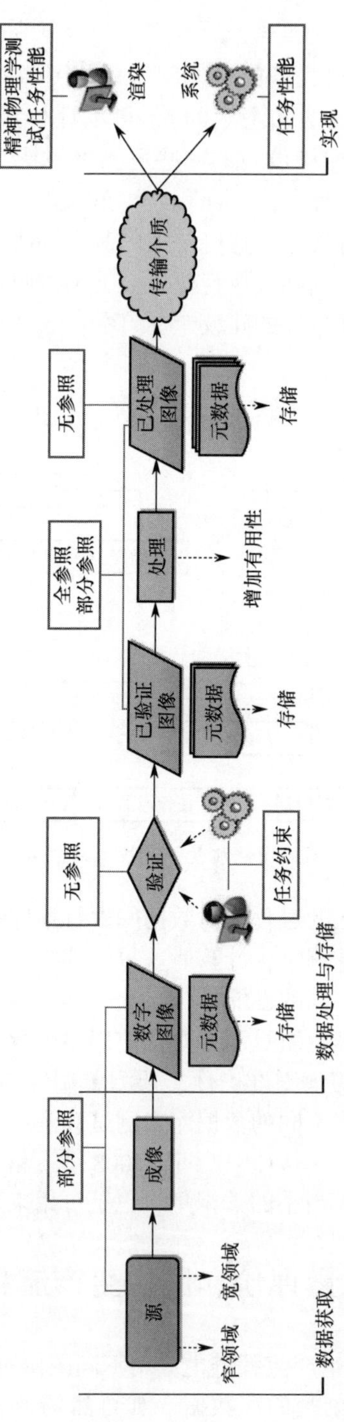

图5.16 图像生产流程链与图像质量评价方法之间的关系

始，来源可以是一个具体的窄领域（如磁共振图像（Resonance Image）），或一个宽领域（如个人影集），并根据不同的领域应用不同的采集约束条件（如语义约束或环境约束）。图 5.16 中的“成像”宽泛地指将源数据转换为数字图像的任何成像设备、硬件或软件。例如，物理成像设备可以是照相机、扫描仪或断层成像装置，而软件设备可以是能够创建合成图像（如地图、流程图、图表等）的任何应用程序。

一旦创建或获取了图像，就可以自动地将成像元数据嵌入到图像头部（如 EXIF）中。成像元数据可能包括制造商、相机的型号、设备参数设置、日期与时间、时区偏移和 GPS 等信息，通常还要加入用于编目和检索的其他元数据。基于应用需求和工作流程要求，通常在数字化阶段的开始就设定整体元数据模式。

数字图像连同元数据可以直接归档存储，以供进一步使用，或通过一个验证阶段，针对应用需求对图像适用性或质量进行初步评价。例如，可通过人工对是否正确采集了整个场景或者是否满足某些约束条件进行检查。验证约束可以与图像的语义相关，并可以由人类观察者或通过算法自动评估（参见文献[554]），未通过验证阶段的图像将被拒绝。

图像质量相关文献中很少关注场景内容。场景由内容本身（如一张脸）和包括几何结构、光照、周围环境在内的观看/采集环境组成。将采集到的场景和期望的场景之间的不一致称为场景差距（Scene Gap）。场景差距应该在采集阶段结束时或在验证阶段（如果有）进行量化。如果后续处理步骤可以校正或限制采集场景中的信息丢失或损坏，那么，可以认为场景差距是可恢复的；如果没有适当的规程恢复或修复场景差距，那么，它是不可恢复的。场景差距的可恢复性受图像领域的影响：对于窄图像领域（如医学 X 射线图像），通过对图像外观相关方面进行有限的、可预测的变换，容易设计旨在自动检测或减少场景差距的规程；对于宽图像领域，检测或减少场景差距是非常困难的，在许多情况下，自动检测、量化和恢复场景差距是不可能的。

成像装置的特性对所采集图像的质量具有明显影响，装置的硬件（如传感器和光学器件）或软件部分（处理算法）错综复杂，它们的作用是尽可能保持图像的保真度，并改进图像的有用性、逼真度或这些质量维度的组合。将所采集的图像与恰当定义（或选择）和使用的理想装置所采集的图像之间的不一致性称为设备差距（Device Gap）。为了防止图像在验证阶段被拒绝，必须仔细评估所使用装置的特性。为此，5.3.2 节介绍了可用来评估装置的部分参照方法和无参照方法。只能使用部分参照方法评估与数据源相关的数字图像，因为数据源采用不同的领域表示，无法直接进行比较。无参照方法用于检测成像过程中存在的缺陷。

如果需要，可以进一步对图像进行处理，以增加其对当前任务的有用性（如通过对比度增强或二值化），或进行更有效的传输和存储。在这个阶段，可以应用任何图像质量评价技术。特别是，如果可以得到两幅数字图像（处理前的和处理后的），可以使用全参照评价技术，还可以添加额外的信息（通常是关于已经进行的增强和处理的信息）。现在图像已经可以交付，并最终被人类观察者或应用程序使用。

最后，示例方面，读者可参见文献［151］中一个在印刷工作流程链中应用信息质量评价的真实案例。

5.5 高质量图像档案的质量评价

本节讨论如何解决高质量图像档案的图像质量评价，并给出质量指标和规则建议。必须注意此处所描述的一些技术也可做他用。

图 5.17 针对专业用户呈现了对于一般图像档案的图像工作流程链，这些专业用户包括公共博物馆、摄影机构，以及一般意义上负责管理和分发高质量图像档案的任何实体。尽管如此，在这种场景下，工作流程链的主要范围是采集具有最大保真度的图像，以便尽可能多地保留原件的特性。机构应考虑的主要问题之一是他们的数字图像集的预期用途（任务）：如何通过 Web 或移动设备可以访问工作站上的图像？它们是否会用于咨询或复制？是否有访问限制？这些问题必须在数字化项目开始之前得到解答[246]。根据最终图像使用情况，不同的质量问题必须得到解决。应将每幅图像存储为几个实现所有要求的文件，主要用于留存和访问。一般来说，在高质量档案中，图像可以分为 3 个主要类别[618]：母版图像、访问图像和缩略图像。

母版图像（Master Image）（或数字母版）是那些具有最高质量的图像。它们可以作为原件的替代并长期用于派生文件与复印备份。它们以未压缩的形式存储，并具有较高的质量标准。访问图像（Access Image）是那些代替母版图像，用于咨询、参照，以及（局部或全局）常规公共访问的图像。它们通常适合于使用普通显示器显示，并且进行压缩以加快访问速度。它们的质量对于一般研究是可接受的，并且取决于实现标准。为此，需要具有不同质量标准的访问图像副本。缩略图（Thumbnail Image）是那些用于内部参照、索引，或通常与书目一起出现的书签小图像。它们被设计成便于快速在线显示（因此是压缩存储的）并允许用户确定是否查看访问图像。它们还用于特定情况下的咨询（如具有小显示屏的设备），但是这种情况对主要由文本组成的图像并不总是适合的。

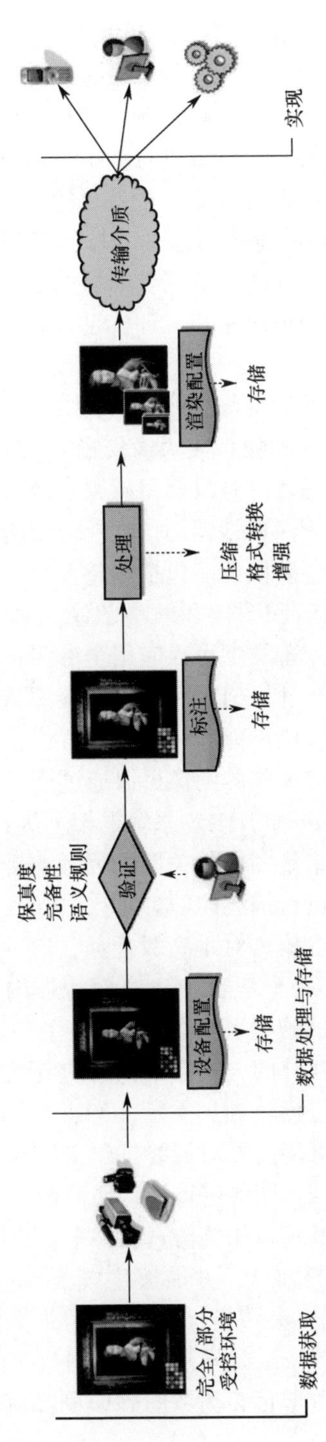

图5.17　高质量数字图像档案的图像工作流程链

采集环境可以认为是仅部分受控的。例如，在艺术画廊中，不能为了恰当地照亮目标对象而过度干预环境，或为了使采集过程更为便利而把他们移动到一个更好的地方。此外，绘画必须用不损坏颜色的灯光照亮，相机也不能在目标对象前自由放置。采集由高端采集设备进行，也可用特殊设备获取高分辨率的大型画面。由于所采集图像的保真度是至关重要的，因此需要使用比色图表来校准和表征采集设备[565]。高质量图像也可以与为部分参照图像质量评价以及后续处理步骤提供可靠参照的对象一起采集。在验证阶段，对于 3D 物体的多视角采集或者大型绘画的表面分块采集，评价是否已经对整个物体进行全面和正确的采集是至关重要的。

通过评估比色图表中颜色的保真度，使用部分参照方法，或评价是否出现了由采集装置引入的图像失真（如噪声或边缘模糊），评价图像质量。对于经过校验的图像，可以删除比色图表并且仅保留感兴趣的对象，因为图像可能带有诸如标题、作者和创建日期等注释性辅助信息。由于所采集的图像可能以不同的方式进行分发和使用，处理阶段可能包括调整大小、创建缩略图、改变数字图像格式和压缩，以便导出访问图像和缩略图像。对于经过处理步骤的图像，必须进行质量检查，根据处理类型可以应用全参照、部分参照和无参照方法。对于压缩，如 SCIELAB[693] 和 SSIM[654] 等全参照方法是有用的。但是，如果在压缩之前调整图像大小，则不能应用全参照方法，而是应该使用块效应和量化噪声等无参照方法。这样采集的图像可以通过用户浏览进行评价，并在传统信息检索（Information Retrieval，IR）系统框架下进行检索和利用。

在上述应用场景下，与所采集图像相关联的元数据非常重要。文献［74］提出了机构可以用于对其制品进行描述的四类元数据方案：描述元数据、管理元数据、结构元数据和技术元数据。对于高级任务，ISO/IEC MPEG 工作组已经定义了 MPEG-7 标准[333]，即一个基于 XML 的多媒体内容描述接口，允许存储文本、数字或多媒体数据附带的关系描述[578]。由于存储的所有文本数据是相互交织的，并且可以复杂和互补的方式指代相同的概念实体。因此，所存储的数据的质量也应考虑适当的指标（参见文献［37，39］）。

给定一幅处理过的图像，可能需要对最终打印文件的总体图像质量进行预测。图像的质量评价必须在文档打印前进行，以便使最终产品达到所期望的质量标准。处理后的图像可以发送到打印机仿真软件中，它考虑了真实打印机的所有硬件或软件特性，包括油墨和纸，并能够生成打印后的预览图像（软打样）。应用全参照、部分参照和无参照指标或主观判断指标对最终打印文档进行质量评估时都可使用软打印图像。此外，可以根据具体任务来评价实际打印图像的质量。在这种情况下，由于它必须考虑到印刷品用途（传单、小册子、艺术目录、高保真复制品等）和可能的创作者意图与偏好，评估主要是主观的。此外，要评价质量，应注意设置合适的观看条件（光线、背景等）。

当在单页上打印带有几个图像的复合文档时，可以使用类似的方法。在这种情况下：首先，利用上述工作流程可以对每个图像质量进行独立评价；然后，进行连贯性分析，以确保相似图像的颜色特征相互一致或者所有图像属于相同的语义类别（如室内、户外、风景等）。

在图像实现期间，所感知到的图像质量受到渲染装置和观察条件的影响。对于一幅数字图像的忠实的复制品，渲染设备必须仔细校准和表征[565]。最佳实践是使用基于国际色彩联盟（International Color Consortium，ICC）色彩管理模型的颜色管理系统（Color Management System）。设备配置文件可以嵌入到图像文件中，这将使得图像能够在必要时得到自动调整[332]。在这个阶段，通过使用主观方法评估在实现环境中感知的图像质量来实施图像质量评价。关于如何采集四类数字图像的一些基本指南可参见文献［74］。

5.6　视频质量评价

与图像一样，数字视频数据存储在视频数据库中，并通过通信网络分发，在采集、压缩、处理、传输和复制过程中遭受多种失真影响。大部分现有的视频编码标准在压缩时使用动态补偿和基于块的编码方案，结果导致解码的视频遭受一定的压缩损伤，如块效应、模糊、渗色、振铃效应、伪边缘、锯齿运动、色度失配和闪烁等。诸如损坏或丢包等传输错误可能进一步降低视频质量。此外，视频传输系统中的预处理或后处理阶段，如域转换（模拟到数字或反之）、帧速率转换和去隔行等，都会造成视频损伤。因此，在保持服务需求质量的质量监测、视频采集和显示设备的性能评估，以及用于压缩、增强等的视频处理系统的评估中，评估视频质量的方法发挥着关键作用。

正如图像质量评价，有两种主要的视频质量评价方法：主观评价和客观评价。视频质量专家组（Video Quality Expert Group，VQEG）是验证客观视频质量指标模型[632] 的主要团体，并催生了国际电信联盟的电视和多媒体应用客观质量模型建议与标准[334]。类似于图像质量评价，视频质量评价主观测试可以分为双重刺激（连续或损伤比例）、单一刺激（连续或类别评级）或成对比较。在这种情况下，客观模型性能的评估要基于与主观数据的相关性来进行。

在可作为测试集的视频数据库中，可采用 VQEG FRTV Phase I 数据库[633] 和 LIVE 视频质量数据库[409]。LIVE 数据库包括由 H. 264 压缩的失真视频，以及通过模拟易出错通信信道传输 H. 264 分组流产生的视频。

根据 Chikkerur 等的综述[131]，视频质量评价方法可以分为自然地面向视觉特性的指标（Visual Characteristics-Oriented Metrics）或基于感知的指标（Perceptual-based Metrics）。自然视觉特性指的是统计测量指标（均值、方差、分布）和基于自然视觉特征的模型（测量模糊、分块、边缘检测、纹理性质等）。文献［499］中的指标和文献［502］中的视频质量指标等都是为视频质量评价专门设计自然视觉特性指标。国家电信和信息管理局（National Telecommunications and Information Administration）开发了视频质量指标，并提供了诸如电视模型（Television Model）、一般模型（General Model）和视频会议模型（Video Conferencing Model）的质量模型。一些视频质量评价算法考虑了光流场，明确检测和使用运动信息。例如，名为基于运动的视频完整性评估的全参照指标组合了明确刻画空间和时间失真的两个指数[561]。针对视频的部分参照方法，可以引用 Soundararajan 和 Bovik 提出的指标[587]。

文献［131］在 LIVE 视频数据库上测试了几个指标，并得出结论：指标 MS-SSIM[531] 是针对静态图像质量评价而设计的，明确为视频质量评价而设计的指标中，VQM 和 MOVIE 方法具有最佳表现。此外，由于当前视频质量测量方法与一些现有的应用于视频的静止图像质量指标一样，未能对性能进行提升，因此，需要改进视频质量评价的时空建模过程。

5.7 本章小结

图像质量评价的一项挑战是如何设计能够同时评估不同制品的通用图像质量指标。通常大部分图像质量指标仅为测量单一失真而设计，少数指标同时考虑了两个失真，并且主要关注彼此相关的噪声和模糊。第一种思路是可以将不同的图像质量评价指标组合进一种方法，然而，在考虑不同的组合策略之前，应该解决单一指标的规范化问题。在图像质量评价社区中，多重指标的规范化和组合仍然是悬而未决的问题。当通过组合几个指标来提升检测给定制品的性能时，存在同样的问题。为了应对该问题，Tang 和 Kapoor[286]，Mittal、Moothy 和 Bovik[1]，Ye 和 Doermann[686] 最近提出了通用指标（或一般指标）。尽管这些方法作为通用指标取得了满意效果，但它们仅在每个损坏图像受到单一失真影响的 LIVE 数据库上进行了测试。最近引入了一个多重失真数据库[345]，其中的多重失真由 JPEG 模糊和噪声模糊构成。对于噪声和 JPEG 失真之间相互作用的初步研究可参见文献［152］。

客观图像质量评价是一个活跃并不断发展的研究领域。本章介绍了不同图像质量评价方法的发展现状。本章对不同的可用指标进行了分类概述，可以帮助用户选择要在其图像工作流程链中使用的图像质量指标。还概述了图像工作流程链和图像质量评价方法之间的关联关系，以及在一般图像工作流程链中和 3 种应用场景下，这些指标的应用时机和方式。显而易见，不同指标的选择和使用取决于图像的语义内容、应用任务，以及应用的特定成像链。为了设计更多可靠和通用的图像质量指标，跨学科方法是未来几年的挑战。生物学研究的证据将有助于了解在人们参与质量评价任务时大脑的工作方式。感知质量指标设计可以引入解释这些认知行为的视觉系统计算模型[73]。同样重要的是，来自图像理解领域的语义模型能够帮助改进指标设计和指标性能。

第6章　信息质量模型

6.1　引言

前面章节介绍了一些有助于描述和测量数据质量不同方面与含义的维度，重点关注结构化数据。数据库管理系统依据数据模型（Data Model）、数据定义（Data Definition）和操作语言（Manipulation Language）（可由计算机表示、解释和执行的一组结构和命令）来描述数据及其相关操作。除数据外，也可以按照相同的流程表示其质量维度，也就是说，为了表示数据质量，必须对数据模型进行扩展。

数据模型广泛用于数据库中，比如分析一组需求并用称为概念模式的概念描述来表示，并根据所表达的查询和事务将该描述转换成的逻辑模式（Logical Schema）。

数据模型还广泛用于信息系统领域，表示组织机构的业务流程，包括活动、活动之间输入和输出、因果关系以及功能和非功能需求。数据模型可协助分析师分析和预测流程行为、度量性能以及设计可能的流程改进。

本章主要研究传统的针对结构化关系数据和半结构化数据的模型拓展，以解决数据质量维度问题。6.2节提出针对结构化数据的概念和逻辑数据库模型扩展，同时从数据描述模型以及相关的数据操作、数据溯源视角考虑逻辑模型。6.3节讨论了半结构化信息模型（特别是XML模型）。6.4节转向管理信息系统模型的介绍，研究两个互相“正交”的问题：①将服务于流程描述的模型扩展到数据源质量、用户参与的数据检查等；②基础数据、聚合数据与其质量的联合表示。在以上所有的模型中，数据质量问题的模型扩展将使结构的复杂度显著提高。

6.2　结构化数据模型扩展

主要的数据库模型有概念数据库设计（参见文献［38］）中最常见的实体关系模型，以及广泛用于数据库管理系统的关系模型。

6.2.1　概念模型

一些实体关系模型的扩展模型具有质量特征（参见文献［594，595］）。不同的扩展模型均聚焦于属性，即模型中关联数据值的唯一表示结构。

第一种可能性是，将属性值的质量建模为同一实体的另一属性。例如，要表达 Person（人员）实体的 Address（住址）属性的质量维度（例如，准确性或完备性），可以为实体添加一个新的 AddressQualityDimension（地址质量维度）属性，如图 6.1 所示。

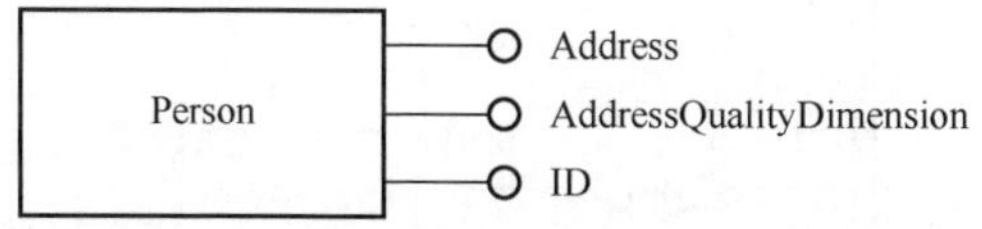

图 6.1　实体关系模型中的实体维度示例

这种解决方法的缺点是当前的实体不再规范，因为属性 AddressQualityDimension 依赖于属性 Address，而属性 Address 又依赖于属性 ID。另一个问题是，如果要定义一个属性的若干维度，就必须为每个维度定义一个新的属性，这就造成了属性数激增。

第二种可能性是，引入明确定义的两类实体，表达质量维度及其值，即数据质量维度实体和数据质量度量实体。

DataQualityDimension（数据质量维度）实体描述所有可能的维度及相应的等级，通过<DimensionName，Rating>表示测量得到的一组维度及对应的值。在前面的定义中，假设所有属性的等级范围是相同的。如果等级的范围取决于属性，那么就必须将 DataQualityDimension 实体扩展为<Dimension-Name，Attribute，Rating>。

采用比图 6.1 更为复杂的结构来更好地描述维度的指标及其与实体、属性和维度的关系，并引入 DataQualityMeasure（数据质量度量）实体，其属性包括值取决于所建模的具体维度的 Rating（等级）和 DescriptionofRating（等级描述）。如图 6.2 所示，给出了一个完整的数据质量模式（Data Quality Schema）的示例，包括以下几个部分。

（1）原始的数据模式（Data Schema），由示例中的 Class（班级）实体及其全部的属性组成（此处只给出了属性 Attendance（出勤））。

（2）数据质量维度实体，由属性对<DimensionName，Rating>组成。

（3）Class 实体与属性 Attendance 之间的关系，以及 Class 实体与数据质量维度实体之间的关系（即多对多关系 ClassAttendanceHas），并且必须为 Class

实体中每个属性引入不同的关系。

（4）前一结构和数据质量度量实体之间的关系，数据质量度量实体具有扩展自实体关系模型、关联实体和关系的新的表示结构。

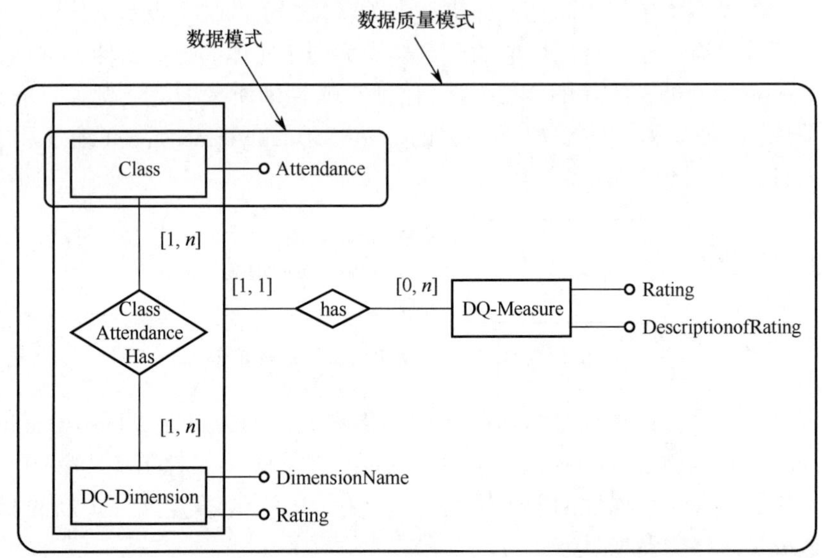

图 6.2　文献［595］中提出的数据质量模式示例

文献［595］采用了如图 6.2 所示的总体结构。该示例展示了使用上述描述质量的结构对模式进行扩展后的复杂性。

6.2.2　数据描述的逻辑模型

文献［647，649］通过为每个属性值关联质量值来扩展关系模型，从而构成了质量属性模型（Quality Attribute Model）。这里用一个示例说明该模型，如图 6.3 所示。

图 6.3 展示了关系模式 Employee（雇员），包括 EmployeeId（雇员标识）、DateofBirth（出生日期）以及其他属性和一个对应的元组。扩展的关系模式为模式属性添加一定数量的质量指示器（Quality Indicator）层（图中只有一层），并通过质量键关联。在图 6.3 中，EmployeeId 属性使用准确性、流通性和完备性进行扩展；DateofBirth 属性使用准确性和完备性进行扩展，因为流通性对 DateofBirth 之类的永久性数据是没有意义的。这些质量属性值度量整个关系示例的质量维度值（图的顶部）。因此，DateofBirth 属性的完备性值等于 0.7，表示该属性的所有元组中有 70%是非空值。相似的结构同样适用于示例层质量指

示器关系（图的底部），如果关系模式中有 n 个属性，那么，示例中的每个元组将关联 n 个质量元组。

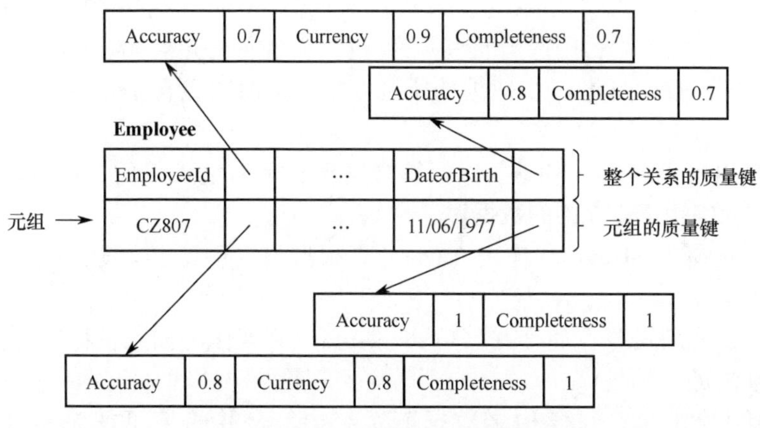

图 6.3　关系模型扩展

6.2.3　数据操作的 Polygen 模型

原则上，在每个医学或生物学实验之类的数据收集和分析的流程中，不同的阶段会操作来自不同数据源的数据；根据由执行计划决定的操作历史，每个阶段产生的新数据会继承上游数据的质量。第 7 章将针对一些质量维度和关系代数算子研究输入数据质量与输出数据质量之间的函数关系。本节研究 Polygen 模型（Polygen Model）的关系模型扩展[644,649]，旨在准确追踪数据源和中间源。该模型主要用于分布式异构系统，其名称来源于“multiple”和“sources”（分别对应希腊语中的“poly”和“gen”）。由于其在领域中的重要地位，现对该模型进行简单讨论。Polygen 域（Polygen Domain）是一个有序三元组集合，包括以下几个部分。

（1）数据。来自本地数据库模式中的简单域。

（2）发生数据库（Originating Database）集。由作为数据出处的本地数据库组成。

（3）中间数据库（Intermediate Database）集。包含导致数据被选中的中间数据。

Polygen 关系（Polygen Relation）是一个时变元组的有限集合，每个元组都具有取值于对应 Polygen 域的一组相同的属性值。Polygen 代数（Polygen Algebra）是一个关系代数运算的集合，语义上允许注解传播（Annotation Propagation）。投影、笛卡儿积、限定、并和差是模型中的 5 个基本运算。

（1）投影（Project）、笛卡儿积（Cartesian Product）、并（Union）和差（Difference）运算扩展自关系代数。两个 Polygen 关系 r_1 和 r_2 上的差运算扩展如下（其余运算参见文献［644，649］）：如果 r_1 中元组 t 的数据部分和 r_2 中元组的对应部分不同，则选出元组 t。由于 r_1 中的每个元组都需要和 r_2 中的所有元组进行比较，因此 r_1 中数据的所有发生数据源都包含于差运算产生的中间数据源集合中。

（2）引入了限定（Restrict）运算来选出满足给定条件的 Polygen 关系元组，这些元组用于填充中间数据源。

（3）选择（Select）和连接（Join）是根据限定运算定义的，因此也都涉及中间数据源。

（4）引入新运算，如合并（Coalesce），以两列作为输入，将其合并为一列（必须满足一致性）。

需要注意的是，在异构多数据库系统中，合并的值可能是不一致的。Polygen 方法并没有考虑这一问题，10.4.3 节将详细讨论实例层冲突消解技术。

6.2.4 数据溯源

Polygen 模型是描述和分析数据溯源的首次尝试，该模型最近已被用于更为一般的环境中。文献［98］将数据溯源（Data Provenance）定义为“数据片段的来源及其抵达数据库的流程的描述”。第 14 章将详细讨论 Web 数据溯源，本章重点讨论数据库中的结构化数据。

追溯数据来源的典型机制是使用注解（Annotation），注解可以用于表示关于数据的更多信息，如注释或者其他类型的元数据，尤其是描述数据的质量。注解可用于以下多种环境。

（1）系统地追溯数据来源和流向，也就是说，即使数据经过了相当复杂的转换步骤，依然可以通过注解找到其数据源头。

（2）描述数据库中已经丢失的关于数据的信息，如关于一个数据片段的错误报告。

（3）使用户能够更准确地解释数据的语义，并解决潜在的来自不同数据源的数据之间的冲突。这种能力在数据集成领域十分有用（见第 10 章），即不同数据库中具有异构语义和不同质量层次的数据的集成。

（4）按照质量需求对从一个数据库中检索的数据进行过滤。

（5）通过表明数据源声誉或认证过程的注解提升对数据可信赖性（Trustworthiness）的管理。

本节定义了两种类型的溯源：原因溯源（Why Provenance）和出处溯源

（Where Provenance）（参见文献［98，158］，文献［133］是该领域主要的参考文献）。下面用一个例子介绍这两种类型的溯源。假设有针对关系模式 Student（StudentId，LastName，Sex，Age）的查询如下：

```
SELECT StudentId，LastName，Sex
FROM Student
WHERE Age > SELECT AVERAGE Age FROM Student
```

如果输出的元组是<03214，Ngambo，Female>，该元组的数据溯源涉及两个不同的数据项。

（1）输入关系中贡献于最终查询结果的元组集。此处，所有的元组都应当作为贡献元组，因为任意元组的改变都可能影响<03214，Ngambo，Female>是否出现在查询结果中。由于是寻找解释输出结构的元组，所以称其为原因溯源。

（2）输入关系中产生输出元组中 03214，Ngambo 和 Female 等值的元组。此处，数据集由满足 StudentId = 03214 的单个元组构成。由于是从注解传播中发现数据来源，因此称为出处溯源。就两个元组之间的连接来说，两者都应作为输入集的一部分。

出处溯源对数据质量尤其有用。对于使用注解表示质量的情形，可通过识别造成质量衰退的数据源来控制质量维度的传播过程。基于以上原因，下面将重点讨论出处溯源。

讨论出处溯源的概念及其不同意义的场景是：对于给定的关系数据库 D，一个与 D 中元组关联的注解集和一个 D 上的查询 Q，计算出查询 Q 的结果中输出元组 t 的起源。

如果考虑可能的计算出处溯源的方法（原因溯源类同），则存在两种不同的途径，即逆查询（或惰）方法和前向传播（或急）方法。

在逆查询方法（Reverse Query Approach）（参见文献［98，158］）中，生成“逆”查询 Q'，该查询的结果是执行 Q 时做出贡献的元组或元组集。

在前向传播方法（Forward Propagation Approach）中，执行 Q 时，会生成并执行一个补充查询 Q^*，用于计算注解是如何在 Q 的结果中传播的。因为溯源可以与 Q 的结果一起直接计算得到，这种方法又称为急方法。前向传播方法有 3 种可能的执行类型或传播机制（Propagation Scheme）[133]，分别是默认机制（Default Scheme）、全默认机制（Default-all Scheme）和自定义传播机制（Custom Propagation Scheme）。下面通过一个示例介绍这 3 种机制。如图 6.4 所示，假设有一个客户数据库，由两个不同的表 Client1 和 Client2，以及它们之间的客户标识映射关系表组成（这是许多组织的典型场景）。

Client1

Id	Description
071[ann_1]	Cded[ann_2]
358[ann_3]	Hlmn[ann_4]
176[ann_5]	Stee[ann_6]

Client2

Id	LastName
E3T[ann_7]	Nugamba[ann_8]
G7N[ann_9]	Mutu[ann_{10}]

MappingRelation

Id	Client1Id	Client2Id
1[ann_{11}]	071[ann_{12}]	E3T[ann_{13}]
2[ann_{14}]	358[ann_{15}]	G7N[ann_{16}]

图 6.4　两个客户的关系及其映射

从直观上，默认传播机制根据数据自何处复制来传播数据的注解。假设在图 6.4 中的数据库上计算查询 Q_1：

```
SELECT DISTINCT c. Id, c. Description
FROM Client1 c
WHERE c. Id=071
```

在默认传播机制下，针对 Client 1 关系执行查询 Q_1 的结果为唯一元组：

<071［ann_1］; Cded［ann_2］>

默认策略在语义上是相当自然的，但是有一个缺点，即两个等价的查询（对任意数据库都返回相同结果的查询）可能向输出中传播不同的注解。例如以下两个查询：

Q_2：

```
SELECT DISTINCT c2. Id AS Id, c2. LastName AS LastName
FROM Client2 c2, MappingRelation m
WHERE c2. Id=m. Client2Id
```

Q_3：

```
SELECT DISTINCT m. Id AS Id, c2. LastName AS LastName
FROM Client2 c2, MappingRelation m
WHERE c2. Id=m. Client2Id
```

在默认传播机制下，查询 Q_2 和 Q_3 的运行结果如图 6.5 所示。对 Q_2，属性

Id 的注解来自关系 Client2，而对 Q_3，属性 Id 的注解来自关系 MappingRelation。

Q_2的输出

Id	LastName
E3T[ann_7]	Nugamba[ann_8]
E3T[ann_9]	Muto[ann_{10}]

Q_3的输出

Id	LastName
E3T[ann_{13}]	Nugamba[ann_8]
E3T[ann_{16}]	Muto[ann_{10}]

图 6.5　两个查询语句的输出

默认机制以不同的方式传播等价查询的注解，这就需要一个以一致的方式传播等价查询的注解的传播机制，即全默认传播机制[133]。该机制根据复制数据的位置在给定查询的所有等效表述中传播注解。如果用户希望承担确定注解如何传播的职责，则可以采用第三种机制——自定义机制，在查询中明确声明注解的传播。

以上机制无论对何种类型的注解信息（可以是数据源关系、数据源中确切位置或者关于数据的注释）都可灵活使用。

6.3　半结构化数据模型扩展

文献［548］提出了一个将质量与面向数据的 XML 文档相关联的模型——数据和数据质量（Data and Data Quality，D^2Q）模型。该模型主要用于协作信息系统。在这类系统中，协作组织间需要交换数据，因此了解该类数据的质量对他们至关重要。D^2Q 可以用于保证数据的准确性、一致性、完备性和流通性。该模型是半结构化的，因此允许每个组织以一定程度的灵活性输出数据质量。具体来说，可以将质量维度值和数据模型的各个元素（从单个数据值到整个数据源）相关联。D^2Q 模型的主要特点如下。

（1）用数据类（Data Class）和数据模式表示 D^2Q 模型的域数据部分，即特定于给定协作组织域的数据。

（2）质量类（Quality Class）和质量模式（Quality Schema）对应于 D^2Q 模型的质量部分。

（3）质量关联函数（Quality Association Function）可以建立图中对应于数据模式的节点与对应于质量模式的节点之间的关联，质量关联表示数据模式的所有节点与质量模式的所有非叶子节点间的一对一的函数。

图 6.6 是一个 D^2Q 模型的示例。图中左侧是一个表示企业及其拥有者的数据模式，右侧是其对应的质量模式。具体来说，两个质量类 Enterprise_Quality 和

Owner_Quality 与两个数据类 Enterprise 和 Owner 关联。此外，还显示了数据类及相关属性的准确性节点。例如，Code_accuracy 是与 Code 属性关联的准确性节点，而 Enterprise_accuracy 是与数据类 Enterprise 关联的准确性节点。质量关联函数用连接数据模式和质量模式的具有质量标签的弧线表示。

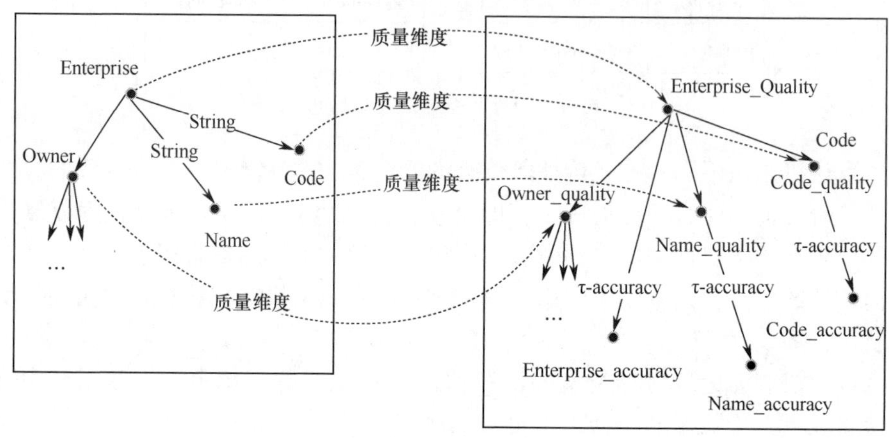

图 6.6　D^2Q 模型示例

D^2Q 模型可容易地转化成 XML 数据模型。这对满足协同系统中特别迫切的互操作性需求非常重要。一旦转化为 XML，便可通过 XQuery 语言扩展来查询模型中的质量值。XQuery 允许用户定义新函数，根据 D^2Q 模型表示的质量可通过 XQuery 函数（又称为质量选择器（Quality Selector））集访问，并为准确性、完备性、一致性、流通性以及可与数据节点关联的整个质量集定义质量选择器。

图 6.7 给出了质量选择器 accuracy（ ）的实现。定义函数 Searchroot 用于访问包含输入节点的文档的根元素。

```
define function accuracy($n as node*) as node*{
let $root := searchroot($n), qualitydoc := document (string ($root/@qualityfile))
for $q in $n/@quality
for $r in $qualitydoc//*[@q0ID eq $q]/accuracy
return $r }
```

图 6.7　XQuery 函数形式的准确性选择器实现

D^2Q 模型表示与普通数据相关联的质量，而 XML 已经在越来越多的研究工作中被当作建模质量维度的语言。例如，文献［428］提出了通过 6 个针对生物学领域的质量度量建模数据质量，并针对该领域，通过考虑 XML 图中各个节点的质量之间的相互依赖性，提出了计算整个 XML 图中节点质量的指标。

6.4　管理信息系统模型

本节将讨论管理信息系统模型与数据质量问题的关系。分别在6.4.1节和6.4.2节讨论流程模型，对信息生产地图（Information Production Map，IP-MAP）模型及其扩展进行介绍，6.4.3节将对数据模型相关的问题进行探讨。

6.4.1　IP-MAP流程描述模型

IP-MAP模型[563] 基于信息可视为制造活动的特别产品这一原理，因此信息质量的描述模型（及方法）可以基于过去两个世纪用于传统制造产品的模型。IP-MAP模型的中心是第1章介绍的信息产品概念。

IP-MAP是一个图模型，可用于帮助人们理解、评估和描述业务流程中如发票、客户订单或者需求之类的信息产品是如何装配的。IP-MAP旨在创建一个刻画信息产品制造细节的整体表示，帮助分析师呈现信息生产流程、识别流程阶段的负责人、理解信息和组织的边界以及估计当前生产流程的时间和质量指标。有八种类型的IP-MAP模型构建块，每个构建块均有唯一的名称，并由一组属性（元数据）进一步描述。元数据的内容取决于构建块的类型，图6.8列举了可能的IP-MAP构建块类型及其符号表示。

概念名称	符号	描　述
数据源（原始输入数据）		表示产生客户期望的信息产品所必须的每个原始（输入）数据的数据源
客户（输出）		表示信息产品的消费者。消费者指定构成“已完成”信息产品的数据元素
数据质量		表示对生成“无缺陷”信息产品必需的数据项的信息质量的检查
处理		表示涉及最终生成信息块所需的部分或全部原始输入数据项或者组件数据项的任何计算
数据存储		存储在数据库中的所有数据项
判断		用于描述不同的待评估判断条件以及对应的基于评估处理输入数据项的程序
业务边界	[ ]	指定信息产品跨部门或组织边界的移动
信息系统边界		反映原始数据项或组件数据项从一类信息系统移动到另一类信息系统时的改变。这些系统改变可能发生在业务单元内部，也可能发生在业务单元之间

图6.8　IP-MAP构建块

图 6.9 是一个 IP-MAP 模型示例。信息产品（图中的 IP）是通过对原始数据（Raw Data，RD）和半加工信息或组件数据（Component Data，CD）的处理活动和质量检查生成的。图 6.9 中，地区中学和大学决定合作，以提升提供给学生的课程，从而避免课程交叉重叠，并使教育价值链更为有效。为此，合作的中学和大学就需要公开关于学生及其课程的历史数据，并实施对教育周期中的学生进行匹配的记录链接活动（第 8 章和第 9 章将详细探讨记录链接问题）。为了达到该目的，中学定期提供学生的相关信息。如果是纸质的，则必须将信息转化为电子格式。此时，无效的数据被过滤出来并与大学学生数据库匹配，不匹配的数据返回中学进行人工检查，匹配的数据则被用于分析，关于课程及课程主题的分析结果发给大学的顾问小组。

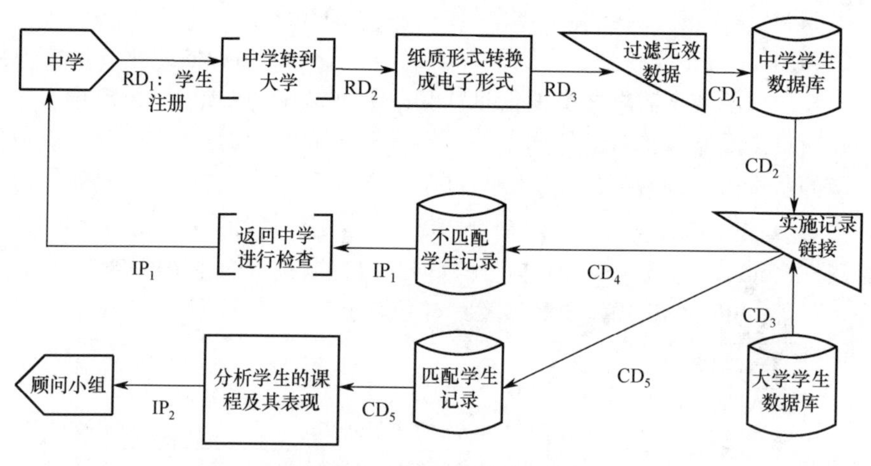

图 6.9　IP-MAP 模型示例

6.4.2　IP-MAP 模型扩展

IP-MAP 模型已经在多个方向得到扩展。首先，文献［501，549］提出了事件流程链图（Event Process Chain Diagram）的强大机制，该机制用于表示业务流程概述（Business Process Overview）、交互模型（Interaction Model）（公司单位间如何交互）、组织模型（Organization Model）（谁做什么）、组件模型（Component Model）（发生了什么）和数据模型（需要什么数据）。这些均可通过对以下方面进行建模实现。

（1）事件触发使用数据的流程。

（2）数据源、消费者和组织团体之间的通信结构。

（3）组织团体/职责所处的层次。

（4）产品、存储及其他数据组件之间的关系。

（5）事件和流程之间的逻辑关系。

文献［549］提出了IP-UML的建模形式体系，基于IP-MAP并使用数据质量廓面对UML进行扩展。使用UML而不是IP-MAP形式体系具有以下优势。

（1）UML是一种标准语言并已为其开发出计算机辅助工具。

（2）UML是一种支持分析、设计和实现工件的语言，所以该语言可以用于分析和开发的所有阶段。

（3）从流程建模的角度来看，UML表达能力更强。

在UML中（参见文献［192，243］），分析和设计元素的规范是基于模型元素（Model Element）的概念，即从被建模系统中提取的抽象，并且主要模型元素是类（Class）及其之间的关系（Relationship）。约束（Constraint）是附属于模型元素的语义限定。标签定义（Tag Definition）指定可以附着到模型元素的新类型属性。标签值（Tag Value）指定了单个模型元素的标签的实际值。版型（Stereotype）是一个新的模型元素，它通过准确语义扩展先前定义的模型元素。依照UML规范[477]，“为特定目的定义的一个连贯扩展集，构成了一个UML廓面（UML Profile）”。

IP-UML起初的概念是在IP-MAP框架中定义的，通过扩展得到称作数据质量廓面的UML廓面。数据质量廓面（Data Quality Profile）由3个不同的模型组成，即数据分析模型、质量分析模型和质量设计模型。

数据分析模型（Data Analysis Model）具体说明什么数据对使用者是重要的，因为其质量对组织的成败至关重要。在数据分析模型中，信息产品、原始数据和组件数据被表示为一个版型化的UML类，质量数据类（Quality Data Class）是一个以该版型为标签并对信息产品类、原始数据类和组件数据类进行泛化的类。质量分析模型（Quality Analysis Model）由可以表示数据质量需求的建模元素组成，这些需求与为数据质量而定义的某个维度相关。提出的维度集分为4类，如固有信息质量类别（Intrinsic Information Quality Category）包括准确性、客观性、可信性和声誉。为了对整个与维度相关的需求集进行建模，引入以下版型。

（1）质量需求类（Quality Requirement Class）。对可以指定到质量数据类上的质量需求集进行泛化。

（2）质量关联类（Quality Association Class）。建立质量需求类和质量数据类之间的关联。需要对数据的质量需求进行验证，如果质量需求未满足，则采用改进活动。因此，特别为质量关联引入一个约束。

为每一个质量需求指定不同版型的优点是可以明确地固化与数据相关联的需求类型。

质量设计模型（Quality Design Model）用于详细说明各个 IP-MAP。IP-MAP 动态透视图（一并描述流程和交换数据）可以通过结合 UML 活动图（UML Activity Diagram）及 UML 对象流图（UML Object Flow Diagram）得到。活动图是状态图的一个特例，在状态图中，状态是动作或子活动状态，状态变迁由源状态中的动作或子活动的完成触发。对象流是一种动作的输入或输出对象可显示为对象符号的图。为了表示 IP-MAP 元素，引入下面的 UML 扩展。

（1）版型化活动（Stereotyped Activity）。处理和数据质量块。

（2）版型化参与者（Stereotyped Actor）。客户、数据源和数据存储块。

（3）版型化依赖关系（Stereotyped Dependency Relationship）。给出某些元素间关系的准确语义。

尽管 IP-MAP 扩展引入了丰富的结构，这些扩展仍存在各种局限，6.4.3 节将对其进行讨论，并尝试使用新模型加以解决。

6.4.3 信息模型

首先，IP-MAP（及其扩展）的局限性在于其不区分使用基础信息（Elementary Information）的操作流程（Operational Process）和使用聚合数据的决策流程（Decisional Process），也不提供具体的形式体系。一个组织的信息系统同时涉及这两种表示不同质量问题的数据类型，因此丰富管理信息系统模型并明确提供统一的形式体系表示这两种信息类型及其质量维度显得非常重要。

其次，IP-MAP 并没有将协作信息系统的具体特征考虑在内。如图 6.10 所示，在协作信息系统中，一个组织可以被建模为将输入信息流转化成输出信息流并承载信息产品流的一组流程。图 6.10 中有 3 个组织，并交换 4 个信息流，其中两个信息流分别涉及两个信息产品；剩余的两个信息流则交换一个信息产品。在具体组织领域中，流程的输入流可以转换成：①内部流；②另一个组织间流程的输入；③流向一个或多个外部组织的输出流。

文献［443-445］提出了一种克服以上局限的综合方法，这在下面的章节中进行讨论。

6.4.3.1 建模组织信息流

首先区分协作信息系统中交换信息流的两种不同组织角色，即为其他组织生产信息流的生产者（组织）和从其他组织接收信息流的消费者（组织），每一个组织通常兼任这两种角色。这里遵照传统制造业实践，描述生产者一侧生产的个体项的质量，并通过扩展建立生产者组织与质量提供方廓面（Quality

Offer Profile）之间的关联。这一廓面表示组织愿意向其客户（其他在协作过程中需要使用那些信息的消费者组织）提供的质量。相应地，从消费者一侧定义质量需求方廓面（Quality Demand Profile），表示消费者所要求的信息项的可接受质量水平。最终，将组织内的信息质量管理问题转化为组织提供的质量廓面与消费者请求的质量廓面的匹配问题。此时，可以在协作信息系统上下文中定义表达质量提供和质量需求的框架，以一种统一的、层次化的方式对协作组织的结构（信息模式（Information Schema））及其质量廓面（质量模式，见第 7 章）进行建模。

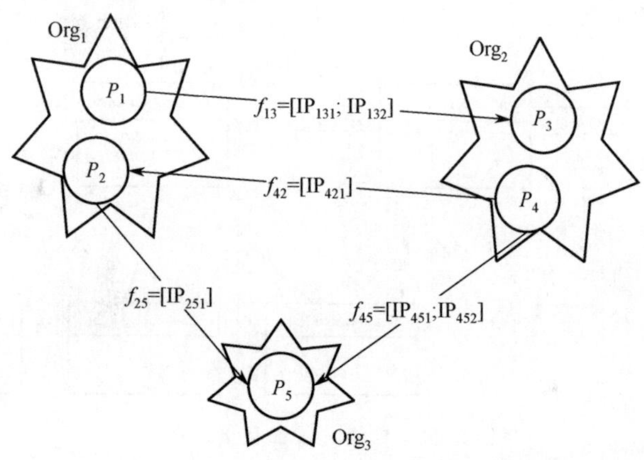

图 6.10　协作信息系统中的组织、流程和信息流

首先将质量廓面与组织在执行流程时生产和消费的基本信息项相关联，图 6.11 给出了以 UML 类图表示的信息模式的元模式。

信息流（Information Flow）f 是从生产者的流程流向一个或多个消费者流程的物理信息项（Physical Information Items，PII）序列。例如，给定一个领域实体 Address 及其实例“4 Heroes Street”（由为 Address 定义的关键字标识），PII 就是 J. Smith 的地址的具体副本，由流程 p_1 在一个特定的时间 t 生成，并通过 f 流发送到流程 p_2。任意流程在任意时间生成的指向相同数据、含义也相同的所有 PII，均被关联到“4 Heroes Street”这一逻辑信息项（Logical Information Item）。

PII 和逻辑信息项描述的是原子信息项（Atomic Information Item）（或基础信息项（Elementary Information Item））及其实时流。如图 6.11 所示的元模式，通过记录类型函数（如 Address 由 Street、City 和 ZipCode 组成）之类的组合函数的递归调用，一个复合项（Compound Item）可从其他复合项或基础项得到。

通过应用聚合函数从多个基础项和组合项得到聚合项（Aggregated Item）（如一个镇的纳税人的平均收入）。

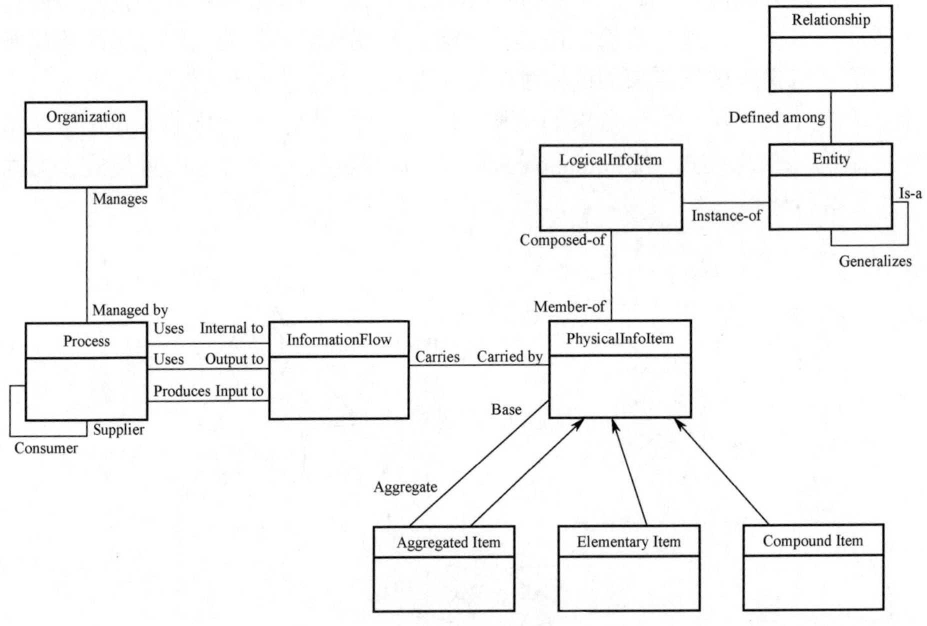

图 6.11 数据、流程和组织模式

基于以上结构，可以对基础项组成的信息流和聚合项组成的信息流进行建模。最终，可以将组织关联到流程和流程间的信息流。信息流包括输入信息流、输出信息流和流程内部信息流 3 种。在实体关系模型的一般意义下，使用其他结构对如图 6.11 所示模式的表示结构进行丰富，典型的是概念模型，如实体、实体间的关系以及实体间的泛化。

6.4.3.2 一个质量廓面模型

为了表示和计算与之前模式中所有类关联的质量廓面，使用文献［10］提出的多维数据库模型（Multidimensional Database Model）将组织的质量廓面建模为给定维度集上的数据立方体。把单项的质量廓面视为多维立方体（Multidimensional Cube）上的一个点，多维立方体的轴包括物理和逻辑信息项、信息流、流程、组织和质量维度等实体。

所产生的质量立方体（Quality Cube）中，每个质量点所承载的信息均是最细粒度的单个质量度量，即关联单个 PII 的、单个维度的质量描述符。图 6.12 是数据仓库建模方法中的星形模式（Star Schema），该模式具有作为事实实体的质量和作为维度实体的其他信息，而事实和维度实体的属性没有给出。

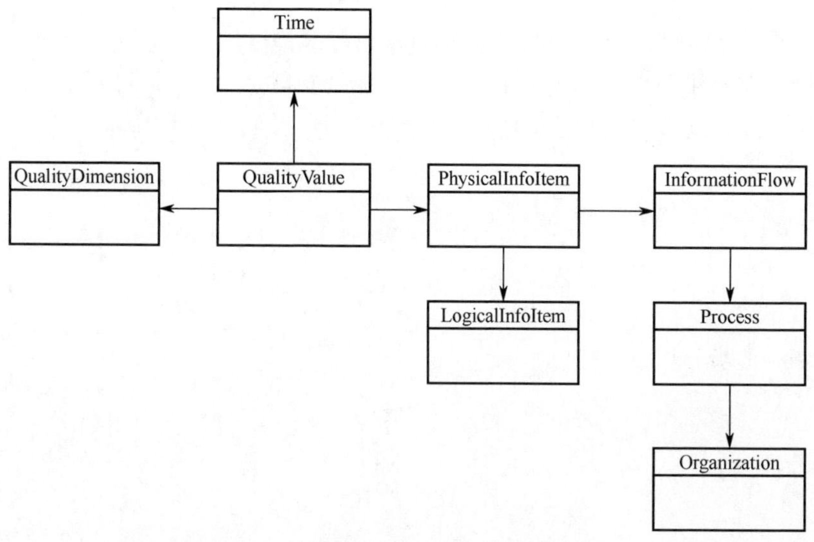

图 6.12　数据质量立方体的星形模式

信息流、流程和整个组织的质量廓面通过对基础质量立方体进行适当聚合计算得到。因此，一旦在质量描述符上定义了适当的聚合函数（Aggregation Function）（如 average）集，组织中各个粒度的质量廓面均需要在为多维数据建立的框架中进行描述。例如，再次考虑图 6.10 中定义的组织、流程以及信息流，可以沿着 PII、信息流、流程、组织的顺序进行聚合，并根据选择的透视图，使用聚合函数将以上每个信息流、流程和组织与质量值联系起来。

6.5　本章小结

本章给出了一些扩展数据、信息和流程模型的建议，并提供了表示质量维度、使用扩展测量和提升信息流、流程及整个组织质量廓面的结构。下面各章将探讨信息质量的核心研究主题和实践，即为信息质量测量和改进而提出的技术与方法。除 IP-MAP 模型这一特殊情况外，这些技术和方法很少依赖于本章提出的扩展模型。此外，只有少数数据库管理系统原型（参见文献［20］）采用了提到的数据质量方法，这是由于整体使用不同方法中提出的代表性结构的复杂性很高，并且缺乏统一的工具与数据库管理系统对其进行管理。从应用的角度看，可以使用质量元数据描述而不是明确的数据模型来记录质量。例如，在官方统计领域，欧盟统计局为国家统计局给出的数据集关联质量报告提供了指南，包括识别刻画如准确性与可靠性、及时性与准时性、连贯性与可比性、可访问性与清晰性等质量维度的具体质量元数据[208]。

未来关于模型的研究方向可能是溯源和可信赖性问题，这将在第 14 章进行讨论。在协作和 Web 信息系统中，了解数据来源及可信赖性对用户来说十分重要，这样就可以追溯数据历史并增加对数据访问和使用的认识。

第 7 章 信息质量活动

7.1 引言

第 1 章提到，信息质量是一个多元化的概念，并且低质量数据的清洗涉及不同目标，可以通过测量不同维度并安排不同活动的方式来实施。一个信息质量活动是为改进信息质量而直接在信息上实施的流程。例如，当一封邮件因为无此收件人而被退回时，一个“人工”信息质量活动涉及从可靠数据源检查准确地址，并在键盘上更加仔细地输入地址，以避免新的错误。一个“自动化”的信息质量活动的例子是匹配两个包含不准确记录的文件，以找到与同一现实实体对应的相似记录。第 12 章将对其他作用于流程的信息质量改进活动进行讨论，并对信息质量活动进行比较。

信息质量活动的实施需要使用不同技术，从而导致测量和改进信息质量的效率与有效性的不同。本章以及第 8 章 ~ 第 10 章以定义信息质量活动为目标，并介绍支撑这些信息质量活动的相关技术。本章首先定义活动（见 7.2 节），并为读者提供涉及不同活动的章节地图。第 8 章 ~ 第 10 章将讨论两个被广泛研究的信息质量活动，即对象识别和数据集成。本章讨论两种活动，即质量合成（见 7.3 节）和错误定位与纠正（见 7.4 节）。第 12 章将在方法上下文中审视以上所有活动，展示它们可能的用法。

7.2 信息质量活动概论

尽管有很多的算法、启发式信息和基于知识的技术被作为信息质量活动，但可以划分为有限的几个类别。下面列举这些信息质量活动类别，并提供说明性的定义。本章以及第 8 章 ~ 第 10 章将对其进行详细描述。

（1）新信息获取（New Information Acquisition）是一种用新的高质量数据更新有争议信息（如关系表、XML 文件、图片）的信息获取过程。以上讨论的人工例子可以归为这个类别。

（2）标准化（Standardization）（规范化）是指使用遵循规定的标准或参考

格式的新信息对信息进行修正。例如，将 Bob 改为 Robert 和将 Channel Str. 改为 Channel Street。

(3) 对象识别（记录链接、记录匹配（Record Matching）、实体分辨（Entity Resolution））的目的是识别出给定的一个或多个信息源中代表同一个现实对象的记录。当信息源只有一个时，这种活动也称为去重（Deduplication）。

(4) 数据集成是将分布式的异构数据源中的数据表示为一个统一视图的工作。数据集成主要依靠两方面具体活动来处理质量问题。

① 质量驱动查询处理（Quality-driven Query Processing）基于数据源中数据的质量特性提供查询结果。

② 实例层冲突消解（Instance-level Conflict Resolution）识别并解决指向同一现实对象的数据之间的冲突。

(5) 数据源可信赖性（Source Trustworthiness）目标是在一个没有或者极少进行数据质量控制的开放的或者协同的上下文中，根据数据源向其他数据源所提供信息的质量来对其进行排名。

(6) 质量合成（Quality Composition）定义对信息质量维度值进行综合的方法。例如，给定两个完备性已知的数据源，计算两者并运算结果的完备性。

(7) 错误定位（错误检测（Error Detection））根据给定的一个或多个信息源和一组定义在信息源上的语义规则，找到没有遵守这些规则的记录。

(8) 错误修正，给定一个或多个信息源，一组语义规则和一组记录中被识别出的错误，修正记录上的错误值，从而使其符合上述规则。

(9) 成本优化（Cost Optimization）的目标是根据成本目标优化一个给定的信息质量对象。例如，根据给定的信息需求，在具有不同成本和质量维度度量的信息源提供者之间，选择具有最佳成本/质量比的提供者。

其他一些与信息质量弱相关的活动包括以下几方面。

(1) 模式匹配（Schema Matching）。以两个模式作为输入，生成两个模式语义对应元素之间的映射。

(2) 模式清洗（Schema Cleaning）。提供用于转换概念模式的规则，以便实现或者优化给定的一组质量（如可读性、规范性），同时保留其他属性（如内容的等价）。

(3) 剖析（Profiling）。分析数据源中的信息以便计算（推断）内涵属性，如数据源中的记录数、结构化关系数据的数据库结构、具有相似值的字段、连接路径和连接规模。

下面将不再考虑模式匹配、模式清洗和模式剖析。对象识别/记录连接和数据集成这两个活动在当前业务中至关重要，并且已经得到学术界和产业界的广泛研究，将用 3 章的篇幅专门对它们进行介绍，第 8 章及第 9 章讨论对象识别，第 10 章讨论数据集成。

（1）第 12 章将在信息质量改进方法上下文中涉及新信息获取。

（2）标准化通常作为错误定位、对象识别以及数据集成的预处理活动。但是标准化通常包含于对象识别技术中，第 8 章、第 9 章将其作为对象识别的一个步骤进行详细描述。

（3）数据源可信赖性是开放和 Web 系统中的一个新兴的研究问题。在这些系统中，信任和信息质量是两个重要的概念，第 14 章将其作为 Web 数据和大数据中的开发问题加以讨论。

（4）成本优化包括了 3 个不同的方面：①质量维度之间的成本权衡，这在第 11 章中讨论；②成本和收益分类，以刻画业务流程中的信息质量，这在 11.4.1 节中讨论；③信息质量改进流程的成本收益分析，这在第 12 章中讨论。

本章的其余部分简要地描述余下的活动，即质量合成（见 7.2 节）和错误定位与修正（见 7.3 节）。

7.3　质量合成

在包括电子商务和电子政务在内的一些上下文中，特别是信息在不同的信息源之间复制（如关系表、地图等），常通过结合从多个信息源中提取的信息获得新的信息。在这些上下文中，能够从原始信息源的质量维度值（如果可用的话）开始，计算质量维度或新信息的质量是很重要的。此外，为了提高数据质量，仅考虑单一信息源，或者独立的实施改进行动是不够的。相反地，应当通过合并不同信息源中的信息，作为这些行动的补充。

考虑一组在电子政务场景中相互协作的公共行政机构，并且聚焦于具体的信息质量维度，如完备性维度。在一些国家中，每个城市都有注册管理机构：①居民个人登记处；②居民的公民身份登记处。在地区一级，可以假定地方有个人所得税纳税人登记处，而中央一级有国家社会保险、意外保险和其他登记处。这些数据源在表示所关注现实方面通常具有不同的完备性，并且这些数据源会被许多管理流程合并。信息质量合成活动的目标是：从数据源的完备性（如果已知的话）开始直接计算合并结果的完备性，而不是在合并结果上执行代价高昂的质量测量过程。

图 7.1 给出了质量合成问题定义的一般性描述。根据模型 M（如对关系表是关系模型，对地图是第 3 章中描述的概念模型）描述信息源或者一组信息源

(记为 X)，并通过通用合成函数 F 处理信息源。合成函数 F 由定义在模型 M 上的操作集合 $\boldsymbol{O}=[o_1, o_2, \cdots, o_k]$ 定义。函数 Q_D 用于计算 X 的质量维度 D 的值 ($Q_D(X)$) 和 Y 的质量维度 D 的值 ($Q_D(Y)$)，其中，$Y=F(X)$。目标是定义从 $Q_D(X)$ 计算 $Q_D(Y)$ 的函数 $Q_D^F(X)$，而不是在 Y 上直接计算函数 $Q_D(Y)$。

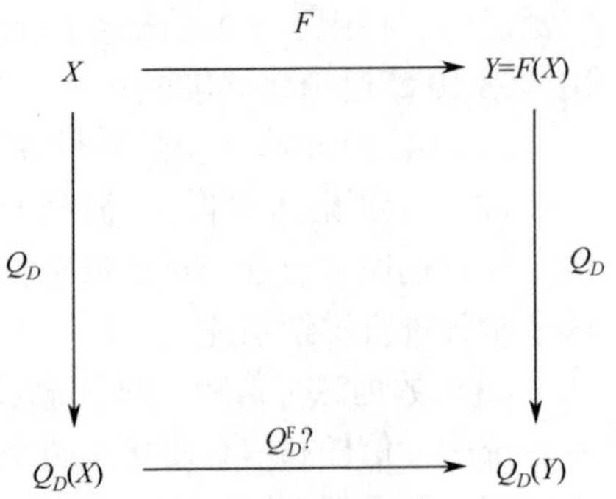

图 7.1 质量合成问题

在接下来的讨论中做如下假设。

(1) M 是一个关系模型；

(2) $\boldsymbol{O}$ 相当于关系代数运算，如并、交、笛卡儿积、投影、选择和连接；

(3) Q_D^F 是一个在不同假设下针对不同关系运算符对关系的质量进行评估的函数。

Motro 和 Ragov[455]、Wang 等[649]、Parsiann 等[491-493]、Naumann 等[464]、Scannapieco 和 Batini[547] 等在相关文献中考虑了为关系数据质量维度定义合成代数（Composition Algebra）的问题。图 7.2 从以下几个方面对这些方法进行了比较：①所采用的关系模型和数据架构的变体；②考虑的质量维度；③考虑的关系代数运算；④对数据源的特殊假设。接下来的章节对图 7.2 中的问题进

论文	模型	对源的特殊假设	考虑的质量维度	代数运算
Motro（1998）	OWA（隐含的）关系模型	无假设	完好率 完备率	笛卡儿积 选择 投影
Parssiann（2002）	OWA（隐含的）关系模型	标识符属性的错误服从均匀分布 所有属性的错误概率相互独立 对于误分组元组和其他元组的非标识符属性中的错误服从均匀分布	准确率 不准确率 误分组率 不完备率	选择 投影 笛卡儿积 连接
Wang（2001）	关系模型	错误服从均匀分布	准确率	选择 投影
Naumann（2004）	数据集成系统 数据源集合+通用的CWA关系	建立源之间的集合关系 -不相交 -量化的重叠 -独立（巧合重叠） -包含	覆盖率 密度 完备率	连接合并 全外连接合并 左外连接合并 右外连接合并
Scannapieco（2004）	OWA与CWA关系模型	开放世界和封闭世界假设 源之间的集合关系 -不相交 -非量化的重叠 -包含	完备率	并 交 笛卡儿积

图 7.2 质量合成方法比较

行解释，当描述这些方法时，使用表中第一列作者的名字作为方法的代称。

第2章已经介绍了封闭世界假设、开放世界假设、参照关系以及相关的值完备性、元组完备性和关系完备性的维度定义。

7.3.1　模型与假设

Motro和Parssian考虑了一个关系模型，可以构造性地定义一个理想（Parssian称其为概念关系（Conceptual Relation））关系r-ideal和对应的真实关系r-real，从而可以识别它们之间的公共元组和非公共元组。Motro根据r-ideal和r-real之间的差异定义维度，并分别根据公共元组和非公共元组进行度量。Parssian进一步在两种类型的元组之间区分主键（在Parssian的方法中以及下文中被称为标识（Identifier））不同的元组对以及键属性相同但非键属性（下文称为非标识（Non-identifier）属性）不同的元组对。图7.2描述了Parssian处理标识属性和非标识属性上的错误概率的假设。Wang没有关注完备性问题，不考虑那些属于理想关系但不属于真实关系的元组，并假设真实关系中的元组因为错误才出现，称为误分组元组（Mismember Tuple），从而在一个简化模型中假设关系中的错误服从均匀分布。

不同于其他作者，Naumann在数据集成系统上下文中研究质量合成。在Naumann采用的模型中，数据源对应于局部关系和数据库，存在一个全局数据源，称为通用关系（Universal Relation），对应于可通过现有数据源获取的所有元组的集合。Naumann考虑了数据源之间4种不同的集合关系：①不相交；②包含；③独立，对应于巧合重叠；④量化重叠，数据源之间公共元组的数量已知。下面将描述Naumann采用的运算集合，这些运算既表达了数据源和通用关系之间的关系，也描述了质量合成的特征。Naumann关注于对数据源进行组合以将分散在不同数据源中的信息组合在一起的流程的质量评估，因此重点研究了对连接运算行为的评估。

全外连接合并（Full Outer Join Merge）运算被定义为在针对元组冲突的上下文中引入关系代数中的全外连接运算操作（参见文献[198]）。在这个被提出的模型中，假设不同数据源中对应于相同现实对象的元组已经被识别。当合并指代同一对象的两个元组 t_1 和 t_2 时，根据场景不同，公共属性包括：①都为空值；② t_1 为空值，并且 t_2 为指定值；③相反的情况，即 t_1 是指定值，而 t_2 是空值；④相同的指定值；⑤不同的指定值。最后一种情况中，假设分辨函数（Resolution Function）已经给出。考虑两个给定的数据源，对应关系 r_1 和 r_2。连接合并（Join Merge）运算可以定义为通过进一步应用分辨函数来扩展连接运算。当连接合并用来代替连接时，全/左/右外连接合并（Full/Left/Right

Outer Join Merge）运算被定义为外连接运算的扩展。通用关系被定义为 r_1 和 r_2 的全外连接合并。在该模型中，Naumann 采用了封闭世界假设，因为只有数据源中的元组才可能存在于通用关系中。

Scannapieco 同时采用封闭世界和开放世界假设，从而可以定义第 2 章中讨论的所有类型的完备性。此外，在开放世界假设中，给定两个不同的关系 t_1 和 t_2，可以做出关于参照关系的两个不同假设：①t_1 和 t_2 的两个参照关系是相同的；②参照关系不同。这是由于当使用合并或连接这类合成运算合成关系时，可以根据以下假设给出运算的两个不同解释（图 7.3）。

（1）如果两个参照关系相同（图 7.3（a）），不完备性关注数据源中指代相同感兴趣事实的对象的缺失。

（2）如果两个参考关系不同（图 7.3（b）），对合成的解释导致不同感兴趣事实的集成。

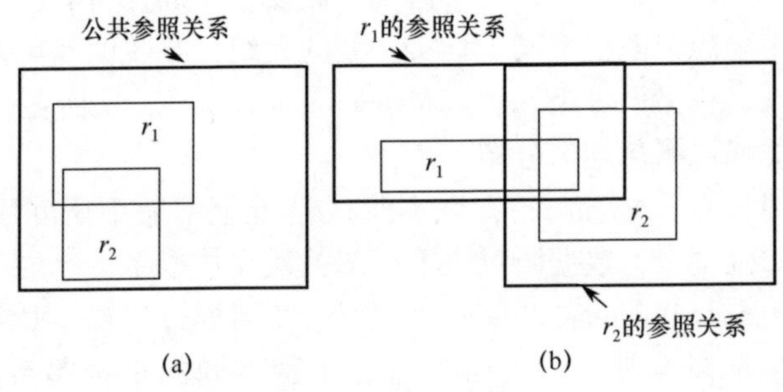

图 7.3　参照关系假设

在以上两种情况中，对最终完备性的评价是不同的。参照数据源之间的集合关系，Scannapieco 讨论了公共元组数量未知情况下的重叠、包含和弱重叠。

7.3.2　维度

本节对维度进行对比研究，重点关注两个特殊的维度，即准确性和完备性。

在 Motro 的研究成果中，给定一个理想关系 r-ideal 和相应的真实关系 r-real，定义两个维度。

（1）完好性（Soundness）度量真实数据为真的比例：

$$\frac{|r-\text{ideal}| \cap |r-\text{real}|}{|r-\text{real}|}$$

（2）完备性度量真实数据存储于真实关系中的比例：

$$\frac{|r-\text{ideal}| \cap |r-\text{real}|}{|r-\text{ideal}|}$$

根据在理想关系和真实关系间的关系中考虑的元组对的不同，Parssian 定义了 4 个不同的维度。

（1）对于 r-real 中的一个元组，如果它的所有的属性值是准确的，即与 r-ideal 中相应元组的值相同，那么，该元组是准确的。

（2）对于一个元组，如果存在一个或多个不准确非标识属性值（或 null），并且不存在不准确标识属性值，那么，该元组是不准确的。$S_{\text{inaccurate}}$ 表示不准确元组集合。

（3）对于一个元组，如果不应该被放入 r-real 中，而实际却被放入 r-real 中，那么，该元组是误分组的。$S_{\text{mismember}}$ 表示误分组元组集合。

（4）对于一个元组，如果应该被放入 r-real 中，而实际却未被放入 r-real 中，那么，该元组属于不完备集合 $S_{\text{incomplete}}$。

图 7.4 说明了一个示例：①理想关系 Professor（教授）；②一个可能的对应真实关系 Professor，其中白色部分是正确元组，浅灰色阴影部分是不准确元组，深灰色阴影部分是误分组元组；③Professor 关系的不完备元组集合。r-real 的准确性、不准确性和误分组率分别定义如下：

Id	LastName	Name	Role
1	Mumasia	John	Associate
2	Mezisi	Patrick	Full
3	Oado	George	Full
5	Ongy	Daniel	Full

(a)

Id	LastName	Name	Role
1	Mumasia	John	Associate
2	Mezisi	Patrick	Full
3	Oado	Nomo	Full
4	Rosci	Amanda	Full

(b)

Id	LastName	Name	Role
5	Ongy	Daniel	Full

(c)

图 7.4　Parssian 方法中的准确/不准确/误分组元组和不完备集合示例
（a）理想关系 Professor；（b）真实关系 Professor；（c）Professor 关系的不完备元组集合。

$$\text{accuracy} = \frac{|S_{\text{accurate}}|}{|r-\text{real}|}$$

$$\text{inaccuracy} = \frac{|S_{\text{inaccurate}}|}{|r-\text{real}|}$$

$$\text{mismembership} = \frac{|S_{\text{mismember}}|}{|r - \text{real}|}$$

r-real 完备性可定义为

$$\frac{|S_{\text{incomplete}}|}{|r - \text{real}| - |S_{\text{accureate}}| + |S_{\text{incomplete}}|}$$

因为当考虑 r-real 时必须排除误分组元组并增加不完备元组集合。

Wang 在准确性的概念中区分关系准确性和元组准确性（Tuple Accuracy）。在假设导致不准确的错误服从均匀分布的情况下，元组准确性定义为概率元组准确性（Probabilistic Tuple Accuracy），它在数值上与整体关系准确性一致。

在 Naumann 的研究成果中，从 3 个不同的角度分析完备性，分别对应于覆盖度、密度和完备性。

（1）数据源 s 的覆盖度（Coverage）刻画在数据源 s 中表示对象的数量与通用关系 ur 中的对象总数的比值，定义为

$$\frac{|s|}{|\text{ur}|}$$

（2）数据源的密度（Density）刻画在数据源中表示值的数量，并被定义为通用关系中属性非空取值的数量。更正式地，首先定义数据源 s 的一个属性 a 的密度：

$$d(a) = \frac{|(t \in s \mid t.a \neq \text{null})|}{|s|}$$

数据源 s 的密度是在通用关系 ur 的所有属性的集合 $\boldsymbol{A}$ 上的平均密度：

$$\frac{1}{|A|}\sum_{a \in A} d(a)$$

（3）数据源 s 的完备性刻画数据源中包含值的数量与现实中潜在值的总量的比值。通过下式表示为

$$\frac{|(a_{ij} \neq \text{null} \mid a_{ij} \in s)|}{|\text{ur}| \times |A|}$$

式中：a_{ij} 是 s 中的元组 t_i 的第 j 个属性的值。

Scannapieco 考虑了第 2 章中有关完备性的所有维度以及其他维度（感兴趣的读者可参考文献［547］）。

本节的剩余部分介绍准确性和完备性有关的研究成果。由于先前讨论的不同方法的异构性，下面对各个成果分别加以讨论。由于 Wang、Parssian、Naumann 和 Scannapieco 在该领域做出了更重要的贡献，下面将重点关注他们的研究成果。所采用的记号如图 7.5 所示。

记号	含义
r	输入关系
$r_1, r_2, \cdots, r_n$	包含n个关系的输入关系集合
s	输出关系
$\|r\|$	关系r的大小
acc	准确度
inacc	不准确度
cov	覆盖度
compl	完备度

图 7.5　说明时使用的记号

7.3.3　准确性

Wang 给出了选择和投影运算的一些研究成果。下面对选择运算进行分析，对于与投影运算相关的更复杂的公式请参见文献［649］。假设已知输出关系的大小$|s|$，很容易从错误的均匀分布假设推导出如下公式：

$$\mathrm{acc}(s)=\mathrm{acc}(r)$$

下面分别给出针对最差和最佳场景的公式，对于最差场景，如果$|r| \leqslant |s|$，那么，$\mathrm{acc}(s)=0$。更多细节参见文献［649］。

由于为输入关系定义了更大的维度集合，Parssian 的研究成果更加丰富。下面介绍在笛卡儿积和选择运算情况下的准确性和不准确性的细节。

对于应用于两个关系r_1和r_2的笛卡儿积，容易得出下面的公式：

$$\mathrm{acc}(s)=\mathrm{acc}(r_1)*\mathrm{acc}(r_2)$$

和

$$\mathrm{inacc}(s)=\mathrm{acc}(r_1)*\mathrm{inacc}(r_2)+\mathrm{acc}(r_2)*\mathrm{inacc}(r_1)+\mathrm{inacc}(r_1)*\mathrm{inacc}(r_2)$$

对于选择运算，根据选择运算的条件结构，存在4种不同的情况：选择条件应用于标识属性还是非标识属性，以及通过等式还是不等式进行选择。下面将考察其中的两种情况。

对于选择条件是一个应用于标识属性的不等式的情况，由于假设错误服从均匀分布，s的准确性、不准确性、误分组率和不完备性与r的相同，这是因为被选择元组的状态保持不变。

对于选择条件是一个应用于非标识属性A的等式的情况，元组是否被选择取决于其属性A的值是准确还是不准确。为了估算s的各个组成部分的大小，需要估算准确/不准确/误分组元组位于与非标识属性（出现或者未出现在条件中）相关的r中的概率，记为$P(t \in s)$。显然，有如下针对这种情况的准确性的计算公式：

$$\mathrm{acc}(s)=\mathrm{acc}(r)*\frac{|r|}{|s|}*P(t\in s)$$

对于先前公式的形式化证明和所有其他情况的细节，参见文献［493］。

7.3.4　完备性

接下来关注 Naumann 和 Scannapieco 的贡献。首先在 Naumann 的方法中，根据给出的定义可直接得出关系 r_1 的完备性、覆盖度以及密度之间的函数关系，即

$$\mathrm{compl}(r_1)=\mathrm{cov}(r_1)*\mathrm{density}(r_1)$$

针对两个关系 r_1 和 r_2 的二元运算的场景，Naumann 给出了对这 3 个维度以及基于 7.3.1 节的假设所定义的运算的组合函数。

图 7.6 说明了此处讨论的覆盖率维度的几种情况，其他几种情况参见文献［464］。

假设	运算		
	r_1与r_2不相交	量化重叠 (=x)	r_1包含于r_2
连接合并	0	$\|x\|/\|ur\|$	cov(r_1)
左外连接合并	cov(r_1)	cov(r_1)	cov(r_1)
全外连接合并	cov(r_1)+cov(r_2)	cov(r_1)+cov(r_2)−$\|x\|/\|ur\|$	cov(r_1)

图 7.6　Naumann 的研究成果中给出的覆盖度组合函数

在图 7.6 中，连接合并运算在不同假设下的结果分别为没有对象、只有公共对象、只有 r_1 的对象，从而可以直接得出计算公式。对于左外连接合并，由于左外连接的结果中保留第一个数据源 r_1 的所有元组，因此覆盖度 cov（r_1）与假设无关，全外连接合并的情况亦是如此。此处未涉及的情况和属性参见文献［464］。

在 Scannapieco 的方法中，考虑了两种开放世界假设的情况，其中假设已经在相同的参照关系或两个不同的参照关系上分别定义输入关系 r_1 和 r_2。需要注意的是，假设已知参照关系的大小而不是参照关系本身，计算并运算的完备性如下。

情况 1：相同的参照关系，假设

$$\mathrm{ref}(r_1)=\mathrm{ref}(r_2)=\mathrm{ref}(s)$$

在没有关于关系的附加知识的情况下，可以只明确上界：

$$\mathrm{compl}(r)\geqslant\max(\mathrm{compl}(r_1),\mathrm{compl}(r_2))$$

在该不等式背后，可以区分另外3种情况。

（1）不相交：如果$|r_1 \cap r_2| = 0$，那么，$\mathrm{compl}(s) = \mathrm{compl}(r_1) + \mathrm{compl}(r_2)$。

（2）非量化部分重叠：如果$|r_1 \cap r_2| \neq 0$，那么，$\mathrm{compl}(s) > \max(\mathrm{compl}(r_1), \mathrm{compl}(r_2))$。

（3）包含：如果$r_1 \subset r_2$，那么，$\mathrm{compl}(s) = \mathrm{compl}(r_2)$。

例如，如图7.7（a）、（b）所示，dept1和dept2为表示一个系的教授的两个关系，并且具有相同的参照关系，ref-dept = ref(dept1) = ref(dept2)，该参照关系对应于该系的所有教授。需要注意的是，dept1只包含正教授。使用以下输入数据：①|dept1| = 4；②|dept2| = 5；③|ref-dept| = 8。因此，compl(dept1) = 0.5且compl(dept2) = 0.625，根据以上信息可以得出

$$\mathrm{compl}(\mathrm{dept1} \cup \mathrm{dept2}) \geqslant 0.625$$

图7.7（c）展示了关系dept3，其大小为4；该关系只包含副教授，因此$\mathrm{dept3} \cap \mathrm{dept1} = \varnothing$。在这种情况下，容易计算得到

$$\mathrm{compl}(\mathrm{dept1} \cup \mathrm{dept3}) = 0.5 + 0.5 = 1$$

Id	LastName	Name	Role
1	Ongy	Daniel	Full
2	Mezisi	Patrick	Full
3	Oado	George	Full
4	Rosci	Amanda	Full

(a)

Id	LastName	Name	Role
1	Mumasia	John	Associate
2	Mezisi	Patrick	Full
3	Oado	George	Full
4	Gidoy	Nomo	Associate
5	Rosci	Amanda	Full

(b)

Id	LastName	Name	Role
1	Mumasia	John	Associate
2	Oymo	Vusi	Associate
3	Msgula	Luyo	Associate
4	Keyse	Frial	Associate

(c)

Id	LastName	Name	Role
1	Ongy	Daniel	Full
2	Oado	George	Full

(d)

图7.7 输入关系的例子

（a）dept1；（b）dept2；（c）dept3；（d）dept4。

图7.7（d）展示了关系dept4，其大小为2，并且$\mathrm{dept4} \subseteq \mathrm{dept1}$。在这种情况下可以得到

$$\mathrm{compl}(\mathrm{dept1} \cup \mathrm{dept4}) = 0.5$$

情况2：不同的参照关系。考虑可能在真实场景中发生的情况，即参照关系是不相交的并且是一个域的全划分，如合并两个不相交的城市居民的集合。更具体地，假设$\mathrm{ref}(r_1) \cap \mathrm{ref}(r_2) = \varnothing$且$\mathrm{ref}(s) = \mathrm{ref}(r_1) \cup \mathrm{ref}(r_2)$。在这种情况

下，容易得到 s 对于并运算的完备性为

$$\text{compl}(s)=\frac{|r_1|+|r_2|}{|\text{ref}(r_1)|+|\text{ref}(r_2)|}=\frac{\text{compl}(r_1)*|r_1|+\text{compl}(r_2)*|r_2|}{|\text{ref}(r_1)|+|\text{ref}(r_2)|}$$

对于与交运算和笛卡儿积有关的其他情况，参见文献［547］。

7.4 错误定位与修正

在本章的引言中，错误定位和错误修正归为信息质量活动。每当从可能存在错误的数据源（如手工输入的数据源）收集信息或者从可靠性未知的数据源获取信息时，错误定位与修正是非常有用的。

在前面几章中，阐述了信息中的错误可通过许多维度来表达，并且已经为其中一部分提供了测量方法，还专门针对一致性给出了表征维度的形式化模型。此外，论述了错误定位和修正的方法依赖于要控制和达标的质量维度，以及要评估的信息类型。本节关注于可视为层次半结构化数据的统计调查问卷。接下来的章节组织如下。

（1）7.4.1 节讨论不一致问题的定位与修正。

（2）7.4.2 节讨论不完备问题的定位与修正。

（3）7.4.3 节讨论离群值的定位，即相对于其他数据来说反常的数据值，并且通常预示着存在不正确数据。

7.4.1 定位和修正不一致

从历史的角度，统计调查中的问卷结果数据以及医学诊断和护理的实验与分析（如临床）中收集的数据都需要进行不一致的定位。当使用传感器网络时，如有害生物、化学药剂的检测以及环境监测中的数据收集，错误定位与修正变得越来越重要。这些传感器网络的错误率很大程度上取决于设备当前的电量、所受的干扰以及其他参数。第 14 章将讨论该问题的更多细节。

对错误定位问题的形式化首先出现在文献［228］中，最近的贡献则出现在一些论文中（参见文献［95，508，673］）。下面将通过问卷采集的数据作为参考案例，该方法可以推广到定义更复杂数据模型的其他情形，如具有完整性约束的关系数据模型。

当设计一个问卷时，由问卷结果所提供的数据必须验证一组属性，对应第 2 章中介绍的编辑规则。在统计学领域，所有编辑规则的集合称为编辑规则集合（Set of Edit Rule），或者检查计划（Check Plan），或者兼容性计划（Compatibility Plan）。通常，这些规则仅在一定程度上是已知的，因为收集和发布规则是代价高昂的，即使一个简单的问卷就可能产生数十甚至数百个这样的规则。错误、答案间的不一致或超出范围等问题，可能归咎于问卷设计的质量不高，也可能由数据输入或转换等数据生产的后续阶段引入。

一旦编辑规则收集完毕，证明编辑规则是一致的（Consistent），即不存在矛盾，是至关重要的；否则，每一个使用编辑规则来定位错误的过程都将失败。此外，它们应该是非冗余的（Nonredundant），即逻辑上，集合中的编辑规则不能由其他编辑规则导出。

作为不一致编辑规则集合的例子，假设对一个公司的雇员进行问卷调查。考虑 3 个编辑规则（此处以及后续，非正式地引入编辑规则的语法和语义）。

（1）Salary=false，意思是“每一个雇员都有薪水”。

（2）Has a desk=false，意思是“每个雇员都有一张办公桌”。

（3）（Salary=true）and（Has a desk=true），意思是“一个雇员不可以有薪水和办公桌”。

这 3 个编辑规则之间存在明显的矛盾。这表明，其中一个编辑规则是错误的，而且最可能是编辑规则 3。一个冗余的编辑规则集合的例子如下。

（1）Role=professor ∧ AnnalIncome < 100. 000。

（2）AnnalIncome < 100. 000。

其中，对 AnnualIncome 的约束是冗余的。

一旦有一个有效的、至少一致的编辑规则集合，就可以使用它们来进行错误定位，即检查与问卷中的值相关联的真值指派是否满足与编辑规则集合相对应的逻辑公式。在该活动中，显然优选非冗余的编辑规则集合，因为减少编辑规则的数量同时保持相同的不一致检测能力可以简化整个过程。

在定位错误记录后，为了纠正错误，可以对它们实施 7. 2 节中称为新数据获取的活动。但是，这种活动代价高昂，并且在为统计目的收集数据的所有上下文中，通常优选编辑规则来纠正错误数据。使用编辑规则通过恢复正确值来纠正错误的活动称为错误修正或插补。通过编辑规则的方法定位错误和插补错误字段的问题通常称为编辑-插补问题（Edit-Imputation Problem）。Fellegi 和 Holt[228] 给出了一个编辑-插补问题的理论模型，该模型的主要目标如下。

（1）应当只改变尽可能少的字段，使每条记录中的数据满足所有的编辑规则，这称为最小改变原则（Minimum Change Principle）。

（2）当需要插补时，应当保持不同字段的值的边缘和联合频率分布。

如下面的例子所示，以上两个目标可能出现冲突。考虑一个采集个人属性的问卷，如<Age，MaritalStatus，TypeofWork>。一个“真实”记录，如<68，married，retired>，可能会由于一些错误变成<6，married，retired>。这条记录不满足编辑规则 Age<15 ∧ MaritalStatus = married。

根据最小改变原则，可以将 6 修正为 15，但是如果将此规则应用于所有类似的情况，就改变了 Age 字段的值分布。即使修正 6 这个值（以及类似的不正确值）时保持 Age 字段正确值的频率分布，也会改变与 MaritalStatus 和 TypeofWork 的联合分布，从而需要进行更加复杂、范围更广的修正。Fellegi 和 Holt 给出了一个编辑-插补问题的解决方案，即找到满足所有编辑规则所需要改变的字段的最小数目，从而达成第一个目标。他们在其方法中做了一个重要假设，即隐含编辑规则已知。隐含编辑规则（Implicit Edit）是逻辑上可以从显式定义的编辑规则中得出的编辑规则。在错误定位中，隐含编辑规则被视为冗余编辑规则而被最小化，但在错误修正中就不能被忽略，因为存在一条记录原本满足隐含编辑规则，但在值修正之后就不再满足的情形。下面引自文献［673］的示例是对计算问题的直观展示。考虑一个记录<Age，MaritalStatus，Relationship-to-Head-of-Household>和如下的两个编辑规则：

edit1：Age < 15 ∧ MaritalStatus = married

edit2：MaritalStatus = not married ∧ Relationship-to-Head-of-Household = spouse

容易得到如下隐含编辑规则：

edit3：Age < 15 ∧ Relationship-to-Head-of-Household = spouse

假设一开始 edit3 是隐含的。现在考虑一条记录 r_1 = <10，not married，spouse>，该记录不满足 edit2。为了修正这条记录，可以将 MaritalStatus 属性的值修改为 married（已婚），从而得到一条新的记录 r_2，但该记录不满足 edit1。此时，不得不做涉及值 spouse 的第二次尝试。如果明确地考虑 edit3，可以立即得到结论：<10，spouse>这两个值中至少有一个必须进行修改。

假设隐含编辑规则已经可用，Fellegi 和 Holt 将问题形式化为一个集合覆盖问题。如果隐含编辑规则不可用，那么，编辑-插补问题可通过更慢的整数规划方法来解决。对于第二个目标，即保持变量的边缘和联合频率分布，则必须使用概率插补方法。关于这些问题请参见文献［95］。

7.4.2 不完备数据

第 2 章介绍了完备性，将其作为重要的数据质量维度，并在关系表上下文中为其定义了测量指标。另一种类型的不完备性出现在对一段时间内的现象的测量中，即时间序列。下面讨论这两种完备性。

对于关系表中的属性 A 或一组属性 A_1，A_2，…，A_n，用明确值代替缺失值的问题可表示为如下形式的编辑规则满足性问题：

$$A_1 = \text{null or } A_2 = \text{null or } \cdots \text{ or } A_n = \text{null}$$

在这种情况下，由于需要修改的值的最小数目与缺失值数目一致，从而很容易得到该最小数目。因此，保持属性的边缘和联合频率分布的目标就成了关键。如果考虑的属性为 A_1，A_2，…，A_n，可以假设属性的缺失是单调的，即仅当 A_{i-1}，A_{i-2}，…，A_1 不缺失时 A_i 才不缺失。此时，可以递归地执行回归方法，生成从 A_1 到 A_n 的有效值。

对于时间序列，可以识别两种类型的不完备性，即截断数据和设限数据。截断数据（Truncated Data）对应于待分析数据集中被丢弃的观测值。例如，可能不会将每年最多乘坐一次航班的客户存入航空公司的客户数据库中。设限数据（Censored Data）对应于确定在某个时间 t_1 之前（左设限数据（Left Censored Data））或在某个时间 t_2 之后（右设限数据（Right Censored Data））尚未被收集的数据。左设限数据的示例为，如果假设需要测量计算机的平均故障时间（Mean Time Between Failures），可能只能获得特定时间 t_1 之后的历史数据，而且可能还不知道计算机开始运行的时间 $t_0 < t_1$。图 7.8 展示了可能的情形。

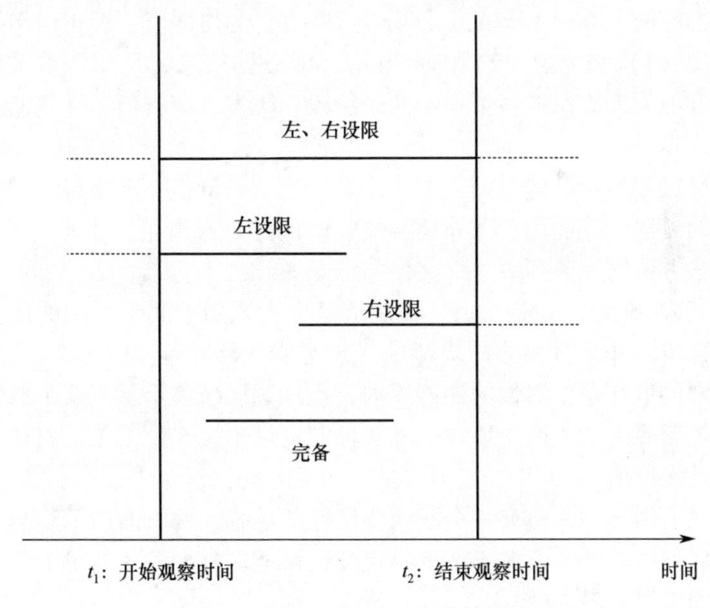

图 7.8　时间序列中的不完备数据类型

需要注意的是，截断或者设限数据也可出现在包含无时间戳数据的关系表中。例如，一个 64 位整型数据不能表示大于 $2^{64}-1$ 的值，所以整数溢出导致设限数据。再举一个例子，一个销售发票系统可能为无日期发票分配一个默认日期，从而导致存在值缺失情况的发票具有完全相同且具有较高频率的数据。

截断和设限数据可以借助直方图和频率分布来检测。例如，在一个销售订单系统中，日期的频率分布中会在默认日期处出现峰值。

7.4.3 发现离群值

数据集中与其他值相比不同寻常的大或者小的值称为离群值（Outlier）。例如，考虑如下数据：

2，5，6，3，8，76，4，3，7

直觉告诉我们 76 是一个可疑的值，因为其他数据都在 0~10 之间。典型地，在数据测量时，以下几个类型的原因将导致数据被归为离群值。

（1）被错误的观测、记录或录入到数据集。

（2）与其他值相比，来自于不同的总体。

（3）是正确的，但表示一个罕见事件。

在上述例子中，76 可能是由分隔 7 和 6 之间的逗号丢失导致的简单印刷错误。这是一个对应类型 1 和类型 2 的临时错误或者不合逻辑值的示例，有时也称为数据故障（Data Glitch）。区分类型（3）的离群值，即正确但罕见的数据，与类型（1）和类型（2）的离群值，即数据故障，是非常重要的。综上所述，离群值管理方法的特征在于两个阶段：①发现离群值；②判断是罕见值还是数据故障。

可以通过测量实际值与期望值的偏差来检测离群值。下面讨论可以用来检测离群值的方法：控制图、散布离群值、时间序列离群值。文献［161］详细列举了这些方法的完整列表。

（1）控制图（Control Chart）在制造业中主要用于测量产品的质量。采集一些数据样本，并计算和分析统计量，如均值和标准差。例如，在图 7.9 中，矩形区域内的值在单个属性的误差界内，而椭圆区域表示基于两个属性联合分布的联合控制界。对于两个属性的椭圆控制区域来说，位于单个属性控制界内的一些点是离群值。

控制图适用于一次研究一个或两个属性的场景，而不能用于刻画基于属性间关系的离群值。一个值对于任意给定属性可能非常合适，但对于一组属性则可能位于固定误差界之外。

（2）散布离群值（Distributional Outlier）。这类方法将处于低密度区域的点视为离群值。由于这些点相对孤立，因此“很可能”是离群值。直觉上，离群值可能与其他数据点距离很远。因此，可以通过计算数据集中每个数据点 x 的 $F[d](x)$ 值来找出散布离群值，即数据集合中与 x 的距离大于等于 d 的点的比例。$F[p,d]$ 离群值集合是满足 $F[d](x) > p$ 的点 x 的集合，其中 p 是一个阈值。需要注意的是，离群值可能聚集在一起。例如，某些字段的默认值或者设限值，阈值 p 的选取应将这些字段考虑在内。

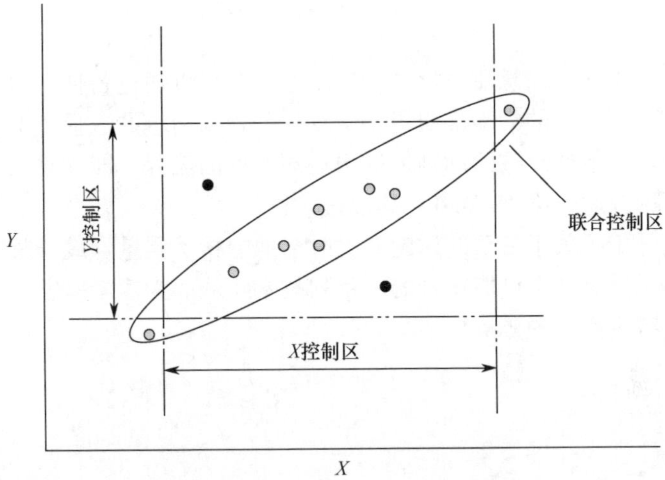

图 7.9　基于两个属性的控制图的示例

(3) 时间序列离群值（Time Series Outlier）。这类方法分析时间序列中的离群值。考虑时间序列的重要特性，如时间上接近的数据趋于高度相关；此外，还考虑数据中存在的循环模式，如信用卡支付可能在一周中的某些时段达到峰值。针对时间序列的技术使用空间划分策略将序列中测量的一组属性（如<CreditCardNumber，Expense>）划分为段，每个划分类是数据点在此时具有的状态。将给定时间序列建模为状态的轨迹，并为状态之间的转换赋以概率。因此，可以将状态转换按可能性排序，离群值对应于低可能性的转换。

一旦识别出离群值，就需要判断该离群值是表示了反常但合法的状态还是数据故障。在时间序列方法中，为做出上述判断考虑两个不同的偏离度量。相对偏离（Relative Deviation）表示数据点随时间相对于其他数据点的运动。例如，当数据点表示顾客的信用卡消费历史记录时，一些顾客以更快的速度消费，而其他顾客继续以一开始的速度消费。内偏离（Within Deviation）测量数据点相对于其预期行为的动态。

下面对这两个策略进行简要的对比。相对偏离更加鲁棒，因为状态变化需要属性的显著变化。内偏离对微小的变化更加敏感，并且对分析长期变化更加有效，因此更适合辨别罕见数据与故障数据。事实上，真正的变化通常是持续的，而数据故障的出现和消失不可预测。在单个时间点处的税收下降更有可能是数据问题，如数据缺失，而不是下行趋势。故障中的模式则揭示了系统性的原因，如具有特定缺失间隔的数据。

7.5 本章小结

本章介绍了几个信息质量活动，揭示了组织可以通过各种行动和策略来提高信息质量。所介绍的活动都应用于信息，并根据给定的流程产生质量得到改进的新信息。其他的改进活动则依赖于处理数据的流程，即修改流程或在流程中引入适当的控制，第 12 章将对其进行讨论。

本章还开始了关于活动的讨论，同时全面分析了质量合成以及错误定位与修正。介绍了针对几个可能场景的一系列技术，从而为读者提供了一个根据使用场景选择特定方法的分析框架。

第 8 章　对象识别

8.1　引言

本章讨论最重要也是研究最为广泛的信息质量活动——对象识别。鉴于对象识别的重要性，本书安排了两章的内容对其进行介绍，本章讨论具体技术，第 9 章将关注最新进展。

为了引出问题，先介绍一个与电子政务应用场景相关的示例。在该场景中，与企业相关的管理规程由不同的机构负责：将企业信息存储在各自的国家注册备案系统中，授权特定的商业活动，并提供各种服务，如征税。每个机构在对同一组企业进行表示时，要使用一些所有机构共用的属性和一些机构专用的属性。如图 8.1 所示，给出了同一个企业在 3 个国家注册机构中的表示（由于保护隐私的原因，修改了一些与讨论无关的细节）。

Agency	**Identifier**	**Name**	**Type of activity**	**Address**	**City**
Agency 1	CNCBTB765SDV	Meat production of John Ngombo	Retail of bovine and ovine meats	35 Niagara Street	NewYork
Agency 2	0111232223	John Ngombo canned meat production	Grocer's shop, beverages	9 Rome Street	Albany
Agency 3	CND8TB76SSDV	Meat production in New York state of John Ngombo	Butcher	4, Garibaldi Square	Long Island

图 8.1　3 个机构表示同一企业的方式

这 3 个元组存在以下几点不同。

（1）由于 3 个机构采用了不同的编码策略，3 个元组的 Identifier（标识）属性的值不同；并且，即便它们共用了相同的定义域（Agency 1 和 Agency 3 属于该情况），由于某些数据录入错误，元组的 Identifier 属性值也不同。

（2）Name（名称）属性值是不同的，尽管存在一些相同或相似的部分（在这种情况下，同样能够发现一些数据录入错误）。

（3）Type of Activity（活动类型）属性值是不同的，这种不同可能由于拼写错误、故意弄虚作假或数据更新不同步等原因造成。

（4）更多的不同出现在 Address（地址）和 City（城市）属性中。

然而，这 3 个元组表示的是同一个企业。

对象识别是识别来自同一数据源或不同数据源的数据是否表示同一个现实对象的信息质量活动。

如第 1 章所述，单一信息源的低劣信息质量会导致劣质服务和经济损失。涉及不同信息源中相同类型对象（如人员、企业和区划）的低劣信息质量会在所有访问不同信息源中相同对象的应用（如查询、事务、基于关键词的搜索、统计）中产生劣质结果。这类访问在许多政府机构（企业/市民）之间的交互合作中非常常见。例如，为了发现税务欺诈，不同的机构可以对它们的数据库进行交叉检查，以寻找数据之间的矛盾和关联：只有当指代相同对象的数据可以被识别出来，这才有可能实现。

本章的内容组织如下：8.2 节对对象识别问题进行简单的历史回顾；8.3 节讨论在对象识别过程中涉及的不同类型信息；8.4 节描述对象识别过程的一般步骤，并在 8.5 节进行详细介绍；8.5.4 节介绍一些具体的对象识别技术，并在后续章节进行详细描述；8.6 节介绍概率技术；8.7 节阐述一些经验技术；8.8 节详细介绍基于知识的技术；8.9 节对对象识别技术进行比较分析。

8.2 发展历程

术语“记录链接”在文献［186］中首次出现。由于越来越多地采用计算机程序自动管理活动、人口调查、健康实验以及流行病分析等，所得到的信息往往需要对不同的数据源进行合并，这些数据源由不同的组织或个人在不同的时间创建和更新。另外，因为所合并的属性可能与新型的聚合、分析和关联相关，信息合并产生了具有潜在更高价值的新信息。

20 世纪 50 年代和 60 年代，信息用文件（File）、记录（Record）和字段（Field）来表示。这一术语最初称为“记录链接”，是指对两个或多个独立数据源进行信息集成的活动。在这一时期，数据库管理系统采用多种模型来表示结构化数据，如层次和网状数据模型。20 世纪 80 年代，Codd 在其开创性的论文[144]中提出了关系模型，该模型在现代数据库管理系统中得到广泛应用。

在本章中，当谈及应用于一般文件结构的技术时，将频繁使用术语“文件”“记录”和“字段”。在其他情况下，将采用术语“关系”“元组”和“属性”。

从经验方法到形式化方法的最早研究之一来自遗传学家 Howard Newcombe[470]，他在个人健康档案管理中首先引入了值在字符串中的出现频率，以及判断记录匹配与不匹配的决策规则；然后 Fellegi 和 Sunter[229] 提出了一个成熟的记录链接形式化理论（见 8.6.1 节），并出现了大量对 Fellegi 和 Sunter 工作的实验和理论改进。除了健康方面的应用，记录链接也用于其他领域，如行政管理和人口普查，它们的特点是包含大量的数据并且数据源的可信赖性与准确性各不相同。这些应用的关键是给出能够减少人力资源投入的、高效的计算机辅助匹配程序，以及降低匹配与不匹配错误的有效方法。对行政管理数据的记录链接方法的全面讨论参见文献［672］。

最近几年出现了一些新的技术，将记录链接活动从文件拓展到更为复杂的结构。同时，在地理信息系统中，出现了对不同来源和不同格式的（如矢量和栅格地图）地图和图像进行叠加（或合并）的需求。地图和图像的匹配将在下一章研究，而本章主要关注结构化数据和半结构化信息的匹配技术，这些技术同样试图利用领域知识提出更为有效的决策程序。本章接下来将详细讨论以上主题。

8.3　针对不同数据类型的对象识别

解决对象识别问题用到的技术完全依赖于表示对象的信息类型。第 1 章关注结构化和半结构化数据，并进一步给出了分类，将区分 3 种主要的表示相同类别对象的数据类型。

（1）简单结构化数据（Simple Structured Data），对应于成对的文件或关系表。

（2）复杂结构化数据（Complex Structured Data），即一组逻辑上相关的文件或关系表。

（3）半结构化信息（Semistructured Information），如成对的 XML 标记文档。

图 8.2 呈现了 3 种不同类型的数据。图 8.2（a）和（b）表示 Person（人员）类型的对象，而图 8.2（c）表示 Country（国家）类型对象。

要在这 3 种结构中发现匹配和不匹配对象，需要不同的策略。以传统的观点来看，简单结构化数据与传统的文件相对应，其表示数据语义的机制存在不足。随着数据库管理系统尤其是关系型数据库管理系统的出现，通过域、键、函数依赖或约束等方式将语义赋予这种结构已成为可能。网络和 Web 的出现以及 XML 标准的发展推动了针对半结构化数据的技术的研究。最近，语义

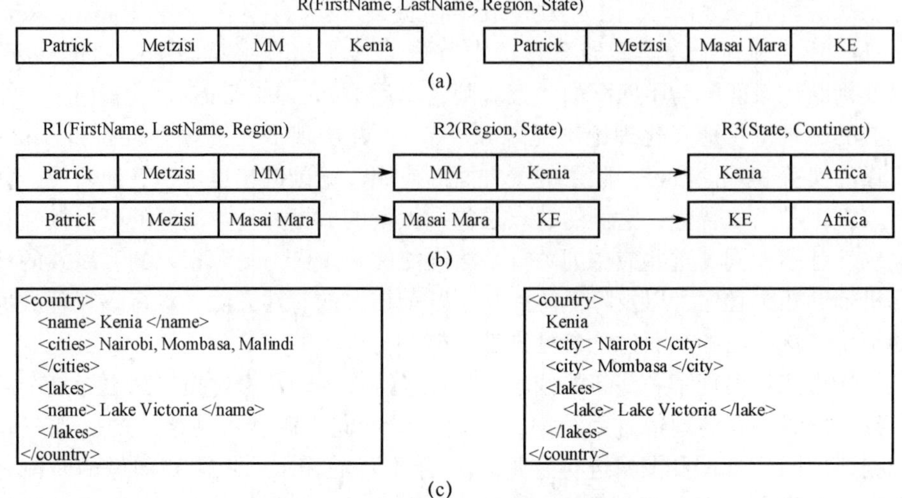

图 8.2　3 种数据类型对象匹配示例

（a）两个元组；（b）两个元组层次分组；（c）两条 XML 记录。

Web 标准提供了基于图结构的富语义模型，对树结构的 XML 数据模型进行了泛化，对这类模型的详细讨论参见第 4 章。

关于上述讨论，“记录链接”和“对象识别”这两个术语在文献中也被广泛使用，其他术语还有“记录匹配”和“实体分辨”。这些术语中，在简单结构化数据、文件或关系上进行匹配活动时，使用“记录链接”。通常，事先已知两个关系对同一现实实体进行建模，如人员、企业或建筑。记录链接的目标是生成一个新的文件，两个输入文件中指代同一现实实体（如同一人员、同一企业）的元组被合并成新文件中的一条记录。所采用的技术也可简单地产生匹配记录簇，而不选择代表记录。当考虑单个文件时，记录链接的目标是发现并统一文件中指代同一现实实体的记录。在这种情况下，称为“去重”或“重复识别（Duplicate Identification）”。

对象识别是一个由记录链接演化而来的术语，通常针对比简单结构化数据具有更加宽泛结构的、表示现实对象的复杂结构化数据和 XML 文档。

（1）在数据仓库中，星形模式中作为维度的对象是通过一组由外键约束关联的关系表示的。图 8.2（b）中的元组即呈现了这种情况。

（2）在规范化的关系模式中，需要若干关系来表示对象。

（3）在文档中，对象隐藏在自然语言描述中，它们的存在要通过一些模式规范来呈现（如 XML 模式）。

以上特征使得从处理简单结构化数据转向复杂结构化数据和半结构化数据

时需要更加先进的技术。同时，与文件相比，关系型数据库管理系统和 XML 模型为揭示数据间的结构相似性提供了更多的办法（如键），从而导致更为复杂、更为强大的技术的出现。

8.4　对象识别的总体流程

如前所述，尽管受不同的范式启发，并需要根据信息类型的不同进行定制。但是，联合对象识别技术具有共同的结构，如图 8.3 所示，为简单起见，图中假设以两个文件作为输入。

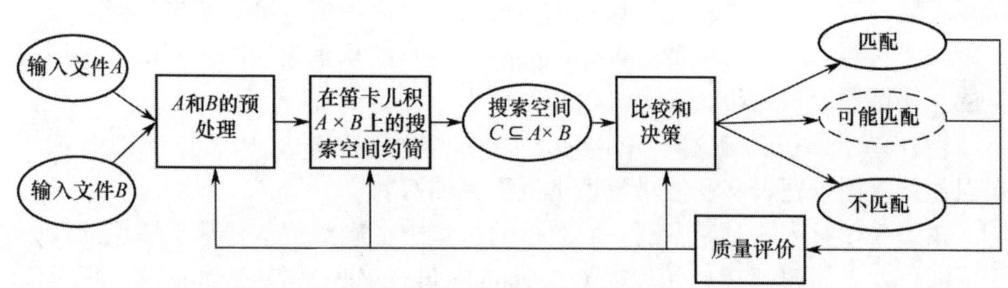

图 8.3　对象识别技术的步骤

图 8.3 呈现了如下活动步骤。

（1）预处理（Preprocessing）活动，其目标是对数据进行标准化，并纠正明显错误（见 8.5.1 节）。

（2）搜索空间由输入文件中元组的笛卡儿积构成，如果在整个搜索空间中进行记录链接，其复杂度高达 $O(n^2)$，其中 n 是每个输入关系的基数。因此，为了使记录链接活动可行，必须对搜索空间进行约简（见 8.5.2 节）。

（3）使用一个决策模型判定约简搜索空间 C 中的记录是否对应同一实体，或者不匹配，或者不能自动决策而需要领域专家参与。该活动分为以下两步。

① 选择比较函数（Choice of Comparison Function）或者下文中的元组比较（Comparison），选择距离函数或规则集表示 C 中记录对的距离；比较函数可用于对记录对进行评判（8.5.3 节讨论距离函数，而 8.8 节在讨论基于知识的技术时对规则进行讨论）。

② 基于对比较函数值的分析，得出匹配、不匹配和可能匹配的决策（Decision）（见 8.5.4 节）。

（4）实施质量评价（Quality Assessment）活动，对结果是否符合要求进行评价。为了减少人员参与，最小化可能匹配是对象识别技术的典型目标。同时，要达到的另一目标是假阳（False Positive）记录对最少，即将不匹配的记录对错误判定为匹配，与之对应的是假阴（False Negative）记录对。当对象识别流程的质量不符合要求时，可以进行迭代，如采用新的比较函数（见 8.9.1 节）。

在对象识别过程中有时进行的另一个活动是融合（Fusion）：给定一簇匹配的记录，融合活动创建一条单一记录，以作为整个簇的代表。第 10 章将讨论融合活动。

根据所涉及研究范式的不同，可以将比较和决策活动分为 3 种主要的技术类别。

（1）概率技术（Probabilistic Technique）。以最近两个世纪统计与概率论领域重要的方法为基础，从经典概率推理到贝叶斯网络，再到数据挖掘方法。

（2）经验技术（Empirical Technique）。在对象识别流程的不同阶段采用的算法，如排序、树遍历、近邻比较和剪枝。

（3）基于知识的技术（Knowledge-based Technique）。从文件中抽取领域知识，并应用推理策略，使对象识别流程更加有效。

在图 8.3 所示的对象识别一般规程的步骤中，概率技术和基于知识的技术既可以独立于领域（领域无关技术（Domain-Independent Technique）），也可以基于具体领域的信息或知识（领域相关技术（Domain-Dependent Technique））。

另外，在某些应用中，事先获得一些已知是否匹配的样本数据是非常有用的；这样的样本称为标记数据（Labeled Data），而未标记数据（Unlabeled Data）是匹配状态未知的数据。在不同的技术中，通过标记数据可以有效学习不同技术使用的概率、距离函数或知识。存在两种不同类型的学习：有监督学习（Supervised Learning），即关于匹配/不匹配记录对的知识是已知的；无监督学习（Unsupervised Learning），即知识具有不同的特性（如域上的完整性约束）。

最后，当涉及复杂结构化数据和半结构化数据时，为了将比较策略应用到结构的每一部分，需要采用进一步的树/图遍历活动。

8.5 对象识别的详细步骤

本节将详细讨论图 8.3 中的前 3 个对象识别步骤，即预处理、搜索空间约简和比较函数。随后将讨论步骤 4，即应用决策方法。本章的 8.9 将介绍步骤 5——质量评价的指标。

8.5.1 预处理

预处理包括如下活动步骤。

（1）标准化。标准化包括重组字段、数据类型检查和统一拼写。一个典型的重组字段的例子是有关地址的。在许多应用中，地址作为单一字符串存储，相应的标准化活动将该字符串分割成子串，如分为街道名、城市编号、城市和州省。在对象识别中，重组的目的是使比较更加容易。然而，重组还便于进行准确性检查。事实上，对于分解得到的字段而言，可以采用字典作为查找表来纠正数据。数据类型检查（Data Type Check）关注格式的标准化。例如，日期必须使用相同的格式表示：1 Jan 2001，01-1-2001 和 1st January 2001 必须统一成单一格式。统一拼写（Replacement of Alternative Spellings）包括使用完整拼写词来替换对应的缩写词，如用 road 替换 rd。

（2）转换大小写（Conversion of Upper/Lower Case）。待比较的字符串必须转换为同样的大小写样式。例如，如果公司名称的首字母大写，那么，将对应字符串的所有字符转换为小写字母，如将 Hewlett Packard 转换为 hewlett packard，将 Microsoft 转换为 microsoft。

（3）模式协调（Schema Reconciliation）。一种更加复杂的活动，旨在解决当所考虑的数据来自不同数据源时产生的所有冲突。这类冲突的例子有不一致冲突、语义冲突、描述冲突和结构冲突等。更加详细的讨论参见第 10 章。

8.5.2 搜索空间约简

给定要比较的两个数据集 A 和 B，对象识别问题的搜索空间维度等于 $A \times B$ 的基数。搜索空间的约简可以通过 3 种不同方法实现，即分块、近邻排序和剪枝（或过滤）。

分块（Blocking）是将一个文件分割成若干互斥块，并且将记录比较限定在同一块内。分块首先可以通过选择一个分块键（Blocking Key）；然后将所有具有相同分块键值的记录划分到同一块中。分块还可以通过哈希（Hashing）实现，分块键可以用来在哈希块中计算记录的哈希值。如果 b 是分块的数量，那么每块的大小为 n/b，分块的总时间复杂度为 $O(h(n) + n^2/b)$；如果分块是通过排序实现，那么 $h(n) = n\lg n$；如果分块通过哈希实现，那么 $h(n) = n$。

近邻排序（Sorted Neighborhood）（参见文献［308］）：首先对一个文件的内容进行排序；然后在文件内移动一个大小固定的窗口，只比较窗口内的记录，基于此，比较次数从 n^2 减少到 $O(wn)$，其中 w 是窗口的大小；最后加上排序的时间复杂度 $O(n\lg n)$ ，该方法需要的总时间复杂度为 $O(n\lg n + wn)$ 。分块法和近邻排序方法（Sorted Neighborhood Method，SNM）的比较见 8.9.2 节。

剪枝（Pruning）（或过滤（Filtering））的目标是，不进行实际比较操作，而首先从搜索空间中移除所有不匹配的记录。作为示例，考虑两条记录，如果给定的比较函数 $f(r_i, r_j)$ 的值大于阈值 τ ，则判定这两条记录是匹配的。如果 f 存在一个上界，例如对每个 j 都有 $f(r_i, r_j) \leqslant \delta(r_i)$ ，如果 $\delta(r_i) \leqslant \tau$ ，那么对每个 r_j 都有 $f(r_i, r_j) \leqslant \tau$ ；因此，r_i 将不会与任何记录匹配，可以将其从搜索空间中移除。

8.5.3 基于距离的比较函数

基于距离的比较函数（简称为距离函数），已经得到广泛的研究，尤其是基于字符串的距离函数（通过字符串中的字符计算距离）（参见文献［289，465］），以及基于词项的距离函数（通过将字符串看作由空白字符分隔的单词列表（也称为词项）计算距离）。在本节其余部分，将回顾一些最为重要的距离函数，并提供一些示例来说明它们的相似点与不同点。

8.5.3.1 基于字符串的距离函数

（1）编辑距离（Edit Distance）。两个字符串之间的编辑距离是通过一系列字符插入、删除和替换将一个字符串转换为另一个字符串的最小开销，赋予每个更改一个代价值。例如，假设每一次插入和删除的代价为 1，则字符串 Smith 和 Sitch 之间的编辑距离为 2，因为通过插入 m 与删除 c 可以将 Sitch 转换为 Smith。

（2）n -Grams、Bigrams 和 q -Grams。n -Grams 比较函数对每个字符串构造长度为 n 的子串集合，两个字符串之间的距离定义为 $\sqrt{\sum_{\forall x} |f_{s'} - f_{s''}|}$ ，其中 $f_{s'}$ 和 $f_{s''}$ 分别是子串 x 在字符串 s' 和 s'' 中出现的次数。Bigrams 比较（Bigrams Comparison）（ $n=2$）应用广泛，对存在较少印刷错误的情况非常有效。位置 q -Grams（Positional q -Grams）通过在字符串 s 上滑动宽度为 q 的窗口而得到。

（3）Soundex 编码（Soundex Code）。Soundex 编码的作用是将具有相似读音的姓名聚集在一起。例如，Hilbert 和 Heilbpr 的发音是相似的。一个 Soundex 编码总是由 4 个字符组成：姓名的第 1 个字母是 Soundex 编码的第 1 个字符，剩下 3 个字符通过访问预定表从姓名中顺序抽取。例如，Hilbert 和 Heilbpr 的 Soundex 编码是 H416。一旦达到 4 个字符的限制，则忽略剩余的字母。

（4）Jaro 算法（Jaro Algorithm）。Jaro 引入了一种考虑插入、删除和调换的字符比较函数。Jaro 算法在两个字符串中寻找共有的字符个数和调换的字符个数。共有字符（Common Character）是同时出现在两个字符串中的字符，并且距离不大于较短字符串长度的 1/2。调换字符（Transposed Character）是出现在不同位置的共有字符。例如，比较 Smith 和 Simth，它们有 5 个共有字符，其中 2 个字符是调换字符。（缩放）Jaro 字符串比较器（(Scaled) Jaro String Comparator）的计算方式如下：

$$f(s_1,\ s_2)=\frac{\dfrac{N_c}{\text{lengthS}_1}+\dfrac{N_c}{\text{lengthS}_2}+0.5\dfrac{N_t}{N_c}}{3}$$

式中：s_1 和 s_2 为长度为 lengthS_1 和 lengthS_2 的字符串；N_c 为两个字符串共有字符的个数（共有字符的距离为 s_1 和 s_2 最小长度的 1/2）；N_t 为调换字符的个数。

（5）汉明距离（Hamming Distance）。汉明距离计算两个数字间不匹配数字的个数，它主要用于长度固定的数值型字段，如邮政编码或社会保险号码。例如，00185 和 00155 之间的汉明距离是 1，因为仅有 1 位数字不匹配。

（6）Smith-Waterman 算法。给定两个字符串序列，Smith-Waterman 算法使用动态规划来寻找从一个字符串转换为另一个字符串的最小代价。算法以每个变更（修改、插入和删除）的代价作为参数。该算法通过考虑不匹配字符之间的间距，对许多缩写以及记录含有信息缺失或者印刷错误的情况表现良好。

8.5.3.2　基于词项的距离函数

编辑距离和其他的度量函数将数据作为字符串进行比较，这样可能导致与直觉和实际情况不匹配的距离度量结果。

考虑如图 8.4 所示的内容。

…	…	…
AT&T	…	…
IBM Corporation		
…	…	…

…	…	…
AT&T Corporation	…	…
IBM Corporation		

图 8.4　字符串比较示例

如果要将图 8.4 中的两张表用编辑距离作为距离函数进行链接，并且用最长字符串的长度 16 对距离进行归一化，则将字符串 AT&T Corporation 与第一张表中的两个字符串进行比较时，有

编辑距离 < AT&T，AT&T Corporation > = 12 ÷16 = 0.75

编辑距离 <IBM Corporation，AT&T Corporation> = 5 ÷12 = 0.4

从而可以得出，“IBM Corporation”比“AT&T”距离“AT&T Corporation”更近，这是一个与直觉不同的结果。

可以引入第二种度量方式，即基于记号的距离函数，它不再将值作为字符串，而是作为由空白字符分割开的词项分组。这种不同的数据视角引出了一种新的距离——Jaccard 距离（Jaccard Distance），它在一个多世纪以前由文献[335]提出，其计算分为两个步骤。

（1）将字符串 s_i 和 s_j 分割成词项列表，如记与 s_i 和 s_j 对应的词项列表为 LIT_i 和 LIT_j。

（2）s_i 和 s_j 之间的 Jaccard 距离为

$$\text{Jaccard 距离}(s_i,\ s_j) = 1 - \frac{|\mathrm{LIT}_i| \cap |\mathrm{LIT}_j|}{|\mathrm{LIT}_i| \cup |\mathrm{LIT}_j|}$$

此时有

Jaccard 距离 <AT&T，AT&T Corporation> = 12 ÷16 = 0.5

Jaccard 距离 <IBM Corporation，AT&T Corporation> = 5 ÷12 = 0.66

记号频率-逆文档频率（Token Frequency-Inverse Document Frequency，TF-IDF）或余弦相似度（Cosine Similarity）广泛用于文档中的相似字符串匹配。其基本思想是对某一文档中频繁出现的记号赋予较高的权重（TF 权重），而对在整个文档集中频繁出现的记号赋予较低的权重（IDF 权重）。对某个文档 j 中的词项 i，其权重为

$$w_{i,j} = (\mathrm{tf}_{i,j}) \times \lg\left(\frac{N}{\mathrm{df}_i}\right)$$

式中：$\mathrm{tf}_{i,j}$ 为 i 在 j 中出现的次数；df_i 为包含 i 的文档个数；N 为文档的总数。

那么，两个文档之间的相似度可以通过它们各自的加权词项矢量的余弦来计算。具体而言，设 $\boldsymbol{V} = \{v_1,\ v_2,\ \cdots,\ v_n\}$ 和 $\boldsymbol{U} = \{u_1,\ u_2,\ \cdots,\ u_n\}$ 是加权词项矢量，则余弦相似度为

$$\frac{\boldsymbol{V} \cdot \boldsymbol{U}}{|\boldsymbol{V}| \cdot |\boldsymbol{U}|}$$

8.5.4 决策

本章其余内容将详细讨论如图 8.5 所示的一系列对象识别技术。

对每个技术都给出其名称、所处的技术领域（概率的、经验的或基于知识的）以及表示待识别对象的数据类型（文件对、关系层次对或 XML 文档对）。还有一些对象识别技术没有涉及，这些技术参见文献［180，394，

名称	技术领域	数据类型
Fellegi&Sunter及其扩展	统计的	两个文件
基于代价的	统计的	两个文件
排序近邻及其变体	经验的	两个文件
Delphi	经验的	两个关系层次结构
DogmatiX	经验的	两个XML文档
Intelliclean	基于知识的	两个文件
Atlas	基于知识的	两个文件

图 8.5　对象识别技术

545]。选择表中技术的主要准则如下。

（1）代表性。Fellegi&Sunter 模型（包括它的扩展）是第一个，也是迄今为止理论最为坚实的技术，它是概率技术的代表。SNM 及其变体同样是经验技术的代表。

（2）新颖性。DogmatiX 是最早用来处理 XML 文档对象识别的技术之一，而 Delphi 是最早用来处理复杂结构数据对象识别的技术之一，基于成本的技术在处理链接错误方面具有独创性，Intelliclean 和 Atlas 是最早的基于知识的对象识别方法。

8.6　概率技术

本节描述基于 Fellegi&Sunter 理论的概率技术，给出原始模型及其扩展，以及基于代价的技术。

8.6.1　Fellegi&Sunter 理论及其扩展

Fellegi 和 Sunter 在文献［229］中提出了记录链接理论，本节将对其进行概述，并简单描述其后续拓展和改进。

考虑两个记录集 $\boldsymbol{A}$ 和 $\boldsymbol{B}$，它们的矢量积为 $\boldsymbol{A}\times\boldsymbol{B}=\{(a,b)\mid a\in\boldsymbol{A}$ 且 $b\in\boldsymbol{B}\}$。可以从 $\boldsymbol{A}\times\boldsymbol{B}$ 定义两个不相交的集合 $\boldsymbol{M}$ 和 $\boldsymbol{U}$，即 $\boldsymbol{M}=\{(a,b)\mid a\equiv b,\ a\in\boldsymbol{A}$ 且 $b\in\boldsymbol{B}\}$，$\boldsymbol{U}=\{(a,b)\mid a\,!\equiv b,\ a\in\boldsymbol{A}$ 且 $b\in\boldsymbol{B}\}$，其中符号≡表示记录 a 和 b 代表相同的客观实体，!≡表示它们代表不同的客观实体。$\boldsymbol{M}$ 称为匹配集合（Matched Set），$\boldsymbol{U}$ 称为不匹配集合（Unmatched Set）。记录链接过程将每个记录对划分到 $\boldsymbol{M}$ 或 $\boldsymbol{U}$ 中。同时，也可以引入第三个集合 $\boldsymbol{P}$，包含可能匹配的

记录对。

假设 $\boldsymbol{A}$ 和 $\boldsymbol{B}$ 中的每条记录由 n 个字段构成，这里引入比较矢量（Comparison Vector）$\boldsymbol{\gamma}$ 来比较记录 a_i 和 b_j 的字段（图 8.6），即 $\boldsymbol{\gamma} = [\gamma_1^{ij}, \gamma_2^{ij}, \cdots, \gamma_n^{ij}]$。$\boldsymbol{\gamma}$ 可由比较函数得出，定义为 $\gamma_k^{ij} = \boldsymbol{\gamma}(a_i(k), b_j(k))$。为简洁起见，以下表示为 γ_k。通常，仅比较 $\boldsymbol{A}$ 和 $\boldsymbol{B}$ 字段的子集。$\boldsymbol{\gamma}$ 是包含所有 $\boldsymbol{A}\times\boldsymbol{B}$ 记录对的集合的函数，为每个记录对的对应字段关联一个特定级别的匹配度。例如，考虑两个文件，分别包含字段 Name（名）、Surname（姓）和 Age（年龄），可以定义一个包含 3 个谓词的比较函数 γ，即 agree Name（名一致）、agree Surname（姓一致）和 agree Age（年龄一致）。

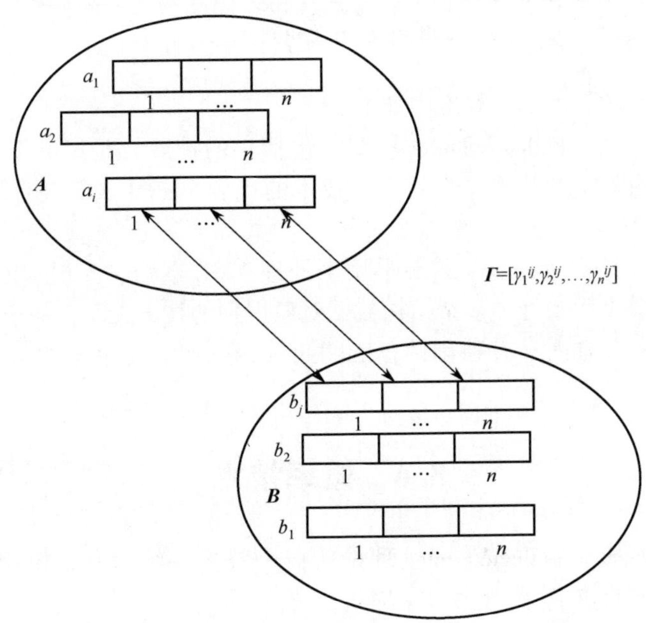

图 8.6　Fellegi&Sunter 记录链接

函数 γ 计算的结果可以是二值的，即如果 $v_1 = v_2$，那么 $\boldsymbol{\gamma}(v_1, v_2) = 0$，否则为 1。函数 $\boldsymbol{\gamma}$ 计算的结果也可以是三值的，即如果 $v_1 = v_2$，那么 $\boldsymbol{\gamma}(v_1, v_2) = 0$；如果 v_1 或 v_2 缺失，那么为 1；否则为 2。这些函数也可用来计算连续属性值，相关的比较函数已经在 8.5.3 节进行讨论。所有比较矢量的集合构成比较空间 $\boldsymbol{\Gamma}$。

给定（a_i，b_j），可以定义如下条件概率：

(1) $m(\gamma_k) = \Pr(\gamma_k \mid a_i, b_j) \in \boldsymbol{M})$；

(2) $u(\gamma_k) = \Pr(\gamma_k \mid (a_i, b_j) \in \boldsymbol{U})$。

作为示例，对于上述包含 Name、Surname 和 Age 字段的文件，可以定义如下概率，即 Pr（agree Name | $\boldsymbol{M}$）、Pr（agree Surname | $\boldsymbol{M}$）、Pr（agree Age | $\boldsymbol{M}$）、Pr（agree Name | $\boldsymbol{U}$）、Pr（agree Surname | $\boldsymbol{U}$）、Pr（agree Age | $\boldsymbol{U}$）。需要注意的是，$\boldsymbol{\Gamma}$ 的大小取决于其内部结构。

当考虑全部字段时，可以类似地定义 γ 如下：

（1）$m(\gamma) = \Pr(\gamma \mid (a_i, b_j) \in \boldsymbol{M})$；

（2）$u(\gamma) = \Pr(\gamma \mid (a_i, b_j) \in \boldsymbol{U})$。

上述概率分别称为 m-概率（m-probability）和 u-概率（u-probability）。在这些概率可估计的情况下，它们是可能的分配决策过程的关键因素。Fellegi 和 Sunter 引入了概率的比率 R 作为 γ 的一个函数，即

$$R = m(\gamma)/u(\gamma)$$

其中，所有 $\boldsymbol{A}\times\boldsymbol{B}$ 记录对组成的集合上的函数 γ 隶属于比较空间 $\boldsymbol{\Gamma}$。比率 R 或者比率 R 的自然对数，称为匹配权重（Matching Weight）。通过组合，R 是所有 $\boldsymbol{A}\times\boldsymbol{B}$ 记录对组成的集合上的函数。

Fellegi 和 Sunter 定义了如下决策规则（Decision Rule），其中 T_μ 和 T_λ 是两个阈值（随后将进行解释）。

（1）如果 $R > T_\mu$，那么，该记录对为匹配记录对。

（2）如果 $T_\lambda \leqslant R \leqslant T_\mu$，那么，该记录对为可能匹配记录对。

（3）如果 $R < T_\lambda$，那么，该记录对为不匹配记录对。

区域 $T_\lambda \leqslant R \leqslant T_\mu$ 将集合 $\gamma \in \boldsymbol{\Gamma}$ 及其对应的记录对划分为 3 个不相连的子区域，即 D_1 包含的记录对为匹配记录对（Match），D_2 包含的记录对为可能匹配记录对（Possible Match），D_3 包含的记录对为不匹配记录对（Unmatch）。

最初的 Fellegi&Sunter 技术包含如下一些假设。

（1）考虑匹配概率 $m(\gamma)$，而不考虑比率 R。

（2）概率通过实验中的频率进行估计。

（3）比较函数采用数值距离函数。

给定 $\boldsymbol{A}$ 和 $\boldsymbol{B}$ 中记录对的全域 $\boldsymbol{U}$，可以实际应用 Fellegi&Sunter 技术选择 $\boldsymbol{U}$ 的一个抽样 $\boldsymbol{S}$，包含经过约简的代表记录对。假设对于 $\boldsymbol{S}$ 中的所有记录对，都可以将其标记为匹配或不匹配。

在第二阶段，对于记录对间每个可能的距离，在所做的假设下，可以计算出匹配记录对以及互补的不匹配记录对的频率，从而产生如图 8.7 所示的情况。为简便起见，图中的距离采用整数来表示，直至达到最大距离，而且每个垂直区域对应的距离下方都标记出了匹配的百分比。

此时，在全域 $\boldsymbol{U}$ 上计算记录对的距离得到与之前类似的图，如图 8.8 所

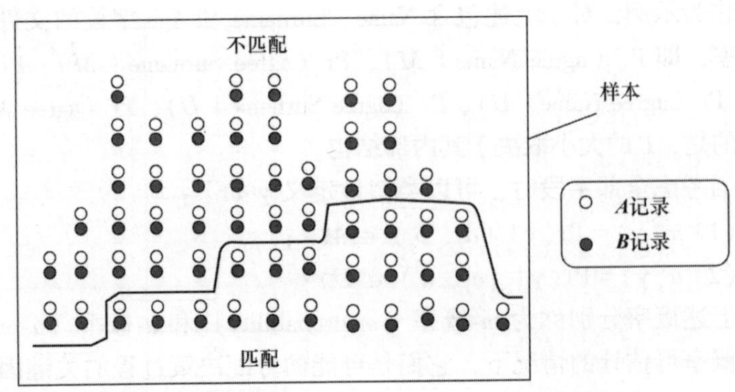

图 8.7 样本中作为距离的函数的匹配与不匹配记录对分布示例

示。现在可以使用图 8.7 中的匹配百分比来计算两个阈值，从而对误差进行评估。

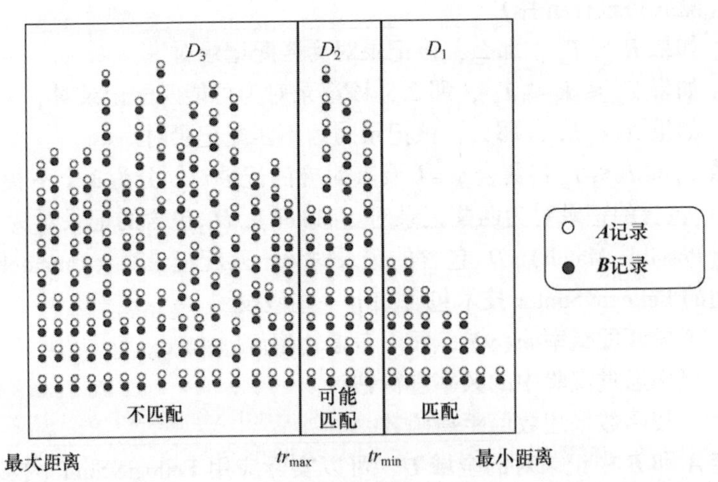

图 8.8 在全域 U 上的匹配与不匹配记录对的分布

（1）被错误地归为匹配的记录对的百分比的加权和（匹配记录对对应图中的右侧区域）。

（2）被错误地归为不匹配的记录对的百分比的加权和（不匹配记录对对应图中的左侧区域）。

为了提供确定阈值 T_μ 和 T_λ 的标准，必须确定前述决策规则中可以接受的错误率，该错误率对应图 8.9 中两个灰色区域。一旦错误率确定，两个阈值也就随之确定。Fellegi 和 Sunter 证明了上述决策规则是最优的，其中最优是指该决策规则可使将记录对划分到可能匹配域 D_2 中的概率最小化。

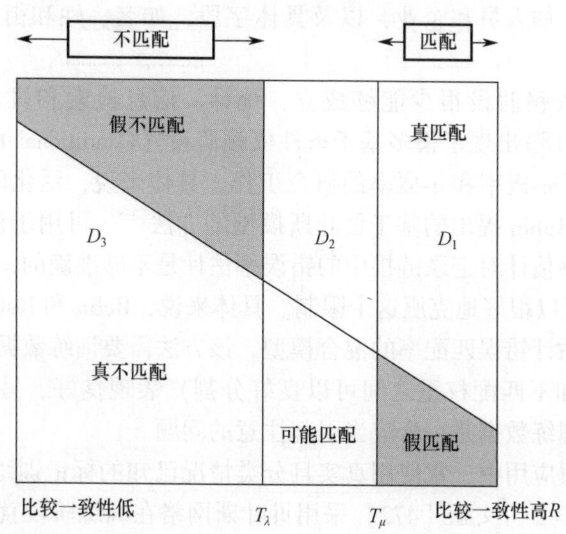

图 8.9 Fellegi&Sunter 决策模型的区域

8.6.1.1 参数和错误率估计

Fellegi&Sunter 理论是基于 u-概率和 m-概率的，此外，还有一些计算或评估这些概率的方法。首先，Fellegi 和 Sunter 提出一种计算 u-概率和 m-概率的方法，从而提供在特定假设下的闭式解（Closed-form Solution）。具体来说，考虑

$$\Pr(\gamma) = \Pr(\gamma \mid \boldsymbol{M})\Pr(\boldsymbol{M}) + \Pr(\gamma \mid \boldsymbol{U})\Pr(\boldsymbol{U})$$

可以看出，在条件独立假设成立的前提下，如果比较矢量 $\boldsymbol{\gamma}$ 关注 3 个字段，那么，通过解一个包含 7 个等式和 7 个未知量的方程组，可以得到 $\Pr(\gamma \mid \boldsymbol{U})$ 和 $\Pr(\gamma \mid \boldsymbol{M})$（因为 $7=2^3-1$，其中减去项是为了保证概率之和为 1）。

文献中提出了一些该理论的参数估计方法。这些方法基本上提供了 u-概率和 m-概率的一种估计（Estimation），而不是严格计算出这些参数。其中，期望最大（Expectation-Maximization，EM）算法和机器学习方法是用来估计参数的主要方法。

EM 算法用于计算概率模型中参数的最大似然估计，而概率模型依赖于不可观测的隐变量。给定数据并为其期望设置隐变量，EM 算法包括一个计算隐

变量期望值的 E 步骤和一个计算参数最大似然估计的 M 步骤[174]。

仍然在条件独立假设下，Winkler 在文献［669］中第一次展示了如何使用 EM 算法估计 m-概率和 u-概率。Jaro[343] 提出另一种采用 EM 算法计算 $m(\gamma)(\gamma \in \boldsymbol{\Gamma})$ 的方法，该方法已在商用软件中实现。近期的估计方法聚焦于具体的应用领域，如人员和企业，以及具体字段，如名、姓和街道名等（参见文献［670］）。

尽管条件依赖假设很少能够成立，统计、信息检索和机器学习领域等(参见文献［671］)出现了很多基于条件依赖假设（Conditional Dependence Assumption）估计 m-概率和 u-概率的研究工作。具体来说，泛化的 EM 方法[668] 以及 Larsen 和 Rubin 提出的基于贝叶斯模型的方法[338] 可用于计算上述概率。这类方法的概率估计对记录链接中的错误率估计是不够准确的，Belin 和 Rubin 的方法[52] 则可以很好地克服这个限制。具体来说，Belin 和 Rubin 提出了一种针对给定阈值估计错误匹配率的混合模型。该方法需要训练数据，并且在某些场景中（匹配和不匹配权重之间可以良好分割）表现良好。另外，当数据文件非常大时，训练数据是一个应当引起注意的问题。

在机器学习应用中，常使用真实且分类情况已知的标记训练数据（见 8.4 节）进行监督学习。文献［472］采用贝叶斯网络在训练阶段直接结合标记与未标记数据，从而获得合适的决策规则。如果仅使用未标记数据，所获得的决策规则会非常糟糕。

8.6.2 基于代价的概率技术

本节将描述一种进行记录匹配的概率技术[626]，其目标是最小化与图 8.9 中的错误匹配和错误不匹配相对应的误分类错误的开销。

如前所述，Fellegi&Sunter 模型证明了在给定错误匹配和错误不匹配阈值的前提下，所提出的决策规则是最优的，即最小化需要人工检查的区域（可能匹配）。

然而，文献［626］采用不同的视角，旨在最小化误分类错误的代价。代价由两个不同的部分构成：①决策过程的代价，如决策需要比较的记录对的数量等；②具体决策的影响的代价。引入的比较矢量对应两个给定的待比较记录的属性值，用 $\bar{x}$ 表示。下面将提供一个示例，表明基于误差的模型和基于代价的模型之间的不同之处。给定比较矢量（1，1，0），出现在匹配分类的概率是 75%，出现在不匹配分类中的概率是 25%。基于最小误差的规则会将其分到 $\boldsymbol{M}$ 中。相反，假设将一条记录错误分为匹配的代价是将其错误分为不匹配的代价的 3 倍，那么，比较矢量将被分到 $\boldsymbol{U}$ 中。

代价是领域相关的，并且在提出的模型中被视为已知。此外，记录的匹配概率同样被视为已知。给定这样的输入，模型的输出是关于记录对属于 ***M*** 或 ***U*** 以及所需阈值的决策规则。

在模型中，c_{ij} 表示当比较的记录对具有真实匹配状态 j（真实匹配为 M（匹配）时，$j=0$；真实匹配为 U（不匹配）时，$j=1$）时，做出决策 D_i 的代价。决策结果即将记录对分到 8.6.1 节定义的分别对应于匹配、可能匹配和不匹配的 3 个区域 D_1、D_2 和 D_3 中。因此，给每种决策指定代价，如图 8.10 所示。

代价	决策	真实匹配
c_{10}	D_1	M
c_{11}	D_1	U
c_{20}	D_2	M
c_{21}	D_2	U
c_{30}	D_3	M
c_{31}	D_3	U

图 8.10 对应不同决策的代价

需要最小化的代价由下式给出

$$\begin{aligned}c_m = & c_{10} * P(d = D_1,\ r = \mathrm{M}) + c_{11} * P(d = D_1,\ r = \mathrm{U}) \\ & + c_{20} * P(d = D_2,\ r = \mathrm{M}) + c_{21} * P(d = D_2,\ r = \mathrm{U}) \\ & + c_{30} * P(d = D_3,\ r = \mathrm{M}) + c_{31} * P(d = D_3,\ r = \mathrm{U})\end{aligned}$$

式中，d 为记录对的预测类别；r 为记录对真实的匹配状态。

确定由 D_1、D_2 和 D_3 组成的决策空间中的每个点的归属，从而使代价 c_m 最小化。通过对上述的形式化公式应用贝叶斯理论和一些其他的转换方法，c_m 的具体表达式将成为不等式。更进一步的讨论参见文献［626］。

8.7 经验技术

基于经验的记录匹配技术最早可追溯到 1983 年 Bitton 和 DeWitt[77] 在数据去重方面的工作，其主要思想是：首先对数据表进行排序；然后检查相邻元组的标识，以检查表中的确切重复对象。后续工作对这一基本方法进行了改造和扩展，以在近似（Approximate）重复对象检查中达到更高的准确性和性能。本节首先回顾主要的经验技术，从 SNM（见 8.7.1 节）以及相关的优先级队列算法（见 8.7.2 节）开始；然后介绍复杂结构化数据的匹配技术（见 8.7.3

节)，最后以一种匹配 XML 数据的技术（见 8.7.4 节）以及其他搜索空间约简的经验方法（见 8.7.5 节）结束。

8.7.1 排序近邻方法及其扩展

文献［309，593］提出了基本的 SNM 方法，又称为合并-消除（Merge-Purge）方法。给定包含两个或多个文件的集合，排序近邻方法应用于从这些文件构建的连续记录列表。该方法涵盖搜索空间约简、比较和决策活动，可归纳为如图 8.11 所示的 3 个阶段（令 x_i 、y_i 和 z_i 分别表示 3 个不同数据源中的可能匹配记录 i ）。

（1）键构建。给定包含于单个文件中的从所有数据源的并集得到的记录列表（图 8.11（a）)，通过抽取相关字段子集或部分字段构造键。事实上，其基本原理是相似的数据具有相近的匹配键。令列表中的记录总数为 N ，本步骤的复杂度为 $O(N)$ 。

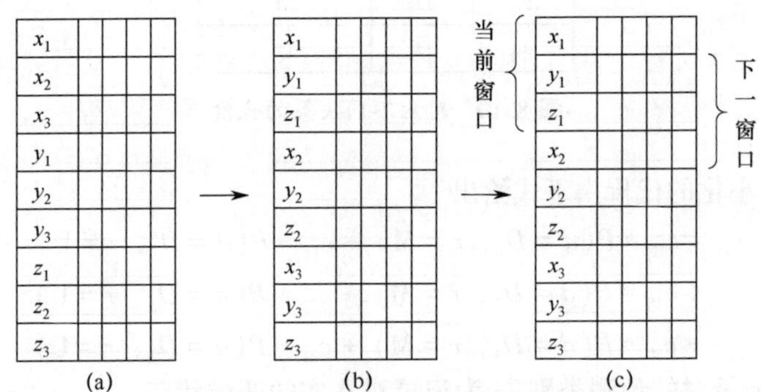

图 8.11 SNM 方法的 3 个阶段

（a）开始列表；（b）排序列表；（c）扫描列表。

（2）数据排序。在前一阶段选择的键的基础上，对数据列表中的记录进行排序（图 8.11（b)）。本阶段的复杂度为 $O(N\log N)$ 。

（3）合并。在有序的记录列表上滑动一个固定大小的窗口，仅对窗口内的记录进行比较（图 8.11（c)）。如果窗口包括 w 条记录，那么，每一条加入窗口的新记录都需要与前 $w-1$ 条记录进行比较，以找出匹配记录。根据使用等价理论（Equational Theory）表示的领域规则进行记录匹配决策，合并阶段的复杂度为 $O(wN)$ 。

当顺序实施 3 个阶段后，如果 $w < \lceil \lg N \rceil$，那么，该方法的总时间复杂度为 $O(N\log N)$ ，否则为 $O(wN)$ 。

合并阶段除了实施比较之外，还需要执行传递闭包步骤（Transitive

Closure Step)。特别地，如果发现记录 r_1 和 r_2 相似，同时 r_2 和 r_3 也相似，那么，r_1 和 r_3 也判定为相似。需要注意的是，尽管记录对（r_1, r_2）和（r_2, r_3）必须在同一窗口以被判定为相似，（r_1, r_3）相似的推断并不要求两条记录在同一窗口内。利用这一特点，可以使得扫描窗口较小，而结果的准确性不变。

SNM 的有效性高度依赖于记录排序所使用的键，因为只有高质量的键才能保证经过排序之后相似记录在窗口内彼此接近。例如，可以选择人员记录的名而不是姓作为键，因为可以推想（或者已知）姓比一般更加熟悉的名更容易拼错。假设 SNM 存在一个“键设计器”，基于不同属性的分辨能力选择最合适的键。文献［64］通过使键的选择自动化对基本 SNM 进行了扩展。为选择一个“好”的键而不依赖于键设计器，该方法使用了记录的质量特征和刻画不同属性分辨能力的识别能力标准。实验验证表明，只要考虑质量特征，自动选择键的结果都好于基本 SNM。

截至目前，基本 SNM 只在拼接的源文件上运行一次。接下来给出两个改进版本：多通道方法（Multi-pass Approach)，即运行多次算法以提升效果；增量 SNM（Incremental SNM)，即取消在单个输入数据的列表上运行的要求。

8.7.1.1　多通道方法

在单个排序键上运行 SNM 并不能产生最恰当的结果。例如，如果选择一个分辨能力强的键作为匹配键，如 SocialSecurityNumber（社会保险号码），即使一位数字出错就可能危及最终结果。因此，多通道 SNM 的主要思想是多次运行 SNM，每次使用不同的键以及较小的窗口。使用不同的键可以保证即使部分键存在错误，后续运行也将抵消这些错误。另外，运行 SNM 时使用小的窗口，就如同运行多个简单步骤，而不是一个复杂步骤。

首先多通道方法的每轮运行都将产生一个可以合并的记录对集合；然后对这些记录对应用传递闭包；最后结果是每轮独立运行结果的并集，以及由传递闭包推导出的额外记录对。实验表明，与一次运行可变大窗口基本 SNM 方法相比，多通道方法极大地提高了准确性，8.9 节也对这一结果进行了描述。

8.7.1.2　增量 SNM

增量 SNM 的提出针对的是将所有输入文件合并成单个文件成本太高的问题。典型地，只进行一次文件合并的步骤也许可以接受，但处理新到达数据时会面临一些问题。增量 SNM 的基本思想是从应用 SNM 得到的每个簇中选择记录的主要代表（Prime Representative)。当有新数据需要合并时，将新数据和主要代表集合进行拼接；在这些拼接后的集合上运行 SNM，并为后续增量阶段选择新的主要代表。每一簇都可有一个以上合格的主要代表，并且选择主要代表的策略可以多种多样。例如，可以选择最长和最完整的记录。再如，可以选择代表簇中最一般概念的记录。

8.7.2 优先级队列算法

优先级队列算法最早由文献［448］提出，采用了与SNM相同的排序和扫描的思想。两者之间的主要区别如下。

（1）应用基于Smith-Waterman算法[584]（见8.5.3节）的领域无关策略实施重复对象检测。

（2）应用基于合并-查找结构[603]的高效数据结构。

（3）提出一种基于优先级队列的启发式方法来改进SNM的性能。

合并-查找（Union-Find）数据结构用于检测和维护无向图中的连接组件。如果考虑等价关系的传递性，可以将重复记录检测问题建模为确定图中的连接组件。特别地，可以将文件中的每个记录建模为图中的节点，如果两条记录匹配，则用一条无向边连接相应的两个节点。

记录对的匹配状态可以通过考虑记录对是否属于同一连接组件进行迭代验证。如果属于同一连接组件，则匹配；如果属于不同连接组件，则不匹配；否则，对它们进行比较，并且如果匹配，在图中加入一个新的连接组件。合并-查找结构包含两个操作：union（x，y），组合 x 和 y 所在的集合（为合并后的集合选择一个代表，再用合并后的集合代替原先的两个集合）；find（x），返回包含 x 的集合的代表。

算法考虑一个固定大小的优先级队列，队列中包含的是由簇代表记录构成的集合，并且队列中只存储最近检测的簇成员。给定记录 a，算法首先比较 a 的簇代表和优先级队列中每个集合的簇代表，检查它是否为优先级队列中的簇的成员。该检查由查找操作完成，如果检查通过，那么，a 已经是优先级队列中的一个簇的成员；否则，基于Smith-Waterman算法比较 a 和优先级队列中的记录。如果检测到匹配，运用合并函数将 a 的簇加入到匹配记录的簇中；否则，a 就是未出现在队列中的簇的成员，用 a 构建最高优先级的单元素集合存入队列中。

对于非常大的文件和数据库，优先级队列算法要明显优于SNM。例如，对于有90万条记录的数据库，减少的记录比较次数高达记录总数的5倍（参见文献［448］）。8.9节将提供进一步的实验结果细节。

8.7.3 一种针对复杂结构化数据的技术：Delphi

文献［23］给出了一种针对复杂结构化数据的技术，并提出了Delphi算法。Delphi 算法考虑的复杂结构化数据称为维度分级结构（Dimensional Hierarchies），它由通过外键依赖链接的关系链组成。给定分级结构中相邻的两个关系，称外键侧的关系为父关系（Parent），键侧的关系为子关系（Child）。

关系的维度分级结构主要（但非排他地）用于数据仓库中的星形模式，关系链由表示事实表的关系以及一个或多个代表多维分析中兴趣维度的关系组成，并按不同规范化程度组织。下面将采用更一般的术语，即关系分级结构（Relational Hierarchies）。

图 8.12 给出了一个关系分级结构的示例，包括：①Person（人员）关系；②表示住址的 Administrative Region（行政区划）关系（如根据国家不同使用地区或区域）；③Country（国家）关系。Country 关系是 Administrative Region 关系的父关系，处于最顶层，而 Person 关系处于最底层。需要注意的是，RegId 和 CtryId 是生成的主键，用于有效地链接两个表。

Person

PId	First Name	Last Name	RegId
1	Patrick	Mezisi	1
2	Amanda	Rosci	2
3	George	Oado	3
4	John	Mumasia	4
5	Vusi	Oymo	7
6	Luyo	Msgula	5
7	Frial	Keyse	8
8	Wania	Nagu	6
9	Paul	Kohe	7

Administrative Region

RegId	RegionName	CtryId
1	MM	1
2	MM	2
3	Masai Mara	1
4	Eastern Cape	3
5	Free State	3
6	FS	4
7	HHohho	5
8	Lumombo	6

Country

CtryId	CountryName
1	KE
2	Kenia
3	SOA
4	South Africa
5	SWA
6	Swaziland

图 8.12　三级结构关系

图 8.12 中的模式表示了 3 种不同类型的对象。

（1）人员。具有地区和居住国属性。

（2）地区。以居民的集合和国家为特征。

（3）国家。以地区的集合以及每个地区中居民的集合为特征。

对每种类型的对象，都可以检测关系分级结构中的重复。例如，可以看到 3 个不同的非洲国家出现在 Country 关系实例中，既有官方名称也有缩写。

Delphi 的主要思想是利用元组的分级结构，同时使用局部（称为文本的（Textual））和全局（称为共现（Co-occurrence））相似度度量。考虑图 8.12 中的 Country 关系中的记录，如果只对关系采用局部相似度度量，如国家名之间的编辑距离，可能错误地得出<SOA, SWA>是重复对象，而<KE, Kenia>、<SOA, South Africa>和<SWA, Swaziland>不是重复对象。如果除了编辑距离之外，还采用第二种距离检查这些元组所链接的 Administrative Region 子关系中的元组是否同时出现。那么，可以发现：①KE 和 Kenia 有一个共同的 MM 元组；②<KE,Kenia>、<SOA,South Africa>和<SWA,Swaziland>的链接元组不存在交集。

上述示例说明，要发现关系分级结构中的重复对象，需要利用分级结构的完整结构，至少利用相邻关系。相比“局部”记录链接策略，该策略有两个优点。

（1）降低了错误匹配数，即记录对被错误地检测为重复，如<SOA，South Africa>。

（2）降低了错误不匹配数，即记录对被错误地检测为不重复，如<KE，Kenia>。

更正式地，传统的文本相似度度量被扩展为如下定义的共现相似度函数（Co-occurrence Similarity Function）。在关系分级结构中，父关系中的元组 R_i 与称为子集合的子关系中的元组集合进行连接，两个不同元组的共现定义为对应子集合重叠元素的数目。一个不寻常的共现（超出 R_i 中元组对相应子集合的平均重叠元素数目，或者高于某个阈值）为判断两个对象重复提供了线索。上述的重复检测过程适用于分级结构中表示的所有类型对象（示例中为人员、地区和国家）。如果分级结构上每个关系的对应元组对严格匹配或者由每级的重复检测函数判定为重复，那么两个对象为重复。图 8.13 给出了完整的 Delphi 算法。

1. 首先处理最顶层关系；
2. 将最顶层关系下的关系分组为元组簇；
3. 对每个簇进行剪枝，根据距离函数的性质移除不可能重复的元组；
4. 根据比较函数和阈值，比较各簇内的元组对；
   ✓两元组的文本相似度
   ✓元组子集合的共现相似度
5. 对两种度量进行组合，根据给定的阈值或一组阈值，确定是否重复；
6. 动态更新阈值；
7. 在分层结构中，向下移动一层

图 8.13　Delphi 算法

为提高分级结构自顶向下遍历的效率，并降低比较的元组对的数目，采用可能重复识别过滤器有效地分离出所有可能重复元组，并删除不可能重复元组。这一步骤对应于 8.5.2 节中的搜索空间约简。

动态更新阈值步骤的目的是调整步骤 5 中的阈值以适应不同组的结构特征。定义域中的项数因组而异，一个国家的地区名与另一个国家相比可能更长或者构成更大的集合，这些因素都会影响阈值。关于决策方法的比较见 8.9.4 节。

8.7.4　XML 重复检测：DogmatiX

本节介绍针对 XML 文档的对象识别技术。相比于文件或关系数据，XML 数据中的重复对象检测面临两个额外的挑战：①待比较对象的识别；②由于 XML 作为半结构化数据模型具有的灵活性，相同元素可能具有不同的结构。文献［660］提出了明确考虑上述特点的 DogmatiX（Duplicate Objects Get MATched In XML）算法。算法包含一个由 3 个步骤组成的预处理阶段。

步骤 1：候选查询表述与执行。首先查询 XML 数据抽取候选重复对象，根据现实类型考虑候选重复对象。例如，Person 和 People 可视为现实类型 Individual 的两个代表。但是，DogmatiX 中的候选对象选择不是自动完成的。

步骤 2：描述查询表述与执行。通过查询来表达候选重复对象的描述，并且该查询只选择与对象相关的属性，即对对象识别有意义的属性。例如，Name 和 Surname 是有利于对 Person 对象的识别，而和爱好相关的信息可能与识别无关。文献［660］提出了两种确定候选重复对象描述的启发式方法，该启发式方法基于局部性原则：给定元素 e，与 e 之间距离越远的信息，与 e 的相关性越小。

步骤 3：对象描述（Object Description，OD）生成。生成由元组 OD（value，name）构成的关系，其中 value 描述一些信息的实例，name 根据名称识别信息的类型。例如，（Smith，Surname）是候选重复对象中 Person 实例对象描述的一部分。

在上述预处理步骤完成后，实施如下 3 个实际的重复检测步骤。

步骤 4：比较约简。首先利用过滤器降低候选重复对象的数目：过滤器定义为相似度度量的上界，因此不需要对该度量进行精确计算，就可预先从可能重复对象集合中移除对象。然后实施聚类，只对同一簇内的对象进行比较。

步骤 5：比较。基于领域无关的相似度度量（参见文献［660］）进行成对比较。相似度度量考虑如下重要特征：①通过引入逆文档频率的变体度量数据的相关性或识别能力；②区别未指定和冲突数据。例如，两个人有不同的偏好可能表明他们是不同的人，而偏好信息缺失并不影响相似度度量。

步骤 6：重复聚类。对步骤 5 中识别出的重复 XML 对象运用关系 is-duplicate-of 的传递性。

该算法是针对半结构化数据对象识别的代表性算法。

8.7.5　其他经验方法

可通过基于分块和加窗的搜索空间约简来提升记录链接过程的时间效率。

例如，State（州省）关系中包含 10 万条居民记录，与执行 100 亿次的两两比较相比，只对 LastName（姓）和地址中 ZipCode（邮编）相同的记录进行比较可能更加高效。需要注意的是，此处假设分块后没有进行比较的记录对是不匹配的。用于分块的字段应包括大量服从均匀分布的值，并且出现不准确错误的概率尽可能小。具体来说，后一个性质是由于分块字段中的错误会导致无法将可链接的记录对放到一起。

当特定的条件满足时，可进一步优化记录链接。首先，简要介绍适用于仅存在少数匹配对象的 1-1 匹配技术；然后，给出利用第三方数据源链接两个待匹配源的桥接文件技术。

8.7.5.1 1-1 匹配技术

1-1 匹配技术的基本思想是强制集合 ***A*** 中的每条记录最多与集合 ***B*** 中的一条记录进行匹配，其背后的原理是：如果存在少数重复记录，在最佳匹配记录处停下即可，即与已观察到的记录相比具有最高一致权重的记录。文献[343] 提出了强制 1-1 匹配技术，以对匹配结果的集合进行了全局优化。

8.7.5.2 桥接文件

给定两个文件 *A* 和 *B*，桥接文件包含这两个文件公共的识别信息。例如，假设 *A* 和 *B* 都存储了市民的个人信息，即 Name（名）、Surname（姓）和 Address（住址）。此外，*A* 还存储了税务相关的信息，*B* 还存储了社会服务相关信息。如图 8.14 所示，*A* 和 *B* 公共的信息包含在桥接文件（Bridge File）中。需要注意的是，*A* 中的一条记录可以链接到 *B* 中的多条记录，但通常不是全部记录。因此，当存在桥接文件时，记录链接效率可以得到改善。为得到好的匹配结果，高质量的桥接文件十分重要。

A	*A*&*B*	*B*
$\text{Tax}_{1,1}$	Name_1, Surname_1, Address_1	$\text{SocialService}_{2,1}$
$\text{Tax}_{1,2}$	Name_2, Surname_2, Address_2	$\text{SocialService}_{2,2}$
…	…	…
…	…	…
$\text{Tax}_{1,n}$	Name_n, Surname_n, Address_n	$\text{SocialService}_{2,n}$

图 8.14　桥接文件示例

8.8 基于知识的技术

本节详细介绍 3 种基于知识的技术：8.8.1 节描述 Choice Maker 系统，

8.8.2 节描述 Intelliclean 系统，8.8.3 节描述 Atlas 系统。

8.8.1 Choice Maker

Choice Maker[96] 基于称为线索（Clue）的规则。线索是领域无关或领域相关的数据特性，用于两个阶段：离线（系统在训练集上确定多个线索的相对重要性，尽可能多地构建与人工标记一致的决策示例，以生成线索的权重）；运行时（将训练好的模型应用于线索以计算匹配概率，并与给定阈值进行对比）。Choice Maker 定义了如下几类线索。

（1）字段分组交换，例如，姓和名的交换，如 Ann Sidney 交换为 Sidney Ann。

（2）多重线索，即只有一个参数不同的一组线索。例如，构建一条规则，其触发条件是：如果“人员”记录的“名”字段匹配，并且属于 5 个姓名频率类别之一，其中类别 1 包括常见的姓名（如美国的“Jim”和“Mike”），类别 5 包括少见的姓名。

（3）堆叠数据表示特定字段保存多个值的数据。例如，可能在关系中保存当前和旧的地址，以便搜索旧地址时，仍能定位这个人。

（4）复杂线索，用于刻画应用领域的广泛属性集合。

复杂线索是 Choice Maker 中的原始类型，并且与领域相关。例如，给定一个美国居民数据库，其中的一部分如图 8.15 所示，现在要从关系中消除重复。可以使用基于属性 FirstName（名）、LastName（姓）和 State（州省）的决策过程。本示例中，可能由于排印的原因，FirstName 和 LastName 属性的值相差甚远，因此判定元组对<1，4>和<5，8>不匹配。假设富裕的居民一年中的一段时间（夏季）居住在北部州，并在另一段时间居住在南部州（冬季）。Choice Maker 可以用一条复杂的规则描述这样的线索，并使得前述的不匹配记录对<1，4>和<5，8>被判定为匹配。

Record#	First Name	Last Name	State	Area	Age	Salary
1	Ann	Albright	Arizona	SW	65	70.000
2	Ann	Allbrit	Florida	SE	25	15.000
3	Ann	Alson	Louisiana	SE	72	70.000
4	Annie	Olbrght	Washington	NW	65	70.000
5	Georg	Allison	Vermont	NE	71	66.000
6	Annie	Albight	Vermont	NE	25	15.000
7	Annie	Allson	Florida	SE	72	70.000
8	George	Alson	Florida	SE	71	66.000

图 8.15　美国居民注册表的一部分

特定情况下可对决策过程进行重载。例如，如果采用社会保险号码之类的标识，可以用规则强制判定具有不同标识的两条记录为不匹配。

8.8.2 基于规则的方法：Intelliclean

Intelliclean[416] 的主要思想是将规则视为前述距离函数的升级加以利用，根据领域知识抽取规则，并导入专家系统引擎，运用一个高效的比较方法，比较大规模的规则和对象。根据目标不同，规则可分为两类。

（1）重复识别规则。指定将两条记录判定为重复的条件。重复识别规则包括文本相似度函数，并且更进一步，允许确定元组等价的复杂逻辑表达式。图 8.16 给出了一个重复识别规则的示例，通过 Id（编号）、Address（地址）和 Telephone（电话）属性搜索 Restaurant（餐馆）关系中的重复。为激活图 8.16 中的规则，对应的电话号码必须匹配，并且其中一个的标识必须是另一个的子串；更进一步，地址必须很相似（使用 FieldSimilarity 函数计算的地址相似度必须超过 0.8）。用这条规则判定的匹配记录，确定因子为 80%。确定因子（Certainty Factor，CF）代表了规则的重复记录检测有效性的专家置信度，其中 $0<CF<1$。具体来说，如果确定一条规则能正确地发现重复记录，就可以为它分配一个较高的 CF 值。类似地，可以为不太严格的规则指定一个较低的 CF 值。

```
Define rule Restaurant_Rule
Input tuples: R1, R2
IF (R1.Telephone = R2.Telephone)
AND (ANY_SUBSTRING(R1.ID, R2.ID)=TRUE)
AND (FIELDSIMILARITY(R1.Address = R2.Address) > 0.8)
THEN
DUPLICATES(R1, R2) CERTAINTY = 0.8
```

图 8.16 Intelliclean 中的重复识别规则示例

（2）合并-消除规则。明确如何处理重复记录。例如，“只保留空字段最少的元组，并删除其余元组”。

图 8.17 给出了完整的 Intelliclean 策略。这一过程是对 8.7.1 节 SNM 方法的改进，其中的改进主要包括规则的采用以及更高效的传递闭包策略。

由图 8.17 中的步骤 2.1 可知，规则由领域专家从领域知识中提取，因此，该方法属于领域相关方法。选择准确、表达能力强和高效的规则是确保清洗过程高效的关键，即最大化准确率和召回率（见 8.9 节）。步骤 2.3 的必要性来源于多通道近邻算法中的传递闭包会增加误匹配的事实。如示例所示，在 Intelliclean 中，为每个重复识别规则指定一个确定因子。在计算传递闭包的过程

1.预处理

进行数据类型检查和格式标准化。

2.处理

2.1 将经过比较的记录和IF <condition> THEN <action> 形式的规则集合输入专家系统引擎；

2.2 使用基本生产系统，在滑动窗口内，先进行重复识别规则检查，再进行合并消除规则检查，以根据数据库中的事实确定需要触发的规则，结束后再返回第一条规则；

2.3 使用改进的多轮排序近邻搜索方法，对不确定的匹配执行传递闭包。

3.人工检验和验证阶段

对未定义合并/消除规则的重复记录组进行人工干预操作

图 8.17　完整的 Intelliclean 策略

中，将合并分组的确定因子与用户定义阈值进行比较，该阈值表示期望合并的严格或确信程度，并且确定因子低于阈值的合并都不会被执行。

例如，假设在如下元组对上执行步骤 2.3，(A, B) 的 CF 值为 0.9，(B, C) 的 CF 值为 0.85，(C, D) 的 CF 值为 0.8，阈值为 0.5。算法将首先考虑 (A, B) 和 (B, C)，因为它们的 CF 值更高。将其合并成 (A, B, C)，并且合并后的 CF 值为 $0.9\times0.85=0.765$。然后，该组进一步与 (C, D) 合并，得到 (A, B, C, D)，并且 CF 值为 $0.765\times0.8=0.612$，该 CF 值仍然比阈值大。然而，如果将阈值设置为 0.7，(A, B, C) 和 (C, D) 将不会被合并，因为合并后的 CF 值为 0.612，低于阈值。

8.8.3　决策规则的学习方法：Atlas

在前面介绍的 Intelliclean 方法中，规则由领域专家从领域知识中提取，并且其生成过程中没有利用具体学习流程。本节讨论的 Atlas 技术[605] 从如下方向对基于知识的方法进行改进。

（1）规则包括诸如文本字符串映射之类广泛的领域无关变换，如<World Health Organization, WHO>将 3 个字符串项转换为首字母缩写构成的字符串。图 8.18 给出了转换的示例。<World Health Organization, WHO>是一个首字母缩写（Acronym）转换的示例。

1. Soundex将项转换为Soundex编码，读音相似的项编码相同。
2. Abbreviation将项替换为其缩写（如third->3rd）。
3. Equality对两个项进行比较，以确定每个项包含次序相同的字符。
4. Initial判断项是否为其他项的首个字符。
5. Prefix判断项是否为其他项的开始字符串。
6. Suffix判断项是否为其他项的结束字符串。
7. Abbreviation判断项是否为其他项的子集（如Blvd、Boulevard）。
8. Acronym判断项字符串的所有字符是否为其他字符串中项的首字母

图 8.18　转换的示例

（2）为提取待匹配对象不同属性对之间递归相似度的知识，可首先分析输入元组得到规则的结构信息。

（3）规则可通过在训练数据上进行有专家参与或者无专家参与的学习得到。

为详细解释 Atlas 的整体策略，考虑图 8.19 中只包含一条记录的两个关系。

Relation1

LastName	Address	City	Region	Telephone
Ngyo	Mombsa Boulevard	Mutu	MM	350-15865

Relation2

LastName	Address	Region	Telephone
Ngoy	Mombasa Blvd	Masai Mara	350-750123

图 8.19　两个关系

图中，两个关系有 4 个公共属性，即 LastName（姓）、Address（住址）、Region（地区）和 Telephone（电话），假设两条记录对应相同的客观实体。两条记录中不同属性的数据项存在不同之处，具体如下。

（1）LastName 属性值不同，可能原因是输入错误。

（2）Address 属性值不同，包括第一个数据项中的一个字符和第二个数据项中的“距离缩写转换”。

（3）Region 属性值不同，体现为“首字母缩写转换”。

（4）Telephone 属性值只有地区码匹配，可能原因是流通性不同。

根据对应数据项的差异，这 4 个属性表现为不同的状态。为了预先计算元组间的候选映射，计算任意两个字段的相似度分值（Similarity Score），用于度量。

（1）局部距离。基于变换和编辑距离的组合，应用余弦相似度度量任意两个属性之间的距离（见 8.5.3 节）。

（2）全局距离。为属性的局部距离分配不同的权重，权重度量对属性的可选择性，体现更愿意相信较少出现的属性值之间的匹配的思想（参见文献[605]中的定义和公式）。

此处，必须构建映射规则。如图 8.19 所示，一个映射规则的示例为

If Address>threshold1 ∧Street>threshold2 Then Matching

映射规则学习器（Mapping Rule Learner）确定哪些属性或属性的组合对于映射对象效果最好，以在给定阈值的情况下，确定最准确的映射规则。映射规则的准确性体现将给定训练样本的集合划分为匹配或不匹配的能力。这基于以下两种方法。

（1）决策树（Decision Tree）是一种归纳学习技术，在树上同时测试属性

(和阈值)，以判别匹配和不匹配元组对。一旦一个“最优”决策树构建完成，它将被转换为相应的映射规则。通常来说，这种方法要求大量的训练样本。

(2) 主动学习过程 (Active Learning Procedure)，构建一组决策树学习器，并投票选择拥有最大信息量的样本，交给用户分辨是否匹配。

映射规则一旦确定，它们将被应用到候选映射，以确定映射对象集合。

8.9 质量评价

8.4 节将搜索空间约简、比较函数选择以及比较决策作为对象识别的步骤。本节首先介绍评估对象识别技术具体步骤的指标 (见 8.9.1 节)。然后给出对两类技术的详细比较：①主要考虑效率的技术，即搜索空间约简方法 (见 8.9.2 节) 和比较函数 (见 8.9.3 节)；②主要关注效果的技术，即决策方法 (见 8.9.4 节)。最后 8.9.5 节对实验结果进行点评。

8.9.1 质量及相关指标

关于两条记录真匹配或不匹配的决策，可能导致两类错误：假阳 (False Positive, FP) (本章又称假匹配 (False Match))，即应该为 U 的被判定为 M 的记录对；假阴 (False Negative, FN) (又称假不匹配 (False Unmatch))，即应该为 M 的被判定为 U 的记录对。真阳 (True Positive, TP) (又称真匹配 (True Match))，即正确判定的 M，以及真阴 (True Negative, TN) (又称真不匹配 (True Unmatch))，即正确判定的 U。图 8.20 总结了以上各种情形，它们的定义遵循如下等式：

$$M = TP + FN$$
$$U = TN + FP$$

M	真匹配
U	真不匹配
FP	将真不匹配判定为匹配
FN	将真匹配判定为不匹配
TP	将真匹配判定为匹配
TN	将真不匹配判定为不匹配

图 8.20 匹配决策中的符号

另有一些对这些准则进行组合的度量对象识别效果的指标，最典型的是召回率 (Recall) 和准确率 (Precision)。召回率度量相较于所有真匹配而言识别出的真匹配的多少，其定义如下：

$$\text{Recall} = \frac{\text{TP}}{\text{M}} = \frac{\text{TP}}{\text{TP} + \text{FN}}$$

对象识别的目的自然是为达到一个高的召回率。准确率度量相较于包括错误匹配（FP）在内的所有识别为匹配的记录而言识别出的真匹配的多少：

$$\text{Precision} = \frac{\text{TP}}{\text{TP} + \text{FP}}$$

准确率也是越高越好。准确率和召回率常常是彼此冲突的，即如果想使真阳记录尽可能多（提高召回率），通常也会找出更多的假阳记录（准确率降低）。除了准确率和召回率之外，还可以使用假阴率（False Negative Percentage）和假阳率（False Positive Percentage）。假阴率考虑的是未找出的真匹配相较于真匹配比例：

$$\text{False Negative Percentage} = \frac{\text{FN}}{\text{M}} = \frac{\text{FN}}{\text{TP} + \text{FN}}$$

假阳率考虑的是识别出的但是错误的匹配相较于真匹配的比例：

$$\text{False Positive Percentage} = \frac{\text{FP}}{\text{M}} = \frac{\text{FP}}{\text{TP} + \text{FN}}$$

为组合准确率和召回率，提出了 F-measure，它对应准确率和召回率的调和平均。具体地，F-measure 的定义如下：

$$F\text{-measure} = \frac{2RP}{P + R}$$

除了这些指标之外，传统的时间复杂度指标也被用于评估对象识别过程的效率，一个例子是对象识别过程中的比较次数。

8.9.2 搜索空间约简方法

如前所述，给定两个记录集合 $\boldsymbol{A}$ 和 $\boldsymbol{B}$，对它们进行比较以识别其中的相同对象，搜索空间是笛卡儿集 $\boldsymbol{A} \times \boldsymbol{B}$。3 个主要的约简搜索空间的方法是：分块、排序近邻和剪枝。

典型地，大部分经验方法都使用剪枝，也可以和分块或者排序近邻合用；下面将回顾分块和排序近邻方法。文献［193］比较了分块和排序近邻方法，包括：①针对不同分块键长度的分块方法；②针对不同窗口大小的 SNM 方法。使用 F-measure 指标对分块和排序近邻方法的有效性进行评估。实验表明，通过选择合适的分块键长度和窗口大小，分块和排序近邻的 F-measure 值相当。

此外，比较两种方法的时间复杂度时，也得出了类似的结论。事实上，由

8.5.2 节可知，分块的总时间复杂度为 $O(h(n)+n^2/b)$ ，其中，如果分块基于排序实现，那么，$h(n)=n\lg n$ ，这与排序方法的总时间复杂度相当，即 $O(n\lg n+wn)$ 。

8.9.3 比较函数

研究者进行了多种经验分析以发现更好的比较函数。文献［193］给出了 3-gram、2-gram、编辑距离和 Jaro 算法的比较。在一个姓名配对集合上验证函数的性能，其中一些是相同的姓名，但是存在拼写错误，而另一些则不同或者存在交换。实验结果表明，对存在拼写错误的相同姓名和已知不同的情况，Jaro 算法性能最好，而 2-gram 则对交换的情况效果最好。文献［673］将 Jaro 算法与编辑距离和 2-gram 进行了比较，并指出尤其是存在交换的情况下，Jaro 算法更优。

8.9.4 决策方法

对象识别技术所采用的每种决策方法都包括以下要素。

（1）方法要求的输入参数。需要注意的是，一些技术还给出了计算这些参数的方法。

（2）方法提供的输出。

（3）目标。描述了决策方法要达到的主要目标。

（4）人的交互。表示对象识别过程要求领域专家参与的步骤。

（5）匹配记录代表的选择-构建（又称融合）。指明哪种方法明确包含选择或构建代表匹配过程获得的具体簇的代表记录。

图 8.21 列举了这些技术。

在表中的“输入”列中，针对结构化数据类型，可在的属性层和元组层指定决策方法所使用的决策规则。考虑关系分级结构的技术 Delphi 以及针对 XML 文档的技术 DogmatiX 都根据所采用数据模型中的多种元素指定阈值。具体来说，Delphi 通过比较元组和它们的后代集合确定阈值；DogmatiX 则需明确指定 XML 文档中待比较的对象，并针对这些对象设定阈值。

在表中的“输出”列中，给定错误率，基于概率的技术将记录划分为匹配、不匹配和可能匹配 3 个集合。相反地，基于经验和基于知识的技术则将记录划分为匹配和不匹配两个集合。这些技术都依赖于完全自动的决策方法，而不需要对可能匹配进行人工审核（见表中“人的交互”列）。

表中“目标”列给出了决策方法的目标。基于概率的技术依赖于明确包含这些目标的形式化模型。Fellegi&Sunter 模型以最小化可能匹配为目标，而基于代价的模型则以最小化错误代价为目标。基于经验和基于知识的方法都使

技术	输入	输出	目标	人的交互	为匹配记录选择/建记录代表
Fellegi&Sunter	比较函数的矢量γ T_μ和T_λ的估计 m-和u-概率	对每个记录对，根据给定错误率，判定匹配、不匹配和可能匹配	错误率低（假匹配和假不匹配） 可能匹配最少	对可能匹配进行审核	否
基于代价的	决策规则的代价矩阵 m-和u-概率	对每个记录对，根据给定错误率，判定匹配、不匹配和可能匹配	错误代价最小 （假匹配和假不匹配）	对可能匹配进行审核 决策规则代价矩阵	否
SNM	编码领域知识的声明规则（针对元组层决策的） 比较函数（针对属性值决策） 阈值（针对属性值决策）	对每个记录对，判定匹配或不匹配	查准率和查全率的平衡	选择匹配键 指定阈值 决策规则	否 （仅增量SNM）
优先级队列	Smith Waterman距离函数 阈值（针对元组值决策）	对每个记录对，判定匹配或不匹配	查准率和查全率的平衡	指定阈值	否
Delphi	文本比较函数 共现指标 阈值集合（动态更新）	对每个记录对，判定匹配或不匹配	查准率和查全率的平衡	无	否
DogmatiX	XML阈值相似度（对象层）	对每个XML元素对，判定匹配或不匹配	查准率和查全率的平衡	选择候选对 指定阈值	否
IntelliClean	重复识别规则（针对元组决策） 合并消除规则（针对元组决策） 阈值集合（针对属性比较以及元组合并）	对每个记录对，判定匹配或不匹配 对匹配记录，合并结果	查准率和查全率的平衡 用户控制的合并置信度	重复识别和合并/消除 指定规则 指定阈值 如果未指定规则，对合并进行人工确认	是
Atlas	学习到的匹配规则 领域无关转换的集合 阈值	对每个记录对，判定匹配或不匹配	查准率和查全率的平衡	学习映射规则	否

图8.21 决策方法对比

用准确率-召回率进行验证，即决策方法的结果中尽可能多地包含真阳记录（准确率）和尽可能少地包含假阳记录（召回率）。

在图 8.21 “人的交互” 列中，除 Delphi 之外的方法，都需要人工定义阈值。事实上，Delphi 基于标准离群点检测方法引入了动态确定阈值的技术，即认为重复对象在给定的相似度指标方面具有类似离群点的行为。

只有 IntelliClean 涉及构建/选择匹配记录簇的代表。SNM 和优先级队列方法中也提出了簇代表的概念，但范围不同，目的是降低检测重复对象需要进行的比较的次数。相比之下，IntelliClean 给出了构建簇代表的策略和规则。

8.9.5　结果

图 8.22 给出了不同决策方法的结果以及实验数据的特征。对每种技术，根据其提出者的说明，给出了所使用的指标和实验数据类型（人造数据或真实数据），并提供了不同指标的结果。

技术	指标	人造/真实数据	结果
SNM	查准率 假阳率	人造	单轮查准率50%～70% 利用传递闭包，查准率接近90% 假阳率不显著（0.05%～0.2%）
	查准率 假阳率 假阴率	真实	假阴率不显著 假阳率不显著
优先级队列	查准率 效率（比较次数）	人造	查准率与SNM相似 效率：比SNM少5倍
	效率（比较次数）	真实	由于真实数据标记重复困难，未提供查准率 降低的比较次数与人造数据类似
Delphi	假阳率 假阴率	真实	假阳率低于25% 假阴率低于20%
DogmatiX	查准率 查全率	真实	对相似度度量: 实验1：查准率70%～100% 实验1：查全率2%～35% 实验2：查准率60%～100%
IntelliClean	查准率	真实	实验1：查准率80% 实验1：查全率低于8% 实验2：查准率100% 实验2：查全率100%
Atlas	查准率（准确性）	真实	实验1：查准率100% 实验2：查准率99%

图 8.22　经验技术用来评估对象识别的指标及其相关结果

图 8.22 中的第一行是 SNM 方法，提供了基于人造和真实数据集的实验结果。需要注意的是，这些结果依赖于特定的参数，即滑动窗口的大小，图中的区间值对应着不同的窗口大小。优先级队列算法给出了用进行比较的次数度量的效率的测试结果。Delphi 的结果考虑了分级结构中的第一级（见 8.7.3 节）。对于 DogmatiX，实验结果区分的主要是方法中所使用的相似度度量，指标值的区间体现的是度量所用的阈值的变化。

由于实验数据集（以及实验条件和假设）都不相同，因此不可能对不同的技术进行实际比较。然而，该图的作用是对每种技术所进行的实验验证和测试进行总结。

8.10 本章小结

本章描述了用于对象识别这一最重要的数据质量活动的几种技术。由于模式异构、数据录入和更新过程中可能的错误，对象在不同数据库中可能有不同的表示和值。结果是，明确标识的缺失可能影响到数据库中的对象，进而影响对不同数据源中信息的重新构建。对象识别技术致力于使用从以记录、分级结构关系和 XML 文档形式表示的对象的相似性获得的上下文信息，弥补这种标识的缺失。其中，“可获得的上下文信息”和“相似性”的概念以概率、经验和基于知识等不同方式表示。此外，这 3 个领域中提出的技术可根据所用层级、效率和效果分别加以描述。基于概率的技术是最常用的技术，因为它相对成熟，并且已在实践中得到大量应用。基于经验的技术以效率为主要目标，因此特别适用于时间关键的应用。基于知识的技术效果最好，因为它直接对领域知识进行建模。8.9 节对这些技术进行了比较，包括具体技术所采用的标准，为读者提供了根据上下文选择最有效技术的基本依据。第 12 章将对这些问题进行更加深入的讨论。

第 9 章　对象识别最新进展

9.1　引言

在过去几年里，在计算机科学领域中关于对象识别（Object Identification，OID）的研究产生了许多重要成果。正如文献［140］所述，在数据挖掘项目中，大量的时间（文献［566］报告称 20%～30%）用于理解数据，以及50%～70%的时间用于准备数据。政府组织需要协调和整合其大量且异构的数据资产；统计机构通常在调查报告中链接行政管理数据，卫生部门则链接病历数据；数据分析也需要链接数据来改进执行的效率和政策的有效性[80]；安全机构越来越依赖于关联个人档案的能力；数据链接可以帮助生物信息学将已知基因组序列关联到一个新的未知序列。正由于对 OID 技术的关注度越来越高，本章通过介绍该领域最新成果来分析其发展趋势。

首先，尝试建立作者前一本书[37] 中所采用的术语与最新文献中的流行术语之间的对应关系。所调查的文献中约 60%采用术语“记录链接”，而另外40%则采用术语 OID 或者“实体分辨”，这一比例在最近几年正逐渐提高。对于 OID 的阶段，预处理也称为标准化，而搜索空间约简又称为分块和索引，术语“比较与决策（Comparison & Decision）”则广泛采用。为了保持一致，本章使用与前一本书中相同的术语，同时也存在一些具体的例外情况，以使所描述的框架更易于理解。

图 9.1 反映了最近几年文献中的主要贡献，图 9.1（a）代表 OID 传统过程（图中突出了样例抽取步骤，其目的是识别出一个样本，并标注样本中的匹配与不匹配对），而右侧则展示了 OID 过程中的最新进展。

纵观 OID 的发展过程，直至 20 世纪末，OID 一直被视为一种离线活动，并且只有当代表相同或重叠对象集合的异构数据库的管理成本以及使用数据库的效率都到了无法忍受的地步时才会实施 OID。现代 OID 的过程（图 9.1（b））更加丰富，至少跨越信息系统生命周期的两个活动：①运行时执行活动，即用户只需要对与查询有关的数据应用 OID；②数据集维护活动，即对数据和完整性约束的更新导致数据集及其语义的变化，需要研究在维护时对数据进行操作的技术。此外，OID 活动特定步骤的高成本促成了即付即用的策略，即当达到特定费效比时即停止 OID 的实施。过去经常将数据融合作为一个与 OID 相互独立的活动，而在许多现代方法中，在比较与决策活动中以增量的方式产生融合结果，以支撑 OID 过程并改进其质量。

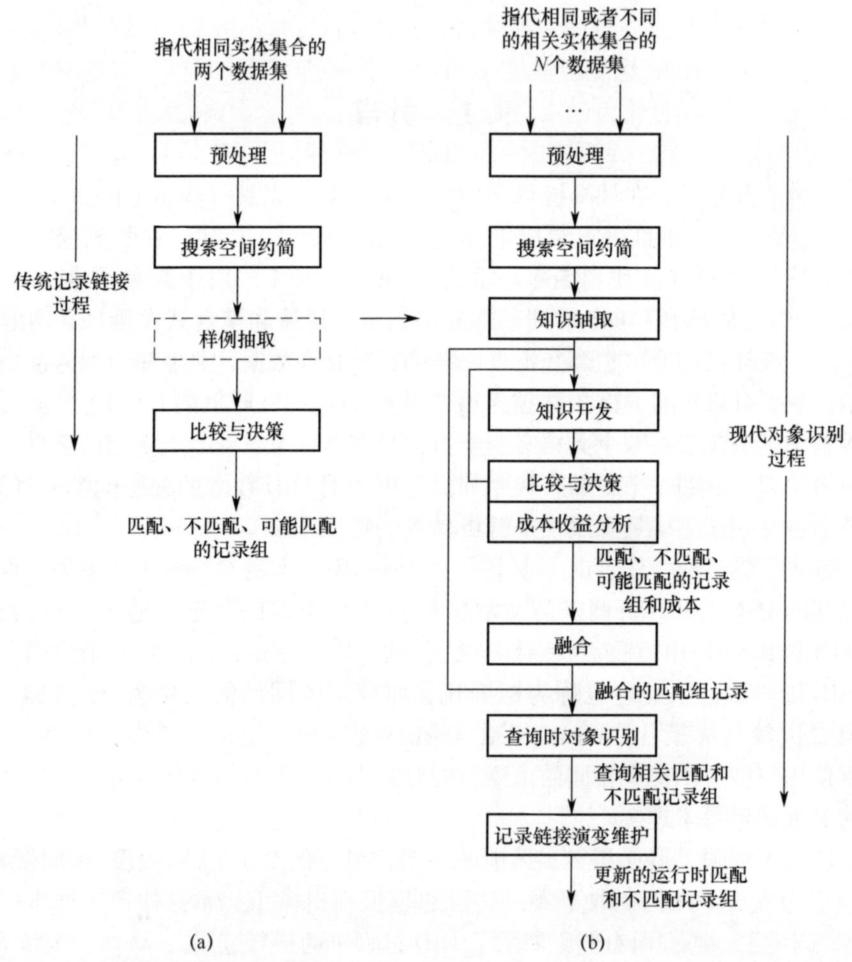

图 9.1　对象识别研究的演变以及相应对象识别过程的演变

过去几年一直被研究的另一个问题是：对于必须进行链接的数据，如何(自动) 收集和发掘关于它们的知识 (如关于数据与其他已知数据关系的知识)，以及如何改进其质量和效率。第 8 章讨论了一些如文献 [23，660] 给出的示例。

需要注意的是，对于不同于关系数据和 XML 半结构化信息的信息类型而言，OID 同样非常重要，特别是地图和图像，其比较和融合活动也称为合并(Conflation)。

本章内容组织如下：9.2 节介绍现代 OID 过程的质量和指标的分类；9.3 节介绍预处理技术；9.4 节讨论搜索空间约简技术的演变，以在不降低质量的情况下提高效率。对于图 9.1 中的后续步骤，文献中通常不关注单个活动，因此 9.5 节研究跨越一个或多个步骤的技术：①知识抽取；②知识发现；③比较与决策；④成本收益分析；⑤融合；⑥运行时 OID；⑦OID 演变维护。9.6 节~9.8 节介绍其他与 OID 相关的重要问题：领域特征、不同信息类型以及隐私。9.6 节介绍具体领域中的识别问题，如一般名称、人名和企业名，其思想是在具体领域背景下研究 OID 可提高过程的有效性和效率。9.7 节讨论不同于关系表的信息类型的 OID，即地图与表示相同或重叠公路网的正射图像的链接。9.8 节介绍一个正变得越来越重要的问题，即对具有隐私约束的数据实施 OID 的技术。

9.2　质量评价

8.9.1 节已经就质量评价问题进行了讨论，介绍了几个指标，并讨论了实验的结果。本节简要回顾第 8 章中定义的针对比较与决策的指标，并为搜索空间约简（本章余下部分简称为“约简”（Reduction），见 9.2.1 节）和比较与决策（见 9.2.2 节）扩展新的指标。9.2.3 节继续针对约简的质量评估实验提出建议，而 9.2.4 节讨论 OID 领域中对评估技术进行比较的综述和框架。在众多讨论质量的论文中，本章参考了文献［140］。文献［140］中假设链接分类器具有一个阈值参数，从而可以将记录对区分为匹配和不匹配。此外，假设待链接的两个数据集中不包含重复记录。

9.2.1　约简的质量

两个量化约简技术效率和质量的度量如下。

（1）约简率（Reduction Ratio）[193] 记为 $rr = 1 - \frac{N_b}{|A| \times |B|}$，其中 N_b 为由约简技术产生的记录对数量（没有被约简技术移除的记录对的数量）。约简率没有将约简的质量考虑在内，即通过约简分别从不匹配和匹配集中移除了多少记录对。

（2）对完备率（Pairs Completeness）[193,280] 记为 $pc = \frac{N_m}{|M|}$，其中 N_m 为约简后的比较空间中被正确分类的实际匹配记录对，$|M|$ 为实际匹配记录对的总数。对完备率类似于召回率。

9.2.2 比较与决策步骤的质量

假设存在两个待匹配的数据集 A 和 B，A_e 和 B_e 分别为由 A 和 B 表示的现实实体的集合。$M_e = A_e \cap B_e$ 是（以记录形式）同时出现在 A_e 和 B_e 中的匹配实体的集合，U_e 是只出现在 A_e 或 B_e 中的不匹配实体的集合。由 A_e、B_e、M_e 和 U_e 描述的空间称为实体空间（Entity Space）。下面列举一个示例（引自文献[140]），假设集合 A_e 包含500万实体，集合 B_e 包含100万实体，700000实体同时出现在这两个集合中（$|M_e| = 700000$）。场景中不匹配实体的数量为 $|U_e| = 4600000$，即两个集合中实体总数（600万）减去2倍的匹配实体（同时出现在 A_e 和 B_e 中）数量。OID 过程的目的是将 A 和 B 中匹配与不匹配的记录对分别分到两个不相交的空间：①真匹配（下面以 M 表示）；②真不匹配（下面以 U 表示）。M 和 U 的定义见8.9.1节。

假设没有进行约简，比较 A 和 B 中的所有记录，需要进行 $|A| \times |B|$ 次比较，这将远大于 A_e 和 B_e 中实体数目的总和。记录对比较的空间称为比较空间（Comparison Space）。在本示例中，比较空间包含 $5000000 \times 1000000 = 5 \times 10^{12}$ 个记录对，而真匹配和真不匹配分别包含 $|M| = 700000$，$|U| = 5 \times 10^{12} - 700000 = 4.9999993 \times 10^{12}$ 个记录对。

最后说一下记号，TP 表示真阳记录对集合，FP 表示假阳记录对集合，TN 表示真阴记录对集合，FN 表示假阴记录对集合（见8.9节）。比较空间中的 TN 实体数量为

$$|TN| = |A| \times |B| - |TP| - |FN| - |FP|$$

由于 TP、FP 和 FN 中的记录数量受 A 和 B 中记录数量的限制，因此 $|TN|$ 的值通常明显大于其他3个值。

8.9节提到了和比较与决策相关的前3个质量：召回率（Recall，R），可理解为真阳记录对比例，也称为敏感度（Sensitivity）；准确率（Precision，P）也称为正预测值（Positive Predictive Value）；以及 *F*-measure。一个对 *F*-measure 进行聚合的值是最大 *F*-measure（Maximum *F*-measure），即超过一个可变阈值的 *F*-measure 最大值。

可以直观并综合地描述准确率和召回率之间关系的两个图如下。

（1）准确率–召回率图（Precision-recall Graph）是一个将准确率标绘在纵轴，

并将召回率标绘在横轴的两轴图表。如第 8 章所述，准确率和召回率之间存在此消彼长的关系。也就是说，准确率的提高是以召回率的降低为代价的，或者相反。

（2）准确率-召回率相抵点（Precision-recall Break-even Point）为准确率和召回率相等时的值，该度量是一个数值。

文献［140］对现有研究中的部分指标进行了批判性讨论，包括以下几个方面。

（1）准确性（参见文献［545］）记为 $acc = \dfrac{TP + TN}{TP + FP + TN + FN}$。由于该度量包含 TN 值，当在比较空间上使用时将受其大数值的影响。例如，错误地将所有的匹配识别为不匹配仍然能得到一个较高的准确性值，因此，文献［140］认为准确性对 OID 和去重来说不是一个好的质量度量，也就不应该使用。

（2）特异性（Specificity）[696]（可以理解为真阴性比例）经常用于流行病学研究（参见文献［696］），记为 $spec = \dfrac{TN}{TN + FP}$。由于包含 TN 值，具有与准确性相同的问题，因此也不应该用于 OID。

（3）假阳率（False-positive Rate）记为 $fpr = \dfrac{FP}{TN + FP}$。由于 $fpr = 1 - spec$，因此假阳率的值非常小，而且具有与准确性和特异性相补的问题。

（4）ROC 曲线（Receiver Operating Characteristic Curve）是在以召回率为纵轴、假阳率为横轴的坐标系中绘制的一个可变阈值，关于 ROC 图的介绍参见文献［226］。ROC 图的一个优点是可以展现和组织决策性能，而无须关心类分布或错误成本，这一能力对研究偏斜分布学习或成本敏感学习非常重要。ROC 图的问题与之前提到的一样，即出现在假阳率中的真阴性值非常大，导致假阳率值很小，从而使 ROC 曲线过于乐观。

对于前面的例子，假设给定一个阈值，使用决策技术从比较空间中分辨出 900000 个匹配记录对，以及剩余的 $5 \times 10^{12} - 900000$ 个不匹配记录对。在 900000 个匹配记录对中，650000 个属于 TP，250000 个属于 FP，50000 个属于 FN，$5\times10^{12}-950000$ 个属于 TN。在实体空间中，不匹配实体的数量为 $4600000-250000 = 4350000$。图 9.2 给出了本示例中比较空间和实体空间的质量度量结果。

前面所展示的质量度量都以二分类为前提，即不包括可能匹配，文献［280］提出了一种在传统概率 OID 系统中量化可能匹配比例的度量，记为 $pp = \dfrac{N_{P,M} + N_{P,U}}{TP + FP + TN + FN}$，其中 $N_{P,M}$ 为实际匹配但被识别为可能匹配的记

指标	实体空间/%	比较空间/%
准确率	72.2	72.2
召回率	92.8	92.8
F-measure	81.2	81.2
准确性	94.3	99.9
特异性	94.5	99.9
假阳率	5.4	0.000005

图 9.2　实体空间和比较空间质量度量比较

录对的数量，$N_{P,\ U}$ 为实际不匹配但被识别为可能匹配的记录对的数量。pp 值应尽可能低，因为这意味着较少的人工审核。

最后一种 OID 过程的质量是表示过程计算量的可伸缩性（Scalability），可由使用 O 标记[488] 并根据给定的记录数量 n 表达的计算复杂度度量。例如，$O(\lg n)$ 表示对数复杂度，$O(n)$ 表示线性复杂度。

9.2.3　一般分析和建议

正如文献［140］所述，当针对相同问题比较不同方法时，需要注意一些方面，以确保所获得的定性结果从统计的角度是有效的。一个被提及的陷阱是多重效应（Multiplicity Effect）[544]，意思是当采用相同数据对方法进行比较时，由于数据缺乏独立性，在单个试验中获得错误的较好结果的机会就会增加。使用相同数据集的独立研究者会遭受同样的问题。

文献［75，544］的讨论可以给出如下一般性建议。

（1）技术的品质随着所针对数据的特性而变化，因此结果应当建立在领域内研究者和从业者可广泛获取的数据集基础之上。然而，这并不排斥针对私有数据集的研究。

（2）理想情况下，应当针对 OID 过程收集一组数据集，并向公众开放，而且数据集应当包含尽可能多的数据类型。

（3）对于比较与决策技术，由于在比较中涉及真阴性记录数量问题，任何使用真阴性记录数的质量度量都应当弃用。

（4）当进行技术比较时，准确率-召回率图或 F-measure 图可以丰富结果的维度，如果需要少量的高准确性链接，就应当选择具有高准确率和低召回率的技术。

（5）对于约简，由于通常会从真匹配集中移除记录对，建议当计算量在允许的范围内时，如在一个使用小数据集的实验研究中，所有质量度量结果应当是未使用约简技术的情况下获得的。如果必须进行约简，就可以公开前面介绍的两个约简度量，即约简率和对完备率，并公开约简后的数据集，以供其他研究者分析和比较。

9.2.4　对象识别技术评估框架

文献［378］对是否使用机器学习的比较与决策技术进行了比较，也考虑了目前商用 OID 实现的发展现状。结果表明，不同的方法在质量和效率上存在明显差异。此外，对于一些如匹配在线商店中产品实体的任务，传统基于属性值相似度的方法未能取得好的结果。

Brizan 和 Tansel[94] 对相似度度量与约简/决策方法进行了综述，Elmagarmid 等[197] 讨论了约简技术、比较函数以及决策模型，并作如下区分：①概率模型以及监督、半监督和无监督学习；②主动学习技术；③基于距离的技术；④基于规则的方法。Getoor 和 Machanavajjhala[262] 论述了单实体集与多实体集方法，并重点关注了效率问题。此外，还强调了开放的研究方向。

在评估环境中，特别值得提及的是 Tailor[193] 的工作，即一个以可扩展方式设计的框架，可以对接现有的（截至 2002 年）和未来的 OID 模型，并允许对有监督、无监督以及混合型的分类方法进行比较。图 9.3 显示了评估环境的结构，其流程与第 8 章中讨论的一般流程一致。

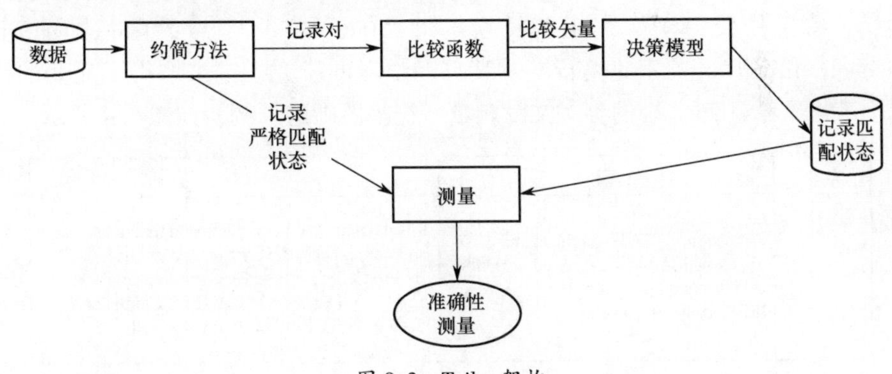

图 9.3　Tailor 架构

Goiser 和 Christen[268] 在真实数据及合成数据上对比了几个字符串比较与决策方法，给出了不同方法的特性对比曲线，并讨论了不同方法的动机。Hassanzadeh 等[301] 比较了几种不同类型的聚类算法，如单通道、星型聚类、切片聚类、关节点聚类以及马尔可夫聚类等。

文献［377］的研究目标是探究实体匹配框架研究原型的当前进展，文献针对一个给定的匹配任务，考虑使用训练数据的框架和不使用训练数据的框架，以半自动地寻找一个实体匹配策略。此外，还考虑了支持不同匹配算法的约简和组合。文献对如下几个标准进行了比较。

（1）测试的类型。测试可以使用实际数据源或使用人工生成的数据。

（2）领域/数据源/任务的数量。需要考虑多少个领域、数据源和匹配任务。

（3）语义实体类型。已解决的匹配问题的种类。

（4）匹配任务中涉及的最小/最大实体数量。

（5）解决匹配任务所使用的最小/最大属性（特征）数量。

（6）使用的相似度函数。

（7）训练所使用的训练样本数量。

（8）考虑的分块性能质量度量。

（9）考虑的实体匹配度量的质量。

（10）考虑的效率度量。

9.3 预处理

第 8 章视情对预处理活动进行了讨论，以便协调两个待链接数据集中的记录，从而使比较与决策步骤的有效性最大化。

关于预处理的最新文献聚焦于尽可能使标准化相关的活动自动化，更具体地，一些工作致力于数据项的转换，如“JFK Airport”→“John Fitzgerald Kennedy Airport”。关于此类转换及其自动学习的研究，进来取得了显著的成果。考虑文献［25］中的参考文献领域字符串匹配的示例，如图 9.4 所示。

编号	左	右
1	Katayama, T., 2A hierarchical and functional software process description and its enaction", Proc. 11th ICSE, IEEE, 1989, pp.343-352	T. Katayama, "A hierarchical and functional software process description and its enaction," In: Proceedings of the Eleventh Int. Conf. On Soft. Eng. Pages: 343{352, IEEE Computer Society Press, Pittsbergh, PA, Jan 1989
2	Knuth, D., The art of Computer Programming, Vol. Ⅲ, Addison-Wesley, (1973)	8. D. Knuth, The art of Computer Programming, Volume 3: Sorting and Searching, Addison-Wesley, Reading, MA, 1973
3	[ESWARAN76] Eswaran, K. P., J. N. Gray, R. A. Lorie, I. L. Traiger, \The notions of consistency and predicate locks in a database system", Communications of the ACM, Vol. 19, No. 11, November, 76	[14] K. P. Eswaran, J. N. Gray, R. A. Lorie, and I. L. Traiger, \The notions of consistency and predicate locks in a database system," Commun. Assoc. Comput. Mach., Vol. 19, No. 11, Nov. 1976

图 9.4 引自文献［25］中的参考文献领域字符串匹配的示例

字符串匹配的任务与许多转换相关，包括以下几个部分。

（1）会议和期刊缩写（VLDB→Very Large Data Bases）。

（2）主题相关缩写（Soft→Software）。

（3）日期相关变体（Nov→November）。

（4）数字相关缩写（8th→Eighth）。

还有大量变体不属于任何特定类别（如 pp→pages，eds→editors）。

很显然，表 9.2 只是许多种变换的一个杂录，因此手工编纂转换列表是一项富有挑战性的任务。对于一些常见的领域，如地址，可以从几个国家邮政系统获取标准的预编转换集合。这些（及其他）确实是非常有价值的数据源，但对于一个给定的记录链接任务很少能提供全面的支持。例如，由美国邮政系统等提供的预编转换集合涵盖了与街道名称结尾相关的变体（如 Ave→Avenue），但并未涵盖与街道名称相关的变体（如 Univ→University 以及 5th→Fifth）。此外，对于两个字符串的比较，如图 9.4 中的参考文献，几种转换同时存在使得问题很难解决。

文献［442］最早提出自动识别给定领域中的转换集合的问题，提出了将变体的先验知识引入 OID 过程的不同方法。利用通过这些技术学习到的变体可以显著改进 OID 的品质，这些工作的局限性是未能解决在特定 OID 环境中识别合适转换的问题。Michelson 和 Knoblock[438] 以及 Arasu 等[24] 在这一方向做出了贡献，后续方法的出发点是转换可以表示匹配记录之间的文本差异。通俗地说，两个字符串之间的差异是一个字符串中未出现在另一个字符串中的部分，或者相反。例如，考虑如下两个字符串：

<60460**Highway**50OlatheCO> 和 <60460**Hwy**50OlantheCO>

两个字符串之间的差异已经被加粗，对应的转换是 Highway→Hwy。一般来说，大部分的转换有助于消除两个匹配字符串之间的差异。例如，许多转换，如（Proc→Proceedings）、（11th→Eleventh）、（pp→Pages），有助于消除图 9.4 中第一个字符串对的差异。

为了学习到有意义的转换，Arasu 等[24] 分析了大量的匹配字符串，并寻找了一个形如 $x \rightarrow y$ 的简洁语法规则集合（候选转换），从而可用于解释匹配字符串之间很大部分的差异。通俗地说：一方面，一个如 Proc→Proceedings 的规则可能出现在这一简洁集合中，因为预计该规则将会在很多匹配字符串中出现；另一方面，一个如 11th→Eleventh 的规则可能不会出现在这一简洁集合中，因为预计该规则只会出现在少量的匹配字符串中。

文献［24］中介绍的规则学习问题（Rule Learning Problem）就是对上述思想的形式化，其与最小描述长度原理（Minimum Description Length Principle)[279] 相关。正如文献［24］所述，文献［438］中考虑的候选规则是匹配字符串之间的全部差异，例如，图 9.4 中匹配第一个字符串对的候选规则为

Proc. 11th ICSE …→In：Proceedings of the Eleventh …

也就是说，Michelson 和 Knoblock[438] 没有考虑使用多种转换来解释匹配之间的差异。Arasu 等[24] 认为所提算法的大部分技术复杂度正是由这一部分产生。读者可以从提到的论文中获得详细信息。

9.4 搜索空间约简

作为本节内容的主要来源，文献［139］对约简技术及其比较标准进行了全面综述。论文讨论了 6 种技术（及其总共 12 种变体），提供了对复杂度的理论分析，并在一个数据集的通用框架中进行实验评估。在本章引言之后，将描述文献［139］中讨论的一些技术，并辅以对最近关于约简技术动态选择方法的介绍。

9.4.1 搜索空间约简技术

OID 系统的性能瓶颈通常是由于记录间属性值比较代价高昂，假设待匹配的数据集中没有重复记录（$\boldsymbol{A}$ 中的一条记录只能与 $\boldsymbol{B}$ 中的一条记录匹配，或者相反），直觉上可以得出匹配的最大可能数目是 min（$|\boldsymbol{A}|$，$|\boldsymbol{B}|$）。因此，当记录对比较的次数随着 $\boldsymbol{A}$ 和 $\boldsymbol{B}$ 中记录数 n 的平方增长，潜在的真实匹配记录数仅随数据集的大小线性增长。约简步骤的目标是通过尽可能多地移除不匹配记录对来减少潜在的记录对比较次数。

9.4.2 索引技术

下面，首先考察传统分块、排序近邻的一些演变以及基于后缀的技术；然后介绍其他类型技术的一些细节。

9.4.2.1 传统分块

正如第 8 章中所介绍的，传统 OID 中搜索空间约简活动所采用的技术之一是分块，即将数据集分割为不重叠的块，从而只对每个块中的记录进行相互比较。分块标准之一是基于单个字段（属性）或者多个字段的拼接值，下面称为分块键（Blocking Key，BK），其值称为分块键值（Blocking Key Value，BKV）。

图 9.5 显示了一个选择 Soundex 编码作为 BK 的示例，并通过倒排索引实现分块。

标识	姓	BK(Soundex编码)
R1	Smith	S530
R2	Miller	M460
R3	Peters	P362
R4	Smyth	S530
R5	Millar	M460
R6	Miiler	M460

(a)

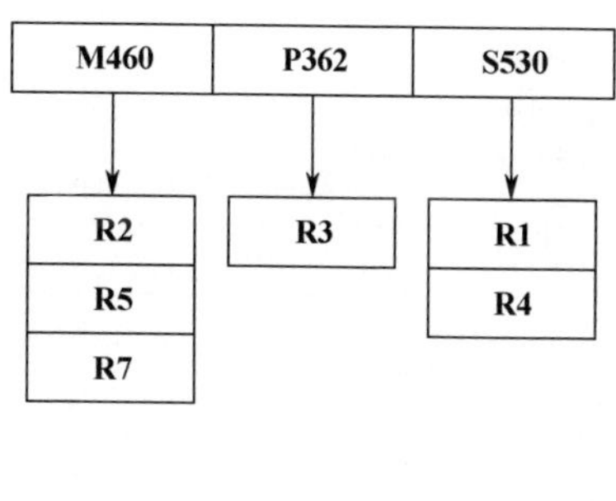

(b)

图 9.5　传统分块的示例（此处以及 9.4.2.2 节的示例受 Christen[139] 的启发）
（a）以 Soundex 编码作为 BKV 的记录表；（b）倒排索引结构。

当选择记录字段作为 BK 时，需要注意以下一些问题。

（1）BK 中值的质量影响生成的候选记录对的质量。应当选择包含最少错误、变化或缺失值的字段，因为用于生成 BKV 的字段值的任何错误将可能导致记录被插入到错误的块中，从而导致真匹配的遗漏。克服错误和变化的一种方法是基于不同的记录字段生成多个分块键，使真匹配记录对至少拥有一个共同的 BKV，从而可以插入到相同的块中。

（2）用作分块键的字段的值的频率分布将影响所生成的块的大小。如果数据库 A 中的 m 条记录和数据库 B 中的 n 条记录具有相同的 BKV，则将从对应的块中生成 $m \times n$ 个候选记录对。分块步骤中生成的最大块将支配比较步骤的执行时间，因为这些分块贡献的候选记录对在全部候选记录对中占据更大比例。因此，如果可能，使用包含均匀分布值的字段是有益的。

9.4.2.2　排序近邻索引

第 8 章已经描述了这一技术的基础版本[308] 以及两个扩展版本，在图 9.6 中，展示了一个窗口大小为 3 的应用，并选择姓作为 BK。

一种替代排序近邻技术的方法[142] 是基于倒排索引的方法（Inverted Index-Based Approach），使用一种类似于传统分块的倒排索引而不是排序序列。图 9.7 中，可以看到一个采用与先前示例中相同 BK 的示例。

文献［183，685］描述了排序近邻技术的其他变体。文献［685］提出了一种动态设置窗口大小的适应性方法，而文献［183］讨论了结合分块和排序近邻的方法，并可以指定两个技术的重叠部分。

9.4.2.3　基于后缀序列的分块

文献［14］对该技术的基本思想进行了描述：一旦选定 BK，将 BKV 及其

窗口位置	BK（姓）	标识
1	Millar	R6
2	Miller	R2
3	Miller	R8
4	Myler	R4
5	Peters	R3
6	Smith	R1
7	Smyth	R5
8	Smyth	R7

(a)

窗口范围	候选记录对
1~3	(R6,R2), (R6,R8), (R2,R8)
2~4	(R2,R8), (R2,R4), (R8,R4)
3~5	(R8,R4), (R8,R3), (R4,R3)
4~6	(R4,R3), (R4,R1), (R3,R1)
5~7	(R3,R1), (R3,R5), (R1,R5)
6~8	(R1,R5), (R1,R7), (R5,R7)

(b)

图 9.6　窗口大小 $w=3$ 的传统排序近邻的示例

（a）带有 BKV 和窗口位置的记录表；（b）窗口中的记录对。

窗口位置	BK（姓）	标识
1	Millar	R6
2	Miller	R2, R8
3	Myler	R4
4	Peters	R3
5	Smith	R1
6	Smyth	R5, R7

(a)

窗口范围	候选记录对
1~3	(R6,R2), (R6,R8), (R6,R4), (R2,R8), (R2,R4), (R8,R4)
2~4	(R2,R8), (R2,R4), (R8,R4), (R8,R4), (R8,R3),(R4,R3)
3~5	(R4,R3), (R4,R1), (R3,R1)
4~6	(R3,R1), (R3,R5), (R3,R7), (R1,R5), (R1,R7), (R5,R7)

(b)

图 9.7　基于倒排索引的排序近邻的示例

（a）带倒排索引的记录表；（b）窗口中的记录对。

后缀插入到一个基于后缀序列的倒排索引中。一个后缀序列（Suffix Array）包含按照字母序排列的字符串或序列及其后缀。如图 9.8 所示，其中 BKV 是名字 Catherine 的变体。图 9.6（b）两个表格展示了最终的排序后缀序列，具有“rina”后缀的块将被移除，因为其包含的记录标识数超过了给定阈值（此处为 3）。基于后缀序列的索引已经在英语和日语书目数据库中得到了成功的应用。

文献［171］对基于后缀序列的分块技术进行了改进，合并排序后缀序列中彼此相似的后缀倒排索引列表，并利用文献［136］中讨论的距离函数对相似度进行度量。

标识	BK（名字）	后缀
R1	Catherine	Catherine, atherine, therine, herine, erine, rine
R2	Katherina	Katherina, atherina, therina, herina, erina, rina
R3	Catherina	Catherina, atherina, therina, herina, erina, rina
R4	Catrina	Catrina, atrina, trina, rina
R5	Katrina	Katrina, atrina, trina, rina

(a)

后缀	标识
atherina	R2, R3
atherine	R1
atrina	R4, R5
catherina	R3
catherine	R1
catrina	R4
erina	R2, R3
erine	R1
herina	R2, R3

后缀	标识
herine	R1
katherina	R2
katrina	R5
rina	R2, R3, R4, R5
rine	R1
therina	R2, R3
therine	R1
trina	R4, R5

(b)

图9.8　基于后缀序列分块的示例

（a）带有BK和后缀的记录表；（b）排序的后缀数组。

9.4.2.4　其他技术

文献［139］中提及的其他技术包括以下几个方面。

（1）基于 q -gram的分块。这项技术将具有相同和相似的BKV记录插入到同一个块中，从而产生一个索引。假设BKV是字符串，其基本思想是使用 q -gram（长度为 q 的子字符串）创建每个BKV的变体，并将记录标识插入到多个块中。每个BKV首先转化为一个 q -gram列表，生成这些 q -gram列表的最小长度子列表组合；然后这些子列表被转换回字符串，并作为倒排索引中的实际键值。

（2）Canopy聚类。其基本思想是使用计算复杂度较低的聚类方法建立高维重叠簇，以此生成候选记录对分块[145]。通过使用如Jaccard距离的度量来计算BKV之间的相似度，从而创建簇。

（3）基于字符串映射的索引。首先将BKV（假设为字符串）映射到多维欧几里得空间中的对象，从而保留字符串之间的距离，任何距离函数的字符串相似度度量都可以用于映射；然后，通过抽取空间中彼此相似的对象生成相似字符串分组。

文献［139］通过实验对上述技术进行了评估，使用9.2节中讨论的两个分块质量指标，即约简率和对完备率，并对其进行了比较。关于比较的讨论参见文献［139］。

9.4.3　可学习、适应性和基于上下文的约简技术

前面讨论的所有约简技术都需要手动构建一个索引。一个有效的约简策略是领域高度相关的，因此分块技术的具体构建和手动调整使得这项任务非同一

般。有些论文提出使用机器学习技术来自动构建高效、准确的约简函数。

Bilenko 等[76] 将学习最优分块函数的问题形式化为寻找分块谓词组合，以刻画所有或几乎所有互引对象对（Coreferent Object Pair）（指向现实世界中同一个实体的两个对象）以及最小数量的非互引对（Noncoreferent Pair）。通过分块选择实例对，并计算其相似度谓词。由于对相似度谓词没有限制，如要求它们符合某种距离度量，因此在这种意义上该方法是通用的。

图 9.9 说明了不同领域分块谓词的示例。

领域	分块谓词
人口普查数据 产品标准化 引用	名字中前3个字符相同 制造商的常用标记 发表年份相同或差一

图 9.9　引自文献［76］的分块谓词的示例

更规范地，一个分块谓词与一个字段值上的索引函数相对应，并且为该字段值生成一个或多个键。

针对给定领域中的具体字段（或字段组合）可以对每个通用分块谓词进行实例化。图 9.10（a）展示了一个样本记录，图 9.10（b）中的表说明了一组分块谓词（表中第 1 列），以及对于每个谓词，由其索引函数生成的记录中各字段的值。

作者	年份	标题	会议	其他
Freund, Y.	(1995)	Boosting a weak learning algorithm by majority	Information and computation	(121 (2) , 256~285)

(a)

谓词	作者	标题	会议	年份	其他
Contain common token	(freund, y)	(boosting, a, weak, learning, algorithm, by, majority)	(information, computation)	(1995)	(121, 2, 256, 285)
Exact match	(freund, y)	(“Boosting a weak learning algorithm by majority”)	(“information and computation”)	(1995)	(“121 2 256 285”)
Same 1st three chars	(fre)	(boo)	(inf)	(199)	(121)
Contain same or off-by-one integer	–	–	–		(120_121, 121_122, 1_2, 2_3,, 255_256, 256_257, 284_285, 285_286)

(b)

图 9.10　引自文献［76］的一个样本记录的分块键值

（a）样本记录；（b）通过索引函数生成记录分组谓词及健集合。

考虑两种类型的分块函数：析取分块谓词和析取范式组合谓词，即规范化的逻辑公式，形式为合取子句的析取。对于这两种类型的分块函数，本章系统阐述基于谓词的可学习分块函数。这些技术在实际和模拟数据集上的有效性表明其结果比非适应性分块方法更加准确。

第 8 章中对文献［437］提出的一种基于多通道方式的机器学习方法进行了介绍。多通道方式的大意是在多次独立运行中使用不同属性和技术生成候选匹配。论文介绍了一种机器学习方法，不断发现哪些属性和技术能够生成少量的候选匹配，而同时覆盖尽可能多的真匹配，从而同时达到分块的两个目标。

其他分块方法利用（关系）数据定义的上下文，其中上下文指通过键和外键建立的数据关系。Nin 等[473] 提出了一类新的分块技术，通过基于上下文的块构建技术替换典型分块方法所使用的分块或排序键。文献［473］中提出的语义图分块（Semantic Graph Blocking）主要基于协作图提供的提取源文件中记录之间关系信息的能力，协作图（Collaborative Graph）是一种表示实体集合中关系的常用方法，节点代表匹配的实体，边表示实体间的关系。图 9.11 展示了一个协作图的示例，左侧显示了通过外键关联的 3 个表，右侧显示了对应的协作图。可以首先从一个实体开始构建一个分块；然后关联所有达到某个给定距离的邻居。图 9.11 中，根据文献［473］可以看到封闭线内与作者“Smith，John”的距离小于等于 2 的节点所构成的块。论文中讨论的实验表明该技术提高了召回率，并简化了先前技术中的专家审核过程。

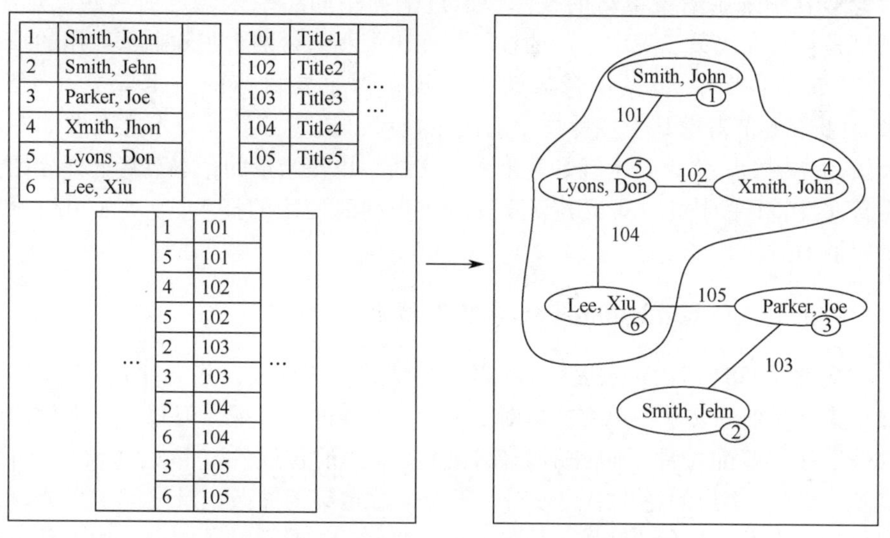

图 9.11　引自文献［473］的语义分块的示例

文献［685］中描述了一个适应性分块技术的示例，所参照的技术是9.4.2.2节中描述的传统排序近邻。这里的适应性指窗口大小，通过利用类似于人观看视频的方式动态适应，即如果两个后续画面是相似的，人们会按“快进”键以跳过一些帧，快速地到达新的画面，如果跳过了过多的帧，则按下“倒回”键以返回。类似地，通过检测两个邻居实体是接近还是远离，滑动窗口可以适应性地变大或缩小。

采用这一思想测量一个小邻域范围内的记录是否紧密/稀疏，以及窗口中是否尚有空间进行放大/缩小；这种情况下，窗口大小是动态增大/减小的。为了测量窗口中的记录分布，需要测量窗口中所有记录之间的距离，采用启发式的近似方法，即测量窗口中第一个和最后一个记录之间的距离，并使用这一距离来估算窗口中所有记录的分布。

9.5 比较与决策

本节将讨论图9.1中OID问题生命周期的所有新步骤，9.5.1节聚焦于Fellegi&Sunter概率模型的扩展，9.5.2节分析比较函数上的知识利用，9.5.3节讨论如何利用上下文提高比较与决策技术的质量与效率，可以分为采用输入数据集模型的技术（见9.5.3.1节）和基于模型转换技术（见9.5.3.2节）。9.5.4节关注不同于上下文的知识类型，即约束、行为以及众包，而9.5.5节讨论OID中采用增量策略的技术，通过平衡中间结果来改进后续匹配选项，区别是：只在决策步骤中运用的技术、在决策和融合两个步骤上都运用的技术（见9.5.5.1节），以及增量方法中以效率为主要目标的技术（见9.5.5.2节）。9.5.6节考虑基于多种技术的决策模型，上述分类中技术之间并非互不相关的。例如，许多技术既是基于上下文的，也是增量的；本节将选择介绍具有普遍性特征的技术。9.5.7节涉及可在查询时使用的技术，9.5.8节讨论维护时的OID。

9.5.1 Fellegi&Sunter 概率模型扩展

文献［536］对Fellegi&Sunter概率模型进行了扩展，并支持$k>2$个输入数据集。先前的文献中也有支持对$k>2$个文件进行匹配，但每两个文件之间都采用独立匹配过程，而且不能保证链接结果的传递性（参见文献［29］）。文献［536］提出的泛化中，分别属于k个数据集的k条记录之间的可能一致路径是一个k部集合，例如，如果$k=3$，图9.12展示了3条记录的5种一致路径形态。如果对应的记录是匹配的，那么，表示记录的顶点就彼此相连，否则就不相连。

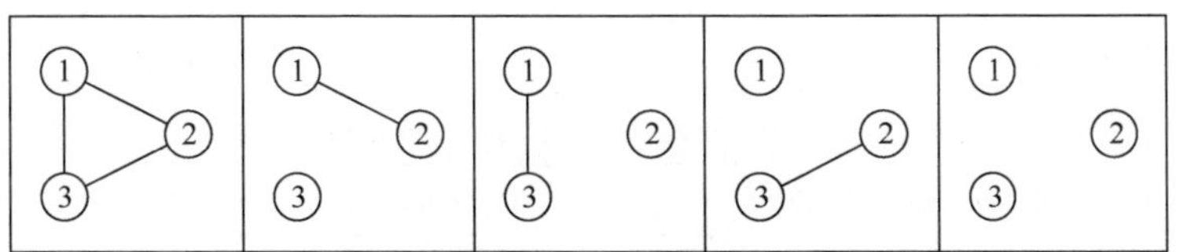

图 9.12　文献［536］中 3 个数据集的可能一致路径

文献［580］讨论了 Fellegi&Sunter 模型的另一种扩展，研究发现模型将所有候选匹配对当成独立且同分布的，但通常事实显然并非如此，因为每个实体可能会出现在多个候选匹配对中。这种相关性为通过考虑先前被忽略的信息改进决策步骤带来了机会。文献［580］提出了 OID 问题的一个简单且完全数学的表示，是对 Fellegi&Sunter 模型的一种泛化，可以涵盖上述目的。特别地，文献提出了一个 Markov 逻辑网，即通过 Markov 网络对一阶逻辑进行提升，从而提供一组变量的联合概率分布模型[526]。

利用 Markov 逻辑网重新表示 OID 问题，是根据距离函数和数据规则/约束实现各种知识的形式化表示与管理，而这些知识多数是领域独立的。

9.5.2　比较函数中的知识

文献［145，553］专注于数据集成应用，首先提出了针对决策活动的适应性技术。在文献［145］中，术语“适应性（Adaptive）”意指通过具体领域内的训练能够提高技术的质量。适应性技术通过学习一个合适的配对函数（Pairing Function），来指出两条记录是否匹配。文献中提出的第一个算法是首先从所有配对中生成一个匹配对的训练集；然后训练一个分类学习器。第二个算法更加高效和准确，充分利用代表不同数据集中对象的文本名称的相似度，依靠获得记录名称的能力，根据某种近似距离指标有效地找出所有接近的名称。在学习过程中，必须解决两个问题，即如何表示记录对以及采用哪种学习算法。文献研究了多个不同的分类学习系统和不同的特征集，图 9.13 给出了配对特征的示例。

Bilenko 和 Mooney[75] 观察发现，当比较两个字符串是否等价时，某些特定词可能提供丰富信息，而其他词可以被忽略。例如，当比较地址时，可以忽略子串“Street”，但若在比较报纸名称（如“Wall Street Journal”）时就不可以忽略子串“Street”。因此，准确的相似度计算需要根据具体数据领域为数据库中的每个字段采用合适的字符串相似度度量。与手工为每个字段调整距离度量不同，Bilenko 和 Mooney[75]提出了使用从小规模标记样例语料库中学习得

特征名称	描述
SubstringMatch	当且仅当一个字符串是另一个字符串的子串时为真
PrefixMatch	当且仅当一个字符串是另一个的前缀时为真
StrongNumberMatch	当且仅当两个字符串包含相同的数字时为真
编辑距离	通常含义
Jaccard距离	通常含义

图 9.13　文献［145］中特征的示例

到的可训练的相似度度量，因此可以适应不同的领域。他们提出了两个字符串相似度度量方法：第一个方法是基于字符的，并采用 EM 算法；第二个方法利用支持向量机（Support Vector Machine，SVM）[622]，基于文本的矢量空间模型获得相似度估计。基于字符的距离最适合于具有较少差异的较短字符串，而基于矢量空间表示的度量则更适合于包含整体差异较大的较长字符串的字段。图 9.14 给出了上述技术的训练和匹配的整个过程。

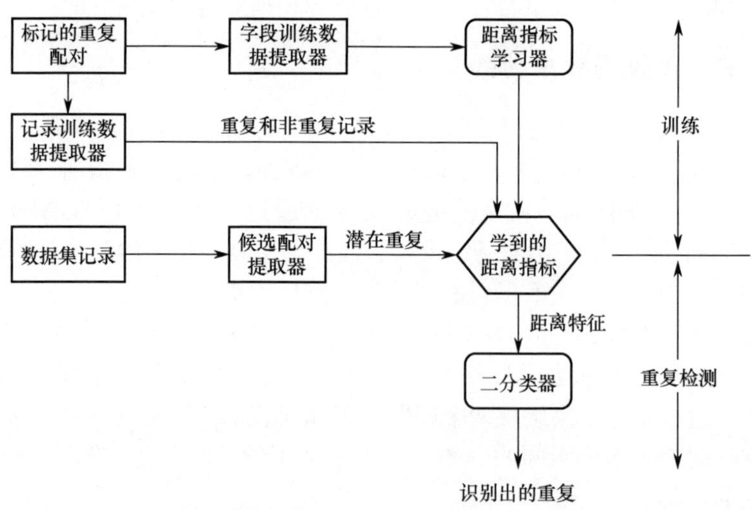

图 9.14　文献［75］中知识抽取和利用阶段

文献［26］讨论了在主动学习场景中学习记录匹配决策分类器的问题。在主动学习中，学习算法挑选一组需要标记的样本，不同于传统由用户选择已标记样本的被动学习场景。作者研究发现，OID 中一个关键问题是不匹配对数量与匹配对数量的不平衡，本章前面也提到过这一点。前面的工作（如前面讨论的文献［75］）首先采用基于文本相似度的过滤器来消除大量不匹配对；然后通过采样挑选样本。文献［26］表明，该方法只是减轻了上述问题，而没有消除，因为它又引入了如何选择好的过滤器的问题。出于对这些因素考虑，Arasu 等[26] 研究采用由学习算法本身挑选待标记样本的主动学习方法，其主要思想是算法能够利用这一额外的灵活性来挑选可以为学习任务提供更多信息的样本。

提出的算法涵盖了决策树和线性分类器（包括 SVM），允许用户指定准确率阈值作为输入，保证学到的分类器具有高于该阈值的准确率，并（在特定的合理假设下）可得到在规定的准确率约束下接近最佳的召回率。该算法与先前算法的不同之处还在于，算法是专门针对记录匹配设计的，不是仅调用一个已知的黑盒学习算法。

文献［505］提出了针对 OID 的结构化神经网络。一个结构化神经网络是一个具有偏好学习架构（参见文献［391］）且便于知识抽取的神经网络[287]。文献［505］针对基于族谱的 OID 使用结构化神经网络，同时考虑个体之间及其亲属之间的相似度。在族谱数据集中，组合相似度度量可从对如下两种互补方式的加权中获益。

（1）两个个体之间，其中，当考察个体之间的整体相似度时，属性可能具有不同的权重。例如，确定个体是否匹配时，匹配姓要比匹配出生地似乎更加合理。

（2）两个族谱之间，其中，当考察族谱之间的整体相似度时，对应个体（如祖母）之间的相似度可能具有不同的权重。例如，确定整体是否匹配时，母亲之间的相似度应比曾祖父之间的相似度更有意义。

文献［505］中的方法是利用结构化神经网络从采样的标记数据中获得权重。

文献［137-138］介绍了一种无监督记录对匹配的两步骤法：第一步自动生成高质量的训练样本数据；第二步利用这些样本训练二分类器。图 9.15 对该方法进行了解释，其中为记录对的字段关联权重，权重是用于表示两个对应值的相似度的数值。

在该技术的第一步中，选择与真匹配和真不匹配较为一致的权重矢量作为训练样本。例如，在图 9.15 中，考虑权重矢量，WV（R1，R2）是一个真匹配的样本，而 WV（R1，R3）是一个真不匹配的样本。在第二步中，这些训练样本被用于训练分类器，进而将所有权重矢量分类成匹配和不匹配两类。

针对第一步，文献［138］中提到了两种选择训练样本的方法，即基于阈值的方法（Threshold）和最近邻方法（Nearest）。在第一个方法中，分别选择

记录	姓名		地址		
R1	Christine	Smith	42	Main	Street
R2	Christina	Smith	42	Main	St.
R3	Bob	O'Brian	11	Smith	Rd
R4	Robert	Bryee	12	Smythe	Road

(a)

WV(R1,R2): [0.9, 1.0, 1.0, 1.0, 0.9]
WV(R1,R3): [0.0, 0.0, 0.0, 0.0, 0.0]
WV(R1,R4): [0.0, 0.0, 0.5, 0.0, 0.0]
WV(R2,R3): [0.0, 0.0, 0.0, 0.0, 0.0]
WV(R2,R4): [0.0, 0.0, 0.5, 0.0, 0.0]
WV(R3,R4): [0.7, 0.3, 0.5, 0.7, 0.9]

(b)

图 9.15　文献［138］中的权重矢量

（a）4 个记录样本；（b）对应的权重矢量。

所有矢量元素与其准确相似度值及其整体不相似度值的距离在一定范围内的权重矢量。第二种方法首先将分别根据权重矢量到仅包含准确相似度值的矢量的距离和到仅包含整体不相似度值的矢量的距离对权重矢量进行排序；然后分别选出最近的矢量。文献［137］中的实验表明，最近邻方法普遍优于基于阈值的方法。其中一个原因是最近邻选择方法允许明确指定加入到匹配和不匹配训练样本集中权重矢量的数量，这一特点是考虑到权重矢量分类是一个极不均衡问题，即真不匹配的数量往往要比真匹配的数量大的多，正如 9.2 节中所讨论的。

在第二步中，训练集被用于训练二元 SVM 分类器，之所以做出这种选择是因为这一技术可以处理高维数据且对噪声数据具有较好的鲁棒性。

9.5.3　决策中的上下文知识

OID 技术中利用的上下文知识是指与待合并记录的上下文相关的知识，即记录语义链接的其他信息，或者是决策活动中可利用的由记录建模的具体领域的属性。在 8.7.3 节中，讨论了第一种技术，利用由记录间维度层级构成的上下文知识。接下来，首先讨论在一个输入数据集模型内的决策技术；然后讨论模型转换技术。

9.5.3.1　在同一模型内

文献［66-67］讨论了作者-论文领域背景下的上下文 OID，假设有两篇不同的论文，试图确定两篇论文是否存在共同作者。可以对作者姓名进行字符串相似度匹配，但往往对同一个人的引用变化很大。Bhattacharya 和 Getoor[66-67] 提出利用合作作者关系形式的上下文信息。一般来说，假设存在一个作者引用的集合 $\boldsymbol{R}$，其中每个作者引用对应一个唯一实体，那么反过来说，每个实体通常对应一个作者引用集合。作者引用是链接的成员（其中链接的集合为 L），每个链接是一个由作者引用组成的集合，并且一个作者引用仅出现在一个链接中。在图 9.16 中的示例中，论文的每个作者是一个作者引用，一篇论文的作者姓名列表构成一个链接，实体是真实的作者。给定 R 和 L，问题是正确地确定实体以及作者引用到实体的映射。

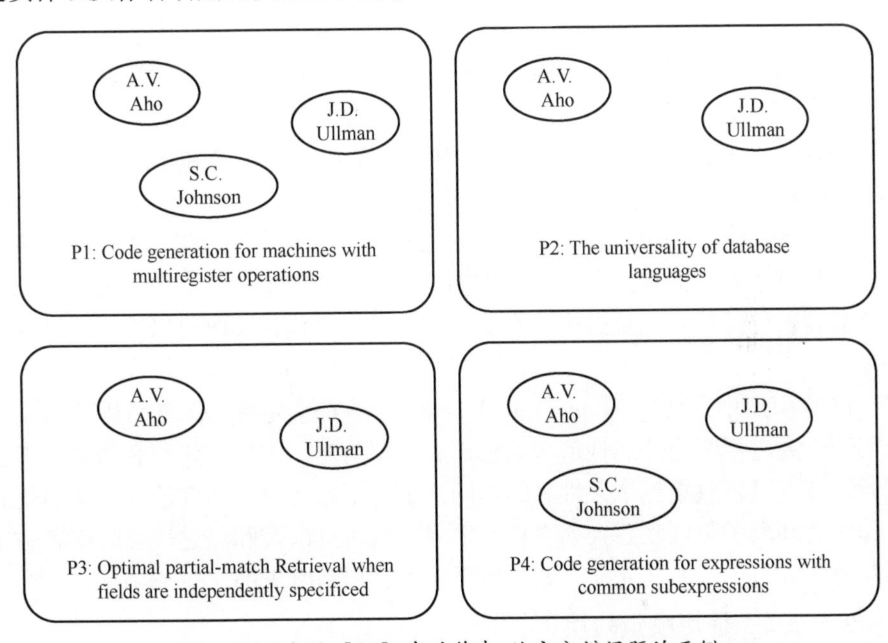

图 9.16　文献［66］中的作者/论文分辨问题的示例
（每个方框表示一篇论文（本示例中是唯一的），每个椭圆表示一个作者引用）

作者分辨问题可能是一个迭代过程，因为在识别共同作者时，允许识别更多潜在的合作作者。可以如此持续下去直至所有的实体都分辨出来。

两个作者引用之间的距离定义为实体属性之间距离与作者引用链接集合之间距离的加权组合，两个链接之间的相似度定义为共用的重复作者引用数与较长链接的长度的比值。文献提出了一个通过迭代距离计算以及作者引用与链接网络的相似度公式实现实体去重的算法。

针对上述可使用关系数据库进行讨论的实体/作者引用/链接框架，针对如图 9.17 所示的例子，文献［179］提出了一些革新问题。在这个示例中，表示表之间和表内部关联的属性用符号“＊”标记。例如，Person（人员）表具有两个关联属性，即表示电子邮件联系人的 emailContact 和表示合作作者 coAuthor，其值是到其他 Person 实例的链接。

文献［179］的创新点包括以下几个方面。

```
Person (name, email, *coAuthor, *emailContact)
Article (title, year, pages, *authoredBy, *publishedIn)
Conference (name, year, location)
Journal (name, year, volume, number)
```

图 9.17 文献［179］中利用上下文信息的示例

（1）上下文知识利用（Context Knowledge Exploitation）。广泛利用上下文知识（作者引用之间的关联），为调和决策提供线索，可以设计新的作者引用对比方法。例如，给定两个人员的引用，考察其合作作者和电子邮件联系人（知识利用），可以帮助确定是否对其进行整合。

（2）调和传播（Reconciliation Propagation）。传播关于调和（匹配）决策的信息能够累积正向和反向线索。例如，在调和两篇论文后，可以为调和论文作者获得额外的线索。反过来，在调和相关作者其他论文时可以进一步增加置信度。

（3）引用增强（Reference Enrichment）。为了解决每个作者引用的信息匮乏问题，通过不断合并属性值来丰富作者引用信息。例如，在调和两个作者引用时：首先可以收集到个人姓名的不同表示、不同的电子邮件地址，从而使其合作作者和电子邮件联系人列表得到扩展；然后可以调和经过增强的作者引用和其他作者引用，而在先前，调和所需的信息还是匮乏的。

9.5.3.2 使用模型转换

在先前的论文中，假设模型是“给定”的，用于比较与决策的技术没有改变数据集的模型。为了提高效率，下面介绍的技术采用图模型。Kalashnikov 和 Mehrotra[353] 研究了与 OID 问题相关而又完全不同的引用消歧（Reference Disambiguation）问题。OID 涉及的是确定两个记录是否对应于同一个现实实体，而引用消歧对应的是确保数据集中的引用指向正确的实体。当数据集的模型是关系模型时，引用对应于参照完整性约束（Referential Integrity Constraint）或外键（Foreign Key）。

文献［353］的作者观察到给定两个问题之间的紧密关系，现有针对 OID 的技术可以适用于引用消歧。特别地，这种分析记录属性值相似度的基于特征的相似度方法可以用于确定某个引用是否对应于一个给定实体。利用由记录间的关系/联系表示的实体上下文，能够显著改进消歧的效果。图 9.18 给出了文献［353］中的示例，以帮助理解论文的创新点。

两个数据集分别表示作者（图 9.18（a））和发表的论文（图 9.18（b）），匹配的目标是为每篇论文识别出正确的作者。基于特征的相似度技术能够分辨

<A1, ‘Dave White’, ‘Intel’>
<A2, ‘Don White’, ‘CMU’>
<A3, ‘Susan Grey’, ‘MIT’>
<A4, ‘John Black’, ‘MIT’>
<A5, ‘Joe Brown’, unknown>
<A6, ‘Liz Pink’, unknown>

(a)

<P1, ‘Database…’, ‘John Black’, ‘Don White’>
<P2, ‘Multimedia…’, ‘Sue Grey’, ‘D. White’>
<P3, ‘Title3…’, ‘Dave White’>
<P4, ‘Title5…’, ‘Don White’, ‘Joe Brown’>
<P5, ‘Title6…’, ‘Joe Brown’, ‘Liz Pink’>
<P6, ‘Title7…’, ‘Liz Pink’, ‘D. White’>

(b)

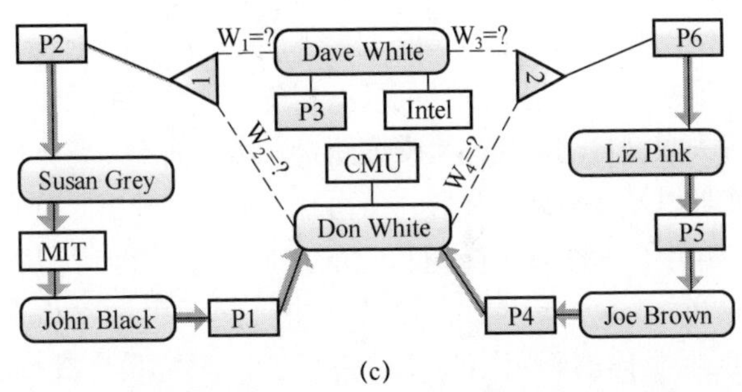

(c)

图 9.18　文献［353］中采用的相关记录及其对应实体关系模式（译者注：原文中配图有误）
（a）作者记录；（b）论文记录；（c）论文示例的图表示。

本例中几乎所有的引用匹配。例如，该技术将会识别出 P2 中“Sue Grey”引用指的是 A3“Susan Grey”。唯一的例外是 P2 和 P6 中的“D. White”引用可能会匹配到 A1（“Dave White”）或 A2（“Don White”）。通过分析实体之间的关系能够对引用“Dave White”进行消歧。作为示例，作者“Don White”与 MIT 的“John Black”合著论文（P1），而作者“Dave White”与 MIT 作者没有合著过论文，可以利用这一发现对两个作者进行消歧。特别地，因为在 P2 中“D. White”的合作作者是 MIT 的“Susan Grey”。因此，P2 中作者“D. White”是“Don White”的可能性很大。

可通过将关系表转换为对应实例的实体关系图来泛化上述的示例，即图 9.18（c）所表示的模式。文献［353］中提出的方法利用数据的图表示，将基础的数据集 D 视为实例的实体关系图，其中节点表示 D 中的实体，边表示实体间的关系（文献［424，441］给出了其他利用实体关系图的方法）。对于任意两个实体，其互参（Coreference）决策不仅基于实体特征还基于实体内部关系，包括可能存在于两种表示之间的间接特征。

论文中还提出了连接强度（Connection Strength）的概念，直观地可理解为由引用建立的连接的“强度（Intensity）”。简单地说：首先找到引用所在的上下文中的实体和该引用的候选匹配之间的连接；然后测量其连接强度，优先考虑其中的一个候选匹配。文献［353］依据实体关系图、上下文吸引原理

（Context Attraction Principle）、连接强度以及基于权重的模型将上述方法形式化。

文献［126］的作者认为，文献［353］中针对连接强度所采用的模型是基于直觉知识的，因此有可能不适用于特定应用领域，或者可能只有较小的质量改进。为了解决这一问题，文献［126］提出了一个能使整个方法针对待处理数据进行自适应的算法，从而获得质量和效率的提升。

文献［476］对上述方法进行了扩展，提出了另一种从历史数据中得到连接强度的自适应连接强度模型，与先前描述的模型相比有了显著的质量改进。该方法针对给定领域利用过去数据自动调整连接强度测量方法，而不需要分析人员确定哪种模型更适合给定领域以及如何调整参数，从而最小化领域分析人员的工作。

文献［68］提出了一种结合增量和上下文的技术，即所谓群体 OID（Collective Object Identification）技术。在该技术中，同现引用（Cooccurring Reference）相关的待匹配实体的确定不是单独进行的，而是联合进行的。提出了一种关系聚类算法，同时使用特征信息和上下文信息识别潜在的匹配引用。

图9.19给出了论文中的示例。给定如图9.19（a）中方框所示的4篇论文，目的是找出哪些作者姓名指的是相同的作者实体。在图9.19（b）中，给出了4篇论文的图形化表示，其中指向相同实体的引用（作者）具有相同的阴影。

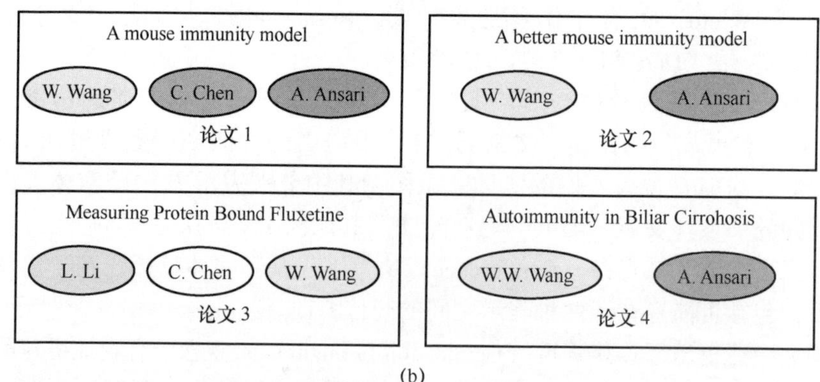

图 9.19　文献［68］中关于论文中的示例

（a）4篇论文组成的集合；（b）用阴影表示相同作者的引用。

在本例中，假设存在6个基础作者实体，称为Wang1和Wang2、Chen1和Chen2、Ansari以及Li。姓名为A. Ansari的3个引用对应于作者Ansari，而姓名为C. Chen的2个引用映射到2个不同的作者Chen1和Chen2，类似地，姓名为W. Wang和W. W. Wang的4个引用映射到2个不同的作者。该方法是利用观察到的引用之间的关系，以发现匹配和不匹配的引用。实现步骤如下。

（1）将作者和论文之间的关系表示成一个图，其中顶点表示作者引用，而超边表示数据集中存在的合作作者关系。图9.20（a）给出了本示例的引用图。通过图表示，目的是为了考虑超边，以便更好地将引用分配给实体。除了引用属性的相似度，同时也要考虑引用之间的关系。根据这一图表示，具有相似属性的两个引用，如果它们的超边也连接到相同的实体，则它们具有较大可能指向相同实体。

（2）引用实体的识别取决于他们的合作作者，反过来，合作作者的识别也取决于引用实体自身。那么，从哪里开始呢？论文中提出的匹配过程开始于最有把握的匹配。例如，两个具有姓名A. Ansari的引用具有更大可能是相同的，因为与其他具有常见姓名，如Chen、Li或Wang的引用相比，Ansari不太常见，这就为合并其他引用提供了额外的线索。整合Ansari后，论文1、论文2和论文4中姓名为Wang的引用具有共同的合作作者，这为整合提供了线索。图9.20（b）给出了所有引用匹配后的实体图。

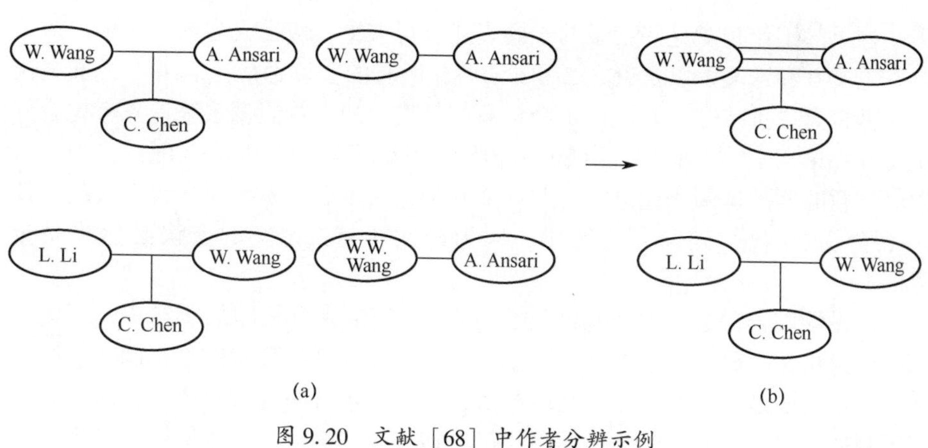

图9.20 文献［68］中作者分辨示例

（a）引用图；（b）实体图。

文献［68］研究了不同的关系相似度度量对OID质量的影响。此外，在真实数据库上对群体实体匹配算法进行了评价。结果表明，该算法与两个基于属性的技术和考虑了关系信息但不进行群体实体分辨的算法相比，实体匹配性能得到了提高。

文献［159］也考察了书目数据库，这一次利用了论文与会议之间的关系。针对关系数据库，Culotta 和 McCallum[159] 发现先前几乎所有的方法都是独立地合并不同类型的记录，提出对这些依赖关系进行明确建模，以便群体式地和增量式地对多种类型记录进行去重。提出了一种条件随机场（Conditional Random Field）去重模型，以捕捉这些关系依赖，然后利用一种关系分割算法对记录进行联合去重。

图 9.21 使用文献［159］中的示例对该技术进行展示，图中数据指研究论文，包括作者、标题、会议和年份。

PublId	Author	Title	Venue	VenueID	Year
0	X. Li	Predicting the stock market	KDD	10	2010
1	X. Li	Predicting the stock market	Int'l Conference on Knowledge Discovery	20	2010
2	J. Smith	Semi-Definite Programming for Link Prediction	KDD	30	2011
3	J. Smith	Semi-Definife Programing for Link Prediction	Conference on Knowledge Discovery	40	2011

图 9.21　文献［159］中的示例

这里的工作是对这些记录的不同表述进行去重，使之成为唯一实体。应该合并论文 0 和论文 1 以及论文 2 和论文 3，所有的会议都应当合并。论文提出了一种聚合去重技术，先假设每个记录都是唯一的，并假设系统首先考虑合并论文 0 和论文 1。尽管会议不匹配，但所有其他字段都是准确匹配的，因此可以尝试暂时匹配这两条记录。合并论文 0 和论文 1 后，系统同样将对应的会议 10 和会议 20 合并到同一个簇中，因为论文重复，论文的会议必然也是重复的。

假设接着合并会议 10 和会议 30，因为它们是完全相同的字符串。下面必须确定论文 2 和论文 3 是否重复。由于分别处理，系统可能很难正确地检测论文 2 和论文 3 是重复的：作者高度相似，但标题包含两处拼写错误，而会议极端不相似。然而，到目前为止，系统已经拥有更多的信息可以使用，已经合并了会议 10 和会议 20，其与会议 30 和会议 40 高度相似，通过查询去重后的会议数据库，可以确定会议 30 和会议 40 实际上是同一个会议。有了这些信息，可以认为标题的拼写错误关系不大，最终对论文 2 和论文 3 进行正确的合并。本例表明一个对象的识别取决于与其相关的对象的识别。

在文献［159］介绍的技术中，将关系表转换为图，并采用条件随机场模型（参见文献［384］）对多个去重决策的条件概率进行联合建模。其结果是：关系图分割算法不仅保证了不同记录类型的去重决策是一致的，而且还可以让一种记录类型的决策为其他记录类型的决策提供信息。

9.5.4　决策中的其他知识类型

除了上下文知识，针对 OID 的最新技术还利用了其他类型的知识，如关于约束的知识、行为知识以及基于众包的知识。下面分别讨论这 3 种类型的知识。

9.5.4.1　约束驱动

文献［121］中使用的上下文知识对应于针对关系表中的特定类型的完整性约束，即聚合约束（Aggregate Constraint）。该约束不是定义在单个元组上，而是定义在表中的一组元组上。当集成多个数据源时，通常会增加这种约束，这样可以用于增强 OID 过程的质量。图 9.22 所示的是管理多个公园的 Parks 公司，个人可以申请成为不同公园的会员。一个约束的示例是每个会员的每月总费用是该会员加入的每个公园的每月费用之和。

场景一

会员	存储金额	获得金额
John Doe	100	130
J. Doe	40	10
…	…	…

场景二

会员	存储金额	获得金额
John Doe	100	100
J. Doe	40	10
…	…	…

图 9.22　文献［121］中聚合约束的示例

图 9.22 中，假设每个公园维护自己单独的注册表，同时有一个包含所有会员和会员付费总额信息的中心计费数据库，假设重点关注两个场景中会员实体的去重。其中，每个场景中的“存储金额”表示存储在“计费”数据库中的会员的计费总额，而“获得金额”表示通过累计各个公园的数据计算得出的计费总额。

图中显示了两个会员“John Doe”和“J. Doe”，有可能是指同一个人。一个聚合约束可以声明同一个会员的所有“存储金额”总额和所有“获得金额”总额，得到的结果必须是相同的总额。在场景一中，同一个元组中的存储金额和获得金额不匹配，合并这两个元组可以解决不匹配问题。在场景二中，对于“John Doe”，存储金额和获得金额不存在不匹配，但当与“J. Doe”

元组合并后，就出现了不匹配。在场景一中可以使用聚合约束合并两个元组，而场景二中则不这样做。

论文对这类聚合约束进行了形式化，表明要想在整个搜索空间中满足约束是具有挑战性的，并且在计算上是不可行的，进而提出了针对有限搜索空间的算法。此外，实验表明利用聚合约束可实质性地改进去重效果。

9.5.4.2 行为驱动

文献［683］提出了一个极具创新性的OID方法，其中行为知识，即元组更新日志，可用于匹配实体。对每个待匹配的候选实体对的行为信息进行合并，如果两个行为看起来彼此完备，即合并后公认的行为模式变得可检测，这就强烈表明两个实体是相同的。对合并实体事务之前和之后识别行为的收益进行评价，并将该收益作为匹配分值。在现实数据集上的大量实验研究表明，该方法对提高OID质量是有效的。

9.5.4.3 利用众包

众包是文献［642］利用的一种知识，通过生成由人工实施的人类智能任务（Human Intelligence Task）丰富传统基于自动化技术的OID过程（图9.23）。与算法技术相比，人工更加缓慢且更加昂贵。基于这一理念，图9.23显示的工作流程首先由机器计算每一对记录指向相同实体的可能性；然后只将那些可能性超过指定阈值的记录对发送给众包对象。实验表明，通过设定一个相对较低的阈值，需要验证的配对数量会显著减少，而质量仅有少许降低。给定一个要发给众包对象的配对集合，下一步就是生成人类智能任务，从而由人来检查配对是否匹配。人类智能任务对应一个记录分组而不是记录配对，这样可以显著提高效率。最后，将生成的人类智能任务发送给众包对象进行处理，并收集众包的结果。

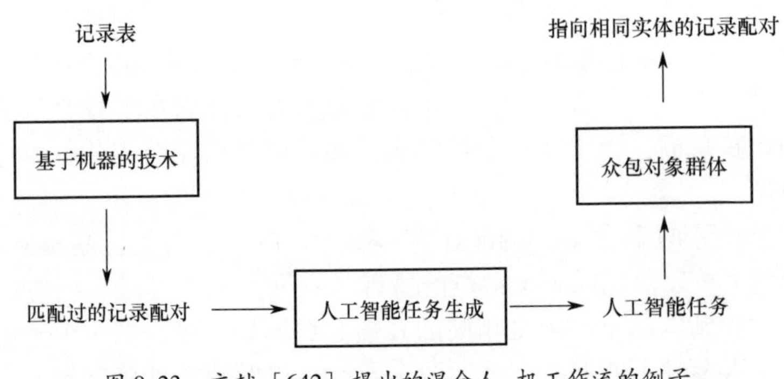

图9.23 文献［642］提出的混合人-机工作流的例子

9.5.5 增量技术

本节介绍的技术将 OID 过程视为增量式的，策略是利用 OID 过程中间结果，以使后续匹配更加高效和有效。这些技术的增量特征使比较与决策活动能够迭代执行，有时还包含融合活动。9.5.3 节讨论了在相关记录类型上通过比较与决策活动的迭代来利用上下文的技术，本节将关注比较与决策和融合两者迭代的技术（见 9.5.5.1 节）。紧接着，9.5.5.2 节将介绍通过监控和优化 OID 成本提高效率的技术。

9.5.5.1 决策和融合活动中的增量技术

文献［284］讨论了一个迭代执行决策和融合活动的技术，其中 OID 过程的研究是在具有唯一性约束和错误值的数据集上进行的。论文观察到当使用 OID 技术合并不同的异构数据源时，通常存在满足唯一性约束的属性，其中每个现实实体（或大部分实体）具有唯一属性值，如企业的联系电话和 e-mail 地址、移动电话号码等。然而，数据未必能满足这些约束，因为某些数据源会提供错误的值，或者在现实中存在少量特例。传统技术对这种情况的处理分为两步：首先是决策步骤；然后是融合步骤，对匹配的记录进行合并，并在存在冲突的情况下为每个结果实体确定正确值。在文献［284］中，作者认为这些技术至少存在两个问题，如图 9.24 所示，图中考虑了 10 个数据源。

（1）错误值可能会妨碍正确链接。本示例中，粗心的决策可能会将数据源 S10 中的“MS Corp.”记录和“Macrosoft”记录合并，因为它们有相同的电话和地址，而不会与数据源 S7 和 S8 中的“MS Corp.”合并；如果认识到 S10 混淆了 Microsoft 和 Macrosoft，并且提供了错误的值，那么，就更有可能获得正确的匹配结果。

（2）如果存在唯一性约束的特例，相关技术可能无法支持目标的实现。本示例中，违反了强制唯一性，如对于 Microsoft 的正确号码是“9400”。

对匹配记录进行局部冲突消除可能会忽略重要的全局线索。本示例中，假设已经正确地将所有“MS Corp.”记录和其他 Microsoft 记录合并，由于有几个数据源给出 Macrosoft 的号码是“0500”，进一步表明该号码对于 Microsoft 是不正确的。

文献［284］中所提出技术的主要思想是增量式地合并匹配步骤和融合步骤，这样从一开始就能够识别不正确的值，并将它们与正确值的其他表示区分开来，从而获得更好的链接结果。此外，该技术基于为相同记录中的一对值建立关联的数据源进行全局决策，从而获得更好的融合结果。最后，尽管该方案依赖于唯一性约束来检测错误值，但允许存在少量违反唯一性约束的情况，以

Source	Name	Phone	Address
S1	Microsoft Corp.	xxx-1255	1 Microsoft Way
	Microsoft Corp.	xxx-9400	1 Microsoft Way
	Macrosoft Inc.	xxx-0500	2 Sylvan W.
S2	Microsoft Corp.	xxx-1255	1 Microsoft Way
	Microsoft Corp.	xxx-9400	1 Microsoft Way
	Macrosoft Inc.	xxx-0500	2 Sylvan W.
S3	Microsoft Corp.	xxx-1255	1 Microsoft Way
	Microsoft Corp.	xxx-9400	1 Microsoft Way
	Macrosoft Inc.	xxx-0500	2 Sylvan W.
S4	Microsoft Corp.	xxx-1255	1 Microsoft Way
	Microsoft Corp.	xxx-9400	2 Sylvan W.
	Macrosoft Inc.	xxx-0500	1 Microsoft Way
S5	Microsoft Corp.	xxx-1255	1 Microsoft Way
	Microsoft Corp.	xxx-9400	1 Microsoft Way
	Macrosoft Inc.	xxx-0500	2 Sylvan W.
S6	Microsoft Corp.	xxx-2255	1 Microsoft Way
	Macrosoft Inc.	xxx-0500	2 Sylvan W.
S7	MS Corp.	xxx-1255	1 Microsoft Way
	Microsoft Corp.	xxx-0500	2 Sylvan W.
S8	MS Corp.	xxx-1255	1 Microsoft Way
	Macrosoft Inc.	xxx-0500	2 Sylvan W.
S9	Macrosoft Inc.	xxx-0500	2 Sylvan W.
S10	MS Corp.	xxx-0500	2 Sylvan W.

(a)

Name	Phone	Address
Microsofe Corp., Microsofe Corp, MS Corp.	xxx-1255 xxx-9400	1 Microsoft Way
Microsoft Inc.	xxx-0500	2 Sylvan Way, 2 Sylvan W.

(b)

图 9.24 文献［284］中的例子

（a）数据源；（b）现实实体。

便能够捕获现实中的例外情况。

该技术将问题约简为 k-部图聚类问题（k-partite Graph Clustering Problem）。聚类技术既考虑了属性值相似度，也使用了对相同记录中的值进行关联的数据源，从而同时实施全局合并和融合。此外，使用软唯一性（Soft Uniqueness）以捕获约束的例外情况。

文献［54］中也重点研究了在一个增量算法中同时考虑决策和融合步骤的问题。下面通过图 9.25 中的例子说明该算法的增量特性。

	Name	Phone	E-mail
r1	JohnDoe	235-2635	jdoe@yahoo
r2	J.Doe	234-4358	
r3	JohnD.	234-4358	jdoe@yahoo

(a)

r4	John Doe	234-4358 235-2635	jdoe@yahoo

(b)

图 9.25　文献［54］中的例子

（a）表示人员的 persons 示例；（b）通过合并生成的新记录。

假设决策函数工作原理如下：函数比较两个记录的姓名、电话和 e-mail 属性值，如果姓名非常相似（相似度超过某个阈值），则认为记录是匹配的。如果记录的电话和 e-mail 是相同的，也认为记录是匹配的。对于正在匹配的记录，合并函数将姓名合并成一个“规范化”的表示，并对 e-mail 和电话号码进行集合并操作。

该例子中，黑盒比较函数确定记录 r1 和 r2 是匹配的，但记录 r3 既不与 r1 匹配，也不与 r2 匹配。例如，函数发现“JohnDoe”和“J. Doe”是相似的，但发现“JohnD.”与任何其他值都不相似（因为 John 是常用的名字）。因此，记录 r1 和 r2 被确定为是匹配的，并融合成一条新的记录 r4，如图 9.25 所示，其中将两个电话号码简单地并在一起。

需要注意的是，由于在 r4 和 r3 两条记录中出现相同的电话号码与 E-mail，因此，现在 r4 和 r3 也是匹配的。将 r1 和 r2 中的信息组合，能够发现一个与 r3 的新匹配，从而产生了一个开始未预见的合并。

9.5.5.2　效率驱动

除了要同时考虑匹配和融合以外，文献［54］中的基本关切点还包括实体分辨过程的效率，但没有考虑其他质量。假设采用一个通用方法解决实体分辨问题，即没有研究记录比较和融合函数的内部细节。其他的假设包括以下几种。

（1）匹配和融合记录的函数一次处理两条记录；

（2）不考虑数值相似度或置信度，在 OID 计算中使用置信度原则上可以得到更加准确的结果，但会显著增加处理的复杂度；

（3）假设记录包含属于每个实体的所有信息，并且不使用记录间的关系信息。

尽管有以上假设限制，但作者声称处理 OID 变体仍然具有较大的计算开销。基于这一原因，提出了初始记录和合并记录可带来 OID 效率提升的 4 个特性，即幂等性、可交换性、可结合性和代表性。幂等性、可交换性和可结合性与集合代数中的含义相同，代表性特性指的是通过合并记录 r1 和记录 r2 获得的记录 r3 可以用来表示原始的记录，即与记录 r1 或者记录 r2 匹配的记录 r4，同样也与记录 r3 匹配。作者还提出了以下几种算法。

（1）G-Swoosh，4 个特性都不具备；

（2）R-Swoosh，具备 4 个特性，但在记录级粒度上进行比较；

（3）F-Swoosh，具备 4 个特性，但进行特征级比较。

论文表明，在 F-Swoosh 中避免了 R-Swoosh 中潜藏的重复比较，其效率显著优于 R-Swoosh。此外，如果可以接受“近似”结果，那么，即使不具备上述 4 个特性，R-Swoosh 和 F-Swoosh 也可以使用。

文献［664］从另一个视角讨论了对 OID 过程影响最大的效率问题，称为即付即用的 OID 方法，如图 9.26 所示。

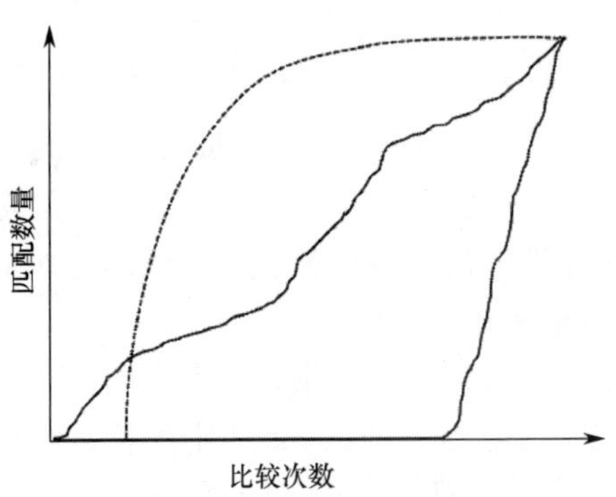

图 9.26　文献［664］中即付即用的方法

横轴表示决策活动中要完成的工作量，即需要进行比较的记录对数量（使用代价高昂的应用逻辑）；纵轴表示已被认为是匹配（表示相同实体）的记录对数量。图中位于底部的曲线（大部分沿着横轴）表明是一种典型的非增量 OID 技术的行为：只有当完成所有工作后才能得出最终结果。中部的实线表示一种典型的增量 OID 技术，其在处理过程中就输出结果。该技术更适合于没有足够时间进行全面分辨的情况。图 9.26 中虚线显示了作者在论文中提出的技术：不同于随机地比较记录，该技术寻找那些最有可能匹配的记录对进行匹配，因此，该技术从算法执行的早期就具有较高的效率。

为了识别最有价值的可以先完成的工作，该技术进行了一些预分析（曲线中开始的平坦部分），论文中称预分析的输出为线索（Hints），由后续决策阶段用于识别有价值工作。线索其实是启发式的，论文中给出了 3 种线索：①根据匹配可能性排序的记录对分类表；②可能的记录划分层级结构；③记录排序表。这里将详细介绍第一种线索。

论文假设 OID 算法使用距离或者匹配函数两者中的任何一个。第 8 章中将距离函数 $d(r, s)$ 量化为记录 r 和记录 s 之间的差异：距离越小，记录 r 和记录 s 就越有可能表示同一个现实实体。如果记录 r 和记录 s 表示同一个现实实体，则匹配函数 $m(r, s)$ 为 true。需要注意的是匹配函数可能使用距离函数。例如，一个匹配函数可以具有的形式为“如果 $d(r, s) \leqslant T$ 且满足其他条件，则为 true”，其中 T 为一个阈值。

论文还假设存在一个估算函数 $e(r, s)$，其计算开销远小于 $m(r, s)$ 和 $d(r, s)$。用 $e(r, s)$ 的值近似 $d(r, s)$ 值，如果 OID 算法使用匹配函数，那么，$e(r, s)$ 值越小，$m(r, s)$ 就越有可能为 true。关于线索，从概念上讲，是一个所有记录对按照估算函数值升序排列的列表。实际中，列表可以不用全部明确地生成。例如，在达到一定数量的记录对之后或者估算函数值达到给定阈值后，可以将列表截断。另一种替代方法是“按需”生成记录对：OID 算法可以请求列表中的下一个记录对，接着计算该记录对。

对于线索的利用，可以采用如下两个通用原则。

（1）如果调用函数 $d(r, s)$ 和 $m(r, s)$ 的顺序可灵活改变，那么，先对列表中位于前面的 (r, s) 记录对进行函数求值。与按照随机顺序进行记录对求值相比，该方法有望使算法更早地识别出匹配对。

（2）对列表中位于后面的记录对不用调用 d 函数或 m 函数，取而代之的是假设记录对相距甚远（选择某个较大的距离值作为默认值）或者不匹配。

此外，线索可以为特定技术或领域提供有用的优化。例如，如果距离函数是计算人员记录之间的地理距离，则可以使用邮政编码估算距离 $e(r, s)$ 值：如果两条记录具有相同的邮政编码，则可认为他们是接近的；否则，就认为他们是相距甚远的。如果距离函数计算并结合多个属性的相似度，估算只能考虑一个或两个效果最显著属性的相似度。

文献［664］介绍了多个启发式信息并进行了试验，列举了与不利用线索的 OID 相比即付即用方法的潜在收益。

文献［16］介绍了一种关系 OID 的适应性渐进方法，目的是使用有限的预算产生高质量的结果。为了获得适应性，该方法就如何解决两个关键问题进行持续评估：①数据集中下一步要处理哪一部分；②如何处理这部分数据。为此，论文将决策过程分为多个阶段，即所谓的分辨窗口（Resolution Window），并在每个窗口的开始时期分析决策进度，为当前窗口生成一个决策计划。此外，该方法为每个已识别出的实体对关联一个工作流，表明在实体对上应用相似度函数的次序。正是这一相似度函数次序对于降低总体代价至关重要，因为有可能只应用前几个函数就足以对配对进行分辨。

文献［16］声称所介绍的方法必须慎重使用，以免适应性过程的相关投入超过所获得收益。论文设计了高效的算法、恰当的数据结构以及依赖于统计学的成本收益模型，收集并选择不需要过多投入的方法。

9.5.6 多决策模型

本节讨论的最后一个问题是多决策模型的联合使用。Chen 等[127] 观察到通常单一的 OID 技术不总是最佳或者持续优于其他 OID 技术。相反，不同的 OID 技术会在特定的上下文中表现得更好。

文献［695］在比较和决策活动中采用了统计模式识别、机器学习和神经网络等多种技术，以及各种组合多个分类器的方法以改进决策质量，实验结果表明，组合使用多个分类器使性能得到提升。在文献［695］中，分类器需要知道数据集中记录的特征以及相似度函数的细节，而文献［127］中的方法不需要知道算法和数据集特征的细节就可以得出结果。

论文介绍了图 9.27 所示的框架。框架学习了基本 OID 技术的匹配决策（及本地上下文）到组合聚类决策的映射。更精确地，过程被分为训练和应用两个阶段。在训练阶段，对训练数据集应用基本系统，为每个待匹配记录对生成决策特征，经过约简后，为每个选中的记录对生成上下文特征。给定真实匹配簇，上述两个特征都能够用于训练组合模型。在应用阶段，决策特征和上下文特征的所有组合组成的向量被用于预测相关记录对的匹配/不匹配状态，最终，生成输出簇。论文通过将框架应用到不同领域对其进行了实例研究。

9.5.7 查询时的对象识别

正如文献［17］所观察到的，OID 的典型应用是在创建数据仓库并用于分析之前，此时 OID 作为预处理步骤。在整个数据仓库上实施 OID 需要可观的时间和计算资源。因此，针对许多现代查询驱动应用，只需要分析整个数据集的一小部分，并在处理过程中实时产生结果，这种方法通常是次优的。有几个催生查询驱动方法的关键场景，如在流（或 Web）数据场景中，持续存储如 Twitter 中的博文这类社交媒体是不可行或不切实际的。

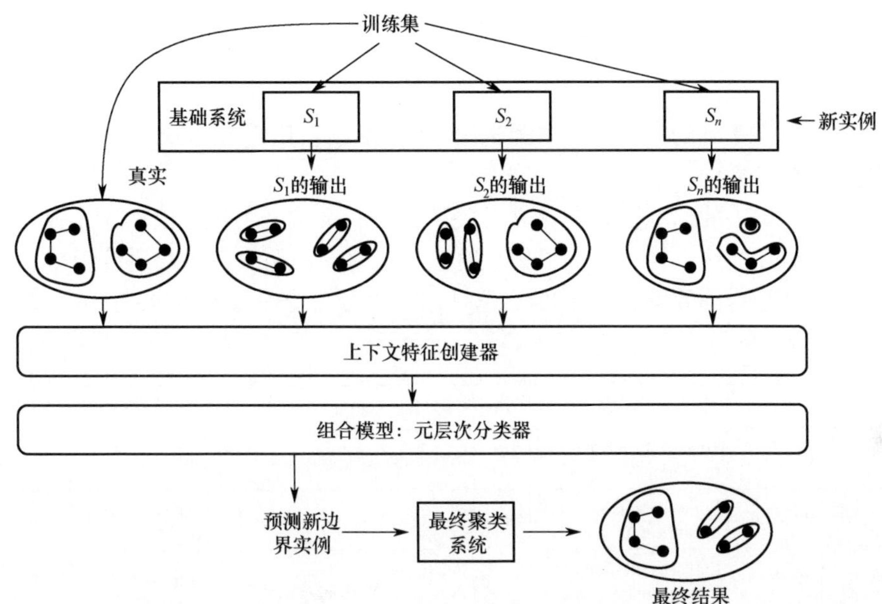

图 9.27　文献［127］中介绍的框架，真实匹配簇仅用于训练

为了描述文献［17］中的方法，假设一个用户通过谷歌学术（Google Scholar）搜索名为“Alon Halevy”的学者所发表的文献信息，搜索结果如图 9.28 所示。

P_id	P_titile	Cited	Venue	Authors	Year
P1	Towards efficient entity resolution	65	Very Large Data Bases	Alon Halevy	2000
P7	Towards efficient ER	45	VLDB	Alon Halevy	2000
P2	Entity Resolution on dynamic data	25	ACM SIGMOD	Alon Halevy, Jane Doe	2005
P3	ER on dynamic data	20	Proc of ACM SIGMOD Conf	A.Y. Halevy, J. Doe	2005
P4	Entity Resolution for dynamic data	15	SIGMOD Conf.	A. Halvey, Jane D.	2005
P5	Entity Resolution for Census data	10	ICDE Conf.	Alon Halevy	2002
P6	ER on census data	5	Proc of ICDE Conf	Alon Y. Halevy	2002

图 9.28　文献［17］中的示例

假设所有发表的论文都是由相同的作者所著，但返回的一些论文可能是重复的。在图 9.28 中，论文（P1；P7）、（P2；P3；P4）和（P5；P6）都是重复的，并指向相同的实体（论文）。因此，实体分辨算法应当将其聚类为 3 个类簇，即 C1、C2 和 C3。

假设用户实际上并不是对 Alon Halevy 的所有论文感兴趣，而只是对其中引用最多的论文感兴趣，如引用次数超过或等于 45。下列查询表示了用户的兴趣域：

查询 1. SELECT * FROM R WHERE Cited≥45

当查询 1 应用于清洗之前的表时，查询结果为 P1 和 P7，对应于类簇 C1。这个结果是不正确的，因为第二篇论文类簇 C2 的引用次数为 60≥45，也应当出现在查询结果中。

响应查询 1 的标准方式是首先对关系 *R* 进行去重，为每篇论文建立合并的概要，然后在类簇上计算查询。假设算法使用一个两两决策函数比较记录，以及一个两两融合函数整合两个匹配记录。实体分辨结果如图 9.29 所示，查询 1 应用于该表将返回类簇 C1 和 C2。

Cluster	P_id	P_title	Cited	Venue	Authors	Year
C1	P1, P7	Towards efficient entity resolution	100	Very Large Data Bases	Alon Halevy	2000
C2	P2, P3, P4	Entity Resolution on dynamic data	60	Proc of ACM SIGMOD Conf	Alon Halevy, Jane Doe	2005
C3	P5, P6	Entity Resolution for Census data	15	ICDE Conf. Proc of ICDE Conf	Alon Halevy	2002

图 9.29　使用实体分辨算法聚类后的关系 ***R***

文献［17］描述了一种增量式地执行查询的查询驱动方法（Query-driven Approach），只实施最少量必须的匹配步骤来正确地响应给定查询。查询驱动方法的关键概念是残余性（Vestigiality）。如果在不知道决策结果的情况下，查询驱动方法能够保证其仍能计算出正确的最终结果。那么，该清洗步骤（对记录对调用决策函数）就称为残余的（Vestigial）（冗余的）。残余性概念的形式化以一大类 SQL 选择查询和用于识别残余匹配步骤的技术为基础。

与之前提及的动机相同，文献［69］也讨论了查询时实体分辨问题，作者采用了早期集中分辨的方法，先前在 9.5.3.2 节中进行过讨论，其贡献如下。

（1）该 OID 方法基于一个关系聚类算法。

（2）对于使用关系聚类的集中 OID，对不同决策的准确性如何互相依赖，以及对数据结构特征的依赖进行了分析，给出了针对人员实体准确率和召回率的概念。结果表明，当处理距离不断增加的邻居时，准确率和召回率呈几何级变化。

（3）当对一个查询进行集中处理时，给出了一个“扩充与处理”两阶段算法。首先针对查询使用两个新的扩充算子提取相关记录；然后只根据所提取的记录处理查询。

(4) 采用适应性方法对算法进行进一步改进，该适应性方法有选择地仅考虑相关记录中“信息量最大”的部分，能够在查询时进行集中分辨而不用牺牲查询准确性。

9.5.8 对象识别演化维护

正如文献 [278] 中所强调的，在大数据时代，数据更新的速度很快，会迅速使先前的 OID 活动过时。论文中提出了一种端到端的框架，当数据集发生更新时，可以增量式且有效地更新数据集中的匹配结果。算法不仅能够将更新后的记录与已有类簇合并，还能够利用更新得到的新线索来修正先前的匹配错误。

为了解释这一方法，图 9.30 显示了一个包含 10 条企业记录的集合 D0，对应于 5 个企业实体。通过比较名称、不包括门牌号的街道地址、街道地址中的门牌号、城市以及电话来计算两两相似度，如果所有 5 个值都相同就将相似度置为 1，如果 4 个值相同就将相似度置为 0.9，如果 3 个值相同就将相似度置为 0.8，否则就将相似度置为 0。图 9.30 (b) 显示了记录间的相似度，其中每个节点代表一条记录，每条边表示两两相似度。同时，还显示了应用关联聚类技术得到的匹配结果。需要注意的是，由于 r4 中的错误电话号码（斜体表示），该技术错误地将 r4 与 (r1, r3) 聚类到一起；由于 r6 中缺失信息，没有将 r5 和 r6 匹配；由于 r9 看起来与 (r7, r8) 相似，而与 r10 不相似（不同的名称、不同的门牌号、缺失电话号码），从而错误地将 r9 与 (r7, r8) 匹配，而不是与 r10 匹配。

现在考虑图 9.31 中 D1~D4 4 个更新，连续地插入记录 r11~r17。论文展示了更新后的相似度图以及前面提到的原始方法的结果。由于 r11 不同于现有任何一条记录，因此为 r11 创建一个新的类簇，而将其他的插入记录添加到已有的类簇中。

论文中还表明，对插入节点进行更仔细的分析，能够修复先前的错误并获得更好的聚类结果。首先，由于 (r12, r13) 与 r5 和 r6 都相似，从而提供了合并 r5 和 r6 的线索；其次，当联合考虑 (r1, r4) 和 (r14, r15) 时，发现 (r1, r3) 与 (r14, r15) 非常相似，但 r4 与大部分都不同，从而可以将 r4 移出；最后，利用 (r16, r17)，r9 与 r10 和 r16 的相似度看上去要高于与 (r7, r8) 的相似度，从而可以将 r9 从 C4 中移到 C5 中。

论文中考虑了 3 种类型的更新操作，即插入、删除、修改，统称为“增量 (Increment)”，并且每个增量都是有效的。论文中对增量链接（本书中采纳的术语为“增量 OID”）定义如下：D 为记录集合，I 为对 D 的增量，M 为 D 中

	企业编号	记录编号	名称	街道地址	城市	电话
D0	B1	r1	Starbucks	123 MISSION ST STE ST	SAN FRANCISCO	4155431510
	B1	r2	Starbucks	1123 MISSION ST	SAN FRANCISCO	4155431510
	B1	r3	Starbucks	123 Mission St	SAN FRANCISCO	4155431510
	B2	r4	Starbucks Coffee	340 MISSION ST	SAN FRANCISCO	4155431510
	B3	r5	Starbucks Coffee	333 MARKET	SAN FRANCISCO	415534786
	B3	r6	Starbucks	STMARKET ST	San Francisco	
	B4	r7	Starbucks Coffee	52California St	San Francisco	4153988630
	B4	r8	Starbucks Coffee	52 CALIFORNIA ST	SAN FRANCISCO	4153988630
	B5	r9	Starbucks Coffee	295 California St	SAN FRANCISCO	415986234
	B5	r10	Starbucks	295 California ST	SF	

(a)

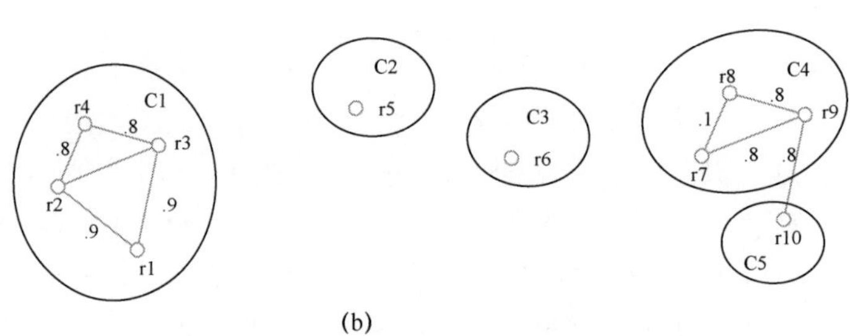

(b)

图 9.30　文献［278］中原始企业列表与 OID 结果

（a）原始企业列表；（b）匹配结果。

	企业编号	记录编号	名称	街道地址	城市	电话
D1	B6	r11	Starbucks Coffee	201 Spear Street	San Francisco	4159745077
D2	B3 B3	r12 r13	Starbucks Coffee Starbucks	MARKET STREET 333 MARKET ST	San Francisco San Francisco	4155434786 4155434786
D3	B1 B1	r14 r15	Starbucks Starbucks	123 MISSION ST STE ST1	SAN FRANCISCO San Francisco	4155431510 4155431510
D4	B5 B4	r16 r17	Starbucks Starbucks	295 CALIFORNIA ST 52 California St	SAN FRANCISCO SF	4155431510 4153988630

图 9.31　文献［278］中附加的更新

实际匹配的记录，增量链接基于 M 对 $D+I$ 中的记录进行聚类。论文中提出的增量链接方法用 f 表示，应用 f 的结果记为 $f(D,\ I,\ M)$。增量链接的目标是双重的：①比批处理链接更加快速，特别是当增量数较小时；②与批处理链接结果质量相似。

Gruenheid 等[278] 提出了一组算法，可以在插入新记录以及删除或修改已有记录时增量地进行 OID。特别地，给出了一种端到端的增量 OID 方案，维护记录的相似度图，并对增量图进行聚类，最终对表示同一个现实实体的记录产生记录类簇。此外，对于增量图聚类，论文首先提出了两种优化算法，只针对记录子集进行聚类，而不是针对所有记录进行聚类；然后设计了一种贪心算法，通过合并和分割连接更新记录的类簇，并在这些簇之间迁移记录，以多项式时间进行增量式匹配。采用两种聚类方法，即关联聚类（Correlation Clustering）和 DB-index 聚类（DB-index Clustering），这两种聚类方法无须事先知道类簇数量。在真实数据集上的实验结果表明，与批处理链接相比，算法运行速度显著提高，并且能获得相似的结果。

文献［662-663］研究了在 OID 比较与决策逻辑或者数据频繁变化的情况下保持实体分辨结果及时更新的问题。从零开始重新运行 OID 的简单方法对于大数据集而言是无法忍受的。Whang 和 Garcia-Molina[663] 研究了何时以及如何基于先前“物化”的 OID 结果，以利用已经形成的逻辑和数据来减少冗余的工作。介绍了促进演化和应用高效规则的算法特性，同时提出了针对 3 种 OID 模型的数据演化技术。

（1）基于匹配的聚类（根据布尔匹配信息对记录进行聚类）。

（2）基于距离的聚类（根据相对距离对记录进行聚类）。

（3）两两决策（识别匹配记录对）。

为了解释专注于规则的方法，图 9.32 给出了具体例子。图 9.32（a）显示了初始记录集 S，第一个规则 B1（图 9.32b）声明如果谓词 p_{name} 为真，那么，认为两条记录是匹配的（表示同一个现实实体）。谓词通常可以非常复杂，但在本例中，谓词只是简单地执行一个相等检查。决策算法使用 B1 比较记录，并将所有姓名为“John”的记录划为一组产生一个划分（r1，r2，r3，r4）。

记录	Name	Zip	Phone
r1	John	54321	123-4567
r2	John	54321	987-6543
r3	John	11111	987-6543
r4	John	null	121-1212

(a)

比较规则	定义
B1	p_{name}
B2	p_{name} AND p_{zip}
B3	p_{name} AND p_{phone}

(b)

图 9.32　文献［663］中待匹配记录和演化规则

（a）待匹配记录；（b）规则 B1 演化为规则 B2。

假设用户不满意这一结果，因此，数据管理员决定通过增加检查邮编的谓词进一步完善规则 B1。因此，新规则是图 9.32（b）中的 B2。简单的做法是在集合 S 上使用 B2 运行相同的实体分辨算法，得到划分（r1，r2）和（r3，r4）。只有记录 r1 和 r2 具有相同的姓名和相同的邮编。这一过程重复了一些不必要的工作，例如，可能需要比较 r1 和 r4，以判断两者的姓名和邮编是否相同。但是，在第一次运行时就已经知道 r1 和 r4 在规则 B1 下姓名不匹配，因此，在规则 B2 下它们也不匹配。

论文中解决的第二个问题是关于新数据的增量 OID。这一次，规则保持不变，但除了原始记录还必须处理新的记录。例如，当处理完图 9.32（a）中的 4 条记录后，也许要匹配两个后面增加的记录 r5 和 r6。在匹配新的记录时，希望尽可能地避免冗余的记录比较。

文献［663］的主要贡献如下。

（1）定义了一种 OID 技术，能够对记录进行聚类，并形式化了布尔比较规则的演化。

（2）识别了 OID 技术支持高效演化必须具有的两种特性（规则单调（Rule Monotonic）和上下文无关（Context Free），其处理方式见相关论文）。

（3）提出了使用上述一种或者多种特性的高效规则和数据演化技术。

（4）研究了演化问题的两种变体：①比较规则是距离函数而不是布尔函数；②OID 技术返回匹配记录对而不是记录划分。

对基于聚类的不同 OID 技术的规则和数据演化算法进行实验验证，结果表明，在规则演化场景中与基本方法相比，速度提升可达几个数量级。

9.6 特定领域的对象识别技术

在 OID 相关文献中经常可以发现，比较函数因其应用的领域不同而表现出不同的性能状态。此外，事先知道常见错误的原因有益于理解对决策阶段进行优化的公式组合。因此，部分文献对特定领域进行了深入研究，分析了异构性和多样性以及常见错误两个方面如何影响距离度量的质量。被分析最多的领域是一般名称、人名、企业名称和地址。其中，文献［75］分析了一般名称，文献［136，523］关注人名，文献［319］处理学术论文中的人名列表，文献［674］则覆盖人名、企业名称和地址。其他情况下关心的不是待比较数据的形态，而是如文献［500］中的罪犯身份检测等人工活动。本节将讨论第一个领域类型，特别关注文献［136，674］，即关于名称、人名和企业名称。

9.6.1 人名

正如文献［523］所指出的，人名在多个领域中都非常重要，如人口登记、图书馆、学术研究、族谱、政府、企业等。因此，有很多处理人名的数据集也就不足为奇了。Christen[136] 强调即使只关注英语国家，也存在由于各种原因使人名有多种不同拼写形式的问题。在盎格鲁-撒克逊地区以及大部分西方国家中，人名一般由教名、中间名和姓组成，而亚洲人的姓名，有多种音译系统将其转换为罗马字母，传统上姓出现在名之前，经常还会增加西式的教名。西班牙的人名可以包含两个姓，而阿拉伯人的姓名通常由几部分组成，并包含可由连字符或空格分隔的各种词缀。

通过对一般单词拼写错误和人名拼写错误的研究，得到的数据是不趋同的。文献［160］中的实验结果表明，超过 80%的错误都是单一错误，如删除了一个字母、插入了一个字母、一个字母被另一个字母替换或者两个相邻的字母调换位置。替换是最常见的错误，紧接着是删除、插入、换位，然后是一个单词中有复合错误。文献［247］对医院中病人的姓名进行了研究，实验表明，最常见错误（36%）是姓名中首先插入了额外的单词、首字母或头衔；其次是由于昵称或拼写变体等原因，由名字中几个不同字母造成的错误（14%）。该研究中单一错误占所有错误的 39%，大约只有文献［160］报告的 80%的 1/2。因此，一般文本和人名似乎存在明显差异，这也是开发和使用名称匹配算法时必须加以考虑的。

文献［385］对最常见名称变体进行了分类。

（1）由印刷错误造成的拼写变体（如“Meier”和“Meyer”），对名字的读音结构没有多少影响，但会给匹配带来问题。

（2）读音变体（如“Sinclair”和“St. Clair”），其音素被修改，并且名字的结构也发生了本质变化。

（3）复合名（如“Hans-Peter”或“SmithMiller”），可能会以全部、一部分或者多个部分被替代的形式给出。

（4）替代名（如昵称、婚后名，或者其他故意的名称改变）。

（5）只有首字母（主要指教名和中间名）。

文献［382］对错误类型和数据录入的特征进行了关联，由此得到如下结论。

（1）当对手写体进行扫描，并使用光学字符识别（Optical Character Recognition，OCR）时，最可能的错误类型是形似字符间的替换。

（2）基于键盘的手工录入会产生相邻键的误录入。

（3）通过电话的数据录入（如调查研究的一部分）与手工键盘录入混合在一起，数据录入人员可能不需要拼写正确，而是采用基于个人知识和文化背景的默认拼写。

（4）对输入字段的最大长度限制会迫使人们使用缩写、首字母或者甚至丢弃名称的某些部分。

（5）人们本身有时会根据其接触的组织不同而提供不同的名字，或者故意提供错误或修改过的名字。

文献［136］得出的第一个结论是：尽管对于大部分通用词汇只有一种拼写是正确的，但对于姓名而言，通常有多个有效的姓名变体，且不是拼写错误。由于这个原因，在很多情况下，即使没有在已知姓名字典中找到，也不能将一个名字视为错误的。当对姓名进行匹配时，挑战是区分两种类型的变体，即合法的姓名变体（应该保留和匹配）和在数据录入和记录时引入的错误（应该纠正）。挑战就在于区分这两种变体的来源。

文献［75］中针对一般名称的比较函数以及文献［136］中针对人名的比较函数，对第 8 章中讨论的函数进行了扩展。文献［136］将其分类如下。

（1）模式匹配，包括第 8 章中讨论的编辑距离、q -grams 以及 Jaro 算法。其中，文献［136］讨论了基于经验研究对 Jaro 算法进行改进的 Winkler 算法[512]，结果显示很少有错误发生在姓名的开始。Winkler 算法增加了使用 Jaro 相似度度量人名是否一致时所依据的起始字母的数量（达到 4 个）。

（2）语音编码，诸如 soundex 和 phonex，试图在编码之前根据其英语发音对姓名进行预处理，以改进编码质量。

（3）组合语音编码和模式匹配的组合技术，以期改进匹配质量。其中，提到的音节对齐模式搜索（Syllable Alignment Pattern Searching）[532]，对两个姓名进行逐音节匹配，而不是逐字符匹配。

文献［75］和文献［136］分别针对一般名称和人名报告了准确率、召回率、F-measure 指标和时间效率上的实验结果，其详细内容参见论文。文献［136］中的这些实验给出了一些建议。

（1）了解待匹配姓名的类型以及这些姓名是否得到合适的解析和标准化非常重要。

（2）对于解析成分割段的姓名而言，Jaro 算法和 Winkler 算法似乎对教名和姓表现更佳，一元分词和二元分词也是如此。

（3）如果速度很重要，那么，采用时间复杂度与字符串长度呈线性关系的技术（如 q -grams、Jaro 或 Winkler）非常必要；否则，包含长字符串的姓名对（特别是未解析的全名）将拖慢匹配速度。

（4）如果除了姓名以外，还有额外的个人信息可用，如地址和出生日期，那么应当采用合适的技术[674]，而不是基本的姓名匹配技术。

9.6.2 企业

因为存在名称变体和地址变体，使得企业列表要比人员列表更加难以匹配[670]。如果一个注册表没有得到有效维护，那么，未被发现的重复记录将会每年增长 1%甚至更多。文献［674］中记录的案例研究显示，在一个由销售石油产品的实体构成的企业列表中，可以发现每年 20%的名称和地址变更率。某些情形下，小公司可能停业了；其他更多情形下，公司可能将其地址改为其会计的地址，或者其拥有者的地址。Winkler[674] 观察到企业名称的重复会在不同的工业类别中大幅增加预算，重复记录还会导致这些公司雇佣的人员数量被高估。

为了研究雇佣和就业动态，文献［6］中对企业名称和人名组合进行了研究。论文中观察到标识符中极少量的错误对某些估算具有较小的影响，而对其他估算影响相对较大。例如，在一个有 10 亿条表示加州 20 年来季度就业情况记录的文件中，每个季度错误的社会保险号的数量占 1%~2%。

文献［670］得出的一个结论是：改进两个企业文件链接最好的资料通常来自于一个大的企业注册表。如果政府在创建一个注册表方面投入了大量财力，那么，可以利用该注册表将其他企业列表链接在一起。

文献［670］的另一个观察是该领域尚未成熟，特别是面对如下问题时：如果一个机构维护一个大的企业注册表，维护与企业或公司位置关联的多个版本的名称、地址、联系人用处有多大？文献［670］的最终结论是：企业列表匹配是一个比较难的问题。

9.7　地图和图像的对象识别技术

地理空间数据集的 OID（该术语很少用于地理空间数据集，更常用的术语是“链接”“融合”“匹配”“集成”和“合并（Conflation）”，下文仍将使用术语“匹配”）是一个复杂的过程，可能要借鉴多个学科的成果，包括地理信息系统、制图学、计算几何、图论、图像处理、模式识别以及统计理论。地理空间数据集有两种物理表示，对匹配的性能有深刻影响。

（1）矢量表示（Vector Representation）。使用几何图元如点、直线、曲线、图形或多边形等表示地图或图像。

（2）栅格表示（Raster Representation）。一个点阵数据结构，表示一个包括像素或色点的通用矩形网格。

一般而言，基于要处理的地理空间数据集的类型，匹配技术可以分为如下 3 类。

（1）矢量到矢量匹配。例如，两个具有不同准确性等级的公路网的集成。

（2）矢量到栅格匹配。例如，公路网与图像或者公路网与栅格地图的集成。

（3）栅格到栅格匹配。例如，两个具有不同分辨率图像的集成，或者栅格地图与图像的集成。

正如上面的示例所表明的，在地理空间匹配中，数据集可能是相同类型的，如两个地图，也可能是不同类型的，如地图与图像。更进一步，数据集可能从属于一块版图中特定的表示领域，其中，公路网领域是最常研究的领域。此外，匹配过程中所使用的知识有可能参考待匹配实体的位置（如果可用）(如城市中的街道)，或其他特征，如实体名称、类型以及属性（如单向与双向街道）。

接下来，将首先考虑基于点或折线实体位置的匹配问题（见 9.7.1 节）；在 9.7.2 节，接着讨论基于位置和基于特征的匹配。此处，考虑上述列表中研究最多的两种情况，即 9.7.3.1 节中的矢量道路地图和正射图像，以及 9.7.3.2 节中的栅格道路地图和正射图像。9.7.4 节讨论数字地名索引匹配问题，其中地名索引是一个关于某个环境中已命名和分类的地点的空间辞典。

9.7.1 地图匹配：基于位置的匹配

9.7.1.1 点匹配

文献［50］的作者认为位置是空间对象唯一可用的属性，因此，他们对基于位置的匹配非常感兴趣。文献［50］中假设每个数据集中一个现实实体最多只对应一个对象，并且位置以点形式给出。

如下一些原因导致基于位置的匹配并非易事[50]。

(1) 度量会引入错误，不同数据集中的错误是彼此独立的。

(2) 每个组织都有自己的方法和需求，因此会采用不同度量技术和不同尺度。例如，一个组织可能将建筑物表示成点，而另一个则表示成多边形。

(3) 制图综合操作可能导致位置置换（关于制图综合，参见 3.3.2 节）。

文献［50］中所采用的模型将地理数据集视为一个空间对象集合，每个对象表示一个单独的现实地理实体。对象具有关联的空间和非空间属性。对象的位置以点记录，这是一种最简单的位置表示方式，其他更复杂的位置记录形式（如多边形）可以用点近似。两个数据集分别是 $A=(a_1, a_2, \cdots, a_m)$ 和 $B=(b_1, b_2, \cdots, b_n)$。最早的实体匹配方法之一是单侧最近邻连接（One-sided Nearest-neighbor Join)，广泛应用于商用地理信息系统中，文献［440］中也对其进行了讨论。该方法将 A 中的一个对象 a 关联到 B 中所有对象中离 a 最近的对象 b (称为 a 的 B 最近邻)。数据集 B 与数据集 A 的单侧最近邻连接将会产生所有的融合集合 $(a; b)$，其中 a 是 A 中的元素，b 是 B 中的元素，并且 b 是 a 的 B 最近邻。需要注意的是，该方法是非对称的，因为有可能 A 中的多个对象对应于 B 中同一个对象。可以看出，只有当数据集 B 覆盖（Covered)

数据集 A，即 A 所表示的每个现实实体同时也被 B 表示，单侧最近邻连接才可能会产生好的近似，而当两个数据集的重叠部分较小时，则性能较差。事实上，A 中的每个对象都和 B 中的某个对象相匹配，尽管 B 中存在不能与 A 中任何一个对象相匹配的对象。

文献［50］中还介绍了另外两种技术：相互最近技术和概率技术。两种技术都为每个融合集合计算一个置信度值，都是通过选择置信度值大于给定阈值的融合集合得到最终结果。两种技术的区别如下。

（1）在相互最近技术中，置信度由一个同时考虑 B 次近邻的公式计算。与传统单侧最近邻连接相比，相互最近方法的主要优点体现为对两个数据集重叠度的低敏性。

（2）在概率技术中，只考虑 A 中对象 a 的 B 最近和次近邻是不够的，因为可能有多个对象都比较接近 a 。在该方法中，融合集合（a；b）的置信度取决于 b 与 a 对应的概率，而该概率又反向依赖于 a 与 b 之间的距离。

在文献［51］中，引入了连接集合的概念，将融合集合泛化到 n 个输入数据集。此外，通过两种不同的方法将前面的技术泛化到任意数量的数据集。第一种方法依次对两个数据集应用连接算法；而第二种方法则同时处理所有要整合的数据集。

文献［539］整合了上述方法，并进一步提出了一种新的规范权重技术，即计算每个可能的连接集合的权重，该权重表明该连接集合正确的可能性。在计算权重时，为所有记录对和所有单个记录分配概率函数，并将其视为初始权重值，然后，算法对最多只包含 n 个对象的集合执行规范化迭代过程。

感兴趣的读者可以参考文献［50-51，539］中的形式化定义、属性和示例。

9.7.1.2 折线匹配

折线匹配属于矢量到矢量匹配类，是一个明显比位置匹配更复杂的问题。正如文献［538］中所回顾的，作为最早关于折线匹配的论文之一，文献［231］首先是应用一个点匹配算法；然后利用折线拓扑扩大匹配；最后使用线之间的平均距离来估算线相对匹配度。文献［251］将一条来自一个数据源的折线添加到缓存中，如果另一个数据源中的一条折线能完全包含在该缓存中，那么，就认为这两条折线是匹配的。

Safra 等[538] 提出了一种道路地图领域折线匹配算法，提升了先前匹配方法的效率。该方法的创新性在于仅根据折线端点位置匹配道路，而不是试图匹配整条线。

该算法接收两个折线数据集作为输入/输出折线的一个近似匹配。匹配计算过程包含4个步骤：第一步，算法查找拓扑节点，对应于两条或多条道路的交叉点或者道路终点；第二步，算法生成由一个节点和一条折线构成的所有配对，其中节点是折线的端点；第三步，对节点进行匹配计算；第四步，生成折线匹配。在最后的步骤中，要考虑折线之间4种空间关系（图9.33），即完全重叠、延伸、包含和部分重叠。

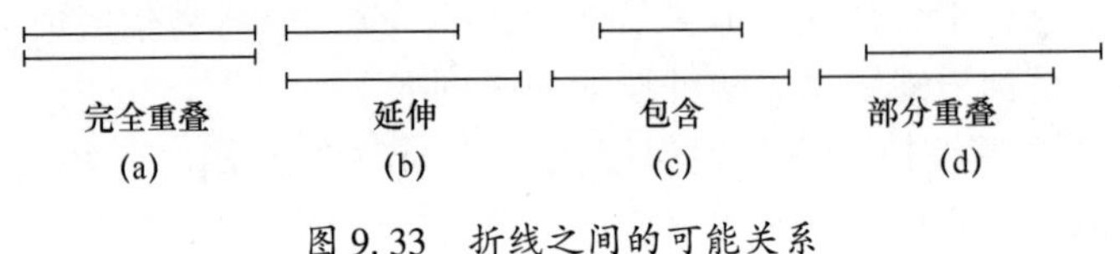

图9.33 折线之间的可能关系

基于以上4种关系，利用Match-Lines技术进行折线匹配，读者可参阅论文获取该技术的细节。

上述所有技术都是在设计阶段，或者在地理信息系统生命周期中某个点上进行地图匹配，在这种情况下，匹配可以没有严格的时间限制。正如文献［540］中所述，在许多场景中，需要根据用户指定的某个运行时间集成道路地图，这样的场景在文献［540］中称为自适性集成（Ad hoc Integration），这里需要注意的是与9.5.7节中讨论的查询时OID问题的相似性。在自适性集成中，匹配是实时进行（不超过数秒），而且几乎没有任何预处理。自适性集成的一个典型场景是需要将一个道路网中的一小块片段与一个较大的网进行匹配。文献［540］介绍了一种用于两个矢量道路网自适性集成的方法，根据折线端点的位置对折线进行匹配。实质上，该方法分两个阶段：首先，在两个数据源中找出折线的端点，并计算端点间的部分匹配；然后，根据端点的匹配情况，查找折线之间的部分匹配。因此，该方法的主要创新点是只利用折线的端点位置，而不是试图匹配整个折线。

9.7.2 地图匹配：基于位置和基于特征的匹配

一个典型的地理空间数据库包含诸如位置名称、空间坐标、位置类型以及人口统计信息等异构特征。其他特征对应于位置的邻接位置，类似于前面章节讨论的数据集中数据间的链接。

文献［558］研究了利用上述所有特征进行地理空间匹配的技术，该方法通过学习不同特征的组合进行准确匹配。位置名称匹配采用了与第8章中相同的技术，坐标匹配可以采用9.7.1节中讨论的方法。文献［558］对位置类型匹配进行讨论，基于共现（Co-occurrence）计算位置类型相似度，构造了正例和反例两个训练集，两个位置类型之间的相似度等于共现的位置类型的正训练样例的数量与包含这些位置类型的所有实例数量的比值。文献［558］提出并实验了几种先前讨论的相似度的组合。一种相似度组合方法是为一个相似度设置一个阈值，而将另一个作为辅助过滤器；另一种相似度组合方法是考虑空间与非空间特征的关系，其中权重从由匹配位置组成的真实数据中得到。论文还报告了关于上述相似度以及只利用空间或非空间组件进行匹配的实验。

文献［400］中使用线性规划进行空间数据集中的对象匹配，基于一种改进的分配问题模型，给出了一个可以由优化模型求解的目标函数，该优化模型通过将相似度空间中所有配对的总距离最小化，同时考虑所有可能匹配对。实验在两个不同机构标准下创建的美国加州戈利塔街道网络数据上进行，数据表示戈利塔某个地区几乎相同的街道，实验显示该方法能一致地改进全局匹配质量。

随着基于位置服务的迅速发展以及地理空间数据量的增加，出现了许多与空间数据集成及其可视化相关的问题。Berjawi[58] 观察到市场上有许多服务提供商（截至 2015 年，谷歌地图、OpenStreetMap、Tomtom TeleAtlas 等），使用各自的概念、模型、数据、图例以及背景地图。因此，同一个查询客户从不同的服务提供商获得的结果存在差异甚至冲突。Berjawi[58] 研究了如何在旅游热点背景下集成多家服务提供商的服务。

9.7.3　地图与正射影像匹配

正如文献［123］中提到，Web 上可以快速获得大量地理空间数据。此外，可以从不同的政府机构得到各种地图，如地界测量地图、资源地图（如铁路或石油与天然气领域）[122]。卫星映像和航空摄影已经被用于房地产上市、军事情报以及其他应用。通过集成这些空间数据集，可以支持广泛的分析，从而能够在许多应用中更好地决策并节约成本，如城市、地区和国家规划，或者为应急响应集成不同的数据集。然而，集成这些来自不同数据源的地理空间数据是一项具有挑战性的工作，因为，从各种数据源获取的空间数据可能覆盖不同区域范围，并且具有不同投影和不同的准确性等级。

对表示部分版图的地图和图像的整合需要依据地图和图像的类型采用不同技术。在接下来的两小节中，将讨论经过正射纠正的图像。所谓正射图像（Orthoimagery 或 Orthoimages），即将原始照片经过修改使其具有地图的几何特性。就地图而言，表示道路网的地图分两种情况，即由折线网络构成的矢量地图（Vector Map）以及由像素阵列构成的栅格地图（Raster Map）。

9.7.3.1　矢量道路地图与正射图像匹配

图 9.34 显示了一个组合道路网络和图像的例子，分为两种情况：一种是地图和图像进行了对准；另一种是地图和图像没有进行对准。很显然，目标是

对道路地图和图像进行对准集成。

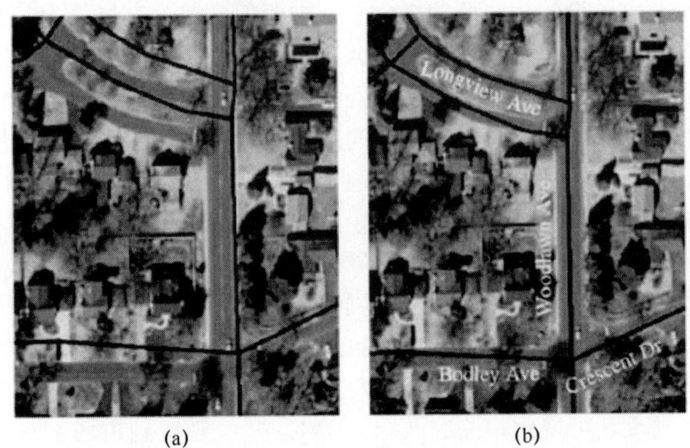

图 9.34 文献［123］中道路矢量地图与正射图像的匹配
（a）地图与图像没有进行对准；（b）地图与图像进行了对准。

很多文献对矢量地图与图像的匹配进行了研究，采用不同的策略从地图/图像中提取有用的知识，以进行准确的集成。例如，文献［232］首先从图像中检测道路和建筑物的所有边界，然后将提取出的边界与矢量地图数据进行比较，识别出道路边界，最后对两组道路边界进行匹配。Fortier 等[242] 先找出图像中所有检测到的线的交点，然后将道路矢量图中的交点与图像中的交点进行匹配，最后对两组道路边界进行匹配。

下面介绍文献［123］中提出的矢量地图/图像对准方法，其阶段如图 9.35 所示：

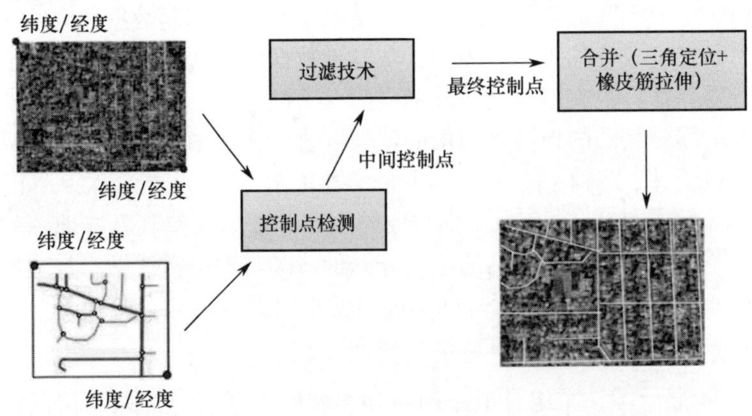

图 9.35 文献［123］中给出的方法

（1）控制点检测。控制点代表了从地图/图像中提取的知识，并被用于匹配两个控制点。道路交叉点是很好的候选控制点，因为道路交叉点是刻画道路网络主要布局的点，而且通常交叉点附近的道路形状较为清晰。针对矢量数据的处理过程分为两步：首先，系统检查矢量数据中所有线段，并将每条线段的端点标记为候选点；然后，检查这些候选点之间的连通性，以确定其是否为交叉点，即对每个候选点进行验证，检查是否有超过两条线段连接到该点。对于图像，使用了一个贝叶斯分类器（相关细节参见文献［123］）。

（2）过滤控制点。由于图像中自然场景的复杂性，前面步骤中采用的技术仍会将交叉点误识别为控制点，在该步骤中，采用一个滤波器消除误识别的交叉点，只保留准确识别的交叉点，从而以降低召回率为代价提高准确率。所采用的滤波器是矢量中值滤波器（Vector Median Filter），该滤波器在图像处理中被广泛用于消除噪声。

（3）匹配图像与矢量数据。在对控制点配对完成过滤后，系统识别出一个控制点配对的准确集合，在这个集合中假定来自矢量数据和图像的控制点配对中的两个点表示相同的位置。为了对准其他的点，对控制点配对进行合适的变换。例如，为了实现图像与矢量数据的整体对准，矢量数据必须进行局部调整，以保持与图像一致。系统基于局部调整对两个数据集进行对准，因为对一个区域小的改动通常不会影响更大范围的几何形状[123]。Delaunay 三角化（参见文献［534］）特别适合矢量匹配系统。

感兴趣的读者可以通过文献［123］获得详细信息。

9.7.3.2　栅格道路地图与正射图像匹配

在缺少地图参照系统的情况下，栅格道路地图和正射图像匹配比矢量地图与图像的匹配更加复杂。由于许多在线街道地图的地理坐标不详，因此不能采用文献［123］中的定位图像处理技术找出地图上的交叉点。文献［124］中提出了一种方法，如图 9.36 所示，这些活动分成 3 个阶段（实际包括 4 个阶段，这里进行了简化）。

（1）检测地图上的交点。为了能处理更通用的场景，即许多在线街道地图的地理坐标不详，需要采用自动地图处理和模式识别算法来识别交点。可以通过检测路线来提取交点，然而，由于在不同地图上路线的密度不同，实际从地图上提取交点是非常困难的[457]。由于存在噪声信息，如地图上的符号、字母数字或等高线等，因此很难准确识别出交点。为了解决这些问题，对地图中的道路交汇处进行识别，首先根据不同图像处理技术实施预处理，如确定道路宽度以及文本/图像分离。文献［124］中提到的算法能够计算在某个交点交汇的路段的个数（称为交汇度）以及路段的方向。这些附加信息可以帮助改

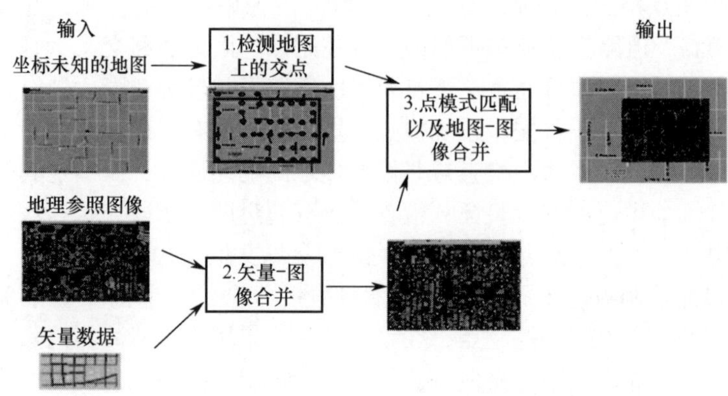

图 9.36 文献［124］中给出的方法和例子

进后续点模式匹配算法。图 9.37 展示了文献［124］中的例子。

图 9.37 文献［124］中地图上交点自动检测

（2）矢量-图像合并。识别图像中的交点，假设现有道路网络矢量数据集可以作为先验知识加以利用，地理参照道路矢量数据和地理参照图像的自动合并方法（步骤（2））已在前面描述。

（3）点模式匹配和地图-图像合并。通过模式匹配生成和匹配控制点，基本思想是找出地图上交点集合与图像上交点集合之间布局（带有相对距离）的变换。文献［124］中描述了 3 种算法：①朴素算法；②增强的点模式匹配算法；③通过利用矢量集和地图中的方向和距离信息，对暴力算法进行改进。感兴趣的读者可以参见文献［124］中的详细讨论。

9.7.4 数字地名索引数据匹配

数字地名索引是给定环境中已命名和分类的地点的地理空间辞典，典型的环境是地球表面[302]。地名索引的常见形式是地图册索引，即地图本身提供地理参考。数字地名索引的应用是在地点参考系统之间建立对应关系，即一边是地点的专用名称和分类类型，另一边是地点的定量位置。文献［364］中提出了一些有用的地名辞典特性，包括：①访问多个数据源；②利用志愿者提供的数据源；③评估数据源可信的维护机制；④开发一致的高层领域本体。通常，需要查询并综合多个数据源的地名索引数据。因此，数字地名索引的一个基本挑战是合并地名索引数据，以保持地点的一致性。

地名索引中的基本项是地名。文献［518］对不同语言中地名的字符串相似度度量进行了比较，使用 21 种不同的度量对来自 11 个不同国家、包含罗马字地名的数据集（图 9.38）进行了比较。文献［518］中报告的最佳性能度量因数据集不同而差异巨大，但在一个国家和一种语言范围内高度一致。

国家及地区	语　言
中国	标准汉语（普通话）、广东话、上海话、福州话、闽南话、湖南话、江西话、客家话及其他
法国	法语、区域方言
德国	德语
意大利	意大利语、德语、法语、斯洛文尼亚语
日本	日语
墨西哥	西班牙语、土著语（玛雅、Nauhatl及其他）
沙特阿拉伯	阿拉伯语
西班牙	卡斯蒂利亚西班牙语、加泰罗尼亚语、加利西亚语、巴斯克语
中国台湾地区	标准汉语（普通话）、台湾话、客家话
英国	英语、苏格兰语、苏格兰盖尔语、威尔士语、爱尔兰语、凯尔特语
也门	阿拉伯语

图 9.38　文献［518］中调查的国家（地区）和语言

文献［582］给出了一个访问和集成分布式地名索引资源的中介框架，以期构建一个元地名索引，生成地点名称信息的扩充版本。该方法综合了多个地名索引数据源中指代相同地理位置的地点名称信息的不同方面，并利用多个相似度指标来识别等价的地名。论文引入了地名本体概念，并与 Web 服务和数据中介功能结合，通过访问多个数据源响应本体查询。地名本体的主要作用包括：①发现与代表地点名称的给定输入字符串匹配的地名数据；②给定地理空间足迹作为输入，检索地理参考地点名称。

文献［302］中介绍的技术试图自动集成数字地名索引信息，该技术采用模仿人类行为的计算方法：首先，关注地点几何特性（假设不相连的地点不可能相同）；其次，关注其分类类型；最后，关注其名称。相关指标模拟人类认知过程，可以作为数字地名索引信息自动匹配的操作过程的补充。

9.8 隐私保护对象识别

隐私保护对象识别（Privacy Preserving Object Identification，PPOID）（常称为隐私保护记录链接）近年来成了热点研究领域，原因是在大量应用和服务中使用个人信息。在金融信息、健康信息、电子邮件、推特中可见个人信息的例子，应用的例子有医疗信息系统、客户关系管理、犯罪与欺诈侦测以及国土安全[248,682]。

受文献［623］的启发，可以通过图 9.34 和图 9.40 理解传统 OID 环境与 PPOID 环境的差异。在图 9.39 中，可以看到典型的 OID 过程工作流，其中节点表示预处理、约简、比较与决策步骤。

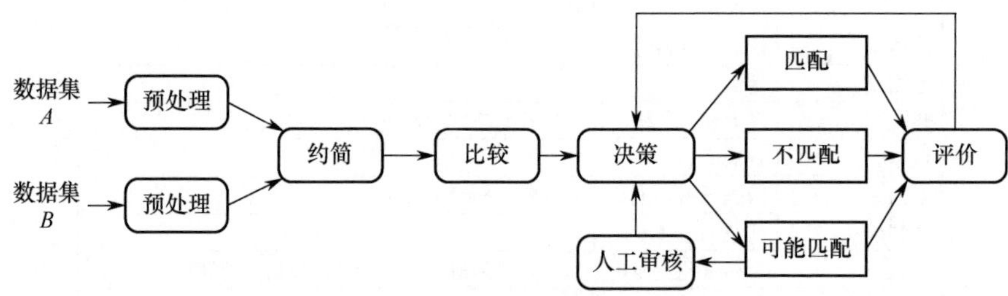

图 9.39　经典的对象识别过程

在图 9.40 中，可以看到 PPOID 环境引入了新的内容。此处，有两个人群（通常会更多）愿意提交他们自己的数据集与另外的数据集链接，这种情况是仅向对方披露已匹配的记录，或者其中的一部分，而所有其他信息和阶段必定会保持私有。

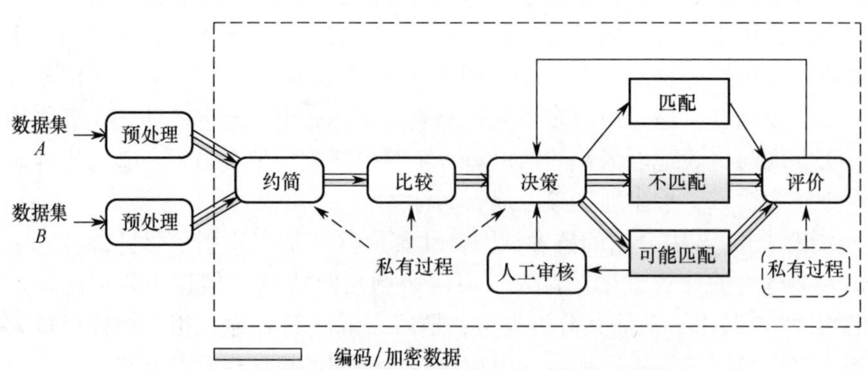

图 9.40　隐私保护对象识别（受文献［623］的启发）

需要注意的是，由于预处理可以在各个数据源独立实施，因此不属于隐私保护范围。所有其他阶段必须在避免信息向对方披露的方式下实施，因此必须作为私有流程管理。对于数据流从一个步骤到另一个步骤也需进行同样处理。此外，评价过程是具有挑战性的，PPOID 中访问实际记录值是不可接受的，因为那样会披露隐私信息。

最近发表了一些关于 PPOID 的综述文章[187,290,354,613,623,627]。文献［613］中对 4 种技术进行了比较；文献［627］中分析了各种技术，从增强隐私特性的经典 OID 技术到朴素 PPOID 技术，文献［187］分析了能够在 PPOID 中使用的 6 种比较操作，而文献［290］主要关注于约简和比较步骤；此外，还有关于尚待解决问题的讨论。文献［623］对 PPOID 进行了最全面的综述，是以下内容的主要依据。

文献［623］中对 PPOID 的 15 个应用维度和技术进行了分类，可归结为 4 个领域，即隐私需求、匹配技术、理论分析与评价以及实践。

9.8.1　隐私需求

组织间 PPOID 隐私需求指的是各方数量、对抗模型以及隐私技术。

（1）各方数量。可以分为需要第三方的（也称为三方协议（Third-party Protocol））以及不需要第三方的（两方协议（Two-party Protocols））。两方协议要比三方协议更安全，因为不会存在数据集拥有者一方与第三方串通的情况。同时，两方协议具有高复杂性的特点。

（2）对抗模型。对抗模型表示的是对抗行为，即必须考虑技术手段，并能够对抗，下面有两种对抗模型。

①诚实但好奇行为（Honest-but-curious Behavior）。即各方都具有好奇心，遵循协议，但会试图发现有关对方数据的信息。

②恶意行为（Malicious Behavior）。即各方可能会进行任意行为。

（3）隐私技术。文献［623］中讨论了 10 种技术，下面介绍其中几种。

① 安全哈希编码（Secure Hash Encoding）。单向哈希编码函数[555] 将一个字符串转换为一个哈希码（如将“carlo”转换为“73tg46t76n9”），而在当前计算技术条件下仅通过哈希码来得到原始字符串几乎是不可能的。该技术的最大限制是只能进行准确匹配[188]。该技术的应用示例如图 9.41 所示。

② 安全多方计算（Secure Multi-party Computation）。如果在计算结束时除了其本身的输入和最终结果之外没有任何一方知道任何信息，那么计算是安全的。安全多方计算技术采用某种形式的加密机制来保证安全计算。

③ 嵌入空间（Embedded Space）。以基于映射的分块（见 9.4.2 节）为基

名	姓	复合字符串	哈希字符串
peter	christen	peterchristen	51dc3dc1ca0
pete	christen	petechristen	h231g0180kl

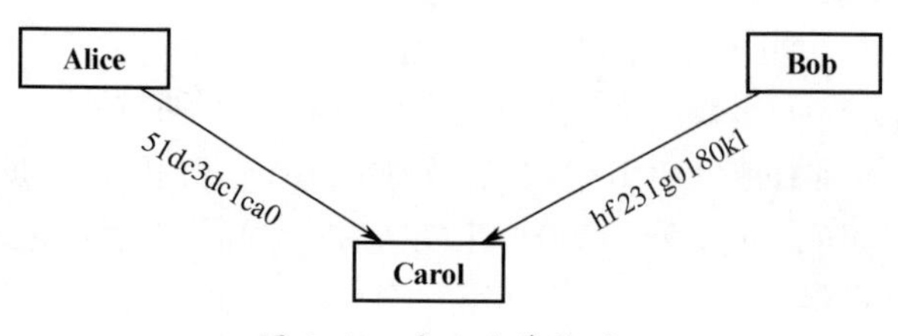

图 9.41　安全哈希编码

础，属性值被嵌入（映射）到一个度量空间，并且值之间需要保持距离[550]。

④ 泛化技术（Generalization Technique）。通过一个泛化过程对数据进行扰动，从而确保无法从扰动后的数据中重新识别数据。k-匿名泛化针对关系数据库中的表。定义可用于识别单个实体身份的属性为准标识符（Quasi-identifier），如果准标识符属性的每一个组合都被至少 k 个元组共享，那么该表满足 k-匿名标准。图 9.42 所示为 $k=2$ 的示例。数据集所有者使用相同的匿名化技术对数据集进行 k-匿名化，然后将加密的数据集发送给第三方，第三方构建与 k-匿名值组合一致的存储桶。

⑤ 随机值（Random Value）。以向数据集中插入额外记录这样的方式加入随机噪声（称为数据扰动技术（Data Perturbation Technique）[355]）。

⑥ 差分隐私（Differential Privacy）。一种最近出现的技术[324]，允许各方采用统计查询方式彼此交互，在每个查询结果中加入随机噪声，以保护数据隐私。只向其他各方披露扰动后的统计查询结果。

与伪随机函数、语音编码、参考值以及 Bloom 过滤器等相关的其他方面，参见文献［623］。

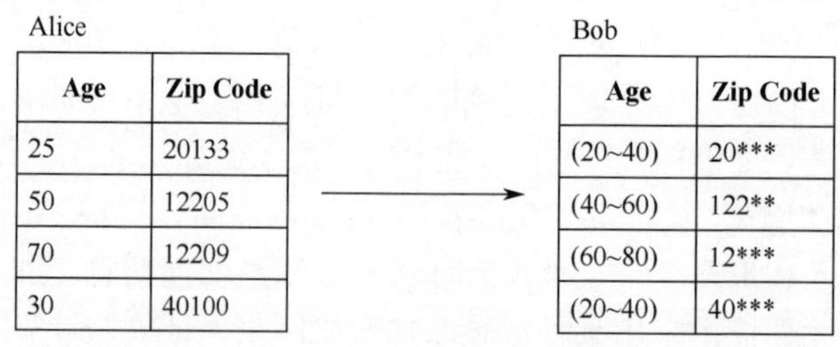

Alice

Age	Zip Code
25	20133
50	12205
70	12209
30	40100

Bob

Age	Zip Code
(20~40)	20***
(40~60)	122**
(60~80)	12***
(20~40)	40***

图 9.42　文献［323］中使用的 k-匿名化元组

9.8.2　匹配技术

下面将讨论 PPOID 过程中不同阶段采用的技术。

(1) 约简。PPOID 中约简步骤所采用的技术更加具有挑战性，涉及准确性、效率以及隐私的折中。文献 [15] 中提出了 4 种分块技术。

① 简单分块 (Simple Blocking)。在数据块中分配哈希签名，如果哈希签名在多个通用块中出现，则配对的相似度可能会被计算多次。

② 记录感知分块 (Record-aware Blocking)。采用带有所有哈希签名的标识符。

③ 朴素第三方分块 (Frugal Third-party Blocking)。使用安全的集合交操作。

④ 安全多方计算协议 (Secure Multi-party Computation Protocol)。在向第三方传输数据集之前识别通用哈希签名。

更多详情可参见文献 [15, 623]。

(2) 比较。该方面技术面临的主要挑战是如何计算配对字符串之间的相似度，而不向各方泄露隐私信息。

(3) 决策。挑战是从召回率和准确率的角度保持高质量，而同时要保护匹配记录对之外的记录的隐私 (图 9.40)。可从文献 [623] 中找到 PPOID 中使用的决策技术的详细描述。

9.8.3　分析与评价

理论分析涉及可扩展性、链接质量以及隐私弱点。可扩展性已经在 9.2.2 节进行了讨论，PPOID 的不同之处在于必须考虑各方之间的通信成本。根据匹配技术对数据错误的故障容错情况分析匹配质量，通过使用近似匹配或者预处理技术可以解决故障容错，读者可从文献 [623] 中了解这方面的例子。假设数据的真匹配状态已知 (PPOID 应用中往往不是这种情况)，链接质量可使用 9.2.2 节中讨论的任意度量加以评估。主要的隐私弱点包括频率攻击、字典攻击以及各方之间的串通。隐私评价有多种度量，下面只列出两种。

(1) 熵、信息增益和相对信息增益。熵度量消息中包含的信息量。信息增益评估给定加密版本消息，推断出其原始消息的可能性。相对信息增益度量是将信息增益归一化到 [0, 1] 区间，为比较和评价提供一个基准标度。

(2) 安全/模拟证明。可以通过在不同对抗模型下模拟解决方案进行隐私证明评价。如果在某个特定对抗模型下一方除了输入和输出无法获取更多信息，则可以证明该技术是安全和隐蔽的。

9.8.4 实践方面

实践方面包括技术的实现、可用于实验的数据集以及应用领域。有些技术仅提供理论，而有些技术已经在实验中实现，但只有一些提供实现的细节。对于数据集，由于获得现实世界中包含个人隐私的数据很困难，通常使用合成的数据集，并有一些工具可以支持，如文献［141］。对于应用领域，主要的目标领域包括医疗、普查、电子商务以及金融应用。

文献［623］讨论了上述所有维度，并对 29 种技术进行了比较。

9.9 本章小结

最近几年对 OID 的研究呈现出爆发的态势，导致 OID 的生命周期范围扩展到了新的阶段，如查询时 OID 和维护期 OID，覆盖了信息系统生命周期的各个阶段。对于传统的各个阶段，如预处理、约简以及比较与决策，OID 过程内在的复杂性、数据集规模的增加、降低人工干预的需求以及质量改进的压力，导致了基于知识/学习技术的出现，这些技术利用了待匹配实体的上下文以及其他类型的知识。

其他研究工作还关注了对决策过程的增强：一方面，重视匹配活动的中间结果，将决策扩展到融合步骤，并利用中间决策增量式地改进过程的效率和质量；另一方面，在早期匹配决策中提高过程的成本-收益比，并监视成本以适应增量决策。

根据本书精神，本章将关于质量的研究从数据扩展到一系列语言类和感知类信息，同样还讨论了地理空间信息的匹配技术，如地图匹配和地图/正射图像匹配。

第 10 章　数据集成系统中的数据质量问题

10.1　引言

在分布式环境中，数据源的各种异构性特征一般可分为：①技术异构性；②模式异构性；③实例层异构性。技术异构性（Technological Heterogeneities）是因为在一个信息和通信基础设施中，各个层采用了不同厂家的产品。例如，使用两个不同的关系数据库管理系统，像 IBM 的 DB2 和微软的 SQLServer，就是技术异构性的一个例子。模式异构性（Schema Heterogeneities）的主要原因：①使用不同的数据模型，如一个数据源采用关系型数据模型，而另一个采用 XML 数据模型；②使用不同的数据表示，如一个数据源将地址存储在一个单独的字段中，而另一个将地址分成街道、城市编号、城市等几个字段存储。实例层异构性（Instance-level Heterogeneities）产生的原因是对于同一个对象不同数据源提供了不同的、互相矛盾的数据值。这种异构性通常与质量错误有关，像准确性、完备性、流通性和一致性错误，例如，采用独立的过程给不同的数据源提供数据就会产生这类错误。

如今，存在很多这样的情景实例，数据存储于不同数据源中，必须采用统一方式访问，因此需要解决异构性问题。数据集成是一个重要的研究和业务领域，其主要目的是允许用户通过统一的数据视图访问异构数据源中的数据。虽然数据集成必须面对上述所有类型的异构性，但本章将重点研究实例层异构性，其中数据质量问题将变得更为重要。实例层异构性对数据集成系统（Data Integration System，DIS）中的查询处理影响很大。具体来说，在实施查询处理活动时要考虑不同的数据源可能具有不同的质量等级。因此，可以通过应答算法为最终用户提供最佳结果。下面将会介绍一些方法，如质量驱动的查询处理。此外，在收集数据作为查询应答的过程中，必须通过特定的实例层冲突消解活动，解决可能的冲突，否则整个集成过程不能正确结束。

质量驱动的查询处理和实例层冲突消解可以视为处理实例层异构性问题的两种互补方法。具体来说，可以考虑：

（1）只有质量驱动的查询处理（没有冲突消解）；

（2）只有冲突消解（没有质量驱动的查询处理）；

（3）两种方法互补使用。

为了考虑源头数据的质量的变化，质量驱动的查询处理修改了查询应答语义。假设（情况 1）不需要消解实例层冲突，但系统中元数据是可用的，能够返回最佳质量的结果（参见文献［463］）。实例层冲突消解专注于解决与查询处理无关的数据源间的冲突（情况 2），例如，不是在查询时而是在数据集成过程的不同阶段进行操作，如数据仓库中的总体统计（参见文献［462］）。或者另一种情况（情况 3），查询时执行冲突的消解是在自身质量驱动的查询应答过程中（参见文献［548］）。

在文献［81］中，数据融合是数据集成过程中的一个步骤，在模式映射（Schema Mapping）步骤和重复检测（Duplicate Detection）步骤（本书采用的术语为“对象识别步骤”）之后。实际上数据融合处理数据集成过程中矛盾的值。文献［81］中提出了一种数据融合（也称为冲突处理）策略分类，如图 10.1 所示。对于冲突数据，冲突忽略策略是不采取任何决策，甚至可能没有意识到存在数据冲突。冲突避免策略是考虑冲突，但不会对单个冲突进行检测和消解。相反，通过决策统一处理所有数据，如偏好来自于一个特殊数据源的数据。相比之下，冲突消解策略通过处理所有数据和元数据来消解冲突。可以再将其细分为判定和调解策略，前一种情况是从现有冲突值中选择一个，而后一种情况是，选择一个值，但不一定是现有冲突值。

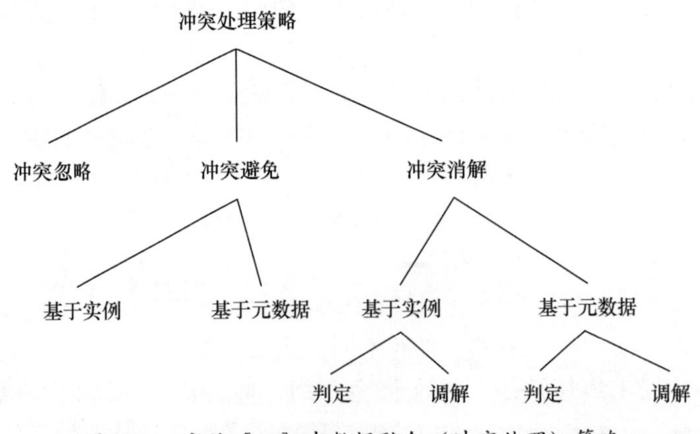

图 10.1　文献［81］中数据融合（冲突处理）策略

本章的组织结构如下：首先，介绍有关 DIS 的基本概念（10.2 节）；其次，概述现有的质量驱动查询处理的技术方案（10.3 节），在 10.4 节，将说明冲突消解用到的技术，采用判定策略或调解策略或两者都用；最后，针对解决 DIS 中不一致查询应答给出一些理论建议（10.5 节）。

10.2　数据集成系统概论

基于待集成数据源存储数据的实际位置，有以下两种主要的数据集成方法。

（1）虚拟数据集成。数据仍驻留在数据源中，统一视图是虚拟的。虚拟数据集成的参考架构是 Mediator-wrapper 架构[666]。

（2）物化数据集成（Materialized Data Integration）。数据（包括统一视图）是现实存在的，例如，数据仓库。

本章主要涉及虚拟数据集成。在描述质量驱动的查询处理时，实质上只关注虚拟 DIS。与此相反，实例层冲突消解技术相关概念在虚拟数据集成和物化数据集成两种场景都能适用。

下一节将描述虚拟 DIS 的主要特征。正如引言中所讨论的，数据集成就是合并不同数据源的数据，为用户提供一个统一的数据视图，即全局模式（Global Schema）。DIS 由 3 个要素组成：①一个全局模式；②一组数据源模式，包括所有数据源的模式；③全局模式和数据源模式之间的映射，明确全局模式所表示的概念和数据源模式所表示的概念之间的关系。

虚拟数据集成典型架构为 Mediator-wrapper 架构，如图 10.2 所示。包装器（Wrapper）的主要任务是给中介器（Mediator）提供一个统一的数据模型。中介器的任务是将全局查询分解成多个针对数据源模式的查询。此外，中介器必须合并和调和来自本地数据源包装器的多个应答。

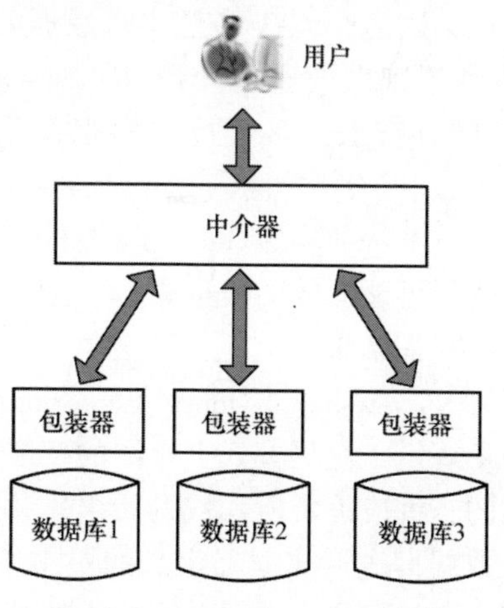

图 10.2　Mediator-wrapper 架构

有两种指定映射的基本方法[397]。第一种方法称为 GAV（Global-As-View）映射，需要将全局模式表示成数据源上的查询（或视图）。第二种方法称为 LAV（Local-As-View）映射，需要将每个数据源表示成全局模式上的查询。第三种方法称为 GLAV（Global-Local-As-View）映射，是上面两种模式的混合，把 GAV 和 LAV 两种方法结合起来，将数据源上的查询与全局模式上的查询对应起来。

10.2.1 查询处理

无论是 GAV 或 LAV（或 GLAV）映射，数据集成中的查询处理都需要有一个查询改写步骤：必须将全局模式上提出的查询改写成一组数据源上的查询。然而，DIS 中查询处理的实际实现严格依赖于描述映射说明的方法。

GAV 中的查询处理可以基于一个简单的展开（Unfolding）策略：给定全局模式符号集 A_G 上的一个查询 q，将 A_G 中的每个元素用数据源上的对应查询替换，然后在由本地数据源存储的数据上计算替换后的查询。如果对全局模式没有完整性约束，那么，可以还原 GAV 中的查询处理来实现展开（因此是不复杂的）。相反，如果存在完整性约束，从数据源中检索到的数据可能满足也可能不满足这种约束。如果存在违反约束的情况，那么，没有违反约束的那部分数据仍可能是有价值的，查询应答过程应该允许它们作为结果返回。因此，在 GAV 中引入完整性约束，意味着要处理存在不完备信息的查询应答和存在不一致信息的查询应答有关的问题[105]。然而，通常情况下，GAV 中的查询应答具有简化查询应答机制的优势。

相反，在 LAV 方法中，很容易添加或移去数据源，但通常需要更复杂的查询应答机制。具体地说，因为在 LAV 方法中将数据源建模为全局模式视图，因此查询处理问题称为基于视图的查询处理（View-based Query Processing）。基于视图的查询处理有两种方法：基于视图的查询重写和基于视图的查询应答。

基于视图的查询重写（View-based Query Rewriting）是将查询重新表示成一个仅针对数据源结构的尽可能等效的表达式。一旦完成查询重写的计算，就可以直接在数据源上获得查询结果。

基于视图的查询应答（View-based Query Answering）更加直接：除了给出查询和映射定义，同样还规定了全局模式上视图的扩展，目的是计算由所有数据库中与视图信息一致的查询应答集所构成的元组集。

关于查询处理以及数据集成形式框架定义的更多细节将在 10.5.1 节中描述。下面将用一个示例说明如何指定映射并用于查询处理。假设一个全局模式有如下关系。

（1）Book（Title，Year，Author）。表示书名、出版年份、作者。

（2）Award（Title，Prize）。表示获奖书名和奖金。

（3）Non Professional（Author）。存储非专业作者的姓名。

假设有两个数据源：S_1（Title，Year，Author）存储的是 1930 年以来由非专业作者出版的书的信息，S_2（Title，Prize）存储的是自 1970 年以来获奖的书的信息。一个全局查询可以写成“1980 年之后出版的书的标题和奖金。”对应的 Datalog 规则为（参见文献［614］）：

$$\text{Book}(T;\ 1980;\ A)\ \wedge\ \text{Award}(T;\ P)$$

其中，查询表示成两个带参数原子公式的合取，参数为变量（T，A，P）和常量（1980）。GAV 映射将通过以下规则定义相对于数据源的全局概念：

$$\text{Book}(T;\ Y;\ A) \leftarrow S_1(T;\ Y;\ A)$$

$$\text{Non Professional}(A) \leftarrow S_1(T;\ Y;\ A)$$

$$\text{Award}(T;\ P) \leftarrow S_2(T;\ P)$$

采用展开方式处理全局查询 $\text{Book}(T;\ 1980;\ A) \wedge \text{Award}(T;\ P)$，即根据定义逐渐展开原子公式，直到找出数据源关系。因此，这种情况下，展开过程产生以下查询，用数据源模式表示成

$$S_1(T;\ 1980;\ A)\ \wedge\ S_2(T;\ P)$$

相反，在 LAV 映射的情况下，规则依据全局模式定义本地数据源模式下的概念：

$$S_1(T;\ Y;\ A) \leftarrow \text{Book}(T;\ Y;\ A)\ \wedge\ \text{Non Professional}(A)\ \wedge\ Y \geqslant 1930$$

$$S_2(T;\ P) \leftarrow \text{Book}(T;\ Y;\ A)\ \wedge\ \text{Award}(T,\ P)\ \wedge\ Y \geqslant 1970$$

全局模式上的查询处理采用一种推理机制，旨在依据数据源中的原子公式表达全局视图的原子公式。因此，在这种情况下，推理过程产生以下查询，用数据源模式表示成

$$S_1(T;\ 1980;\ A)\ \wedge\ S_2(T;\ P)$$

这与展开过程得到的查询相同，只是使用了一个推理过程。

10.3　质量驱动的查询处理技术

本节将简要概述质量驱动的查询处理的几个实现方案，其中明确地考虑了本地数据源提供的数据的质量，返回的是全局查询的应答。然而，文献［61-62］还介绍了其他几种技术。

10.3.1 QP-alg：质量驱动的查询计划

本节介绍文献［463］中提出的方法，以下将用 QP-alg 表示。本地数据源和全局模式之间的映射采用查询一致断言（Query Correspondence Assertion，QCA）形式说明，一般形式为

$$MQ \leftarrow Si.vj \leftarrow WQ$$

其中：①MQ 是中介器查询，并且是一个合取查询；②Si. vj 表示数据源 Si 上的任意一个视图 vj；③WQ 为包装器查询。映射可归为 GLAV 映射，即用数据源上的查询定义全局模式的查询。

有三类数据质量维度，称为信息质量标准（Information Quality Criteria，IQ 标准），定义如下。

（1）数据源专用标准（Source-specific Criteria）。定义一个整体数据源的质量。这类标准的例子有基于用户个人偏好的数据源的声誉，以及用数据源更新频率度量的数据源的合时性。

（2）质量一致断言专用标准（QCA-specific Criteria）。定义具体 QCA 的质量。例如，代价（Price）就是这类标准一个例子，可理解为实施查询所要付出的代价。

（3）用户查询专用标准（User-query-specific Criteria）。从给特定用户查询提供的应答结果方面测量数据源的质量。例如，基于数据源关系充分程度的完备性就是这类标准的一个例子。

有些 IQ 标准指标是预先确定的，而另外一些则是动态计算的，其结果是一组用于数据源和计划排名的 IQ 标准矢量。需要注意的是，在 DBMS 中，给定一个查询，首先依据查询构造多个等效的查询计划方案，然后以成本模型为基础对它们进行排名和选择。相反，根据 QP-alg 方法构建的计划会产生不同的查询结果，虽然它们在语义上都是正确的。QP-alg 方法的各个阶段如图 10.3 所示。

第一阶段根据数据源专用标准，过滤掉低质量数据源，对数据源空间进行剪枝。为了基于 IQ 标准矢量对数据源分类，采用多属性决策方法，即数据包络分析[119]。

第二阶段是基于 QCA 实际上就是中介器模式上的视图这一事实创建计划，因此，可以得到使用视图进行查询应答的基本数据集成结果[399]。

第三阶段首先评估 QCA 的质量（图 10.3 选择计划中的步骤 1）。具体来说，对于每个 QCA，计算 QCA 专用标准和用户查询专用标准。然后，按照一个类似于 DBMS 成本模型的程序评估计划的质量（图 10.3 选择计划中的步骤

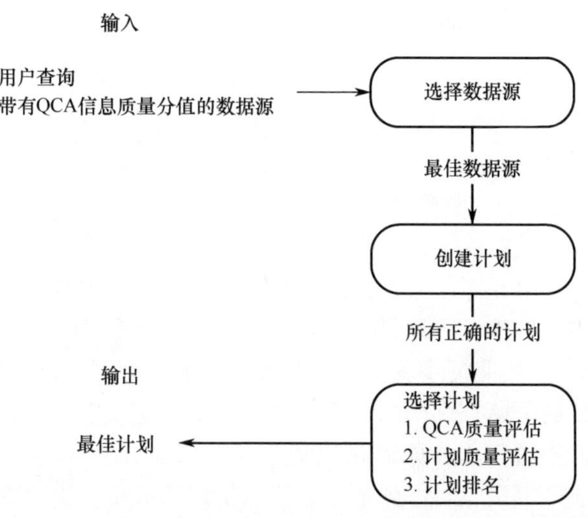

图 10.3　QP-alg 方法的各个阶段

2)。为每个计划构建一棵树，QCA 作为叶子，连接运算符作为内部节点。对于某个节点，从其子节点开始递归地计算 IQ 矢量。为每个质量标准定义一组“合并”函数以便组合 IQ 矢量。作为示例，代价标准的合并函数定义为给定节点的右子节点和左子节点的和，这意味着必须进行两个查询。图 10.4 示例说明如何计算计划 P_i 的代价。

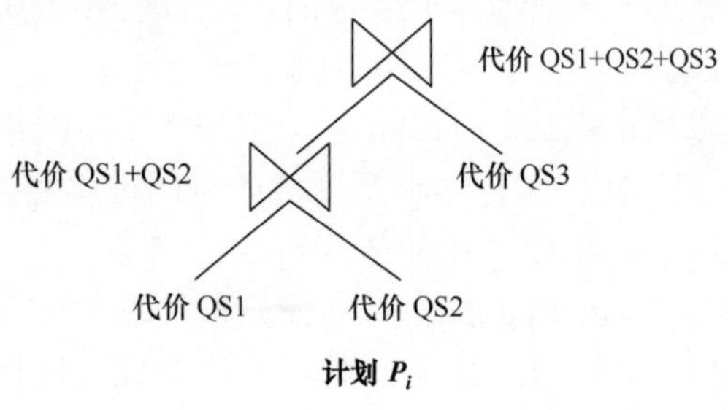

图 10.4　计划 P_i 的代价计算示例

接着，通过简单求和赋权（Simple Additive Weighting，SAW）方法对计划进行排名（图 10.3 选择计划中的步骤 3）。具体来说，某个计划的最终 IQ 分值为按比例划分的标准的加权和，其中权重表示每个标准对用户的“重要性”。最后，根据排名结果，选出最佳计划。

10.3.2 DaQuinCIS 查询处理

文献［548］中描述的 DaQuinCIS 系统是一个在协作信息系统中处理数据质量的框架。系统中的数据质量代理（Data Quality Broker）模块就是一个 DIS。本节重点关注作为数据质量代理功能之一的查询应答过程。

DaQuinCIS 方法的主要思想是让合作组织不仅导出计划与其他组织交换的数据，还有表征其质量水平的元数据。为此，提出了一个具体的半结构化数据模型，称为 D^2Q。第 6 章已对该模型进行了详尽描述。根据导出数据的质量特征对用户查询进行处理，可以得到“最佳质量”应答结果。

根据 GAV 方法按照逐步展开方式处理全局模式的查询，即用本地数据源上的对应视图替换原始查询中的每个原子公式。在定义全局模式概念与本地模式概念之间映射的过程中，同时可以通过多个数据源得到全局层面概念的扩展，实际上，通过定义映射得到本地数据源扩展的并集。这种映射定义直接来源于一个假设，即由数据质量错误导致的同一个概念可能会在本地数据源层面有不同的扩展。因此，在检索数据时，要对数据进行比较，选择或构造一个最佳质量副本。

具体来说，DaQuinCIS 中的查询处理按以下步骤顺序执行。

（1）查询展开（Query Unfolding）。依据某个静态映射将全局查询 Q 展开，该静态映射从本地数据源角度定义了全局模式的每个概念；此映射的定义能够检索到同一数据的所有可用的备份，即由合作组织根据 D^2Q 模型输出的数据。因此，查询 Q 被分解为本地数据源上的查询 Q_1，Q_2，…，Q_k，然后执行这些查询返回一组结果 R_1，R_2，…，R_k（图 10.5）。

（2）扩展检查（Extensional Checking）。该步骤中，在集合 $R_1 \cup R_2 \cup \cdots \cup R_k$ 上运行记录匹配算法，运行结果是由指向相同现实实体的记录组成的一组簇 C_1，C_2，…，C_z（见图 10.5 中间部分）。

（3）结果构建（Result Building）。依据最佳质量缺省语义（Best Quality Default Semantics）构建要返回的结果，即对于每个簇，选择或构建产生一个最佳质量代表。簇中的每条记录是由质量值 q 和每个相关的字段值 f 组成的配对。如果存在所有字段都具有最佳质量值的记录，那么，该记录就作为每个簇中的最佳质量记录被选出；否则，最佳质量记录就通过构造得到，即由同一个簇内的记录中具有最高质量的字段构成最佳质量记录。一旦选出每个簇中的代表，那么，所有簇代表的并集就构成了结果集 R（见图 10.5 右部）。每一个质量值 q 就是一个质量值矢量，对应于不同的质量维度。例如，q 可以包括准确性、完备性、一致性和流通性的值。这些维度可能具有不同的尺度，因此，需

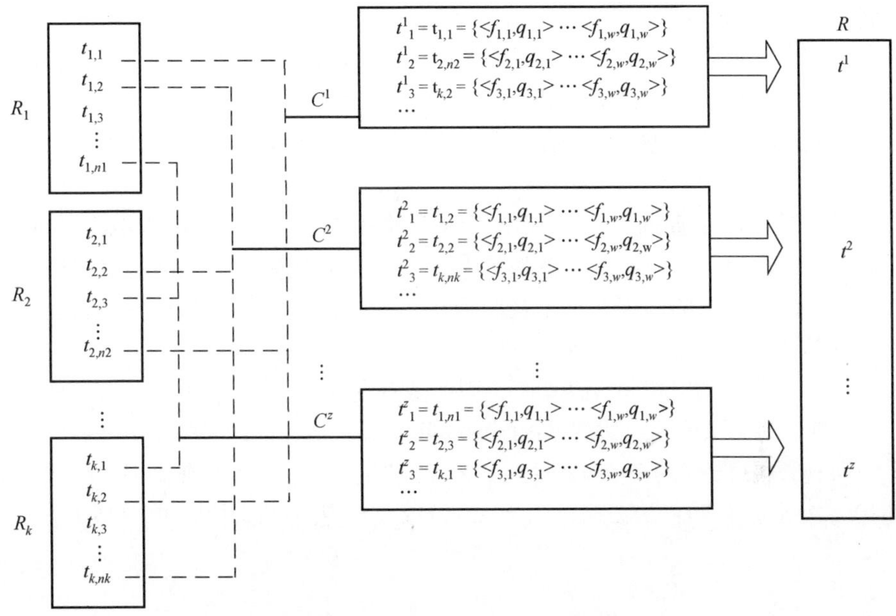

图 10.5　DaQuinCIS 中查询结果构建示意图

要一个定标步骤。一旦完成定标，需要对这些矢量排序，因此，同样需要排序方法。定标和排序问题已经有公认的解决方案，如多属性决策方法，像 AHP[535]。

10.3.3　Fusionplex 查询处理

一个 DIS 的 Fusionplex[454] 模型具有：①一个关系型全局模式 D；②一组关系型本地数据源（D_i，d_i），其中 d_i 是本地模式 D_i 的实例；③一组模式映射（D，D_i）。映射是 GLAV 映射，即全局模式视图对应于本地数据源模式视图。在 Fusionplex 中，假定模式一致性假设（Schema Consistency Assumption）成立，则意味着在本地数据源中没有模型错误，而只是模型差异。同时，假定实例不一致假设（Instance Inconsistency Assumption）成立，则意味着由于存在错误，现实世界的相同实例可以在不同的本地数据源中被不同地表示。为了处理这种实例层不一致性，Fusionplex 引入了一组关于集成数据源的元数据，称为特征（Feature）。数据源特征包括时间戳、可用性和准确性，10.4.2.3 节对其进行详细介绍。在模式映射的定义中加入这些特征，使得上面提出的数据集成框架定义得到扩展。具体来说，映射是由一个全局模式视图 D、一个本地模式视图 D_i 以及局部视图相关特征组成的三元组。Fusionplex 加入了关系代数的扩展，来考虑一组特征 $F=\{F_1, F_2, \cdots, F_n\}$ 与数据源关系间的关联。例如，扩展的笛卡儿积将有关系的数据连接在一起，并对其特征值进行融合，而融合方法取决于具体特征。因此，新元组的可用性值可以是输入元组的可用性值的乘积，时间戳可以是输入时间戳中最小值等。在此场景中，查询处理执行如下几个步骤。

（1）给定一个查询 Q，识别出一组贡献视图（Contributing View）。首先，将查询的属性集合与每个视图的属性集相交。如果交集为空，则贡献视图无意义。然后，选择查询谓词和贡献视图连接。如果产生的谓词为真，则认为贡献视图与查询相关。

（2）一旦识别出相关贡献视图，则产生查询片段（Query Fragment）作为填充查询响应的信息单元。从贡献视图中移除所有未被查询请求的元组和属性，对于贡献视图中没有的查询属性则以空值填充，从而形成查询片段。例如，图 10.6 中显示了两个贡献视图 C_1 和 C_2，以及对应的查询片段 QF_1 和 QF_2。

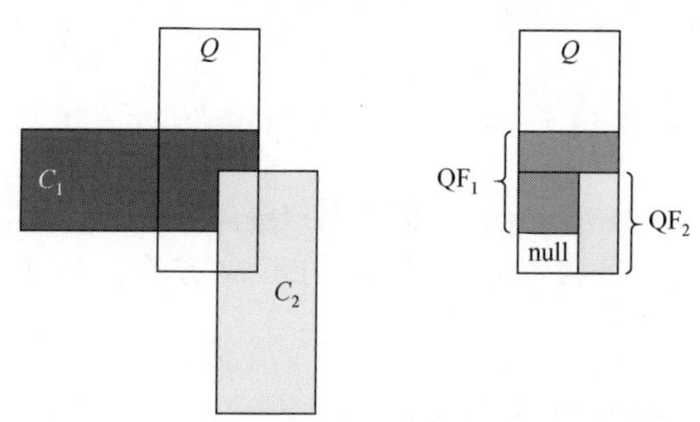

图 10.6　从贡献视图中构建查询片段示例

（3）从每个相关贡献视图构建单个查询片段，其中片段中有些可以是空的。所有非空查询片段的并集，称为查询的聚实例（Polyinstance）。更直观地说，聚实例包含了为响应用户查询从数据源导出的所有信息。

为了给用户的查询 Q 提供唯一的结果，必须解决聚实例中存在的实例层冲突。一旦完成了聚实例的构造，则必须应用冲突检测和消解策略，详见 10.4.2.3 节中的描述。

10.3.4　质量驱动的查询处理技术比较

图 10.7 中基于以下特性对几种查询处理技术进行了比较。

（1）质量元数据（Quality Metadata）。表示每种技术是否基于一组元数据支持查询处理活动。

（2）质量模型粒度（Granularity of the Quality Model）。表示质量元数据所关联的数据元素。QP-alg 不仅将质量元数据与数据源相关联，而且还与 QCA 和用户查询相关联。DaQuinCIS 利用了半结构化数据模型在各种粒度级别下进行质量关联的灵活性。Fusionplex 仅在数据源级别进行关联。

（3）映射类型（Type of Mapping）。QP-alg 和 Fusionplex 都可以采用 GLAV 类型的映射定义方法，而 DaQuinCIS 只有 GAV 方法。

（4）质量代数支持（Support to Quality Algebra）。表示与本地数据源中的数据相关的质量值需要通过特定的代数运算符"组合"产生。正如第 7 章 7.3 节中描述的，在这个方向有一些研究成果，但仍然是一个开放的问题。QP-alg 在合并函数中对质量值的代数处理进行了一些尝试，Fusionplex 对关系运算符进行了扩展。

技术	质量元数据	质量模型粒度	映射类型	质量代数支持
QP-alg	是	数据源、查询映射断言、用户查询	GLAV	初步
DaQuinCIS 查询处理	是	半结构化模型的每个数据元素	GAV	否
FusionPlex 查询处理	是	数据源	GLAV	初步

图 10.7　质量驱动的查询处理技术对比

10.4　实例层冲突消解

实例层冲突消解技术是数据集成系统中的主要活动。如果这类冲突没有解决，那么，数据集成系统就不能返回用户查询的结果。数据集成通常处理异构和自治的数据源，因此，实例层冲突是非常常见和频繁出现的。不幸的是，大部分现有的数据集成解决方案都有简化数据值冲突的假设。

本节在介绍完冲突分类（10.4.1 节）后，将对现有实例层冲突消解技术中的部分方案进行描述（10.4.2 节），并以技术的比较作为总结（10.4.3 节）。

10.4.1　实例层冲突分类

如 10.1 节所述，为了集成来自不同数据源的数据，需要解决由技术、模式和实例层异构性引起的问题。在下面章节中，将简要概述由模式异构导致的冲突，称为模式层冲突（Schema-level Conflict），后半部分将关注由实例层异构导致的冲突，称为实例层冲突（Instance-level Conflict）。

模式层冲突已被广泛研究（参见文献［366］），包括以下几方面。

（1）异构性冲突（Heterogeneity Conflict）。常出现在使用不同数据模型的场景中。

（2）语义冲突（Semantic Conflict）。语义冲突是指模型元素外延之间的关系。例如，Person（人员）实体，在不同的数据源中可以具有不同的外延，这些外延可以不相交或部分重叠，以及包含或者完全重叠。

（3）描述冲突（Description Conflict）。涉及具有不同属性的概念的描述。这些冲突包括不同的格式、不同的属性类型以及不同的尺度，并处于模式层冲突和实例层冲突的边界上。例如，在文献［224］中，这种冲突被划分为数据值冲突。通常把描述冲突放在模式层，因为它们实际上是由数据模式的不同设计引起的，虽然这种选择无疑会对被集成的值有一定的影响。

（4）结构冲突（Structural Conflict）。涉及同一模型中不同的设计选择。例如，如果一个数据源将 Address（地址）表示为一个实体，则另一个数据源将其作为属性。

与模式层冲突相比，实例层冲突受到的关注较少，仅在近期其重要地位才得到体现，这是由于这类冲突对数据集成过程有着根本性的影响。实例层冲突是由低质量数据造成的，因为在数据采集过程或数据输入过程中存在错误，或者是数据源未被更新。

根据模型元素的粒度，实例层冲突可分为属性冲突（Attribute Conflict）和键冲突（Key Conflict），也称作实体冲突（Entity Conflict）或元组冲突（Tuple Conflict）。如文献［405］等一些文献也讨论了关系冲突（Relationship Conflict），这在概念设计层非常有意义。下面将关注属性冲突和键冲突这两个数据集成过程中主要的冲突类型。

试想存在两个关系表 $S_1(A_1, A_2, \cdots, A_k, A_{k+1}, \cdots, A_n)$ 和 $S_2(B_1, B_2, \cdots, B_k, B_{k+1}, \cdots, B_m)$，其中 $A_1 = B_1 \cdots A_k = B_k$。$S_1$ 中的元组 t_1 和 S_2 中的元组 t_2 表示同一个现实实体，并令 $A_i = B_i$；对从 1 到 k 的所有 j，并且 $i \neq j$，可以定义以下冲突。

（1）存在属性冲突当且仅当

$$t_1.A_i \neq t_2.B_i$$

（2）进一步假设 A_i 是 S_1 的主键，B_i 是 S_2 的主键。存在键冲突当且仅当

$$t_1.A_i \neq t_2.B_i \text{ 且 } t_1.A_j = t_2.B_j$$

在图 10.8 中，给出了属性冲突和键冲突的几个例子。图中两个关系 EmployeeS1 和 EmployeeS2 表示公司雇员的信息。注意，假设不存在模式层冲突，也就是说，两个关系具有完全相同的属性和相同的外延，但存在实例层冲突。在这两个关系中出现了两个属性值冲突，分别为员工 arpa78 的 Salary（薪资）

和员工 ghjk09 的 Surname（姓）。关系 EmployeeS1 中的雇员 Marianne Collins 和关系 EmployeeS2 中的雇员 Marianne Collins 之间存在键冲突，假设这两个元组表示同一个现实对象。

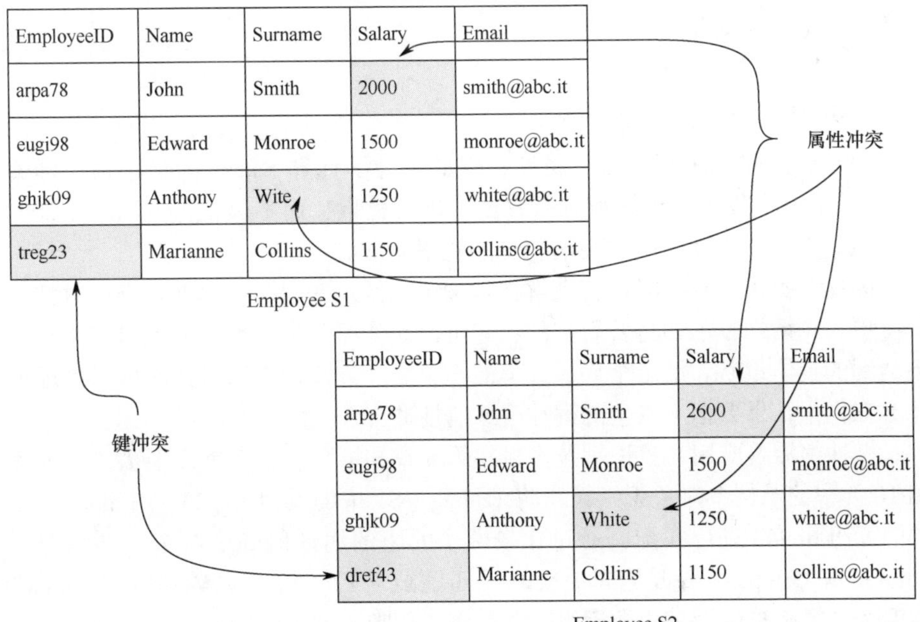

EmployeeID	Name	Surname	Salary	Email
arpa78	John	Smith	2000	smith@abc.it
eugi98	Edward	Monroe	1500	monroe@abc.it
ghjk09	Anthony	Wite	1250	white@abc.it
treg23	Marianne	Collins	1150	collins@abc.it

Employee S1

EmployeeID	Name	Surname	Salary	Email
arpa78	John	Smith	2600	smith@abc.it
eugi98	Edward	Monroe	1500	monroe@abc.it
ghjk09	Anthony	White	1250	white@abc.it
dref43	Marianne	Collins	1150	collins@abc.it

Employee S2

图 10.8　键冲突和属性冲突示例

实例层冲突在虚拟集成和物化集成中都会出现。对于虚拟数据集成，已经提出了问题的理论表示，具体来说，被引用的键冲突和属性冲突违反了全局模式上集成视图的完整性约束。10.5.2 节将提出更多关于数据集成中不一致性的理论观点。

下一节将介绍解决实例层冲突的几种技术。

10.4.2　技术概述

处理实例层冲突的技术可以应用在 DIS 生命周期的两个不同阶段，即设计时（Design Time）和查询时（Query Time）。在这两种情况中，冲突实际是在查询时发生；而设计时需要确定对查询进行处理前（即 DIS 设计阶段）修复冲突要遵循的策略。查询时实施的技术要结合在制定查询表示时要遵循的策略规范。

可以在文献［167］中找到设计时解决冲突的建议，其消除属性冲突的主要思想是：为每个可能在执行查询时涉及冲突的属性指定聚合函数。

设计时的技术存在一个优化问题，如文献［684］所述。考虑图 10.8 中的示例，假设在设计时明确指定，在发生冲突的情况下 Salary 属性必须选择最低工资。给定一个全局模式，Employee（EmployeeID，Name，Surname，Salary，Email），考虑以下查询：

```
SELECT   EmployeeID, Email
FROM     Employee
WHERE    Salary<2000
```

由于在查询中涉及 Salary 属性，因此，为了计算 Salary 的最小值，即使 Salary 没有冲突发生，也必须对所有员工进行检索，而不仅仅是 Salary < 2000 的员工。由此，设计时的冲突消解可能效率非常低。

因此，提出了查询时冲突消解技术来解决低效率问题。此外，查询时技术具有更大灵活性，正如将要看到的，它可以允许那些制定查询的人指定用于冲突消解的具体策略。给定全局模式上的一个用户查询，查询时技术可以处理可能会在检索结果数据上发生的键冲突或属性冲突。

键冲突需要应用对象识别技术，在第 8 章和第 9 章中都有详细描述。参考图 10.8 中的示例，对象识别技术将 EmployeeS1 中的元组 treg23 与 EmployeeS2 中的元组 dref43 进行匹配，通过比较两个元组的属性值确定两个数据源中的"Marianne Collins"是否是同一个人。匹配成功后，指向"Marianne Collins"的两个元组将被认为是一个元组，并且将选用唯一键来识别元组，从而解决键冲突。如果匹配决策的结果是否定的，则没有键冲突。

关于属性冲突，已有的几种消解技术包括：

（1）基于 SQL 的冲突消解[462]；

（2）Aurora[684]；

（3）Fusionplex[454]；

（4）DaQuinCIS[549]；

（5）基于 FraSQL 的冲突消解[552]；

（6）OO_{RA}[405]。

接下来将详细介绍这些技术，此外，文献［250，489］等还介绍了其他一些方案。在详细描述之前，举例说明哪些是消除属性冲突要遵循的"抽象"步骤。

再来参考图 10.8 中的示例，假设接下来的查询是在全局模式 Employee（EmployeeID，Name，Surname，Salary，Email）上定义的：

```
SELECT   Salary
FROM     Employee
WHERE    Name = "John" AND Surname = "Smith"
```

为了得到查询结果，必须消除关系 EmployeeS1 中 John Smith 的 Salary 值和 EmployeeS2 中 John Smith 的 Salary 值之间的属性冲突。

该问题的解决方案是声明性地说明如何处理这样的冲突。声明规范包括如下几个方面。

（1）一组冲突消解函数，基于冲突中涉及的具体属性，可以选出最合适的值。

（2）一组冲突处理策略，对应不同的容忍度。

（3）一个直接或间接考虑可能冲突的查询模型，即具有处理冲突的自适应函数等具体扩展功能，或者没有具体扩展功能。

消解函数（Resolution Function）将某个属性的两个（或多个）冲突值作为输入和输出，必须返回一个值作为查询的结果。常见的消解函数有 MIN 和 MAX，也可以添加某些属性类型专用的消解函数。例如，对于数值属性类型，可以使用 SUM 和 AVG。对于非数值属性，可以支持更多的消解函数，如 CONCAT。在文献［462］中，提出了一种消解函数 MAXIQ。假设存在一个将质量值与模型元素（如属性）相关联的数据质量模型，消解函数 MAXIQ 将返回具有最高质量的值。图 10.9 中汇总了文献［462］中提出的冲突消解函数。有些函数是常用的聚合函数，其他一些则专门用于消解冲突。

函数	属性类型	描述
COUNT	任意	计算冲突值的总数
MIN	任意	最小值
MAX	任意	最大值
RANDOM	任意	随机非空值
CHOOSE(Source)	任意	对特定属性选择最可靠的数据源
MAXIQ	任意	具有最高信息质量的值
GROUP	任意	将所有冲突值分组
SUM	数值型	所有值求和
MEDIAN	数值型	中值，即比它大和比它小的数量相同
AVG	数值型	所有值的算术平均
VAR	数值型	方差
STDDEV	数值型	标准偏差
SHORTEST	非数值型	最小长度，不计空格
LONGEST	非数值型	最大长度，不计空格
CONCAT	非数值型	值的拼接
ANNCONCAT	非数值型	带标注的值拼接，其目的是在实际返回值之前指定数据源

图 10.9　文献［462］中的消解函数

容忍策略（Tolerance Strategy）允许用户定义能忍受冲突的程度。例如，可以指定在一个具体的属性上不允许出现冲突。这意味着在该属性上从各个数据源返回的所有值都必须一致。另一个例子，可以指定存在冲突的情况下，在冲突值中随机地选择一个值作为结果输出。另一种容忍策略，可以指定一个阈值区分可容忍冲突和不可容忍冲突。例如，对于 Name（名）属性，有 Michael 和 Maichael 两个值，它们互相之间存在一个字符的编辑距离，这个冲突可以容忍，因为删除一个字符，就可以将 Maichael 变换成 Michael。相反，对于像 Salary 这样的数值属性，即使是一位数字的差异也是不能容忍的。

关于查询模型（Query Model），可以适当地使用 SQL 来指定解决冲突的方式[462] 或利用文献［405，684］中提出的自适应扩展。

接下来将介绍几种冲突消解技术，并举例说明所提出的抽象步骤。

10.4.2.1　基于 SQL 的冲突消解

该方法提出基于当前数据库系统的功能用 SQL 定义查询。基于 3 个 SQL 运算功能，讨论 3 种可能的策略。

（1）分组。借用 SQL 中的“Group by”子句，在查询定义中根据一个或多个分组属性对元组进行分组。然后，指定一个聚合函数来选择恰当的冲突值。例如：

```
SELECT        EmployeeId, min (Salary)
FROM          Employee
GROUP   BY    EmployeeId
```

这种方法的主要缺点是只能使用 SQL 支持的聚合函数。

（2）连接。假定合并两个数据源，并将结果分成 3 个集合：两个数据源的相交部分、仅第一个数据源中的元组以及仅第二个数据源中的元组。然后，合并每个集合上的查询，最后合并结果。在相交部分上的查询语句如下：

```
SELECT   EmployeeID, min (Employee1.Salary, Employee2.Salary)
FROM     Employee1, Employee2
WHERE    Employee1.EmployeeId = Employee2.EmployeeId
```

该查询的优点是：消解不再使用聚合函数，而是使用数值函数。这扩展了使用用户自定义函数的可能性，从而扩大了可能的消解函数的范围，同时与大多数数据库系统允许用户自定义标量函数相符合。下面的查询选择只在第一个数据源中而不在第二个数据源中的元组：

```
SELECT   EmployeeId, Price
FROM     Employee1
WHERE    Employee1.EmployeeId NOT IN
```

（SELECT　EmployeeID　FROM　Employee2）

选择不在第一个数据源中而在第二个数据源中的元组的查询语句与上述类似。合并的查询就是通过 UNION 运算符简单地将所有查询结果合并。这种方法的主要缺点是查询复杂，因为分块数量随着数据源的数量呈指数增长，查询的长度和复杂性可能会变得无法承受。

（3）嵌套连接。是对前面方法的改进，可以在消解函数关联时执行。给定 N 个要合并的数据源，其思想是先合并两个，然后将其与第三个合并，依此类推，使用这种方法，查询呈线性增长，但仍然很复杂。

10.4.2.2　Aurora

Aurora 是一个基于中介的 DIS 方法。该方法提出了一种容忍冲突查询模型，目的是在一个期望的程度上消解冲突。容忍冲突查询模型具有以下特征。

（1）两种运算符。一种用于属性冲突消解，称为属性层冲突消解（Resolve Attribute-level Conflict，RAC）；另一种用于元组冲突消解，称为元组层冲突消解（Resolve Tuple-level Conflict，RTC）。运算符将消解函数作为参数，例如，观察关系 Employee 的全局总体，图 10.10 所示为集成图 10.8 中的两个关系 EmployeeS1 和 EmployeeS2 后得到的全局实例。图 10.11 举例说明 RAC 的工作原理，其中具体的消解函数有针对 Salary 的 MIN 函数、针对 Surname 的 LONGEST 函数，以及针对 EmployeeID 的 ANY 函数。RTC 工作原理如图 10.12 所示，其中消解函数是 ANY，并且选择元组 dref43 来解决元组冲突。

元组标识	EmplyeeID	Name	Surname	Salary	Email
t_1	arpa78	John	Smith	2000	smith@abc.it
t_2	eugi98	Edward	Monroe	1500	monroe@abc.it
t_3	ghjk09	Anthony	Wite	1250	white@abc.it
t_4	treg23	Marianne	Collins	1150	collins@abc.it
t_5	arpa78	John	Smith	2600	smith@abc.it
t_6	eugi98	Edward	Monroe	1500	monroe@abc.it
t_7	ghjk09	Anthony	White	1250	white@abc.it
t_8	dref43	Marianne	Collins	1150	collins@abc.it

图 10.10　全局关系 Employee 的实例

元组标识	EmplyeeID	Name	Surname	Salary	Email
t_1	arpa78	John	Smith	2000	smith@abc.it
t_2	eugi98	Edward	Monroe	1500	monroe@abc.it
t_3	ghjk09	Anthony	White	1250	white@abc.it
t_4	treg23	Marianne	Collins	1150	collins@abc.it

RAC(Employee, Salary(MIN), Surname(Longest), EmployeeID(Any))

图 10.11　属性冲突消解方案

元组标识	EmplyeeID	Name	Surname	Salary	Email
t_1	arpa78	John	Smith	2600	smith@abc.it
t_2	eugi98	Edward	Monroe	1500	monroe@abc.it
t_3	ghjk09	Anthony	Wite	1250	white@abc.it
t_4	dref43	Marianne	Collins	1150	collins@abc.it

RTC(Employee, ANY)

图 10.12　元组冲突消解方案

（2）3 种冲突消解策略，即 HighConfidence、RandomEvidence 和 PossibleAtAll。这些策略可以让用户自定义允许冲突的程度，并且在定义查询时与前面描述的运算符结合使用。HighConfidence 表示对某个特定的属性不容许有冲突。这意味着数据源返回的该属性的所有值都必须一致。RandomEvidence 指在发生冲突的情况下，运行时必须选择一个值作为返回结果。PossibleAtAll 表示返回所有正确响应查询的值，无论是否存在冲突。

冲突容忍查询模型仅基于元组层冲突，但用户可以指定属性层冲突消解方案。下面是一些冲突容忍查询模式示例：

Q1：

```
SELECT   EmployeeID，Name（ANY），Salary［MIN］
FROM     Employee
WHERE    Salary>1800
WITH     HighConfidence
```

Q2：

```
SELECT   ［ANY］EmployeeID，Name，Salary
FROM     Employee
WHERE    Salary>1800
WITH     RandomEvidence
```

这两个查询都是选择 Salary 大于 1800 欧元的员工。如果存在冲突，Q1 会在所有数据源中选择 Salary 大于 1800 的员工。因此，基于图 10.10，选中元组 t_1 和 t_5。然后，在 Salary 上应用消解函数 MIN，返回元组 t_1，即 Salary 值为 2000。Q2 则是随机选择一个 Salary 值，如果大于 1800，则作为结果返回。然后，应用选择子句中指定的元组消解函数 ANY。基于图 10.10，在 t_1 和 t_5 的 Salary 值中随机返回一个值。

10.4.2.3　Fusionplex 和 DaQuinCIS

在 Fusionplex 系统与 DaQuinCIS 系统中采用的两种冲突消解方法相似，都是基于与本地数据源中数据相关联的元数据来解决属性冲突。

Fusionplex 提出了以下称为特征的元数据。

（1）时间戳（Time Stamp）。表示数据源在系统中被确认的时间。

（2）成本（Cost）。可以是网络传输时间，或者是要为信息支付的费用，或者两者都是。

（3）准确性。根据概率方法进行评估。

（4）可用性。信息随机可用的概率。

（5）许可（Clearance）。访问信息需要的许可等级。

在 Fusionplex 中，特征作为一个整体与数据源相关，并且具有约束性假设，即就某个具体的特征而言数据源中的数据是同构的。

DaQuinCIS 提出了以下称为维度的元数据。

（1）准确性。涉及数据值的语法准确性。

（2）流通性。反映数据值的最新程度。

（3）一致性。测量数据源内部完整性约束。

（4）完备性。计算空值的数量。

在第 6 章中详细描述的 D^2Q 数据模型是半结构化的，并且允许元数据可以与不同粒度的数据元素关联，因此，元数据可以关联到单个值、属性以及所有其他的模型元素。

在 Fusionplex 中定义的一个扩展 SQL 语句的例子如下：

```
SELECT   EmployeeID, Salary
FROM     EmployeeS1, EmployeeS2
WHERE    EmployeeS1.EmployeeID = EmployeeS2.EmployeeID
USING    cost>0.6
WITH     timestamp as 0.5
```

假定基于 XML 表示两个关系 EmployeeS1 和 EmployeeS2，以 XQuery[82] 方式表示的 DaQuinCIS 查询的例子如下：

```
FOR      $i in input () // EmployeeS1
FOR      $j in input () // EmployeeS2
WHERE    ($i/EmployeeID = $j/EmployeeID) and quality ($i/Salary)>0.7
         and quality
         ($j/salary)>0.7
RETURN   ($i/Name, $i/Salary)
```

如上所述，Fusionplex 和 DaQuinCIS 中的属性冲突消解都是基于元数据的。此外，两个系统都具有类似的步骤，即在发出一个用户查询时，收集所有应答查询的有效实例，并将其分组到同一个对象的副本簇中，然后，两个系统都会应用消解策略以便产生结果元组。

两个系统的不同在于构建最终结果的过程。如 10.3.3 节中所述，在 Fusionplex 中，收集本地数据源的结果完成一个聚实例的构造，在此阶段应用冲突消解策略。冲突消解分两个阶段执行：在第一阶段，用一个效用函数来考虑用户偏好；在第二阶段，执行实际融合。

关于第一阶段，用户可以指定分配给每个特征的重要度，然后计算整体效用函数值。整体效用函数值由数据源特征的值的加权和构成，并且基于固定效用阈值完成数据源的初步剪枝。

关于第二阶段，可基于其特征完成不一致消解，称为基于特征的消解（Feature-based Resolution），也可基于数据，称为基于内容的消解（Content-based Resolution）。

消解策略由如下函数的序列组成。

（1）消除函数（Elimination Function）。可以基于特征或基于选择。消除函数的例子有函数 MIN 和 MAX，MAX（Timestamp）和 MIN（Cost）是基于特征的消除函数的例子，而 MAX（Salary）是基于内容的消除函数的示例。

（2）融合函数（Fusion Function）。通常都是基于内容的，如 ANY 和 AVERAGE。

需要注意的是，用户可以根据其具体要求来指定消解策略。此外，Fusionplex 可接受 3 个容忍等级：无消解、多元组剪枝和选择性属性消解。无消解策略允许将冲突的应答返回给用户。多元组剪枝策略删除不满足特征选择谓词或低于效用阈值的元组。选择性属性消解策略强制仅对某些属性进行冲突消解。

DaQuinCIS 系统根据 10.3.2 节中描述的过程产生调和的结果，并且完全基于 D^2Q 模型中数据的质量值。

10.4.2.4 基于 FraSQL 的冲突消解

该方法提出了一种多数据库查询语言的扩展，称为 FraSQL，提供了异构数据的转换和集成操作。主要思想是采用分组进行重复消除和聚合，从而实现冲突消解。对于冲突消解，FraSQL 提出了用户定义的聚合（User-defined Aggregation）和用户定义的分组（User-defined Grouping）两种操作。用户定义的聚合通过允许从对应于相同现实对象的一组值中选择一个代表值实现冲突消解。值的分组可以通过用户定义的分组来完成。用户定义的分组有两种类型：上下文无关分组和上下文感知分组。上下文无关分组是常见方法，此外，与在 SQL 标准中一样，可以使用外部函数。以下查询说明了上下文无关的用户定义分组的用法[552]：

```
SELECT      avg (Temperature), rc
FROM        Weather
GROUP BY regionCode (Longitude, Latitude) AS rc
```

其中 regionCode 是一个从地理位置推断出地区的外部函数。

上下文感知分组是为了克服现行的 SQL 标准中 group by 运算符的一些限制。事实上，标准化的 group by 运算符一次只能在一个元组上工作，而不考虑分组元组之间的可能关系。因此，为了具有更灵活的分组，引入相似性准则，可以方便地拆分或合并分组，如下面的查询所示：

```
SELECT   EmployeeID, Salary
FROM     EmployeeS1
GROUP    maximumDifference (Salary, diff=150)
BYCONTEXT
```

该查询考虑图 10.8 中的关系 EmployeeS1，并对元组进行分组。如图 10.13 所示，产生 3 个分组，对应元组的 Salary 值最多相差 150。

EmployeeID	Salary
arpa78	2000

EmployeeID	Salary
eugi98	1500

EmployeeID	Salary
ghjk09	1250
treg23	1150

图 10.13　对图 10.8 中表 EmployeeS1 应用上下文感知查询的结果

10.4.2.5　OO_{RA}

尽管下面只关注属性层冲突，但模型也同样考虑了键冲突和关系冲突（关于这两种类型冲突的更多细节参见文献［405］）。该研究方法区分两种类型的属性冲突，即可以自动消除的可容忍冲突（Tolerable Conflict）和可以通过人为干预消除的不可容忍冲突（Intolerable Conflict）。可以通过设置一个阈值区分这两种类型的冲突。提出了一种面向对象的扩展数据模型，称为 OO_{RA}，用于处理属性层冲突。该模型在属性冲突消解方面的主要特点如下。

（1）对属性层冲突消解可以指定阈值和消解函数。

（2）具有原始属性值和已消解属性值的表示。

关于阈值规范说明和消解函数，对于给定属性，可以考虑以下 3 种不同方式的组合：①未指定阈值谓词和消解函数；②指定阈值谓词但未指定消解函数；③阈值谓词和消解函数都指定。在情况①中，不能容忍有冲突存在，因此，如果发生冲突，则被消解的属性值是无效的。在情况②中，可以出现冲突并且是可以接受的，但是如果出现，则返回值为 NULL。在情况③中，可以存在可容忍冲突，并且由消解函数计算出返回值。

关于冲突值表示，OO_{RA} 方法是将每个非标识符属性表示为一个三元组，即原始值、消解值和冲突类型。如果没有冲突，则冲突类型为 NULL；如果存在不能容忍冲突，则冲突类型为 RESOLVABLE；如果存在可容忍冲突，则冲突类型为 ACCEPTABLE。例如，在图 10.10 中描述的全局关系中，考虑以下阈值谓词和消解函数：

DEFINE Salary. threshold@ EMPLOYEE(s1,s2) = (abs(s1-s2) <= 1000)
DEFINE Salary. resolution@ EMPLOYEE(s1,s2) = MIN(s1,s2)

在这种情况下，t_1和t_5之间的冲突是可容忍的，因为两个 salary 值之间的差值在指定的阈值内。可以通过选择元组t_1中的 salary 值解决冲突。

另一个例子同样也应用于图 10.10 的关系中，考虑以下阈值谓词和消解函数：

DEFINE Surname. threshold@ EMPLOYEE(s1,s2) = (editDistance(s1,s2) <= 1)
DEFINE Surname. resolution@ EMPLOYEE(s1,s2) = LONGEST(s1,s2)

t_3和t_7之间的冲突仍然是可容忍的，并且以元组t_7中的 Surname 值作为结果返回。相反，假设t_3中的 Surname 值为 Wie，t_3. Salary 和t_7. Salary 之间的编辑距离大于 1，则会发生不可容忍的冲突。

10.4.3 实例层冲突消解技术比较

图 10.14 中，根据允许的冲突策略和查询模型，对解决不一致问题的各种公开技术进行比较。考察容忍策略这一列，Aurora、Fusionplex 和 OO_{RA} 都提出

技术	容忍策略	查询模型
基于SQL的冲突消解	无	SQL
Aurora	HighConfidence、RandomEvidence、PossibleAtAll	自适应冲突容忍查询模型
Fusionplex	无消解策略、选择性属性消解	扩展的SQL
DaQuinCIS	无	扩展的XML
基于FraQL的冲突消解	无	自适应FraQL
OO_{RA}	可容忍和不可容忍冲突的阈值	自适应面向对象扩展（OO_{RA}）

图 10.14 冲突消解技术

了一旦发生冲突能够选择的灵活性。回顾前面，Aurora 具有 3 个选项：①HighConfidence 策略，意味着不容许有冲突；②RandomEvidence 策略，意味着在有冲突的情况下，运行时的函数将选择一个值作为返回结果；③PossibleAtAll 策略，意味着必须返回所有正确响应查询的值。与 Aurora 类似，Fusionplex 也有 3 个容忍等级，即无消解、多元组剪枝和选择性属性消解。其中，无消解策略对应 PossibleAtAll，即在这两种方法中，对冲突的应答结果要返回给用户。多元组剪枝策略去除不满足特征选择谓词或效用阈值的元组，是 Random Evidence 策略的一种更具体情况，并且与 OO_{RA} 具有相同的阈值概念。选择性属性消解策略会保持一些（或所有）属性的未消解状态，它是无消解策略的一种具体情况，具有更细的粒度。

考察查询模型这一列，可以看出基于 SQL 的冲突消解是依赖 SQL 的。然而，由于原生 SQL 没有考虑消解函数，导致效率低下。因此，聚合的计算和 SQL 语句的表达对它们而言可能变得非常麻烦。DaQuinCIS 和 OO_{RA} 都用于处理不同于关系模型的模型，即 XML 数据模型和面向对象数据模型。

10.5　数据集成中的不一致性：理论视角

本节首先给出几个基本的 DIS 形式化定义（10.5.1 节），然后，在这种形式规范的基础上举例讨论不一致问题，并给出一些通过定义专用语义处理不一致问题的建议（10.5.2 节）。

10.5.1　数据集成的形式化框架

一个 DIS 可以形式化地定义为一个三元组 (G, S, M)，其中：

(1) G 是全局模式，可以用字母表 $\boldsymbol{A}_G$ 上的语言 $\boldsymbol{L}_G$ 表示；

(2) S 是数据源模式[①]，可以用字母表 $\boldsymbol{A}_S$ 上的语言 $\boldsymbol{L}_S$ 表示；

(3) M 是 G 和 S 之间的映射，由一组如下所示的形式化断言构成

$$q_S \rightsquigarrow q_G \text{ 并且 } q_G \rightsquigarrow q_S$$

其中：q_G 和 q_S 分别是全局模式 G 和数据源模式 S 上具有相同数量参数的两个查询。查询 q_S 用字母表 $\boldsymbol{A}_S$ 上的查询语言 $\boldsymbol{L}_{M,S}$ 表示，查询 q_G 用字母表 $\boldsymbol{A}_G$ 上的查询语言 $\boldsymbol{L}_{M,G}$ 来表示。

10.2 节给出了一些规定映射断言的例子。

给定一个数据集成系统 $I = (G, S, M)$，可以通过指定全局模式 G 的信息

① 文献［397］中的数据源模式是数据源模式集合的集体名称，详见 10.2 节。

内容来指定其语义。令 D 是 I 中的一个源数据库，也就是说，存在一个（或一组）数据库符合数据源模式 S，并且满足 S 中的所有约束。以 D 为基础，可以定义全局模式 G 的信息内容。G 中的任何一个数据库，称为 I 中的全局数据库(Global Database)。全局数据库 B 相对于 D 是合法的，如果满足以下条件。

(1) B 在全局模式 G 上是合法的，也就是说，即 B 满足 G 中的所有约束。

(2) B 满足到 D 上的映射 M。

引入一个称为确定应答（Certain Answer）的重要概念。给定 I 中的一个源数据库 D，I 中的查询 q 在数据库 D 上的应答 $q_{I,D}$ 是一个元组 t 的集合，使得每个存在于 I 中、相对于 D 是合法的全局数据库 B，都有 $t \in q_B$。

"B 满足到 D 上的映射 M"这一命题的含义取决于如何理解断言。

在 LAV 中，映射断言的形式为 $s \rightsquigarrow q_G$，区分下列情况。

(1) 完好视图（Sound View）。如果数据源 s 是完好的，则其扩展提供的任何一个元组子集满足对应视图 q_G。

(2) 完备视图（Complete View）。如果数据源 s 是完备的，则其扩展提供的任何一个元组超集满足对应视图。

(3) 精确视图（Exact View）。如果数据源 s 是精确的，则其扩展恰好是满足对应视图的元组的集合。

在 GAV 中，可以给出对映射断言的类似解释，因此，可以相应地定义完好、完备以及精确视图。下一节将讨论完好、完备以及精确视图在处理不一致应答时的作用。

10.5.2 不一致问题

在 DIS 中，除了本地数据源的不一致问题之外，由于在全局模式上规定了完整性约束，因此也可能会出现不一致。

全局模式上的完整性约束表示的是基本知识，因为这些约束实际上刻画现实的语义。一个数据集成系统中的数据源是自治和独立的，事实上，数据集成系统可以视为协同信息系统的一种特殊情况，其中协同实际上是通过不同数据源之间的数据共享实现的（见 1.5 节）。数据集成系统中的每个数据源都会在本地对是否满足其特有的完整性约束进行检查。作为数据集成系统中的一个组件，每个数据源必须进一步检查是否违反了全局模式上的完整性约束。如果发生这种情况，就必须考虑如何处理这种不一致。更具体地，当发生了违反一致性的情况时，整个 DIS 就无法提供用户查询的应答是不可接受的。相反，需要引入相关技术来处理这种不一致。下面将举例说明违反完整性约束的情况，以及出现的各种问题。

看一个由两个关系组成的全局模式，两个关系分别为电影和这些电影中的演员：Movie（Title，Director）和 Actor（Name，Surname，Movie）。假设 Actor 中的 Movie 属性与 Movie 中的 Title 属性之间存在外键约束。此外，假设定义 GAV 映射。

首先考虑两个关系都由数据源的精确视图定义的情况，也就是说，从数据源检索到的全部数据而且只有这些数据满足全局模式。假设检索到以下实例：

1 <actor（Audrey，Hepburn，Roman Holidays）>

2 <movie（Roman Holidays，Wyler）>

3 <actor（Russel，Crowe，The Gladiator）>

元组 3 违反了外键约束，因此，对请求所有电影的查询将不提供任何应答，尽管元组 2 可以作为应答。

如果不考虑精确视图，而是考虑完好或完备视图，那就可以提供应答。回想一下，如果视图中所提供的数据是全局模式数据中的一个子集，则视图在 GAV 映射中是完好的。如果视图中数据是全局模式数据的一个超集，则视图是完备的。

第二种情况，将关系 Actor 定义为完备视图，而将 Movie 定义为完好视图。在这种情况下，请求所有电影的查询将会把元组 2 作为应答，因为可以删除 Actor 中的一些元组，并且可以添加元组<movie（The Gladiator，α）>，其中 α 是 Director 值的占位符。

同样，在完好或完备视图的情况下，也有可能存在不能提供任何应答的情况。实际上，如果 Actor 由完备视图定义，而 Movie 由完好视图定义，则外键约束可能会得不到满足。

为了提供一致的应答，在检索不一致数据库时，需要为 DIS 引入不同的语义，以考虑通过添加或删除元组来恢复一致性的可能性。相关文献中给出了在存在不一致时定义数据集成系统中语义的研究成果，所有这些工作都是基于文献［27］中不一致数据库场景中修复的思想。给定一个不一致数据库，一个修复是满足完整性约束且与原始数据库区别“最小”的数据库，其中最小性取决于定义一致数据库排序所采纳的语义标准（如基于集合容量[27, 106, 277]或基数[406]）。其他工作（如文献［92，107］）将这一概念推广到 DIS 上下文中，并适当地考虑了映射的作用。文献［259-260］中提出将数据集成和数据质量中两个关键活动结合起来，即采用模式映射转换数据，以及采用数据修复来解决冲突和不一致。文献［259］针对联合考虑模式映射和数据修复的场景，提出了一种模式映射和数据修复的新语义，以及用于计算解的基于 chase 的算法和 chase 算法的可扩展实现。Geerts 等[260]给出的 LLUNATIC 映射与清洗系统实现了该方法，以支持数据集成场景中的数据清洗活动。

最后，有些工作考虑存在数据源偏好情况下的 DIS 问题。文献［169］给出了一种建议语义，以便在 LAV 环境中尝试解决数据源之间不一致时考虑偏好标准。偏好标准（Preference Criteria）实际上是在数据源上规定的质量标准。首先，引入最大程度完好的语义。给定一个数据集成系统 $I = (G, S, M)$，所定义的语义为对于 I 中的某个数据源模型 D，尽最大可能地满足 G 并满足 M 中的映射断言。然后，加入数据源偏好的概念，使得在最大程度完好模型中间，仅选择那些最满足质量偏好的数据源所对应的最大程度完好模型。文献［276］介绍了另一种语义，当存在全局不一致时对存储于数据源中的数据进行修复，而不是修复以映射为基础构建的全局数据库实例。文献［276］中介绍的语义是指 GAV 映射。

10.6 本章小结

数据集成和数据质量是两个相互关联的概念。一方面，数据集成能够从数据质量中受益。质量驱动的查询处理技术目的就是选择和访问最高质量的数据，从而能够从具有不同质量数据资产的多数据源环境中获得最大收益。

另一方面，直观来说，在将一个数据源中的数据与另一个数据源中存储的类似数据进行比较时，大多数数据质量问题便显而易见。一旦检测到数据质量问题，就需要有一个适当的机制，允许数据集成系统执行查询处理功能。这些技术就是冲突消解技术，对虚拟 DIS 中的查询处理具有重要支撑作用。需要注意的是，与在实际集成数据源之前进行数据源清洗这种更昂贵的办法相比，在查询时进行冲突消解也是一种选择，因为前一种方式需要每个数据源独立执行数据质量改进活动，因此，复杂性和成本都将增加。

在诸如数据仓库这类的物化数据集成场景中，进行全局模式移植时要执行清洗活动。从不同数据源汇集的实例通常会存在实例层冲突，因此，冲突消解技术对于产生一致的物化全局实例同样有效。为了支持对数据集成项目的管理，文献［490］提出了一个用来评估在数据集成环境中进行清洗和映射活动工作量的框架。

第 11 章　信息质量的应用

11.1　引言

前言中已经指出 Web 上交换的数据每一年半就会翻一番。为了描绘使用信息的整体图景，除了 Web 以外，必须考虑组织的信息系统中所管理的信息、组织之间的交换信息，以及人们日常生活中使用的信息。组织和个人使用信息的目的各异，其中令人感兴趣的包括：①决策；②行动。根据组织类型的不同，其决策和行动具有不同的特征：在公共管理领域中，这些决策和行动是管理流程的结果，用以向公民和团体提供服务；在私营公司中，它们则是业务流程的结果，用于出售商品或服务。

引自文献［510］的图 11.1 展示了从 200 万年前到 2050 年间，美国劳动力在狩猎、农业、制造业和服务业上分布的演变过程，其中将服务业分为信息服务和其它类型的服务。这幅令人印象深刻的演变图表明，在现代经济中大部分劳动力都从事信息服务相关行业。

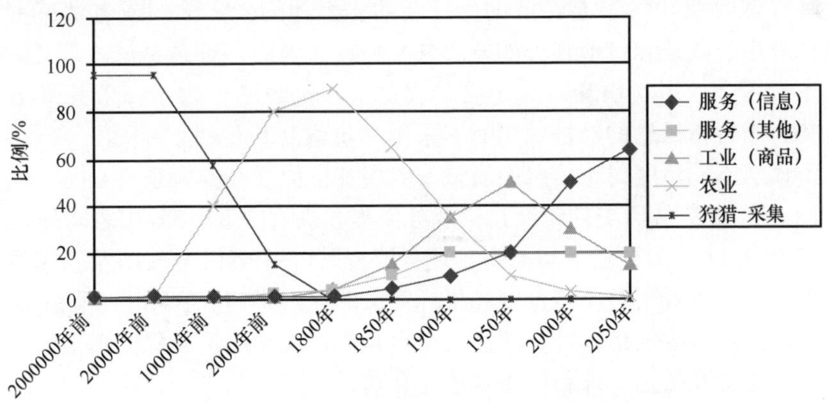

图 11.1　过去 200 万年美国劳动力按类型分布比例的演变

重点关注以下两种用于不同目的的信息。

(1) 在私营组织中作为业务流程生产要素（Production Factor）的信息。

需要注意的是，上述诸多观点也可被用于公共管理和个人。

（2）用于决策（Decision Making）的信息。组织或者个人做出的决策，根据其结果的不同可能会产生不同的效益。

业务流程中，私营公司利用信息和信息技术生产与出售商品和服务，以获取高于生产成本的收入，从而产生利润。为了盈利，业务流程必须以相比于竞争对手更低的成本生产出更好的商品和服务。业务流程将人力、技术和其他类型的资源作为生产链的输入，并将其转化为由商品和服务构成的输出。在诸如资金、人力、后勤等各种不同类型的资源中，本书更加关注信息资源。第 6 章中指出 IP-MAP 模型可以有效地对业务流程中使用和转化的信息进行描述。本章主要研究信息质量和利用这些信息得到的业务输出的质量之间的关系（或者简称为流程质量（Process Quality））。由于流程由决策和行动构成，因此，信息质量与利用这些信息的行动和决策的质量之间有着密切联系。

另外一种观点认为，决策及其有效性与信息及其质量息息相关。效用与决策相关联，而决策主要受到信息的准确性、完备性和流通性等的影响，因此，决策的最终效用实际受信息质量的影响。

简而言之，本章期望深化对“信息处理者（人或者自动流程）如何管理所用信息的适用性”这一问题的理解。在 IQ 领域，术语“适用性（Fitness for Use）”最早见于文献［646］，用于描述非抽象环境下信息质量的特征，或将信息用于某种特定目的情况下，预测信息对于结果的影响，即目标实现程度。

本章同样探讨 IQ 和信息效用的关系，此处效用指使用信息所获得的优势。该优势（或收益）可以是经济的、社会的、生理的、文化的或者情感的。由于诸如效用、收益和价值之类的概念含义相近，因此，有必要对其含义进行辨别。本章用“效用（Utility）”（或“收益（Benefit）”）表示一般意义上获得的优势，当特指信息的经济效用时，采用“价值（Value 这一术语。

下面从不同角度讨论信息的质量、效用和价值之间的关系。

（1）11.2 节从历史的角度讨论业务流程和决策中 IQ 和效用之间的关系。

（2）从 11.3 节开始，重点讨论业务流程。11.3 节讨论效用及效用评估流程的模型，介绍效用对质量维度和指标定义的深刻影响。实际上，除了前面章节讨论的客观维度及指标外，还需要提出其他定义和测量流程依赖于信息使用上下文的维度及指标，即新的主观维度和指标。

（3）11.4 节从经济的角度定义和比较对 IQ 的成本/收益进行分类的方法。

（4）11.5 节从经济角度研究与 IQ 改进相关的信息系统项目，讨论文献中已有的关于信息资源的净收益优化方法。此处，优化指的是经济收益相对于 IQ 管理成本的最大化。11.4 节和 11.5 节中使用的材料也将用于第 12 章。

（5）11.6 节是 11.3 节的延伸，重点从流通性维度讨论客户关系管理领域中信息的效用和价值。

（6）11.7 节讨论 IQ 与决策之间的关系（见 11.7.1 节），IQ 在决策过程中的使用情况（见 11.7.2 节），决策中信息过载的后果（见 11.7.3 节），以及价值驱动的决策（见 11.7.4 节）。

11.2　业务流程和决策中信息质量的演进

组织中业务流程相关性和多样性特点，导致 IQ 和流程质量之间的关系涉及广泛。文献［520］分析了 IQ 在 3 个典型的组织层次（即运维层（Operational Level）、战术层（Tactical Level）和战略层（Strategic Level））上的不同影响，并报告了几个特别访谈结果和专利研究成果。文献［571-572］粗略研究了信息质量及其与服务质量、产品质量、业务运营质量和客户行为之间的关系。文献［200］研究了信息生产流程的改进如何正面影响 IQ 的问题。

文献［234］研究了在极端情况下（如灾变）IQ 对流程的影响，考虑了决策过程中准确性、完备性、一致性和合时性方面的缺陷。例如，1986 年 NASA 的"挑战者"号航天飞机事故造成 7 人死亡，以及美国海军"文森斯"号对伊朗客机开火造成 290 人死亡的事故。

文献［591］最早研究决策与 IQ 之间的关系，发现要想获得高质量的决策，最重要的是能够获取尽可能完备和相关的信息，而不仅仅是占有大量的信息。

文献［350］对决策质量和 IQ 之间的关系进行了定性的研究，采用了文献［645］提出的 IQ 概念框架（见第 2 章），该框架将 IQ 分为内在数据质量、上下文数据质量、表示数据质量和可访问性数据质量 4 个维度。对于上下文维度，研究认为决策者能够提升检索流程和信息理解的效率和效果并从中受益。对于表示维度，Vessey 在文献［628］中指出，如果在表示类型中强调的信息和任务类型需要的信息之间存在认知匹配，决策者处理任务的效率将更高且效果更好。对于可访问性维度，Jung[350] 指出，Web 中的导航辅助工具有助于提升决策质量。

11.3　效用模型与客观指标和上下文指标

基于前面章节中提到的信息的客观特征对诸如准确性、流通性或完备性等质量维度进行定量评估。Ballou 和 Pazer[33] 将这种方法称为"结构化的（Structural）"，而其他研究者则使用"客观的（Objective）"这一术语，强调质量度量的客观性。文献［211-212，214，656］给出的其他方法假定采用效用对 IQ 进行度量，并将数据的用法以及采用该用法的管理/业务流程的相关性作为度量的准则。

信息效用（Information Utility）的概念独立于质量视角，在管理信息系统领域很早就对其进行了研究，如文献［11-12］。文献［211，12］是最早研究信息效用和 IQ 关系的文献之一，给出了一种称为“内在价值（Intrinsic Value）”（与本书中的“效用”是同义词）的信息价值度量。“内在价值”所针对的信息类型称为关系表。单个元组代表业务活动的一个原子组成部分，一个表数据集的内在价值反映了该表对应的业务活动的业务价值。考虑一个包含 M 个属性和 N 个元组的表。为了解释相关概念，使用如图 11.2（a）所示的销售交易数据集。

ID	Date	Customer code	Product code	Quantity	Price	Amount
1	2015-06-07	C	X	20	5.000欧元	100.000欧元
2	2015-06-07	B	Y	3	1.000欧元	3.000欧元
3	2015-06-08	A	Y	1	1.000欧元	1.000欧元
4	2015-06-08	B	Z	5	3.000欧元	15.000欧元

(a)

ID	Date	Customer code	Product code	Quantity	Price	Amount
1	2015-06-07	C	X	20	5.000欧元	100.000欧元
2	2015-06-07	B	Y	3	1.000欧元	3.000欧元
3	2015-06-08	A	Y	1	1.000欧元	1.000欧元
4	2015-06-08	B	Z	5	3.000欧元	15.000欧元

(b)

图 11.2 文献［211］给出的销售交易例子

（a）销售交易示例数据集；（b）实际交付的数据集。

根据文献［211］中的定义，给不同属性所代表的不同业务价值赋予相应的比例因子，通过比例因子将内在价值限定到期望的数字标度内。元组价值的比例因子定义如下：

$$K = \sum_{m=1}^{M} K_m$$

式中：K_m 是属性 m 的值。例如，在如图 11.2 所示的表中，对于市场活动而言，“价格（Price）”和“数量（Amount）”的价值明显要高于“日期（Date）”。

内在元组价值（Intrinsic Tuple Value）表示由元组刻画的相关业务价值。考虑如下两种方法。

（1）固定内在元组价值（Fixed Intrinsic Tuple Value）。假定元组 T_i 与被 K 缩放的固定内在价值 V' 具有同等价值，则 $V_i = KV'$。

(2) 因子化内在元组价值（Factored Intrinsic Tuple Value）。假设业务流程基于作为权重因子的属性给不同的元组分配不同的重要度（被 K 缩放），$V_i = KM_i$，其中，M_i 为假定的价值权重因子，是元组中属性 k 的价值。

参考整个数据集，内在数据集价值（Intrinsic Dataset Value），也称为表业务价值（Table Business Value），是内在元组价值的和。更具体地，对于上述固定的和因子化两种方法，存在如下关系。

(1) 固定内在数据集价值（Fixed Intrinsic Dataset Value）：$V = \sum_{n=1}^{N} KV'$。

(2) 因子化内在数据集价值（Factored Intrinsic Dataset Value）：$V = K\sum_{n=1}^{N} M_n$。

假设公司的销售交易表是图 11.2（a）的简化版，并且记录缩放因子 $K = 1$，计算内在价值的不同方法包括以下几种。

(1) 固定内在（数据集）价值（Fixed Intrinsic（Dataset）Value）。为每个记录分配一个固定值（如 $V'=1$）；内在价值为

$$V = N \times K \times V' = 4 \times 1 \times 1 = 4$$

(2) Amount-因子化的内在价值（Amount-factored Intrinsic Value）。使用表中的 Amount 属性作为缩放因子，内在价值为

$$V = K\sum_{n=1}^{N} M_n = 1 \times (100000 + 3000 + 1000 + 15000) = 119000$$

(3) Customer-因子化的内在价值（Customer-factored Intrinsic Value）。使用表中的 Customer Code 属性作为缩放因子，并为每个客户分配相对价值贡献（例如，根据客户的注册时间给 A 分配 1，给 B 分配 2，给 C 分配 5），内在价值为

$$V = K\sum_{n=1}^{N} M_n = 1 \times (1 + 2 \times 2 + 5) = 10$$

上述例子表明内在价值可以（但不一定）反应金钱价值。内在价值作为一个重要且有用的因素，可用于计算基于内容的质量度量。文献［121］针对多个维度讨论了这种基于内容的质量度量，即完备性、有效性、准确性和流通性。下面重点关注完备性。

再次考虑图 11.2（a）所示数据集，假设第一条记录损坏了，其所包含的数据无法读取，而图 11.2（b）为实际交付的数据集。该交付数据集的完备性如何？回忆先前的讨论，根据多个视角度量其完备性（参见第 2 章关于客观完备性指标的讨论）。

(1) 结构完备性（Structural Completeness）。应当交付的数据项数目是 28（4 个元组，每个元组 7 个属性），实际交付的数据项数目是 21。因此，此时的

完备性 $C=21/28=0.75$。

（2）基于固定内在价值的完备性（Completeness Based on Fixed Intrinsic Value）。为每条记录分配一个固定值（如 $V'=1$），则完备性为

$$C=1/KN\sum_{n=1}^{N}\sum_{m=1}^{M}K_m C_{n,m}$$

此时，一个元组中所有属性的 $C_{n,m}$ 相同，$C=0.75$。

（3）基于 Amount-因子化内在价值的完备性（Completeness Based on Amount-Factored Intrinsic Value）。将 Amount 属性作为缩放因子时，由 $C=\left(\sum_{n=1}^{N}M_n\sum_{m=1}^{M}K_m C_{n,m}\right)\Big/\left(K\sum_{n=1}^{N}M_n\right)$ 可得 $C=19000/119000=0.16$。

（4）基于 Customer-因子化内在价值的完备性（Completeness Based on Customer-Factored Intrinsic Value）。假设价值贡献的分配情况是 A 为 1、B 为 2、C 为 5，则完备性 $C=0.5$。

在上下文方法中，完备性的数值大小依赖于所使用的数据。结构完备性得分值完美地代表了纯技术视角（Purely Technical Perspective），即假设 4 个元组中缺失一个元组，则上下文完备性为 75%。从会计视角（Accounting Perspective），Amount 属性驱动的完备性分值更加重要，因为数据库中缺失了最大的销售交易，导致较低的数据质量（16%）。如果是为了追踪关键客户的活动，则 Customer 属性驱动的完备性（50%）显然更加重要，因为缺失的交易数据代表了一个相对重要的客户。

文献［212］研究了效用驱动的质量评估的更一般模型，关注数据仓库中维度数据的质量评估和改进问题，在决策支持环境中其质量非常关键。例如，数据库营销专家使用销售数据分析消费行为，并针对具体位置的具体客户进行具体产品的促销活动：维护相互关联的高质量维度数据（即客户、产品和位置）至关重要。否则，促销活动可能因无法触及目标客户而失败。Even 和 Shankaranarayanan[212] 利用了一种评估质量缺陷（客观视角）及其对应用退化的影响（上下文视角）的方法。该方法采用了本节先前描述的模型的泛化版本，提供不同维度的质量聚合公式，每一个公式反应特定的质量缺陷。此外，该方法提供两种数据质量的定量特征，包括数据集中反映完美数据项与所有数据项比值的客观度量，以及考虑每个元组和每个属性对效用的贡献的上下文效用驱动度量。

文献［212］讨论了一个基于校友录的案例研究：考虑了两个数据集，Profiles（画像）和 Gifts（捐赠）。Profiles 数据集的模式为

Profiles（Profile ID，Graduation Year，Update Year，School，Gender，Marital, Income, Ethnicity, Religion, Contact Information)

其中，除了对应于 Profiles 元组最近一次更新年份的 Update Year，每个属性的名称都有清晰的含义。

效用驱动质量评价（Utility-driven Quality Assessment）基于两种效用度量：①倾向（Inclination），反映人们捐赠倾向的二元变量；②数目（Amount），即捐赠的数目。文献［212］给出了详细的计算公式，此处仅对结果进行定性讨论。

评价包括 3 个步骤。

（1）客观质量评价。使用基于条目计数的度量来评价客观维度指标。考虑的错误类型（以及对应的质量维度）包括缺失值（完备性）、无效值（有效性）、过时数据（流通性）以及不准确（准确性）。

（2）效用驱动质量评价。重复质量评估，使用效用度量作为缩放因子。例如，对于 Gifts 表，针对每个画像评价两个效用度量，即倾向和数目。这两个效用度量反映了不同的潜在用途，例如，针对大型捐助者的认捐活动需要关注倾向度量，当关心潜在的可能做出较大贡献的捐助者时，数目度量较为有用。

（3）分析。对目标和效用驱动质量评价的结果进行评估和比较有助于获得有用的洞察，并对开发信息质量管理策略具有重要影响。

图 11.3 显示了一个只考虑性别（Gender）、婚姻状况（Marital）和收入（Income）的校友画像的例子。

ID	Gender	Marital Status	Income Level	Record Complete (Absolute)	Record Complete (Grade)	Last Update	Recent Update	Up-to-date rank	Inclination	Amount
A	Male	Married	Medium	1	1	2015	1	1	1	200
B	Female	Married	NULL	0	0.667	2012	0	0.47	1	800
C	NULL	Single	NULL	0	0.333	2013	0	0.78	0	0
D	NULL	NULL	NULL	0	0	2005	0	0.08	0	0
								Total	2	1.000

图 11.3　文献［212］中的校友画像例子

此处，4 条记录中有 2 条记录的性别属性值缺失；因此，针对这个属性的目标完备性是 0.5。类似地，婚姻状况属性的目标完备性是 0.75（4 条记录中有 1 条记录缺失），收入属性的目标完备性是 0.25（4 条记录中有 3 条记录缺失）。对于所有属性的组合，目标完备性是 0.5（12 个数据项中有 6 个数据项缺失）。对于根据绝对排名计算的元组层级完备性，4 条记录中的 3 条存在缺失值（至少 1 个属性），因此，完备性是 0.25。使用等级排名，元组级完备性

（即平均元组等级）是0.5。

对于效用驱动的完备性度量，4个元组中只有2个（即A和B）与效用相关，并以倾向和数量作为缩放因子。对于性别和婚姻状况，这2个具有效用贡献的元组都不存在缺失值。因此，效用驱动完备性是1。对于收入水平，一个具有效用贡献的记录（B）存在缺失值。以倾向作为缩放因子，表的完备性是$(1\times1+1\times0)/2=0.5$，以数目作为缩放因子，表的完备性是$(1\times200+0\times800)/1000=0.2$。以倾向作为缩放因子，得到等级排名的完备性为$(1\times1+0\times0.667)/1.667=0.6$，以数目作为缩放因子得到$(1\times200+0.667\times800)/1000=0.733$。

本节不对数据分析做进一步的描述，另外列举文献［212］中给出的结果。

（1）较高的目标质量（较少的缺陷，更及时的更新）与较高的效用相关。

（2）捐赠倾向与几乎所有客观指标有强相关性。

（3）大部分的效用驱动信息质量指标分值要高于其对应的客观度量分值。

（4）效用驱动完备性度量在属性层面和元组层面与4个效用指标相对一致。即当评估校友画像数据的完备性时，根据多个效用指标计算效用驱动度量并不显著优于采用单个效用指标。

（5）仅在元组层面分析缺失值的影响是不充分的。

作为结论，给出上述方法的两个不足之处：①该评价过程仅考虑了单个数据集、数据仓库中的维度表；②价值效用度量仅限定于客户关系管理领域。

文献［219］对上述方法进行了扩展，引入了分析工具建模和量化效用分布的不平衡性，并应用于评估大型信息存储库的不平衡情况。效用分布和不平衡的量级对信息管理有着重要意义，如影响信息资源的设计和管理，以及确定质量改进工作优先级。

此处，数据集是由N个元组构成的关系数据库表，采用概率密度函数为$f(u)$的随机变量u对元组的效用进行表示。为了评估效用的变化，最高效用记录的比例R定义为一个位于［0，1］区间内的N^*最高效用元组（即按降序排名时的前N^*个元组）比值。同样将该模型应用于之前的校友录案例研究，感兴趣的读者可以从论文中获得统计模型的定义，结论如下。

（1）表中的不平衡量级将影响数据集的设计和实现。当不平衡性较低时，可以选择实现整个表，或者根本不实现。

（2）对于效用不平衡性高的表，依托于效用/成本均衡，设计者可能希望排除低效用元组或者以较为廉价、低可访问性存储单独进行管理。这种差异化管理的典型例子是归档旧数据。旧记录常常被排除在活跃表之外。将新近的元组与效用相关联并评估其不平衡性有助于识别要包含在表中的数据的最优时间区间。

(3) 区别效用有助于定义更好地在上下文中进行质量评估的信息质量维度度量（如完备性和准确性）。

(4) 基于效用贡献区别元组有助于确定优先级并使质量管理工作更加高效。确定所有缺失值（或在存在的记录中纠正所有错误）可能代价高昂，为了降低成本、提升有效性，可以只确定能更好预测贡献的属性。有待进一步分析的是，可能只需要确定高效用记录的属性。

总结一下，该方法是对管理效用/成本均衡的模型的首次展示，11.5 节将对其进行详细讨论。

本节最后考虑文献［110］的贡献，即图 11.1 中所表现出的一个现象——发达国家中作为劳动力和国内生产总值重要部分的信息即服务（Information as A Service）的爆发。Cappiello 和 Comuzzi[110] 指出在信息时代，企业的核心业务活动依赖于信息服务，或者通过信息服务增强核心业务活动。基于此，组织越来越明显地意识到信息质量问题，关心对数据集满足用户需求的能力的评价，从而涉及前面介绍的上下文维度和指标。

该论文认为，当考虑信息质量时，应始终以用户视角为出发点。因此，一方面，提供者应当适应并改进其服务，以完全满足用户的需求；另一方面，在提供服务时，提供者受到源自诸如成本收益评估的限制。通过为信息服务定义最优信息质量等级，协调服务提供者和用户质量目标。定义这样一个均衡目标非常复杂，因为评估服务的不同类型用户可能会根据所提供的信息定义不同的效用。基于该考虑，论文给出了一个基于效用的、以多类服务提供为基础开发的提供者和客户兴趣点模型。该模型分析最优服务提供方案，以使提供者可以高效地分派质量改进活动。

11.4　数据质量的成本-收益分类

本节从经济层面讨论一个组织如何分析实施信息质量改进行动是否可行。也就是说，本节将讨论如何量化：①当前信息质量低劣的成本；②信息质量提升行动的成本；③从行动中可获得的收益。成本-收益分析在很多领域是艰巨的任务，由于缺乏一致的准则，信息质量领域的成本-收益分析任务更加艰巨。已有的研究成果涉及从针对成本和收益的分类到实施成本-收益分析过程的方法。分类可以是一般的，也可以是具体的，如金融领域。一般分类的优点（参见文献［203］）包括建立清晰的术语和提供一致的度量指标等，可作为成本-收益分析活动中的检查列表。本节讨论与一般分类相关的问题，并在第 12 章讨论方法。下面将对成本和收益进行区分。

11.4.1 成本分类

English[202]、Loshin[413] 以及 Eppler 和 Halfert[203] 是 3 种非常详细的成本分类。首先给出 3 种分类，并讨论其源头问题，然后提出一个比较 3 种分类方法的通用分类框架。

图 11.4 显示了 English 分类方法。信息质量成本对应于因信息质量低下造成的业务流程和信息管理过程的成本。信息质量评估或者调查成本对信息质量维度进行度量，以验证流程是否运转良好。最后，过程改进和缺陷避免成本涉及改进信息质量的活动，其目标是消除或减少信息质量低劣的成本。English 方法对信息质量低劣的成本进行了深入分析，如图 11.4 所示，该成本又被分为 3 个类别。

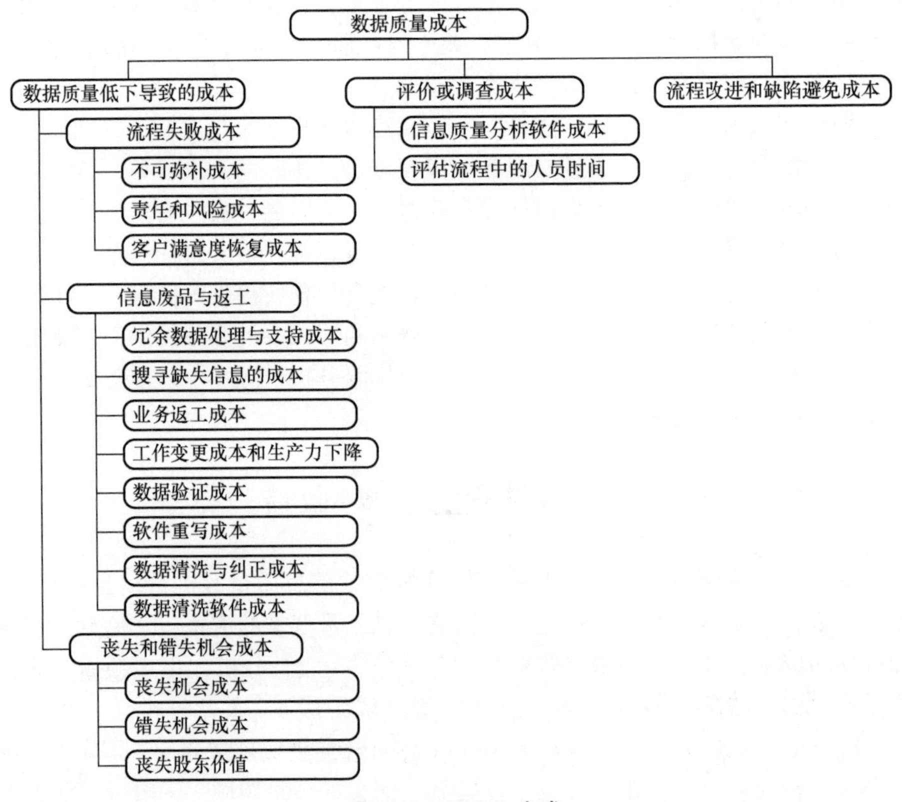

图 11.4 English 分类

（1）流程失败成本（Process Failure Cost）。低质量信息导致流程不能正常运转。例如，不准确的邮件地址导致相应的错误投递。

（2）信息废品和返工（Information Scrap and Rework）。当信息质量低劣时，需要几种缺陷管理活动，如返工、清洗或拒绝。这一分类的例子如下（此处采用原始术语“数据”而不是信息）。

① 冗余数据处理。如果数据源质量低劣导致其毫无用处，需要花费时间和金钱在另一个数据集中收集和维护数据。

② 业务返工成本。由于流程失败导致的重新执行，如先前例子中的重新发送信件。

③ 数据验证成本。当信息使用者不信任信息时，他们需要亲自实施质量调查以移除低质量数据。

（3）丧失或者错失机会成本（Loss and Missed Opportunity Cost）。对应于由于信息质量低劣导致的收益和利润无法实现。例如，由于客户电子邮件地址准确性较低，在定期广告促销时无法联系上一定比例的客户，从而导致收益的降低，基本与地址准确性的下降成比例。

Loshin 分类如图 11.5 所示，Loshin 分析了信息质量低劣的成本，并按照对不同领域的影响进行分类如下。

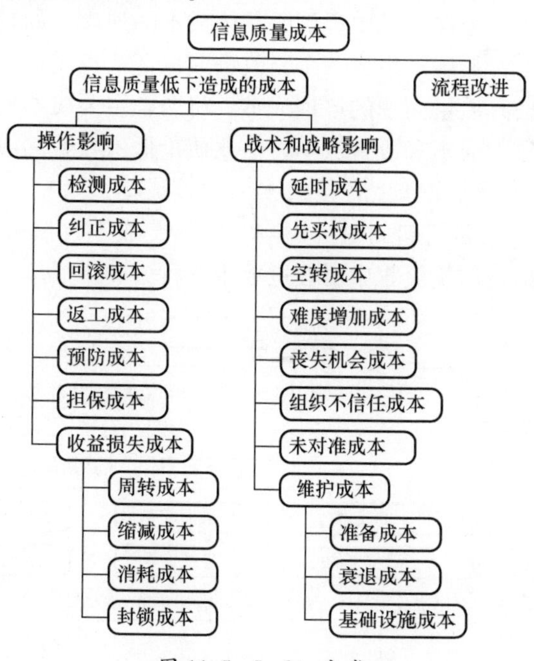

图 11.5　Loshin 分类

（1）运维领域。它包括用于处理信息的系统组件以及系统运行的维护成本。

（2）战术领域。试图在问题出现之前进行处理和解决。

（3）战略领域。强调影响长远的决策。

针对运维领域和战术/战略领域，引入了多个成本分类。此处，仅对部分运维领域成本进行描述。

（1）检测成本。发生在信息质量问题导致系统错误或者流程失败时。

（2）纠正成本。与实际纠正的问题相关。

（3）回滚成本。发生在已经实施的工作需要被取消时。

（4）返工成本。发生在流程步骤需要被重复时。

（5）预防成本。发生在执行一个新活动时，由于检测到的信息质量问题而采取的必要措施来避免操作失败。

战术/战略领域成本的例子包括：①延时，因为信息无法访问带来决策过程的延迟，从而导致生产的延迟；②丧失机会，即在战略行动中对潜在机会的负面影响；③组织之间不信任，由于对信息不一致感到失望的管理者采用自己的决策支持系统，导致因频繁使用相同的数据源带来的冗余和不一致。

图 11.6 显示了 EpplerHelfert 分类。EpplerHelfert 使用自底向上的方法进行分类：首先，产生一个在文献中提到的具体成本的列表，如较高的维护成本和信息重新输入成本；然后，生成一个与改进或保证信息质量关联的直接成本列表，如改进已知信息质量问题的培训成本。将两类主要成本类型进行聚合：即信息质量低劣导致的成本和改进成本。信息质量低劣导致的成本根据其可度量性或影响进行分类，从而产生直接成本和间接成本。直接成本（Direct Cost）是由信息质量低劣立即引起的财务影响，而间接成本（Indirect Cost）是那些转嫁的影响。在信息质量流程中对改进成本进行分类。

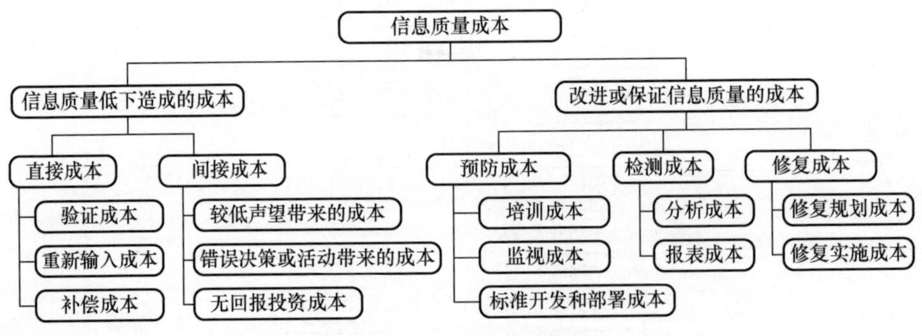

图 11.6　EpplerHelfert 分类

为了得到一个能综合上述 3 个分类的新分类方法，使用由 Eppler 和 Helfert 在文献［203］中提出的第二种分类，由该分类产生一个可用于信息质量项目中成本-收益分析的概念框架。它基于信息生产生命周期方法，区分数据录入（Data Entry）、信息处理（Information Processing）和信息使用（Information Usage）成本。上述 3 个分类中所有成本类别反复归属于这一新的高层分类，从而得到如图 11.7 所示的比较分类。图例展示了 English、Loshin 和 EpplerHelfert 分类项所使用的不同背景模式。当对 3 种分类进行比较时，只有一个分类项是通用的，即数据质量低劣造成的成本，两个分类之间共用多个分类项，并且最相似的两个分类是 English 分类和 Loshin 分类。

11.4.2　收益分类

可以将收益分为如下 3 类。

（1）货币化（Monetizable）收益。即收益对应于直接由货币表示的价值。例如，以增加的资金收益表示的信息质量改进结果。

（2）量化（Quantifiable）收益。即无法使用货币表示，但存在一个或多个度量指标时，可以使用不同的数值域加以表达。例如，政府与企业关系中信息质量的改进可以减少企业时间的浪费，于是可以使用时间指标加以表达。第 12 章将给出一个清晰的关于该问题的例子。观察发现在多个上下文中，如果找到量化的领域与货币之间合理且现实的函数，那么，量化的收益可由货币化收益来表达。在本例中，如果企业浪费的是生产时间，“时间浪费”量化的收益则转化为称为“非生产性开销”的货币化收益。

（3）无形（Intangible）收益。即收益无法由数值指标表达。一个典型的无形收益的例子是：由于与客户沟通的信息不准确而导致的机构或者公司形象受损，如税务机构要求居民缴纳不合理的税款。

图 11.8 展示了对应到 3 个分类的 English 和 Loshin 收益分类项。对于货币化收益，两个分类在与收益增加和成本降低相关的经济问题指标方面是一致的；对于量化和无形收益，English 分类更加丰富；在无形收益中，服务质量最为重要。第 12 章将给出在实际案例研究中应用上述分类的例子。

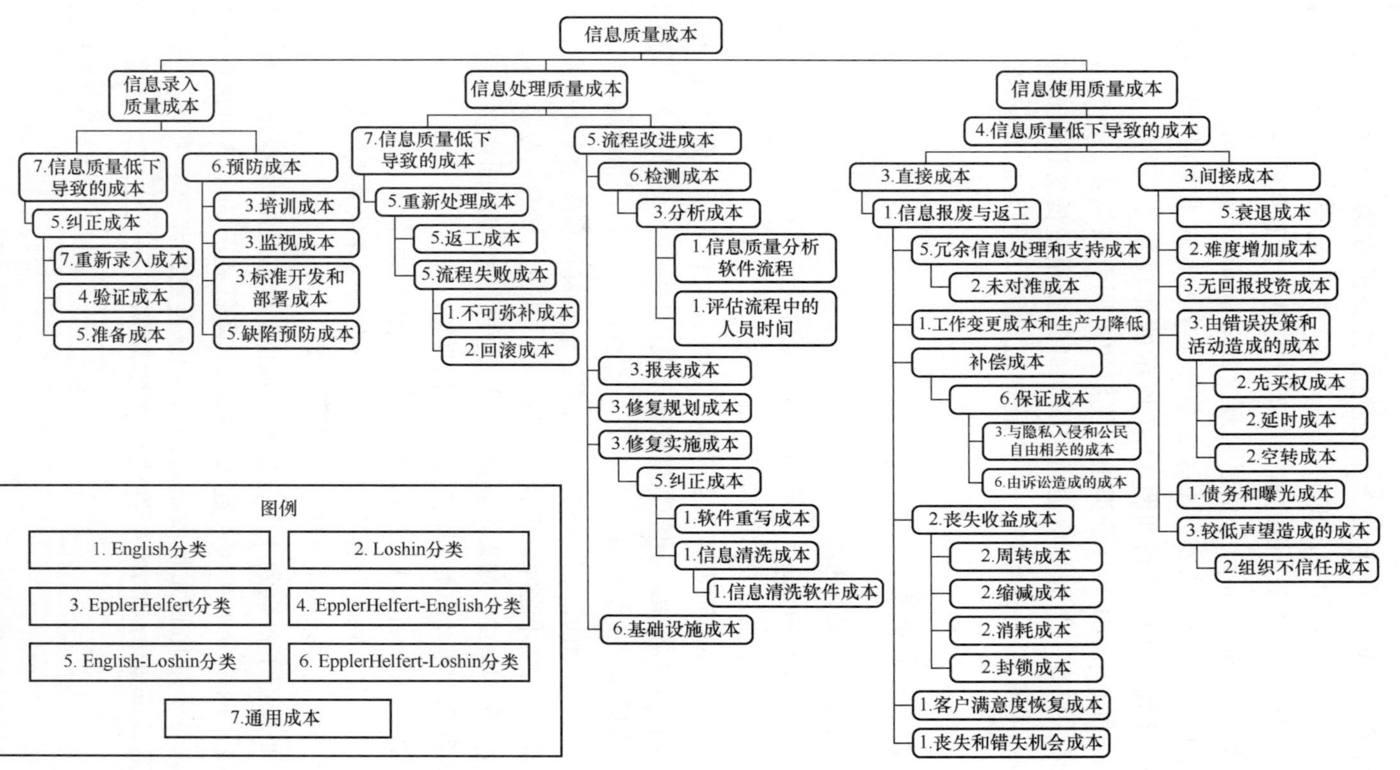

图11.7 一种成本的比较分类

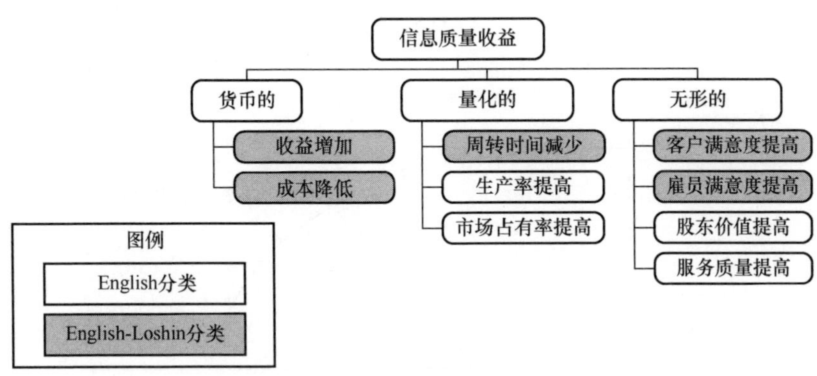

图 11.8　收益的比较分类

11.5　信息质量成本-收益管理方法

本节从经济的视角考虑效用，讨论将 11.4 节关于信息质量成本与收益的分类应用于实践的方法，提供成本-收益管理的模型与方法。文献［468］基于 4 个主要的研究主题给出了一个指导会计领域信息质量研究的框架：人员与决策、治理、运维以及技术。会计（Accounting）领域关注组织财务状况的表示，财务声明的准确性和可靠性使得利益相关者可以做出明智的决定。会计信息系统的两个关键组成要素是系统内信息的质量以及系统产出的信息的质量。信息的准确性、可靠性、相关性以及可理解性对于会计至关重要。在不同的上下文中，其他维度也同等重要。在某些情况下，时间信息是必要的，如需求数据或股票价格；另一些情况下，投资者需要准确的财务声明。此外，维度之间经常需要折中，读者可参见第 2 章关于维度之间折中的内容。

文献［449］涉及连接被视为组织资产的信息、信息价值（具有与经济效用概念类似的含义）和诸如用户数、整合层次以及质量等其他特征的几个法则。这些法则可以通过二维函数表达，其中 y 轴表示信息的价值，x 轴表示相关特征。7 条法则中有 3 条与质量相关，下面对其进行讨论。

第三条法则（图 11.9）指出“信息是易逝的”，即信息随时间贬值。

例如，一张带罚金的机票只有在航班起飞前才具有较高的价值，如果必须推迟航班，罚金将导致机票价值降低。航班起飞后机票的边缘价值指的是其在规定期限内的法律纠纷中的用途。

第四条法则指出“信息的价值随准确性的提高而增加”（图 11.10）。例如，客户关系管理系统中存在不准确的客户地址信息，将降低潜在的市场营销效果，因为无法联系上相关客户（11.6 节有关于这一点的详细论述）。

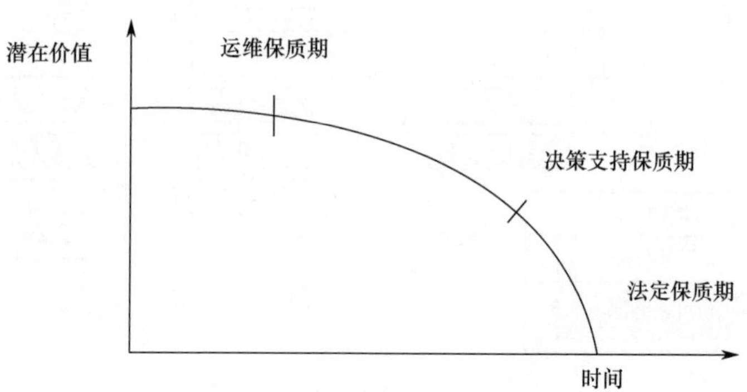

图 11.9 法则 3：信息是易逝的，引自文献［449］

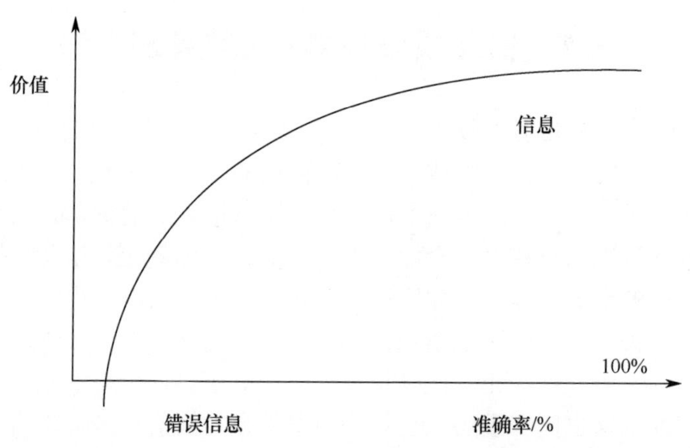

图 11.10 法则 4：信息价值随着准确率增加，引自［449］

第五条规律指出“更多并不意味着更好”，即信息的价值受信息量的影响。在超量信息流的情况下，有可能导致信息过载（图 11.11）。11.7 节将在详细讨论信息过载对决策的影响。

有多个方法提供了允许对信息质量项目的成本和经济收益进行评估的成熟模型。关于该研究方向的成果，文献［32］最先给出了一个通用模型，用于评估信息和流程质量对信息-决策系统的输出的影响。该模型可以根据输入和流程错误函数对中间和最终输出中的可能错误进行表示。

文献［32］局限于对流程中信息质量的分析，而文献［34］则提供了一个概念模型，用于评价与数据仓库环境中增强信息相关的经济问题。论文对如下问题进行了建模。

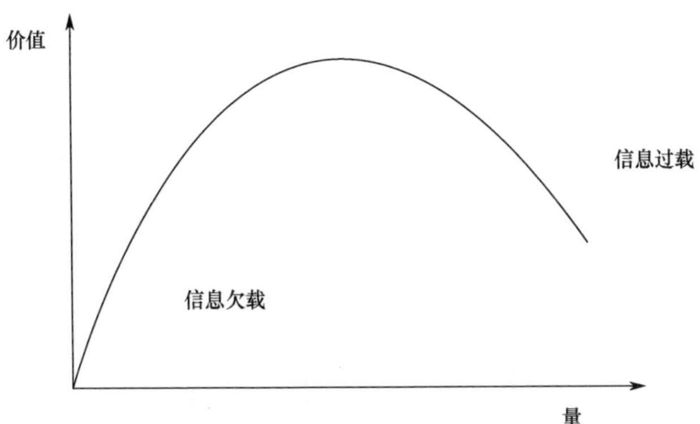

图 11.11　法则 5：更多并不意味着更好，引自文献［449］

（1）数据仓库支持的组织活动，如产品规划和销售。

（2）数据集，如库存信息、销售历史信息以及促销信息。

（3）信息质量维度，如准确性和合时性。

（4）可能的信息质量项目。

论文中提出了一个优化模型，其输入和相关参数如下。

（1）当前质量。定义为数据集和质量维度的函数。

（2）期望质量。定义为组织行动、数据集和质量维度的函数。

（3）目标质量。定义为数据集、质量维度和信息质量项目的函数。

（4）组织行动的优先级。

（5）信息质量改进的成本。定义为信息质量项目的函数。

（6）以效用建模的价值提升。定义为组织活动、数据集、信息质量维度以及信息质量项目的函数。

图 11.12 展示了整数规划的公式，并使用了如下指标记号。

（1）I。所支持的组织行动指标。

（2）J。数据集指标。

（3）K。数据质量属性或者维度指标。

（4）L。可能的数据质量项目指标。

每个项目 L 都与一个权重和一组效用相关联，其权重之和即为 L 的总体价值。优化模型包含一个由所有被选择的流程价值之和构成的目标函数，此外，还包含几个约束。资源约束表示所有被选择项目的成本总和不能超过预算。在一些项目彼此互斥的情况下，最多只能选择一个这种项目。交互约束要求从在多个方面一致的 3 个项目中选择一个项目。

回到文献［449］提出的第四条法则，文献中提出了多种模型对其进行细

$$\text{项目价值}\ L=\sum_{I}\text{Weight}(I)\sum_{J}\sum_{K}\text{Utility}(I,J,K;L)$$

最大化：所有项目的价值总和

$$\sum_{L}X(L)\text{Value}(L)$$

资源约束：$\sum_{L}X(L)\text{Cost}(L)\leqslant\text{Budget}$

排他约束：$X(P(1))+X(P(2))+\cdots+X(P(S))\leqslant 1$

交互约束：$X(P(1))+X(P(2))+X(P(3))\leqslant 1$

整数约束：如果项目L被选择则为1，否则为0

$$X\ (L)\begin{cases}0\\1\end{cases}$$

图 11.12　文献［34］提出的整数规划公式

化并扩展到准确性以外的维度。文献［213］给出了一种通用的函数来定性地表示完备性和准确性对效用、成本和净收益的影响。正如 11.3 节所示，完备性依赖于信息内容，一些元组比其他元组（例如，在特定应用中，指向更具价值客户的较高销售量的元组可能贡献更高的效用）提供更高的效用（论文中称为价值）；基于此，设计者可能会故意排除低销售量或者非近期的记录，从而降低表的完备性。因此，完备性质量恶化的原因可能是故意选择（Deliberate Choice）。不同的是，准确性的降低源于随机危险源（Random Hazard），如数据录入错误、数据源之间的不一致，或者计算错误。图 11.13 考虑了效用、成本和完备性之间的关系，对于准确性，请参见文献［213］。

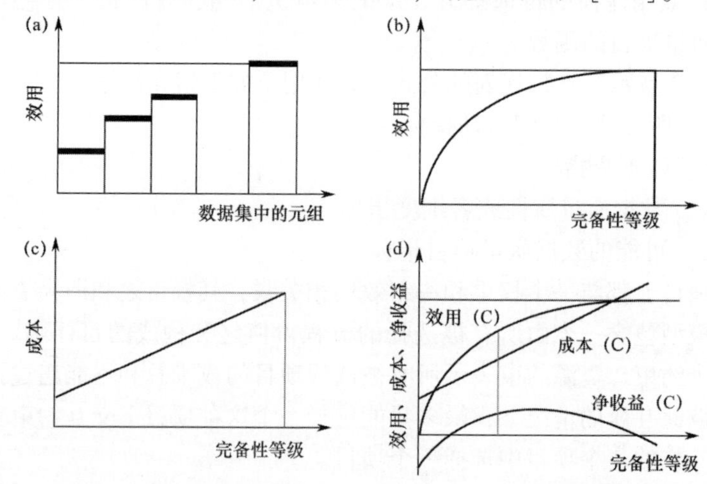

图 11.13　关系完备性对效用（a）和（b）、成本（c）和净收益（d）的影响

图 11.13（a）展示了不同元组的效用的不平衡趋势，其中每个元组的贡献趋于下降。图 11.13（b）展示了效用和完备性之间的函数关系，近似为一个连续的曲线。假设在修复缺失元组时，每个元组对应固定成本，总体成本（图 11.13（c））是两部分之和，即独立于完备性的固定部分，以及为提高完备性而增加的与元组数目成比例的可变成本。最后，图 11.13（d）展示了效用、成本和净收益（即效用和成本之差）与完备性之间的关系。净收益曲线因数据集的不同而不同，可能具有最优完备性点，此时其净收益达到最大值。

对该领域进行完善定义的最重要贡献来自于 Even 和 Shankaranarayanan 的论文[210,215-216,220] 以及文献［218］。文献［216］提出了一个数据仓库上下文中的完整模型。在前面的方法中，数据仓库的设计是从技术的视角出发的，如文献［367］，而该论文从组织的视角和经济的视角审视数据仓库设计过程。

图 11.14 展示了所提出的框架。对于设计特征，时间跨度是指数据仓库中信息获取的时间区间。直观上，时间跨度越大，可被用于信息分析以及决策过程的信息集就越丰富，质量水平也和效用呈正相关。潜在的可被选为分析维度的属性未必同等重要，一个小的集合可以简化信息获取和处理，从而需要较低的存储和管理成本，但也可能因无法刻画现象的重要方面而妨碍进一步的分析，从而导致效用降低。系统配置包括硬件、数据库服务器的选择等。

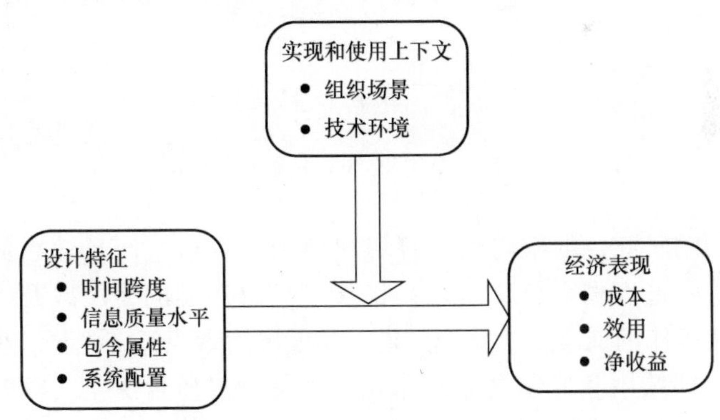

图 11.14　文献［216］中的净收益最大化框架

一个数据集的效用度量该数据集对业务价值的贡献，以货币进行度量。假设存在 I 个可能的应用，其总体效用可表示为 $U(X) = \sum_{i=1}^{I} U_i(X)$ ，其中 X 为设计特征的矢量，U_i 为使用 i 的效用。

效用随时间跨度 T 和质量 Q 而增加，请参见文献［216］中相关的公式。总体成本也可以表达为公式 $C(X) = \sum_{j=1}^{J} C_j(X)$ ，其中 J 为成本组件的总数，

$C_j(X)$ 为组件 j 的成本；论文中还给出了成本、时间跨度以及质量相关的详细公式。净收益定义为 $B(X) = \sum_{i=1}^{I} U_i(X) - \sum_{j=1}^{J} C_j(X)$ 。

假定选择给定的属性作为维度，通过优化 T 或者 Q 或者两者得到闭环形式方案。

论文中指出经济表现可受许多技术特征（如 ICT 基础设施、流程配置、信息分发方法）和业务特征（如对顾客的承诺、遵从质量标准、信息隐私、法律约束以及竞争与合作等）的影响，所有这些因素都被视为开放问题。

文献［210］提出了一个通用框架，用于评估 IQ 信息生产流程中的经济得失，如图 11.15 所示。

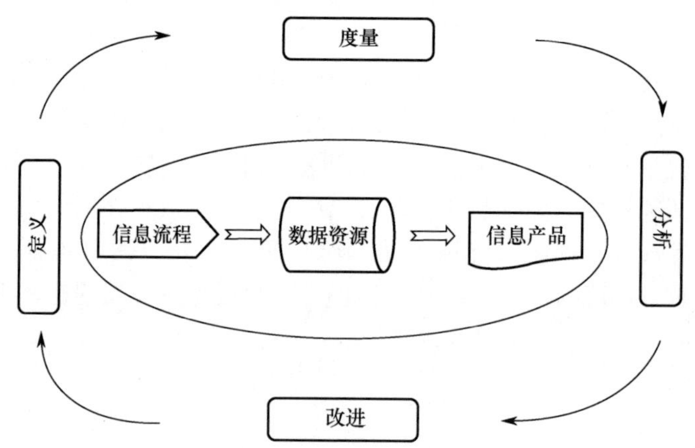

图 11.15　一个评估/改进信息质量生命周期的框架

紧随前面的研究，框架将信息环境建模为具有信息产品输出的多阶段流程，并将经济收益（概念化为效用）链接到信息产品的使用以及生产流程和信息质量改进工作的成本上。该框架进一步发展为微观经济模型，可以基于最大化净收益（即效用和成本之差）来量化评估信息质量决策。框架中用以表示信息环境的模型主要基于以下几个假设。

（1）信息质量改进的对象是单个数据集。

（2）数据集的信息质量等级在开始的 $t-1$ 时刻以 d 速率下降，即平均来说，数据集在时间区间 t 内出现缺陷的比例为 d 。

（3）一个公司在时间区间 t 结束时可以从数据集获得的效用 U_t 取决于信息质量水平 Q_t 。$U_t(Q_t)$ 是一个单调递增函数。

（4）在时间区间 t 内信息质量提升 ΔQ_t 将产生实现成本 $C_t(\Delta Q_t)$ 。$C_t(\Delta Q_t)$ 是一个严格单调递增函数。

(5) 给定每个时间区间的利率 r，公司可以通过信息质量改进最大化净收益 B_t。

上述经济模型是针对信息质量改进周期的一次迭代。由于信息质量改进通常是一个迭代过程，因此可以对该模型进行扩展，在多个时间区间内进行信息质量改进。基于上述假设，将公司的目标函数定义为一个净现值公式。

文献 [218，220] 在客户关系管理领域对上述模型进行了扩展和具体化，考虑了完备性和流通性这两个该领域内的重要维度，并进行了如下扩展。

(1) 保留所有元组和属性，但可能在不同信息质量管理策略下，而先前的方法直接舍弃次要的记录和属性。保留而非抛弃一些未进行质量维护的信息是营销数据库的一种更实际的场景，特别是信息虽然未经过改进，仍然具有较高质量。

(2) 该模型允许不同的元组具备不同的质量水平，而不是简单地选择要保留多少信息，并对留下的整个数据集进行质量优化，不允许元组具有不同的最佳质量。

上述两点促使作者采用一个全新的属性层优化方法，即保留所有属性且对每个属性赋予不同等级的质量目标，从而支持对更加细粒度的信息质量管理策略的理解和开发。

上述方法没有考虑采用 ICT 技术所带来的影响，该技术既可以改进信息质量，又可以处理新的有价值信息，从而增加系统的效用。文献 [41-42] 提出了一个涉及信息质量、容量、效用和价值的统一模型，如图 11.16 所示。影响图 11.16 中信息容量、效用和价值的决定因素如下。

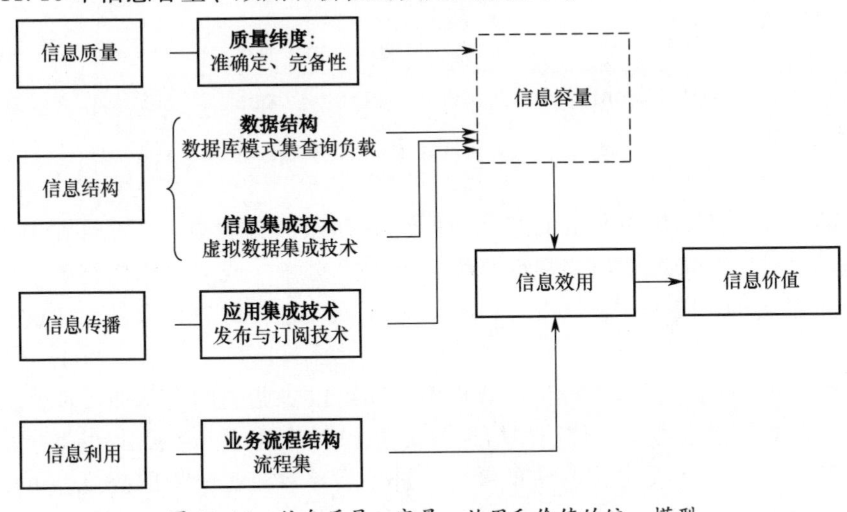

图 11.16　信息质量、容量、效用和价值的统一模型

（1）信息结构由如下部分组成。

① 一组数据库以及对应的包括查询和事务在内的应用载荷。

② 可被用于增强输入数据库之间整合水平的信息集成技术。这些技术中，考虑虚拟数据集成技术（数据集成已在第 10 章进行了讨论）。

（2）信息质量，通过两个信息质量维度进行建模，即准确性和完备性。

（3）应用集成技术，关注于“发布/订阅”技术，可以在不同的异构数据库中协调相同数据的更新。

（4）信息利用，表达为矩阵 BP× Q ，其中 BP 为业务流程，Q 为查询载荷中的查询列表，表示业务流程 bp_i 使用查询载荷中的查询 q_j 。

模型中的核心概念包括信息容量、信息效用和信息价值。信息容量的内在含义是指在异构数据库环境中引入虚拟数据集成技术导致新的可由业务流程发起的查询的可能；查询的净数量导致容量的增加，被视为可从该场景中提取的增量内涵知识。文献［46］中的例子展示了这一概念。图 11. 17 基于实体关系模型，展示了一个家具公司的两个数据库 DB1 和 DB2 的概念模式，其中名称表示实体，未标记连线表示实体间的关系。

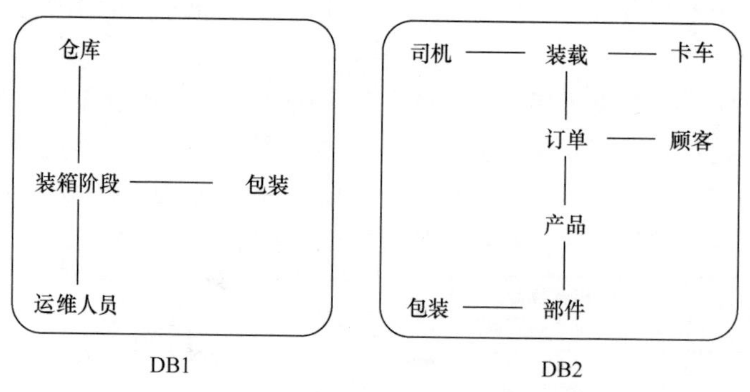

图 11. 17　家具公司两个不同的数据库

这两个模式的集成产生如图 11. 18（a）所示的集成模式，允许在虚拟数据集成架构上实施多个以前在两个模式上无法实施（或者只能由特殊的应用实施）的查询。图 11. 18（a）、（b）展示了两个这样的查询以及对应的查询路径。

“发布/订阅”技术使得自治数据库之间可以协调更新，从而可以提高元组的一致性以及业务流程使用的信息的质量，增加可以连接的元组的数量。这会带来外延层面（元组）容量的增加，进一步导致流程价值的提高。可以采用前面介绍的矩阵 BP× Q 对容量的增加进行全局度量。

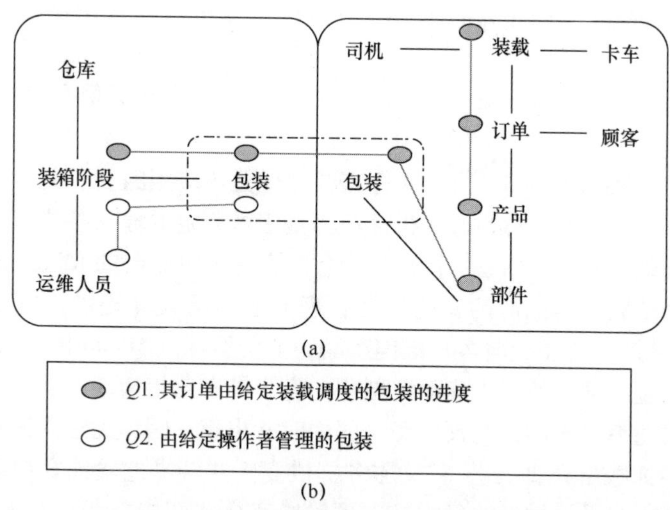

图 11.18　集成模式及其可以实施的新查询

（a）集成模式；（b）高效用查询。

总体经济效用的提升程度依赖于由新查询（由虚拟数据集成技术赋予）和高质量数据（由“发布/订阅”技术赋予）带给业务流程的具体原子效用。最后，信息价值对应于先前方法中的净效用。感兴趣的读者可以参见文献［42，44，46］中的案例研究以及关于信息容量、效用和价值的量化评价。

11.6　如何将效用关联到上下文质量指标

先前的方法将信息质量维度和指标融入业务流程效用上下文中，并从经济视角加以审视。然而，所描述的方法未对如下情况加以考虑。

（1）设计流程，从通用需求开始，产生对手头问题至关重要的效用评价的维度和指标。

（2）这类流程的质量。

文献［305-307］对这两个问题一并进行了讨论，本节受其启发，先对第二个问题进行讨论，即指标的质量。

现有成果（参见文献［245］等）强调选择信息质量指标时的主观性。Heinrich 等[307] 列举了指标的 6 个特性。

（1）规范性。规范性对于保证指标数值的可比较性是必要的。

（2）区间标度（Interval Scale）。需要对指标进行区间细分，以支持在不同时间对其使用情况进行监视。

(3) 可解释性 (Interpretability)。信息质量指标的量化必须容易被用户理解。

(4) 聚合 (Aggregation)。指标可以进行不同的高层聚合以支持灵活的应用。

(5) 适应性 (Adaptivity)。指标需要适应具体应用的上下文。

(6) 可行性 (Feasibility)。指标应当基于可判定的输入参数。

利用文献 [350] 中的一个例子讨论 3 篇论文中提出的方法，研究现实中一个大型移动服务提供商的营销活动管理的业务场景（提供该例子的简化版本)。该营销活动关注于向客户推销产品，如资费标准 Mobile100。之前存在的信息质量问题通常会妨碍正确而定制化的客户邮寄营销活动，从而导致较低的营销活动成功率。该问题在预付费合同中时常出现，因为无法保证定期联系上客户（如投递账单)。因此，移动服务提供商无法轻易地验证客户联系信息是否仍然有效。假设提供商的目的是向预付费客户（即按资费标准 Mobile100 付费）递交一个价目表以使他们转向后付费的资费标准。本节对如下的 Customer（客户）表进行分析：

Customer (ID, Surname, First Name, Birth Date, Place of Birth, Address, Current Tariff, Phone Number)

对于信息质量维度，主要考虑准确性和合时性（文献 [305] 使用了该术语，对应于本书中的流通性)。论文发现使用准确性指标非常耗时，因为需要在邮寄价目表之前对每个客户的地址都加以验证。不同的是，合时性指标可以被形式化，给出一个衡量客户地址是否仍然有效的概率，这要优于不确定地址是否仍然正确的情况。因此，本节重点关注合时性指标。

另外，需要确定重要属性及其在营销活动中的重要性。属性 Surname（姓)、First Name（名）和 Address（地址）对于通过邮件向客户投递价目表是非常重要的。此外，客户的 Current Tariff（当前资费标准）是必要的，因为这是营销活动中资费的选择标准。因此，本章聚焦于表 Customer (Surname, First Name, Address, Current Tariff)。

此外，需要根据属性在营销活动中的重要性为属性分配权重，如图 11.19 所示。由于只需对当前使用 Mobile100 资费标准的客户投递价目表，因此，Current Tariff 属性最为重要，为其分配的权重为 1。属性 Address 的重要性仅次于 Current Tariff。因为没有 Address 属性值，就无法将价目表投递到客户手中。分配给 Address 属性的权重为 0.9，因为地址的部分内容，如有效的门牌号，对于投递价目表是不可或缺的。为 Surname 属性分配权重 0.9，因为这一属性对于投递同样重要。如果姓氏改变了（如结婚后)，在某些情形下邮政服务仍然使用以前的姓氏。不同的是，属性 First Name 是不太重要的，为其分配的权重是 0.2，因为移动服务提供商不希望影响已有的客户关系。

Attribute$_i$	**Surname**	**First Name**	**Address**	**Current Tariff**
relevance$_i$	0.9	0.2	0.9	1.0
decline(A_i)[1/year]	0.02	0.0	0.1	0.4
age(A_i)[year]	0.5	0.5	2	0.5
$Q_{\text{Timeliness}}(A_i)$	0.99	1.00	0.82	0.82

图 11.19　对表中属性的重要性和合时性的评价

现在需要表述属性 A_i 质量指标的衰减率（Decline Rate）decline（A_i），即表明所考虑的属性的值在给定时间段内（如 1 年）失去时效性的百分比。通过与外部数据源的比较或者基于历史信息的统计，对先前步骤中选择的每个属性赋予 decline（A_i）值。对于属性 Surname 和 Address，可以引入国家统计局关于婚姻/离婚数据以及居所改变频率的经验信息。因此，可以确定属性 Surname 的衰减率为 0.02（平均每年有 2%的客户改变姓氏）。属性 Address 的衰减率为 0.1。如果没有第三方的信息可用，属性 Address 的衰减率可以根据内部（历史）信息或者采样进行估计。例如，可以通过对客户数据库进行采样以评估居所改变频率。对采样数据中客户地址信息的平均有效时间进行调查之后（即客户居住在一个地方的平均时长是多少），合时性指标的 decline（A）参数可以通过有效时间概率分布上的无偏估计（1/地址的平均有效时间）计算得到。

属性 First Name 的衰减率被设置为 0.0，因为名字通常是不变的。属性 Current Tariff 的衰减率则是基于移动服务提供商的历史数据进行估计的，大约为 0.4。

将合时性的评估作为最终目标，现在需要对示例元组 age（A_i）的每个属性进行估计，对应于信息质量量化的时间和信息获取的时间之间的时间间隔，如图 11.19 所示。示例元组的 4 个属性的合时性可通过下式确定：

$$Q_{\text{Timeliness}}(A_i) = \exp(-\text{decline}(A_i) * \text{age}(A_i))$$

图 11.19 对相关值进行了汇总。

文献［305］表明，上述所有选择与本节开始时引入的指标的质量标准是一致的。

元组层面的指标值可以通过对属性值的聚合得到，考虑权重 relevance$_i$：

$$Q_{\text{Timeliness}}(T, A_1, A_2, \cdots, A_4) = \frac{0.99 \times 0.9 + 1 \times 0.2 + 0.82 \times 0.9 + 0.82 \times 1}{0.9 + 0.2 + 0.9 + 1} = 0.882$$

为了确定如何使用上述验算，对一个已经向客户提供资费标准改变列表的营销活动进行分析。该营销活动于几个月前实施过，分别计算前一个营销活动中所有客户地址的合时性指标，评价营销成功率和合时性值之间的相关函数，结果如图 11.20 所示。

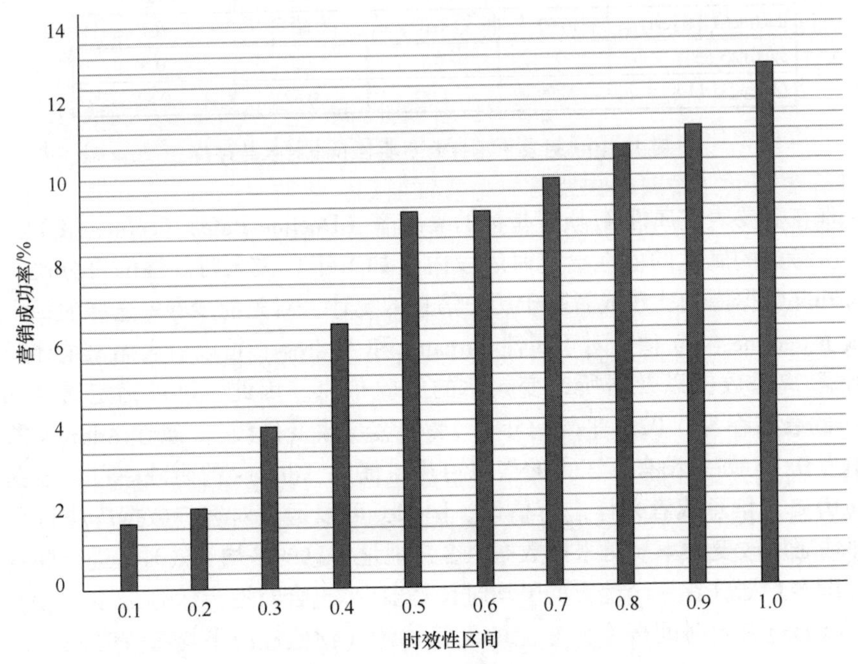

图 11.20　前一个营销活动的成功率

此处，将先前的营销活动的结果投影到未来营销活动，可以在 10 个合时性区间中评价每个客户群体的邮寄成本和期望收益提升，即

每个客户群体的成本 = 邮寄成本 × 群体中的用户数

每个客户群体的营收 = 成功率 × 单个营收 × 群体中的用户数

最后发现，营销活动经济收益的盈亏平衡点位于合时性值大于 0.3 时。

11.7　信息质量与决策

决策过程中使用的信息质量对于决策结果至关重要，因为最终决策会受到可用信息质量的显著影响，且决策结果可能导致不同的效用水平。多个文献涉及上述问题，11.7.1 节和 11.7.2 节将对其进行讨论。11.7.3 节关注另一个与信息质量和决策质量相关的问题，即当给决策者提供过多的信息时，决策过程会受到信息过载的影响。最后，11.7.4 节讨论如何增强决策过程中信息的效用。

11.7.1　信息质量与决策的关系

图 11.21 对研究数据和信息质量与决策之间关系的现有成果进行了罗列。

论文	自变量	度量	因变量	建模	领域
Jarvenpaa (1985)	IQ维度	-理解准确性 -度量有效性 -一致性	决策性能	-显示格式 -任务复杂度	管理决策
Gonzales (1997)	IQ维度	动画清晰度	决策质量	正确答案的百分比	-租赁决策 -流体力学性能问题
Ahituv (1998)	IQ维度	完备性	决策效率	敌机命中次数	反敌方空袭
Raghunathan (1999)	IQ维度	准确性	决策质量	-置信输出的封闭性 -输出的概率	
Chengalur-Smith (1999)	-IQ指标 -体验 -时间	信息可靠性	决策结果	选择最佳房间	-公寓选择 -餐厅位置选择
Fisher (2003)	IQ的元数据	存在/不存在	决策结果	-自满 -共识 -一致	-公寓选择 -工作调动
Jung (2005)	-IQ类别 -IQ维度	-上下文质量 -完备性/相关性/聚合	决策质量	正确答案的数目	餐厅位置选择
Ge (2006)	IQ维度	-准确性 -完备性	决策质量→决策有效性	正确答案的百分比	投资决策
Shankaranarayan (2006)	-数据处理的元数据 -质量评估	准确性、完备性、流通性、一致性、相关性	决策结果	感知的有用性	广告预算分配
Letzring (2006)	IQ维度	-现实准确性 -人格信息的完备性和相关性	决策质量	现实准确性	人格判断
Kerr (2007)	IQ维度	准确性、合时性、可比性、有用性、相关性、隐私	决策质量	智能密度	新西兰健康信息系统
Ge (2009)	-IQ类别 -IQ维度	-固有的、上下文的、代表性的 -准确性、完备性、一致性	决策质量	库存优化 成本最小化	库存管理
Ge (2013)	IQ维度	准确性、完备性、一致性	决策质量	成本最小化	库存管理

图 11.21　研究信息质量与决策之间关系的主要文献

信息质量特征可以被视为自变量，而决策特征可以被视为因变量。当指信息质量特征时，信息质量维度是最常出现的，其他特征涉及文献［645］中介绍并在第 2 章讨论的信息质量类别。当指维度时，研究最多的是准确性和完备性。此外，还有切题性、可用性、合时性以及其他。在图 11.21 涉及的两篇文献中，信息质量被认为是由信息的元数据或者流程元数据提供的。

在大部分情况下，决策特征与决策质量相关，但在不同文献中含义不尽相同，正如“建模”一列所示。其他论文涉及决策过程的结果，重点关注决策者在做出决策和挑选结果时如何受到信息质量的影响。研究领域从公寓、餐厅选址到库存管理、心理学领域的人格判断、健康信息系统以及军事领域中诸如遭到敌方攻击时的决策。

现在按照决策中分析的两个主要目标，即决策中信息质量信息的使用以及信息质量与决策质量之间的关系，对做出重要贡献的文献进行详细讨论。为了方便描述，本节在图 11.21 中使用第一作者作为引用标识。

11.7.2 信息质量在决策流程中的使用

Chengalur-Smith 等[129] 通过实验研究了提供决策所使用信息的质量信息的重要性。文中考虑的质量维度是决策时可用信息的准确性，并通过可靠性进行度量。这些元信息以 3 种形式与实际信息一起被使用：①无元信息；②两点序数（即，均值以上和均值以下）；③区间标度。论文探索了两种决策策略：合取策略和加权线性求和策略。合取决策（Conjunctive Decision Making）假设决策依赖于一组已知且具体的标准，为每个标准建立一个最低可接受水平。加权求和决策（Weighted Additive Decision Making）同样假设决策所依托的各种标准已经被确定，且每个标准被赋予一个权重以体现其重要性。文中使用了两个决策环境：简单环境和相对复杂环境。根据两个标准表达所研究的假设（第三个标准，即一致性，不在此概述的考虑范围内，感兴趣的读者可以从文献中了解详细内容）。

（1）自满性（Complacency）。关于信息质量的信息被忽略程度的度量。

（2）共识（Consensus）。群体内关于某个偏好的一致程度。

给出如下结论。

（1）实验中自满性差异显著。当涉及比较具有区间标度化的 IQ 信息的群体和没有 IQ 信息的群体的简单任务时，存在最低水平的自满性（对应于对 IQ 影响最大的信息）。对于合取策略和加权求和策略同样如此，复杂场景中则会出现不同的模式。

（2）当面对存在明显不同选项的场景时，包含 IQ 信息将影响对保持群体共识偏好选项的选择。

（3）区间格式是关于 IQ 的最详细信息的表达，与具有较高复杂度的任务相比，它在相对简单的任务中会得到更加充分的利用。尽管没有得到确定结论，但作者强烈建议关注信息过载的影响，11.7.3 节将对这一问题进行更加详细的讨论。

Fisher 等[235] 也关注如何将 IQ 信息应用于决策，并研究了决策者的经验以及允许处理时间的影响。结果表明，当经验水平从初学者提升为专业时，对 IQ 信息的使用就会相应增加。同时得出结论：对于没有特定领域经验的管理者同样应该使用 IQ 信息。应当在管理者自主使用的基础上，将 IQ 信息合并到数据仓库中。

Shankaranarayanan 等[564] 扩展了可用的 IQ 信息对决策的影响的研究。作为一个影响端用户对 IQ 进行评估的机制，提供了由数据集获取、处理、存储以及分发的抽象描述所组成的流程元数据。一个探索性测试表明，通过决策流程效率的传导，IQ 的观念和相关的流程元数据对决策结果都有正面的影响。对于复杂的大数据集，人工检测 IQ 问题的能力非常有限。此时，信息的量和复杂度超过了用户的能力范围，而用户可以从提供信息质量元数据中获益。

11.7.2.1　信息质量与决策质量

Jarvenpaa 等[344] 对实验性信息系统研究的一般方法进行了研究，观察发现尽管进行了大量的具体实验，已有的研究仍然受方法问题的困扰，如：

（1）缺乏基础理论；

（2）不合适的研究设计；

（3）实验任务的多样性；

（4）度量设备的不断增多。

对于最后一个问题，文献［344］引入了解释准确性（Interpretation Accuracy）维度，对应于可用于估计以不同格式展现的信息价值的准确性，或者在解释任务中发现的错误的量级。另外，文献［344］指出，关于呈现方式的文献通常未表明设备是否经过可靠性和有效性的测试。

文献给出了一个解释准确性测试，其目的是对主体理解以图表展示的信息的准确性进行评价。解释准确性是正确理解问题和改进决策质量的先决条件。由一个解决低复杂度问题的任务场景中的实验得到的结果表明，主体使用分组柱状图要比使用简单柱状图表现更好。

Gonzalez 等[271] 提出了一个框架，对为决策支持系统设计的用户接口动画效果的效率进行测试。文献中关注的一个动画特征是现实或者抽象，以此对应于清晰度/可读性信息维度。其中一个实验的结论是使用现实图像的主体的决策质量要显著优于使用抽象图像的主体。

文献［515］对信息质量与决策质量之间关系进行了分析扩展，同样考虑了决策者的质量，并以准确性作为质量维度。对一个决策流程中的决策者质量和决策质量进行了分析，并通过一个置信网络进行模拟[495]，方式如下。

(1) 将决策流程的输入 i 的信息质量建模为 i 的值被决策者视为真值的概率。

(2) 决策者质量针对决策流程，可根据决策者的条件置信度与条件概率之间距离进行度量。

(3) 决策质量指由决策者做出的决策的质量，对应于输出值的概率和置信度之间的绝对差。

分析显示，除了信息质量，决策者质量也对决策质量有显著影响。在以问题变量之间的精确关系为特征的问题中，如果决策者拥有关系的准确知识，那么，决策质量与信息质量是正相关的。然而，如果决策者不具备关系的充分准确知识，决策质量随着信息质量的提高而衰退。当问题变量之间不存在精确的关系时，信息质量对决策质量没有影响。

Ahituv 等[13] 描述了一个实验，该实验通过模拟会话测试时间压力以及信息完备性对以色列空军顶尖指挥官表现的影响，涉及的变量包括：

(1) 展示完备信息与不完备信息；

(2) 存在时间约束的决策与无时间限制的决策；

(3) 顶尖战略指挥官与中级战场指挥官表现的差异。

结果表明，完备信息通常可以提升表现。然后，当面对有时间压力情况下的完备信息时，战场指挥官（不同于顶尖战略指挥官）的表现没有得到改进。

Jung 等[351] 在一个实验中研究了上下文信息质量、任务复杂度和决策性能以及有效性之间的关系。任务复杂度被定义为认知负载水平或识别/解决问题所需要的精神努力，因此，可以被视为一个关于执行任务时必须采取的行动数量和需要处理的信息提示的数量的函数。与该研究相关的信息质量维度包括信息的相关性、准确性和完备性。研究中考虑的决策质量包括决策性能（以解决时间为度量）和决策有效性（以产生正确解决方案的正确答案的数量为度量）。该决策任务是为一个中餐馆选址，复杂任务是让调查对象从 5 个候选位置中选择 1 个作为中餐馆的位置，而简单任务是让调查对象从 3 个候选位置中选择 1 个。

调查对象可以获得一定数量的、在相关性和完备性上存在一定差异且以表格形式存在的聚合信息。那些面对低质量上下文信息的主体使用不相关或者不完备信息。例如，给被调查对象的数据集中可能缺失了两个数字。因此，他们必须借助其他步骤来推理决策所需要的信息。对结果的分析进一步印证了如下假设。

（1）决策效率与信息质量。无论任务复杂度水平如何，具有高质量上下文信息的被调查者比具有低质量上下文信息的被调查者需要更少的时间。

（2）决策有效性与信息质量。无论任务复杂度水平如何，与使用低质量上下文信息相比，使用高质量上下文信息解决问题可提升解决问题的准确性。

（3）决策效率与任务复杂度。无论上下文信息质量水平如何，面对简单任务的主体要比面对复杂任务的主体花更少的时间。

如下假设没有得到印证：

任务复杂度与信息质量——无论上下文信息质量水平如何，面对简单任务的主体要比面对复杂任务的主体做出更加准确的决策。

Shankaranarayanan 等[564] 提出了一个决策支持框架，允许决策者以客观的和依赖于上下文的两种方式评估质量。该框架基于信息产品方法并使用信息产品地图（参见第 6 章），所考虑的维度是完备性。此外，还描述了一个基于该框架的信息质量管理决策支持工具。

Ge 等[257] 的目标雄心勃勃，旨在研究提高决策质量的通用方法以及影响决策质量的信息质量维度和因素，如图 11.22 所示，其中 D_i 表示维度 i 的值，F_n 表示其他影响决策质量的因素，如决策者的主观偏好或经验。

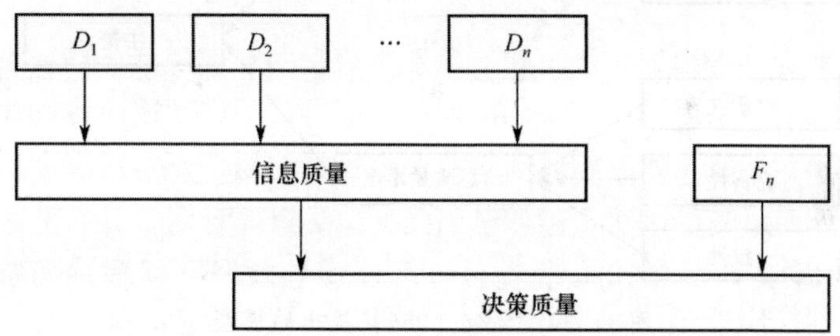

图 11.22　文献［257］中提出的分析影响决策质量的因素的一般方法

研究的维度包括准确性和完备性。用公式表示准确性和完备性与决策质量的函数关系。图 11.23 展示了几个决策质量廓线，其中不同完备性和准确性的组合可获得相同的决策质量。一个基于投资决策的实验表明，信息完备性与决策质量之间几乎呈线性关系。

Ge 等[256,258] 的目标是系统地分析信息质量对决策的影响。为了达到这一目标，作者们提出了一个模型（图 11.24），考虑如文献［646］介绍的维度类别以及作为独立变量与决策质量关联的原子维度。

实验场景（图 11.25）主要基于一个管理游戏，即啤酒游戏，模拟对一个啤酒供应链中供应和需求进行管理的角色扮演游戏。在场景 1 中，模拟一个啤

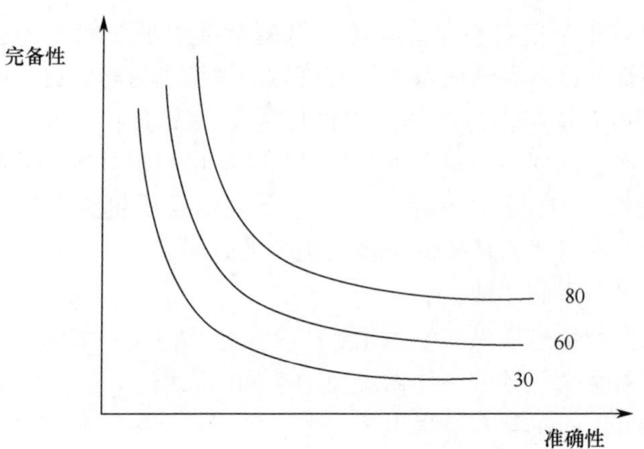

图 11.23　呈现为完备性和准确性的函数的决策质量廓线

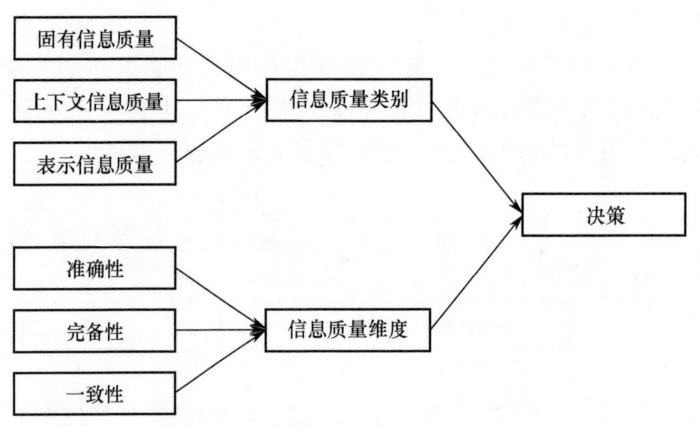

图 11.24　文献［256］提出的模型

	订单复杂度	目标	最优决策
场景1	●一个品牌啤酒的10周订单 ●每周决策	最小化库存	零库存
场景2	●10个不同品牌啤酒的订单 ●每个品牌决策	最小化总成本	最小化总成本

图 11.25　文献［256］和［258］中给出的场景

酒品牌 10 周内的订单，并且每周都进行决策。在该场景中，库存控制策略的目标是最小化库存，最优决策是保持零库存。第二个场景中，也是最复杂的情形，策略是最小化总成本。

结果显示内在信息质量和上下文信息质量与决策质量是正相关的，而决策质量受表示信息质量的影响并不特别显著。此外，不同于一致性，信息准确性和完备性的提升可以显著改进决策质量。

Ge 等[258] 按照信息质量的多维度视角对上述结果进行了扩展，研究信息准确性、完备性和一致性对决策的影响。结果验证了信息准确性和完备性对决策质量的显著影响。尽管信息一致性对决策质量的影响并不十分显著，但信息的一致性可以增强准确性的贡献，表明信息准确性和一致性可以联合对决策质量产生影响。

Letzring 等[398] 给出了一个完全不同的研究领域中的例子，即人格与社会心理学。人们每天都对其他人做出人格判断，这些评判在其准确性方面存在差异，因为它们基于相识的不同程度以及信息与人格相关度的偏离程度。这两方面可用的信息涉及信息量、可用信息的绝对量以及信息质量。文献［398］将信息质量定义为可用信息与人格相关的程度，因此属于切题性。信息量的概念显而易见，可获取更多关于目标人格信息的评判者将做出更加准确的人格评判。信息质量的概念指即使信息量恒定，不同的相识场景改变人格相关信息可用程度的可能性。

文献［398］中通过现实准确性（Realistic Accuracy）对决策质量进行建模，即人格评判和目标实际喜好之间的一致程度。文献指出，这一概念无法通过任意单一人格或者行为评级直接加以度量，因为采用任意单一评级作为个体喜好的指标是高度不确定的。相反，应当针对每个评判目标，使用和组合多个度量方法构成一个宽泛的准确性标准来衡量现实准确性。实验结果验证了如下假设，即信息量和信息质量与关于目标和现实准确性的客观知识呈正相关关系。对 Shankaranarayanan[564] 进行总结时发现，这一结论对决策质量的第二个指标，即共识，也同样适用。

Kerr 等[362] 对新西兰的医疗领域进行了调查。以在医疗信息系统中建立和应用信息质量策略为目标，讨论了信息质量与决策质量之间的关系。研究发现信息的缺失或者不完全会影响决策流程。例如，将卫生部的服务职能下放到医疗提供者将面临各种问题，因为它无法访问提供服务的历史信息。使用过期信息进行决策同样会遭遇困难。

该研究所选择的信息质量维度包括准确性、切题性、合时性、可比性、有用性、安全性以及隐私性。采用智能密度（Intelligence Density）对决策质量以及更一般的所谓智能企业（Intelligent Enterprise）（关于这一问题参见文献［173］）的质量加以建模，定义为决策者通过使用组织工具和方法获得的用于决策支持的有用信息的量。

作者提出了一个以多种方法提高智能密度的信息质量策略。首先，通过设计将降低决策支持信息的价值和效用的不准确与不一致纳入改进活动范围。此外，互相提供定义上下文的则元数据信息可使解释的错误最小化。如果上下文是历史的，则元数据可以延长信息寿命，即使用于刻画信息的流程和程序已经发生改变，决策者依然可以使用收集的历史信息。

11.7.3 决策与信息过载

许多研究对信息过载、信息处理以及决策质量之间的关系进行了测试，得到了不同的结果。例如，文献［579］发现在不同信息负载水平下决策质量没有显著变化，而文献［574］发现信息过载与决策质量之间的关系是一个反向曲线。文献［449］也报告了一个相似的曲线。

文献［329-320］在两个实验中研究了信息负载与决策质量的关系，前者是一个结构化的任务，后者是一个高度非结构化的任务，即所谓的破产研究。文献［329］将决策质量建模为决策准确性和决策所需时间。信息负载的概念被细分为重复维度的数量（即所谓的冗余信息）和建模信息复杂度的不同维度的数量。结果可总结如下。

（1）重复维度的数量与准确性之间的关系是一个反向的U形曲线，但只适用于曲线的下降部分。

（2）重复维度的数量与时间之间的关系是一个反向的U形曲线，但只适用于曲线的上升部分。

Iselin[329] 的方法被应用于文献［320］中的企业破产研究。此时，决策质量被度量为预测准确性（Prediction Accuracy），定义为正确预测的数目与样本中企业数目的比值。考虑如下两种建模信息负载的指标。

（1）信息多样性（Information Diversity）。定义为实验中使用的不同财务比率的数目。

（2）信息重复性（Information Repetitiveness）。定义为信息线索数目与信息多样性的差。

结果表明，两个信息维度对决策质量都具有负面影响：提供多样或者重复的信息都不利于提高预测准确性。

文献［360］研究了信息过载对顾客评价和购买产品的影响。作者观察发现，策略制定者和对顾客如何使用信息感兴趣的研究者所关心的是，如何确定顾客在评估可选项的价值（效用）的准确性下降之前可以有效处理的最大信息量。Keller 和 Staelin[360] 研究了信息的数量与质量对决策的影响，即认知效用。文献试验了几个假设的相关性，结论汇总如下。

(1) 决策效果随着可用信息量的增加而下降（保持信息质量不变），并且随着信息质量水平的上升至少达到一定程度的提升（保持信息量水平不变）。

(2) 保持平均信息环境的质量水平不变的情况下，决策效果随着可用信息量的增加先提升然后下降。

(3) 保持可用信息的量不变的情况下，较高水平的信息质量与较多相关属性信息的使用有关。将属性信息的使用与选择准确性关联，结果显示，当被调查对象使用大部分而不是所有可用信息时，更容易做出正确的选择。

在同一个领域，文献［390］在一个在线环境中研究了信息过载对顾客选择质量的影响。在一个实验中，顾客被要求在一个给定的集合中选择最好的（主流的）CD 播放器，并调整选项和属性的数目（传统度量），以及选项的属性层分布（结构化度量）。结果显示，属性的数目以及属性层分布可以有效预测信息过载对顾客选择的影响。此外，研究还发现在线信息过载将导致顾客满意度和自信心的流失，并给顾客带来更多的困惑。

文献［230］发现，在认知心理学与决策研究中，信息的量是一个不会产生负值的函数。适应性决策需要对决策选项及其相关资产之间的意外情况做出准确而迅速的评估。该研究工作指出，意外性更多出现在小观测样本中，而非大观测样本中。在满意度-选择框架中提供了解释这一看似矛盾的现象的算法证据。实验结果表明，意外情况在小观测样本中要比在大观测样本中更加明显。在众多参数中，小样本命中的优势要强于误告警的劣势。计算机模拟和实验验证了模型的预测。

几篇文献研究了如何对比信息过载影响的问题，文献［360］中引入的降低信息过载的方案，包括：

(1) 削减信息重复；

(2) 采用个人信息管理策略，以及软件方案整合，如推送技术，即根据预先选择的信息源向用户推送通知以提醒用户更新信息；

(3) 提供增值信息。

文献［116］讨论了使用图来辅助决策以有效降低信息过载对决策质量的负面影响。一个模拟实际业务预测任务的实验结果表明，信息过载情况下，预测准确性会降低。然而，单一表示模式不会对预测准确性带来显著影响，信息负载与表示模式的交互也同样如此。为了改善企业管理者的表现，作者建议信息系统专业人员应当更多关注于确定提供给用户的最佳信息量，而不是不分青红皂白地给出所有关于数据的图表。

最早研究信息过载影响的是文献［376］，文献指出，今天人们正对信息处理越来越无助，不是因为信息量越来越大，而是缺乏结构。文中提出了 4 个结构维度。

（1）选择由专业信息提供方为用户过滤的信息。

（2）时间。每种信息类型，如天气预报或者维基百科，都有其生命周期。因此，需要寻找时间定位以及信息聚合与抽象的方法。

（3）层次结构。涉及质量和细节程度的层次结构。

（4）序列。对应于信息分类和信息排序。

该文献发表于1995年，因此，并未考虑大数据现象给研究工作带来的变化，详见第14章。

11.7.4 价值驱动决策

文献［217，374-375］指出，商业智能（Business Intelligence，BI）系统和工具在现代组织中被大量采用，以支持诸如信息分析、管理决策以及业务性能测量等活动。这些文献研究了如何将基于价值的推荐机制整合到商业智能方案中。推荐机制是嵌入到前端BI工具中的文本、可视化或图形化线索，用于指导终端用户使用特定数据子集和分析功能。研究工作关注于先前使用情况以及相关收益的评估，并结合利用价值驱动元数据来追踪和表达信息的方法，从而实现收益的量化评估。更进一步，文献给出了一个支持元数据收集、存储和表示的高层次架构，以及一个评估元数据的量化方法，如图11.26所示。

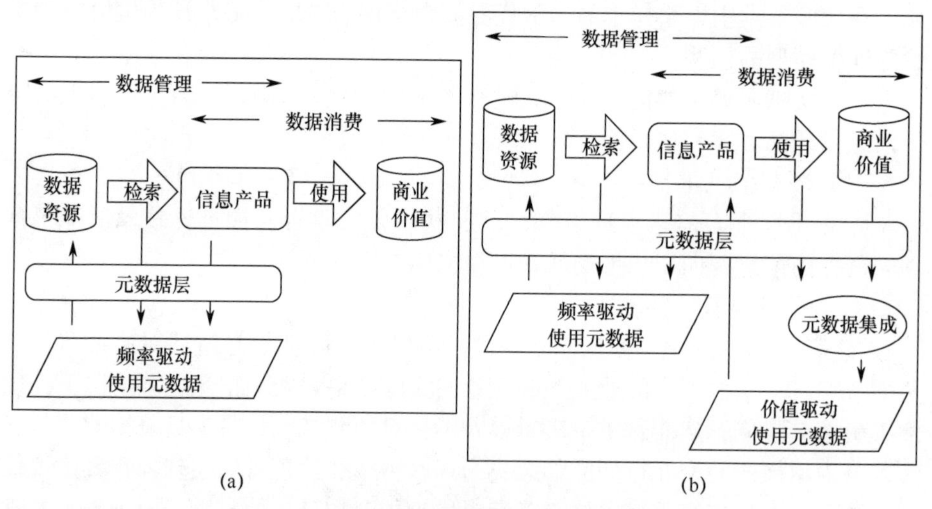

图11.26 使用元数据

（a）频率驱动；（b）价值驱动。

文献［375］发现跟踪信息对象（如表、属性以及记录）的使用在决策相关文献和应用中被视为元数据的重要形式。某些专门的商用方案以及某些 DBMS 和 BI 平台会提供使用情况追踪工具，文献［375］中将该方法命名为频率驱动使用元数据（Frequency-driven Usage Metadata），如图 11.26（a）所示。在文献中，作者声明这一框架必须演化到价值驱动使用元数据，如图 11.26（b）所示。下面的例子对该新方法进行解释。

考虑如图 11.27 所示的由单个表 Customers（客户）构成的数据库，假设共有 4 个查询，并且都是基于属性子集进行选择操作的结构，如图 11.27 中 Queries（查询）表，显示了每个查询涉及的属性和元组。元组和属性的频率元数据可基于 Queries 表进行计算，为了简单起见，假设查询具有相同的频率，并设置为 1。

Customers

#	Customer	Gender	Income	Children	Status	Frequency
1	James	Male	High	0	Single	1
2	Sarah	Female	Low	1	Married	2
3	Isaac	Male	Medium	2	Married	1
4	Rebecca	Female	Low	0	Single	1
5	Jacob	Male	Medium	3	Married	1
6	Lea	Female	High	2	Married	3
7	Rachel	Female	Low	4	Single	0
Frequency		3	1	2	1	

Queries

WHERE条件	使用的属性	检索到的元组
Gender="Male" 和 Children > 0	Gender, Children	[3], [5]
Gender="Female" 和 Children < 3	Gender, Children	[2], [4], [6]
Gender="Female" 和 Status= "Married"	Gender, Status	[2], [6]
Income="High"	Income	[1], [6]

图 11.27　文献［375］中例子以及频率驱动使用元数据

将信息管理决策完全寄托于频率驱动元数据的一个潜在风险是可能丧失顾客忽略使用的元组和属性带来的机会，而这些元组可能允许新式的信息使用，从而增加潜在的信息效用。文献中声称，除了给信息管理带来益处外，以元数据形式对业务价值进行定量评估和收集还可以改进信息消费。例如，信息价值可以根据决策结果（如产量提高、顾客购买意愿）、营收和利润加以度量。文献［375］假设每个查询都是涉及一组顾客的具体促销活动，顾客通过特定的购买行为来响应促销活动，见图 11.28 中 Queries 表的“总价值”属性。从图中可以看出，这个值对不同的查询变化明显。上述查询的价值指标可用于评估每个属性和每个元组的价值，文献［375］给出的公式如下：

$$V_{n,m} = \sum_{q=1}^{Q} V_{n,m}^{q} = \frac{\sum_{q=1}^{Q} V^{q}}{\sum_{n=1}^{N}\sum_{m=1}^{M} R_{n}^{q} R_{m}^{q}}$$

式中：$V_{n,m}$ 为元组 n 中属性 m 的价值；V^q 为上述查询 q 的价值；R_n^q 和 R_m^q 为查询 q 中元组 n 及属性 m 是否参与的二值指标。

图 11.28 分别在表 Customers 的最后一列和最后一行显示了每个元组与每个属性对应的聚合价值。

文献［375］指出，可通过分析价值分布和评估使用频率获得重要结论。例如，未被频繁使用的属性 Income（收入）与最高价值相关联，而被频繁使用的属性 Children（子女个数）与较低的价值相关联。这些洞察可以被转换为对未来市场营销有价值的建议。

Customers

#	Customer	Gender	Income	Children	Status	…	Value
1	James	Male	High	0	Single		1
2	Sarah	Female	Low	1	Married		2
3	Isaac	Male	Medium	2	Married		1
4	Rebecca	Female	Low	0	Single		1
5	Jacob	Male	Medium	3	Married		1
6	Lea	Female	High	2	Married		3
7	Rachel	Female	Low	4	Single		0
…							
Value		515	2.000	60	500		

Queries

WHERE条件	使用的属性	检索到的元组	总价值
Gender=“Male” 和 Children > 0	Gender, Children	[3], [5]	100
Gender=“Female” 和 Children < 3	Gender, Children	[2], [4], [6]	30
Gender=“Female” 和 Status=“Married”	Gender, Status	[2], [6]	1000
Income=“High”	Income	[1], [6]	2000

图 11.28 文献［375］中价值驱动使用元数据

11.8 本章小结

本章讨论了几个在业务流程和决策中与信息质量相关的经济和管理问题。当质量必须与流程或决策的效率或者效果相关联时，必须采用当前问题上下文中的指标。这是对目前考虑的客观维度和指标的根本改变，也是对未来信息质量研究的一个显著挑战，同时也要考虑到目前研究的案例特指市场营销领域。在信息系统生命周期中，当改进管理信息的质量问题变得重要时，必须首先采用本章讨论和比较的成本与收益分类。

本章从质量低劣导致的成本和质量改进项目的成本、高质量信息为使用它的流程和决策而带来的价值等视角讨论了经济问题。当采用第 10 章讨论的集成技术来处理数据集中存在的异构性时，信息价值可以得到增强。

为了对信息的价值进行拓展分析，本章最后对信息质量的一个分支进行了阐述，即价值驱动决策，试图表明质量和价值构成了信息所表示资源的两个互补的方面。同时考虑质量和价值可以提供强大的能力，而研究者才刚刚开始深入理解这一点。

第 12 章　信息质量评估与改进方法

12.1　引言

在单个组织或者在一组相互协作的组织中度量和改进信息质量是一项复杂的任务。先前的章节讨论了信息质量改进（第 7 章）以及相应技术（第 7 章~第 10 章）有关的活动。过去几年已经出现的一些方法可以为这些活动和技术的优化选择提供理论基础。本章将从多个角度讨论现有专业文献中关于信息质量评估和改进研究的方法。

本章从自上而下的视角来审视方法。12.2 节根据分类提供典型的输入和输出、讨论策略以及方法的典型阶段。

12.3 节基于几种常用标准，比较信息质量评估与改进文献中提出的 13 种方法。12.4 节详细描述并比较 12.3 节中涉及的 3 种最重要的通用方法。12.5 节讨论评估方法，并对其中一个方法进行详细描述，即金融数据的质量评估（Quality Assessment of Financial Data，QAFD）方法。

12.6 节提出完全数据质量方法（Complete Data Quality Methodology，CDQM），主要关注全面、灵活且易于应用的结构化关系数据。12.7 节将 CDQM 应用于一个案例研究中。12.8 节将 CDQM 扩展到其他信息类型，并提供一个考察半结构化信息的案例。

本章与前言中关于数据/信息以及数据质量/信息质量术语的问题很难保持一致。大部分信息质量评估与改进方法聚焦于结构化数据和半结构化信息：一些方法提供的案例研究主要或仅仅基于结构化数据和数据库，包括可以应用于通用信息的阶段和步骤；还有一些方法，尽管在其缩写名称中使用数据，但在其详细描述中实际是指信息（图 12.1）。

章节	主题	信息类型	采用的术语
2	通用方法	通用信息	信息与信息质量
3	13种方法的比较	不同类型信息	信息与信息质量
4	3种方法的详细比较：全面数据质量方法（TDQM）、全面信息质量管理方法（TIQM）、国家统计局（Istat）	不同类型信息	信息与信息质量
5	评估方法：QAFD描述	结构化关系数据	数据与数据质量
6	评估与改进方法：CDQM方法	结构化关系数据	数据与数据质量
7	CDQM应用案例研究	结构化关系数据	数据与数据质量
8	扩展CDQM	结构化关系数据以及半结构化信息	信息与信息质量

图 12.1　所采用的术语

12.2　信息质量方法基础

将信息质量方法定义为一组指导原则和技术，它们始于一组与给定兴趣相关的输入信息，并通过给定阶段和决策点定义一个使用这些信息评估并改进组织信息质量的合理流程。本节接下来重点关注输入中的知识以及产生的输出（12.2.1 节）、方法的分类（12.2.2 节）、所采用的典型策略（12.2.3 节）以及最终评估与度量阶段的典型步骤（12.2.4 节）。

12.2.1　输入与输出

通常情况下，信息质量方法的不同类型输入知识如图 12.2 所示。其中，箭头表示概念之间的泛化结构，如数据群体可以是内部信息群或者外部信息源，内部信息群可以是数据流或者数据库。

知识的主要类型包括以下几方面。

（1）流程中涉及的组织（Organization），包括相关的组织结构、功能、范式和规则。

（2）组织中执行的业务流程（Process）以及宏流程（Macroprocess），即一起执行的为用户、客户与业务提供服务与产品的流程。

（3）流程提供的服务（Service）以及请求服务的用户部门（Segment of Users）。

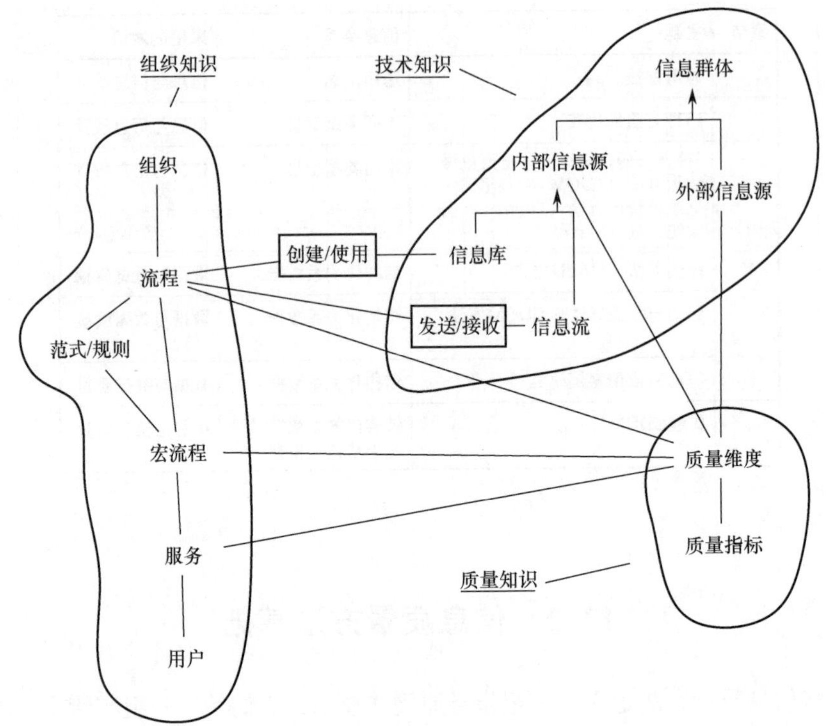

图 12.2　信息质量度量与改进流程涉及的知识

（4）指导流程和宏流程执行的范式/规则（Norm/Rule）。

（5）流程、宏流程和服务的质量（Quality of Process，Macroprocess，and Service），如流程的执行时间、服务的可用性以及数据服务所提供信息的准确性。请参见文献［631］的详细讨论。

（6）信息群体（Collection of Information），对应于所有信息源，组织感兴趣的内部和外部信息。当指内部信息源时，作如下区分。

① 信息库（Information Base）。特别是数据库的信息，以易于访问和使用的方式进行永久存储，并进行逻辑和物理层面的管理。

② 信息流（Information Flow）。在不同组织单元之间进行交换的信息。

必须考虑以下两种信息类型，“静止的”信息和“移动的”信息。

① 错误可以影响它们，并通过它们传播。

② 取决于其质量，它们可以正向或者反向影响流程质量。

外部信息源（External Source of Information）的质量通常比内部信息的质量更加关键，因为其生产过程及其源头很少受控甚至不受控。

（7）信息质量维度（Information Quality Dimension）及其对应的指标已在

第 2 章~第 5 章以及接下来的第 14 章进行定义，其中大部分与改进流程相关。

除了上述知识类型，其他与信息质量方法相关的要素包括以下几方面。

（1）信息质量活动（Information Quality Activitie）。第 7 章介绍了可用于改进信息质量的全部活动。

（2）第 11 章中讨论的成本与收益（Cost and Benefit）：①与流程相关且归咎于低质量信息的成本；②改进流程的成本；③由于使用更高质量信息获得的收益（节约的成本或增加的收入）。

如图 12.3 所示，基于信息质量度量和改进流程相关的知识，给出了一种信息质量通用方法的输入/输出结构。

输入是图 12.2 中描述的所有类型的知识，如果预算已知，则同样包含。输出涉及①将要实施的活动和将要应用的技术；②必须加以控制或再造的业务流程；③最优改进流程，即以最低成本获得目标质量的一系列活动；④关于新目标质量的信息库和信息流；⑤成本与收益。

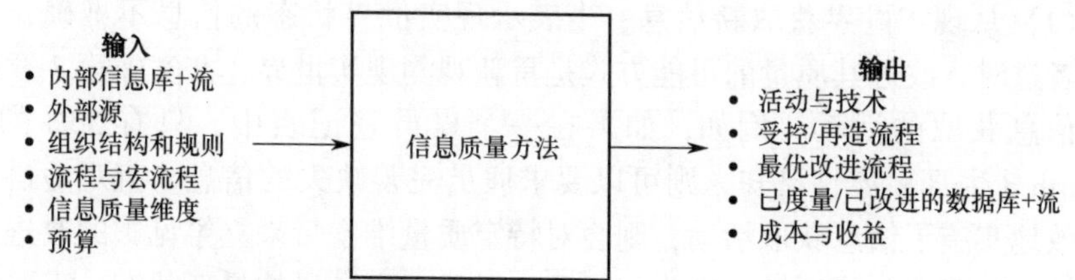

图 12.3　信息质量度量与改进方法的输入与输出

12.2.2　方法分类

根据不同标准，可以对信息质量方法进行分类。

（1）信息驱动与流程驱动。这种分类与选择的改进过程策略有关。信息驱动（Information-driven）策略基于信息源改进信息质量，该策略使用第 7 章中介绍的信息质量活动。在流程驱动（Process-driven）策略中，对信息产生流程进行分析，并且可能对其进行修改，以识别和移除质量问题的根本原因。12.2.3 节将对这种分类进行详细分析。正如 12.3 节所示，通用方法可以同时采用信息驱动和流程驱动策略，只是因方法不同而深度不同。

（2）评估与改进。需要方法对信息的质量进行度量/评估或者改进。评估和改进活动是紧密相连的，因为只有当信息质量可以被度量时，才有可能应用技术和建立优先级。因此，度量方法与改进方法之间的界限有时十分模糊。接下来，当涉及度量信息库（或多个信息库）中多个信息质量维度值时，使用术语“度量（Measurement）”。当根据参考值比较度量以对信息库的质量进行诊断时，使用术语“评估（Assessment）”或者“基准测试（Benchmarking）”。一般采用术语“评估”，12.5 节将对评估方法进行讨论。

（3）通用与专用。一个通用（General Purpose）方法覆盖宽泛的阶段、维度和活动，而专用（Special Purpose）方法关注特定活动（如度量、对象识别）、特定信息领域（如普查统计、人员地址登记）或者特定应用领域（如生物学）。12.4 节将对 3 种最重要的通用方法进行讨论。

（4）组织内部的与跨组织的。度量与改进活动涉及特定组织或者组织的特定部门，甚至特定流程或者信息库。另外，它涉及为共同的目标相互协作（如在公共部门中，向居民和企业提供更佳服务）的多个组织（如公共部门）。

12.2.3 信息驱动与流程驱动策略比较

本节对信息驱动与流程驱动策略进行比较。为简便起见，在信息驱动策略中，使用第 7 章讨论的 3 种不同信息质量活动以区分 3 种主要策略。

（1）从现实世界获取新信息。当表示现实世界状态的信息不准确、不完备或者过时，改进其质量的可能方式是重新观测现实世界，并实施第 7 章中称为新信息获取的活动。例如，如果在一个雇员登记表中，只有 30% 的 DateofBirth（生日）属性已知，则可以要求雇员完善缺失的信息。直观地讲，如果有效地实施了信息获取活动，则会对特定质量维度带来立竿见影的改进，如完备性、准确性和流通性，因为数据严格表示现实世界的最新状态。需要注意的是，度量活动可能会引入错误。

（2）对象识别，或者通俗地称为信息比较，该类信息质量维度的改进必须依赖于其他高质量的信息。例如，一个超市基于表单对顾客地址数据进行了很长时间的收集，并采用结构化数据库存储，以向顾客提供客户卡。不久后，诸如家庭地址等特定质量维度的准确性开始恶化。于是，可以采取记录匹配活动，将顾客记录与已经更新的管理数据库进行比较。

（3）使用数据编辑/完整性约束，其中：①定义多个必须对数据进行检查的完整性约束；②发现数据中的不一致；③使用错误定位和错误纠正活动纠正不一致数据。

流程驱动策略关注于流程。因此，仅仅需要适当地从输入中的信息库和信息流中获取知识。相反，它们主要关注度量流程的质量，并为流程改进提供建议。流程驱动策略的特点是具有两个阶段。

（1）流程控制（Process Control）。当从内部或者外部源插入新信息、流程访问的信息源被更新或者流程中加入新信息源时，需要向信息生产流程中加入检查和控制流程。在信息修改事件中应用一个反应式策略，以避免信息衰退和错误扩散。

（2）流程重新设计（Process Redesign），可以避免改进实际流程。重新设计生产流程可以移除导致低质量数据的原因，并引入产生高质量数据的新活动。在流程变化剧烈的情况下，此策略被称为业务流程再造（Business Process Reengineering）活动（参见文献［293］和文献［592］对于该问题的完整介绍）。

从两个方向对信息驱动和流程驱动策略进行比较分析。①改进。策略可以对质量维度进行潜在的改进。②实现的成本。这种比较既可以是短期的，也可以是长期的。接下来（图 12.4），对长期的改进和成本进行比较，最优目标是大幅的改进和成本的较低。

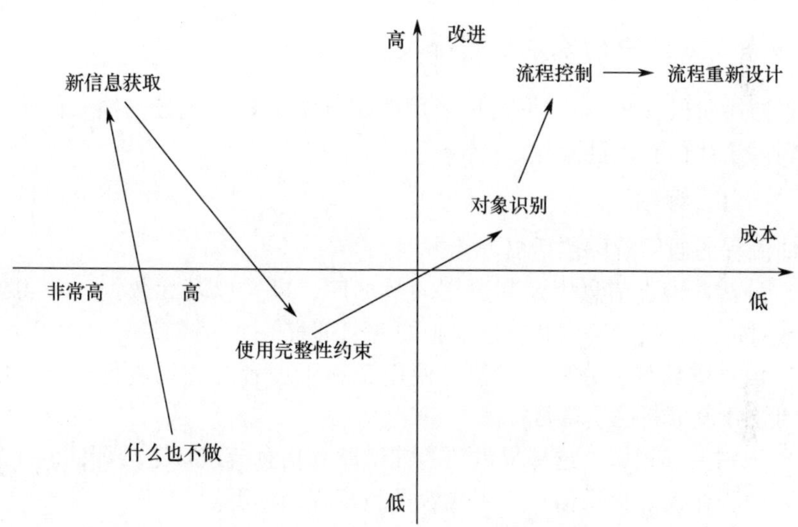

图 12.4　信息驱动/过程驱动策略的改进和成本：长期比较

最简单且无意义的策略是什么也不做。此种情况下，信息被忽略和抛弃。特定质量维度，诸如完备性和流通性，长期来看趋于恶化。其结果是信息使业务流程显著恶化，质量降低的成本持续增加。

更好的策略是新信息获取，短期来看，改进效果明显，因为信息是即时、完备和准确的。然而，随着时间推移，必须定期重复该过程，成本也将变得无法忍受。

使用完整性约束的策略具有较低的成本，但同时缺乏有效性，因为只能检测与约束相关的错误。错误只能在一定程度上被纠正，正如第 7 章所示。

对象识别策略具有更低的成本以及更大幅度的改进，因为已经开发和实现了很多技术，正如第 8 章和第 9 章中所见，部分工作可以自动完成。一旦对应于相同对象的记录被识别出来，可以从高质量源中为不同属性挑选高质量值。

前面属于信息驱动类的策略必须不断重复进行，才能更加有效，从而导致长期成本的增加。只有转向流程驱动策略，才能同时优化有效性和成本：流程控制活动，尤其是流程重新设计活动可以直达问题根本原因，并一劳永逸地解决问题。其成本主要是与一次性的控制或重新设计相关的固定成本，加上一段时间内可变的流程维护成本。

从长远角度来看，上述讨论是正确的。对于短期而言，流程重新设计的成本极其高昂。因此，信息驱动策略更加具有竞争力。读者可参见文献［519］了解关于该问题的完整讨论。

12.2.4　方法中的基本通用阶段

基本通用阶段（Phase）可通过采用特定方法从特定记号中抽象而来，本节将分别讨论评估和改进流程。

12.2.4.1　评估

评估流程的通用阶段包括以下几方面。

（1）分析。检查信息库及其可用的数据库、模式以及元数据，并实施访谈以实现对信息及相关架构和管理规则的完全理解。

（2）信息质量需求分析。对信息使用者和管理者的意见进行调查，以识别质量问题并设定新的质量目标。

（3）识别关键领域。选择最重要的信息库和信息流进行定量评估。

（4）流程建模。提供信息产生或者更新流程的模型。

（5）质量度量。选择在信息质量需求分析步骤中被识别出的质量问题所影响的质量维度，并定义相应的指标。如果基于定量指标，则度量可以是客观的；如果基于信息/数据管理者和使用者的定性评价，则度量是主观的。

上述每一种活动既可以作为应用于跨组织信息系统的所有组织单元的全局步骤，也可以作为应用于组织内部信息系统中一个本地组织单元的独立步骤。

需要注意的是，在评估阶段的所有步骤中，为包括信息质量在内的各种需求存储辅助信息的元数据起着重要作用。元数据通常提供理解或者访问信息所需要的知识。

12.2.4.2　改进

改进阶段的步骤包括以下几方面。

（1）成本评价。估计信息质量的直接成本和间接成本。

（2）流程职责分配。在信息生产和管理活动中识别流程拥有者，并定义其职责。

（3）职责分配。识别信息拥有者并定义其数据管理职责。

（4）错误原因识别。识别质量问题的原因。

（5）策略和技术选择。识别所有与上下文知识、质量目标和预算约束一致的信息改进策略和对应的技术。

（6）信息改进方案设计。选择最有效和最高效的策略以及相关的技术、工具，以改进信息质量。

（7）流程控制。定义信息生产流程的检查点，并在流程执行中监视质量。

（8）流程重新设计。定义可以带来相应信息质量改进的流程改进活动。

（9）改进管理。为信息质量定义新的组织规则。

（10）改进监视。建立定期监视活动，以提供关于改进流程结果的反馈，并允许动态调整。

同样，在改进活动中，方法的阶段可以涉及整个组织、多个组织或者特定的组织单元。

12.3　方法比较

本节基于先前讨论的分类标准对 13 种方法进行比较，同时还有其他方法并得到了应用。Redman[519] 描述了大量可用于信息质量项目的指导原则和经验，但本节未将其作为一个专门的方法加以讨论。Jarke 等[342] 研究考虑数据质量问题的数据仓库构建方法，该方法将软件质量管理中目标-问题-度量方法应用于数据管理环境。

表 12.1 列出了本节讨论的方法的缩写、全称和主要参考文献。接下来将使用缩写指代各个方法。

表 12.1　本节比较的方法

缩写	全称	主要参考文献
TDQM	Total Data Quality Management	Wang（1988）
DWQ	The Datawarehourse Quality Methodology	Jarke（1999）
TIQM	Total Information Quality Management	English（1999）
AIMQ	A Methodology for Information Quality Assessment	Lee（2001）
CIHI	Canadian Institute for Health Information Methodology	Long（2005）
DQA	Data Quality Assessment	Pipino（2002）

（续）

缩写	全称	主要参考文献
IQM	Information Quality Measurement	Eppler（2002）
Istat	Istituto Nazionale di Statistica Methodology	Falorsi（2003）
AMEQ	Activity Based Measuring and Evaluating of Product Information Quality Methodology	Su（2004）
COLDQ	Cost Effect of Low Data Quality Methodology	Loshin（2004）
DaQuinCIS	Data Quality in Cooperative Information Systems	Scannapieco（2004）
QAFD	Methodology for the Quality Assessment of Financial Data	De Amicis（2004）
CDQ	Comprehensive Methodology for Data Quality Management	Batini（2006）

12.4 节将对全面数据质量方法（Total Data Quality Methodology，TDQM）、全面信息质量方法（Total Information Quality Methodology，TIQM）和国家统计局（Istituto Nazionale di Statistica Methodology，Istat）方法进行详细比较，12.6 节将对 CDQM 进行分析描述，12.7 节将该方法应用于案例研究。

文献［41］在一个广泛的标准集合上对上述方法进行了比较，本章也对其进行讨论（图 12.5）。

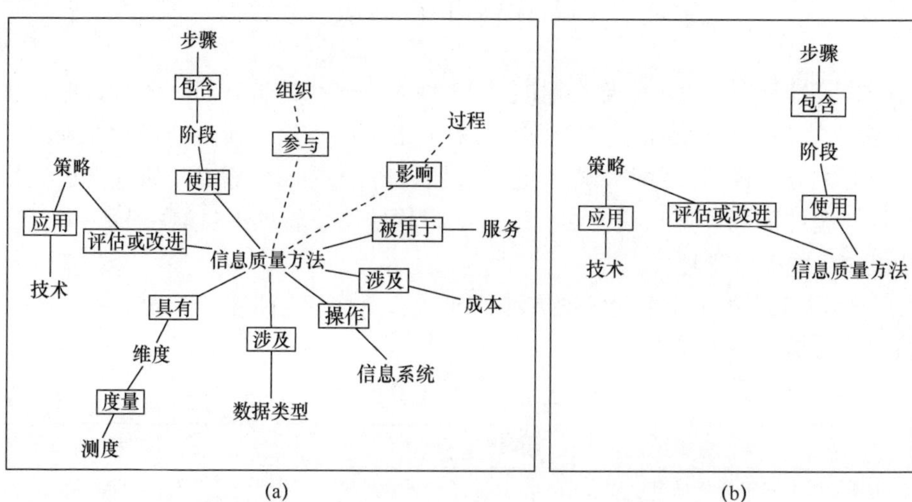

图 12.5　文献［41］采用的标准（a）和本节讨论的标准（b）

（a）为文献［41］采用的标准；（b）为本节讨论的标准。

12.3.1　评估阶段

表 12.2 对评估阶段各种方法的步骤进行了比较。

表 12.2 方法与评估步骤

方法	步骤					
	分析	信息质量需求分析	识别关键域	过程建模	质量测量	扩展到其他维度或指标
TDQM	+		+	+	+	固定
DWQ	+	+	+		+	开放
TIQM	+	+	+	+	+	固定
AIMQ	+		+		+	固定
CIHI	+		+			固定
DQA	+		+		+	开放
IQM	+				+	开放
Istat	+				+	固定
AMEQ	+		+	+	+	开放
COLDQ	+	+	+	+	+	开放
DaQuinCIS	+		+	+	+	开放
QAFD	+	+			+	固定
CDQ	+	+	+	+	+	开放

评估阶段最常用到的步骤是分析和质量测量。然而，它们的实施取决于不同的方法。例如，质量测量步骤在 AIMQ 中采用问卷调查，在 DQA 中采用主观和客观相结合的指标，在 QAFD 中则采用统计分析。不同的组织上下文、流程、用户或服务需要不同的测量方法。只有少数方法用到信息质量需求分析步骤，识别信息质量问题并从用户处搜集新的目标质量等级。这一步骤对于评价并解决不同利益相关者的信息质量等级冲突特别重要。例如，QAFD 建议收集来自不同专家的目标质量等级，包括业务专家、财务人员，但不帮助协调不兼容的信息质量等级。少数方法支持流程建模，需要注意的是，除了 AMEQ，支持流程建模的方法在改进阶段也采用了流程驱动策略（见下一节）。

表 12.2 的最后一列表明方法是否允许扩展到该方法明确处理的维度（和指标）之外的维度（和指标）。

需要注意的是，同时使用流程建模和质量测量步骤的方法是基于“适用性”方法的，请参见第 11 章。它们对流程中使用的信息的质量进行评价，且主要提供主观度量。

12.3.2 改进阶段

表 12.3 和表 12.4 比较了不同方法的改进步骤。

错误原因识别是使用最为广泛的改进步骤。DQA 强调错误原因识别步骤，但并没有讨论该步骤如何执行。类似地，DWQ 使用基于依赖理论的数学模型来支持错误原因识别步骤，但并没有提供该模型的定义，而是将其作为下一步工作。

表 12.3 方法与改进步骤 —— 第 1 部分

方法	步骤				
	成本评价	分配流程职责	分配数据职责	选择策略和技术	识别错误原因
TDQM	+	+	+	+	+
DWQ	+		+	+	+
TIQM	+	+	+	+	+
DQA					+
Istat				+	+
AMEQ					+
COLDQ	+			+	+
DaQuinCIS				+	+
CDQ	+	+	+	+	+

表 12.4 方法与改进步骤 —— 第 2 部分

方法	步骤			
	流程控制	流程重新设计	改进管理	改进监视
TDQM		+	+	+
DWQ			+	
TIQM		+		+
DQA				
Istat		+		
AMEQ				+
COLDQ	+	+		+
DaQuinCIS				
CDQ	+	+		

只有 6 种方法使用了多个改进步骤，正如表 12.5 所列。除了 DWQ，大部

分改进活动基于流程重新设计，而 DWQ 提供了最初在软件工程领域提出的目标-问题-度量[104] 方法的扩展。在信息质量方法中成本评价步骤是必需的，该步骤是度量改进方案经济收益以及选择最有效改进技术的关键步骤。相反，改进方案管理步骤只在 TDQM 中明确使用。其他方法大量使用了变更管理领域的管理技术和最佳实践[365]。另外，可以重复方法的评估阶段，以评价改进阶段的成果。例如，DQA 明确建议应用方法的先前步骤以评价改进的有效性。

表 12.5　方法、策略和技术

方法	步骤	
	数据驱动	流程驱动
TDQM		流程重新设计
DWQ	数据和模式集成	
TIQM	信息清洗 规范化 错误定位与纠正	流程重新设计
Istat	标准化 对象识别	流程重新设计
COLDQ	成本优化	流程控制 流程重新设计
DaQuinCIS	源可信性 对象识别	
CDQ	标准化 对象识别 数据和模式集成 错误定位与纠正	流程控制 流程重新设计

12.3.3　策略和技术

表 12.5 展示了不同方法所采用的策略和技术。如果方法为选择和设计相应技术提供指导，则方法与策略之间就建立了联系。

需要注意的是，表 12.5 中流程驱动列与表 12.4 中流程控制和流程重新设计列提供的信息相同，数据驱动列则列举了表 12.3 和表 12.4 中涉及的数据驱动技术。

表 12.5 表明 4 种信息质量方法采用了混合策略，同时结合了数据驱动和流程驱动技术。TIQM 应用了大量数据驱动和流程驱动技术。相反，TDQM 提供了基于信息制造分析矩阵[31] 应用流程驱动策略的指导原则，并对何时以及如何改进数据提出了建议。关于策略和技术更广泛的分析请参见文献［40］。

12.3.4 方法比较：总结

前面小节对方法的详细比较清晰地表明，各个方法倾向于只关注信息质量问题的一个子集。通过将方法分为 4 类，可以展现各个方法关注点的差异，如图 12.6 所示。

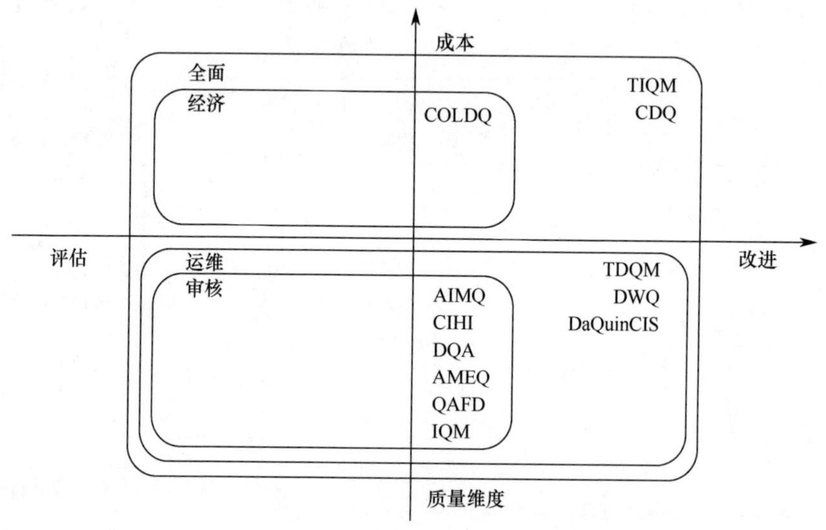

图 12.6 方法分类

（1）全面方法。提供对评估和改进阶段的支持，同时解决技术和经济问题。

（2）审核方法。关注评估阶段，并提供对改进阶段的有限支持。

（3）运维方法。关注评估阶段和改进阶段的技术问题，但不涉及经济问题。

（4）经济方法。关注成本评价。

在评估阶段，审核方法要比全面方法和运维方法更加准确，它们识别所有类型的问题，而不考虑是否可以或者应该应用改进技术。例如，AIMQ 和 QAFD 方法详细描述了如何实施客观和主观评估，并提供了理解结果的指导原则。DQA 讨论了可用于度量不同数据质量维度的运维定义，以评价数据库和一般信息源的数据质量聚合度量。最后，AIMQ（图 12.7）根据维度在由“产品质量/服务质量”和“符合规范/满足或超过用户预期”坐标组成的象限中的位置，将其分为完好（Sound）、有用（Useful）、可依赖（Dependable）和可用（Usable）。分类的目的是为每个个体信息质量维度和指标提供上下文，并支持后续评估。

	符合规范	满足或超过用户期望
产品质量	完好 维度: 无错误 精确表达 完备性 一致表达	有用 维度: 数量合适 相关性 可理解性 可解释性 客观性
服务质量	可依赖 维度: 合时性 安全性	可用 维度: 可信性 可访问性 易于操作 声誉

图 12.7　文献［392］中用于评估的维度分类

关于信息质量评估的运维方法聚焦于识别其改进方法效果最好的问题，其最主要的贡献之一是识别一组需要改进的维度，并对少数用于评估的直接方法进行描述。例如，DWQ 分析了数据仓库领域，并定义了为其定制的新质量维度。相关维度的列表代表了改进过程的一个重要起点，因为该列表可以帮助识别那些对数据仓库有影响的信息质量问题。

需要注意的是，相比于通用方法，关注于特定上下文的运维方法对评估过程的描述更加精确。因此，相比于全面方法，运维方法的具体化降低了其全面性和适用性，同时提高了所采用技术的效率。举例来说，如果信息质量问题涉及人员数据的准确性和完备性，改进方法将更加直接地瞄准记录链接技术，如 DaQuinCIS 方法和 Istat 方法通过提供领域专用相似度算法发现重复记录，并使用记录链接技术集成不同数据源。例如，Istat 方法中，实施双语地区街道名称的去重，如意大利的“Alto Adige”地区，采用专门针对词形变化错误的相似度函数，如使用“u”代替典型的奥地利词汇“Äu”。

一方面，全面方法可以为组织指导大型信息质量项目提供全面的框架，这些组织需要处理关键数据并将信息质量列为高战略优先级，如银行和保险公司。另一方面，它们展示了典型方法的适用性和缺乏特定应用领域或技术背景情况下个性化之间的权衡问题。由于处于较高层次且上下文独立，全面方法仅仅轻微地受 ICT 技术演进的影响。随着时间推移，它已逐渐调整为围绕现代信息系统中的多种数据类型、数据源和数据流。下一节将展示 TDQM 的一个例子。

经济方法作为其他方法的补充，可以将其置于任何由全面方法提供的整体框架中。大部分审核和改进方法都具有成本评价步骤，然而，大部分只关注于信息质量行动的成本，而全面的成本-收益分析应当包括“什么也不做”的成本，即作为组织固有特性的数据质量低劣的成本。经济方法同时关注以上两个方面。特别地，COLDQ 基于最终效果刻画质量低劣数据对经济的影响，尤其关注数据质量低劣相关的成本评价，最终得到所谓的数据质量分值卡，可以作为发现最佳改进方案的工具。

12.4　3 种通用方法的详细比较分析

12.3 节只对 3 种方法进行了一般比较，本节将进行深入分析，这三种方法如下。

（1）全面数据质量方法（参见文献［563］）。最初作为研究项目，随后在多个领域得到广泛应用。

（2）全面质量数据方法（Total Quality data Methodology，TQdM）。文献［202］对其进行了描述，最初为咨询而设计，特别适合管理人员。TQdM 随后被命名为 TIQM，之前的讨论中采用了后一种缩写。

（3）Istat 方法。在一个意大利项目背景下开发而成，由意大利国家统计局和前公共行政司信息技术管理局发起。该方法关注于组织内部信息系统，为公共行政领域设计，起初针对数据库中的地址数据（参见文献［222］）。

12.4.1　TDQM 方法

文献［563］中提出的 TDQM 被认为是将最初针对产品制造的全面质量管理扩展到了数据层面。目前已经出现了多个对 TDQM 的增强，包括第 6 章中描述的 IP-MAP 和 IP-UML 语言，从而导致后者作为新方法出现。基于先前提出的通用定义框架，图 12.8 描述了初始版本 TDQM 以及 IP-UML 扩展的各个阶段，并强调了 IP-UML 扩展的术语差异。

TDQM 过程涉及管理信息产品必要的 4 个阶段：定义、度量、分析和改进。各个阶段迭代执行，从而组成一个循环。定义阶段包括：识别数据质量维度及相关需求；度量阶段产生质量指标，从而为数据质量管理提供反馈，并允许对实际质量与预定义的质量需求进行比较；分析阶段识别质量问题的根本原因并研究它们之间的关系；改进阶段实施质量改进活动。

IP-UML 中定义的阶段包括数据分析、质量分析和质量改进设计。质量改进设计又包括质量验证和质量改进。数据分析阶段主要识别并建模信息产品。

1. 定义
   数据质量需求分析（IP-UML扩展中称为质量分析）
2. 度量
   实施度量（IP-UML中质量分析的一部分）
3. 分析
   数据分析（与IP-UML中同名）
   流程建模（与IP-UML不相关）
4. 改进（IP-UML中的质量改进）
   设计数据和流程的改进方案（IP-UML中的质量验证）
   流程重新设计（只存在于IP-UML中，称为质量改进）

图 12.8 TDQM 描述

作为第二步，质量分析阶段定义质量维度，以及信息产品及其要素的需求，并区分原始数据和复合数据的需求。图 12.9 展示了一个关于居民位置数据质量需求的质量分析模型的例子。在信息产品 PureLocationData（纯位置数据）上表达了合时性约束，在 Municipality（市）、Region（地区）和 Area（区域）属性上还表达了完备性约束。

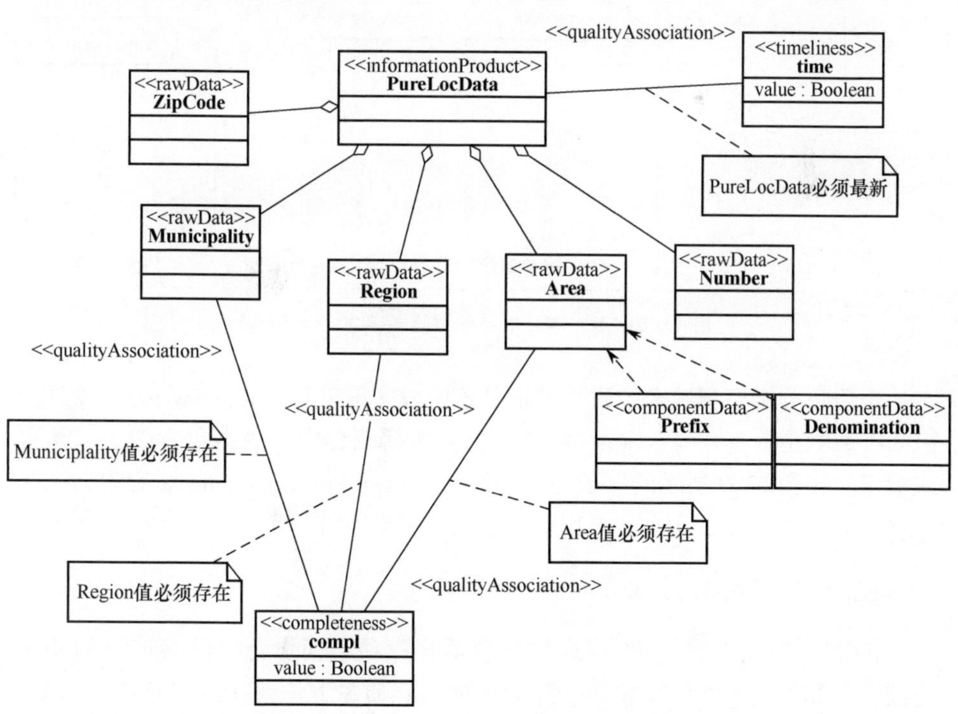

图 12.9 一个 IP-UML 中质量分析模型的例子

质量验证阶段关注识别关键域，并对将被引入信息生产过程的数据流进行质量检查。最终，质量改进阶段进行以改进数据质量为目标的流程再造。图 12.10 展示了一个质量改进模型的例子，其中涉及将居民从一个城市迁移到另一个城市的过程。要迁出居民的 A 市向迁入居民的 B 市以及与该事件相关的所有组织通知迁移事件，通过这种方式，使各个数据库中的位置数据保持最新和准确。

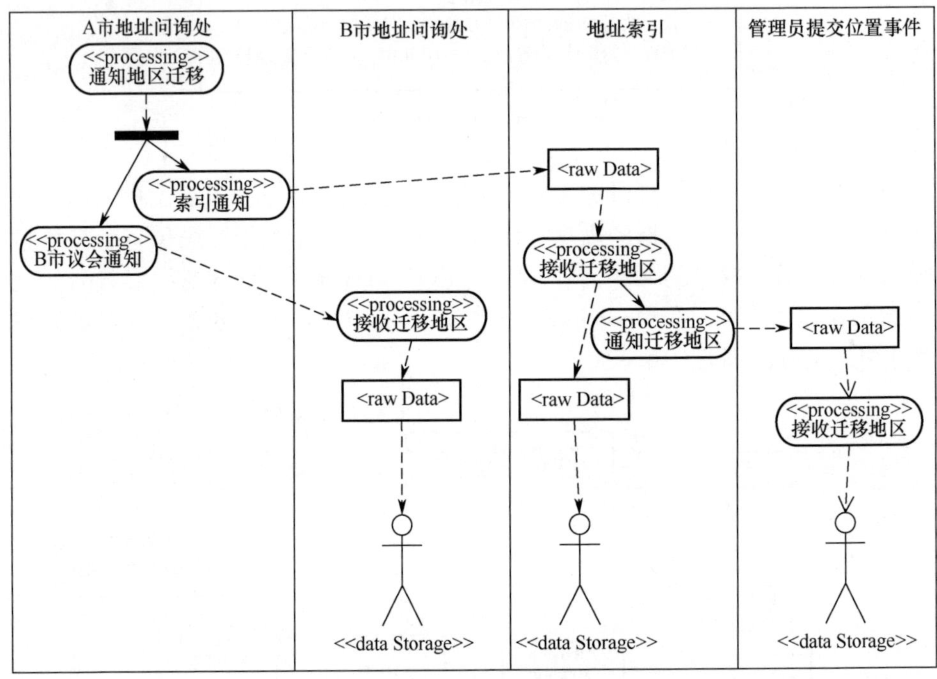

图 12.10　IP-UML 中质量改进模型的一个例子

由质量分析模型确定的质量需求是该阶段实施重新设计的驱动力。该过程引入了数据主管（Data Steward）的概念，包括流程中对数据负责的人、角色或组织。在图 12.9 所示的例子中，假设原始数据 PureLocationData 的数据主管是迁出居民的 A 市，因此，A 市就负责发起通知事件。

12.4.2　TIQM 方法

TIQM（参见文献［202］）最初为数据仓库项目而设计，但其广泛的使用范围以及其细化程度使其成为一种通用的信息质量方法。在数据仓库项目中，最关键的阶段之一是将离线数据源整合为一个数据库，并在各种聚合中使用。

在整合阶段，必须发现并处理数据源中存在的错误和差异，否则将遭遇数据仓库失败。

TIQM 方法面向数据仓库的特点使其成为具有流行的信息驱动特征。图 12.11 对 TIQM 的一般策略进行了汇总。与其他方法论相比，TIQM 在成本-收益分析以及管理视角方面更加原生和全面。TIQM 为评价质量流失成本、信息改进流程成本以及信息质量改进的收益与节约提供了大量指导原则。文献［413］中描述的另一种方法特别关注成本与节约，而文献［34］描述了在质量改进流程中使用整数线性规划进行成本优化的方法。下面主要关注 TIQM 中的管理问题。

1. 评估
    数据分析
        识别信息组和利益相关者
        评估用户满意度
    数据质量需求分析
    度量
        识别数据验证源
        抽取随机数据样本
        度量和理解数据质量
    非质量评价
        识别业务性能度量
        计算非质量成本
    收益评价
        计算信息价值
2. 改进
    设计方案改进
        关于数据
            分析数据缺陷类型
            数据标准化
            纠正和完善数据
            匹配、转换和整合数据
        关于流过程
            检查改进的效果
3. 管理改进方案——组织视角
    评估组织是否准备好
    创建信息质量改进洞察
    对信息利益相关者进行客户满意度调查
    选择一个小的、可以掌控的领域进行一个小规模试验项目
    定义要解决的业务问题
    定义信息价值链
    分析客户投诉
    量化质量问题的成本
    定义信息主管岗位
    分析数据质量的系统障碍并建议改变
    建立资深管理人员的交流与培训机制

图 12.11　TIQM 描述

12.4.2.1 改进方案的管理

TIQM讨论的主要问题涉及管理视角，即组织必须遵守相关策略才能使技术选择变得有效，包括将要实施的信息质量活动、待考虑的信息群体和信息流以及所采用的技术。TIQM最后一个阶段的关注点从技术转移到了管理方面。图12.11中展示的步骤显示了对该问题的关注。管理视角的具体任务包括以下几方面。

（1）评估组织是否准备好推进信息质量流程。

（2）调查客户满意度，即通过服务的用户发现问题的源头。

（3）开始关注试验性项目，以便对方法进行试验和调整，并避免在初始阶段失败的风险，而这是在单一阶段实施大型项目的典型特征。这一准则受到著名的格言“大处酝酿、小处着手、快速调整”的启发。

（4）定义信息主管岗位，即组织单元及其管理者，与治理业务流程的法律（公共行政部门）和规则（私有组织）相对应，拥有信息生产和交换的特定权力。

（5）依据组织准备情况的评估结果，以及流程的改变、控制的建立、信息共享以及质量认证的阻力，分析组织中对信息质量管理的主要障碍。基本上，每个管理者都认为自己的信息是高质量的，而不愿意接受控制、遵守标准和方法以及与其他管理者共享信息。这一步骤表明，管理者已将信息视为某种形式的权力。

（6）与资深管理者建立特殊关系，以获得他们的支持并积极参与流程。

在结束本节关于TIQM的讨论之前，罗列出受文献［161］启发的另一组主要管理原则。

（1）原则1：由于信息从来不会是人们设想的那样，当新信息抵达时，需要重复检查模式约束和业务规则，立即识别不一致的地方并通知相关责任方。

（2）原则2：维护信息所有者和信息创建者之间良好的关系，以确保及时更新，并保证对问题的及时响应。

（3）原则3：对于不合作方引入资深领导的干预。

（4）原则4：数据录入以及其他流程应全部自动化，以保证数据只被录入一次。另外，数据录入和处理必须遵循模式和业务规范。

（5）原则5：一旦发现不一致，就实施持续的端到端审核。审核应当是信息处理的常规组成部分。

（6）原则6：维护最新并且准确的模式与业务规则视图，允许利用合适的软件和工具。

（7）原则7：任命一个信息主管，赋予其整个流程的权限，并使其对信息质量负责。

（8）原则 8：将信息发布到尽可能多的用户可以看到和使用的地方，以尽可能多地暴露不一致。

12.4.3　Istat 方法

Istat 方法（参见文献［222-223］）是为意大利公共行政机构而设计的。具体来说，Istat 方法涉及居民和企业的地址数据，明确关注结构化数据库和数据流。得益于其丰富的策略和技术，该方法已成功应用于很多领域。之所以如此，主要是因为意大利公共行政机构复杂的结构至少可分为 3 层。

（1）中央机构。彼此位置接近，通常位于国家的首都。

（2）外围机构。对应于分布在全国的组织结构并依附于中央机构。

（3）地方机构。通常独立于中央机构，对应于特区、地区、省、市以及其他更小的行政单位，有时具有特殊功能，如医院。

以上是一个公共行政部门的组织结构的例子，在不同的国家会有所不同，然而都存在一些共同点。

（1）复杂性。由于机构之间碎片化的职权，导致的内部关系、流程和服务的复杂，通常涉及中央和地方层面不同机构之间频繁地信息流交换。

（2）机构自治性。使得执行通用规则变得复杂。

（3）作为数据库和数据流特征之一的含义和表示的高度异构性，以及异构记录和对象的高度重叠性。

在如此复杂的结构中改进信息质量通常是一个大型且昂贵的项目，需要实施的活动可能持续多年。为了解决与数据质量最相关的问题，在 Istat 方法中，注意力主要集中在机构之间交换的最常用数据类型，即地址数据。与先前介绍的方法相比，Istat 方法的创新在于其有效应对了 12.2 节介绍的全部视角，包括数据驱动与流程驱动，以及跨组织与组织内部。图 12.12 对 Istat 方法进行了描述，包括 3 个主要阶段以及阶段之间的信息流。

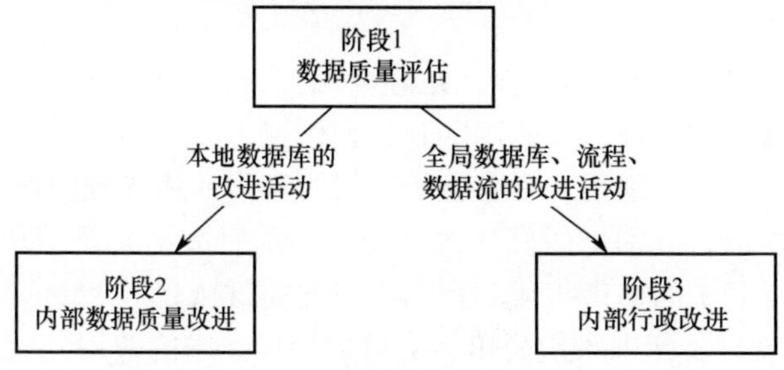

图 12.12　Istat 方法的一般视图

阶段 1 中的评估主要识别改进流程中要实施的最重要的活动，包括以下两个阶段。

(1) 阶段 2：针对机构职责范围内所拥有的数据库的活动，自主分发实施这类活动的工具，并提供课程以学习与信息质量相关的内容。

(2) 阶段 3：涉及全部行政协作信息系统，包括数据流交换，以及为可能需要进行的协调而建立的中央数据库。这些活动需要被集中规划和协调。

图 12.13 对该方法进行了详细描述，创新点包括以下几方面。

1. 全局评估与改进
1.1全局评估
  数据质量需求分析——脱离一般流程分析地址数据的质量：准确性、完备性
  使用统计技术发现关键领域
    选择全国数据库
    选择代表样本
    发现关键领域
    发现错误的潜在原因
  与各个机构沟通评估结果
1.2全局改进
  设计关于数据的改进方案
    对相关全国数据库实施记录链接
    建立特定领域的全国数据所有者
  设计关于流程的改进方案——使用全局评估的结果确定流程干预
  选择工具和技术——为最重要数据质量活动建设或购买工具、进行适配并分发给机构
2. 内部数据质量改进（对每个机构，自治的行动）
  设计关于流程的改进方案
    标准化采集格式
    使用XML标准化内部交换格式
  实施本地评估
  设计关键领域数据和流程改进方案
    使用全局评估和局部评估结果确定内部流程干预
    使用全局评估结果和获得的工具确定数据干预，如实施内部数据库之间的记录链接
3. 行政流内部数据质量改进
  使用XML标准化内部行政流格式
  使用发布订阅事件驱动架构重新设计交换流

图 12.13 Istat 方法详细描述

(1) 评估阶段，开始实施于中央数据库，以检测先验关键域。例如，先前讨论的某个地区的地址，如美国的新墨西哥或意大利的上阿迪杰，街道的名称都是双语的，或者本地语言和官方语言拼写不同，将导致错误的出现。在本节例子中，本地语言分别是西班牙语和德语，而官方语言是英语和意大利语。因此，新墨西哥和上阿迪杰将成为评估阶段的关键域。

(2) 质量度量步骤中大量简单但有效的统计技术的应用。

(3) 在非常细粒度层面上定义数据拥有者，对应于单个属性，如 Munici-

palityCode（城市代码）和 SocialSecurityNumber（社会保险号码）等。

（4）为最重要的清洗活动准备技术和工具，目标是为各个机构建设和提供技术和工具，以帮助他们将活动落地到特定地区或职能问题。

（5）标准化地址数据格式，并采用通用的 XML 模式表达，以实现机构内部变更的最小化以及机构之间流的互操作。

（6）使用“发布/订阅”事件驱动技术架构重新设计交换数据流，12.6 节将给出一个案例研究。

12.5　评价方法

评价方法的目标是就信息质量问题对信息系统状态进行精确评价和诊断。因此，评价方法的主要输出包括：①信息库和信息流的质量度量；②质量低劣造成的组织成本；③从体验、包含最佳实践的基准测试、改进建议角度可接受的信息质量等级的比较。评价方法一般遵循的过程包括以下 3 个主要活动。

（1）初步选择、分类和度量相关维度与指标。

（2）专家进行主观评判。

（3）进行客观测量与主观评判的比较。

下面详细描述文献［168］中提出的方法，该方法主要针对金融领域（见图 12.14 中的主要阶段）（第 13 章将展示另一种评估方法）。文献［431］列举了一个金融领域基准测试的例子。本节采用统计术语“变量（Variable）”来表示需要度量其质量的属性。

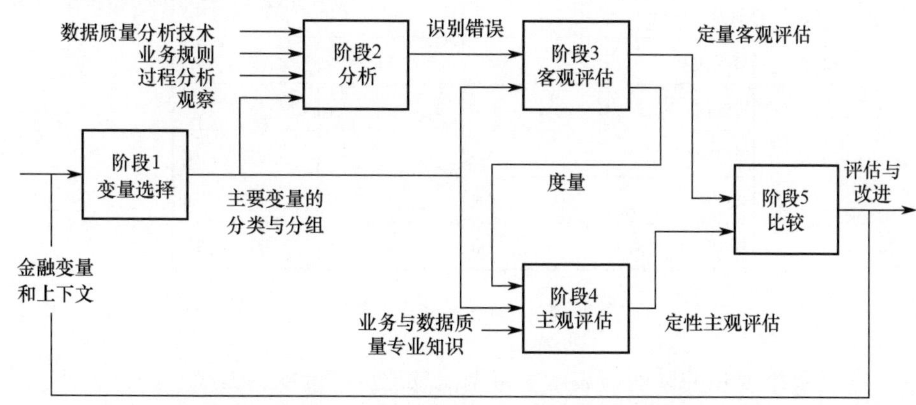

图 12.14　文献［168］中描述的评估方法的主要阶段

阶段 1：变量选择。涉及金融注册中心主要变量的识别、描述和分类。识别金融信息库中最重要的变量，然后，根据含义与角色对其进行特征化，包括定性/类别（Qualitative/Categorical）、定量/数值（Quantitative/Numerical）、日期/时间（Date/Time）。

阶段2：分析。识别需要度量的信息维度和完整性约束，使用简单的统计工具对金融信息进行检查。维度的选择与检查与过程分析有关，最终目标是发现错误信息的主要原因，如非结构化和不受控的信息加载与信息更新过程。对所选择维度的分析结果将形成错误识别报告。

阶段3：客观/定量评估。为全局信息质量等级的评价与量化定义合适的指数。首先使用统计或经验方法对不同维度和不同信息属性的错误数量进行估计，然后对其进行规范化和汇总。图12.15显示了一个定量评估的例子，其中涉及金融领域典型的3个变量分别如下。

（1）穆迪评级。穆迪投资者服务公司是风险分析的领导者，提供一种证券相对信用评级系统。

（2）标准普尔评级。由另一位领导者提供。

（3）市场货币代码。如EUR。

	变量		
质量维度	穆迪评级	标准普尔评级	市场货币代码
语法准确性	1.7	1.5	2.1
语义准确性	0	0.1	1.4
内部一致性	2.7	3.2	1.3
外部一致性	1.6	1.1	0.1
不完备性	3.5	5.5	8.1
流通性	0	0	0
合时性	8.6	9.2	2
唯一性	4.9	4.9	9.3
合计（平均）	3.6	3.2	3.0

图12.15　客观定量评估的例子

与质量维度相关联的值表示了每个信息质量维度中错误信息的百分比，内部一致性是指一项信息值在同一个金融信息集合中的一致性，外部一致性是指一项信息值在不同信息源中的一致性。

阶段4：进行主观/定性评价。通过合并以下3个独立评估进行定性评价：

①业务专家，负责从业务流程视角分析信息；②金融操作员（如交易员），负责使用日常金融信息；③信息质量专家，负责分析信息并检查其质量。图 12.16 显示了该阶段的一个可能结果，其中值域是高（H）、中（M）和低（L）。

	穆迪评级	标准普尔评级	市场货币代码
语法准确性	H	H	H
语义准确性	H	H	M
内部一致性	H	H	H
外部一致性	H	H	M
不完备性	L	L	L
流通性	H	H	H
合时性	M	M	H
唯一性	H	H	H
合计	H	H	H

图 12.16　主观定性评估的例子

最后，对客观和主观评价进行比较。对每一个变量和质量维度，计算下面两个维度的距离。

（1）将定量分析获得的错误观测百分比映射到离散值域 $[H, M, L]$。

（2）根据 3 位专家评判意见定义的质量等级。

信息质量专家对不一致进行分析，检查错误的原因并寻找纠正的替代方案。

12.6　CDQM 方法

现在讨论一种原始的方法，该方法可以保持完备性与数据质量改进过程实际可行性两方面的合理平衡。该方法以数据库中的结构化数据为明确研究对象，除此之外，该方法处理图 12.2 中描述的所有知识类型。因此，将其称为全面数据质量方法（Complete Data Quality Methodology，CDQM），图 12.17 展示了 CDQM 的阶段与步骤。

CDQM 策略认为度量和改进活动与业务流程和组织成本高度相关。在阶段 1 中，需要对组织单元、流程、服务和数据之间最重要的未知关系进行重建。阶段 2 设置新的目标质量维度，并用于改进流程质量以及评价削减的成本和新

阶段1：状态重建。
1. 重建最重要数据库和组织间交换数据流的状态和含义，并构建数据库+数据流/组织矩阵。
2. 重建组织实施的最重要业务流程，并构建流程/组织矩阵。
3. 对每个与流程或宏流程相关的流程组，重建约束宏观流程和所提供服务的规范和组织规则。
阶段2：评估。
4. 与内部以及最终用户检查所提供服务相关的主要问题，克服涉及流程和服务质量的缺陷，识别由于低数据质量造成的缺陷的原因。
5. 识别重要数据质量维度和指标，度量数据库和数据流的数据质量，并识别关键领域。
阶段3：选择最优改进流程。
6. 对每个数据库和数据流，确定改进流程质量并削减成本的新数据质量等级。
7. 酝酿流程重新设计活动并选择数据质量活动，以达到步骤6中设定的数据质量改进目标，在数据/活动矩阵中将其关联到数据质量改进目标涉及的数据库和数据流簇。
8. 选择数据质量活动的最优技术。
9. 在合理的候选改进流程中连接数据/活动矩阵通道。
10. 对上一步骤中定义的每个改进流程，计算估计成本与收益，并选择其中最优的，确保总的成本-收益平衡满足步骤6中确定的目标。

图 12.17 CDQM 的阶段与步骤

的收益。阶段 3 寻找最优改进流程，即具有最优成本效率的活动序列。本节将审视每个步骤，下一节将提供详细的案例研究。

12.6.1 重建数据状态

类似于信息系统规划方法，在信息质量流程的起步阶段，对组织或组织单元之间最重要的关系以及所使用和交换的数据的模型进行重建。这些信息至关重要，因为它们描述了数据的主要用途、数据流的提供方和使用方。通过两个矩阵对这些关系进行展示。

（1）“数据库/组织矩阵”（图 12.18）。其中，对于最重要的数据库，显示创建数据和使用数据的组织。可以对该矩阵进行精简，表示单个实体（或表），但为了使其大小合理，将粒度设定在数据库级。

组织	数据库			
	数据库1	**数据库2**	…	**数据库*n***
组织1	创建	使用		使用
组织2		使用		
…				
组织*m*		创建		创建

图 12.18 数据库/组织矩阵

（2）“数据流/组织矩阵”（图 12.19）。与上一个矩阵类似，展示最重要数据流的提供方和使用方。

组织	数据流			
	数据流1	数据流2	…	数据流n
组织1	提供方	使用方		使用方
组织2		使用方		提供方
…				
组织m	使用方	提供方		使用方

图 12.19　数据流/组织矩阵

12.6.2　重建业务流程

这一步骤关注流程及其与组织单元的关系。流程是组织开展工作的单元，并且与商品生产和服务有关。对于所有流程，必须找到组织单元，即其所有者以及参与流程执行的单元。“流程/组织矩阵”显示了所有交叉关系的集合，图 12.20 给出了一个示例。在信息质量问题中突出流程所有者很重要，从而可以在数据驱动和流程驱动改进活动中精确分配职责。

组织	流程			
	流程1	流程2	…	流程n
组织1	所有者	参与者		
组织2		参与者		所有者
…				
组织m	参与者	所有者		参与者

图 12.20　流程/组织矩阵

12.6.3　重建宏流程和规则

本步骤将对两个方面进行深入分析，即组织中流程的结构及其最终目标（即流程在商品/服务生产（下面简称为服务）中如何关联和联系）；约束和细化这一结构的法规和组织规则。“宏流程/规约-服务-流程矩阵”（图 12.21）描述了流程的相关特征，其中描绘了如下几个方面。

（1）宏流程。即在提供服务时涉及的所有流程的集合。

（2）所提供服务。以名称或服务的用户类别、服务的特征、提供服务时组织的职责等加以识别。

（3）约束流程高层规范的规约。

重建宏流程是一项重要活动，因为各个流程的建模仅能提供组织中活动的

宏流程	宏流程1	宏流程2	…	宏流程m
规约/组织规则	Norm 1	Norm 2		Norm 3和Norm 4
服务	S1和S5	S2和S5		S3和S4
流程1	×			
流程2		×		
流程3	×			
流程4	×			
…				
流程n				×

图 12.21　宏流程/规约-服务-流程矩阵

部分视图，而实际却需要一个完整视图，从而对可能的流程和信息流重组做出决策。同时，特别是在公共组织中，与宏流程相关的规约知识有助于对如下方面的精确理解：①流程驱动活动中进行“演习”的域；②自由重组流程的程度；③需要废除、改变或修改的规约或组织规则。

注意：图 12.21 中宏流程表示为一组流程，该模型非常简单，可通过使用流程规范语言（参见文献［2］中的例子）进行丰富。

12.6.4　与用户检查问题

该步骤的目的是根据数据质量低劣的原因识别相关的问题。首先关注服务，可通过内部和最终用户访谈，以及理解数据质量低劣对内部用户活动和最终用户满意度的主要压力和负面影响。然后，回到流程中，根据流程的质量及其特征寻找产生压力和负面影响的原因。例如，如果收到税务局寄出的错误的评估提醒，一个地区的纳税人会感到烦躁，可能是因为延迟或不正确的更新导致该地区税务文件不准确。

12.6.5　度量数据质量

先前的步骤已经识别出导致数据质量低劣的主要问题，该步骤针对具体的问题从第 2 章中讨论的维度和指标中选择最重要的维度，并针对这些维度选择指标以提供对系统状态的定量评价。例如，如果最终用户最大的负担是在请求服务和提供服务之间的时间延迟，则必须关注流通性维度，并组织一个流程对其进行度量。

该步骤另一个重要方面是讨论 Istat 方法中提到的定位关键域。由于改进活动复杂且代价高昂，建议关注涉及主要问题的部分数据库和数据流。下面分两种方式实施该活动。

（1）分析问题和原因，并尝试识别质量更易受影响的数据。在纳税人的例子中，之所以关注一个特定地区，是因为投诉主要来自于该地区。

（2）根据数据的不同属性分析所选择的数据质量指标的统计结果，并确定低质量数据的位置。12.4.3 节关于街道名称的例子中已经验证了这一情况。

12.6.6　设定新的目标信息质量等级

该步骤设定新的信息质量目标等级，评估改进的经济影响，以（希望）削减成本并提高收益。第 11 章已经讨论了一些成本和收益的分类，并提出了一种新的分类。本步骤的思想是将这些分类作为检查列表，对分类中的每一项或者子集，收集用于估算其成本、节约和其他收益的信息。某些项会比较容易计算，如数据清洗活动所采用工具的成本，而另一些则需要估算，如人工检查不匹配居民或登记中遗漏的企业需要大量时间成本。在前一种情况下，估算活动需要的以“人·月/年”为单位的工作量，并用工作量乘以平均工资得到总额。有一些分类项则很难甚至无法估计。这种情形下，只能识别代理成本项并对无法估算项进行间接评价。

其他需要关心的问题是所谓的无形收益，由于很难使用金钱来衡量，因此，必须使用定性的方法。最后，计算投资回报可以帮助高级管理层对数据质量项目的投入进行决策。

该步骤最后需要建立成本、收益和质量等级之间的关系。例如，假设目前10%的客户地址不正确，如此低质量的数据会使潜在销售额降低 5%。至少必须针对准确地址定性地识别与流程成本、节约的开支和改进项目的成本三者相关的函数，然后叠加这 3 个函数，以发现成本、节约以及相应要达到的目标质量等级之间的最佳平衡。

12.6.7　选择改进活动

本步骤可能是该方法取得成功的关键，目的是理解哪些流程驱动活动以及数据驱动活动对数据库和数据流质量改进效果最佳。在选择过程中，可以将数据库和数据流进行组合或者分拆，以专注于活动的关键域或具体部分。

就流程驱动活动而言，业务流程再造活动（参见文献［293，592］和文献［458］的全面讨论）由以下步骤组成。

（1）映射和分析现有流程（As-is Process）。其目标是描述实际流程。

（2）设计目标流程（To-be Process）。产生当前流程的一个或多个替代流程。

（3）实现一个再造流程并持续改进。

先前的章节已经对数据驱动活动进行了详细描述。为从中做出选择，必须对步骤4中涉及的原因和问题进行分析。此处讨论如下情况。

（1）如果一个关系表准确性较低，而另一个表示相同对象和属性的数据源具有更高的准确性，则可以对该表和数据源实施对象识别活动。然后，将第二个数据源中的属性值作为共同属性的值。

（2）假设一个表主要用于统计，并且具有较低的完备性。可以实施错误修正活动，以便将null值改为有效值，并保持值的统计分布不变。

（3）假设特定数据流质量低劣，此时，可以对该数据流传递的数据实施数据源选择活动。数据源选择活动的目的是改变实际数据源，选择一个或者多个提供相同数据但质量更高的数据源。数据源选择可以被视为第10章讨论的质量驱动查询处理的特殊情况。

最后可以产生一个如图12.22所示的“数据/活动矩阵”，用叉表示每个活动和应用该活动的数据库或者数据流对应的单元格。

活动	数据					
	数据库1+数据库2	数据库1+数据库3	数据库4	数据库5	数据流1+数据流2	数据流3
数据质量活动1	×		×			
数据质量活动2		×				×
数据质量活动3		×		×	×	
流程再造活动1	×		×			×
流程再造活动1		×	×		×	
流程再造活动1	×	×		×	×	

图12.22　数据/活动矩阵

12.6.8　为数据活动选择技术

该步骤中，必须为“数据/活动矩阵”中每个数据活动选择最佳技术和工具。为了选择技术，从可用知识域开始，使用第7章~第9章中的比较分析方法。此处，需要通过市场观察，确认所选择的技术中哪些由商用信息质量工具实现，需要对这些技术的成本和技术特点进行比较。因此，对技术的选择受目前市场上存在的工具的影响。对于对象识别活动，许多商用工具和开源工具已经采用经验技术，而近来更多的工具采用概率技术。如果该工具是可扩展的，则选择该工具，并通过扩展使其适应具体需求。例如，假设曾对一个国家的居民数据进行去重活动，其中姓氏一般比较长，现在需要对另一个国家的居民数据进行相同的活动，而其姓氏比较短。如果先前对 Name（名）、LastName（姓氏）和 Address（地址）属性使用基于给定距离函数的概率技术，那么，现在需要修改技术，以适应在新上下文中进行决策的需要。例如，可以像第 8 章中讨论的那样调整 LastName 属性的距离函数和权重。

12.6.9　寻找改进流程

现在需要链接“数据/活动矩阵”中画叉的单元格，以产生可能的候选改进流程，其目标是获得全面性，即覆盖改进项目涉及的所有数据库和数据流。可通过几种方式对“数据/活动矩阵”中画叉单元格进行链接，从而产生许多候选流程，一般 2~3 个就可以充分覆盖所有可能的选择。图 12.23 中展示了一个例子，其中选择对象识别、错误纠正和数据集成作为数据驱动活动，选择业务流程再造作为流程驱动活动。

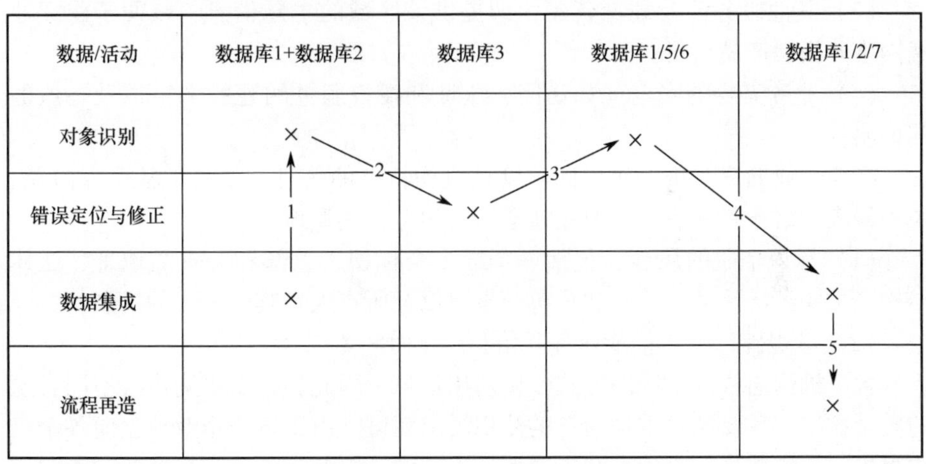

图 12.23　一个改进流程的例子

12.6.10　选择最优改进流程

目前已经接近形成解决方案，现在必须从改进项目的成本的角度对候选改进流程进行比较。例如，预计业务流程再造活动会使对象识别活动更加高效，而对象识别活动会使错误纠正更加简单。

需要进行成本评价的内容包括设备成本、人工成本、工具和技术的授权成本以及为特定问题定制软件的成本。一旦对成本进行了评价和比较，就可以选择最有效的改进流程。此时，有必要根据设定新质量等级步骤，对所选择的改进流程（有望）削减的净支出进行比较，最终的收支平衡应当是正的，否则就得不偿失。

12.7 电子政务领域案例研究

本节将CDQM应用于在许多国家被称为政府-企业关系的真实案例中，文献［65］已对其进行了详细描述。企业在其生命周期中需要与多个机构交互以获得行政服务。多个业务事件需要这种交互，此类事件和相关服务包括：

（1）开展一项新业务或者关闭一项业务，涉及向诸如商会这类机构进行业务登记；

（2）参与一项业务，包括法律状态、董事会构成和高级管理人员、雇员数变更，以及启动新地址和专利申请等；

（3）其他服务涉及地域营销，即提供该区域的主题信息，以便于建立业务网络并拓展产品市场；

（4）业务需要的安全（如访问、认证和授权服务的智能卡）以及一般的问询服务。

在与企业的交互中，机构同时管理机构特有的信息，如员工社会保险税、税务报表、财务状况表，以及企业通用的信息，典型地包括：

（1）标识企业的属性，包括一个或多个标识、总部和分支的地址、法律结构、主要经济活动、员工和承包商数量以及所有人及其合伙人的信息；

（2）里程碑日期，包括业务开始和停止时间。

各个机构通常以不同的方式使用通用信息。因此，每个机构执行不同类型的质量控制，只要满足本地信息的使用需求即可。由于每个企业独立向各个机构报告，导致数据的准确性和流通性各不相同。因此，关于一个企业的相同信息可能出现在多个数据库中，每个数据库都由不同的机构独立管理，而且各个机构之间不会彼此共享企业数据。当数据库中存在大量错误时，问题将进一步激化，因为这些错误将导致指代相同企业的不同记录无法正确匹配。相同信息具有多个不相关联的视图将导致企业在与机构交互时会感受到严重的服务质量退化。

由于上述复杂性，启动一个项目时可采取两种主要策略，其目标是改进现有业务数据的状态，以及为未来数据维持正确记录基准。

（1）对现有业务信息实施广泛的对象识别和数据清洗，带来大量业务注册项的协调一致。

（2）采用“一站式”方法以简化企业的工作并保证其数据的正确传播。在该方法中，将选择一个机构作为与企业进行所有沟通的前端。一旦企业对接收到的信息进行了确认，其他感兴趣的机构就可以通过“发布/订阅”事件驱动架构对其加以利用。

为简便起见，对 3 个机构应用 CDQM，即社会保障机构、意外保险机构以及商会。在许多国家中，商会是一个以促进商业利益为目的的企业网络。

12.7.1　重建数据状态

图 12.24 和图 12.25 展示了由 3 个机构所管理的数据库，以及机构与企业之间的数据流。每个机构都有自己的企业注册表，没有共享数据库。至于数据流，每个机构都从企业接收服务请求信息，并向企业返回服务所提供的相关信息。

组织	数据库		
	企业社会保险注册	企业意外保险注册	企业商会注册
社会保险	创建/使用		
意外保险		创建/使用	
商会			创建/使用

图 12.24　数据库/组织矩阵

组织	数据流	
	数据流1：服务请求信息	数据流2：与服务提供相关信息
社会保险	消费者	提供者
意外保险	消费者	提供者
商会	消费者	提供者
企业	提供者	消费者

图 12.25　数据流/组织矩阵

12.7.2　重建业务流程

本节关注企业与机构之间的交互。根据管理规则，企业必须将其状况的变动通告给机构，涵盖注册地址、总部、分支的变更，以及主要经济活动的更新。图 12.26 展示了 3 个流程，这 3 个流程的共同点是都各自同时涉及 3 个机构。从图中很容易看出，目前机构之间没有对相同信息的管理进行协调。

组织	流程		
	更新注册信息	更新分支信息	更新主要经济活动信息
社会保险	×	×	×
意外保险	×	×	×
商会	×	×	×

图 12.26　过程/组织矩阵

12.7.3　重建宏流程与规则

假设每次企业向机构通告状态变更的交互都受法律的约束，或者更可能是受每个机构明确的组织规则的约束。规则的例子如下。

（1）企业可以由一个代理代表，但该代理必须事先由机构确认。

（2）进行更新时，需要使用特定的表单。

（3）当变更发生后，必须在 60 日内向机构通告。

对于宏流程，假设管理活动是非常碎片化的，其中与企业的交互是完全彼此独立的。此时，宏流程由与更新相关的活动链组成，包括：①输入数据库的信息；②如果必要，向企业或者中介提供凭证；③如果出现不一致，就向企业发送一条消息。

其他过程涉及诸如退休金和保险金的缴纳等方面。在一些国家，可以直接从企业的押金中扣除。对于这类流程，宏流程更加复杂，包含诸如付款收集与登记、正确性检查以及其他打击逃税之类的事务活动。

12.7.4　与用户检查问题

现在必须与数据内部用户和最终用户进行沟通，分析他们（内部用户）对所使用的或者从机构获得的数据质量的理解。假设访谈的结果汇总如下。

（1）频繁就企业对重复邮件、消息或电话的抱怨进行沟通令内部用户感到沮丧，这是数据库中存在重复对象的表现。

（2）负责税务欺诈事务的内部用户无法通过对多个数据库进行交叉查询来匹配企业。例如，在通过交叉查询搜索逃税行为时，机构的 3 个数据库中没有纳税和能源消耗的信息，这是数据库中存在未匹配记录的表现。

（3）如果在通告地址变更之后很长时间（可能是“几个月”），未在新地址收到机构寄送的信件或消息，则通过电话访谈进行沟通的最终用户（企业）会感受到压力。相反，内部用户收到大量回复消息，而这消息的寄送地址无法对应到企业。这是实施数据库更新需要较长时间的表现。

（4）最终用户对窗口前很长的排队队伍、提交变更信息耗费很长时间以及管理过程的较长延迟感到非常不满。

根据步骤 2 所描述流程的访谈和定性分析结果总结得到，需要关注如下质量维度和指标。

（1）单个数据库中存在重复对象，第 2 章中称为不准确性。

（2）3 个数据库之间存在不匹配对象，同样被称为不准确性。

（3）更新登记过程中的延迟，对应较差的流通性。

除了准确性和流通性，其他质量维度，如数据库的完备性，同样会导致相关问题。另外，考虑先前列表中第 4 项影响的质量，即由与机构交互以及机构提供服务所耗费的等待时间所造成的企业负担，这些不是数据质量维度，但却都是在项目中需要改进的质量。在数据质量改进项目中，除了这些与数据质量相关的内容，还需要处理大量问题和改进目标。这些方面与流程质量和服务质量相关。

12.7.5　度量数据质量

在先前的步骤中，识别了需要关注的质量维度。现在需要选择相关指标并组织一个测量实际值的流程。针对先前维度：

（1）通过重复对象的百分比和不匹配对象的百分比度量准确性；

（2）以时间 t_1（信息“进入”机构的时间）和时间 t_2（信息被注册进系统）的平均值来度量流通性。

可以在数据库的采样样本上对准确性（也可包括完备性）进行度量。在选取样本时，必须选择代表全体且大小可控的一组元组。文献［202］描述了选择合适样本的方法。对于时间维度的测量，可以对内部或最终用户进行访谈，以更好地获取他们对延迟的感受的粗略估计。对于机构实施管理流程所耗费的时间，也可以进行更加精确的评价：从为准确性度量而选择的样本开始，测量从流程开始到流程结束所耗费的时间。使用工作流工具追踪进出机构的交互事件将使该过程简单化。当测量过程结束时，可得到如图 12.27 所示的表格。

数据库	质量维度			
	重复对象	匹配对象	姓名和地址的准确性	流通性
社会保险数据库	5%	—	98%	延迟3个月
意外保险数据库	8%	—	95%	延迟5个月
商会数据库	1%	—	98%	延迟10天
汇总3个数据库	—	80%	—	—

图 12.27　实际质量等级

12.7.6　设定新的目标数据质量等级

根据节约的成本和其他可度量收益，需要将新数据质量等级与期望收益相关联。对节约成本进行估计需要评价实际成本和由于数据质量改进而削减的成本。

可以选择两个因未校准（Misalignment）而直接导致的成本项作为考察对象：机构中姓名和地址的异构性与低准确性。第一，假设机构意识到了地址未校准和不准确，每年花费大约 1000 万欧元通过人工检查来纠正和整理记录。例如，人工追踪无法正确和精确识别的企业。第二，由于大部分避免逃税技术依赖于对不同机构中记录的交叉参考，未校准将导致无法检测到逃税问题。当因为地址不正确或与实际不符而导致无法联系企业时，这一现象就更加严重。逃税问题可以粗略估计约占国内生产总值的 1%～10%。假设（保守的）比例为 1.5%，一个国家国内生产总值为 2000 亿欧元，则因为逃税将流失至少 3 亿欧元税收。

在更广泛的范围内对其他与低质量流程和服务相关的成本进行调查。在传统、非集成场景中，企业和机构共同分担事务。可以基于每年的事件对企业人力和中介费的成本进行估计。例如，假设每年有 200 万个事件，每个事件耗费 3 人·h，则每年大约损失 2 亿欧元。对于机构来说，处理一个事务的成本大约为 5 欧元，相当于内部在单个事务的事件登记上花费 20～25 人·min。总体上，如果仅考虑涉及自身的事件，则每年单个机构因低效造成的成本不低于 1000 万欧元。假设每个事务的记录都出现在至少 10 个机构的数据库中，每年的总成本将达到 1 亿欧元甚至更多。

就此可以得出，为了有效地使用“发布/订阅”基础设施，以及减少逃税问题以增加税收，需要设定如下目标（图 12.28）。

（1）开始时除商会以外不同数据库中拥有 1%的重复率，可以设定更高的目标，即 0.3%。

（2）3 个数据库中 3%的企业不匹配。

（3）1%的地址不准确。

（4）3 个数据库数据更新延迟为可接受的 3~4 天。

这些目标是理想的“100%高质量”与现实情况的定性平衡。假设税务欺诈行为随可匹配或可抵达企业数量的提高而成比例降低，那么，就可以对增加的税收进行估计。在对新的 ICT 基础设施有一个更加精确的了解后，可以对其他节约的成本进行估计，下一节将讨论该部分内容。

数据库	质量维度			
	重复对象	匹配对象	姓名和地址的准确性	流通性
社会保险数据库	1%	—	99%	延迟3~4天
意外保险数据库	1%	—	99%	延迟3~4天
商会数据库	0.3%	—	99%	延迟2~3天
汇总3个数据库	—	97%	—	—

图 12.28 新质量目标

12.7.7 选择改进活动

对流程驱动活动和数据驱动活动进行区分。首先，考虑流程驱动活动。当机构和企业当前的交互涉及多个对应机构专有接口的事务，项目的一个策略性决策是让机构提供基于通用基础设施的前台服务。这样的接口提供了一致的机构视图以及一个访问其业务功能的点。架构中引入后台基础设施，以屏蔽专有接口的异构性及其分布性。接下来改进业务交互的方法基于协作架构（Cooperative Architecture）。该架构的一些变体遵循如图 12.29 所示的通用结构。

现在就后台各层提供一些建议。除了互连基础设施（Connectivity Infrastructure），图中展现的协作基础设施（Cooperation Infrastructure）还包括应用协议、存储库、网关等，其主要目的是让每个机构定制并发布一组包括其他机构可访问的数据和应用服务的协作接口。在该层的最顶端有一个事件通知基础设施（Event Notification Infrastructure），其目的是保证更新事件的同步，当一个机构从一个企业接收更新通告时，可以使用该层。信息在协作基础设施中发布，然后提交给所有对更新通告感兴趣的机构。为了有效地利用这一架构，可以对很多管理流程进行重新设计。可以选择特定机构作为为企业提供特定类型信息的前台，在本例中，商会可以参与管理信息相关的信息更新，而社会保险

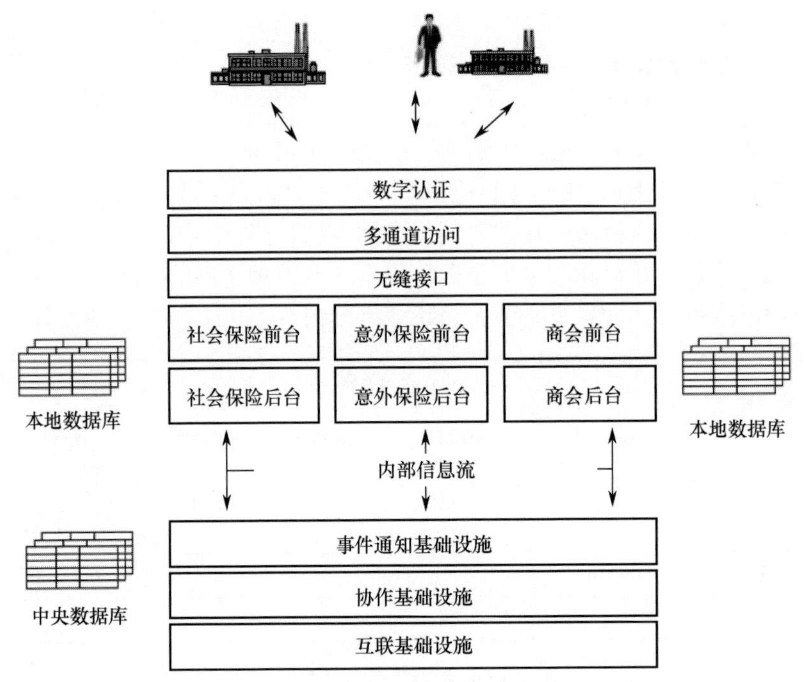

图 12.29　政府-企业交互的新技术架构

可以管理劳动力相关的信息，假设其职责之一是收取保险金。

对于数据驱动活动，为了实现有效的业务流程再造，需要重新调整数据架构，两个极端如下。

(1) 创建一个中央数据库，3 个数据库管理的所有类型企业信息都被集成到中央数据库。

(2) 创建一个轻型的中央数据库，存储通过链接由各个机构管理的相关企业记录的标识而产生的记录，这个称为标识数据库（Identifiers Database）的新数据库，被用于机构间的对象（企业）识别，并允许在事件通知基础设施中重定向信息位置。

机构的自治性使得第一种方案无法得到实际应用，因此，选择第二种方案。标识数据库的建立需要在社会保险、意外保险和商会注册中心实施对象识别活动。本步骤的最后，绘制出“数据/活动矩阵”（图 12.30）。数据库和数据流中包含新的标识数据库，以及由事件通知基础设施产生的数据流，同时还包含前面提到的流程再造活动和对象识别活动。

采用新架构后，交互成本得到了大幅度的削减。首先，处理企业的成本，如果企业减少 1/3 的交互，估计每年成本将减少到 7000 万欧元。对于机构的

活动	数据			
	活动类型	汇总3个数据库	机构间的新数据流	新标识数据库
对象识别	数据驱动	×		
更新流程再造	流程驱动	×	×	×

图 12.30　数据/活动矩阵

成本，在初始系统配置下，每个企业发起的更新（如地址变更）都需要 3 个事务前台，每个项目中涉及的机构都对应一个前台。假设每个前台事务的成本为 5 欧元，总成本就是 5×3=15 欧元。在重新设计后，新的更新流程只需要一个前台事务和两个传播变更的新后台事务。假设刚开始只有 1/3 的企业事件从新系统中获益，以分摊到当前新系统的固定成本之和加上可变成本，预计一个后台事务的成本约为 2 欧元。因此，机构的总成本从 15 欧元变为 9 欧元，并且当更多事件被囊括到系统中时，成本可以进一步降低到 6 欧元。另外，如果更多机构加入到协作系统，固定成本将会进一步降低。最后，通过为企业提供一个完全无纸化、经过验证的提交流程，并改进输入数据的预校验，可削减 5 欧元前台成本。将成本固定为 6 欧元，就可将每年的成本从 1 亿欧元降低到 4 千万欧元。

12.7.8　选择数据活动技术

现在需要确定如何选择对象识别的最佳技术，即要实施的主要数据活动。可以考虑如下几个场景。

首先，假设在过去几年中，在 2 个或全部 3 个机构之间实施了部分记录链接活动。对于拥有相当数量交互的机构来说，这是合理的。接下来，假设他们在上一年尝试消除至少部分的错误和未校准。此时，有宝贵的可用知识，包括先前匹配和未匹配的记录。利用这些知识可以选择概率技术，包括对匹配和不匹配频率的学习活动。

第二个场景假设先前没有采取任何活动，但其中一个数据库在具体领域要比另外两个数据库更加准确。例如，一个机构依据法律负责确认企业名称和地址数据。此时，可采用桥接文件方法。

第三个场景假设已知关于企业与机构交互行为的知识。假设通过数据挖掘工具，可以发现特定类型的企业，例如，小的家族企业具有不同的兼职活动并随季节变化，因此，他们倾向于向不同的机构报告不同类型的活动，每次从管理的角度选择最佳方案。其中，在记录对之间可能频繁出现某种模式，如 <ice-cream vendor，doorkeeper>。此时，可以借助包含这些模式的基于规则的系统，采用基于知识的技术。

12.7.9 寻找改进流程

前面步骤中进行的分析简化了对改进流程的识别。假设有一个特别的改进流程（图 12.31），包括实施并行的流程再造活动、建设“发布/订阅”基础设施、进行股票对象识别。新系统投入使用时，两个活动必须进行同步。其他诸如数据集成等活动，已被步骤 8（选择改进活动）排除在外。注意：无须定期进行对象识别，因为一旦实施业务流程再造，就对 3 个机构中的信息进行了校准。

活动	数据		
	汇总3个数据库	机构间的新数据流	新标识数据库
对象识别	对股票进行对象识别并对3个数据库进行去重		
更新流程再造	首先更新商会数据库	使用“发布/订阅”基础设施更新社会保险数据库和意外保险数据库	创建数据库并用于机构间新的更新流程

图 12.31 一个改进流程

12.7.10 选择最优的改进流程

此时，只能考虑一个改进流程，需要检查该流程的收益（特别是节约的成本）超出质量实际成本和项目成本的程度。采用一个简单的方法，而不考虑与投资分析和成本实现（参见文献［202］和文献［413］）相关的问题。至于实际成本和未来节约的成本，需要考虑（见第 11 章提供的分类）如下主要的几项：①由于数据质量低劣造成的成本，对应于人工校准成本和收入流失；②企业和机构的其他成本。

至于数据质量改进项目的成本，需要考虑的成本包括：①对象识别活动，对应于应用软件和人工成本；②流程再造，涉及建设和维护“发布/订阅”基础设施。

图 12.32 展示了合理的估计。在前面小节已经对一些项进行了估计。关于改进项目的成本，考虑到不同的子项，应用架构的成本是 500 万欧元且每年预计有 20%的维护成本。对象识别成本可以参照先前项目进行估算。最后，在可通过新的目标匹配值选择的不规范业务的百分比的基础上，可以估算增加的收入。

成本与收益	一次性	每年
低数据质量造成的实际成本		
人工校准成本		1000万
收入流失（谨慎估计）		3亿
其他成本		
企业		2亿
机构		1亿
改进项目的成本		
对象识别——自动	80万	
对象识别——人工	20万	
应用架构——建设	500万	
应用架构——维护		100万
改进数据质量带来的未来成本和节约		
收入增加（谨慎估计）		2亿
人工校准成本		0
其他节约		
企业		1.3亿
机构		6000万

图 12.32　数据质量改进流程的成本与节约

综上所述，如果考察一个 3 年的周期，总共的成本节约和收入增加将达到大约 12 亿欧元。相比之下，项目的成本则可忽略不计。如果只考虑数据质量相关成本和节约的成本之间的比较，可获得 6 亿欧元的净余额。因此，数据质量改进项目非常值得考虑。

12.8　针对异构信息类型的 CDQM 扩展

在描述 CDQM 时，曾假设所有信息源都是结构化数据，即数据库表。正如前言所述，组织的信息系统使用具有不同表示的数据和信息，从表到 XML 文档、Excel 工作表、松散结构文档以及图像。第 2 章~第 5 章已系统地提出几种信息类型的质量维度。本节讨论如何将由异构信息类型组成的信息源引入 CDQM 方法。将考虑半结构化信息，但其他类型信息可以沿用这一方法。这一扩展方法的主要思想是将组织使用的信息源映射到一个一般概念表示，然后评估涉及这种同构概念表示的信息的质量。

上述映射完全可以应用到诸如半结构化信息或地图等信息类型，它们具有至少刻画部分信息语义的底层概念模式。对于其他类型，如图像，可以在宏观层面加以应用。例如，如果有一个医院病人的表和病人体检报告的表，如放射检查，则 X 光片对于整个模式的贡献是与 Patient（病人）实体关联或者与所表示身体组织的具体属性关联的单个 Radiography（放射检查）实体。

上述选择可以达到两个目的：一方面，实现了为服务不同部门（例如销售员和 IT 开发人员）和层次（例如 IT 项目经理和 CEO）用户所需要的灵活性和模块化；另一方面，通过对每个组织（信息）资源进行评估，并在一般概念表示层对信息质量值进行组合，可为组织提供广泛的策略选择，以使其质量目标得到改进。例如，假设客户信息的总体质量必须提高 5%（将导致较低的成本和较高的潜在收入），该方法围绕首先对哪些包含客户信息的信息源进行改进或加大改进力度，以及如何实现目标。接下来，继续文献［43］中讨论的主要问题，感兴趣的读者可以通过文献了解更多内容。

新方法通过如下步骤对 CDQM 进行扩展。

（1）状态重建阶段中的新步骤。建立一个信息源中信息类型的集成概念模式。

（2）改进阶段的新步骤。为信息源中每个信息类型赋一个权重值，并为集成模式中每个实体赋一个全局值。

现在使用文献［43］所采用的案例，展示这两个新步骤，并合并到图 12.33 中。

- 私有企业的核心业务是为无线手持订单输入系统开发创新系统。接待员通过使用这些系统，可在座位上采集顾客的下单，并通过无线连接与厨房实时通信。作为主要业务，管理的主要实体是顾客和供应商，本例中将专注顾客实体。
- 市场部门（Marketing Department, MD）及其销售代理网络期望寻找新顾客或者提出替代旧方案的新方案。MD代理需要拥有非常精确的关于潜在顾客的画像信息，这可以从特定提供商获得，并从几个维度进行聚合，如地区、成交量以及烹饪风格。
- 技术部门（Technical Department, TD）期望监控售出的设施的正常运行，并提供寻常的和非寻常的设施维护。TD成员必须依赖于购买系统的顾客及其所在位置的信息。
- 会计部门（Accounts Department, AD）需要准确并且最新的管理信息，以支持发票开具和记账

图 12.33　案例的需求

表示客户的 3 种最重要信息源：

（1）从来自画像提供者的信息流中创建一个白页目录（White Page Directory，WPD），WPD 除了表示客户，还表示其位置、企业及其所有者；

（2）一个部分从 WPD 获取的代理-客户表格（Agent-Customer Spreadsheet，ACS）文件，包含一些涉及代理及其备注、设施、产品和方案的增加字段，并且这些增加字段将被添加到工作字段；

（3）一个协作数据库（Corporate Database），整合客户和方案的信息，并将它们连接到订单和发票。

图 12.34 展示了 3 个信息集的示例。

白页目录

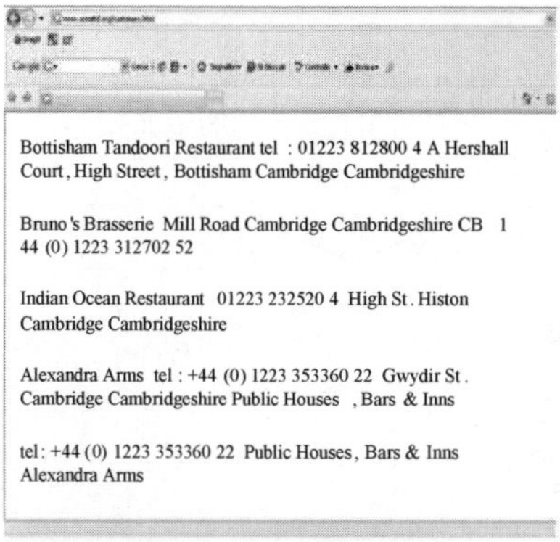

Bottisham Tandoori Restaurant tel : 01223 812800 4 A Hershall Court, High Street, Bottisham Cambridge Cambridgeshire

Bruno's Brasserie Mill Road Cambridge Cambridgeshire CB 1 44 (0) 1223 312702 52

Indian Ocean Restaurant 01223 232520 4 High St. Histon Cambridge Cambridgeshire

Alexandra Arms tel : +44 (0) 1223 353360 22 Gwydir St. Cambridge Cambridgeshire Public Houses , Bars & Inns

tel: +44 (0) 1223 353360 22 Public Houses, Bars & Inns Alexandra Arms

代理-客户表格

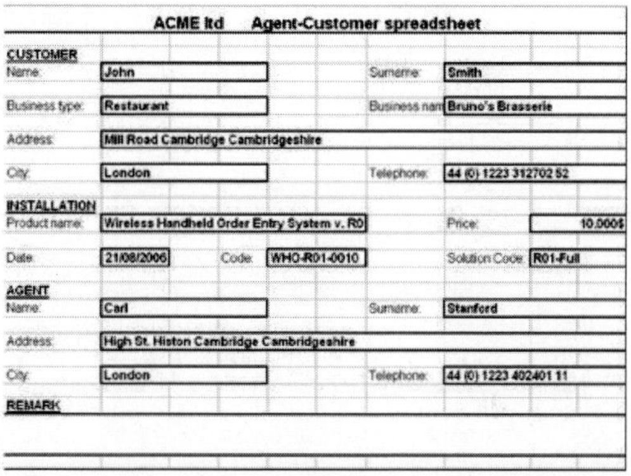

ACME ltd　Agent-Customer spreadsheet

CUSTOMER
Name: John　Surname: Smith
Business type: Restaurant　Business nam: Bruno's Brasserie
Address: Mill Road Cambridge Cambridgeshire
City: London　Telephone: 44 (0) 1223 312702 52

INSTALLATION
Product name: Wireless Handheld Order Entry System v. R0　Price: 10.000$
Date: 21/08/2006　Code: WHO-R01-0010　Solution Code: R01-Full

AGENT
Name: Carl　Surname: Stanford
Address: High St. Histon Cambridge Cambridgeshire
City: London　Telephone: 44 (0) 1223 402401 11

REMARK

协作数据库

ID_Customer	Name	Surname	Business Type	Business Name	ID_Installation	ID_Solution
001	John	Smith	Restaurant	Bruno's Brasserie	WHO-R01-0010	R01-Full
002	Simon	Kent	Restaurant	India Ocean	WHO-RO1-0011	R01-Full
003	Paul	Buck	Restaurant	Bottisham Tandoori	WHO-R01-0010	R01-Full

图 12.34　输入到流程的 3 个信息集

新的状态重建阶段将建立信息源中一个关于信息类型的集成概念模式。首先，对信息集进行逆向工程，产生对应的本地概念模式（文献［38］中描述了该步骤的一种方法）；然后，将 3 个模式集成起来（同样参见文献［38］）。图 12.35 展示了通过这 3 个输入模式构建的集成概念模式，图中突出显示了这些模式。

现在假设关注 Customer（客户）实体的流通性维度。首先需要确定度量流通性的指标，对 3 个信息库中 Customer 流通性的不同值进行规范化。引入一个规范化流通性的概念，公式如下：

$$\text{规范化的流通性(信息库)} = \frac{\text{最优流通性}}{\text{实际流通性(信息库)}}$$

图 12.36 显示了 3 个信息库规范化的流通性值。

假设 3 个信息库对使用它们的业务流程具有相同的重要性，可以先通过计

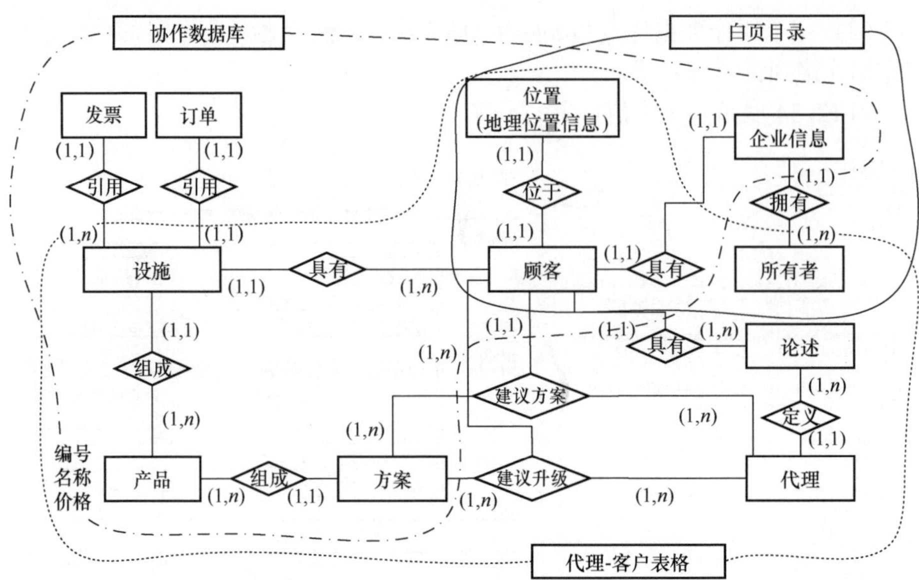

图 12.35　集成模式和 3 个输入模式

维度	数据集		
	白页目录	代理-客户表格	协作数据库
实际流通性	延迟12天	延迟6天	延迟16天
最优流通性	延迟1天	延迟1天	延迟1天
规范化流通性	7%	16%	6%

图 12.36　流通性评估

算平均值将 3 个规范化流通性值合成为一个全局值（图 12.37 中的步骤 1）。现在可以定义规范化流通性的全局目标值，并将其确定为 50%（步骤 2）。

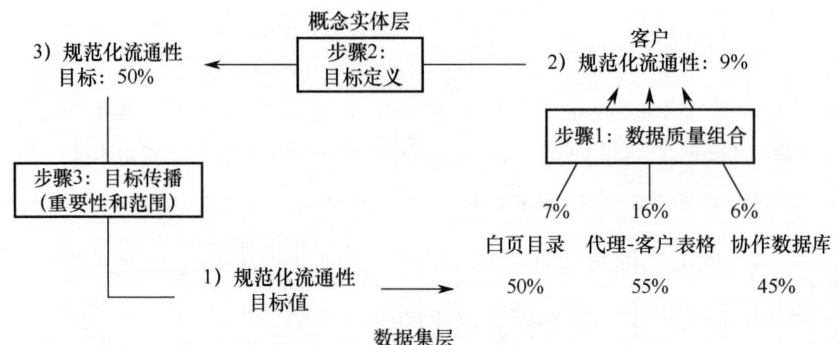

图 12.37　流通性值的合成

在步骤 3，确定规范化流通性的新值，可以在满足全局值为 50%这一约束的前提下增加先前的值。需要注意的是，对于本书中涉及的其他类型信息可以遵从相同的过程。

12.9　本章小结

一般而言的方法以及信息质量方法可以提供常识性推理。它们的角色是为要进行的复杂决策和对需要获取的知识的理解提供指导。同时，可以进行调整以适应应用领域。设计者的一个典型错误在于，在没有进行关键检验的情况下，将方法理解为一组一成不变的、绝对的指导原则，在应用时必须保持原样。不同领域中获得的工作经验可以对如何调整通用原则提供指导，更有效的方法是将组成方法的指导原则、阶段、任务、活动和技术视为一个工具箱，其中的各个组件可以根据流程中涉及的环境以及应用领域的特征组合起来使用或者按顺序使用。

信息质量方法关心的另一个关键问题是实施方法所定义的度量和改进所需要的知识。有时获取所需知识的成本非常高，甚至无法获得。这种情况下，需要对方法进行简化，并使之适应可用的知识；否则，管理层和用户会因为被众多问题烦扰以及不明白其意图而拒绝使用。

第 13 章　医疗领域的信息质量

Federico Cabitza, Carlo Batini

13.1　引言

本章将医疗领域中的信息质量作为关注和研究的对象。事实上，医疗领域中的信息质量本身是一个很宽泛的话题，仅用一章的篇幅根本无法覆盖。本章将为感兴趣的读者提供一些资源，以帮助获取关于这一宽泛领域的研究和实践的更多信息。因此，首先，定义那些需要对其质量进行研究，并且很可能面临质量问题的信息和数据；其次，在更宽泛的信息质量领域中说明关注医疗领域中的信息质量的重要性；再次，研究医疗人员对这一领域的看法，以及如何从实践的角度为质量评价和改进计划提供输入；最后，对本章主要观点进行简要总结。本章的组织结构如下：13.2 节将回顾与本章主题相关的概念的定义；13.3 节概述改进医疗领域信息质量所面临的主要挑战；13.4 节通过从相关文献中提炼已被成功应用的主要维度、方法及举措，为医疗人员提供一些核心理念参考；13.5 节讨论医疗领域信息质量研究的最新趋势；13.6 节旨在激励医疗人员和学者投入更多精力研发更多的工具和技术，以使信息质量对治疗结果、成本和可持续性的影响更加清晰。

13.2　定义和范围

接下来，将关注医疗数据和健康数据的定义和内涵。医疗数据（Healthcare Data）是指在提供健康相关服务期间产生或使用的“关于个体患者或群体患者的知识项”[678]。健康数据（Health Data）则是指单个个体或整个群体与健康相关的所有事实的表示，并且适合通过人工或电子手段进行交流、解释或处理[4]。两项定义均试图抓住数据的侧重点：他们既可以指个体，并从单个患者的层面进行采集，即单元层数据（Unit Level Data）[361]，也可以对单元层数据处理结果进行聚合（通常只是求和）。个体数据（Individual Data）旨在反映单个患者的特征、健康状况（根据疾病进行分类）的特征，以及为得到正确护理和正确决策而采取的医疗干预和流程[190]。聚合数据，如性别、年龄、诊断、治疗或住址，由匿名数据生成，以防止患者被识别出来（世界上许多隐私保护条例都将与健康相关的数据视为敏感数据，其中包括欧盟的数据保护指南（Data Protection Directive（95/46/EC））），可描述某个人群中的疾病流行情况和分布信息，或在某个过程干预的功效信息[396]。

根据以上定义，本书统一采用健康信息（Health Information）表示“以特定形式组织，以便在需要时更好地理解和检索”[165] 的医疗数据或健康数据，而忽略它们所属的层面（个体层面或聚合层面）。由于健康信息的概念包含健康和医疗相关的数据，这种表述足以涵盖有关人们医疗的所有信息，包括个人疾病或健康状况报告。人们可通过书面交流、发表评论以及在垂直社交网站上回复内容等方式进行记录，如 PatientsLikeMe①。正如前言所述，健康信息涉及多种格式[576]，包括非结构化的长文叙述、不限长度和结构的文本（如非结构化但格式良好的报告、半结构化形式、结构化表格）、多类型数值（如生理参数）、（与时间相关的）信号（如心电图）、静止图片（如 X 射线照片）以及音频和视频记录（如超声检查）等。

13.3　医疗的内在挑战

尽管很多研究者试图给出健康信息的明确定义，但构建健康信息质量（Health Information Quality，HIQ）框架始终是一项艰巨的任务[7, 288, 361]，更不用说为 HIQ 的监测和持续改进提供所有可行的方法和技术[363]。实际上，对于绝大多数甚至所有领域而言，大多数研究者一致认为医疗领域具有一定的异构性。首先，医疗领域是一种高度复杂的劳动和技术密集型的服务，相关从业人员仍然主要依赖纸质工具、个体认知（能力和记忆）以及其他传统手段[288]。这在一定程度上与相关人员的保守主义和安于现状有关[387, 475]，但更多是由于传统医疗手段的质量（时常被忽略）[236, 296]、医疗过程的临时性和非计划性等[297]，以及难以以形式化方式更不用说以计算的方式[57] 表示医学知识，从而支持医疗实践[237, 658]。此外，一方面，医疗组织在信息技术上的投资同其他行业相比较为落后，前者的投资（3.5%~4.5%）不足后者（10%）的 1/2[288]；另一方面，当前医院采用电子记录支持护理实践的比例仍然较低（根据“完全采用”的含义，在 1%~8%）[348]。

如上所述，HIQ 由从大量数据源中获取的直接数据（Primary Data）和从

① http：//www. patientslikeme. com，2015 年 1 月 5 日获取信息。

原始数据生成的间接数据（Secondary Data）[4] 在不同层次聚合而成：从个体（患者和护理者）到医院、初级保健设施以及地区、国家、国际的卫生部门[525]。因此，健康信息被认为是“涵盖无限的组织和所有可能数据项的组合”[165]。在文献［196］中，一组相互依存和异构的健康信息系统称为大杂烩（Patchwork）（图 13.1），反应了 HIQ 需要同时考虑多个层面，包括：

（1）单个度量或数据元素层；

（2）单个患者数据的聚合层（表现在横向和纵向上，横向指各种设施，纵向指时间、维度等）；

（3）各种患者应用层。

结果是 HIQ 的评估标准涉及从数据元素的定义到发病及干预措施的编写、国家标准化（核心）数据和度量集合的采用、审计方法等，下面将对其进行描述。

图 13.1　“自然状态”下（放射科门诊）医疗记录和健康信息系统的大杂烩

13.3.1　多重用途、用户和应用

医疗和健康是非常宽泛的应用领域，或者说是不同组织和组织间的领域集合。从临床角度出发，包括初级护理、急性护理、精神健康、康复、持续护理和家庭护理等。从行政的角度出发，包括医疗支出、公共卫生监测和医疗系统资源规划[525]。这些领域通常涉及由不同用户基于不同目的生成的多种数据源（表 13.1 反映了健康信息谱系的异构性）。

特别地，健康信息源包括以下几方面。

（1）特定设施的电子记录[482]（通常称为电子病历，一般由特定患者和特定医院的医疗记录和相应护理记录构成）。

（2）临床试验数据库[459] 和病例报告单[621]。

（3）行政健康数据登记表[28]，包括账单记录以及对数据进行组织并通过互联网向患者和医疗人员提供数据的应用程序。例如，针对登记在国家卫生服务系统中的个体市民，可提供所有健康数据在线访问的电子健康记录，以及由电子健康记录平台演化而来，但在内容和交互方面更多（或完全）由患者掌控的个人健康记录[103, 581]。

（4）患者可通过多种方式获取非结构化信息，包括电子医疗和监测应用软件[529, 639]、垂直门户网站[101, 597]、健康相关的社交媒体[8] 以及最新的移动应用软件[577, 588]，可为用户提供常见疾病和症状、药物、自我护理治疗、饮食方案和锻炼计划等信息。

表 13.1　健康信息的用户、范围和类型[361]

用　户	信息类型	层　次	范　围
世界卫生官员 政策制定者 研究人员和机构 立法者	国家（或民族）个体的一般健康状况和医疗需求	聚合	全世界
政策制定者 研究人员 立法者 承保人	按地区、诊断、提供者类型统计的发病率、患病率、医疗结果和费用的趋势	聚合	全国
分析师 研究人员 质量审核和管理人员 公共卫生官员	按地区和供应商进行治疗、医疗结果和成本的对比统计，按地区统计的发病率和诊断患病率	聚合	全社会/地区
高管 行政官员 研究人员和机构 委派机构 质量审核和管理人员	不同类型患者的医疗费用，进行特殊诊断的病患数量，检测、操作和干预的规模，不同诊断类型的患者治疗结果	聚合	投资者/供应商全组织
护理人员 （案例报告）研究人员 供应商组织部门 承保人 质量评估人事部门 患者及其家属（非正式护理人员）	用于提供合理医疗服务的患者特定数据，如评估、诊断、干预、诊断性试验结果、操作、治疗、结果	个体	供应商全组织 特定患者

上面提到的电子医疗[79]、移动医疗[357]和 Web 2.0 资源[221]极大地拓宽了健康信息（以及 HIQ）的范围，同时会对 Web 信息的可靠性、可理解性和合时性产生重要影响[79, 456]，但如今看来十分必要，特别是 80%的互联网用户（大约 60%的成年人）选择在线定期浏览关于健康主题的信息，如特定疾病或治疗方法[244]。

正如文献［363］所言，健康数据库很少被视为单一体（Monad），即可通过本地和受限的活动对数据进行监测、评估和清理的独立单元，也就是是“数据随患者用户移动”，这就使得“医疗组织之间的相互依赖导致一个组织反过来持续影响其他组织以及患者所接受的护理的质量”。

数据源和流程的多样性是健康信息质量领域的一种现象，而这种多样性必须与健康信息的另一重要特征相结合，那就是重复利用，包括有意和无意地重复利用[261, 661]。医疗领域的重复利用同其他领域的信息生产和消费不同。重复利用是指个体为某些特定的目的（如护理）生成的数据被其他代理出于完全不同的目的（如计费）而利用。在缺乏相应监管的情况下很难应对和处理无意识的数据重复利用，因此导致了很多棘手问题[479]。本章主要关注有意识的重复利用问题，它事关每条健康信息的潜在重要性。

事实上，健康信息大多数由医生、护士和相关从业者在护理点（Point of Care）生成[190]，主要围绕护理期间对患者病痛的理解（诊断）、对假定条件的处置（治疗）、病情发展轨迹[596]以及其慢性疾病史等。显然，健康信息随后可用于其他目的，一般与案例的管理过程密切相关，如报销。在专业文献中，这种潜在的目的碰撞被称为健康信息的“直接利用对阵间接利用”[102, 425]，也可以简单归结为临床与行政管理之间的角力。

一方面，健康信息的直接目的是通过辅助医疗决策和确保所有护理提供者进行护理的连续性来支持直接的患者护理，既包括对用于决策的医学症状的理解（参见第 11 章），也包括与患者相关的护理人员间的协调[56]。

另一方面，医疗信息的间接目的是将这些信息用于其他用途：合法地利用这些信息可确保患者和相关临床医生的合法权利。第一，医疗信息应该能够对患者所有医疗过程进行最为真实和公正的记述，甚至包括错误的诊断记录。第二，这些信息应该允许重建临床医生进行救护决策的上下文，以便帮助他们从事后责任中解脱出来。

除了针对病人、医生和医疗服务的法医学目的，临床记录还必须支持医疗服务管理和科学研究。实际上，临床记录是计费和报销的主要依据，也是医院内（如医疗质量评估、资源规划和成本管理）和护理场所外的许多场合的主要信息来源，如提供调查研究、进行流行病学研究和医疗统计、进行医疗培训和教育、监督上市药物、制定公共政策以及制定医疗服务人员配置需求和规划。

13.4　健康信息质量维度、方法和行动

上文中描绘的多样性与复杂性也许是由 HIQ 上下文特性这一各专业医学文献的共识所决定的，即第 11 章中所讨论的“适合于目的/使用”，在专业文献中又称为健康干预和流程的适当性（Appropriateness）。医疗领域并不会拓展前文涉及的 IQ 维度，也无法从组织领域增加其贡献（如文献［521，641］）。接下来，首先回顾医学和医药信息学中（参见文献［4，678］）常见的维度，也使读者认识到与第 2 章中维度类簇之间的相似性。

（1）准确性（又称有效性）。健康数据代表事件发生的真相。

（2）流通性。数据在观察时被及时记录与更新。

（3）完备性。所有决策所需数据都可获取。

（4）可读性（又称为易读性）。所有数据都应该可以被理解，无论是以书面、手写、转录还是打印的形式。

（5）可靠性。数据具有一致性，并且生成的信息能被理解。

（6）有用性。收集对护理和间接目的有用的数据，并用于“指定的、明确的和合法的目的，并且处理方式不能与这些目的相抵触”①。

（7）成本有效性。用于收集和传播信息的代价（并不一定是经济上的，如患者的不适感）不能超出其价值本身。

（8）保密性。授权人员在需要的时间和地点都可以获取数据。

关于准确性和完备性，文献中有多种评估方法（读者可参考文献［661］）：纸质记录通常被视为“黄金标准”[113]。同数字信息相比，纸质信息通常更为真实。其他黄金标准包括由患者提供的信息、患者相关的审查数据、患者的门诊会话、从主治医生获取的信息以及从其他数据源中抽取的信息。所有这些用于评估 HIQ 的手段通常代价高昂，特别是从大量案例中抽样的数据可能并不足够可靠。

图 13.2 给出了一种用于评估非结构化信息领域（特别是 Web 领域）中 HIQ 的简单渐进式方法，并已在补充和替代医学中得到验证。该方法借鉴了其他方法的主要结构，包括通过涉及领域专家或用户的定性方法来划分 HIQ 的维度优先级的任务（步骤 4）；然后利用步骤 2 中鉴别出的准则和标准来对可

① 欧洲数据保护指南（欧盟委员会，1995）第 6 款。

访问的内容进行审查。

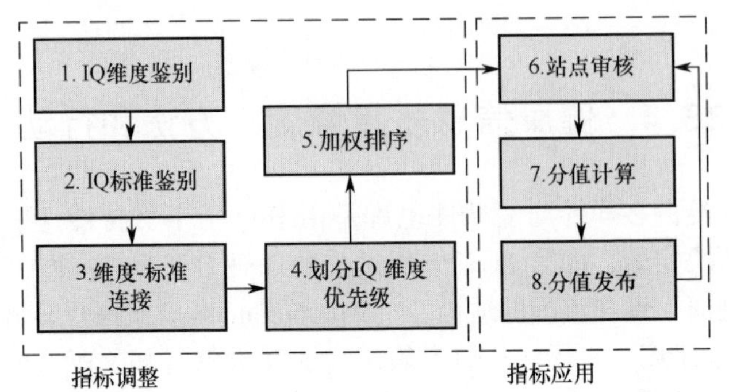

图 13.2　非结构化（Web）内容领域用于评估 HIQ 的步进式方法[101]

对于 HIQ 评估，即使假设它是一项具有高性价比的过程，但在 HIQ 改进的实际行动中仍发现了许多问题。因此，解决与信息质量相关的问题是一个具有挑战性的任务，主要原因包括（完整列表参见文献［678］）：

（1）缺乏统一的信息类型；

（2）数据采集表格设计不当；

（3）医生记录和传达信息的能力有限（包括医生在繁忙日程中为提高效率而广泛使用的非标准缩略语和手写笔记）；

（4）同一设施的信息在不同团队（移交）和部门之间，以及不同医疗机构之间传输的限制；

（5）工作人员（包括临床和行政人员）的教育程度有限，特别是在理解低劣的 HIQ 所造成的后果方面；

（6）行政人员缺乏对 HIQ 的相关规划；

（7）缺乏独立的记录或存储库；

（8）信息不一致。

尽管存在这些困难[59]，HIQ 的解决和改进一直被视为一项紧迫的任务[4]：有越来越多的机构和政府部门开始实施质量管理计划以改善护理程序[363]，无论在性能（效率）还是在结果（有效性）方面，都按照世界认证机构的质量标准来执行，如联合委员会（Joint Commission）（前身为医疗组织认证联合委员会（Joint Commission on Accreditation of Healthcare Organizations））、国际联合委员会（Joint Commission International）、澳大利亚医疗标准委员会（Australian Council on Healthcare Standards）和加拿大认证局（Accreditation Canada）等，此处仅列举一些国际健康护理质量协会（International Society for Quality in Health Care）的重要机构代表。在 2014 年，国际健康护理质量协会就涉及跨越五大洲的大约 100 个国家。

在当今竞争越来越激烈的医疗服务市场中，医疗和医院认证成为获取信任和增加透明度的一种方式。同样，对于医护人员来说，这也是进入国家医疗系统并获得服务报酬的法律义务。因此，正由于认证组织在其服务和流程中必须遵守的许多准则非常重视数据，主要是恰当地记录和编码①（图 13.3），认证已成为改进医疗健康组织信息质量日益重要的驱动因素[415]。“医疗记录中数据的质量是衡量医疗质量的标准”[19,678] 这一表述就是体现数据重要性的一个缩影。

IM.7.5.1　急诊记录包含时间和到达方式
IM.7.5.2　急诊记录包含治疗结论，包括最终处置、健康状况以及医嘱

临床记录包含鉴别患者、支持诊断、证明治疗得当、记录病因和治疗结果、促进医护人员的持续护理等所需的充足的信息（MOI.2.1 JCIASH）。

MOI.2.1的衡量要素包括：
1. 患者临床记录包含鉴别患者所需的充足信息；
2. 患者临床记录包含支持诊断的充足信息；
3. 患者临床记录包含证明护理和治疗得当的充足信息；
4. 患者临床记录包含记录病因和治疗结果的充足信息；
5. 患者临床记录促进持续护理；
6. 患者临床记录的特定内容已由组织决定。

本标准的意图是保证每个患者的临床记录必须提供支持诊断、证明治疗得当、记录病因和治疗结果的充分信息，患者临床记录的标准格式和内容有助于促进不同医护人员对患者进行护理的完整性和连续性。

图 13.3　联合委员会（2000）公布的标准示例[678]

改善原始数据的质量的常用方法是采用标准编码并在数字记录及其表单中加以推广。对医疗数据进行编码主要有两个目的：一是用于在不同部门、机构和医护工作人员之间进行医疗信息的共享和交换[316]；二是用于信息系统的设计，以便从编码记录中提取信息、以不同方式聚合和分析信息，并在此基础上支持专家进行决策和规划[317]。因此，编码致力于消除个人理解带来的差异，已得到众多学者的关注和相关组织的贡献。

迄今为止，健康层次 7（Health Level 7，HL7）、医学数字成像与通信（Digital Imaging and COmmunications in Medicine，DICOM）和医学系统命名法（Systematized Nomenclature of Medicine，SNOMED）已成为用于医疗数据序列化和通信的重要国际卫生标准[55]，包括采用参考模型来表示健康信息，以及用

① 这也被视为对准则的限制，受纸质工作的影响，在现实环境中无法保证患者安全，参见文献[311]。

于评估信息存储质量，对医疗术语进行定义和分类的规则与要求。

尽管如此，这些标准分类并非万能，无法保证获取高的 HIQ：首先，编码分类是一个持续变化的过程，特别是表示诊断和干预的编码；另外，随着医学的进步，一些疾病的临床描述得到了重新定义，一旦在领域层面得到验证，便会引入新的干预措施[196]。例如，国际疾病分类（International Classification of Diseases，ICD）是最重要的国际标准之一，主要用于“流行病学、健康管理和临床等目的”。自从第 1 版于 19 世纪刊出，已被修订多次。当前版本（第 10 版）是在 1992 年刊出的，主要用于跟踪卫生统计数据，并计划于 2017 年推出新版本（第 11 版）。然而，许多国家已经根据当地需要修改了官方标准。例如，ICD-10 采用 14400 种不同的代码来对疾病信息进行分类，美国的临床修改版本（US ICD-10 CM）包含约 68000 个代码，并已被许多国家及其卫生系统采用。此外，也需要考虑当地、社会公认的分类[589] 以及其他一些已付诸实践的分类标准[675-676]。

13.5 医疗领域中信息质量的重要性

相关人员如此关注 HIQ 的原因有很多，最主要的原因在于信息质量本身。特别是随着医疗过程及期间使用的人工产物（文档、表单、记录等）的数字化的普及，信息质量从信息系统和信息技术领域转到了医疗领域。虽然在该过程中，数字化很难达到预期效果[57, 189, 296-297, 356]，但越来越多的医疗部门正呈现出信息驱动服务的特征。如第 1 章所述，前面提到的这些特性与信息系统的使用密不可分[361]，而信息质量始终是一项重要的因素（参见文献［37］）。

在过去的 25 年里，众多作者为促进健康信息学的发展做出很多贡献[146, 316]。学术领域一致认为：“数据质量、可计量性、完整性”（通常称为“DQAI 问题”）问题可能会严重削弱度量结果和性能的能力[537]，其中“高质量的医疗信息对优质医疗服务和对医疗系统的高效管理非常关键”。除此之外，在过去大约 20 年里，一些研究已经阐明 HIQ 远远低于期望值[638]①：据报道，在医疗组织中大约有 5%的医疗记录存在信息质量较差的问题[265, 318, 403]。

如果文献［303，519］对医疗领域信息质量的评估结果正确无误，即发现组织中 1%～5%的数据质量较差，则可将医疗领域置于具有最差信息质量的

① 就医疗信息的上面所述特性而言，这种说法不足以置信。尽管如此，从 IT 的角度而言，医疗信息库的信息质量水平大体上是众多组织领域中最低的。实际上，这可能是由于期望过高造成的。例如，文献［201］认为，医疗领域应达到信息质量的最高成熟度，也就是第 5 阶段（IQ certainty）。在该阶段，相关人员可以确定他们知道为什么没有信息质量问题（第 78 页）。

领域。从间接目的的角度来看，该事实将会敦促相关组织采取强有力的重要干预措施来改善 HIQ。例如，通过分析医疗保险数据[155] 发现，在美国社会保险计划数据库中的近 1200 万条记录中，大约有 3%（即约 321300 个记录）存在编码错误。这些错误势必影响涉及设施、临床医生和患者在内的保险理赔问题，同时也将耗费更多的时间去纠正错误，造成额外的经济损失。尽管 IT 从业者已经在由 HIQ 导致的这类问题上投入很多精力，HIQ 已成为医疗信息的主要议题，并在医学文献以及（特定医院的）医疗记录及其内容中吸引了大量的注意力。

在 1990 年至 2000 年间关于 HIQ 的综述文献［28］中，作者主要关注两个信息质量维度：准确性和完备性。其中，准确性被定义为“登记的数据符合实际的程度”，完备性被定义为“应该被登记的所有必要数据实际被登记的程度”。此外，还对以下两种数据的质量进行区分：一种是直接输入计算机的数据，如电子病历（不完备性为 4%）以及转移到中心登记处数据库的电子病例（不完备性为 6%，不准确性为 2%）；另一种是以纸质介质记录和表达的数据，并被输入到计算机系统（不完备性为 5%，不准确性为 4. 6%）。

在接下来十年 2000 年至 2010 年间的综述文献中，文献［403］做了大量的工作并给出更为综合全面的定义，除了前面提到的“准确性和完备性”维度，还给出了“正确性、一致性和合时性”等维度以及用于评估 HIQ 的方法（参见文献［135，314］）。然而，在 2013 年，一些作者重申了其同事于 2002 年得出的结论，即 HIQ 仍然“缺乏一致的概念框架和定义”。

此外，最近的综述文献［661］（包括 230 篇论文）表明，当前医疗领域用于评估 HIQ 的方法仍然缺乏一致性或通用性。文献［411］强调不能忽视对一些概念定义的一致性问题，包括数据质量、数据质量属性、度量数据质量的方法等。制定一些标准通常非常必要，尤其涉及不同研究机构或者处于不同时期的同一机构[608]。缺乏这些标准会降低数据的再利用率，同时容易导致高可变性[661]。例如，文献［314］指出，根据所考虑的临床概念的不同，医疗信息质量的正确性在 44%～100%，完备性在 1%～100%。文献［608］指出，敏感性的值在 26%～100%。文献［115］对多个机构的横向比较中，（血压记录）完备性在 50%～99. 01%。同样，文献［403］综述的多数研究成果表明，“为医院[402] 和一般实践[404] 环境中的临床（如文献［421，447］）或健康提升[265, 585] 目的收集的电子信息仍存在一系列缺陷”。但他们所关注的 HIQ 的范围并不一致，用于行政目的（而非医疗）的数据具有更好的质量，如文献［514］，处方数据（而非诊断或生活方式数据）也是如此[404, 608]。

在案例报告或经验报告以及行动中必须体现 HIQ 评估和改进行动的有效

性。例如，文献［525］报道了大量关于加拿大健康信息研究所（Canadian Institute for Health Information，CIHI）数据质量计划的经验案例研究，并且已被作为本书第 12 章比较的方法之一。同时，文献［41］也对这个计划进行了讨论，涵盖了用于加拿大医疗组织 HIQ 持续发展的策略，并通过预防信息质量问题的实际操作、信息质量水平监测以及反馈操作等，形成数据质量的闭环（图 13.4）。在监测策略中，CIHI 数据质量框架评估工具从 5 个维度来阐明 HIQ，即准确性、合时性、可比较性、可用性和切题性。对于每个维度，评估工具根据用于维度评估的一系列特征和标准对其进行扩展（如可用性从可访问性、文档化和可解释性方面进行扩展）。

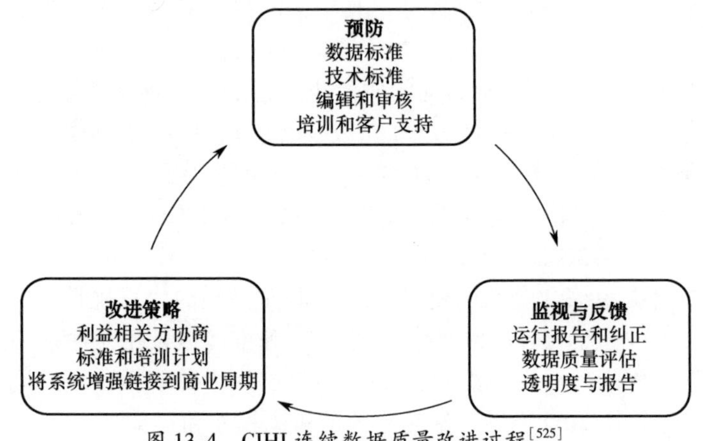

图 13.4　CIHI 连续数据质量改进过程[525]

综述文献［3］通过研究 21 世纪初由英国审计委员会（UK Audit Commission）实施的计划发现，英国国家卫生系统（UK National Health System）在数据质量水平方面有着显著改善。同时也发现，尽管不是足够充分，公司领导是成功的一项必要因素。此外，委员会发现末端用户和实践者对于面向信息质量的实践活动的原因，以及为高水平 HIQ 所进行的收集和处理工作的收益缺乏理解，是导致信息质量低劣的主要因素之一。

然而，尚未出现相关的元综述（如果可行），即如基于证据的医学文献那样，通过比较正面和负面报告（考虑到可能的文件抽屉（File Drawer）效应）来评估某个具体方法（如 CIHI、TDQM）的有效性。正因为如此，越来越多针对单个设施 HIQ 管理计划的综述文献开始主张这种元综述[90, 311, 575]。尽管尚有欠缺，迄今为止，文献中报道的有效举措主要包括以下操作[625]。

（1）数据输入字段和输入过程的标准化，如文献［266，606］。

（2）实时质量检查程序的实施，包括使用验证和反馈回路，如文献

[420, 511]。

(3) 为避免错误而进行的数据元素及结构设计，在某些情况下“不好”的数据输入接口的设计会导致错误[379]。

(4) 制定（并坚持）记录为患者提供的护理的指南[625]。

(5) 自动计费软件的审查和持续演化。

(6) 中高层管理人员对人力资本改进的强有力支持，包括培训计划、提高认识的活动以及由组织变革、流程创新、全面质量管理计划带来的收益。

感兴趣的读者可以参考文献 [28, 115, 403, 466, 516, 524, 529] 所进行的文献综述，需要理解的是，这些都只是部分综述（尽管其章节是完整的），这是因为健康信息具有太多的分支、范围和目标，对前述的 HIQ 进行系统的文献综述可能不太现实（据目前所知仍然如此）。PubMed 是检索生命科学和生物医学领域论文的最完备的搜索引擎之一，其中题目中含有“数据质量”或“信息质量”的论文超过 600 篇，大约 4000 篇论文的摘要中含有这两个词①；谷歌学术搜索是一个跨多种学科和出版格式的网页搜索引擎，其中标题中含有前面提到的词以及与健康相关的词的文献超过 17000 篇②。如上所述，HIQ 的领域通常过于宽泛，很难轻易将其归纳为一个统一的框架和方法。

13.5.1　健康信息质量及其对医疗的影响

在医学文献中，具有 HIQ 问题本身几乎从未被视为一个问题（由于显而易见的专业原因，这是 IT 人员需要关注的问题）。然而，低劣的 HIQ 被视为一种危险源（Hazard），一个因素或诱发条件都可能（但不一定）会导致对实际状况的错误理解，进而导致决策失误[130, 362] 和医疗过失[503]。这些医疗过失反过来又会导致一些不良事件（Adverse Event），即会出现患者受伤、受损（永久性损伤）甚至死亡的情况[630]。

事实上，通常采用两个维度来度量信息质量和护理质量之间的关系，包括性能（即效率）和结果（即有效性）。尤其从 Donobedian 的视角出发，资源、过程和结果等具有紧密联系[178]，很容易看出两者之间的关系。最近有一些研究（如文献 [182, 583] ）指出了（医疗记录和数据库中）低质量数据同医疗过失以及后续的低质量护理之间的关系。

例如，患者数据识别的低质量[120] 容易导致严重不良事件（患者误

① 2014 年 5 月 16 日使用“(‘information quality’ [Title/Abstract]) OR ‘data quality’ [Title/Abstract]”查询返回的结果数目。

② 2014 年 5 月 22 日使用“intitle: (‘data quality’ OR ‘information quality’) AND intitle: (‘healthcare’ OR ‘health’ OR ‘hospital’ OR ‘medical’ OR ‘clinical’) ”查询返回的结果数目。

诊)[439, 480, 503, 507] 或重大隐私问题[361]。其他案例中也有类似的报道，如文献［528］报告了唐氏综合征筛查中的假阴性病例和宫颈筛查中的遗漏案例。尽管这些案例中的因果关系，尤其是低劣的 HIQ 和不良事件之间的直接联系并未得到客观证明，如文献［358, 362］，但通常认为这些联系是显而易见的，如文献［4］，从而为驱动数据清洗和 HIQ 监测计划的昂贵干预措施提供有力支撑①。

事实上，自从医学研究所（Institute of Medicine）的一份著名报告[373] 中指出医院医疗过失导致 44000~98000 个死亡案例（同时导致每年 17 亿~29 亿美元的额外医疗费用），已引起了社会广泛讨论及争议[590]。医疗过失已成为一个被激烈争论的话题，特别是许多作者强烈呼吁采取行动以改变当前令人沮丧的现状。

上述许多活动都可被纳入全面（数据）质量管理运动[363, 643]。尽管人们普遍认为将制造业的成果迁移到弱结构化的医院工作领域（更不用说医疗领域）显得野心太大，但一些早期的努力又带来了一些希望。例如，文献［625］中引用指出，关于儿童心理健康服务的研究发现，在数据质量改进项目建立之后，58%患者的结果得到了改善[471]。

采用公认方法（如文献［203］）对这些关于医疗领域的计划进行收益和成本分析仍然较为匮乏。事实上，作为研究 HIQ 和医疗过失二者之间关系的最好的也是唯一的文献，文献［503］呼吁更多人来研究这个有趣而深远的主题，但这似乎并未引起广泛关注。这里再次给出他们的原始贡献，即信息误差（Information Error）的概念，这是一种潜在的桥接概念，可促进 IT 界和医疗界共同致力于同一领域研究。

> 信息误差：即信息的状态。通过对信息的状态进行测量、采集、存储、维护、检索（可选）、传输（可选）、可视化或者使用，创造一个支持活动的环境，从而直接或间接作用于中间或最终不良结果。

这个概念看起来具有足够的社会性和技术性，即包含数据及其生产、使用和传播的人类社会环境。这就需要一种真正的多学科方法，超越那些简单易胜主义和宿命主义[237]，从而将 HIQ 纳入未来健康系统面向质量的议程中，包括技术上、人体工程学、组织和文化水平等。另外，医疗、信息生产和使用等方

---

① 对于 IT 行业人员来说，该观点显得有点奇怪甚至具有挑衅性。然而，不能将医疗过失和不准确/不完备/过时等数据之间的关系视为必然的原因是：多数临床医生在已经知晓日常工作中误差的存在，因为他们清楚数据是如何收集的（有时也由于并非恶意的工作环境）。因此，他们首先而且更多的是基于他们观察和治疗的患者本身的情况[625]，而非记录本身。

面的人文也同样重要，因为 HIQ 管理中的第一步（即数据录入）造成了 3/4 的错误[625]，这需要人类花费很长时间去实现。因此，需要综合考虑这些因素并设想一些合理的改进措施，目的是改变人们对数据记录的思维及态度[475]以及了解这些举措是否真的有必要或值得[297]。

13.6　本章小结

本章并未对医疗信息质量这个具有多个主题的话题进行综合全面的阐述，而是列举了一些关键的元素。事实上，HIQ 不仅是异构领域中的 IQ，还是一种同时具有社会性和技术性的讨厌问题（Wicked Problem）[530]，致使 HIQ 在 IQ 专题文献和数据与信息质量专著中得到较少关注和报道。本节并不对前面的概述做进一步总结，而是致力于呼吁大家以此为出发点，从更多的角度和方法去解决这个问题。

本章对于填补现有研究中的不足具有一定的意义。事实上，近年来，仅有少数著作关注 HIQ，如文献［537］，而文献［525］阐述了 CIHI 的战略和计划，旨在为整个医疗体系提供优质医疗信息支持。在有关信息质量的重要书籍中，如文献［37，204，430，479，557］和文献［451］根本没有涉及 HIQ 问题。几年前，English 在文献［202］中列举一些与低质量数据相关的高成本案例时提到了医疗部门，并引用美国当地一家报纸的内容：在 20 世纪 90 年代末，“大约有 230 亿美元，或者说，14%的医疗卫生开支被浪费在欺诈或不准确计费上”。10 年后，该作者在文献［201］中针对那些会“导致健康问题”的不准确的食品标签提到了 HIQ。最近关于 IQ 的书籍中，文献［233］仅用两页的篇幅描述 HIQ。在该书中，Fisher 引用了文献［412］，指出编码缺陷和通用分类标准的缺乏会导致误报以及不恰当的决策和干预。

在最近的文献［414］中，Loshin 声称，“不正确数据可能导致严重的医疗风险”，但其并未说明这种关联是否具有偶然性。事实上，作者仅提到了一个导致“糟糕的心肺移植”的案例。因此，Loshin 总结时承认存在“关于医疗过失导致的严重事件的数目的争论”（值得注意的是，不是信息质量相关的过失），但“通常被认为与不正确或无效信息相关的不一致是根本原因”。

近些年，关于 HIQ[100] 的一项研究中，作者主张未来研究集中在两方面：信息质量的好坏是否决定医疗质量；哪个维度（如精确性和合时性）更能影响医疗质量的不同方面（如适当性、有效性和可持续性）。

然而，对现状的描述并不是对过去和当前 IQ 在医疗领域应用研究的批判，而是呼吁对 IT 和医疗的交叉领域投入更大努力，本章就是其中之一。

第 14 章　Web 数据质量和大数据质量：开放问题

Monica Scannapieco，Laure Berti

14.1　引言

本章将讨论与当前特别热门的两类信息源，即 Web 数据和大数据，相关的一些开放问题。

对存储于数十亿 Web 页面中的信息进行搜索和利用是一个巨大挑战，因为这些信息和相关语义通常比传统数据库管理系统中存储的信息更加复杂与动态[304, 506]。随着 Web 服务器中相互关联文件的不断聚集，Web 数据变得极其丰富而多样，并涉及多种类型的媒体和数据。

语义 Web 旨在最大可能地利用 Web 中的语义表示，如 DBpedia（http：//dbpedia. org/）、GovTrack（http：//www. govtrack. us/）以及 OpenCyc（http：//www. cyc. com/platform/opencyc）等大型知识库，可以作为链接数据和 SPARQL 端点免费访问（见第 3 章关于链接数据的系统性介绍）。然而，这些大型语义 Web 知识库的用户常常会面临 3 个重大问题。

（1）高质量的关键词搜索和深层 Web 访问[423, 506]的缺乏导致访问受限。在构建查询时，用户几乎无法知道使用哪些标识符以及哪些标识符可用。此外，领域专家可能无法将查询表达成结构化的形式，尽管他们非常清楚自己想要得到什么样的结果[599-600, 679]。

（2）对 Web 数据中现有的各种信息质量问题了解有限。例如，从半结构化数据源甚至非结构化数据源中抽取的数据，如 DBpedia 或 Yahoo Finance（http：//finance. yahoo. com/），通常会包含不一致的情况以及错误表示的、冗余的、过时的、不准确的或不完备的信息[401]，用户对此甚至没有意识到，也没有合适的工具来评价、控制或监视信息质量。

（3）对现有 Web 数据或服务的不满和错误使用。依据质量等级要求，得到的数据或者访问服务可能不能满足预期使用要求，例如，在 Wikipedia 中，尽管这种情况相对较少发生，就一般信息用途而言，有些信息或某些事实是缺失或不完备的。但对自我药物治疗来说，同样的质量等级可能就完全不能胜任。迄今为止，一些基于 Web 的电子商务服务系统，如 amazon. com 和 expedia. com，记录用户的足迹或购买历史，并通过这些数据构建用户画像。基于用户画像和用户偏好，这些网站会进行针对性的促销或推荐，从而比其他没有跟踪和记录这些信息的网站提供更高质量的服务。尽管基于用户浏览足迹的个性化 Web 服务可以帮助推荐合适的服务，但系统通常无法收集到高质量推荐需要的足够的个人信息[497]。

因而，对于以 HTML 和 XML 格式创建或由 Web 数据库服务引擎动态生成的 Web 数据，最重要的挑战之一是确定 Web 数据的质量，并使这些质量信息可以完全、恰当地被使用。

可信赖性和溯源是描述 Web 数据质量特性的两个重要范例。可信赖性可基于 3 个维度加以表征，即可信度、可证实度（Verifiability）和信誉度。溯源是一个多年前就被研究的更加复杂的概念，随着数据 Web 的出现而变得更加重要。在 14. 2 节将描述这两个范例，以及相关处理工具和技术。

由于涉及一组独立演化的数据源，在数据集成时，需要对这些数据源进行监控并有可能需要进行清洗，因此确保信息质量显然是 Web 数据管理中一项实质性挑战。为此，一项非常重要的任务是对象识别，其目标是识别表示相同现实对象的两个数据对象，第 8 章和第 9 章已经在基础数据类型上下文中对其进行了讨论。当对象是 Web 数据时，必须考虑某些重要特征，即 Web 数据高度与时间相关，而且必须对其质量进行评估。14. 3 节将描述与 Web 数据对象识别相关的重要问题，以及解决这些问题的可能的技术方法。

本章第二部分将讨论大数据。在 14. 4 节，首先概述大数据源的一般特征，然后描述大数据质量特征的刻画问题。特别地，将指出大数据涉及众多不同类型的数据源，因此，其质量特征需要针对具体数据源进行具体分析。沿着这个方向，作为表示专用数据源的大数据质量特征的例子，14. 5 节介绍了传感器数据的质量表征方法。

大数据质量规范同样依赖于具体应用领域，即领域相关。在这方面，14. 6 节将提供一个在官方统计领域处理大数据质量问题的例子。

14. 2　Web 数据质量的重要范例：可信赖性和溯源

14. 2. 1　可信赖性

接下来，首先给出与信任相关的概念，然后对其相互关系进行讨论。

“信任”是一方对另一方能够完成某项特定动作的可能性所持有的一种主观和局部的评价。“可信赖性”是信托方利益所依赖的受托方完成特定动作的客观概率，换言之，可信赖性是系统按照期望运转的一种保证。尽管“信任”和“可信赖性”是两个不同的概念，但当用技术对它们进行评价时，这两个概念通常扮演相同的角色，因此，除非特别界定，下面这两个术语可以互换使用。

Thirunarayan 等[609] 提出了一个刻画信任相关概念的完整本体，以及对不同上下文中的信任模型和指标的详细比较分析。他们将方法分为直接信任（Direct Trust）和间接信任（Indirect Trust），其中，直接信任是指由一段时间的亲身经历确定的信任，间接信任是指通过其他人的经历确定的信任。另外还描述并比较了直接信任的贝叶斯方法和流程中基于信誉的可信赖性。

最近出现了基于多个数据源的数据进行信任分析的研究成果。Yin 等[688] 介绍了一种启发式的真相发现算法 TruthFinder，在提供者的真相网络上实施信任分析。在信任传播[634] 和事实发现分析[181] 上下文中有各种真相发现算法，其目标是给定多个相互冲突的数据源，发现某些问题的事实或者真相。所提出方法的区别在于评价数据源准确性（Source Accuracy）和可信赖性时所采用的因子存在差异，如问题的难度[252]、错误的类型[694]、应用（维基百科或 Web 文档集）[634] 或数据源间某些潜在的依赖（复制关系）[181]。

根据文献［634］，评价信任的一种通用方法是使用：①领域相关属性，基于内容和外部元数据确定可信赖性；②领域无关映射，通过量化和分类映射到信任等级。例如，可以通过领域相关的内容质量因子评价维基百科文章，如引用同行评审的出版物、引用段落的比例、文章长短，以及基于元数据的信用（Credibility）因子，如作者连接度、编辑模式和开发历史、修订次数、编辑还原的比例、两次编辑间隔的平均时间、平均编辑长度。另一个例子是基于与高度信任站点交换信息的敏感度对 Web 站点的可信赖性进行评估（如身份信息和银行业务信息的交换）。

14.2.1.1 可信赖性维度

可信赖性有 3 个维度，即可信度、可证实度和信誉度，表 14.1 给出了对应的指标，以及每个指标的参考说明。

下面对 3 个维度进行详细介绍。

14.2.1.2 可信度

可信度是指信息被认为是事实且可靠的程度。可信度还可定义为用户相信数据是“真实的”的主观度量[336]。可信度可按如下方式进行测量（也可参见

表 14.1)。

表 14.1　关于信任维度的信息质量指标的比较列表

维　度	子 维 度	说　明
可信度	计算 RDF 语句的可信赖性	利用基于用户评级或者基于评价的方法计算信任值[298]
	计算实体的信任	基于溯源图构建决策网络[254]
	计算两个实体间信任的准确性	通过使用如下组合：①基于统计技术的传播算法计算两个实体之间沿一条路径的信任值；②基于加权机制的聚合算法计算所有路径信任值的聚合值[569]
	从用户获得内容信任值	基于那些将信任从实体传递到资源的关联[263]
	检测数据源的可信赖性、可靠性和信用	使用有多个个体提供的信任标注获取对数据源可信赖性、可靠性和信用的评价[264]
	给数据/数据源/规则分配信任值	使用信任本体，分配基于内容或基于元数据的信任值，并从已知数据传递到未知数据[336]
	确定数据的信任值	采用对数据的标注信息：(1) 黑名单，(2) 权威性，(3) 排名，并使用推理将信任值关联到数据上[84]
	关于信息提供者身份的元信息	检查提供者/贡献者是否在受信任提供者名单中[78]
可证实度	验证发布者信息	注明作者及其贡献者、数据的发布者及其出处[238]
	验证数据集的真实性	数据集是否使用溯源词汇表，如文献 [238]
	验证数据集的正确性	借助中立可信任的第三方的帮助[78]
	验证数字签名的使用	对包含 RDF 序列的文档进行签名或者对一个 RDF 图进行签名[238]
信誉度	发布者的信誉度	在社区中对其他成员进行询问[263]
	数据集的信誉度	分析引用或者文档排名或者通过给数据集分配一个信誉分值[436]

(1) 基于溯源信息以及其他信息消费者的评价计算 RDF 语句的可信赖性：系统使用信任函数分配一个信任值，信任值是位于 [-1, 1] 之间的值，其中 1 表示绝对信任，-1 表示绝对不信任，0 表示缺乏信任/不信任。信任函数利用了基于用户的评级和基于溯源或基于评价的方法计算信任值。

(2) 计算实体（对象或者资源）的可信赖性。由信任的第三方对每个实体提供客观的信任度量，第三方提供诸如引用计数或者全球声誉等信息。一旦为每个实体分配了信任值，那么，就可以对新加入的实体做出信任推断。

（3）使用如下组合计算两个实体之间的信任度：①使用基于统计技术的传播算法计算两个实体间沿一条路径的信任值；②使用基于加权机制的聚合算法计算出所有路径上信任值的聚合值。

（4）从用户获得内容信任值。基于那些将信任从实体传递到资源的关联。

（5）检测数据源的可信赖性、可靠性和信用。使用由多个个体提供的信任标注得出对数据源可信赖性、可靠性和信用的评价。

（6）给数据源/规则分配信任值。使用信任本体，分配基于内容的或基于元数据的信任值，信任值可从已知数据传递给未知数据。

（7）确定数据的信任值。采用对数据的标注信息，如黑名单、权威性以及基于链接的排名等。

（8）关于信息提供者身份的元信息。检查提供者/贡献者是否在被信任提供者名单中。

Tim Berners-Lee 提出了另一种方法，建议对 Web 浏览器进行加强，提供一个“哦，是吗?”按钮，支持用户对 Web 上数据的可信度进行评价①。为任意数据片段或者整个数据集按下该按钮，可以对评价数据集的可信度起到促进作用。

根据上述列表中的最后 3 点指出，可信度可以通过检查贡献者是否在被信任提供者名单中进行度量。数据提供者和数据本身之间存在着相互依赖关系：一方面，如果数据是由可信赖的提供者提供，那么，该数据很可能被认为是真实的；另一方面，如果数据提供者提供真实数据，那么，该数据提供者是可信赖的。

14.2.1.3 可证实度

可证实度是指数据消费者可对一个数据集的正确性进行评价的程度。

可证实度被描述为“信息的正确性可被检验的程度和方便程度”[78]。类似地，在文献［238］中，可证实度标准可作为向消费者提供的一种方法，能够用于检查数据的正确性。如果没有这种方法，数据的正确性保证将来自于消费者对数据源的信任。这里可以看到，文献［78］提供了一种形式化定义，而文献［238］对该维度及其优势和指标进行了描述。

如果数据集本身指向其数据源，则可证实度可由独立第三方测量，也可利用数字签名测量可证实度（表 14.1）。

---

① http：//www.w3.org/DesignIssues/UI.html。

看一个例子，假设有一个航班搜索引擎从各个航空公司 Web 站点爬取信息，这些 Web 站点基于标准词汇表发布航班信息，那么，就存在接收到来自恶意 Web 站点不正确信息的风险。例如，某一 Web 站点发布廉价航班信息，只是为了吸引大量访问者。这种情况下，对发布的 RDF 数据使用数字签名可以限制只从经过验证的数据集爬取数据。

如果一个数据集涉及低可信度或低信誉度的数据源，那么，可证实度就是一个重要的维度，从而允许数据消费者决定是否接收该数据源提供的信息。随数据集提供溯源信息是验证链接数据的一种方法，例如使用已有词汇表，如 SIOC、Dublin Core、溯源词汇表、OPMV① 或者最近引入的 PROV② 词汇表。另一种机制是使用数字签名[112]，其中数据源可以对一个含有 RDF 序列的文档或者一个 RDF 图进行签名。使用数字签名，数据源可以审核从 RDF 图产生的所有可能的序列，从而确保用户接收到的数据就是数据源保证的数据。

14.2.1.4　信誉度

信誉度是用户为确定数据源完整性而做出的判断。可以与数据发布者、个人、组织、团体或者实践社区关联，或可作为数据集的一个特征（表 14.1）。

文献［263］通过直接体验或者其他人评论定义实体（即发布者或者数据集）的信誉度，并提出通过一个权威中心或者通过非集中式的投票来跟踪信誉度。

信誉度通常是一个分值，如一个介于 0（低）到 1（高）之间的实数值。存在多种确定信誉度的途径，可分为基于人工的或者（半）自动的方法。基于人工的方法可以通过在一个社区中进行调查，或者通过询问其他可以帮助确定数据源信誉度的成员或发布过数据集的人员。（半）自动的方法可以通过使用外部链接或者页面排名得以实施。

数据源的信誉信息有助于进行冲突消解。例如，对于某个特定的航班，几个数据源提供了不一致的价格（或者时间），此时，搜索引擎可以决定只信任具有较高信誉度的数据源。

信誉度是信任的一种社会标注[269]。信任常常表示为一个信任网络，其中节点是实体，边是信任值，反映了一个实体分配给另一个实体的信誉度[263]。基于展现给用户的信息，用户针对数据集或者发布者的信誉度以及声明的可靠性形成一种观点或者做出评判。

---

① http：//open-biomed. sourceforge. net/opmv/ns. html。

② http：//www. w3. org/TR/prov-o/。

14.2.2 溯源

表示和分析溯源在 10 年前就已经成为一个研究主题[299, 602]。Bunemann 等[98] 指出了有关 Web 数据溯源的几个开放问题，如：①获取溯源信息；②引用一个数据资源中的组成部分，而这些组成部分可能是另一个上下文中的其他资源（的组成部分）；③在所引用的数据资源不断演化的情况下确保引用的完整性。

如果不了解一个已发布数据集的准确溯源信息，则通常会使数据集失去价值（不仅从科学的视角）。尽管已经有大量关于数据库和工作流溯源的实质性研究工作，但是这两个问题一般被分开研究。数据库溯源，已经在第 6 章中进行了探讨，是细粒度的，刻画数据与查询之间精细的依赖关系——why、where 和 how[128]。这些依赖关系用于形式化地分析和改进数据和查询结果的质量。相对而言，工作流溯源则在一个较粗粒度层面上，反映无状态（每个计算步骤产生一个新的制品）工作流系统的功能模型。工作流溯源主要用于实现工作流执行的重现。

从积极的一面看，广泛使用工作流工具处理科学数据以及最近的开放数据可以实现溯源信息的抓取。工作流流程描述了在给定数据集生产过程中涉及的所有步骤，并由此刻画其世系。无论是在数据库还是在工作流环境中，有效地获取[19, 87]、存储和查询[22] 世系信息仍然是一个重要的研究课题。

对于 Web 数据，面临多个涉及溯源信息管理的挑战性问题。第一个挑战性问题是如何从源头以及在使用过程中保持对 Web 数据世系的追踪，主要包括定义和实现用于获取与查询以数据为中心的工作流溯源信息的工具。这些工具必须整合落地一般面向数据转换的数据库和工作流溯源技术[132]，如专门针对数据仓库系统的工具[158]。

第二个挑战性问题是如何构建并增加数据的置信度，主要包括使用溯源信息刻画和改进由 SPARQL 查询操作的数据的质量[176]。目标是定义适当的抽象化溯源模型，通过考虑所使用的查询算子刻画查询结果与源头数据之间的关系[607]。

随着链接数据行动（Linked Data Initiative）[407] 的发展，数据的溯源成为开发新的语义 Web 应用的一个重要因素。专注于此的 W3C 工作组——溯源工作组（Provenance Working Group）——是 W3C 语义 Web 活动（W3C Semantic Web Activity）的一部分[636]，开发了称为 PROV 系列的文档，其目的是通过采用常用的格式，如 RDF 和 XML，推动及促进溯源信息的表示与交换。下一节介绍 W3C 标准化行动一些值得关注的结果。

14.2.2.1　Web 溯源

一个资源的溯源信息就是一条元数据记录，包含了对实体以及在生成、分发过程中涉及的或者对一个给定对象有影响的活动描述信息。溯源信息的主要用途包括：①理解数据来自哪里；②识别数据源的隶属关系和权利；③对资源是否可信做出判断；④验证获得结果的过程遵循给定的要求，并能复现该过程。

关于溯源的 3 个不同视角如下。

（1）以代理为中心的溯源。即在生成或者操作资源过程中涉及哪些人或者哪些组织。例如，关于一篇新闻中一幅图片的溯源，可以刻画照片的拍摄者、照片的编辑者以及发表这篇新闻的报纸。

（2）以对象为中心的溯源。追踪一个实体各个部分的源头，即一个对象或者一个资源，直至其他实体。

（3）以流程为中心的溯源。刻画要生成一个资源所采用的活动和步骤。例如：根据定义的实施方法，某些统计数据是数据采集阶段的结果，涉及特定的样本；或者是数据修正阶段的结果，涉及特定的插补技术；又或者是数据评估阶段的结果。

图 14.1 显示了不同溯源视角之间的关系，表 14.2 列出了关于溯源的关键维度，分为内容、管理和使用。将内容维度细化为 5 个子维度，即考虑了谁提供内容（归属）、内容如何生成（流程）、内容如何演化（演化和版本）、内容的标注（决策依据）、源自哪里（衍生）。管理维度则包括溯源信息的可用性（发布）和可访问性（访问），以及非功能性溯源需求，如控制策略（分发控制）和性能（规模）。最后，使用维度的特征有使用方面（理解）、集成方面（互操作性和比较）、溯源信息可证实性（可说明性和信任）以及错误管理问题（缺陷和调试）。

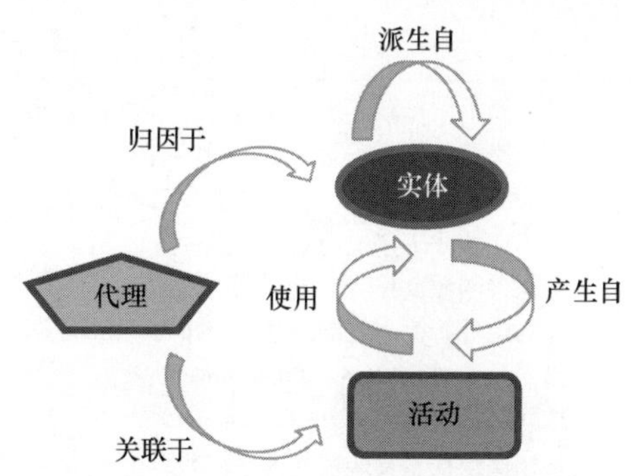

图 14.1　PROV 系列文档的关键概念

表 14.2 Web 数据溯源信息维度

分　类	维　度	描　述
内容	归属	对用于创建新结果的数据源或者实体的溯源 责任：知道谁为特定的信息或结果背书 起源：记录或重建、验证或未验证、断言或推断
	流程	对产生制品的流程的溯源 可再生性（如工作流、混搭、文本抽取） 数据访问（如访问时间、被访问服务器、对被访问服务器负责的团体）
	演化和版本	重新发布（如重发推文、重发博客） 更新（如一份包含来自于不同数据源内容的文档，并且随时间不断变化）
	决策依据	包括论证、假设、“为什么”问题
	衍生	给定特定查询的结果，哪些公理或元组导致这一结果
管理	发布	使溯源信息可用（暴露、分发）
	访问	查找和查询溯源信息
	分发控制	由创建者指定的关于何时/如何使用制品的追踪策略 访问控制：访问溯源信息的协作访问控制策略 许可：规定对象创建者和使用者基于溯源拥有的权利 法律保障（如关于使用个人信息的强制隐私策略）
	规模	如何操作大量溯源信息
使用	理解	终端用户使用溯源信息 抽象：多层次描述、概要 展现、可视化
	互操作	组合由多个不同系统产生的溯源信息
	比较	发现两个或者多个实体的溯源信息的相同点（如两个实验结果）
	可计量性	根据某种预期检查对象溯源信息的能力 验证一组需求 遵从一组策略
	信任	基于溯源信息做出信任判断 信息质量 信誉度、可靠性
	缺陷	对不完备或不正确的溯源信息的推理 不完备溯源（Incomplete Provenance） 不确定性、概率性溯源（Uncertain，Probabilistic Provenance） 错误溯源（Erroneous Provenance） 欺诈溯源（Fraudulent Provenance）
	调试	使用溯源信息检测流程的错误或者失败

PROV 系列文档总共包括 11 个文档，每个文档针对的特定读者类型可分为以下几种。

（1）需要理解 PROV 并使用支持 PROV 应用的用户。

（2）想要利用 PROV 开发或者构建用于创建和使用溯源信息的应用的开发者。

（3）想要创建校验器、新的 PROV 序列或者其他基于溯源信息的高级系统的高级用户。

根据不同用户类型，即用户、开发者、高级用户，表 14.3 列出了 PROV 框架文档。尽管开发者相关文档对于溯源信息发布者可以直接使用，但是除了高级用户之外的文档更倾向用于框架概念的形式化定义和为溯源信息发布与校验工具的开发提供详细规范说明。

在表 14.3 列出的文档中，PROV-O 文档对于定义 OWL2 本体尤为重要，支持链接开放数据溯源信息的表示。从某种意义上，它提供了关联溯源信息和链接开放数据的数据模型和技术解决方案。

表 14.3　PROV 框架文档

读　者	文档名称	描　述
用户	Prov-Primer	是了解 PROV 的入口，提供溯源数据模型的初步介绍。该文档是入门，对于很多人来说可能也是唯一需要的文档
开发者	Prov-O	为溯源数据模型定义了一个轻量级的 OWL2 本体，专用于链接数据和语义 Web 社区
	Prov-XML	为溯源数据模型定义了一个 XML 模式，专用于需要将 PROV 数据模型进行本地 XML 序列化的开发者
	Prov-AQ	定义了如何使用基于 Web 的机制定位和检索溯源信息
	Prov-DC	定义了 Dublin Core 与 PROV-O 之间的映射
	Prov-Dictionary	定义了用字典式数据结构表示溯源信息的构造器
高级用户	Prov-DM	定义了溯源信息的概念数据模型，包括 UML 图。PROV-O、PROV-XML 和 PROV-N 是这一概念模型的序列化
	Prov-N	定义了溯源模型的人可读符号，用于在概念模型中提供示例，以及 PROV-CONSTRAINTS 的定义
	Prov-CONSTRAINTS	定义了一组 PROV 数据模型的约束，具体指明了有效溯源的概念，主要针对校验器的实现
	Prov-Sem	依据一阶逻辑定义 PROV 数据模型的说明性规范
	Prov-LINKS	定义了在多个溯源描述之间链接溯源信息的 PROV 扩展

14.3　Web 对象识别

第 8 章和第 9 章已经展示了对象识别的范围非常宽泛，从结构化数据到图像（图像匹配），再到完全非结构化信息，如文档（文档匹配）。

本节关注另一个大的类别——Web 数据，从 OID 视角来看，Web 数据可以用如下特征加以表征。

（1）时间易变性。考虑到大部分 Web 数据的时间依赖性。

（2）质量。依据其特有的信息质量维度。

接下来，将针对上述特征，阐述其对 OID 过程的影响，以及一些利用具体特征解决 OID 问题的研究实例。

14.3.1　对象识别与时间易变性

在第 1 章，介绍了数据的时间易变性概念，以及其对数据和信息质量的影响。在考虑具体的 Web 数据时，与时间的关系体现在两个主要方面。第一个方面是数据不稳定，即数据所表示的信息的时间变化性：有的数据是高度不稳定的（如股票期权），有的数据表现出某种程度的不稳定（如产品价格），而有的数据则根本就不会不稳定（如出生日期）。第二个方面通常与数据生成机制的时间特征有关，例如，某些 Web 数据迅速产生，并以几乎无法预见的方式更新，因此，其时间维度无法以直接的方式获得，但如果要在有目的的分析中利用这些数据，就需要重建时间维度。

14.3.1.1　全自动方法

从 OID 的视角，数据的不稳定性直接意味着 OID 过程中人工作业已经不现实（或者至少很难执行），过程应当完全自动化。OID 中的决策模型通常是有监督或者半监督的，换言之，需要现场人工审核所选的记录对（通常更加难以归类），并准备含有预标记记录对的训练集。Fellegi&Sunter 模型[229]（见第 8 章中该模型的介绍）通常归为学习对象配对匹配或者不匹配状态的无监督方法。然而，这些实现过程实际上不能完全自动完成，而完全自动化对于 Web 数据 OID 过程是必须的。例如，Fellegi&Sunter 模型的多种实现依赖于 EM 算法[174] 完成模型参数的估计。然而，这些技术需要人工干预，因为需要设置识别匹配和不匹配对的阈值，而且经过 EM 算法可能会有不成功的参数估计结果（如果搜索空间过于庞大或者过于受限，就有可能发生）。

文献［690］提出了一种可以满足 Web 数据全自动化要求的技术，其中采用了基于混合模型（Mixture Model）的统计方法。更具体地，OID 方法依赖于对象配对之间的距离（或相似度）度量。由于每个实际数据生成过程存在随机性，配对之间的距离可被视为随机变量（的实现）。因此，采用混合模型背后的原因是观测距离产生于两个不同概率分布的叠加：一个源自匹配子域；另一个源自不匹配子域。该统计视图的最终目标是将混合模型应用于分类，即在匹配和不匹配类别中发现隐藏的配对分组。至此，距离可被视为一个可观测的辅助随机变量，可用于对潜在感兴趣随机变量的推理，即配对的类别指示器。整个场景建立在一个假设之上，即匹配和不匹配类别中距离的概率分布是显著不同的（9.2 节关注不同分布对于 OID 指标的影响）。幸运的是，在现实应用场景中实际情况总是这样，因为错误典型地以适度比例影响数据。无论何时这一条件成立，匹配与不匹配距离密度的形状确实非常不同：①与匹配相比，不匹配更倾向于集中在较大的距离，这进一步显示了其靠近零点位置的独特峰值；②匹配和不匹配密度只有相对较小的重叠。这些定性特征是如此普遍，以至于可以确定地将其视为关于潜在（未知的）匹配和不匹配距离概率分布的一部分先验知识，称其为 PK1。

除了 PK1，还有另外一部分可用于 OID 应用的先验知识，即与不匹配相比，匹配是相对稀少的。称第二种先验知识为 PK2。图 14.2 说明了一个真实数据集的距离分布（谜语在线存储库的餐厅数据集）。文献［691］提出了一

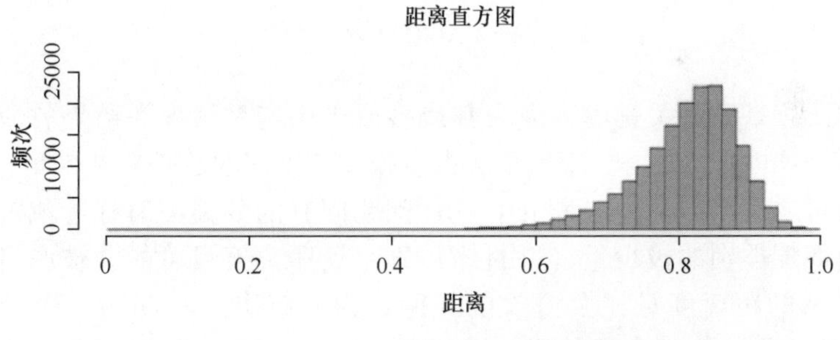

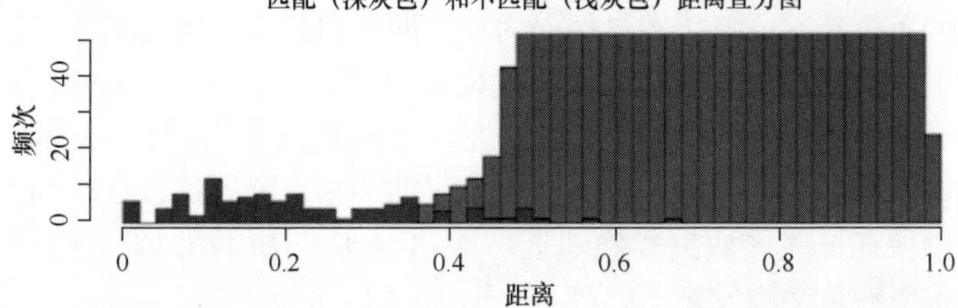

图 14.2　距离直方图以及匹配和不匹配直方图：下图中不匹配类别直方图（浅色）经过削减以使非常少的匹配类别的分布（深色）能够检测出来

个基于混合模型的自动化有效记录链接系统（Mixture-based Automated Effective Record LINkage，MAERLIN），实现了文献［690］中提出的一系列新方法，并说明在面临实际 OID 任务时如何利用 PK1 和 PK2。MAERLIN 将距离概率密度函数表示为一个两部分 β 混合（Two-component Beta Mixture）。该系统将 OID 过程的决策阶段分为两个连续的任务，如图 14.3 所示。首先，系统通过将观测到的配对间距离度量装填到模型，发现混合参数的（限定的）最大期望估计；然后，系统利用装填的模型获取配对的概率匹配和不匹配类簇。

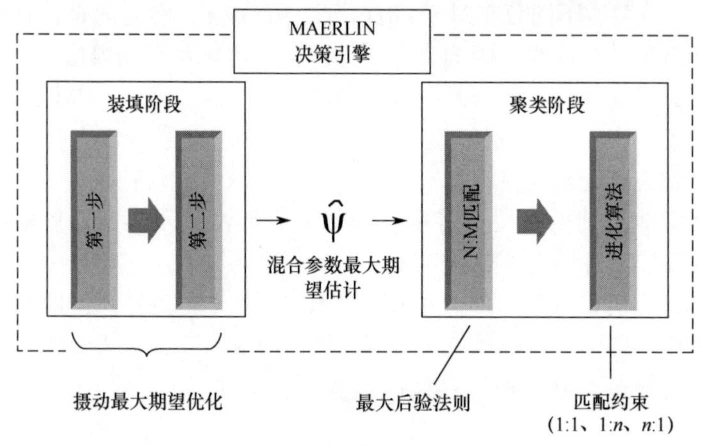

图 14.3　MAERLIN 决策引擎

装填阶段是非常关键的，因为其或多或少决定后续聚类结果的质量。然而，这是一项困难的任务，事实上，混合模型装填问题总是非常困难，在 OID 应用中有过之而无不及。这是由于 OID 问题固有的分类不对称造成的，其中存在源自匹配类别的极少量（并且未识别）的距离度量可能会被源自不匹配类别的大量的距离度量完全淹没的风险。为了解决这一问题，受摄动理论（参见文献［53］）的启发并同时借助于 PK1 和 PK2，MAERLIN 开发利用了一种独创的装填技术。该技术可编码为一个两步骤算法，将匹配类别混合权重作为摄动展开参数。第一步集中于不匹配部分混合参数（U Component Mixture Parameter），旨在对不匹配的主要贡献进行“因子分解”；第二步通过巧妙地使用剩余的混合参数，力求增加第一步获得的期望，即以这种方式调整匹配密度参数，以便在一些区域更准确地适应距离分布，从而使（借助于 PK1）匹配类别的值更有可能被发现。

在聚类阶段，MAERLIN 搜索一个优化的分类规则，基于每个配对的观测距离值，将配对分配到匹配或者不匹配类别。系统可以最小化分类错误的概率

(最大期望目标)，或者作为替代，预期的分类成本（最小化成本目标），同时满足两个待匹配对象集合之间的任意匹配约束（1 ∶1、1 ∶n、n ∶1 或者 n ∶m)。如果未指定任何约束（即 n：m 匹配)，适用的分类规则直接依赖于类别成员概率的后验估计，并显示出典型的决策理论结果（如文献［185］)。例如，最大期望目标导致产生了著名的最大后验法则（Maximum A Posteriori，MAP)，如图 14.3 所示。与之相反，当指定匹配约束时，MAERLIN 通过一个专门设计的进化算法[690] 直接处理全复杂度约束优化问题。

14.3.1.2　时间感知技术

关注与 OID 和时间依赖性有关的第二个方面，即 Web 数据时间戳的可用性。OID 匹配过程确实需要关注这类具体信息，而且确实有一些实际中明确考虑时间信息的初步工作。例如，在文献［496］中，提出了一种使用链接信息的时间信息的方法，该方法考虑某个特定实体的值随时间演化的情况，如一个研究人员可能会改变隶属关系或者 Email 地址。另一方面，不同对象很有可能在一段较长时间内拥有相同的值，因此，定义了退化（Decay）的概念，用以降低值不一致带来的损失，同时也降低了一段较长时间内值一致带来的价值回报。此外，提出了时间聚类算法，明确考虑记录的时间序列，以改进链接结果。

14.3.2　对象识别与质量

在考虑 Web 数据的 OID 时，质量是一个基本问题：流程越复杂，数据的质量就越低。评价 Web 数据质量是当前一个研究方向，而且高度依赖特定 Web 数据源。接下来，将给出两个例子，不幸的是，这两个例子说明了 Web 数据的整体质量是相当低的。

第一个例子与社交媒体数据有关，如 Twitter 数据。正如文献［89］中指出，Twitter 已经被大量用于各种模式的研究，如情绪波动（Mood Rhythms)、新闻事件参与、政治动乱等。

> Twitter 并不代表“所有人”，将“人”和“Twitter 用户”等同是错误的：他们只是一个特定的子集。使用 Twitter 的人口并不能代表所有人口，账号和用户也不能等同。有些用户拥有多个账号，而有些账号由多个人使用。有些人永远不会建立账号，只是通过 Web 简单地访问 Twitter，有些账号是“机器人”，用于自动生成内容，而无法对应到一个人。

Twitter 数据具有高度非结构化特征，而且通常不会有元数据。这意味着这些数据的大部分是不能简单地交给自动化流程使用的，因为它们看起来是

“毫无意义的胡言乱语”[88]。为了能有效地使用这类数据，必须研究能正确描述目标数据的元数据自动生成方法。

Web 质量评估的第二个例子与深层 Web 数据有关，深层 Web 指 Web 中没有被标准的搜索引擎直接索引的部分。Web 中大量信息依托于动态生成的站点，传统的搜索引擎无法直接访问这些信息，因为除非针对特定搜索动态创建页面，否则这些页面并不存在。大部分 Web 站点与数据库有接口，包括电子商务站点、航空公司站点、在线参考书目等。深层 Web 包括所有这些站点，因此，据估计其规模要比表层 Web 大好几个数量级[506]。

文献［401］中给出了对股票（55 个数据源）和航班（38 个数据源）领域深层 Web 数据质量的评价。依据不一致性（70%的数据项存在多于一个值）和正确性（大部分数据源只能提供 70%的正确值），评价报告给出了质量较差的结论。

有趣的是，文献［401］对 Web 数据质量指标给出了专门定义，是首次尝试定义 Web 数据质量评价框架的代表之一。下面将介绍这组指标。

首先，评估数据的冗余性：①对象冗余，即提供特定对象的数据源的百分比；②数据项冗余，即提供特定数据项的数据源的百分比。

进一步研究数据的一致性，定义 3 个度量。

（1）值的数量。由多个数据源提供的关于 d 的值的集合记为 $V(d)$，值的数量定义为 d 的不同值的数量，即 $V(d)$ 的大小。

（2）熵。为数据项 d 提供数据的数据源集合记为 $S(d)$，数据项 d 的值为 v 的数据源集合记为 $S(d;v)$，则熵定义为

$$\sum_{v \in V(d)} \frac{|S(d, V)|}{|S(d)|} \lg \frac{|S(d, V)|}{|S(d)|}$$

直观上，不一致性越高，熵越大。

（3）偏离。对于数值型值，定义支配值 v_0，即由函数 $\mathrm{argmax}_{v \in V(d)} |S(d, V)|$ 给出的最多数据源给出的值，d 的偏离定义为

$$D(d) = \sqrt{\frac{1}{|V(d)|} \sum_{v \in V(d)} \left(\frac{v - v_0}{v_0} \right)^2}$$

最后，根据两个度量评估准确性，即

（1）源准确性。S 的准确性定义为其提供的值与给定全局标准一致的百分比。

（2）准确性偏离。数据源在一段时间内准确性的标准偏离。假设 T 为一段时间内的时间点集合，$A(t)$ 为数据源在时间点 $t \in T$ 时的准确性，$\bar{A}$ 为 T 时间间隔内的平均准确性，其变化表示为 $\sqrt{\frac{1}{|T|} \sum_{t \in T} (A(t) - \bar{A})^2}$。

根据上述度量执行完评估活动后最终结果是非常差的，即

（1）对于股票领域，在对象层存在非常高的冗余度，即每个数据源都提供超过 90%的股票；对于航空领域，对象层的冗余度较低，即只有 36%的数据源覆盖了 90%的航班。结果显示不同领域的数据项存在大量冗余，股票数据每个数据项平均冗余度达 66%，而航班数据每个数据项平均冗余度达 32%。

（2）在同一个数据项上存在较高的值不一致性。股票和航班数据的平均熵分别为 0.58 和 0.24，平均偏离分别为 13.4 和 13.1。不同属性的不一致性差异较大。如果将支配值作为事实值，股票和航班数据的准确率指标分别为 0.908 和 0.864。

（3）源准确性差异较大。股票和航班数据的平均准确性分别为 0.86 和 0.80。

14.4　大数据质量：大数据源分类

术语“大数据”是指按照目前的计算能力和物理存储能力使用通用软件工具（如关系数据库）无法存储和处理的结构化或者非结构化数据集。数据的规模，典型的从 TB 级到 PB 级，不是数据成为“大”数据的唯一特点。事实上，为了产生业务价值，需要对数据进行及时处理，而数据集随着时间推移不断增长，有关数据处理的可行性难题不断恶化[551]。根据欧盟经济委员会（United Nations Economic Commission for Europe，UNECE）提出的分类（参见文献［616］），有以下 3 种主要类型的数据源可以作为大数据的数据源。

（1）人为产生的信息源。

（2）流程产生的数据源。

（3）机器生成的数据源。

类型 1 的数据源包括了大量数据类型，如社交网络（Facebook、Twitter、LinkedIn 等）、博客和评论、搜索引擎上的互联网搜索（Google 等）、互联网上加载的视频（YouTube 等）、用户生成的地图、图片集（Instagram、Flickr、Picasa 等）、来自移动电话的数据和内容（短信等）、电子邮件等。

类型 2 的数据源包括由公共机构产生的数据（医疗记录等）以及由私人机构产生的数据（商业交易、银行/股票记录、电子商务、信用卡等）。

在类型 3 的数据源中，可以区分来自固定传感器的数据（如家居自动化、天气/污染传感器、交通传感器/Web 摄像头、科学传感器、安全/监视视频/图像等等）、来自移动传感器的数据（即以跟踪或者分析为目的，如卫星图像、GPS、移动电话定位、车载设备等）以及来自计算机系统的数据（如日志文

件、Web 日志等）。

大数据在学术界和产业界正得到越来越多的关注，如今，大数据管理面临的巨大挑战与所谓的 3V 有关。

（1）多样性（Variety）。指数据获取、数据表示以及语义理解的异构性。至于大数据的表示，在前言中介绍了信息类型的两个演化方向，即知觉方向和语言方向。

（2）体量（Volume）。指数据的规模。全世界信息总量每年以 60%的速率增长，而现今 90%的数据是在过去两年中产生的。

（3）速度（Velocity）。指提供数据的速率和需要对其做出反应的时间间隔。每分钟有 400000 条推文、2 亿封邮件、200 万个 Google 搜索请求发出[460]。

考虑到大数据涉及如此众多的数据源和业务领域，其质量特征应当是特定于数据源的和特定于领域的。

考虑到某些数据源种类多样，数据源具有非常明显的特异性。例如，在传感器网络中，数据流的质量特征是有数据经常丢失，即使没有数据丢失，数据流也常受一些潜在的显著噪声干扰和校准效果的影响。此外，由于传感依赖于某种形式的物理耦合，数据错误的可能性较高。依据数据报告中错误出现的位置，观测数据可能会遭受不能接受的噪声（如由于低耦合性或者模数转换）或者传输错误（包冲突或者丢包）。在 14.5.1 节将详细讨论传感器数据源的质量问题。

相反，对于社交媒体数据，数据是高度非结构化的，并且通常缺少元数据。这意味着，由于受较高噪声的影响，这些数据中的大部分无法直接交给自动流程使用。然而，在其他情况下，必须实施专用而昂贵的语义提取。

领域特异性是大数据质量的另一个重要维度。根据领域不同，必须关注大数据质量的某一部分而非另一部分。在 14.6 节，将看到官方统计领域的例子，其大数据源的代表性或选择性是尤其重要的特征。事实上，统计产生流程必须认真地考虑该特征，以得到可靠的估计。

14.5 传感器数据中特定于数据源的质量问题

类型 3 的大数据源包括传感器和传感器网络（Sensors and Sensor Networks，S&SN）。本节首先讨论 S&SN 技术的演化以及相关应用，然后研究影响信息质量的最常见故障事件和现象。另外，还分析了该技术特有的质量维度，并提出了质量评价和改进的一些技术。

14.5.1　传感器和传感器网络中的信息质量

传感器网络可定义为在感兴趣的区域随机部署同构的或异构的、紧凑的、可移动或固定的传感器节点构成的大规模自组织网络[253]。传感器节点收集不同类型的数据，如特定于应用的环境参数、气象数据或者全球定位数据。这些数据可以具有不同形式，数字或模拟、空间或时间、字符或图像、固定或移动。由传感器网络中的传感器节点得到的测量是对物理现象的离散采样，并满足依赖于位置的准确性检查。导致传感器数据错误的常见原因包括来自外部源的噪声、硬件噪声、在采样方法和派生数据中的不精确与干扰以及环境效应。此外，不良天气条件、设备故障或人为错误等都可能导致功能失效。

Klein 和 Lehner[371] 观察认为，潜在的测量流程以及传感器失效或故障都可能导致值被篡改、错误或丢失。为了提取复杂知识，通过应用传统的数据流查询、复杂信号分析或数值运算，对传感器数据进行合并、转换和聚合。在数据流处理任务中，最初的传感器内在错误可能会被放大。此外，还可能会引入新的错误。

对于文献［346］，接收器数据中的“脏数据”以 3 种常见形式显现，即漏读（如 RFID 读取器一般只能捕获附近 60%～70%的标签）、不可靠读（通常，单个传感器的读取是不精确或不可靠的）以及由环境造成的误差变化。

从 S&SN 中收集到数据以后，其质量会对决策产生深刻影响，例如：

（1）分析和理解所需要的数据可能不是立即可得；

（2）设备问题，如电池电压、设备工作温度与外部环境温度的巨大差异，以及暗电流漂移，都很难识别；

（3）随着设备复杂度的增加，确定设备故障原因的难度也越来越大。

除了对 S&SN 中信息质量的通用描述外，下面给出关于质量维度的两个建议：

（1）Sha 和 Shi[562]，将 S&SN 质量维度细化为一致性的子类型；

（2）Manzoor 等[427]，将 S&SN 的质量与上下文质量（Quality of Context, QoC）建立联系。

Sha 和 Shi[562] 定义了一致性的几个子类型，如表 14.4 所列，包括其定义以及维度是针对个体数据还是数据流的标识。在宏观层面，考虑了 3 种类型的一致性，即数值、时间和频率一致性：数值一致性等同于准确性；时间一致性意指保鲜的程度；频率一致性关注数据准备过程中产生的异常变化。

表 14.4 文献［562］中定义的各种一致性类型

一致性类型	数值/时间/频率	个体数据/数据流/两者	定　义
数值	数值	个体数据	收集到的数据应当准确
时间	时间	个体数据	数据应当在预计的时间前传输到汇聚节点（Sink）
频率	频率	两者	控制数据急剧变化和数据流异常读取的频率
绝对数值	数值	两者	传感器读数超出了由应用预设的正常区间
相对数值	数值	两者	真实字段读数和汇聚节点上对应数据之间的误差
跳（Hop）	数值	个体数据	数据应当在每一跳上保持一致
单路径	数值和时间	个体数据	数据使用单条路径从源头传输到汇聚节点时保持一致性
多路径	数值和时间	个体数据	数据使用多条路径从源头传输到汇聚节点时保持一致性
严格（Strict）	数值和时间	数据流	不同于跳一致性，定义在一组数据上，并要求数据没有丢失
阿尔法损失（Alpha-loss）	数值和时间	数据流	类似于严格一致性，除了在汇聚节点可以接受阿尔法数据损失
部分	数值和时间	数据流	类似于阿尔法一致性，只是放开了时间一致性
趋势	数值和时间	数据流	类似于部分一致性，只是放开了数值一致性
区间频率	频率	数据流	异常读数的数量超过由应用预设的某一特定值
变化频率	频率	数据流	传感器读数的变化超过预设阈值

Manzoor 等[427] 观察到不同来源的上下文信息，从物理和逻辑传感器到移动设备上的用户接口和应用，都影响着上下文数据的质量。QoC 信息源涉及用于采集上下文信息的数据源、上下文信息采集环境以及采集上下文信息所涉及的实体。QoC 信息源的例子有数据源位置、测量时间、数据源状态、传感器数据准确性等。

QoC 参数从 QoC 信息源获取，并以适于应用使用的形式表示。QoC 参数可划分为一般参数和领域相关参数。一般 QoC 参数是指那些由大部分应用要求的参数，如保鲜性、可信赖性、完备性、表示一致性以及精确度。领域相关的 QoC 参数是指那些对某些特定应用领域重要的参数。表 14.5 汇总了文献［427］中介绍的主要概念：一侧为维度的类簇及其定义；另一侧为相关的 QoC 信息源。

表 14.5　文献［427］中给出的类簇、上下文维度质量、定义以及与上下文数据相关的信息源

类　簇	类簇中的维度	定　义	评估使用的 QoC 信息源
准确性	保鲜性	在给定时间内某特定应用使用上下文对象的合理程度	测量时间 当前时间
准确性	精确度	—	—
完备性	完备性	某个特定对象提供的信息数量	属性填充数量与整个属性总数的比例
完备性	重要性	在某个特定环境中上下文信息的价值或者珍贵性	关键值
冗余性	简洁性	—	—
一致性	表示一致性	—	—
确实性	确实性	在给定上下文对象中对正确信息的置信度	源位置 信息实体 位置传感器数据 准确性

14.5.2　传感器和传感器网络中的数据清洗技术

当前，有多种技术用于 S&SN 中的信息质量管理。

Jeffery 等[346] 观察认为接收器数据中的错误不容易通过传统的数据清洗技术加以纠正。接收器数据需要不同的技术处理各类错误（即漏读和不可靠读）。这些数据易于与时间和空间强相关，某个时间点观测到的读数对下一个时间点观测的读数具有很强的指示作用，相邻设备的读数也是如此。为了提供一个简单而灵活的设计清洗工具的方法，Jeffery 等[347] 提出利用关系数据流上的高层声明式查询来指定清洗步骤，然后系统将查询翻译成生成清洗结果所需的恰当的底层操作。

对于像 RFID 这样的特定传感器技术的维度和技术，Jeffery 等[347] 观察认为，影响 RFID 技术广泛应用的一个主要因素是由 RFID 读取器产生的数据流的不可靠性。为了应对这一问题，提出了一个时间“平滑滤波器”，即读取器数据流上的一个滑动窗口，对时间窗口内每个标签进行丢失读取插入。其目的是通过让滑动窗口内每个标签有更多的读取机会来减少或消除漏读取。不同于传统的技术，该技术没有将平滑窗口的参数提供给应用，而是自动确定最合适的窗口大小，并在系统生命周期内基于观测到的读取不断调整适应。Rao

等[517]讨论了处理RFID读取异常的问题，其中每个应用使用基于序列的声明式规则定义相关异常的检测和修正操作。

文献［125］的主要贡献是关注空间冗余度（以及后续的空间不一致性），即由邻近的多个读取器检测一个对象和时间冗余度（以及后续的时间不一致性），即用单个读取器多次检测一个对象。

最后，对于信息质量以及社交网络中参与式传感的最新前沿，Burke等[99]观察认为，移动设备愈加能够交互式或者自主地捕获、分类、传输图像、声音、位置和其他数据，可以作为传感器节点和位置感知数据收集设备。Burke等[99]引入了参与式传感（Participatory Sensing）的概念，利用身边平常的移动设备，如蜂窝电话，构成交互式的、参与式的传感网络，使公众和专属用户能够收集、分析并共享本地知识。

14.6 领域相关质量问题：官方统计

本节将讨论官方统计（Official Statistics，OS）领域的大数据质量问题。

联合国统计司规定了官方统计的主要目的，由官方统计基本原则中的原则1对其进行明确的定义[177]：

> 官方统计是民主社会信息体系中一个不可缺少的要素，向政府、经济和公众提供关于经济、人口、社会和环境情况的数据服务。

因此，由国家统计局（National Statistical Institute）提供的官方统计结果的数据质量就成了首要问题。国家统计局已经开始研究大数据在官方统计中的作用，无论是利用自己独立的数据源还是联合使用更传统的数据源，诸如抽样调查和行政登记[267]。近年来，为欧洲国家提供战略指导的斯海费宁恩备忘录（Scheveningen Memorandum）[435]明确指出基于大数据给官方统计带来的机遇，鼓励国家统计局要主动承担研究大数据源在这方面的潜力。接下来，首先定义官方统计大数据质量的概念（14.6.1节），然后，在14.6.2节介绍一个研究案例，举例说明在官方统计领域实施大数据项目时可能会出现的质量问题。

14.6.1 官方统计中的大数据质量

官方统计领域相关的问题很多，主要包括以下几方面。

（1）选择性和代表性。大数据源覆盖的对象总体通常不是官方统计的目标对象总体，并且也没有明确的定义。此外，假设大数据生成机制不在官方统计控制范围内，那么，从大数据源获取数据就会具有选择性，即不能代表目标对象总体。处理这些问题比较困难，主要是因为一方面总是无法评价覆盖对象总体与目标对象总体之间的关系，另一方面无法估计需要进行控制的偏斜。

（2）数据处理。该问题涉及官方统计中大数据处理的 3 个不同的重要方面，即数据准备、数据过滤以及数据调和。对于数据准备，大数据源一般是基于事件的，而不像传统的官方统计调查数据（或行政数据）那样基于单位的，因此，为了处理这些新的数据类型，需要开始的准备步骤。对于数据过滤，大数据通常会受“噪声”的影响，而对于分析用途，必须过滤噪声。

一方面，与噪声有关的事实是统计员不能直接控制数据生成过程，无法对数据收集阶段进行“设计”；另一方面，噪声可能与某些特定数据源本身有关，如非结构化信息源（如 Twitter 数据）。对于数据调和，即使大数据源中有可利用的模式或元数据信息，但这些元数据需要与驱动统计的元数据保持一致，因此，需要调和步骤。进一步的观察显示，由于从大数据源（如互联网数据）中获取的模式信息的多样性，大数据源模式的稀疏性/不完备性使得调和步骤极其艰难。

（3）估计的质量。该问题涉及大数据利用分析活动中主要的范式转变。具体来说，官方统计中传统使用的数据分析方法不能直接应用于大数据分析。探索式分析使用的方法，如基于数据挖掘和机器学习的方法，需要更加恰当地加以应用。然而，这些对于官方统计来说都是新出现的：尽管目前已经在特定领域得到成功应用（如客户画像），在官方统计领域的应用仍然有待进一步研究。

（4）与传统数据源整合。该问题涉及大数据源与基于调查的数据或者行政数据数据源的综合利用。不过需要区分几个问题：①由于隐私问题使得大数据厂商不能发布可识别的数据，从而给链接大数据造成困难；②整合任务需要准确且明确的结构化元数据表示（模式信息），而大数据常常无法提供；③即使有可利用的模式信息，也需要与传统数据源模式保持一致。

接下来将介绍一个案例研究，通过重点研究质量相关问题说明大数据在官方统计中的具体应用。

14.6.2 案例研究

在可能的各种大数据源类型中，互联网数据无疑是其中最唾手可得的。互联网数据源（Internet As a Data Source，IaD）已经逐渐成为一种范式，对于官方统计来说，可以作为那些由问卷调查或行政数据源产生的传统统计数据源的补充或者替代。

本节介绍一个由意大利国家统计局（The Italian National Institute of Statistics, Istat）利用 IaD 收集数据的实验性项目。该项目围绕“企业中的 ICT”进行抽样调查，收集使用 ICT 的有关信息，特别是意大利企业在多个方面（如电子商务、网上招聘、广告、网上招投标、网上采购、电子政务）使用互联网的情况。为此，采用问卷调查这一传统工具收集数据。

Istat 从探索使用 Web 爬取技术的可能性开始，在估计阶段使用文本和数据挖掘算法，替代传统的数据收集和估计手段，或将其整合使用。因此，在该项目中，爬取了由 19000 家企业反馈的 8600 个 Web 站点，对获取的文本进行处理以估计目前通过问卷调查收集到的信息。

正如文献［543］中所述，整个过程由如下几个阶段构成。

（1）Web 爬取。将每个 Web 站点上的（非结构化）信息转换为能够存储和分析的索引文档。

（2）词条提取和规范化。识别出那些能提供企业使用互联网情况的词条。

（3）推理活动。评估某些分类模型，根据从企业 Web 站点获取的信息得出问卷调查的预测结果。

过程中的推理活动对于质量尤为重要，下面是文献［35］中对其进行的介绍。推理活动的输入是一个文档/词条矩阵，其中每一行代表一个 Web 站点，每一列代表一个词，行与列的交叉点表示 Web 站点上存在或缺失对应的词。

为了选择构建推理系统的最佳方法，在探索阶段对多个工具进行试验。

（1）可用于文本挖掘问题的数据挖掘学习器：分类树，集成学习器（随机森林、自适应 boosting、bootstrap 聚合），神经网络、最大熵、支持向量机以及隐狄利克雷分配[338]。

（2）文本挖掘学习器：朴素贝叶斯[386]。

（3）借鉴内容分析的方法[315]。

照例将可用数据分成训练集合和测试集合：利用训练集合训练每个模型，然后应用于测试集合，在个体层面和聚合层面通过比较目标变量的观测值和预测值来评估其性能。通常，两个集合按照 75/25 的比例确定，但为实施朴素贝叶斯和内容分析的敏感性分析，在训练集合上定义了 9 个不同的层次（10%～90%）。在根据其卡方估计定义的 4 个不同的分词子集上进行了试验，并根据性能选择最优的结果。考虑如下指标度量性能：①准确率（正确分类的实例数与所有实例数的比值）；②敏感性（正确分类的正例的比例）；③特异性（正确分类的反例的比例）；④预测的正例的比例（之所以引入该指标，因为其对应于需要的最终估计，并且最大化其准确性很重要）。

根据这些比较分析，最佳方法是朴素贝叶斯。该方法被应用于问卷调查中其他变量的估计，所获得的结果如表 14.6 所列。

表 14.6　朴素贝叶斯在 Web 销售问题全集上的应用结果

问　　题	准　确　率	敏　感　性	特　异　性	比例 Web 销售 = yes （观测值）	比例 Web 销售 = yes （预测值）
Web 销售功能	0.78	0.50	0.86	0.21	0.21
订单追踪	0.82	0.49	0.85	0.18	0.11
商品描述与价格表	0.62	0.44	0.79	0.48	0.32
经常访问者的个性化内容	0.74	0.41	0.781	0.09	0.23
在线定制商品的可能性	0.86	0.53	0.87	0.05	0.14
隐私策略声明	0.59	0.57	0.64	0.68	0.51
在线职位申请	0.69	0.521	0.78	0.35	0.33

最终结果可以说是令人满意的。有意思的是，某些案例中通过人工审核发现有些企业对于 Web 销售选项选择了否，而事实上这些企业是存在 Web 销售的，这可能是由于对问题的误解导致的答案。这些案例中，就答案的质量而言，自动化的方法甚至超过了传统的方法。总之，与估计质量相关的问题是：采用官方统计领域不常用的机器学习方法，会出现验证结果可靠性的问题。一旦证明该替代方法能得到的估计的质量高于传统方法，那么这种新的流程将成为关于“企业中的 ICT”调查的重要部分。此外，不仅要提升已有估计的准确性，还要尽可能地对目前尚未覆盖的相关信息进行估计。最后，为了检测调查数据中的错误值，预测值可用在当前生产流程中的编辑阶段。

14.7　本章小结

为了开发利用 Web 数据带来的巨大机遇，明确其质量特征确实非常重要。正如本章所讨论的，可信赖性和溯源在质量特征中具有主导作用。通常需要将 Web 数据与业务流程中常用的传统数据源进行整合，因此，诸如 Web 数据对象匹配等活动承担了尤为重要的角色。

大数据质量是对本章讨论的 Web 信息质量相关问题和技术的补充，这是一个广泛且热门的话题：一方面，当前阶段，将大数据作为一种信息源使用似乎是必需的；另一方面，为了能准确使用大数据，必须正确地刻画大数据质量特征。正如传感器数据质量的例子和官方统计中的质量问题的例子所示，通往定义良好方法的路才刚刚开始，还有很长的路要走。

参考文献

1. Mittal A, Moorthy AK, Bovik AC (2012) No-reference image quality assessment in the spatial domain. IEEE Transactions on Image Processing 21(12):4695–4708
2. van der Aalst WMP, ter Hofstede A (2005) YAWL: yet another workflow language. Information Systems 30(4):245–275
3. AAVV (2004) Information and data quality in the NHS. Technical report, UK Audit Commission, London, URL http://archive.audit-commission.gov.uk/auditcommission/SiteCollectionDocuments/AuditCommissionReports/NationalStudies/20040330dataquality.pdf
4. Abdelhak M, Grostick S, Hanken MA (eds) (2012) Health Information: Management of a Strategic Resource, 4th edn. Elsevier Saunders, St. Louis
5. Abiteboul S, Buneman P, Suciu D (2000) Data on the Web: From Relations to Semistructured Data and XML. Morgan Kaufmann, Los Altos
6. Abowd JM, Vilhuber L (2005) The sensitivity of economic statistics to coding errors in personal identifiers. Journal of Business & Economic Statistics 23(2)
7. Adams S, Berg M (2004) The nature of the net: constructing reliability of health information on the web. Information Technology & People 17(2):150–170, DOI 10.1108/09593840410542484, URL http://www.emeraldinsight.com/10.1108/09593840410542484
8. Adams SA (2010) Revisiting the online health information reliability debate in the wake of web 2.0: an inter-disciplinary literature and website review. International Journal of Medical Informatics 79(6):391–400
9. Agnoloni T, Francesconi E (2011) Modelling semantic profiles in legislative documents for enhanced norm accessibility. In: ICAIL, pp 111–115
10. Agrawal R, Gupta A, Sarawagi S (1997) Modeling multidimensional databases. In: Gray A, Larson P (eds) Proceedings of the 16th International Conference on Data Engineering (ICDE 2000). IEEE Computer Society, Birmingham, April 7–11, 1997, pp 232–243
11. Ahituv N (1980) A systematic approach toward assessing the value of an information system. MIS Quarterly 4(4):61–75
12. Ahituv N (1987) Assessing the Value of Information: Problems and Approaches. Faculty of Management, The Leon Recanati Graduate School of Business Administration, Tel Aviv University
13. Ahituv N, Igbaria M, Sella A (1998) The effects of time pressure and completeness of information on decision making. Journal of Management Information Systems 15(2):153–172
14. Aizawa A, Oyama K (2005) A fast linkage detection scheme for multi-source information integration. In: Proceedings of the International Workshop on Challenges in Web Information Retrieval and Integration, 2005 (WIRI'05). IEEE, New York, pp 30–39
15. Al-Lawati A, Lee D, McDaniel P (2005) Blocking-aware private record linkage. In: Proceedings of the 2nd International Workshop on Information Quality in Information Systems. ACM, New York, pp 59–68
16. Altowim Y, Kalashnikov DV, Mehrotra S (2014) Progressive approach to relational entity resolution. Proceedings of the VLDB Endowment 7(11):999–1010
17. Altwaijry H, Kalashnikov DV, Mehrotra S (2013) Query-driven approach to entity resolution. Proceedings of the VLDB Endowment 6(14):1846–1857

18. Aluisio S, Specia L, Gasperin C, Scarton C (2010) Readability assessment for text simplification. In: Proceedings of the NAACL HLT 2010 Fifth Workshop on Innovative Use of NLP for Building Educational Applications. Association for Computational Linguistics, pp 1–9
19. Amann B, Constantin C, Caron C, Giroux P (2013) Weblab prov: computing fine-grained provenance links for xml artifacts. In: EDBT/ICDT Workshops, pp 298–306
20. Amat G, Laboisse B (2005) B.d.q.s. une gestion opérationnelle de la qualité de données. In: First Data and Knowledge Quality Workshop, Paris, 18th January 2005. In Conjunction with ECG
21. Amsterdam AU (2001) The role of verification in improving the quality of legal decision-making. In: Legal Knowledge and Information Systems: JURIX 2001: The Fourteenth Annual Conference. IOS Press, Amsterdam, vol 70
22. Anand MK, Bowers S, Ludscher B (2010) Techniques for efficiently querying scientific workflow provenance graphs. In: International Conference on Extending Database Technology (EDBT), pp 287–298
23. Ananthakrishna R, Chaudhuri C, Ganti V (2002) Eliminating Fuzzy duplicates in data warehouses. In: Proceedings of VLDB 2002, Hong Kong, pp 586–597
24. Arasu A, Chaudhuri S, Kaushik R (2008) Transformation-based framework for record matching. In: IEEE 24th International Conference on Data Engineering (ICDE 2008). IEEE, New York, pp 40–49
25. Arasu A, Chaudhuri S, Kaushik R (2009) Learning string transformations from examples. Proceedings of the VLDB Endowment 2(1):514–525
26. Arasu A, Götz M, Kaushik R (2010) On active learning of record matching packages. In: Proceedings of the 2010 ACM SIGMOD International Conference on Management of data. ACM, New York, pp 783–794
27. Arenas M, Bertossi LE, Chomicki J (1999) Consistent Query Answers in Inconsistent Databases. In: Proceedings of the PODS'99
28. Arts DG, De Keizer NF, Scheffer GJ (2002) Defining and improving data quality in medical registries: a literature review, case study, and generic framework. Journal of the American Medical Informatics Association 9(6):600–611
29. Asher J, Fienberg SE, Stuart E, Zaslavsky A (2003) Inferences for finite populations using multiple data sources with different reference times. In: Proceedings of Statistics Canada Symposium 2002: Modelling Survey Data For Social and Economic Research. Statistics Canada, Ottawa, vol 385
30. Atzeni P, de Antonellis V (1993) Relational Database Theory. The Benjamin/Cummings Publishing Company, Inc., Menlo Park
31. Ballou DP, Wang R, Pazer HL, Tayi G (1998) Modeling information manufacturing systems to determine information product quality. Management Science 44(4):462–484
32. Ballou DP, Pazer HL (1985) Modeling data and process quality in multi-input, multi-output information systems. Management Science 31(2):150–162
33. Ballou DP, Pazer HL (2003) Modeling completeness versus consistency tradeoffs in information decision contexts. IEEE Transactions on Knowledge Data Engineering 15(1):240–243
34. Ballou DP, Tayi GK (1999) Enhancing data quality in data warehouse environments. Communications of the ACM 42(1):73–78
35. Barcaroli G, Nurra A, Scarno M, Summa D (2014) Use of web scraping and text mining techniques in the istat survey on information and communication technology in enterprises. In: Proceedings of Quality Conference 2014 (Q2014), Wien
36. Bartleson C (1982) The combined influence of sharpness and graininess on the quality of color prints. Journal of Photographic Science 30(2):33–38
37. Batini C, Scannapieco M (2006) Data Quality: Concepts, Methodologies and Techniques (Data-Centric Systems and Applications). Springer, New York
38. Batini C, Ceri S, Navathe S (eds) (1992) Conceptual Data Base Design: An Entity Relationship Approach. Benjamin and Cummings, Menlo Park

39. Batini C, Barone D, Cabitza F, Ciocca G, Marini F, Pasi G, Schettini R (2008) Toward a unified model for information quality. In: Proceedings of the International Workshop on Quality in Databases and Management of Uncertain Data, Auckland, August 2008, pp 113–122
40. Batini C, Cabitza F, Cappiello C, Francalanci C (2008) A comprehensive data quality methodology for web and structured data. International Journal of Innovative Computing and Applications 1(3):205–218
41. Batini C, Cappiello C, Francalanci C, Maurino A (2009) Methodologies for data quality assessment and improvement. ACM Computing Surveys (CSUR) 41(3):16
42. Batini C, Grega S, Maurino A (2010) Optimal enterprise data architecture using publish and subscribe. In: Proceedings of the 19th ACM International Symposium on High Performance Distributed Computing. ACM, New York, pp 541–547
43. Batini C, Barone D, Cabitza F, Grega S (2011) A data quality methodology for heterogeneous data. International Journal of Database Management Systems 3(1)
44. Batini C, Cappiello C, Francalanci C, Maurino A, Viscusi G (2011) A capacity and value based model for data architectures adopting integration technologies. In: A Renaissance of Information Technology for Sustainability and Global Competitiveness. 17th Americas Conference on Information Systems (AMCIS 2011), Detroit, August 4–8 2011
45. Batini C, Palmonari M, Viscusi G (2012) The many faces of information and their impact on information quality. In: Proceedings of the 17th International Conference on Information Quality (IQ 2012), pp 212–228
46. Batini C, Castelli M, Comerio M, Viscusi G (2014) Value of integration in database and service domains. In: 2014 IEEE 7th International Conference on Service-Oriented Computing and Applications (SOCA). IEEE, New York, pp 161–168
47. Batini C, Nardelli E, Tamassia R (April 1986) A Layout Algorithm for Data Flow Diagrams. IEEE Transactions on Software Engineering
48. Bauer F, Kaltenböck M (2011) Linked Open Data: The Essentials. Edition mono/monochrom, Vienna
49. Beckett D (2004) RDF/XML Syntax Specification (Revised). Technical report, World Wide Web Consortium, http://www.w3.org/TR/2004/REC-rdf-syntax-grammar-20040210/
50. Beeri C, Kanza Y, Safra E, Sagiv Y (2004) Object fusion in geographic information systems. In: Proceedings of the Thirtieth International Conference on Very Large Data Bases. VLDB Endowment, vol 30, pp 816–827
51. Beeri C, Doytsher Y, Kanza Y, Safra E, Sagiv Y (2005) Finding corresponding objects when integrating several geo-spatial datasets. In: Proceedings of the 13th Annual ACM International Workshop on Geographic Information Systems. ACM, New York, pp 87–96
52. Belin TR, Rubin DB (1995) A method for calibrating false matches rates in record linkage. Journal of American Statistical Association 90:694–707
53. Bender C, Orszag S (1999) Advanced Mathematical Methods for Scientists and Engineers: Asymptotic Methods and Perturbation Theory. Springer, New York
54. Benjelloun O, Garcia-Molina H, Menestrina D, Su Q, Whang SE, Widom J (2009) Swoosh: a generic approach to entity resolution. The VLDB Journal, The International Journal on Very Large Data Bases 18(1):255–276
55. Benson T (2010) Principles of Health Interoperability HL7 and SNOMED. Springer, New York
56. Berg M (1999) Accumulating and coordinating: occasions for information technologies in medical work. Computer Supported Cooperative Work, The Journal of Collaborative Computing 8(4):373–401
57. Berg M, Toussaint P (2003) The mantra of modeling and the forgotten powers of paper: a sociotechnical view on the development of process-oriented ICT in health care. International Journal of Medical Informatics 69(2):223–234
58. Berjawi B (2013) Introduction to the Integration of Location-Based Services of Several Providers

59. Berndt DJ, Fisher JW, Hevner AR, Studnicki J (2001) Healthcare data warehousing and quality assurance. Computer 34(12):56–65
60. Berners-Lee T (2006) Design issues: Linked data
61. Berti-Équille L (2004) Quality-adaptive query processing over distributed sources. In: Proceedings of the 9th International Conference on Information Quality (IQ 2004), pp 285–296
62. Berti-Équille L (2001) Integration of biological data and quality-driven source negotiation. In: Proceedings of the ER 2001, Yokohama, pp 256–269
63. Berti-Equille L, Batini C, Srivastava D (eds) (2005) Exploiting Relationships for Object Consolidation. ACM, New York
64. Bertolazzi P, Santis LD, Scannapieco M (2003) Automatic record matching in cooperative information systems. In: Proceedings of the ICDT'03 International Workshop on Data Quality in Cooperative Information Systems (DQCIS'03), Siena
65. Bertoletti M, Missier P, Scannapieco M, Aimetti P, Batini C (2005. Shorter version also in ICIQ 2002) Improving government-to-business relationships through data reconciliation and process re-engineering. In: Wang R (ed) Information Quality - Advances in Management Information Systems-Information Quality Monograph (AMIS-IQ) [Monograph, Sharpe ME]
66. Bhattacharya I, Getoor L (2004) Deduplication and group detection using links. In: KDD Workshop on Link Analysis and Group Detection
67. Bhattacharya I, Getoor L (2004) Iterative record linkage for cleaning and integration. In: Proceedings of the 9th ACM SIGMOD Workshop on Research Issues in Data Mining and Knowledge Discovery. ACM, New York, pp 11–18
68. Bhattacharya I, Getoor L (2007) Collective entity resolution in relational data. ACM Transactions on Knowledge Discovery from Data (TKDD) 1(1):5
69. Bhattacharya I, Getoor L, Licamele L (2006) Query-time entity resolution. In: Proceedings of the 12th ACM SIGKDD International Conference on Knowledge Discovery and Data Mining. ACM, New York, pp 529–534
70. Bhattacharya S, Sukthankar R, Shah M (2011) A holistic approach to aesthetic enhancement of photographs. ACM Transactions on Multimedia Computing, Communications, and Applications 7S:21:1–21:21
71. Biagioli C, Francesconi E, Spinosa P, Taddei M (2003) The nir project: Standards and tools for legislative drafting and legal document web publication. In: Proceedings of ICAIL Workshop on e-Government: Modelling Norms and Concepts as Key Issues, pp 69–78
72. Biagioli C, Cappelli A, Francesconi E, Turchi F (2007) Law making environment: perspectives. In: Proceedings of the V Legislative XML Workshop, pp 267–281
73. Bianco S, Ciocca G, Marini F, Schettini R (2009) Image quality assessment by preprocessing and full reference model combination. In: Image Quality and System Performance VI. SPIE, vol 7242, pp 1–9
74. Bibliographic Center for Research CDP Digital Imaging Best Practices Working Group (2008) Digital Imaging Best Practices, Version 2.0. Bibliographic Center for Research, URL http://books.google.it/books?id=vjeEXwAACAAJ
75. Bilenko M, Mooney RJ (2003) Adaptive duplicate detection using learnable string similarity measures. In: Proceedings of the Ninth ACM SIGKDD International Conference on Knowledge Discovery and Data Mining. ACM, New York, pp 39–48
76. Bilenko M, Kamath B, Mooney RJ (2006) Adaptive blocking: learning to scale up record linkage. In: Sixth International Conference on Data Mining, 2006 (ICDM'06). IEEE, New York, pp 87–96
77. Bitton D, DeWitt D (1983) Duplicate record elimination in large data files. ACM Transactions on Databases Systems 8(2):255–262
78. Bizer C (2007) Quality-driven information filtering in the context of web-based information systems. PhD thesis, Freie Universität Berlin

79. Black AD, Car J, Pagliari C, Anandan C, Cresswell K, Bokun T, McKinstry B, Procter R, Majeed A, Sheikh A (2011) The impact of eHealth on the quality and safety of health care: a systematic overview. PLoS Medicine 8(1):e1000387
80. Blakely T, Salmond C (2002) Probabilistic record linkage and a method to calculate the positive predictive value. International Journal of Epidemiology 31(6):1246–1252
81. Bleiholder J, Naumann F (2008) Data fusion. ACM Computing Surveys
82. Boag A, Chamberlin D, Fernandez MF, Florescu D, Robie J, Simèon J (2003) XQuery 1.0: An XML Query Language. http:///www.w3.org/TR/xquery
83. Böhm C, Naumann F, Abedjan Z, Fenz D, Grütze T, Hefenbrock D, Pohl M, Sonnabend D (2010) Profiling linked open data with prolod. In: ICDE Workshops. IEEE, New York, pp 175–178
84. Bonatti PA, Hogan A, Polleres A, Sauro L (2011) Robust and scalable linked data reasoning incorporating provenance and trust annotations. Journal of Web Semantics 9(2):165–201
85. Bouzeghoub M, Peralta V (2004) A framework for analysis of data freshness. In: Proceedings of the International Workshop on Information Quality in Information Systems, Paris, June 18th 2004
86. Bovee M, Srivastava RP, Mak BR (2001) A conceptual framework and belief-function approach to assessing overall information quality. In: Proceedings of the 6th International Conference on Information Quality (IQ 2001), pp 311–328
87. Bowers S, McPhillips T, Ludscher B (2012) Declarative rules for inferring fine-grained data provenance from scientific workflow execution traces. In: International Provenance and Annotation Workshop (IPAW), pp 1–15
88. Boyd D (2009) Twitter: pointless babble or peripheral awareness + social grooming? Technical report, Apophenia Inc., URL http://www.zephoria.org/thoughts/archives/2009/08/16/twitterpointle.html
89. Boyd D, Crawford K (2012) Critical questions for big data: provocations for a cultural, technological, and scholarly phenomenon. Information, Communication, & Society 15(5)
90. Bradley EH, Herrin J, Mattera JA, Holmboe ES, Wang Y, Frederick P, Roumanis SA, Radford MJ, Krumholz HM (2005) Quality improvement efforts and hospital performance: rates of beta-blocker prescription after acute myocardial infarction. Medical Care 43(3):282–292
91. Brandao T, Queluz MP (2008) No-reference image quality assessment based on dct domain statistics. Signal Processing 88(4):822–833
92. Bravo L, Bertossi LE (2003) Logic Programming for Consistently Querying Data Integration Systems. In: Proceedings of the IJCAI 2003, pp 10–15
93. Brickley D, Guha RV (2004) RDF vocabulary description language 1.0: RDF schema. Technical report, W3C, http://www.w3.org/TR/2004/REC-rdf-schema-20040210/
94. Brizan DG, Tansel AU (2006) A survey of entity resolution and record linkage methodologies. Communications of the IIMA 6(3):41–50
95. Bruni R, Sassano A (2001) Errors detection and correction in large scale data collecting. In: Proceedings of the 4th International Conference on Advances in Intelligent Data Analysis, pp 84–94
96. Buechi M, Borthwick A, Winkel A, Goldberg A (2003) ClueMaker: a language for approximate record matching. In: Proceedings of the 7th International Conference on Information Quality (ICIQ 2003), Boston, pp 207–223
97. Buneman P (1997) Semistructured data. In: Proceedings of the 16th ACM Symposium on Principles of Database Systems (PODS 1997), Tucson, pp 117–121
98. Buneman P, Khanna S, Tan WC (2001) Why and where: a characterization of data provenance. In: Proceedings of the 8th International Conference on Database Theory (ICDT)
99. Burke J, Estrin D, Hansen M, Parker A, Ramanathan N, Reddy S, Srivastava MB (2006) Participatory sensing. In: Proceedings of the Workshop on World-Sensor-Web (WSW) at ACM Conference on Embedded Networked Sensor Systems (SenSys 2006), Boulder, pp 417–418

100. Byrd LW, Byrd TA (2012) Developing an instrument for information quality for clinical decision making. In: 2012 45th Hawaii International Conference on System Science (HICSS). IEEE, New York, pp 2820–2829, DOI 10.1109/HICSS.2012.210, URL http://ieeexplore.ieee.org/lpdocs/epic03/wrapper.htm?arnumber=6149169
101. Cabitza F (2013) An information reliability index as a simple consumer-oriented indication of quality of medical web sites. In: Pasi G, Bordogna G, Lakhmi J (eds) Quality Issues in the Management of Web Information, Intelligent Systems Reference Library. Springer, Berlin/Heidelberg, vol 50, pp 159–177
102. Cabitza F, Simone C (2012) "Whatever works": making sense of information quality on information system artifacts. In: Viscusi G, Campagnolo GM, Curzi Y (eds) Phenomenology, Organizational Politics, and IT Design: The Social Study of Information Systems. IGI Global, pp 79–110, URL 10.4018/978-1-4666-0303-5.ch006
103. Cabitza F, De Michelis G, Simone C (2014) User-driven prioritization of features for a prospective interpersonal health record: perceptions from the Italian context. Computers in Biology and Medicine DOI 10.1016/j.compbiomed.2014.03.009, URL http://linkinghub.elsevier.com/retrieve/pii/S0010482514000729
104. Caldiera VRBG, Rombach HD (1994) Goal question metric paradigm. Encyclopedia of Software Engineering 1:528–532
105. Cali A, Calvanese D, De Giacomo G, Lenzerini M (2002) On the role of integrity constraints in data integration. IEEE Data Engineering Bulletin 25(3):39–45
106. Calì A, Lembo D, Rosati R (2003) On the decidability and complexity of query answering over inconsistent and incomplete databases. In: Proceedings of the PODS 2003, pp 260–271
107. Calì A, Lembo D, Rosati R (2003) Query rewriting and answering under constraints in data integration systems. In: Proceedings of the IJCAI 2003, pp 16–21
108. Callet P, Autrusseau F (2005) Subjective quality assessment IRC-CyN/IOVC database. http://www.irccyn.ec-nantes.fr/ivcdb/
109. Calvanese D, De Giacomo G, Lenzerini M (1999) Modeling and querying semi-Structured data. Networking and Information Systems Journal 2(2):253–273
110. Cappiello C, Comuzzi M (2009) A utility-based model to define the optimal data quality level in IT service offerings. In: 17th European Conference on Information Systems (ECIS 2009), Verona, pp 1975–1986
111. Carnec M, Callet PL, Barba D (2008) Objective quality assessment of color images based on a generic perceptual reduced reference. Signal Processing: Image Communication 23(4):239–256
112. Carroll J (2003) Signing rdf graphs. Technical report, HPL-2003-142, HP Labs
113. Carroll JG (2004) The gold standard: the challenge of evidence-based medicine and standardization in health care. Quality Management in Healthcare 13(2):150–151
114. Chall JS (1995) Readability Revisited: The New Dale-Chall Readability Formula. Brookline Books, Cambridge, vol 118. Brookline Books, Cambridge
115. Chan KS, Fowles JB, Weiner JP (2010) Review: electronic health records and the reliability and validity of quality measures: a review of the literature. Medical Care Research and Review 67(5):503–527
116. Chan SY (2001) The use of graphs as decision aids in relation to information overload and managerial decision quality. Journal of Information Science 27(6):417–425
117. Chandler D, Hemami S (2007) A57 image database. http://foulard.ece.cornell.edu/dmc27/vsnr/vsnr.html
118. Chandler DM (2013) Seven challenges in image quality assessment: past, present, and future research. ISRN Signal Processing
119. Charnes A, Cooper W, Rhodes E (1978) Measuring the efficiency of decision making units. European Journal of operational research 2
120. Chassin MR, Becher EC (2002) The wrong patient. Annals of Internal Medicine 136(11):826–833

121. Chaudhuri S, Das Sarma A, Ganti V, Kaushik R (2007) Leveraging aggregate constraints for deduplication. In: Proceedings of the 2007 ACM SIGMOD International Conference on Management of Data. ACM, New York, pp 437–448
122. Chen CC, Knoblock CA, Shahabi C, Chiang YY, Thakkar S (2004) Automatically and accurately conflating orthoimagery and street maps. In: Proceedings of the 12th Annual ACM International Workshop on Geographic Information Systems. ACM, New York, pp 47–56
123. Chen CC, Shahabi C, Knoblock CA, Kolahdouzan M (2006) Automatically and efficiently matching road networks with spatial attributes in unknown geometry systems. In: Proceedings of the Third Workshop on Spatio-Temporal Database Management (Co-located with VLDB2006), Seoul, pp 1–8
124. Chen CC, Knoblock CA, Shahabi C (2008) Automatically and accurately conflating raster maps with orthoimagery. GeoInformatica 12(3):377–410
125. Chen H, Ku W, Wang H, Sun M (2010) Leveraging spatio-temporal redundancy for rfid data cleansing. In: Proceedings of SIGMOD 2010, Indianapolis, pp 51–62
126. Chen Z, Kalashnikov DV, Mehrotra S (2007) Adaptive graphical approach to entity resolution. In: Proceedings of the 7th ACM/IEEE-CS Joint Conference on Digital Libraries. ACM, New York, pp 204–213
127. Chen Z, Kalashnikov DV, Mehrotra S (2009) Exploiting context analysis for combining multiple entity resolution systems. In: Proceedings of the 2009 ACM SIGMOD International Conference on Management of Data. ACM, New York, pp 207–218
128. Cheney J, Chiticariu L, Tan W (2007) Provenance in Databases: Why, How, and Where. Foundations and Trends in Databases 1:379–474
129. Chengalur-Smith IN, Ballou DP, Pazer HL (1999) The impact of data quality information on decision making: an exploratory analysis. IEEE Transactions on Knowledge and Data Engineering 11(6):853–864
130. Chengalur-Smith IN, Ballou DP, Pazer HL (1999) The impact of data quality information on decision making: an exploratory analysis. IEEE Transactions on Knowledge and Data Engineering 11(6):853–864, DOI http://dx.doi.org/10.1109/69.824597
131. Chikkerur S, Sundaram V, Reisslein M, Karam L (2011) Objective video quality assessment methods: a classification, review, and performance comparison. IEEE Transactions on Broadcasting 57(2):165–182
132. Chirigati F, Freire J (2012) Towards integrating workflow and database provenance. In: 4th International Provenance and Annotation Workshop (IPAW 2012), pp 11–23
133. Chiticariu L, Tan W, Vijayvargiya G (2004) An annotation management system for relational databases. In: Proceedings of the 30th Very Large Databases Conference (VLDB)
134. Cho J, Garcia-Molina H (2003) Estimating frequency of change. ACM Transactions on Internet Technology 3(3):256–290, DOI 10.1145/857166.857170, URL http://doi.acm.org/10.1145/857166.857170
135. Choquet R, Qouiyd S, Ouagne D, Pasche E, Daniel C, Boussaid O, Jaulent MC (2010) The information quality triangle: a methodology to assess clinical information quality. Studies in Health Technology and Informatics 160(Pt 1):699–703
136. Christen P (2006) A comparison of personal name matching: techniques and practical issues. In: Sixth IEEE International Conference on Data Mining Workshops, 2006 (ICDM Workshops 2006). IEEE, New York, pp 290–294
137. Christen P (2007) A two-step classification approach to unsupervised record linkage. In: Proceedings of the Sixth Australasian Conference on Data Mining and Analytics. Australian Computer Society, Inc., vol 70, pp 111–119
138. Christen P (2008) Automatic record linkage using seeded nearest neighbour and support vector machine classification. In: Proceedings of the 14th ACM SIGKDD International Conference on Knowledge Discovery and Data Mining. ACM, New York, pp 151–159
139. Christen P (2012) A survey of indexing techniques for scalable record linkage and deduplication. IEEE Transactions on Knowledge and Data Engineering 24(9):1537–1555
140. Christen P, Goiser K (2007) Quality and complexity measures for data linkage and dedupli-

cation. In: Quality Measures in Data Mining. Springer, New York, pp 127–151

141. Christen P, Pudjijono A (2009) Accurate synthetic generation of realistic personal information. In: Advances in Knowledge Discovery and Data Mining. Springer, New York, pp 507–514
142. Christen P, et al (2007) Towards parameter-free blocking for scalable record linkage. Australian National University, Canberra
143. Ciancio A, da Costa A, da Silva E, Said A, Samadani R, Obrador P (2009) Objective no-reference image blur metric based on local phase coherence. Electronics Letters 45(23):1162–1163
144. Codd EF (1970) A relational model of data for large shared data banks. Communications of the ACM 13(6):377–387
145. Cohen WW, Richman J (2002) Learning to match and cluster large high-dimensional data sets for data integration. In: Proceedings of the Eighth ACM SIGKDD International Conference on Knowledge Discovery and Data Mining. ACM, New York, pp 475–480
146. Coiera E (2003) Guide to Health Informatics. CRC Press, Boca Raton
147. Collins SA, Fred M, Wilcox L, Vawdrey DK (2012) Workarounds used by nurses to overcome design constraints of electronic health records. In: NI 2012: Proceedings of the 11th International Congress on Nursing Informatics. American Medical Informatics Association, vol 2012
148. Consiglio Regionale della Toscana (2003) Indice di qualita': Percorso e metodologia (in Italian)
149. Corchs S, Gasparini F, Marini F, Schettini R (2011) Image quality: a tool for no-reference assessment methods. Image Quality and System Performance VIII 7867(1):786712
150. Corchs S, Gasparini F, Marini F, Schettini R (2012) A sharpness measure on automatically selected edge segments. Image Quality and System Performance IX 8293(1):82930A
151. Corchs S, Gasparini F, Schettini R (2014) No reference image quality classification for jpeg-distorted images. Digital Signal Processing 30:86–100
152. Corchs S, Gasparini F, Schettini R (2014) Noisy images-jpeg compressed: subjective and objective image quality evaluation. In: IS&T/SPIE Electronic Imaging. International Society for Optics and Photonics
153. Corner BR, Narayanan RM, Reichenbach SE (2003) Noise estimation in remote sensing imagery using data masking. International Journal of Remote Sensing 24(4):689–702
154. Correndo G, Salvadores M, Millard I, Shadbolt N (2010) Linked timelines: Temporal representation and management in linked data. In: Hartig O, Harth A, Sequeda J (eds) Proceedings of the First International Workshop on Consuming Linked Data, Shanghai, November 8, 2010. CEUR-WS.org, CEUR Workshop Proceedings, vol 665, URL http://ceur-ws.org/Vol-665/CorrendoEtAl_COLD2010.pdf
155. Cottrell C (2000) Medicare data study spotlights coding errors. Journal of AHIMA/American Health Information Management Association 71(8):58
156. Crosby P (1979) Quality Is Free. McGraw-Hill, New York
157. Crossley SA, Greenfield J, McNamara DS (2008) Assessing text readability using cognitively based indices. Tesol Quarterly 42(3):475–493
158. Cui Y, Widom J, Wiener JL (2000) Tracing the Lineage of View Data in a Warehousing Environment. ACM Transactions on Database Systems 25(2):179–227
159. Culotta A, McCallum A (2005) Joint deduplication of multiple record types in relational data. In: Proceedings of the 14th ACM International Conference on Information and Knowledge Management. ACM, New York, pp 257–258
160. Damerau FJ (1964) A technique for computer detection and correction of spelling errors. Communications of the ACM 7(3):171–176
161. Dasu T, Johnson T (2003) Exploratory Data Mining and Data Cleaning. J. Wiley Series in Probability and Statistics. Wiley, New York
162. Data Warehousing Institute (2005) Data Quality and the Bottom Line: Achieving Business Success Through a Commitment to High Quality Data. http://www.dw-institute.com/

163. Datta R, Joshi D, Li J, Wang JZ (2006) Studying aesthetics in photographic images using a computational approach. In: Proceedings of the ECCV, pp 7–13
164. Davis GB, Olson MH (1984) Management Information Systems: Conceptual Foundations, Structure, and Development, 2nd edn. McGraw-Hill, New York
165. Davis NA (2014) Health Information Technology, 3rd edn. Elsevier/Saunders, Amsterdam/London
166. Davis R, Strobe H, Szolovits P (1993) What is knowledge representation. AI Magazine 14(1):17–33
167. Dayal U (1985) Query processing in a multidatabase system. In: Query Processing in Database Systems. Springer, New York, pp 81–108
168. De Amicis F, Batini C (2004) A Methodology for Data Quality Assessment on Financial Data. Studies in Communication Sciences
169. De Giacomo G, Lembo D, Lenzerini M, Rosati R (2004) Tackling inconsistencies in data integration through source preferences. In: Proceedings of the IQIS 2004 (SIGMOD Workshop), pp 27–34
170. De Michelis G, Dubois E, Jarke M, Matthes F, Mylopoulos J, Papazoglou MP, Schmidt J, Woo C, Yu E (1997) Cooperative information systems: a manifesto. In: Papazoglou M, Schlageter G (eds) Cooperative Information Systems: Trends & Directions. Academic, London
171. De Vries T, Ke H, Chawla S, Christen P (2009) Robust record linkage blocking using suffix arrays. In: Proceedings of the 18th ACM Conference on Information and Knowledge Management. ACM, New York, pp 305–314
172. Dejaeger K, Hamers B, Poelmans J, Baesens B (2010) A novel approach to the evaluation and improvement of data quality in the financial sector. In: Proceedings of the 15th International Conference on Information Quality
173. Delic KA, Dayal U (2002) The rise of the intelligent enterprise. Ubiquity 2002(December):6
174. Dempster A, Laird N, Rubin D (1977) Maximum likelihood from incomplete data via the EM algorithm. Journal of Royal Statistical Society 39:1–38
175. Demter J, Auer S, Martin M, Lehmann J (2012) LODStats – an extensible framework for high-performance dataset analytics. In: EKAW. Lecture Notes in Computer Science. Springer, New York, pp 353–362
176. Dividino R, Sizov S, Staab S, Schueler B (2009) Querying for provenance, trust, uncertainty and other meta knowledge in RDF. Web Semantics: Science, Services and Agents on the World Wide Web 7:204–219
177. Division UNS (February 2015) http://unstats.un.org/unsd/methods/statorg/FP-English.htm (accessed)
178. Donabedian A (1980) The definition of quality and approaches to its management. Health Administration Press, Ann Arbor, MI
179. Dong X, Halevy A, Madhavan J (2005) Reference reconciliation in complex information spaces. In: Proceedings of the 2005 ACM SIGMOD International Conference on Management of Data. ACM, New York, pp 85–96
180. Dong X, Halevy AY, Madhavan J (2005) Reference reconciliation in complex information spaces. In: Proceedings of the SIGMOD 2005, pp 85–96
181. Dong XL, Berti-Equille L, Srivastava D (2009) Truth discovery and copying detection in a dynamic world. PVLDB 2(1):562–573
182. Dovey S, Meyers D, Phillips R, Green L, Fryer G, Galliher J, Kappus J, Grob P (2002) A preliminary taxonomy of medical errors in family practice. Quality and Safety in Health Care 11(3):233–238
183. Draisbach U, Naumann F (2009) A comparison and generalization of blocking and windowing algorithms for duplicate detection. In: Proceedings of the International Workshop on Quality in Databases (QDB), pp 51–56
184. DuBay WH (2004) The Principles of Readability [Online Submission]
185. Duda R, Hart P, Stork D (2000) Pattern Classification. Wiley, New York
186. Dunn HL (1946) Record linkage. American Journal of Public Health 36:1412–1416

187. Durham E, Xue Y, Kantarcioglu M, Malin B (2012) Quantifying the correctness, computational complexity, and security of privacy-preserving string comparators for record linkage. Information Fusion 13(4):245–259
188. Dusserre L, Quantin C, Bouzelat H (1994) A one way public key cryptosystem for the linkage of nominal files in epidemiological studies. Medinfo 8:644–647
189. Dykstra RH, Ash JS, Campbell E, Sittig DF (2009) Persistent paper: the myth of "going paperless". In: AMIA Annual Symposium Proceedings, 2009, pp 158–162
190. Ebell M (1999) Information at the point of care: answering clinical questions. The Journal of the American Board of Family Practice 12(3):225–235
191. Eckbert M, Bradley A (1998) Perceptual quality metrics applied to still image compression. Signal Processing 70(3):177–200
192. Eckerson W (2002) Data Quality and the Bottom Line: Achieving Business Success through a Commitment to High Quality Data. Technical report, The Data Warehousing Institute
193. Elfeky MG, Verykios VS, Elmagarmid AK (2002) Tailor: a record linkage toolbox. In: Proceedings of the 18th International Conference on Data Engineering, 2002. IEEE, New York, pp 17–28
194. Elhadad N, Sutaria K (2007) Mining a lexicon of technical terms and lay equivalents. In: Proceedings of the Workshop on BioNLP 2007: Biological, Translational, and Clinical Language Processing. Association for Computational Linguistics, pp 49–56
195. Ell B, Vrandečic D, Simperl E (2011) Labels in the web of data. In: Proceedings of the 10th International Conference on the Semantic Web - Volume Part I (ISWC'11). Springer, Berlin/Heidelberg, pp 162–176, URL http://dl.acm.org/citation.cfm?id=2063016.2063028
196. Ellingsen G, Monteiro E (2003) A patchwork planet integration and cooperation in hospitals. Computer Supported Cooperative Work, The Journal of Collaborative Computing 12(1):71–95
197. Elmagarmid AK, Ipeirotis PG, Verykios VS (2007) Duplicate record detection: a survey. IEEE Transactions on Knowledge and Data Engineering 19(1):1–16
198. Elmasri R, Navathe S (1994) Foundamentals of Database Systems, 5th edn. Addison-Wesley, Reading
199. Engeldrum PG (2001) Psychometric scaling: avoiding the pitfalls and hazards. In: IS&T's 2001 PICS Conference Proceedings, pp 101–107
200. English L (2002) Process management and information quality: how improving information production processes improves information (product) quality. In: Proceedings of the 7th International Conference on Information Quality (IQ 2002), pp 206–209
201. English L (2009) Information Quality Applied: Best Practices for Improving Business Information, Processes, and Systems, 1st edn. Wiley, Indianapolis
202. English LP (1999) Improving Data Warehouse and Business Information Quality. Wiley, New York
203. Eppler M, Helfert M (2004) A classification and analysis of data quality costs. In: ICIS'04: Proceedings of the International Conference on Information Quality, pp 311–325
204. Eppler MJ (2006) Managing information quality: increasing the value of information in knowledge-intensive products and processes. Springer, New York
205. Erling O (2012) Virtuoso, a hybrid rdbms/graph column store. IEEE Data Engineering Bulletin 35(1):3–8
206. European Parliament (2003) Directive 2003/98/EC of the European Parliament and of the Council of 17 November 2003 on the Re-use of Public Sector Information. Official Journal of the European Union
207. European Parliament (2013) Revision of the directive 2003/98/ec of the European parliament and of the council on the re-use of public sector information
208. EUROSTAT (accessed 2014) http://ec.europa.eu/eurostat/web/quality/quality-reporting
209. EUROSTAT (accessed 2015) http://epp.eurostat.cec.eu.int/pls/portal/
210. Even A, Kaiser M (2009) A framework for economics-driven assessment of data quality decisions. In: AMCIS, p 436

211. Even A, Shankaranarayanan G (2005) Value-driven data quality assessment. In: IQ
212. Even A, Shankaranarayanan G (2007) Understanding impartial versus utility-driven quality assessment in large datasets. In: ICIQ, pp 265–279
213. Even A, Shankaranarayanan G (2007) Utility-driven configuration of data quality in data repositories. International Journal of Information Quality 1(1):22–40
214. Even A, Shankaranarayanan G (2009) Dual assessment of data quality in customer databases. Journal of Data and Information Quality (JDIQ) 1(3):15
215. Even A, Shankaranarayanan G (2009) Utility cost perspectives in data quality management. Journal of Computer Information Systems 50(2):127–135
216. Even A, Shankaranarayanan G, Berger PD (2007) Economics-driven data management: an application to the design of tabular data sets. IEEE Transactions on Knowledge and Data Engineering 19(6):818–831
217. Even A, Kolodner Y, Varshavsky R (2010) Designing business-intelligence tools with value-driven recommendations. In: Global Perspectives on Design Science Research. Springer, New York, pp 286–301
218. Even A, Shankaranarayanan G, Berger PD (2010) Evaluating a model for cost-effective data quality management in a real-world crm setting. Decision Support Systems 50(1):152–163
219. Even A, Shankaranarayanan G, Berger PD (2010) Inequality in the utility of customer data: implications for data management and usage. Journal of Database Marketing & Customer Strategy Management 17(1):19–35
220. Even A, Shankaranarayanan G, Berger PD (2010) Managing the quality of marketing data: cost/benefit tradeoffs and optimal configuration. Journal of Interactive Marketing 24:209–221
221. Eysenbach G (2008) Medicine 2.0: social networking, collaboration, participation, apomediation, and openness. Journal of Medical Internet Research 10(3)
222. Falorsi PD, Scannapieco M (eds) (2006) Principi Guida per la Qualità dei Dati Toponomastici nella Pubblica Amministrazione (in Italian). ISTAT, serie Contributi, vol. 12. Available at: http://www.istat.it/dati/pubbsci/contributi/Contr_anno2005.htm
223. Falorsi PD, Pallara S, Pavone A, Alessandroni A, Massella E, Scannapieco M (2003) Improving the quality of toponymic data in the Italian public administration. In: Proceedings of the DQCIS 2003 (ICDT Workshop)
224. Fan W, Lu H, Madnick S, Cheungd D (2001) Discovering and reconciling value conflicts for numerical data integration. Information Systems 26(8):635–656
225. Farr JN, Jenkins JJ, Paterson DG (1951) Simplification of flesch reading ease formula. Journal of Applied Psychology 35(5):333
226. Fawcett T (2004) Roc graphs: notes and practical considerations for researchers. Machine Learning 31:1–38
227. Fellbaum C (1999) WordNet. Wiley Online Library
228. Fellegi IP, Holt D (1976) A systematic approach to automatic edit and imputation. Journal of the American Statistical Association 71(353):17–35
229. Fellegi IP, Sunter AB (1969) A theory for record linkage. Journal of the American Statistical Association 64
230. Fiedler K, Kareev Y (2006) Does decision quality (always) increase with the size of information samples? Some vicissitudes in applying the law of large numbers. Journal of Experimental Psychology: Learning, Memory, and Cognition 32(4):883
231. Filin S, Doytsher Y (2000) Detection of corresponding objects in linear-based map conflation. Surveying and Land Information Systems 60(2):117–128
232. Filin S, Doytsher Y (2000) A linear conflation approach for the integration of photogrammetric information and gis data. International Archives of Photogrammetry and Remote Sensing 33(B3/1; PART 3):282–288
233. Fisher C, Lauria E, Chengalur-Smith S, Wang R (2011) Introduction to Information Quality. AuthorHouse, Bloomington
234. Fisher CW, Kingma BR (2001) Criticality of Data Quality as Exemplified in Two Disasters. Information Management 39:109–116

235. Fisher CW, Chengalur-Smith I, Ballou DP (2003) The impact of experience and time on the use of data quality information in decision making. Information Systems Research 14(2):170–188
236. Fitzpatrick G (2000) Understanding the paper health record in practice: implications for EHRs. In: Proceedings of Health Informatics Conference HIC'2000, Adelaide
237. Fitzpatrick G, Ellingsen G (2012) A review of 25 years of CSCW research in health-care: contributions, challenges and future agendas. Computer Supported Cooperative Work (CSCW), DOI 10.1007/s10606-012-9168-0, URL http://www.springerlink.com/index/10.1007/s10606-012-9168-0
238. Flemming A (2011) Qualitätsmerkmale von Linked Data-veröffentlichenden Datenquellen. Diplomarbeit (Quality Criteria for Linked Data Sources), https://cs.uwaterloo.ca/~ohartig/files/DiplomarbeitAnnikaFlemming.pdf
239. Flemming, Annika (accessed 2014) Basel Committee on Banking Supervision, http://www.ots.treas.gov
240. Flesch R (1948) A new readability yardstick. Journal of Applied Psychology 32(3):221
241. Floridi L (2005) Semantic conceptions of information
242. Fortier MFA, Ziou D, Armenakis C, Wang S (2000) Automated updating of road information from aerial images. In: American Society Photogrammetry and Remote Sensing Conference, pp 16–23
243. Fowler M (2004) UML Distilled: A Brief Guide to the Standard Object Modeling Language. Pearson Education
244. Fox S, Jones S (2009) The social life of health information. Pew Internet & American Life Project, Washington, DC, pp 2009–12
245. Francalanci C, Pernici B (2004) Data quality assessment from the user's perspective. In: Proceedings of the 2004 International Workshop on Information Quality in Information Systems. ACM, New york, pp 68–73
246. Frey F, Reilly J, of Technology Image Permanence Institute RI (1999) Digital Imaging for Photographic Collections: Foundations for Technical Standards. Image Permanence Institute, URL http://books.google.it/books?id=75QrAQAAMAAJ
247. Friedman C, Sideli R (1992) Tolerating spelling errors during patient validation. Computers and Biomedical Research 25(5):486–509
248. Fung B, Wang K, Chen R, Yu PS (2010) Privacy-preserving data publishing: a survey of recent developments. ACM Computing Surveys (CSUR) 42(4):14
249. Fürber C, Hepp M (2011) Swiqa - a semantic web information quality assessment framework. In: ECIS
250. Fuxman A, Fazli E, Miller RJ (2005) ConQuer: efficient management of inconsistent databases. In: Proceedings of the SIGMOD 2005, pp 155–166
251. Gabay Y, Doytsher Y (2000) Features-an approach to matching lines in partly similar engineering maps. Geomatica 54(3):297–310
252. Galland A, Abiteboul S, Marian A, Senellart P (2010) Corroborating information from disagreeing views. In: WSDM, pp 131–140
253. Gallegos I, Gates A, Tweedie C (2010) Dapros: a data property specification tool to capture scientific sensor data properties. In: Proceedings of ER Workshops. Vancouver, BC, pp 232–241
254. Gamble M, Goble C (2011) Quality, trust, and utility of scientific data on the web: towards a joint model. In: ACM WebScience, pp 1–8
255. Gangadharan GR, Weiss M, D'Andrea V, Iannella R (2007) Service license composition and compatibility analysis. In: ICSOC, pp 257–269
256. Ge M (2009) Information quality assessment and effects on inventory decision-making. PhD thesis, Dublin City University
257. Ge M, Helfert M (2006) A framework to assess decision quality using information quality dimensions. In: ICIQ, pp 455–466
258. Ge M, Helfert M (2013) Impact of information quality on supply chain decisions. Journal of Computer Information Systems 53(4)

259. Geerts F, Mecca G, Papotti P, Santoro D (2014) Mapping and cleaning. In: IEEE 30th International Conference on Data Engineering (ICDE 2014), Chicago, March 31–April 4, 2014, pp 232–243
260. Geerts F, Mecca G, Papotti P, Santoro D (2014) That's all folks! LLUNATIC goes open source. PVLDB 7(13):1565–1568
261. Geissbuhler A, Safran C, Buchan I, Bellazzi R, Labkoff S, Eilenberg K, Leese A, Richardson C, Mantas J, Murray P, De Moor G (2013) Trustworthy reuse of health data: a transnational perspective. International Journal of Medical Informatics 82(1):1–9, DOI 10.1016/j.ijmedinf.2012.11.003, URL http://linkinghub.elsevier.com/retrieve/pii/S138650561200202X
262. Getoor L, Machanavajjhala A (2012) Entity resolution: theory, practice & open challenges. Proceedings of the VLDB Endowment 5(12):2018–2019
263. Gil Y, Artz D (2007) Towards content trust of web resources. Web Semantics 5(4):227–239
264. Gil Y, Ratnakar V (2002) Trusting information sources one citizen at a time. In: ISWC. Springer, New York, pp 162–176
265. Gillies A (2000) Assessing and improving the quality of information for health evaluation and promotion. Methods of Information in Medicine 39(3):208–212
266. Gissler M, Hemminki J, Teperi J, Merilainen J (1995) Data quality after restructuring a national medical registry. Scandinavian Journal of Social Medicine 23:75–80
267. Glasson M, Trepanier J, Patruno V, Daas P, Skaliotis M, Khan A (2013) What does Big data mean for official statistics? Technical report, UNECE, URL http://www1.unece.org/stat/platform/pages/viewpage.action?pageId=77170622
268. Goiser K, Christen P (2006) Towards automated record linkage. In: Proceedings of the Fifth Australasian Conference on Data Mining and Analytics. Australian Computer Society, Inc., vol 61, pp 23–31
269. Golbeck J (2004) Inferring reputation on the semantic web. In: WWW
270. Gonzales RC, Woods R (2008) Digital Image Processing. Prentice Hall, Englewood Cliffs
271. Gonzalez C, Kasper GM (1997) Animation in user interfaces designed for decision support systems: the effects of image abstraction, transition, and interactivity on decision quality. Decision Sciences 28(4):793–823
272. Gostojić S, Milosavljević B, Konjović Z (2013) Ontological model of legal norms for creating and using legislation. Computer Science and Information Systems 10(1):151–171
273. Graesser AC, McNamara DS (2011) Computational analyses of multilevel discourse comprehension. Topics in Cognitive Science 3(2):371–398
274. Graesser AC, McNamara DS, Louwerse MM (2003) What do readers need to learn in order to process coherence relations in narrative and expository text. In: Rethinking Reading Comprehension, pp 82–98
275. Graesser AC, McNamara DS, Louwerse MM, Cai Z (2004) Coh-metrix: analysis of text on cohesion and language. Behavior Research Methods, Instruments, & Computers 36(2):193–202
276. Greco G, Lembo D (2004) Data integration with preferences among sources. In: Proceedings of the ER 2004, pp 231–244
277. Greco G, Greco S, Zumpano E (2003) A logical framework for querying and repairing inconsistent databases. Transactions on Knowledge and Data Engineering 15(6):1389–1408
278. Gruenheid A, Dong XL, Srivastava D (2014) Incremental record linkage. PVLDB 7(9):697–708
279. Grünwald PD (2007) The Minimum Description Length Principle. MIT Press, Cambridge
280. Gu L, Baxter RA (2004) Adaptive filtering for efficient record linkage. In: SDM. SIAM, Philadelphia, pp 477–481
281. Gu L, Baxter R, Vickers D, Rainsford C (2003) Record Linkage: Current Practice and Future Directions. Technical Report 03/83, CMIS 03/83
282. Guéret C, Groth P, Stadler C, Lehmann J (2012) Assessing linked data mappings using network measures. In: ESWC
283. Gunning R (1952) The Technique of Clear Writing. McGraw Hill International Book, New York

284. Guo S, Dong XL, Srivastava D, Zajac R (2010) Record linkage with uniqueness constraints and erroneous values. Proceedings of the VLDB Endowment 3(1–2):417–428
285. Guptil C, Morrison J (1995) Elements of Spatial Data Quality. Elsevier Science Ltd, Oxford
286. H Tang NJ, Kapoor A (2011) Learning a blind measure of perceptual image quality. In: IEEE Conference on Computer Vision and Pattern Recognition (CVPR), pp 305–312
287. Hagan MT, Demuth HB, Beale MH, et al (1996) Neural Network Design, vol 1. PWS, Boston
288. Haines M (2010) Information quality research from the healthcare perspective. In: Proceedings of the Fourth MIT Information Quality Industry Symposium, July 14–16, 2010
289. Hall PA, Dowling G (1980) Approximate string comparison. ACM Computing Surveys 12(4):381–402
290. Hall R, Fienberg SE (2011) Privacy-preserving record linkage. In: Privacy in Statistical Databases. Springer, New York, pp 269–283
291. Halliday M, Hasan R (1976) Cohesion in English. English Language Series, Longman, URL http://books.google.it/books?id=zMBZAAAAMAAJ
292. Halpin H, Hayes P, McCusker JP, McGuinness D, Thompson HS (2010) When owl:sameas isn't the same: an analysis of identity in linked data. In: Proceedings of the 9th International Semantic Web Conference (ISWC), vol 1, pp 53–59
293. Hammer M, Champy J (2009) Reengineering the Corporation: Manifesto for Business Revolution, A. Collins Business Essentials, HarperCollins, URL http://books.google.it/books?id=mjvGTXgFl6cC
294. Han J, Kamber M (2000) Data Mining: Concepts and Techniques. Morgan Kaufmann, Los Altos
295. Härle P, Heuser M, Pfetsch S, Poppensieker T (2010) Basel iii. What the draft proposals might mean for european banking. Online verfügbar unter http://wwwmckinseycom/clientservice/Financial_Servicvices/Knowledge_Highlights/~/media/Reports/Financial_Services/MoCIB10_Basel3 ashx, zuletzt geprüft am 30:2011
296. Harper RHR, O'Hara KPA, Sellen AJ, Duthie DJR (1997) Toward the paperless hospital? A case study of document use by anaesthetists. British Journal of Anaesthesia 78:762–767
297. Harrison MI, Koppel R, Bar-Lev S (2007) Unintended consequences of information technologies in health care - an interactive sociotechnical analysis. Journal of the American Medical Informatics Association 14(5):542–549
298. Hartig O (2008) Trustworthiness of data on the web. In: STI Berlin and CSW PhD Workshop, Berlin
299. Hartig O (2009) Provenance information in the web of data. In: Proceedings of the Linked Data on the Web (LDOW'09), Workshop of the World Wide Web Conference (WWW)
300. Hasler D, Süsstrunk SE (2003) Measuring colorfulness in natural images. Human Vision and Electronic Imaging VIII 5007:87–95
301. Hassanzadeh O, Chiang F, Lee HC, Miller RJ (2009) Framework for evaluating clustering algorithms in duplicate detection. Proceedings of the VLDB Endowment 2(1):1282–1293
302. Hastings J (2008) Automated conflation of digital gazetteer data. International Journal of Geographical Information Science 22(10):1109–1127
303. Hayes P (2004) RDF Semantics. Recommendation, World Wide Web Consortium, http://www.w3.org/TR/2004/REC-rdf-mt-20040210
304. Heath T, Bizer C (2011) Linked Data: Evolving the Web into a Global Data Space. Morgan & Claypool
305. Heinrich B, Kaiser M, Klier M (2007) How to measure data quality - a metric based approach. In: Appraisal for: International Conference on Information Systems, pp 1–15
306. Heinrich B, Kaiser M, Klier M (2008) Does the eu insurance mediation directive help to improve data quality? - a metric-based analysis. In: Golden W, Acton T, Conbo K, van der Heijden H, Tuunainen V (eds) Conference Proceedings/ECIS 2008, 16th European Conference on Information Systems, Galway, June 9th–11th 2008, pp 1871–1882
307. Heinrich B, Klier M, Kaiser M (2009) A procedure to develop metrics for currency and its application in crm. Journal of Data and Information Quality (JDIQ) 1(1):5

308. Hernández MA, Stolfo SJ (1995) The merge/purge problem for large databases. In: ACM SIGMOD Record. ACM, New York, vol 24, pp 127–138
309. Hernandez MA, Stolfo SJ (1998) Real-world data is dirty: data cleansing and the merge/purge problem. Journal of Data Mining and Knowledge Discovery 1(2)
310. Herzfeld T, Weiss C (2003) Corruption and legal (in) effectiveness: an empirical investigation. European Journal of Political Economy 19(3):621–632
311. Hinchcliff R, Greenfield D, Moldovan M, Westbrook JI, Pawsey M, Mumford V, Braithwaite J (2012) Narrative synthesis of health service accreditation literature. BMJ Quality & Safety 21(12):979–991, DOI 10.1136/bmjqs-2012-000852, URL http://qualitysafety.bmj.com/lookup/doi/10.1136/bmjqs-2012-000852
312. Hogan A, Harth A, Passant A, Decker S, Polleres A (2010) Weaving the pedantic web. In: LDOW
313. Hogan A, Umbrich J, Harth A, Cyganiak R, Polleres A, Decker S (2012) An empirical survey of linked data conformance. Journal of Web Semantics
314. Hogan WR, Wagner MM (1997) Accuracy of data in computer-based patient records. Journal of the American Medical Informatics Association 4(5):342–355
315. Hopkins D, King G (2010) A method of automated nonparametric content analysis for social science. American Journal of Political Science 54(1):229–247
316. Hovenga EJ (2010) Health Informatics: An Overview. IOS Press, vol 151
317. Hristovski D, Rogac M, Markota M (2000) Using data warehousing and OLAP in public health care. In: Proceedings of the AMIA Symposium. American Medical Informatics Association, p 369
318. Huaman MA, Araujo-Castillo RV, Soto G, Neyra JM, Quispe JA, Fernandez MF, Mundaca CC, Blazes DL (2009) Impact of two interventions on timeliness and data quality of an electronic disease surveillance system in a resource limited setting (peru): a prospective evaluation. BMC Medical Informatics and Decision Making 9(1):16
319. Huang J, Ertekin S, Giles CL (2006) Efficient name disambiguation for large-scale databases. In: Knowledge Discovery in Databases: PKDD 2006. Springer, New York, pp 536–544
320. Hwang MI, Lin JW (1999) Information dimension, information overload and decision quality. Journal of Information Science 25(3):213–218
321. I3A (2007) Fundamentals and review of considered test methods. CPIQ Initiative Phase 1 White Paper
322. Imatest (2010) Digital Image Quality Testing. http://www.imatest.com
323. Inan A, Kantarcioglu M, Bertino E, Scannapieco M (2008) A hybrid approach to private record linkage. In: IEEE 24th International Conference on Data Engineering, 2008 (ICDE 2008). IEEE, New York, pp 496–505
324. Inan A, Kantarcioglu M, Ghinita G, Bertino E (2010) Private record matching using differential privacy. In: Proceedings of the 13th International Conference on Extending Database Technology. ACM, New York, pp 123–134
325. International Conference on Information Quality (IQ/ICIQ) (accessed 2015) http://www.iqconference.org/
326. International Monetary Fund (accessed 2014) http://dsbb.imf.org/
327. International Organization for Standardization (accessed 2014) http://www.iso.org
328. INTERPARES Project (accessed 2014) http://www.interpares.org
329. Iselin ER (1988) The effects of information load and information diversity on decision quality in a structured decision task. Accounting, Organizations and Society 13(2):147–164
330. ISO-25012 (2008) ISO/IEC 25012:2008 software engineering – software product quality requirements and evaluation (SQuaRE) – data quality model
331. ISO (2000) Quality Management and Quality Assurance. Vocabulary. ISO 84021994. International Organization for Standardization, 1994
332. ISO (2005) Image Technology Colour Management - Architecture, Profile Format and Data Structure - Part 1: Based on ICC.1:2004-10. ISO 15076-1. ISO, 2005

333. ISO (accessed February 09, 2012) Information technology – Multimedia content description interface – Part 1: Systems. URL http://www.iso.org/iso/iso_catalogue/catalogue_tc/catalogue_detail.htm?csnumber=34228
334. ITU (2002) Methodology for the subjective assessment of the quality for television pictures. Technical report, ITU-R Rec. BT. 500-11
335. Jaccard P (1901) Etude comparative de la distribution florale dans une portion des Alpes et du Jura. Impr. Corbaz
336. Jacobi I, Kagal L, Khandelwal A (2011) Rule-based trust assessment on the semantic web. In: International Conference on Rule-Based Reasoning, Programming, and Applications Series, pp 227–241
337. Jain AK (2001) Corruption: a review. Journal of Economic Surveys 15(1):71–121
338. James G, Witten D, Hastie T, Tibshirani R (2013) An Introduction to Statistical Learning with Applications in R. Springer Texts in Statistics. Springer, New York
339. Janssen T (2001) Computational Image Quality. SPIE Press
340. Janssen T, Blommaert F (2000) A computational approach to image quality. Displays 21:129–142
341. Jarke M, Lenzerini M, Vassiliou Y, Vassiliadis P (eds) (1995) Fundamentals of Data Warehouses. Springer, New York
342. Jarke M, Jeusfeld MA, Quix C, Vassiliadis P (1999) Architecture and quality in data warehouses: an extended repository approach. Information Systems
343. Jaro MA (1985) Advances in record linkage methodologies as applied to matching the 1985 Cencus of Tampa, Florida. Journal of American Statistical Society 84(406):414–420
344. Jarvenpaa SL, Dickson GW, DeSanctis G (1985) Methodological issues in experimental is research: experiences and recommendations. MIS Quarterly 9(2)
345. Jayaraman D, Mittal A, Moorthy A, Bovik A (2012) Objective quality assessment of multiply distorted images. In: Proceedings of the of the Asilomar Conference on Signals, Systems and Computers, pp 1693–1697
346. Jeffery S, Alonso M Gand Franklin, Hong W, Widom J (2005) A Pipelined Framework for Online Cleaning of Sensor Data Streams. Technical report, Computer Science Division (EECS), University of California, uCB/CSD-5-1413
347. Jeffery S, Garofalakis M, Franklin M (2006) Adaptive cleansing for rfid data streams. In: Proceedings of Very Large Database Conference (VLDB 2006), Seoul, 2006, pp 163–174
348. Jha AK, DesRoches CM, Kralovec PD, Joshi MS (2010) A progress report on electronic health records in U.S. hospitals. Health Affairs 29(10):1951–1957, DOI 10.1377/hlthaff.2010.0502, URL http://content.healthaffairs.org/cgi/doi/10.1377/hlthaff.2010.0502
349. Johnson S, Kaufmann D, Zoido-Lobaton P (1998) Regulatory discretion and the unofficial economy. American Economic Review 88(2):387–392
350. Jung W (2004) A review of research: an investigation of the impact of data quality on decision performance. In: Proceedings of the 2004 International Symposium on Information and Communication Technologies. Trinity College, Dublin, pp 166–171
351. Jung W, Olfman L, Ryan T, Park YT (2005) An experimental study of the effects of contextual data quality and task complexity on decision performance. In: IEEE Conference on Information Reuse and Integration, 2005 (IRI-2005). IEEE, New York, pp 149–154
352. Juran J (1988) Juran on Planning for Quality. The Free Press, New York
353. Kalashnikov DV, Mehrotra S (2006) Domain-independent data cleaning via analysis of entity-relationship graph. ACM Transactions on Database Systems (TODS) 31(2):716–767
354. Karakasidis A, Verykios VS (2010) Advances in privacy preserving record linkage. In: E-Activity and Intelligent Web Construction: Effects of Social Design, pp 22–29
355. Kargupta H, Datta S, Wang Q, Sivakumar K (2003) On the privacy preserving properties of random data perturbation techniques. In: Third IEEE International Conference on Data Mining, 2003 (ICDM 2003). IEEE, New York, pp 99–106
356. Karsh BT, Weinger MB, Abbott PA, Wears RL (2010) Health information technology: fallacies and sober realities. Journal of the American Medical Informatics Association 17(6):617–623

357. Kay M, Santos J, Takane M (2011) mHealth: New Horizons for Health Through Mobile Technologies. World Health Organization, Geneva
358. Kazley AS, Ozcan YA (2008) Do hospitals with electronic medical records (EMRs) provide higher quality care? an examination of three clinical conditions. Medical Care Research and Review 65(4):496–513
359. Keelan BW (2002) Handbook of Image Quality: Characterization and Prediction. CRC Press, Boca Raton
360. Keller KL, Staelin R (1987) Effects of quality and quantity of information on decision effectiveness. Journal of Consumer Research 200–213
361. Kerr K, Norris T (2008) Improving health care data quality: a practitioner's perspective. International Journal of Information Quality 2(1):39, DOI 10.1504/IJIQ.2008.019562, URL http://www.inderscience.com/link.php?id=19562
362. Kerr K, Norris T, Stockdale R (2007) Data quality information and decision making: a healthcare case study. In: 18th Australasian Conference on Information Systems, Toowoomba, pp 5–7
363. Kerr KA, Norris T, Stockdale R (2008) The strategic management of data quality in healthcare. Health Informatics Journal 14(4):259–266, DOI 10.1177/1460458208096555, URL http://jhi.sagepub.com/cgi/doi/10.1177/1460458208096555
364. Keßler C, Janowicz K, Bishr M (2009) An agenda for the next generation gazetteer: geographic information contribution and retrieval. In: Proceedings of the 17th ACM SIGSPATIAL International Conference on Advances in Geographic Information Systems. ACM, New York, pp 91–100
365. Kettinger W, Grover V (1995) Special section: toward a theory of business process change management. Journal of Management Information Systems 12(1):9–30
366. Kim W, Seo J (1991) Classifying schematic and data heterogeneity in multidatabase systems. IEEE Computer 24(12):12–18
367. Kimball R (1998) The Data Warehouse Lifecycle Toolkit: Expert Methods for Designing, Developing, and Deploying Data Warehouses. Wiley, New York
368. Kincaid JP, Fishburne Jr RP, Rogers RL, Chissom BS (1975) Derivation of new readability formulas (automated readability index, fog count and flesch reading ease formula) for navy enlisted personnel. Technical report, DTIC Document
369. Kitson HD (1921) The Mind of the Buyer: A Psychology of Selling. Macmillan, New York, vol 21549
370. Klare GR (1974) Assessing readability. Reading Research Quarterly 62–102
371. Klein A, Lehner W (2009) Representing data quality in sensor data streaming environments. Journal of Data and Information Quality 1(2)
372. Koda K (2005) Insights into Second Language Reading: A Cross-Linguistic Approach. Cambridge University Press, Cambridge
373. Kohn LT, Corrigan JM, Donaldson MS (eds) (2000) To Err Is Human: Building a Safer Health System. Institute of Medicine (IOM)
374. Kolodner Y (2009) Enhancing business-intelligence tools with value-driven recommendations. PhD thesis, Ben-Gurion University of the Negev
375. Kolodner Y, Even A (2009) Integrating value-driven feedback and recommendation mechanisms into business intelligence systems. In: ECIS, pp 1987–1998
376. Königer P, Janowitz K (1995) Drowning in information, but thirsty for knowledge. International Journal of Information Management 15(1):5–16
377. Köpcke H, Rahm E (2010) Frameworks for entity matching: a comparison. Data & Knowledge Engineering 69(2):197–210
378. Köpcke H, Thor A, Rahm E (2010) Evaluation of entity resolution approaches on real-world match problems. Proceedings of the VLDB Endowment 3(1–2):484–493
379. Koppel R, Metlay JP, Cohen A, Abaluck B, Localio AR, Kimmel SE, Strom BL (2005) Role of computerized physician order entry systems in facilitating medication errors. Journal of the American Medical Association 293:1197–1203

380. Krawczyk H, Wiszniewski B (2003) Visual GQM approach to quality-driven development of electronic documents. In: Proceedings of the 2nd International Workshop on Web Document Analysis (WDA2003), pp 43–46
381. Krötzsch M, Speiser S (2011) Sharealike your data: self-referential usage policies for the semantic web. In: International Semantic Web Conference (1), pp 354–369
382. Kukich K (1992) Techniques for automatically correcting words in text. ACM Computing Surveys (CSUR) 24(4):377–439
383. Kusuma T, Zepernick HJ (2003) A reduced-reference perceptual quality metric for in-service image quality assessment. In: Joint First Workshop on Mobile Future and Symposium on Trends in Communications (SympoTIC '03), pp 71–74
384. Lafferty JD, McCallum A, Pereira FCN (2001) Conditional random fields: probabilistic models for segmenting and labeling sequence data. In: Proceedings of the Eighteenth International Conference on Machine Learning (ICML '01). Morgan Kaufmann, San Francisco, pp 282–289, URL http://dl.acm.org/citation.cfm?id=645530.655813
385. Lait A, Randell B (1996) An assessment of name matching algorithms. Technical Report Series-University of Newcastle Upon Tyne Computing Science
386. Lantz B (2013) Machine Learning with R. Packt Publishing Ltd
387. Lapointe L (2006) Getting physicians to accept new information technology: insights from case studies. Canadian Medical Association Journal 174(11):1573–1578, DOI 10.1503/cmaj.050281, URL http://www.cmaj.ca/cgi/doi/10.1503/cmaj.050281
388. Larsen MD, Rubin DB (1989) An iterative automated record matching using mixture models. Journal of American Statistical Association 79:32–41
389. Larson EC, Chandler DM (2010) Most apparent distortion: full-reference image quality assessment and the role of strategy. Journal of Electronic Imaging 19(1):011006-1–011006-21
390. Lee BK, Lee WN (2004) The effect of information overload on consumer choice quality in an on-line environment. Psychology & Marketing 21(3):159–183
391. Lee C, Rey T, Mentele J, Garver M (2005) Structured neural network techniques for modeling loyalty and profitability. In: Proceedings of SAS User Group International (SUGI 30), pp 082–30
392. Lee YW, Strong DM, Kahn BK, Wang RY (2002) AIMQ: a methodology for information quality assessment. Information and Management 40(2):133–146
393. Lehmann J, Gerber D, Morsey M, Ngonga Ngomo AC (2012) DeFacto - deep fact validation. In: ISWC. Springer, Berlin/Heidelberg
394. Lehti P, Fankhauser P (2005) Probabilistic iterative duplicate detection. In: OTM Conferences (2), pp 1225–1242
395. Lei Y, Uren V, Motta E (2007) A framework for evaluating semantic metadata. In: 4th International Conference on Knowledge Capture (K-CAP '07). ACM, New York, no. 8, pp 135–142
396. Leiner F, Gaus W, Haux R, Leiner F, Gaus W, Haux R (2003) Medical Data Management. Springer, New York
397. Lenzerini M (2002) Data integration: a theoretical perspective. In: Proceedings of the PODS 2002, pp 233–246
398. Letzring TD, Wells SM, Funder DC (2006) Information quantity and quality affect the realistic accuracy of personality judgment. Journal of Personality and Social Psychology 91(1):111
399. Levy AY, Mendelzon AO, Sagiv Y, Srivastava D (1995) Answering queries using views. In: Proceedings of the PODS 1995, pp 95–104
400. Li L, Goodchild M (2012) Automatically and accurately matching objects in geospatial datasets. Advances in Geo-Spatial Information Science 10:71–79
401. Li X, Dong XL, Lyons K, Srivastava D (1999) Truth finding on the deep web: is the problem solved? In: PVLDB

402. Liaw S, Chen H, Maneze D, Taggart J, Dennis S, Vagholkar S, Bunker J (2011) Health Reform: Is Current Electronic Information Fit for Purpose. Emergency Medicine Australasia
403. Liaw S, Rahimi A, Ray P, Taggart J, Dennis S, de Lusignan S, Jalaludin B, Yeo A, Talaei-Khoei A (2013) Towards an ontology for data quality in integrated chronic disease management: a realist review of the literature. International Journal of Medical Informatics 82(1):10–24, DOI 10.1016/j.ijmedinf.2012.10.001, URL http://linkinghub.elsevier.com/retrieve/pii/S1386505612001931
404. Liaw ST, Taggart J, Dennis S, Yeo A (2011) Data quality and fitness for purpose of routinely collected data – a general practice case study from an electronic practice-based research network (ePBRN). In: AMIA Annual Symposium Proceedings. American Medical Informatics Association, vol 2011, p 785
405. Lim EP, Chiang RH (1998) A global object model for accommodating instance heterogeneities. In: Proceedings of the ER'98, Singapore, pp 435–448
406. Lin J, Mendelzon AO (1998) Merging databases under constraints. International Journal of Cooperative Information Systems 7(1):55–76
407. Linked Open Data (LOD) (2006) http://linkeddata.org/
408. Liu L, Chi L (2002) Evolutionary data quality. In: 7th International Conference on Information Quality, Boston
409. LIVE video (2009) Live video quality database. URL http://live.ece.utexas.edu/research/quality/live_video.html
410. Lohningen H (1999) Teach Me Data Analysis. Springer, New York
411. Lorence D, Jameson R (2001) Adoption of information quality practices in US healthcare organisations. A national assessment. International Journal of Quality and Reliability Management 19(6):737–756
412. Lorence DP (2003) The perils of data misreporting. Communications of the ACM 46(11):85–88
413. Loshin D (2004) Enterprise Knowledge Management - The Data Quality Approach. Morgan Kaufmann Series in Data Management Systems
414. Loshin D (2011) The Practitioner's Guide to Data Quality Improvement. Morgan Kaufmann, Burlington, MA
415. Lovern E (2000) Accreditation gains attention. Modern Healthcare 30(47):46
416. Low W, Lee M, Ling T (2001) A knowledge-based approach for duplicate elimination in data cleaning. Information Systems 26(8):586–606
417. Lundstrom C (2006) Technical report: Measuring digital image quality. Tech. rep., Linkoping UniversityLinkoping University, Visual Information Technology and Applications (VITA), The Institute of Technology
418. Lupo C, Batini C (2003) A federative approach to laws access by citizens: the "normeinrete" system. In: Electronic Government. Springer, New York, pp 413–416
419. Lupo C, De Santis L, Batini C (2005) Legalurn: a framework for organizing and surfing legal documents on the web. In: Challenges of Expanding Internet: E-Commerce, E-Business, and E-Government. Springer, New York, pp 313–327
420. de Lusignan S, Stephens PN, Adal N, Majeed A (2002) Does feedback improve the quality of computerized medical records in primary care? Journal of the American Medical Informatics Association 9(4):395–401
421. de Lusignan S, Khunti K, Belsey J, Hattersley A, van Vlymen J, Gallagher H, Millett C, Hague NJ, Tomson C, Harris K, Majeed A (2010) A method of identifying and correcting miscoding, misclassification and misdiagnosis in diabetes: a pilot and validation study of routinely collected data. Diabetic Medicine 27(2):203–209, DOI 10.1111/j.1464-5491.2009.02917.x, URL http://doi.wiley.com/10.1111/j.1464-5491.2009.02917.x
422. MacDonald L, Jacobson R (2006) Assessing image quality. In: Digital Heritage: Applying Digital Imaging to Cultural Heritage. Elsevier Butterworth-Heinemann
423. Madhavan J, Ko D, Kot L, Ganapathy V, Rasmussen A, Halevy AY (2008) Google's deep web crawl. PVLDB 1(2):1241–1252

424. Malin B (2005) Unsupervised name disambiguation via social network similarity. In: Workshop on Link Analysis, Counterterrorism, and Security, vol 1401, pp 93–102
425. Mann R, Williams J (2003) Standards in medical record keeping. Clinical Medicine. Journal of the Royal College of Physicians 3(4):329–332
426. Mann WC, Thompson SA (1988) Rhetorical structure theory: toward a functional theory of text organization. Text 8(3):243–281
427. Manzoor A, Truong H, S D (2008) On the evaluation of quality of context. In: European Conference on Smart Sensing & Context (EuroSSC), Zurich, pp 140–153
428. Martinez A, Hammer J (2005) Making quality count in biological data sources. In: IQIS '05: Proceedings of the 2nd International Workshop on Information Quality in Information Systems. ACM Press, New York, pp 16–27
429. Marziliano P, Dufaux F, Winkler S, Ebrahimi T (2002) A no-reference perceptual blur metric. In: IEEE 2002 International Conference on Image Processing, pp 57–60
430. Maydanchik A (2007) Data Quality Assessment. Data Quality for Practitioners Series. Technics Publications, Bradley Beach
431. McKeon A (2003) Barclays bank case study: using artificial intelligence to benchmark organizational data flow quality. In: Proceeding of the Eighth International Conference on Information Quality, pp 10–13
432. McKinsey Global Institute (2013) Open data: Unlocking innovation and performance with liquid information
433. McLaughlin GH (1969) Smog grading: a new readability formula. Journal of Reading 12(8):639–646
434. McNamara DS, Louwerse MM, Graesser AC (2002) Coh-metrix: automated cohesion and coherence scores to predict text readability and facilitate comprehension. Unpublished Grant proposal, University of Memphis, Memphis, Tennessee
435. Memorandum S (accessed 2014) http://epp.eurostat.ec.europa.eu/portal/page/portal/pgp_ess/0_DOCS/estat/SCHEVENINGEN_MEMORANDUM%20Final%20version_0.pdf
436. Mendes P, Mühleisen H, Bizer C (2012) Sieve: linked data quality assessment and fusion. In: LWDM
437. Michelson M, Knoblock CA (2006) Learning blocking schemes for record linkage. Proceedings of the National Conference on Artificial Intelligence 21(1):440
438. Michelson M, Knoblock CA (2007) Mining heterogeneous transformations for record linkage. In: Proceedings of the 6th International Workshop on Information Integration on the Web, pp 68–73
439. Mikkelsen G, Aasly J (2005) Consequences of impaired data quality on information retrieval in electronic patient records. International Journal of Medical Informatics 74(5):387–394
440. Minami M, et al (2002) Using arcmap. In: Using ArcMap, ESRI
441. Minkov E, Cohen WW, Ng AY (2006) Contextual search and name disambiguation in email using graphs. In: Proceedings of the 29th Annual International ACM SIGIR Conference on Research and Development in Information Retrieval. ACM, New York, pp 27–34
442. Minton SN, Nanjo C, Knoblock CA, Michalowski M, Michelson M (2005) A heterogeneous field matching method for record linkage. In: Fifth IEEE International Conference on Data Mining. IEEE, New York
443. Missier P, Batini C (2003) A model for information quality management framework for cooperative information systems. In: Proceedings of the 11th Italian Symposium on Advanced Database Systems (SEDB 2003), pp 191–206
444. Missier P, Batini C (2003) An information quality management framework for cooperative information systems. In: Proceedings of the International Conference on Information Systems and Engineering (ISE 2003)
445. Missier P, Batini C (2003) A multidimensional model for information quality in cooperative information systems. In: Proceedings of the 8th International Conference on Information Quality, pp 25–40

446. Missier P, Lack G, Verykios V, Grillo F, Lorusso T, Angeletti P (2003) Improving data quality in practice: a case study in the Italian public administration. Parallel and Distributed Databases 13(2):135–160
447. Mitchell J, Westerduin F (2008) Emergency department information system diagnosis: how accurate is it? Emergency Medicine Journal 25(11):784–784
448. Monge A, Elkan C (1997) An efficient domain independent algorithm for detecting approximate duplicate database records. In: Proceedings of the SIGMOD Workshop on Research Issues on Data Mining and Knowledge Discovery (DMKD'97), Tucson
449. Moody DL, Walsh P (1999) Measuring the value of information-an asset valuation approach. In: ECIS, pp 496–512
450. Moorthy A, Bovik A (2011) Visual quality assessment algorithms: what does the future hold? Multimedia Tools and Applications 51:675–696
451. Morbey G (2013) Data Quality for Decision Makers: A Dialog Between a Board Member and a DQ Expert. Springer, New York
452. Mostafavi M, G E, Jeansoulin R (2004) Ontology-based method for quality assessment of spatial data bases. In: International Symposium on Spatial Data Quality, vol 4, pp 49–66
453. Motik B, Patel-Schneider PF, Parsia B, Bock C, Fokoue A, Haase P, Hoekstra R, Horrocks I, Ruttenberg A, Sattler U, Smith M (2008) OWL 2 web ontology language: Structural specification and functional-style syntax. Last call working draft, W3C, http://www.w3.org/2007/OWL/draft/owl2-syntax/
454. Motro A, Anokhin P (2005) Fusionplex: Resolution of Data Inconsistencies in the Data Integration of Heterogeneous Information Sources. Information Fusion
455. Motro A, Ragov I (1998) Estimating quality of databases. In: Proceedings of the 3rd International Conference on Flexible Query Answering Systems (FQAS'98), pp 298–307
456. Murero M, Rice RE (2013) The Internet and Health Care: Theory, Research, and Practice. Routledge, London
457. Musavi MT, Shirvaikar MV, Ramanathan E, Nekovei A (1988) A vision based method to automate map processing. Pattern Recognition 21(4):319–326
458. Muthu S, Withman L, Cheraghi S (1999) Business process re-engineering: a consolidated methodology. In: Proceedings of the 4th Annual International Conference on Industrial Engineering Theory, Applications and Practice
459. Nahm ML, Pieper CF, Cunningham MM (2008) Quantifying data quality for clinical trials using electronic data capture. PLoS One 3(8):e3049, DOI 10.1371/journal.pone.0003049, URL http://dx.plos.org/10.1371/journal.pone.0003049
460. NASSCOM (2012) Big Data-The Next Big Thing. URL http://www.nasscom.in/sites/default/files/researchreports/softcopy/Big%20Data%20Report%202012.pdf
461. Naumann F (2002) Quality-Driven Query Answering for Integrated Information Systems. Lecture Notes in Computer Science. Springer, New York, vol 2261
462. Naumann F, Häussler M (2002) Declarative data merging with conflict resolution. In: 7th International Conference on Information Quality, pp 212–214
463. Naumann F, Leser U, Freytag JC (1999) Quality-driven integration of heterogenous information systems. In: Proceedings of the VLDB'99, pp 447–458
464. Naumann F, Freytag JC, Leser U (2004) Completeness of integrated information sources. Information Systems 29(7):583–615
465. Navarro G (2001) A guided tour of approximate string matching. ACM Computing Surveys 31:31–88
466. Ndabarora E, Chipps JA, Uys L (2014) Systematic review of health data quality management and best practices at community and district levels in LMIC. Information Development 30(2):103–120, DOI 10.1177/0266666913477430, URL http://idv.sagepub.com/cgi/doi/10.1177/0266666913477430
467. Nebel B, Lakemeyer G (eds) (1994) Foundations of Knowledge Representation and Reasoning. Lecture Notes in Artificial Intelligence Edition. Springer, New York, vol 810
468. Neely MP, Cook JS (2011) Fifteen years of data and information quality literature: developing a research agenda for accounting. Journal of Information Systems 25(1):79–108

469. Newbold N, Gillam L (2010) The linguistics of readability: the next step for word processing. In: Proceedings of the NAACL HLT 2010 Workshop on Computational Linguistics and Writing: Writing Processes and Authoring Aids. Association for Computational Linguistics, pp 65–72
470. Newcombe HB, Kennedy JM, Axford SJ, James APF (1959) Automatic linkage of vital records. Science 130
471. Nicholson R, Penney D (2004) Quality data critical to healthcare decision making. In: Proceedings of the 2004 American Health Information Management Association. American Health Information Management Association, Chicago
472. Nigam K, McCallum A, Thrun S, Mitchell T (2000) Text classification from labeled and unlabeled documents using EM. Machine Learning 39:103–134
473. Nin J, Muntes-Mulero V, Martinez-Bazan N, Larriba-Pey JL (2007) On the use of semantic blocking techniques for data cleansing and integration. In: 11th International Database Engineering and Applications Symposium, 2007 (IDEAS 2007). IEEE, New York, pp 190–198
474. Nishiyama M, Okabe T, Sato I, Sato Y (2011) Aesthetic quality classification of photographs based on color harmony. In: 2011 IEEE Conference on Computer Vision and Pattern Recognition (CVPR), pp 33–40
475. Nov O, Schecter W (2012) Dispositional resistance to change and hospital physicians' use of electronic medical records: a multidimensional perspective. Journal of the American Society for Information Science and Technology 63(4):648–656, DOI 10.1002/asi.22602, URL http://doi.wiley.com/10.1002/asi.22602
476. Nuray-Turan R, Kalashnikov DV, Mehrotra S (2013) Adaptive connection strength models for relationship-based entity resolution. Journal of Data and Information Quality (JDIQ) 4(2):8
477. Object Management Group (OMG) (2003) Unified Modeling Language Specification, Version 1.5
478. Office of Management and Budget (2002) Information Quality Guidelines for Ensuring and Maximizing the Quality, Objectivity, Utility, and Integrity of Information Disseminated by Agencies. http://www.whitehouse.gov/omb/fedreg/reproducible.html
479. Olson JE (2003) Data Quality: The Accuracy Dimension. Morgan Kaufmann, Los Altos
480. Ong MS, Coiera E (2010) Safety through redundancy: a case study of in-hospital patient transfers. Quality and Safety in Health Care 19(5):1–7
481. ORACLE (accessed 2014) http://www.oracle.com/solutions/business-intelligence
482. Orfanidis L, Bamidis PD, Eaglestone B (2004) Data quality issues in electronic health records: an adaptation framework for the Greek health system. Health Informatics Journal 10(1):23–36
483. Organization for Economic Co-Operation and Development (1994) Improving the quality of laws and regulations
484. Osservatorio Legislativo Interregionale, Italy (2007) Regole e suggerimenti per la redazione di testi normativi (in Italian)
485. Ostman A (1997) The specifications and evaluation of spatial data quality. In: Proceedings of the 18th ICA/ACI International Conference, pp 836–847
486. Ozsu T, Valduriez P (2000) Principles of Distributed Database Systems. Springer Science & Business Media, New York
487. Ozuru Y, Dempsey K, McNamara DS (2009) Prior knowledge, reading skill, and text cohesion in the comprehension of science texts. Learning and Instruction 19(3):228–242
488. Papadimitriou CH (2003) Computational Complexity. Wiley, New York
489. Papakonstantinou Y, Abiteboul S, Garcia-Molina H (1996) Object fusion in mediator systems. In: Proceedings of the VLDB 1996, pp 413–424
490. Papotti P, Naumann F, Kruse S (2015) Estimating data integration and cleaning effort. In: Proceedings of the 18th International Conference on Extending Database Technology (EDBT 2015), Brussels, March 23–27, 2015, pp 61–72

491. Parssian A, Sarkar S, Jacob V (1999) Assessing data quality for information products. In: Proceedings of the 20th International Conference on Information Systems (ICIS 99), pp 428–433
492. Parssian A, Sarkar S, Jacob V (2002) Assessing information quality for the composite relational operation join. In: Proceedings of the 7th International Conference on Information Quality (IQ 2002), pp 225–237
493. Parssian A, Sarkar S, Jacob V (2004) Assessing data quality for information products: impact of selection, projection, and Cartesian product. Management Science 50(7):967–982
494. Payne RS, McVay S (1971) Songs of humpback whales. Science 173(3997):585–597
495. Pearl J (1986) Fusion, propagation, and structuring in belief networks. Artificial Intelligence 29(3):241–288
496. Pei L, Dong XL, Maurino M, Srivastava D (2011) Linking temporal records. Frontiers of Computer Science
497. Perkowitz M, Etzioni O (2000) Adaptive web-sites. Communication of the ACM 43(8)
498. Pernici B, Scannapieco M (2003) Data quality in web information systems. Journal of Data Semantics
499. Pessoa A, Falcao A, e Silva A, Nishihara R, Lotufo R (1998) Video quality assessment using objective parameters based on image segmentation. In: Proceedings of the SBT/IEEE International Telecommunications Symposium (ITS '98), vol 2, pp 498–503
500. Phua C, Smith-Miles K, Lee V, Gayler R (2012) Resilient identity crime detection. IEEE Transactions on Knowledge and Data Engineering 24(3):533–546
501. Pierce E (2002) Extending ip-maps: incorporating the event driven process chain methodology. In: Proceedings of the International Conference on Information Quality, pp 268–278
502. Pinson M, Wolf S (2004) A new standardized method for objectively measuring video quality. IEEE Transactions on Broadcasting 50(3):312–322
503. Pipino L, Lee Y (2011) Medical errors and information quality: a review and research agenda. In: AMCIS'11: Proceedings of the Seventeenth Americas Conference on Information Systems, Detroit, August 4th–7th 2011
504. Pipino LL, Lee YW, Wang RY (2002) Data quality assessment. Communications of the ACM 45(4)
505. Pixton B, Giraud-Carrier C (2006) Using structured neural networks for record linkage. In: Proceedings of the Sixth Annual Workshop on Technology for Family History and Genealogical Research
506. Planet B (2000) The deep web: Surfacing hidden value. The Journal of Electronic Publishing
507. Plebani M (2009) Exploring the iceberg of errors in laboratory medicine. Clinica Chimica Acta 404(1):16–23
508. Poirier C (Rome, Italy, 2–4 June 1999) A functional evaluation of edit and imputation tools. In: UN/ECE Work Statistical Data Editing
509. Ponomarenko N, Lukin V, Zelensky A, Egiazarian K, Astola J, Carli M, Battisti F (2009) A database for evaluation of full reference visual quality assessment metrics. Advances of Modern Radioelectronics 10:30–45
510. Porat MU (1977) The Information Economy: Definition and Measurement. ERIC
511. Porcheret M (2003) Data quality of general practice electronic health records: the impact of a program of assessments, feedback, and training. Journal of the American Medical Informatics Association 11(1):78–86, DOI 10.1197/jamia.M1362, URL http://www.jamia.org/cgi/doi/10.1197/jamia.M1362
512. Porter EH, Winkler WE, et al (1997) Approximate string comparison and its effect on an advanced record linkage system. In: Advanced Record Linkage System. US Bureau of the Census, Research Report, Citeseer
513. Quality of laws Institute (accessed 2014) URL http://www.qualityoflaws.com
514. Quan H, Li B, Duncan Saunders L, Parsons GA, Nilsson CI, Alibhai A, Ghali WA (2008) Assessing validity of ICD-9-CM and ICD-10 administrative data in recording clinical conditions in a unique dually coded database. Health Services Research 43(4):1424–1441

515. Raghunathan S (1999) Impact of information quality and decision-maker quality on decision quality: a theoretical model and simulation analysis. Decision Support Systems 26(4):275–286
516. Rahimi B, Vimarlund V (2007) Methods to evaluate health information systems in healthcare settings: a literature review. Journal of Medical Systems 31(5):397–432, PMID: 17918694
517. Rao J, Doraiswamy S, Thakkar H, Colby L (2006) A deferred cleansing method for rfid data analytics. In: Proceedings of Very Large Database Conference (VLDB 2006), Seoul, pp 175–186
518. Recchia G, Louwerse M (2013) A comparison of string similarity measures for toponym matching. In: Proceedings of The First ACM SIGSPATIAL International Workshop on Computational Models of Place, pp 54–61
519. Redman TC (1996) Data Quality for the Information Age. Artech House
520. Redman TC (1998) The impact of poor data quality on the typical enterprise. Communications of the ACM
521. Redman TC (2001) Data Quality the Field Guide. The Digital Press, Belford
522. Renkema J (2001) Undercover research into text quality as a tool for communication management. Reading and writing public documents: problems, solutions and characteristics. John Benjamins Publishing Company, Amsterdam, pp 37–57
523. Reuther P, Walter B (2006) Survey on test collections and techniques for personal name matching. International Journal of Metadata, Semantics and Ontologies 1(2):89–99
524. Reynolds T, Painter I, Streichert L (2013) Data quality: a systematic review of the biosurveillance literature. Online Journal of Public Health Informatics 5(1)
525. Richards H, White N (2013) Ensuring the quality of health information: the Canadian experience. In: Handbook of Data Quality. Springer, Berlin/Heidelberg, pp 321–346
526. Richardson M, Domingos P (2006) Markov logic networks. Machine Learning 62(1–2):107–136
527. de Ridder H, Endrikhovski S (2002) Image quality is fun: reflections on fidelity, usefulness and naturalness. SID Symposium Digest of Technical Papers 33:986–989
528. Rigby M, Roberts R, Williams J, Clark J, Savill A, Lervy B, Mooney G (1998) Integrated record keeping as an essential aspect of a primary care led health service. British Medical Journal 317(7158):579
529. Risk A, Dzenowagis J (2001) Review of internet health information quality initiatives. Journal of Medical Internet Research 3(4)
530. Rittel HWJ, Webber MM (1973) Dilemmas in a general theory of planning. Policy Sciences 4(2):155–169
531. Rouse DM, Hemami SS (2008) Analyzing the role of visual structure in the recognition of natural image content with multi-scale SSIM. In: Proceedings of the SPIE: HVEI XIII, vol 6806, pp 1–14
532. Ruibin G, Tony K (2006) Syllable alignment: a novel model for phonetic string search. IEICE Transactions on Information and Systems 89(1):332–339
533. Rula A, Panziera L, Palmonari M, Maurino A (2014) Capturing the currency of dbpedia descriptions and get insight into their validity. In: Proceedings of the 5th International Workshop on Consuming Linked Data (COLD 2014) at the 13th International Semantic Web Conference (ISWC)
534. Saalfeld AJ (1993) Conflation: Automated map compilation. PhD thesis, University of Maryland at College Park, College Park, MD, USA, uMI Order No. GAX93-27487
535. Saaty TL (1980) The Analytic Hierarchy Process. McGraw-Hill, New York
536. Sadinle M, Fienberg SE (2013) A generalized fellegi–sunter framework for multiple record linkage with application to homicide record systems. Journal of the American Statistical Association 108(502):385–397
537. Sadiq S (ed) (2013) Handbook of Data Quality. Springer, Berlin/Heidelberg, URL http://link.springer.com/10.1007/978-3-642-36257-6

538. Safra E, Kanza Y, Sagiv Y, Doytsher Y (2006) Efficient integration of road maps. In: Proceedings of the 14th Annual ACM International Symposium on Advances in Geographic Information Systems. ACM, New York, pp 59–66
539. Safra E, Kanza Y, Sagiv Y, Beeri C, Doytsher Y (2010) Location-based algorithms for finding sets of corresponding objects over several geo-spatial data sets. International Journal of Geographical Information Science 24(1):69–106
540. Safra E, Kanza Y, Sagiv Y, Doytsher Y (2013) Ad hoc matching of vectorial road networks. International Journal of Geographical Information Science 27(1):114–153
541. Saha S, Vemuri R (2000) An analysis on the effect of image activity on lossy coding performance. In: Proceedings of the 2000 IEEE International Symposium on Circuits and Systems (ISCAS 2000), Geneva, vol 3, pp 295–298
542. Sala M (2006) Versions of the constitution for Europe: linguistic, textual and pragmatic aspects. Linguistica e filologia 22:139–167
543. Salamone S, Scannapieco, Scarno M (2014) Web scraping and web mining: new tools for official statistics. In: Proceedings of Societa Italiana di Statistica (SIS 2014), Cagliari, Sardegna
544. Salzberg SL (1997) On comparing classifiers: pitfalls to avoid and a recommended approach. Data Mining and Knowledge Discovery 1(3):317–328
545. Sarawagi S, Bhamidipaty A (eds) (Edmonton, Alberta, Canada, 2002) Interactive Deduplication Using Active Learning
546. Sazzad Z, Kawayoke Y, Horita Y (2000) Mict image quality evaluation database, http://mict.eng.u-toyama.ac.jp/mict/index2.html
547. Scannapieco M, Batini C (2004) Completeness in the relational model: a comprehensive framework. In: Proceedings of the 9th International Conference on Information Quality (IQ 2004), pp 333–345
548. Scannapieco M, Virgillito A, Marchetti C, Mecella M, Baldoni R (2004) The DaQuinCIS architecture: a platform for exchanging and improving data quality in cooperative information systems. Information Systems 29(7):551–582
549. Scannapieco M, Pernici B, Pierce EM (2005) IP-UML: a methodology for quality improvement based on IP-MAP and UML. In: Wang RY, Pierce EM, Madnick SE, Fisher CW (eds) Advances in Management Information Systems - Information Quality (AMIS-IQ) Monograph, Sharpe ME
550. Scannapieco M, Figotin I, Bertino E, Elmagarmid AK (2007) Privacy preserving schema and data matching. In: Proceedings of the 2007 ACM SIGMOD International Conference on Management of Data. ACM, New York, pp 653–664
551. Scannapieco M, Virgillito A, Zardetto D (2013) Placing big data in official statistics: a big challenge? In: Proceedings of 2013 New Techniques and Tools for Statistics (NTTS) Conference, Brussels
552. Schallehn E, Sattler KU, Saake G (San Jose, CA, 2002) Extensible and similarity-based grouping for data integration. In: Proceedings of the ICDE 2002, pp 277–277
553. Schapire WWCRE, Singer Y (1998) Learning to order things. In: Advances in Neural Information Processing Systems 10: Proceedings of the 1997 Conference. MIT Press, Cambridge, vol 10, p 451
554. Schettini R, Gasparini F (2009) A review of redeye detection and removal in digital images through patents. Recent Patents on Electrical Engineering 2(1):45–53
555. Schneier B (2007) Applied Cryptography: Protocols, Algorithms, and Source Code in C. Wiley, New York
556. Schober D, Barry S, Lewis ES, Kusnierczyk W, Lomax J, Mungall C, Taylor FC, Rocca-Serra P, Sansone SA (2009) Survey-based naming conventions for use in OBO foundry ontology development. BMC Bioinformatics 10(125):1–9
557. Sebastian-Coleman L (2013) Measuring Data Quality for Ongoing Improvement: A Data Quality Assessment Framework. Morgan Kaufmann, Waltham, MA

558. Sehgal V, Getoor L, Viechnicki PD (2006) Entity resolution in geospatial data integration. In: Proceedings of the 14th Annual ACM International Symposium on Advances in Geographic Information Systems. ACM, New York, pp 83–90
559. Senate M (2010) Legislative research and drafting manual
560. Senter R, Smith E (1967) Automated readability index. Technical report, DTIC Document
561. Seshadrinathan K, Bovik AC (2010) Motion tuned spatio-temporal quality assessment of natural videos. Transaction Imgage Processing 19(2):335–350
562. Sha K, Shi W (2008) Consistency-driven data quality management of networked sensor systems. Journal of Parallel and Distributed Computing 68(9):1207–1221
563. Shankaranarayanan G, Wang R, Ziad M(2000)Modeling the manufacture of an information product with IP-MAP. In: Proceedings of the 5th International Conference on Information Quality (ICIQ'00), Boston
564. Shankaranarayanan G, Cai Y (2006) Supporting data quality management in decision-making. Decision Support Systems 42(1):302–317
565. Sharma G (2002) Digital Color Imaging Handbook. CRC Press, Boca Raton
566. Shearer C (2000) The crisp-dm model: the new blueprint for data mining. Journal of Data Warehousing 5(4):13–22
567. Sheikh H, Bovik A (2006) Image information and visual quality. IEEE Transactions on Image Processing 15(2):430–444
568. Sheikh HR, Wang Z, Cormack L, Bovik AC (2005) LIVE Image Quality Assessment Database Release 2
569. Shekarpour S, Katebi S (2010) Modeling and evaluation of trust with an extension in semantic web. Web Semantics: Science, Services and Agents on the World Wide Web 8(1):26–36
570. Shekhar S, Xiong H (2008) Encyclopedia of GIS. Springer, New York
571. Sheng Y (2003) Exploring the mediating and moderating effects of information quality on firm's endevour on information systems. In: Proceedings of the Eight International Conference on Information Quality 2003 (ICIQ03), Boston, pp 344–352
572. Sheng Y, Mykytyn P (2002) Information technology investment and firm performance: a perspective of data quality. In: Proceedings of the Seventh International Conference on Information Quality 2002 (ICIQ02), Washington, DC, pp 132–141
573. Shi W, Fisher P, Goodchild MF (2003) Spatial Data Quality. CRC Press, Boca Raton
574. Shields MD (1983) Effects of information supply and demand on judgment accuracy: evidence from corporate managers. Accounting Review 284–303
575. Shortell SM, Jones RH, Rademaker AW, Gillies RR, Dranove DS, Hughes EF, Budetti PP, Reynolds KS, Huang CF (2000) Assessing the impact of total quality management and organizational culture on multiple outcomes of care for coronary artery bypass graft surgery patients. Medical Care 38(2):207–217
576. Shortliffe EH, Barnett GO (2001) Medical data: their acquisition, storage, and use. In: Medical Informatics. Springer, New York, pp 41–75
577. Siau K, Shen Z (2006) Mobile healthcare informatics. Informatics for Health and Social Care 31(2):89–99
578. Sikora T (2001) The MPEG-7 visual standard for content description-an overview. IEEE Transactions on Circuits and Systems for Video Technology 11(6):696–702
579. Simnett R (1996) The effect of information selection, information processing and task complexity on predictive accuracy of auditors. Accounting, Organizations and Society 21(7):699–719
580. Singla P, Domingos P (2006) Entity resolution with markov logic. In: Sixth International Conference on Data Mining, 2006 (ICDM'06). IEEE, New York, pp 572–582
581. Singleton P, Pagliari C, Detmer D (2009) Critical issues for electronic health records: considerations from an expert workshop. Technical report, Nuffield Trust
582. Smart PD, Jones CB, Twaroch FA (2010) Multi-source toponym data integration and mediation for a meta-gazetteer service. In: Geographic Information Science. Springer, New York, pp 234–248

583. Smith PC, Araya-Guerra R, Bublitz C, Parnes B, Dickinson LM, Van Vorst R, Westfall JM, Pace WD (2005) Missing clinical information during primary care visits. JAMA 293(5):565–571
584. Smith TF, Waterman MS (1981) Identification of common molecular subsequences. Molecular Biology 147:195–197
585. Soto CM, Kleinman KP, Simon SR (2002) Quality and correlates of medical record documentation in the ambulatory care setting. BMC Health Services Research 2(1):22
586. Soundararajan R, Bovik A (2012) Rred indices: reduced reference entropic differencing for image quality assessment. IEEE Transactions on Image Processing 21(2):517–526
587. Soundararajan R, Bovik A (2013) Video quality assessment by reduced reference spatio-temporal entropic differencing. IEEE Transactions on Circuits and Systems for Video Technology 23(4):684–694
588. Sriram J, Shin M, Kotz D, Rajan A, Sastry M, Yarvis M (2009) Challenges in data quality assurance in pervasive health monitoring systems. In: Future of Trust in Computing. Springer, New York, pp 129–142
589. Star SL, Bowker GC (1999) Sorting Things Out: Classification and Its Consequences. MIT Press, London, UK
590. Stelfox HT, Palmisani S, Scurlock C, Orav EJ, Bates DW (2006) The "To err is human" report and the patient safety literature. Quality & Safety in Health Care 15(3):174–178, DOI 10.1136/qshc.2006.017947, URL http://www.ncbi.nlm.nih.gov/pubmed/16751466, PMID: 16751466
591. Stephenson B (1985) Management by information. Information Strategy: The Executive's Journal 1(4):26–32
592. Stoica M, Chawat N, Shin N (2003) An investigation of the methodologies of business process reengineering. In: Proceedings of Information Systems Education Conference
593. Stolfo SJ, Hernandez MA (1995) The merge/purge problem for large databases. In: Proceedings of the SIGMOD 1995, pp 127–138
594. Storey V, Wang RY (2001) Extending the ER model to represent data quality requirements. In: Wang R, Ziad M, Lee W (eds) Data Quality. Kluwer Academic, Dordrecht
595. Storey VC, Wang RY (1998) An analysis of quality requirements in database design. In: Proceedings of the 4th International Conference on Information Quality (IQ 1998), pp 64–87
596. Strauss A, Fagerhaugh S, Suczek B, Wiener C (1985) The Social Organization of Medical Work. University of Chicago Press, New York
597. Stvilia B, Mon L, Yi YJ (2009) A model for online consumer health information quality. Journal of the American Society for Information Science and Technology 60(9):1781–1791, DOI 10.1002/asi.21115, URL http://doi.wiley.com/10.1002/asi.21115
598. Suthaharan S (2009) No-reference visually significant blocking artifact metric for natural scene images. Signal Processing 89(8):1647–1652
599. Talukdar PP, Jacob M, Mehmood MS, Crammer K, Ives ZG, Pereira F, Guha S (2008) Learning to create data-integrating queries. PVLDB 1(1):785–796
600. Talukdar PP, Ives ZG, Pereira F (2010) Automatically incorporating new sources in keyword search-based data integration. In: SIGMOD Conference 2010, pp 387–398
601. Tamassia R, Batini C, Di Battista G (1987) Automatic graph drawing and readability of diagrams. IEEE Transactions on Systems, Men and Cybernetics
602. Tan WC (2007) Provenance in databases: past, current, and future. IEEE Data Engineering Bulletin 30(4):3–12
603. Tarjan RE (1975) Efficiency of a good but not linear set union algorithm. Journal of the ACM 22(2):215–225
604. TASI (1979) Technical advisory service for images
605. Tejada S, Knoblock C, Minton S (2001) Learning object identification rules for information integration. Information Systems 26(8):607–633
606. Teperi J (1993) Multi method approach to the assessment of data quality in the finish medical birth registry. Journal of Epidemiology and Community Health 47(3):242–247

607. Theoharis Y, Fundulaki I, Karvounarakis G, Christophides V (2011) On provenance of queries on semantic web data. IEEE Internet Computing 15(1):31–39
608. Thiru K, Hassey A, Sullivan F (2003) Systematic review of scope and quality of electronic patient record data in primary care. British Medical Journal 326(7398):1070–1072
609. Thirunarayan K, Anantharam P, Henson C, Sheth A (2013) Comparative trust management with applications: Bayesian approaches emphasis. Future Generation Computer Systems
610. Thurstone LL (1927) A law of comparative judgement. Psychological Review 34:273–286
611. Torgerson W (1958) Theory and Methods of Scaling. Wiley, New York
612. Tourancheau S, Autrusseau F, Sazzad Z, Horita Y (2008) Impact of subjective dataset on the performance of image quality metrics. In: 15th IEEE International Conference on Image Processing (ICIP 2008), pp 365–368
613. Trepetin S (2008) Privacy-preserving string comparisons in record linkage systems: a review. Information Security Journal: A Global Perspective 17(5–6):253–266
614. Ullman JD (1988) Principles of Database and Knowledge-Base Systems. Computer Science Press, Rockville
615. Umbrich J, Hausenblas M, Hogan A, Polleres A, Decker S (2010) Towards dataset dynamics: change frequency of linked open data sources. In: 3rd Linked Data on the Web Workshop at WWW
616. UNECE (accessed 2014) http://www1.unece.org/stat/platform/display/bigdata/Classification+of+Types+of+Big+Data
617. Unit EI (2011) Big data: Harnessing a game-changing asset. A report from the economist intelligence unit sponsored by sas
618. US National Archives (accessed February 09, 2012) Technical guidelines for digitizing archival materials for electronic access: creation of production master files - raster images. URL http://www.archives.gov/preservation/technical/guidelines.html
619. US National Institute of Health (NIH) (accessed 2014) http://www.pubmedcentral.nih.gov/
620. Van Engers TM (2004) Legal engineering: a knowledge engineering approach to improving legal quality. In: eGovernment and eDemocracy: Progress and Challenges, pp 189–206
621. Vantongelen K, Rotmensz N, Van Der Schueren E (1989) Quality control of validity of data collected in clinical trials. European Journal of Cancer and Clinical Oncology 25(8):1241–1247, DOI 10.1016/0277-5379(89)90421-5, URL http://linkinghub.elsevier.com/retrieve/pii/0277537989904215
622. Vapnik VN, Vapnik V (1998) Statistical Learning Theory. Wiley, New York, vol 2
623. Vatsalan D, Christen P, Verykios VS (2013) A taxonomy of privacy-preserving record linkage techniques. Information Systems 38(6):946–969
624. Veregin H, Hargitai P (1995) An evaluation matrix for geographical data quality. In: Elements of Spatial Data Quality, pp 167–188
625. Verhulst S (2006) Background issues on data quality. Technical report, Markle Foundation, URL www.connectingforhealth.org
626. Verykios VS, Moustakides GV, Elfeky MG (2003) A Bayesian decision model for cost optimal record matching. The VLDB Journal 12:28–40
627. Verykios VS, Karakasidis A, Mitrogiannis VK (2009) Privacy preserving record linkage approaches. International Journal of Data Mining, Modelling and Management 1(2):206–221
628. Vessey I (1991) Cognitive fit: a theory-based analysis of the graphs versus tables literature*. Decision Sciences 22(2):219–240
629. Villata S, Gandon F (2012) Licenses compatibility and composition in the web of data. In: COLD
630. Vincent C, Neale G, Woloshynowych M (2001) Adverse events in British hospitals: preliminary retrospective record review. Bmj 322(7285):517–519
631. Viscusi G, Batini C, Mecella M (2010) Information Systems for eGovernment: A Quality of Service Perspective. Springer, New York
632. VQEG (2000) Final report from the video quality experts group on the validation of objective models of video quality assessment, URL http://www.vqeg.org/
633. VQEG (2000) Vqeg frtv phase 1 database, URL ftp://ftp.crc.ca/crc/vqeg/TestSequences/

634. Vydiswaran VGV, Zhai C, Roth D (2011) Content-driven trust propagation framework. In: KDD, pp 974–982
635. W3C (2013) An overview of the prov family of documents, http://www.w3.org/TR/prov-overview/
636. W3C (2013) W3c semantic web activity, URL http://www.w3.org/2001/sw/
637. W3C (accessed 2014) http://www.w3.org/WAI/
638. Wagner MM, Hogan WR (1996) The accuracy of medication data in an outpatient electronic medical record. Journal of the American Medical Informatics Association 3(3):234–244
639. Wagner S, Toftegaard TS, Bertelsen OW (2011) Increased data quality in home blood pressure monitoring through context awareness. In: 2011 5th International Conference on Pervasive Computing Technologies for Healthcare (PervasiveHealth). IEEE, New York, pp 234–237
640. Wand Y, Wang RY (1996) Anchoring data quality dimensions in ontological foundations. Communications of the ACM 39(11):86–95
641. Wand Y, Wang RY (1996) Anchoring data quality dimensions in ontological foundations. Communications of the ACM 39(11):86–95
642. Wang J, Kraska T, Franklin MJ, Feng J (2012) Crowder: crowdsourcing entity resolution. Proceedings of the VLDB Endowment 5(11):1483–1494
643. Wang RY (1998) A product perspective on total data quality management. Communications of the ACM 41(2):58–65
644. Wang RY, Madnick SE (1990) A polygen model for heterogeneous database systems: the source tagging perspective. In: Proceedings of the VLDB'90, pp 519–538
645. Wang RY, Strong DM (1996) Beyond accuracy: what data quality means to data consumers. Journal of Management Information Systems 12(4):5–33
646. Wang RY, Strong DM (1996) Beyond accuracy: what data quality means to data consumers. Journal of Management Information Systems 5–33
647. Wang RY, Storey VC, Firth CP (1995) A framework for analysis of data quality research. IEEE Transaction on Knowledge and Data Engineering 7(4):623–640
648. Wang RY, Lee YL, Pipino L, Strong DM (1998) Manage your information as a product. Sloan Management Review 39(4):95–105
649. Wang RY, Ziad M, Lee YW (2001) Data Quality. Kluwer Academic, Dordrecht
650. Wang RY, Chettayar K, Dravis F, Funk J, Katz-Haas R, Lee C, Lee Y, Xian X, S B (2005) Exemplifying business opportunities for improving data quality from corporate household research. In: Wang RY, Pierce EM, Madnick SE, Fisher CW (eds) Advances in Management Information Systems - Information Quality (AMIS-IQ) Monograph, Sharpe ME
651. Wang RY, Pierce E, Madnick S, Fisher C (2005) Information Quality, Advances in Management Information Systems. Sharpe ME, Vladimir Zwass Series
652. Wang Z, Simoncelli EP (2005) Reduced-reference image quality assessment using a wavelet-domain natural image statistic model. In: Proceedings of SPIE Human Vision and Electronic Imaging, vol 5666, pp 149–159
653. Wang Z, Bovik A, Evans B (2000) Blind measurement of blocking artifacts in images. In: Proceedings of the IEEE International Conference Image Processing, pp 981–984
654. Wang Z, Bovik AC, Sheikh HR, Simoncelli EP (2004) Image quality assessment: from error visibility to structural similarity. IEEE Transactions on Image Processing 13(4):600–612
655. Watson AB, Borthwick R, Taylor M (1997) Image quality and entropy masking. In: SPIE Human Vision and Electronic Imaging Conference, vol 3016, pp 2–12
656. Watts S, Shankaranarayanan G, Even A (2009) Data quality assessment in context: a cognitive perspective. Decision Support Systems 48(1):202–211
657. Wayne S (1983) Quality control circle and company wide quality control. Quality Progress 14–17
658. Wears RL, Berg M (2005) Computer technology and clinical work: still waiting for godot. Journal of the American Medical Association 293(10):1261–1263
659. Wee CY, Paramesran R, Mukundan R, Jiang X (2010) Image quality assessment by discrete orthogonal moments. Pattern Recognition 43(12):4055–4068

660. Weis M, Naumann F (2005) DogmatiX tracks down duplicates in XML. In: Proceedings of the SIGMOD 2005, pp 431–442
661. Weiskopf NG, Weng C (2013) Methods and dimensions of electronic health record data quality assessment: enabling reuse for clinical research. Journal of the American Medical Informatics Association 20(1):144–151
662. Whang SE, Garcia-Molina H (2010) Entity resolution with evolving rules. Proceedings of the VLDB Endowment 3(1–2):1326–1337
663. Whang SE, Garcia-Molina H (2014) Incremental entity resolution on rules and data. The VLDB Journal, The International Journal on Very Large Data Bases 23(1):77–102
664. Whang SE, Marmaros D, Garcia-Molina H (2013) Pay-as-you-go entity resolution. IEEE Transactions on Knowledge and Data Engineering 25(5):1111–1124
665. White C (2005) Data Integration: Using ETL, EAI, and EII Tools to Create an Integrated Enterprise, http://ibm.ascential.com
666. Wiederhold G (1992) Mediators in the architecture of future information systems. IEEE Computer 25(3):38–49
667. Wikipedia (accessed 2014) https://www.wikipedia.org/
668. Winkler W (1993) Improved decision rules in the Fellegi-Sunter model of record linkage. In: Proceedings of the Section on Survey Research Methods. American Statistical Association
669. Winkler WE (1988) Using the EM algorithm for weight computation in the Fellegi and Sunter modelo of record linkage. In: Proceedings of the Section on Survey Research Methods. American Statistical Association
670. Winkler WE (1995) Matching and record linkage. Business Survey Methods 1:355–384
671. Winkler WE (2000) Machine learning, information retrieval and record linkage. In: Proceedings of the Section on Survey Research Methods. American Statistical Association
672. Winkler WE (2001) Quality of Very Large Databases. Technical Report RR-2001/04, U.S. Bureau of the Census, Statistical Research Division
673. Winkler WE (2004) Methods for evaluating and creating data quality. Information Systems 29(7):531–550
674. Winkler WE (2006) Overview of record linkage and current research directions. In: Bureau of the Census, Citeseer
675. Winthereik BR (2003) We fill in our working understanding: on codes, classifications and the production of accurate data. Methods of Information in Medicine 42(4):489–496
676. Winthereik BR, Vikkels S (2005) ICT and integrated care: some dilemmas of standardising inter-organisational communication. Computer Supported Cooperative Work (CSCW) 14(1):43–67
677. Wiszniewski B, Krawczyk H (Dublin, Ireland, 2003) Digital document life cycle development. In: Proceedings of the 1st International Symposium on Information and Communication Technologies (ISICT 2003), pp 255–260
678. World Health Organization, Regional Office for the Western Pacific (2003) Improving data quality: a guide for developing countries. World Health Organization, Regional Office for the Western Pacific, Manila
679. Wu W, Yu CT, Doan A, Meng W (2004) An interactive clustering-based approach to integrating source query interfaces on the deep web. In: SIGMOD Conference, pp 95–106
680. Xanthaki H (2001) The problem of quality in eu legislation: what on earth is really wrong? Common Market Law Review 38:651–676
681. Xue W, Zhang L, Mou X, Bovik AC (2014) Gradient magnitude similarity deviation: a highly efficient perceptual image quality index. IEEE Transactions on Image Processing 23(2):684–695
682. Yakout M, Atallah MJ, Elmagarmid A (2009) Efficient private record linkage. In: IEEE 25th International Conference on Data Engineering, 2009 (ICDE'09). IEEE, New York, pp 1283–1286
683. Yakout M, Elmagarmid AK, Elmeleegy H, Ouzzani M, Qi A (2010) Behavior based record linkage. Proceedings of the VLDB Endowment 3(1–2):439–448

684. Yan LL, Ozsu T (1999) Conflict tolerant queries in AURORA. In: Proceedings of the CoopIS'99, pp 279–290
685. Yan S, Lee D, Kan MY, Giles LC (2007) Adaptive sorted neighborhood methods for efficient record linkage. In: Proceedings of the 7th ACM/IEEE-CS Joint Conference on Digital Libraries. ACM, New York, pp 185–194
686. Ye P, Doermann D (2012) No-reference image quality assessment using visual codebooks. IEEE Transactions on Image Processing 21(7):3129–3138
687. Yendrikhovskij S (1999) Image quality: between science and fiction. In: PICS, pp 173–178
688. Yin X, Han J (2007) Truth discovery with multiple conflicting information providers on the web. In: Proceedings of the 2007 ACM SIGKDD International Conference Knowledge Discovery in Databases (KDD'07)
689. Zakaluk BL, Samuels SJ (1988) Readability: Its Past, Present, and Future. ERIC
690. Zardetto D, Scannapieco M, Catarci T (2010) Effective automated object matching. In: Proceedings of the International Conference on Data Engineering (ICDE 2010), pp 757–768
691. Zardetto D, Valentino L, Scannapieco M (2011) MAERLIN: new record linkage methods at work. In: Proceedings of the 6th International Conference on New Techniques and Technologies for Statistics (NTTS 2011)
692. Zaveri A, Rula A, Maurino A, Pietrobon R, Lehmann J, Auer S (2016) Quality assessment for linked data: A survey. Semantic Web 7(1):63–93, DOI 10.3233/SW-150175, URL http://dx.doi.org/10.3233/SW-150175
693. Zhang X, Wandell BA (1997) A spatial extension of cielab for digital color-image reproduction. Journal of the Society for Information Display 5(1):61–63
694. Zhao B, Rubinstein BIP, Gemmell J, Han J (2012) A Bayesian approach to discovering truth from conflicting sources for data integration. PVLDB 5(6):550–561
695. Zhao H, Ram S (2005) Entity identification for heterogeneous database integration—a multiple classifier system approach and empirical evaluation. Information Systems 30(2):119–132
696. Zingmond DS, Ye Z, Ettner SL, Liu H (2004) Linking hospital discharge and death records—accuracy and sources of bias. Journal of Clinical Epidemiology 57(1):21–29

索　　引

Accessibility，可访问性　4，18，28，71，76，86，96
Cultural，文化　60，64
Accessibility Cluster，可访问性类簇　28
Access Image，访问图像　112
Accident Insurance Registry，意外保险登记处　137
Accounting，会计　283
Accounting Information System，会计信息系统　283
Accounting Perspective，会计视角　274
Accuracy，准确性　4，5，13，17，18－22，33，34，37，48，51，67，71，76，86，119，120，125，126，129，138，141，142，155，159，169，171，229，233，241，243，250，261，270，271，275，277，279，283，285，286，290，292，296，297－302，310，312，336，338，341－343，380，389
　absolute positional，绝对位置　50
　attribute，属性　21
　cluster，类簇　19
　color，颜色　100
　database，数据库　21
　interpretation，解释　297
　lexical，词汇　54
　prediction，预测　109，302，303
　problem-solving，解决问题　299
　realistic，现实　301
　reference，引用　68
　referential，引用　70
　relation，关系　21
　relation accuracy，关系准确性　142

relative positional，相对位置　41
semantic，语义　19，48，86，95，96
semantic accuracy，语义准确性　86
sensor，传感器　383
source，数据源　368
strong accuracy error，强准确性误差　22
structural，结构　19
syntactic，语法　19，48，54，86，87，96
thematic，主题　51
time related，时间相关　22
tuple，元组　142
weak accuracy error，弱准确性误差　22
Action，行动　269
Active Learning Procedure，主动学习过程　181
Adaptivity，适应性　292
Address，地址　11
Ad hoc Integration，自适性集成　232
Administrative Flow，管理流程　11
Administrative Process，管理流程　269
Administrative Source，行政数据源　387
Adversary Model，对抗模型　239
honest-but-curious behavior，诚实但好奇行为　239
malicious behavior，恶意行为　239
Aesthetic，美学　101
Aggregate Constraint，聚合约束　213
Aggregated Data，聚合数据　130
Aggregation，聚合　292
Aggregation Function，聚合函数　132
Agriculture，农业　269
Ambiguity，歧义性　68
Ambiguous Representation，歧义表示　32
Amount，数量　275
Amount-factored Fixed Intrinsic Value，Amount-因子化的内在价值　273
Annotation，注解　122，124

Application Domain，应用领域

- accident Insurance，意外保险 137
- administrative processes，管理流程 155
- archival，档案 43
- biology，生物学 13
- census，人口普查 155
- chambers of commerce，商会 339
- customer profiling，客户画像 387
- e-government，电子政务 10，11，137
- financial，金融 329
- health，健康 155
- life sciences，生命科学 10，12
- localization data，定位数据 327
- public administration，公共行政机构 327
- resident persons，居民 137
- social insurance，社会保险 137，338
- social security，社会保障 339
- statistical，统计 44
- tax payers，纳税人 137
- world wide web，万维网 10

Application Integration Technology，应用集成技术 290

- publish&subscribe，发布/订阅 290

Application Schema，应用模式 47

ARI Index，ARI 指数 55

Ascential Software，Ascential 软件 2

As-is Process，现有流程 335

Assessment，评估

- objective，客观 275
- utility-driven，效用驱动 275

Assessment Methodology，评估方法 311，329

- analysis，分析 330
- objective assessment，客观评价
  - qualitative，定性 330
  - quantitative，定量 330

variables Selection，变量选择　329
Associativity，可结合性　218
Attribute，属性　18，119，154
Attribute Completeness，属性完备性　25
Attribute Conflict，属性冲突　254
intolerable，不可容忍　263
tolerable，可容忍　263
Automated Readability Index，自动可读性指数　55
Autonomy，自治性　7
Availability，可用性　93，301

Basel2，Basel2 协议　3
Basel3，Basel3 协议　3
Bayesian Model，贝叶斯模型　168
Bayesian Network，贝叶斯网络　168
Bayes Theorem，贝叶斯理论　169
Belief Network，置信网络　298
Believability，可信度　19，368
Benchmarking Methodology，基准测试方法　329
Benefit，收益　270，311，346
intangible，无形　281，335
monetizable，货币化　281
quantifiable，量化　281
Best Quality Default Semantics，最佳质量缺省语义　250
Best Quality Record，最佳质量记录　250
Best Quality Representative，最佳质量代表　250
Big Data，大数据　381，386
source，源　386
source completeness，源完备性　386
source schema，源模式　386
source sparsity，源稀疏性　387
Biology，生物学　13
Blockiness，块效应　107，115
Blocking，分块　187，194

Blocking Predicate，分块谓词 200
Blurriness，模糊度 107，115
Boyce Codd Normal Form，Boyce-Codd 范式 40
Bridging File，桥接文件 176
Business Intelligence，商业智能 304
Business Process，业务流程 118，269，290，309
Business Process Reengineering，业务流程再造 313，335，346
Business Value，业务价值 272，287

Camera Phone Image Quality，拍照手机图像质量 109
Canadian Institute for Health Information，加拿大健康信息研究所 365
Cartesian Product，笛卡儿积 121，138
Cartographic Generalization，制图综合 51
Cause，原因 335
CDQM，全面数据质量方法 331
Cell Value，单元值 18
Censored Data，设限数据 149
　　left，左 149
　　right，右 149
Certain Answer，确定应答 266
Certainty Factor，确定因子 178
Chambers of Commerce，商会 339，343
Check Plan，检查计划 146
Chi-square，卡方估计 388
Chrominance Mismatch，色度失配 115
Civil Status Registry，公民身份登记处 137
Clarity，明晰性 18，69，71，297
Classification Tree，分类树 388
Closed Form Solution，闭环形式方案 288
Closed World Assumption，封闭世界假设 24，85，139，140
Closer-to-situation Model Level Comprehension，亲场境模型的理解 62
Closer-to-text Base Comprehension，亲文本库的理解 62
Clue，线索 177
Cognitive Load，认知负载 298

Coherence，连贯性　19，60，61，71
　logical，逻辑　57
Cohesion，内聚性　19，60
　coreferential text，互参文本　61
　global，全局　60
　lexical，词汇　60
　local，局部　60
　non lexical，非词汇　60
　referential，参照　61
Collaborative Graph，协作图　201
Collection of Information，信息群体　310
Color Accuracy，颜色精度　100
Color Balance，颜色平衡　100
Color Bleeding，渗色　115
Colorfulness，艳丽度　107
Color Gamut，色域　100
Color Management System，颜色管理系统　115
Color Saturation，颜色饱和度　100
Common Character，共有字符　161
Commutativity，可交换性　218
Compactness，紧凑性　18，43
Comparability，可比性　301
Comparison & Decision，比较与决策　190
Comparison & Decision Quality，比较与决策质量
　accuracy，准确性　191
　specificity，特异性　191
Comparison Function，比较函数　19，160，164，183
　bi-gram distance，bigram 距离　160
　common character，共有字符　160
　cosine similarity，余弦相似度　162
　edit distance，编辑距离　160，183
　Hamming distance，汉明距离　161
　Jaro algorithm，Jaro 算法　160，183
　Jaro string comparator，Jaro 字符串比较器　161

n-gram distance，*n*-gram 距离　160
q-gram distance，*q*-gram 距离　160
soundex code，soundex 编码　160
token frequency-inverse document frequency，记号频率-逆文档频率　162
transposed character，调换字符　161
Comparison Space，比较空间　164
Comparison Vector，比较向量　164
Compatibility Plan，兼容性计划　146
Complacency，自满性　296
Completability，可完备性　27
Completeness，完备性　4，5，18，24，33，34，36，37，38，45，51，76，86，89，119，120，125，126，136-144，148，243，248，250，261，270，271，273，275 - 277，286，287，289，290，298 - 301，312，313，323，331，336，341，384
attribute，属性　25
based on factored intrinsic value，因子化内在价值的　274
based on fixed intrinsic value，固定内在价值的　274
cluster，类簇　19
linkability，可链接性　89，90
objective，客观　275
population，总体　24
population completeness，总体完备性　24，89
property completeness，属性完备性　89
relation，关系　25，138
relational model，关系模型　24
schema，模式　24
schema completeness，模式完备性　89
source，源　386
structural，结构　273
tuple，元组　139
utility driven，效用驱动　276
value，值　25，139
web data，web 数据　27

Complete View，完备视图　266
Component Data Item，组件数据项　6
Component Model，组件模型　128
Composition Algebra，合成代数　138
Compound Item，复合项　131
Comprehensibility，可理解性　18，56，60
Comprehension，理解　56
Compression，压缩　100
Computer Science，计算机科学　4
Conceptual Relation，概念关系　139
Conceptual Schema，概念模式　17，118
Conceptual Schema Dimension，概念模式维度　35
Conciseness，简洁性　18，104
Extensional，外延　90
    intensional，内涵　90
    conditional independence assumption，条件独立假设　167
Conflation，合并　229
Conflict，冲突
    attribute，属性　254
    description，描述　254
    heterogeneity，异构性　254
    instance-level，实例层　253
    key，键　254
    resolve attribute-level，消解属性层　259
    resolve tuple-level，消解元组层　259
    semantic，语义　254
    structural，结构　254
Conflict-tolerant Query Model，容忍冲突查询模型　259
Conjunctive Decision Making，合取决策　296
Connection Strength，连接强度　209
Connectivity Infrastructure，互联基础设施　343
Consensus，共识　296，301
Consistency，一致性　4，5，17，19，21，29，31，33，37，51，64，71，76，
85，94 - 96，125，126，146，243，250，261，271，

301，330，380，383
cluster，聚类　19
frequency，频率　383
geometric，几何　51
numerical，数值　383
partial，部分　384
representation，表示　384
spatial，空间　386
strict，严格　384
temporal，时间　383，385
topological，拓扑　51
Constraint，约束
foreign key constraint，外键约束　30
referential constraint，参照约束　30
Consumer，消费者　130
Content，内容　101，105
Content Analysis，内容分析　388
Content-based Resolution，基于内容的消解　262
Context Attraction Principle，上下文吸引原理　209
Contextual Dimension，上下文维度　271
Contextual Information，上下文信息　298
Contextual Information Quality，上下文信息质量　298
Contrast，对比度　100
Contrast Sensitivity，对比灵敏度　100
Control Chart，控制图　150
Cooperative Information System，协同信息系统　9，125，131
Cooperative Infrastructure，协同基础设施　343
Corporate House-holding，企业群落分析　2
Correctness，正确性　13，18，33，65，96，340
Correctness with Respect to Requirements，相对于需求的正确性　39
Correctness with Respect to the Model，相对于模型的正确性　38
Correlation Clustering，关联聚类　223，225
Correspondence，相符性　64
Cosine Similarity，余弦相似度　162

Cost，成本 137，277，285，287，288，311，313，337，346
- benefit analysis，收益分析 137
- benefit classification，收益分类 137
- category，类别 279
- custom software，定制软件 337
- data entry，数据录入 281
- detection，检测 280
- direct，直接 280
- equipment，设备 337
- implementation，实现 288
- improvement program，改进计划 335
- indirect，间接 280
- information processing，信息处理 281
- information quality，信息质量 280
- information scrap and rework，信息废品和返工 279
- information usage，信息使用 281
- licenses，授权 337
- loss and missed opportunity，丧失或者错失机会 279
- optimization，优化 136，137
- personnel，人工 337
- process failure，流程失败 279
- rollback，回滚 280
- strategic，战略 280
- tactical，战术 280
- trade-offs，折中 137

Cost Classification，成本分类 278
Coverage，覆盖度 142
Credibility，信用 369
Critical Area，关键领域 334
Cube，立方体 132
Cultural Accessibility，文化可访问性 60
Currency，流通性 4，5，13，17，22，23，35，87，88，120，125，126，180，243，250，261，270，271，273，275，289，292，312，313，334，338，341

Customer-factored Fixed Intrinsic Value，Customer-因子化的内在价值　273
Customer Matching，客户匹配　2
Custom Propagation Scheme，自定义传播机制　123
Custom Scheme，定制方案　125

Data/Activity Matrix，数据/活动矩阵　336，337，344
Data and Data Quality Model，数据和数据质量模型　125
Data Base Management System，数据库管理系统　8，133，155，248
Database/Organization Matrix，数据库/组织矩阵　332，339
Data Class，数据类　125
Data Cube，数据立方体　132
Data Description Model，数据描述模型　118
Data Edit，数据编辑规则　29
Data Editing，数据编辑　31
Data Entry Cost，数据录入成本　281
Data Envelopment Analysis，数据包络分析　248
Dataflow/Organization Matrix，数据流/组织矩阵　332，339
Data Fusion，数据融合　244
Data Glitch，数据故障　150
Data Integration，数据集成　2，15，122，136，243
　materialized，物化　245
　virtual，虚拟　9，245，255
Data Manipulation Model，数据操作模型　118
Data Mining，数据挖掘　14，187，387
Data Model，数据模型　128，133
　semistructured，半结构化　250，253
Data Protection Directive 95/46/EC，数据保护指南（95/46/EC）　253
Data Provenance，数据溯源　118，122
Data Quality Act，数据质量法案　3
Data Quality Activity，数据质量活动
　data integration，数据集成　15
　instance-level conflict resolution，实例层冲突消解　253
Data Quality Dimension Entity，数据质量维度实体　119
Data Quality Measure Entity，数据质量度量实体　119

Data Quality Profile，数据质量廓面　129
Data Quality Schema，数据质量模式　119
Data Schema，数据模式　125
Data Set，数据集　18
Data Source，数据源
　　credibility，可信性　369
　　reliability，可靠性　369
　　trustworthiness，可信赖性　369
Data Steward，数据主管　324
Data Stream，数据流　383
　　reliability，可靠性　389
Data Value Dimension，数据值维度　35
Data Warehouse，数据仓库　8，132，156，220，284，287，324
Data Warehousing Institute，数据仓库研究所　1
DB-index Clustering，DB-index 聚类　225
DBMS，数据库管理系统　133，248
Decay，退化　379
Decision，决策　269
　　accuracy，准确性　302
　　effectiveness，有效性　298，302
　　efficiency，效率　299
　　model，模型　157
　　performance，性能　298
　　rule，规则　165
　　theory，理论　379
　　tree，树　180
Decisional Process，决策流程　130
Decision-maker Quality，决策者质量　297
Decision Making，决策　270，294，295，297
　　conjunctive，合取　296
　　value Driven，值驱动　304
　　weighted Additive，加权求和　296
Decision Quality，决策质量　296，297，302
　　decision Accuracy，决策准确性　302

decision performance，决策性能　298
effectiveness，有效性　298
performance，性能　298
prediction accuracy，预测准确性　302
Decline Rate，衰减率　293
Deduplication，去重　156
Deep Web，深层 Web　380
Default-all Scheme，全默认机制　123
Default Scheme，默认机制　123，124
Definition Domain，定义域　18
De-interlacing，去隔行　115
Delaunay Triangolarization，Delaunay 三角化　235
Delivery Time，交付时间　23
Density，密度　142
Dependency，依赖　30
functional，函数　30
inclusion，包含　30
key，键　30
Description Conflict，描述冲突　254
Design Deficiency，设计缺陷　32
Design Time，设计时　255
Device Gap，设备差距　111
DICOM，参见 Digital Imaging and Communications in Medicine
Difference，差　121
Digital Gazetteer，数字地名索引　236
Digital Imaging and Communications in Medicine，医药数字成像与通信　359
Dimension，维度　1，10，118，135，310
accessibility，可访问性　271
accuracy，准确性　142，250，261，271，275，282，285，290，292，296，297，299，301，341，342
availability，可用性　252
clarity，明晰性　297
comparability，可比性　301
completeness，完备性　140，142，143，148，248，250，261，271，275，

286，289，290，298，299，341
structural，结构 273
conceptual schema，概念模式 34
consistency，一致性 250，261，271，301
contextual，上下文 271，301
coverage，覆盖度 142
currency，流通性 250，261，271，301
data value，数据值 34
density，密度 142
interpretation accuracy，解释准确性 297
intrinsic，内在 271，301
metric，指标 341
readability，可读性 297
relevance，切题性 282，295
relevancy，切题性 301
reliability，可靠性 282，296
representational，表示 271，301
reputation，信誉度 248
security，安全性 301
semantic accuracy，语义准确性 19
soundness，完好性 140
syntactic accuracy，语法准确性 19
timeliness，合时性 248，271，285，292，295，301
tuple accuracy，元组准确性 142
tuple inaccuracy，元组不准确性 141
tuple mismembership，元组误分组率 141
understandability，可理解性 282
usability，有用性 301
Dimensional Hierarchy of Relations，关系的维度分级结构 173
Disaster，灾变 271
Discourse Comprehension，语篇理解 61
Discourse Genre，语篇体裁 59
Discourse Production，语篇生成 61
Discriminability，可辨别性 99

Distance Function，距离函数
  global distance，全局距离 180
  local distance，局部距离 180
Distributed Information System，分布式信息系统 8
Distribution，分布性 7
Distributional Outliers，散布离群值 150
Domain，域 17，155
  constraint，约束 29
  conversion，转换 113
Drafting Rule，起草规则 66
Duplicate Identification，重复识别 156
Duplication，重复 21
Dynamic Range，动态范围 99

e-Business，电子商务 137
Economic Model，经济模型 289
Economic Perspective，经济的视角 287
Economic Utility，经济效用 282，291
Edit，编辑 31，146
  distance，距离 19，160，161
  implicit，隐含 148
Edit-Imputation Problem，编辑-插补问题 31，147
Effectiveness，有效性 65
Efficacy of Animation，动画效果 297
Efficiency，效率 182
e-Government，电子政务 10，11，137，153
e-Government Cooperative Architecture，电子政务协作架构 343
  connectivity infrastructure，互联基础设施 343
  cooperation infrastructure，协作基础设施 343
  event notification infrastructure，事件通知基础设施 343
Electronic Health Record，电子健康记录 355
Electronic Patient Record，电子病历 406
Elementary Data，基础数据 7
Elementary Information，基础信息 130

Elementary Item，基础项　131，132
Elimination Functions，消除函数　262
EM Algorithm，EM 算法　167
Embedded Space，嵌入空间　239
Emphasis，着重点　71
Empirical Approach for Dimensions，针对维度的经验方法　32，33
Ensemble Learner，集成学习器　388
Entity，实体　132，373
Entity Relationship Diagram，实体关系图　41
Entity Relationship Graph，实体关系图　209
Entity Relationship Model，实体关系模型　41，118，132
Entropy，熵　241，380
Equational Theory，等价理论　170
Error Correction，错误修正　136，146，147，336
　　inconsistencies，不一致　146
Error Detection，错误检测　136
Error Localization，错误定位　136，146，147
　　inconsistencies，不一致　146
European Directive on Reuse of Public Sector Information，欧洲公共信息使用指南　3
Event Notification Infrastructure，事件通知基础设施　393
Event Process Chain Diagram，事件流程链图　128
Evolutionary Algorithm，进化算法　379
Exact View，精确视图　266
Expectation-maximization Algorithm，期望最大算法　167，376
Expiry Time，过期时间　88
Explicit Textbase，精确的文本库　58
Exploratory Analysis，探索式分析　387
Exploratory Data Mining，探索式数据挖掘　14
Extension，外延　17
Extensional Knowledge，外延知识　290
External Source of Information，外部信息源　310

Factored Intrinsic Dataset Value，因子化内在数据集价值　273
Factored Intrinsic Tuple Value，因子化内在元组价值　273

Faithfulness，忠实性 100
False Edges，伪边缘 115
False Match，假匹配 181
False Negative，假阴 158，181，190
False Negative Percentage，假阴率 182
False Non-match，假不匹配 181
False Positive，假阳 157，181，190
False Positive Percentage，假阳率 182
False Positive Rate，假阳率 191
Feasibility，可行性 292
Feature(s)，特征 251，260
 accuracy，准确性 261
 availability，可用性 261
 clearance，许可 261
 cost，成本 261
 timestamp，时间戳 261
Feature-based Resolution，基于特征的消解 262
Federated Data，联邦数据 7
Fidelity，保真度 100，106，108，111，113，114
Field，字段 18，154
File，文件 18，154，155
Financial Domain，金融领域 239
Fitness for Use，适用性 270
Fixed Intrinsic Dataset Value，固定内在数据集价值 273
Fixed Intrinsic Tuple Value，固定内在元组价值 272
Fixed Intrinsic Value，固定内在价值 274
Flesch Kincaid Grade Level，Flesch Kincaid 学历等级 55
Flesch Reading Ease，Flesch 易读度 55
Flickering，闪烁 115
Foreign Key Constraint，外键约束 30，156
Foreign Key Dependency，外键依赖 172
Formality，正式性 71
Forward Propagation Approach，前向传播方法 123
Frame Rate Conversion，帧速率转换 115

Frequency-driven Usage Metadata，频率驱动使用元数据 305
Frequently-changing Information，频繁变化信息 7
Frugal Third Party Blocking，朴素第三方分块 241
Full Outer Join，全外连接 139
Full Outer Join Merge，全外连接合并 144
Full Outer Join Merge Operator，全外连接合并运算 139
Full Reference，全参照 106，112
  gradient magnitude similarity deviation，梯度量级相似度偏离 106
  moment correlation Index，瞬时相关指数 106
  most apparent distortion index，最明显失真指数 106
  structural similarity index，结构相似度指数 106
  visual information index，视觉信息指数 106
Functional Dependency，函数依赖 30，40
FUN Model，FUN 模型 100
  fidelity，保真度 100
  naturalness，逼真度 100
  usefulness，有用性 100
Fusion，融合 158，188
  functions，函数 262
  method，方法 252
  set，集合 231

Garbling，扭曲 32
GAV Mapping，GAV 映射 268
Gazetteer，地名索引 230
Gene Information，基因信息 12
Generalization，泛化 132
Generalization Technique，泛化技术 240
General Model，一般模型 116
General-purpose Methodology，通用方法 312
Genuineness，真实性 100
Geographical Information System，地理信息系统 47
Geometrical Characteristic，几何特征
  aggregate，聚合类型 47

complex，复杂　47
primitive，原始　47
Geometric Distortion，几何失真　99
Geospatial Representation，地理空间表示
raster，光栅　229
vector，矢量　229
GLAV Mapping，GLAV 映射　246，251
Global-As-View，GAV 方法　246
Global Coreference，全局互参　61
Global Database，全局数据库　265
Global-Local-As-View，GLAV 方法　246
Global Schema，全局模式　245，265
Grammar，语法　53
Graph，图　303
Group by，分组　258，263
Gunning Fog Index，迷雾指数　55

Hamming Distance，汉明距离　161
HarmonicMean，调和平均　182
Health Care Data，医疗数据　352
Health Care Information，健康信息　353
primary data，直接数据　353
secondary data，间接数据　354
sources，源　354
Health Data，健康数据　352
Health Informatics，健康信息学　360
Health Information，健康信息　353
accessibility，可访问性　357
accuracy，准确性　357，361，365
completeness，完备性　357，361
confidentiality，机密性　357
consistency，一致性　361
correctness，正确性　361
cost-effectiveness，成本有效性　357

currency，流通性 357
gold standard，黄金标准 357
information error，信息误差 364
legibility，易读性 357
maturity stages，成熟度阶段 360
readability，可读性 357
reliability，可靠性 357
reuse，重复利用 356
standards，标准 359
timeliness，合时性 361，365
types，类型 355
usefulness，有用性 357
users，用户 356
validity，有效性 357
Health Information Quality，健康信息质量 353
accuracy，准确性 357
appropriateness，适当性 357
assessment，评估 361
books，书籍 365
completeness，完备性 357
dimensions，维度 357，361
effectiveness，有效性 358
efficiency，效率 358
evaluation，评价 356
factors affecting，影响因素 362
impact，影响 361
improvement，改进 358，361
measures，度量 360，361
methodology，方法 362
method，方法 361
prioritization，优先级 357
problems，问题 358
standards，标准 358
Health Level 7，健康层次 7 359

Healthcare Domain Characteristic，医疗领域特征　353
Healthcare Information System，医疗信息系统　301
Health Information，健康信息
　　scopes，场合　356
Heterogeneity，异构性　7
　　conflict，冲突　254
　　schema，模式　243
　　technological，技术　243
HL7，参见 Health Level 7
Human Intelligence Task，人类智能任务　214
Human Vision System，人类视觉系统　105
Hunt，狩猎　269

ICD，参见 International Classification of Diseases
Ideal Relation，理想关系　139
Idempotence，幂等性　218
Identifiability，可识别性　99
Identifier Attribute，标识属性　139
Image，图像
　　aesthetics，美学　101
　　blockiness，块效应　107
　　blurriness，模糊度　107
　　color accuracy，色彩精度　99
　　color balance，色彩平衡　100
　　colorfulness，艳丽度　107
　　color gamut，色域　99
　　color saturation，颜色饱和度　100
　　completeness，完备性　103
　　compression，压缩　100
　　content，内容　101，105
　　contrast，对比　100
　　contrast sensitivity，对比灵敏度　100
　　dynamic range，动态范围　99
　　fidelity，保真度　100，106，108，111，113，114

geometric distortion，几何失真 99
luminance sensitivity，亮度灵敏度 100
naturalness，逼真度 100-102，111
noise，噪声 99，107
prediction accuracy，预测准确性 109
prediction consistency，预测一致性 109
prediction monotonicity，预测单调性 109
quantization noise，量化噪声 107
semantic content，语义内容 102
sharpness，锐度 99，107
spatial resolution，空间分辨率 99
texture masking，纹理掩蔽 100
usefulness，有用性 100，111
zipper，锯齿感 107
Image Metadata，图像元数据 110，114
administrative，管理 114
descriptive，描述 114
structural，结构 114
technical，技术 114
Image Quality，图像质量 98，99，104，105，110，115
approach（es），方法 104，117
assessment，评价 104，105，109，112，114，115，116
definition，定义 98
dimension，维度 99
direct assessment，直接评价 109
indirect assessment，间接评价 109
metrics，指标 105-107，109，112，116
modeling，建模 100
objective，客观 104，106，109
subjective，主观 104，105，109，114
Imaging Industry Association，成像行业协会 109
Implementation Cost，实现成本 288
Improvement Process，改进过程 314，346
Imputation，插补 31，147

Inaccuracy，不准确　33，75，85
Inclination，倾向　275
Inclusion Dependency，包含依赖　30
Incompleteness，不完备性　140
　relation incompleteness，关系不完备性　141
Incomplete Representation，不完备表示　32
Inconsistency，不一致性　33
Incremental Linkage，增量链接　223
Indirect Cost，间接成本　280
Inductive Learning Technique，归纳学习技术　180
Information，信息　269
Information As A Service，信息即服务　277
Information Base，信息库　310
Information Capacity，信息容量　289，290
Information Diversity，信息多样性　302
Information-driven Strategy，信息驱动策略　311
Information Flow，信息流　130，132，310
　input，输入　130
　internal，内部　130
　output，输出　130
Information Gain，信息增益　241
Information Integration Technology，信息集成技术　290
Information Item，信息项
　logical，逻辑　131
　physical，物理　131
Information Longevity，信息寿命　302
Information on IQ，IQ 信息　296
Information Overload，信息过载　302，303
Information Owner，信息所有者　13
Information Processing，信息处理　281
Information Product，信息产品　6，127
Information Product Map，信息生产地图　127
Information Quality，信息质量　4
Information Quality Activity，信息质量活动　10，135，153，311

cost optimization，成本优化　136，137
cost and benefit classification，成本和收益分类　137
cost-benefit analysis，成本收益分析　137
cost trade-offs，成本权衡　137
data-driven，数据驱动　343
data Integration，数据集成　136
deduplication，去重　156
duplicate identification，重复识别　156
error correction，错误修正　136，146，147，336
error detection，错误检测　136
error localization，错误定位　136，146
instance conflict resolution，实例冲突消解　136
new data acquisition，新数据获取　137，147
new information acquisition，新信息获取　135
normalization，规范化　135
object identification，对象识别　136，153，156，336，338
process-driven，流程驱动　343
quality composition，质量合成　136，137
quality-driven query answering，质量驱动的查询应答　136
record linkage，记录链接　136，156
schema cleaning，模式清洗　136
schema matching，模式匹配　136
schema profiling，模式剖析　136
schema reconciliation，模式协调　159
source trustworthiness，数据源可信赖性　136，137
standardization，标准化　135，137
Information Quality Criteria，信息质量标准　248
Information Quality Dimension，信息质量维度　45
Information Quality Improvement Process，信息质量改进过程　11，311
Information Quality Measurement Process，信息质量测量过程　11，311
Information Quality Methodology，信息质量方法　309
Information Quality Project，信息质量项目　285
Information Quantity，信息量　301，303
Information Repetitiveness，信息重复性　302

Information Schema，信息模式 131
Information Scrapand Rework，信息废品与返工 279
Information Source，信息源
  human-sourced，人为产生 381
  machine generated，机器生成 381
  process-mediated，流程产生 381
Information System，信息系统 7
  cooperative，协作 130
  distributed，分布式 8
  management，管理 130
  monolithic，孤立 8
Information Usage Cost，信息使用成本 281
Information Utility，信息效用 270，272，290
Information Value，信息价值 272，290
Informative Service，信息服务 269，277
Input Information Flow，输入信息流 130
Input Time，输入时间 23，88
Instance Conflict Resolution，实例冲突消解 136
Instance Inconsistency Assumption，实例不一致假设 251
Instance-level Conflict，实例层冲突 253
Instance-level Conflict Resolution，实例层冲突消解 243，253
Instance-level Heterogeneity，实例层异构性 243
Intangible Benefit，无形收益 335
Integer Programming，整数规划 148，285
Integrity，完整性 3，44
Integrity Constraint，完整性约束 29，158，266
  domain constraint，域约束 30
  interrelation constraint，关系间约束 30
  intrarelation constraint，关系内约束 30
  key-foreign key，键-外键 156
Intelligence Density，智能密度 301
Intelligent Enterprise，智能企业 301
Intension，内涵 17
Intensional Knowledge，内涵知识 290

Interaction Model，交互模型 128
Internal Information Flow，内部信息流 130
International Classification of Diseases，国际疾病分类 360
International Color Consortium，国际色彩联盟 115
International Society for Quality in Health Care，国际健康护理质量协会 358
Internet Data，互联网数据 387
Interoperability，互操作性 83，84，96
  physical，物理 2
  semantic，语义 2
Interrelation Constraint，关系间约束 30
Intersection，交 138
Interval Scale，区间标度 291
Intra-organizational Process，组织内部流程 130
Intrarelation Constraint，关系内约束 30
Intrinsic Dataset Value，内在数据集价值 273
Intrinsic Tuple Value，内在元组价值 272
Intrinsic Value，内在价值 272
Intuitive Approach for Dimensions，直觉方法 32，34
IP-MAP，信息产品地图模型 127，270
IP-MAP Construct Block，IP-MAP 构造块
  business boundary，业务边界 127
  customer，客户 127
  data quality，数据质量 127
  data storage，数据存储 127
  decision，决策 127
  information system boundary，信息系统边界 127
  processing，处理 127
  source，源 127
IP-UML，IP-UML 模型 129，322
  data analysis model，数据分析模型 129
  data quality profile，数据质量廓面 129
  intrinsic information quality category，固有信息质量类别 129
  quality analysis model，质量分析模型 129
  quality association，质量关联 129

quality data class，质量数据类 129
quality design model，质量设计模型 130
quality requirement，质量需求 129
stereotyped activity，版型化活动 130
stereotyped actors，版型化参与者 130
stereotyped dependency relationships，版型化依赖关系 130
Istat，（意大利）国家统计局 387
Istat Methodology，Istat 方法 327，334
Item based Distance Function，基于词项的距离函数 160

Jaccard Distance，Jaccard 距离 162
Jagged Motion，锯齿运动 115
Jaro Algorithm，Jaro 算法 160
Jaro String Comparator，Jaro 字符串比较器 161
Join，连接 138，258
Joint Commission，联合委员会 358
Joint Frequency Distribution，联合频率分布 148

k-Anonimity，*k*-匿名 240
Key，键 40，155
Key Conflict，键冲突 254
Key Dependency，键依赖 30
Knowledge Base，知识库 14
Knowledge Reasoning，知识推理 14
Knowledge Representation，知识表示 14
k-partite Graph Clustering Problem，*k*-部图聚类问题 216

Labeled Data，标记数据 158
Labor，劳动 269
Last Update Metadata，最近更新元数据 23，88
LAV Mapping，LAV 映射 267
Law Text，法律文本 45
accessibility，可访问性 71
accuracy，准确性 67，71
ambiguity，模糊性 68

clarity，明晰性　69，71
coherence，连贯性　71
conciseness，简洁性　69
consistency，一致性　71
formality，正式性　71
global quality index，全局质量指数　71
legal framework accessibility，法律框架可访问性　70
referential accuracy，引用准确性　70
rhetorical care，修辞性　71
simplicity，简单性　69
specificity，特异性　71
vagueness，含糊　71
Learning，学习
supervised，有监督　158
unsupervised，无监督　158
Left Outer Join Merge，左外连接合并　139，144
Legal Framework，法律框架　70
Legal Framework Accessibility，法律框架可访问性　70
Level of Abstraction，抽象层次　51
Level of Integration，整合层次　282
Lexicon，词汇　53
Licensing，许可　92
Life Sciences，生命科学　10，12
Lineage，溯源　372
Linguistic Perspective，语言视角　45
Linkability，可链接性　93，96
Linked Data，链接数据　75，76，78，80，83-89，91-93，97
accessibility，可访问性　92，96
accuracy，准确性　85，86
availability，可用性　93
completeness，完备性　89，96
conciseness，简洁性　90
consistency，一致性　94
currency，流通性　87

extensional conciseness，外延简洁性　90
initiative，行动　372
intensional conciseness，内涵简洁性　90
interoperability，互操作性　94，96
licensing，许可　92
linkability，可链接性　93，96
linkability completeness，可链接完备性　89
population completeness，总体完备性　89
principles，原理　83
property completeness，属性完备性　89
relevancy，切题性　90
representational conciseness，表征简洁性　91，96
schema completeness，模式完备性　89
semantic accuracy，语义准确性 86，96
syntactic，语法　86
syntactic accuracy，语法准确性　86
timeliness，合时性　88，96
understandability，易懂性　91
Local Coreference，局部互参　61
Location-based Matching，基于位置的匹配　230
Location-based Service，基于位置的服务　233
Logical Information Item，逻辑信息项　131
Logical Schema，逻辑模式　17，118
Long-term-changing Information，非频繁变化信息　7
Loss and Missed Opportunity Costs，丧失或错失机会成本　279
Luminance Sensitivity，亮度敏感度　100
Machine Learning，机器学习　167，387
Supervised Learning，监督学习　168
Macroprocess，宏流程　309，333
Macroprocess/Norm-Service-Process Matrix，宏流程/规约-服务-流程矩阵　333
Macroprocess Quality，宏流程质量　310
Management，管理学　4
Management Information System，管理信息系统　14
Management Information Systems Model，管理信息系统模型　130

Manifesto of Cooperative Information Systems，协作信息系统宣言　9
Manipulation Language，操作语言　118
Manufacturing，制造　269
Map，地图　45，46，233
　　absolute positional accuracy，绝对位置准确性　49
　　accuracy，准确性　48，51，229，233
　　completeness，完备性　51
　　consistency，一致性　51
　　correctness，正确性　51
　　geometric consistency，几何一致性　51
　　geometrical characteristic，几何特征　47
　　level of abstraction，抽象层次　51
　　precision，精度　51
　　relative positional accuracy，相对位置准确性　49
　　resolution，分辨率　51
　　thematic accuracy，主题准确性　51
　　topological consistency，拓扑一致性　51
　　topological primitive，拓扑学原语　47
Mapping Rule，映射规则　180
Mapping Rule Learner，映射规则学习器　180
Marginal Frequency Distribution，边缘频率分布　148
Marginal Value，边缘价值　283
Markup Language，标记语言　8
Master Image，母版图像　112
Match，匹配　165
Matching Accuracy，匹配准确性　233
Materialized Data Integration，物化数据集成　245
Matrix，矩阵
　　data/activity matrix，数据/活动矩阵　336，337，344
　　database/organization，数据库/组织　332，339
　　dataflow/organization，数据流/组织　332，339
　　macroprocess/norm-service-process，宏流程/规约-服务-流程　333
　　process/organization，流程/组织　333，340
Maximum A Posteriori Rule，最大后验法则　379

Maximum F-Measure，最大 F-Measure 190
Maximum Likelihood，最大期望 379
Maximum-likelihood Estimate，最大期望估计 378
Meaningless State，无意义状态 32
Mean Time Between Failures，平均故障时间 149
Mediator-wrapper Architecture，Mediator-wrapper 架构 245
Medical Informatics，医药信息学 357
Mental Model，心理模型 59
Metadata，元数据 122，127，261，302，305，379，382
    frequency-driven usage，频率驱动使用 305
    last update metadata，最近更新元数据 23，88
    value driven usage，价值驱动使用 305
Metaschema，元模式 131
Methodological Phase，方法的阶段 315
    assessment，评估 314
Methodology，方法 1，10，11
    assessment，评价 311，328，329
    CDQM methodology，cdqm 方法 331
    benchmarking，基准测试 329
    general-purpose，通用 311
    istat methodology，istat 方法 327
    special purpose methodology，专用方法 312
    TDQM methodology，tdqm 方法 322
    TIQM methodology，tiqm 方法 324
    TQdM methodology，tqdm 方法 369
Metric，指标 17，87，89，90，93，94，181
    effectiveness，有效性 182
    efficiency，效率 182
    false negative percentage，假阴率 182
    false positive percentage，假阳率 182
    harmonic mean，调和平均 182
    precision，准确率 182，184
    recall，召回率 182，184
Microeconomic Model，微观经济模型 288

Middleware，中间件　8
Minimality，最小性　18，39
Minimum Change Principle，最小改变原则　147
Minimum Description Length Principle，最小描述长度原理　195
Mismember Tuple，误分组元组　139
Mixture Model，混合模型　376
Mobile Device，移动设备　386
Model，模型　1，10，118
　　data nodel，数据模型　133
　　management information systems model，管理信息系统模型　130
　　process model，流程模型　133
Monolithic Information System，孤立信息系统　8
m-probabilities，*m*-概率　165，167
Multi-attribute Decision Making Method，多属性决策方法　251
Multidimensional Cube，多维立方体　132
Multidimensional Database Model，多维数据库模型　132
Multiplicity Effect，多重效应　192

Naive Bayes，朴素贝叶斯　388
National Statistical Institute，国家统计局　386
Naturalness，逼真度　100-102，111
Nested Join，嵌套连接　259
Net Benefit，净收益　286-288
Net Utility，净效用　291
Neural Network，神经网络　388
New Data Acquisition，新数据获取　137，147
New Information Acquisition，新信息获取　137
Noise，噪声　99，107，383，387
Non Identifier Attribute，非标识属性　139
Unmatch，不匹配　165
No Reference，无参照　106-108，113
　　blockiness，块效应　107
　　blurriness，模糊度　107
　　colorfulness，艳丽度　107

noise，噪声　107
quantization noise，量化噪声　107
sharpness，锐度　107
zipper，锯齿感　107
Norm，规约　333
Normalization，规范化　39，135，136，291
Normalized Entity Relationship Schema，规范 ER 模式　40
Norme In Rete，规范网络　70
Null Value，空值　24，263

Object，对象　373
Object Identification，对象识别　136，153，156，313，338，376
Quality，质量　189
time aware technique，时间感知技术　379
Object Identification Activity，对象识别活动　336
choice of comparison function，比较函数选择　157，181
comparison-decision，比较决策　157，181
decision method，决策方法　183
human interaction，人的交互　183
input，输入　183
metrics，指标　185
objective，目标　183
output，输出　183
selection/construction of a representative，代表的选择/构建　183
size of data，数据规模　185
types of data，数据类型　185
preprocessing，预处理　157
quality assessment，质量评价　157
searching method，搜索方法　182
blocking，分块　182
pruning，剪枝　182
search space reduction，搜索空间约简　159，174，181
blocking，分块　159，175
filtering，过滤　159

hashing，哈希　159
pruning，剪枝　160
sorted neighborhood，近邻排序　159
Object Identification Problem，对象识别问题　20，154
Object Identification Technique，对象识别技术　162，256
bridging file，桥接文件　176
cost based，基于成本的　163，168，183
empirical，经验　169，182，183
Fellegi and Sunter model，fellegi&sunter 模型　183
knowledge-based，基于知识的　176，183
1-1 matching，1-1 匹配　176
priority queue algorithm，优先级队列算法　172，186
priority queue method，优先级队列方法　184
probabilistic，概率　163，183
sorted neighborhood，排序近邻　182
sorted neighborhood method，排序近邻方法　170，185，186
incremental，增量的　171
multi-pass approach，多通道方法　171
Objectivity，客观性　3
Office of Management and Budget，管理与预算办公室　3
Official Statistics，官方统计　386
One Sided Nearest-neighbor Join，单侧最近邻连接　230
Open Data，开放数据　372
Open World Assumption，开放世界假设　24，85，139，140，144
Operating System，操作系统　8
Operational Process，操作流程　130
Operation Deficiency，运行缺陷　32
Organization，组织　130，132，309
consumer，消费者　130
fusion，融合　2
model，模型　128
producer，生产者　130
Organizational Activity，组织行动　285
Orthoimage，正射影像　233

Outlier，离群值　150，184
　　distributional，散布　150
　　time series，时间序列　151
Output Information Flow，输出信息流　130

Pairs Completeness，对完备性　190，193
Participatory Sensing，参与式传感　386
Patient Safety，患者安全　359
Pay-as-you-go Approach，即付即用的方法　218
Perceptual Perspective，感知视角　46
Perceived Utility，认知效用　302
Personal Data Registry，个人数据登记处　137
Personal Health Record，个人健康记录　355
Personalty Judgment，人格判断　301
Pertinence，针对性　18，39
Perturbation Theory，摄动理论　378
Physical Information Item，物理信息项　131，132
Physical Interoperability，物理互操作性　2
Point，点　230
Polygen Algebra，Polygen 代数　121
Polygen Model，Polygen 模型　21
Polygen Relation，Polygen 关系　121
Polyinstance，聚实例　252
Polyline，折线　231
Population Completeness，总体完备性　24
Possible Match，可能匹配　157，165
Pragmatics，语用　53
Precision，准确率　18，181，184，190，222，384，388
Precision-recall Break-even Point，准确率-召回率相抵点　191
Precision-recall Graph，准确率-召回率图　190，192
Prediction Consistency，预测一致性　109
Prediction Monotonicity，预测单调性　109
Price，代价　248
Prime-representative Record，主要代表记录　171

Prior Knowledge，先验知识 377
Privacy Preserving Object Identification，隐私保护对象识别 238
Probability Density Function，概率密度函数 276，378
Problem，问题 335
Problem Comprehension，问题理解 297
Problem-solving Accuracy，解决问题的准确性 299
Process，流程 130，132，333
  as-is，现有 335
  decisional process，决策流程 130
  intra-organizational process，组织间流程 130
  operational process，操作流程 130
  to-be，目标 336
Process Control，流程控制 312，314
process driven strategy，流程驱动策略 312，314
  business process reengineering，业务流程再造 313，345
  process control，流程控制 312，314
  process redesign，流程重新设计 313，314
Process Failure Cost，流程失败成本 279
Process Metadata，流程元数据 297
Process Model，流程模型 133
Process/Organization Matrix，流程/组织矩阵 333，340
Process Quality，流程质量 270，271，310
Process Redesign，流程重新设计 313，314
Producer，生产者 130
Production Factor，生产要素 269
Programming Language，编程语言 8
Project，投影 121
Projection，投影 138
Property of Metric，指标特性
  adaptivity，适应性 292
  aggregation，聚合 292
  feasibility，可行性 292
  interpretability，可解释性 292
  interval scale，区间标度 291

normalization，规范性 291
Propositional Density，命题密度 57
PROV Family of Documents，PROV 系列文档 375
Provenance，溯源 122，372，373
agent-centered，以代理为中心的 373
database，数据库 372
model，模型 372
object-centered，以对象为中心的 373
process-centered，以流程为中心的 373
workflow，工作流 372
Pruning，剪枝 248
Public Administration，公共管理
accident insurance agency，意外保险机构 339，344
central agencies，中央机构 327
district，特区 327
local agencies，地方机构 327
municipality，市 327
peripheral agencies，外围机构 327
province，省 327
region，地区 327
social security agency，社会保障机构 339，344
Publish&Subscribe，发布/订阅 290

QAC Model，QAC 模型 101
aesthetic，美学 101
content，内容 101，102
Quality，质量
association function，关联函数 125
attribute model，属性模型 120
class，类 125
composition，合成 136，137
correspondence assertion，一致断言 248
cube，立方体 132
demand profile，需求方廓面 131

current，当前 285
indicator，指示器 120
macroprocesses，宏流程 310
processes，流程 310
profile，廓面 132
required，期望 285
service，服务 310
target，目标 285
Quality-driven Query Answering，质量驱动的查询应答 136
Quality-driven Query Planning，质量驱动的查询计划 247
Quality-driven Query Processing，质量驱动的查询处理 243
Quality of Context，上下文质量 383
Quality of Context Parameter，QoC 参数 384
domain specific，领域相关 384
generic，一般 384
Quality of Schema，模式质量 17
Quality of Schema Dimension，模式维度质量 37
Quality Offer Profile，质量提供方廓面 130
Quality Schema，质量模式 125，131
Quality Selector，质量选择器 126
Quasi-identifier，准标识符 240
Query Correspondence Assertions，查询一致断言 248
Query Language，查询语言 118
Query Model，查询模型 258
Query Time Conflicts，查询时冲突 256
Questionnaire Schema，问卷模式 31

Raster Geospatial Representation，光栅地理空间表示 229
Raster Map，栅格地图 233
Raw Data Item，原始数据项 6
RDF Schema，RDF 模式 76，79，95
Readability，可读性 18，55，56，57，60，62-64，69，76，86，297
Readability Cluster，可读性类簇 8
Realistic Accuracy，现实准确性 301

Real Relation，真实关系　139
Recall，召回率　181，184，190，222
Receptor，接收器　385
Receptor Data，接收器数据　385
Record，记录　18，154，163
　　linkage，链接　136，154，156
　　prime-representative，主要代表　171
Record-aware Blocking，记录感知分块　241
Reduced Reference，部分参照　106，108，113
　　features，特征　108
Reduction Ratio，约简率　189
Redundancy，冗余　18，76，86，380
　　cluster，类簇　18
　　data items，数据项　380
　　objects，对象　380
　　spatial，空间　386
　　temporal，时间　386
Reference Relation，参照关系　25，139，144
Referential Constraint，参照约束　30
Registry，登记处
　　accident insurance，意外保险　137，344
　　chambers of commerce，商会　343
　　civil status，公民身份　137
　　personal data，个人数据　137
　　social insurance，社会保险　137
　　social security，社会保险　344
　　tax payers，纳税人　137
Relation，关系　18，154
　　accuracy，准确性　142
　　completeness，完备性　25，138
Relational Algebra，关系代数　251
Relational Algebra Operator，关系代数运算
　　cartesian product，笛卡儿积　121，138
　　difference，差　121

full outer join，全外连接 139
full outer join merge，全外连接合并 139，144
intersection，交 138
join，连接 138
left outer join merge，左外连接合并 139，144
projection，投影 122，138
restrict，限定 122
right outer join merge，右外连接合并 139
selection，选择 138
union，并 122，138
Relational Hierarchy，关系分级结构 173
Relational Model，关系模型 118，138
Relational Operator，关系运算
extended cartesian product，扩展的笛卡儿积 252
Relational Table，关系表 18
Relationship，关系 132
Relative Deviation，相对偏差 151
Relative Information Gain，相对信息增益 241
Relevance，切题性 18，282，296，301
Relevancy，切题性 90，96，298，301
Reliability，可靠性 19，33，282，296，369，371，385，389
Representational Conciseness，表征简洁性 91，96
Representativeness，代表性 386
Representativity，代表性 218
Reputation，信誉度 19，248，371
Requirements，需求 118
Resolution Function，分辨函数 139，257
Resource，资源 270，273
finance，资金 270
human resource，人力资源 270
information，信息 270
logistics，后勤 270
Resource Description Framework，资源描述框架 76-79，81-85，91，95，96
RDF graph，rdf 图 78，79，80-82

RDF triple，rdf 三元组　78，79，82，93
Restrict，限定　121
Reverse Query Approach，逆查询方法　123
Rhetoric，修辞　53
Rhetorical Structure，修辞结构　59
Rhetoric Structure Theory，修辞结构理论　57
Right Outer Join Merge，右外连接合并　139
ROC Curve，ROC 曲线　191
ROC Graph，ROC 图　191
Rule，规则　177，178
duplicate identification，重复识别　178
merge-purge，合并-消除　178
Rule Learning Problem，规则学习问题　195
Scalability，可伸缩性　192
Scene Gap，场景差距　110
Schema Cleaning，模式清洗　136
Schema Completeness，模式完备性　24
Schema Consistency Assumption，模式一致性假设　251
Schema Heterogeneity，模式异构性　243
Schema-less Approach，无模式方法　85
Schema Level Conflict，模式层冲突　253
Schema Matching，模式匹配　136
Schema Profiling，模式剖析　136
Search Space，搜索空间　157
Search Space Reduction，搜索空间约简　174，181，196
Secure Multi-party Computation，安全多方计算　239
Secure Multi-party Computation Protocol，安全多方计算协议　241
Security，安全性　3，301
Segment of Users，用户部门　309
Selection，选择　138
Selectivity，选择性　386
Semantic Conflicts，语义冲突　254
Semantic Content，语义内容　102

Semantic Interoperability，语义理解　2
Semantics，语义学　53
Semantic Web，语义 Web　366，372
Semistructured Data Model，半结构化数据模型　250，253，261
Semistructured Information，半结构化信息　118
Semi-structured Text，半结构化文本　45
　　closer-to-situation model level comprehension，亲场景模型层理解　62
　　closer-to-text base comprehension，亲文本库理解　62
　　coherence，连贯性　60，61
　　cohesion，内聚性　60
　　comprehensibility，可理解性　56，60
　　comprehension，理解　56
　　consistency，一致性　64
　　coreferential text cohesion，互参文本内聚性　61
　　correctness，正确性　65
　　correspondence，相符性　64
　　cultural accessibility，文化可访问性　60，64
　　global cohesion，全局内聚性　60
　　lexical accuracy，词汇准确性　54
　　lexical cohesion，词汇内聚性　60
　　local cohesion，局部内聚性　60
　　logical coherence，逻辑连贯性　57
　　non lexical cohesion，非词汇内聚性　60
　　propositional density，命题密度　57
　　readability，可读性　55，56，57，60，62-64
　　reference accuracy，引用准确性　68
　　referential cohesion，参照内聚性　61
　　syntactic accuracy，句法准确性　54
　　unambiguity，无歧义性　68
Sensitive Data，敏感数据　353
Sensitivity，敏感性　190，388
Sensitivity Analysis，敏感性分析　388
Sensor，传感器　382
　　accuracy，准确性　383

alpha consistency，阿尔法一致性 384
completeness，完备性 384
consistency，一致性 383
data，数据 382
failure，失效 383
frequency consistency，频率一致性 383
hop consistency，跳一致性 384
network，网络 382
node，节点 383
numerical consistency，数值一致性 383
partial consistency，部分一致性 384
precision，准确率 384
representation consistency，表示一致性 384
spatial consistency，空间一致性 386
spatial redundancy，空间冗余度 386
strict consistency，严格一致性 384
temporal consistency，时间一致性 383，386
temporal redundancy，时间冗余度 386
trustworthiness，可信赖性 384
up-to-dateness，保鲜 383，384
Sentence，句子 53
Service，服务 269，309，333
Service Quality，服务质量 309
Set Covering Problem，集合覆盖问题 148
Set of Edit Rules，编辑规则集合 146
consistent，一致 147
non redundant，非冗余 147
valid，有效 147
Set Relationship，集合关系
containement，包含 139
disjointness，不相交 139
independence，独立 139
quantified overlap，量化重叠 139
Sharpness，锐度 99，107

Similarity Function，相似度函数
co-occurrence，共现 173
Similarity Measure，相似度度量
co-occurrence，共现 173
textual，文本 173
Similarity Score，相似度分值 180
Simple Additive Weighting Method，简单求和赋权方法 249
Simple Blocking，简单分块 241
Simplicity，简易性 18，69
Situation Model，环境模型 59
Size of A Relation，关系大小 25
Sliding Window，滑动窗口 186
Smoothing Window，平滑窗口 385
SNOMED，参见 Systematized Nomenclature of Medicine
Social Insurance Registry，社会保险登记处 137
Social Media Data，社交媒体数据 382
Social Network，社交网络 386
Soundex Code，Soundex 编码 160
Soundness，完好性 140
Sound View，完好视图 266
Source Schema，数据源模式 265
Source Accuracy，源准确性 380
Source Selection，数据源选择 336
Source-Specific Criteria，数据源专用标准 248
Source Trustworthiness，数据源可信赖性 136，137
Space，空间 46
Sparsity Source，稀疏性源 387
SPARQL，简单协议与 RDF 查询语言 76，77，81，82，92，93，96
SPARQL endpoint，sparql 端点 82，93，96
Spatial Resolution，空间分辨率 99
Special Purpose Methodology，专用方法 312
Specificity，特异性 71，388
SQL，结构化查询语言 258
SQL Operator，SQL 运算

group by，分组 258，263
join，连接 258
nested join，嵌套连接 259
Stable Information，稳定信息 7
Standardization，标准化 135，137，187，194
Star Schema，星型模式 132，156
Statistics，统计学 4，13
Strategy，策略
information-driven，信息驱动 311
process-driven，流程驱动 311，312
Strategy for Conflict Resolution，冲突消解策略
HighConfidence，HighConfidence 策略 260，264
PossibleAtAll，PossibleAtAll 策略 260，264
RandomEvidence，RandomEvidence 策略 260，264
Stringbased Distance Function，基于字符串的距离函数 160
Structural Completeness，结构完备性 273
Structural Conflict，结构冲突 254
Structured Data，结构化数据
accuracy，准确性 18，138，140，142，143，159，167，171，243，271，312，336，338，341-343
attribute accuracy，属性准确性 21
attribute completeness，属性完备性 25
completeness，完备性 24，138-140，142-144，146，148，243，270，312，313，323，336，341
consistency，一致性 29，146，243，271
currency，流通性 22，23，180，243，270，312，313，334，338，341
database accuracy，数据库准确性 21
population completeness，总体完备性 24
readability，可读性 41
relation accuracy，关系准确性 21，142
relation completeness，关系完备性 26，139，141，142
schema compactness，模式紧凑性 43
schema completeness，模式完备性 24，39
schema correctnesswith respect to requirements，相对于需求的模式正确性 39

schema correctnesswith respect to the model，相对于模型的模式正确性 38
schema minimality，模式最小性 39
schema normalization，模式规范性 39
schema pertinence，模式针对性 39
semantic accuracy，语义准确性 19
strong accuracy error，强准确性误差 22
syntactic accuracy，语法准确性 19
timeliness，合时性 22，323
tuple accuracy，元组准确性 142
tuple completeness，元组完备性 25，139
value completeness，值完备性 25，139
weak accuracy error，弱准确性误差 22
Structured File，结构化文件 18
Subjective Evaluation，主观评估 329
Subjective Method，主观方法
mean opinion score，平均意见分数 109
single stimulus，单一刺激 105
stimulus comparison，刺激比较 105
Superkey，超键 40
Supervised Learning，监督学习 158，168
Support Vector Machine，支持向量机 388
Surface Code，表层编码 59
Survey Accuracy，调查准确性 389
Syllable Alignment Pattern Searching，音节对齐模式搜索 228
Syntax，句法 53
Systematized Nomenclature of Medicine，医学系统命名法 359

Table，表 18
Task Complexity，任务复杂度 298
Tax Payers Registry，纳税人登记处 137
TDQM Methodology，TDQM 方法 321，322
Technical Perspective，技术视角 274，287
Technique，技术 1，10，11，13，14，16，122，133-137，152，308，309，
311，313，326，327，328，329，330，336，337，342，

345，351
domain dependent，领域相关 158
domain independent，领域无关 158
empirical，经验 158
instance conflict resolution，实例冲突消解 253
knowledge-based，基于知识 158
object identification，对象识别 155，162，256
probabilistic，概率 158
Technique for Instance-Level Conflict Resolution，实例层冲突消解技术
OO_{RA}，OO_{RA} 技术 256，263，264
Aurora，Aurora 技术 256，259，264
DaQuinCIS，DaQuinCIS 技术 256，260，265
FraSQL-based，基于 FraSQL 的技术 256，262
Fusionplex，Fusionplex 技术 256，260，264
SQL-based，基于 SQL 的技术 265
SQL-based conflict resolution，基于 SQL 的冲突消解技术 256，258
Technological Heterogeneity，技术异构性 243
Television Model，电视模型 116
Temporal Clustering Algorithm，时间聚类算法 379
Text，文本 53
Text Comprehension，文本理解 56，62
health domain，医疗领域 63
Text Equivalent Content，文本等价内容 29
Texture Masking，纹理掩蔽 100，105
Theoretical Approachfor Dimensions，理论方法 32
Threshold，阈值 183
Thumbnail Images，缩略图像 112
Time，时间 46
Time Related Dimension，时间相关维度 35
Time Series Outliers，时间序列离群值 151
Timeliness，合时性 22，33，37，88，89，96，248，271，285，292，293，295，301，323
TIQM Methodology，TIQM 方法 324，325
To-be Process，目标流程 336

Token Frequency-Inverse Document Frequency，记号频率-逆文档频率 162
Tolerance Strategies，容忍策略 258
Tool，工具 326，328，329，336，337
commercial，商用 336
open source，开源 336
Topological Primitive，拓扑学原语 47
Topological Space，拓扑空间 46
Topology，拓扑 46
Toponym Ontology，地名本体 237
TQdM，全面质量数据方法 369
Transitive Closure，传递闭包 170，178
Transmission Error，传输错误 115
Transposed Character，调换字符 161
Tree Traversal，树遍历 158，174
Threshold，阈值 165
Triple，三元组 77
True Match，真匹配 181
True Negative，真阴 181，190
True Unmatch，真不匹配 181
True Positive，真阳 181，190
Truncated Data，截断数据 149
Trust，信任 19，367
Trust Cluster，信任类簇 19
Trustworthiness，可信赖性 13，122，155，367-369，384
Tuple，元组 154
accuracy，准确性 141，142
completeness，完备性 25，138
mismembership，误分组率 141
value scaling factor，价值比例因子 272
Type of Data，数据类型
administrative data，行政管理数据 155
aggregated data，聚合数据 7
complex structured data，复杂结构化数据 155，158，163
component data item，组件数据项 6

dimensional hierarchy of relations，关系的维度分级结构 173
elementary，基础 7
federated，联邦 7
information product，信息产品 6
raw data item，原始数据项 6
relational hierarchy，关系分级结构 173，183
semistructured，半结构化 158，175
simple structured，简单结构化 155
unlabeled，未标记 168
xml data，xml 数据 175，183
Type of Information，信息类型 5
frequently-changing，频繁变化 7
long-term-changing，非频繁变化 7
semistructured，半结构化 155
stable，稳定 7
Type of Information System，信息系统类型 5，7
cooperative，协同 9
data warehouse，数据仓库 8
distributed，分布式 8
monolithic，孤立 8
UML，统一建模语言
activity diagram，活动图 130
class，类 129
model element，模型元素 129
object flow diagram，对象流图 130
profile，廓面 129
relationship，关系 129
specification，规范 129
stereotype，版型 129
tag definition，标签定义 129
tagged value，标签值 129
Understandability，易懂性 91，282
Unfolding，展开 250
Union，并 122，138

Union-Find Data Structure，合并-查找数据结构　172
　　find，查找　172
　　union，合并　172
Universal Relation，通用关系　139
Unlabeled Data，未标记数据　158
Unstructured Information，非结构化信息　388
Unsupervised Learning，无监督学习　158
U-Probabilities，u-概率　165，168
Up-to-dateness，保鲜　383，384
Usability，可用性　301
Usefulness，有用性　100，102，111
User，用户　334
User-Defined Aggregation，用户定义的聚合　262
User-Defined Grouping，用户定义的分组　262
　　context aware，上下文感知　262
　　context free，上下文无关　262
User-query Specific Criteria，用户查询专用标准　248
Utility，效用　3，270，271，274，276，277，282，285-288，294，302
　　driven measure，驱动度量　274
　　driven quality assessment，驱动质量评价　275
　　measure，度量　275
　　metric，指标　276
Utility-based Model，基于效用的模型　277
Utility/Cost Tradeoff，效用/成本均衡　277
Utility-Driven Information Quality，效用驱动信息质量　276
Utility-Driven Measurement，效用驱动度量　276

Vagueness，含糊　71
Validity，有效性　18，273，275
Value，价值　270，282-285，289，290，302
Value Completeness，值完备性　25，139
Value Driven Decision Making，价值驱动决策　304
Value Driven Usage Metadata，价值驱动使用元数据　305
Value of Information，信息价值　283，307

Variety，多样性 382
Vector Geospatial Representation，矢量地理空间表示 229
Vector Map，矢量地图 233
Velocity，速度 382
Verifiability，可证实度 370
Vertical Social Networking Site，垂直社交网站 353
Vestigial，残余 222
Vestigiality，残余性 222
Video，视频
  blurriness，模糊 115
  chrominance mismatch，色度失配 133
  color bleeding，渗色 115
  conferencing model，会议模型 116
  de-interlacing，去隔行 115
  domain conversion，域转换 115
  false edges，伪边缘 115
  flickering，闪烁 115
  frame rate conversion，帧速率转换 115
  jagged motion，锯齿运动 115
  transmission error，传输错误 115
Video Quality，视频质量 115
  expert group，专家组 115
  motion-based video integrity evaluation，基于运动的视频完整性评估 116
  natural visual characteristics，自然视觉特性 116
  natural visual features，自然视觉特征 115
  video quality metric，视频质量指标
View，视图
  complete，完备 266
  exact，准确 266
  sound，完好 266
Virtual Data Integration，虚拟数据集成 9，245，255
Virtual Data Integration Technology，虚拟数据集成技术 290
Volatility，易变性 22，88，89，376
Volume，体量 382

Web Data，Web 数据　7，366
　　accuracy，准确性　380
　　consistency，一致性　380
　　entropy，熵　380
　　redundancy，冗余　380
　　redundancyon data items，数据项冗余　380
　　redundancyon objects，对象冗余　380
　　source accuracy，数据源准确性　368，380
　　trustworthiness，可信赖性　367
Web Information System，Web 信息系统　13
Web of Data，数据 Web　367
Web Ontology Language，Web 本体语言　76，79，81
Web Perspective，Web 视角　46
Web Scraping Technique，Web 爬取技术　388
Web Service，Web 服务　367
Weighted Additive Decision Making，加权求和决策　296
Where Provenance，出处溯源　122
Why Provenance，原因溯源　122
Window Size，窗口大小　182
Within Deviation，内偏离　151
Word，词　53
World Wide Web，万维网　10
World Wide Web Consortium，万维网联盟　28，78，81，84

XML，可扩展标记语言　70，155
　　data model，数据模型　126
　　document，文档　163
　　schema，模式　118，156
XQuery，XML 查询语言　126
XQuery Function，XQuery 函数　126

内容简介

本书对数据与信息质量相关的大量研究问题进行了系统介绍和对比研究，对数据库和信息系统中数据与信息质量的研究现状和发展趋势进行了充分、整体、全面的综述。

为此，本书全面介绍了数据与信息质量研究的大量核心技术，包括记录链接（也称为对象识别）、数据集成、错误定位与修正，并在原创的综合方法框架下对相关技术进行讨论。详细分析了质量维度定义和所采用的模型，突出并讨论了解决方案之间的差异。此外，在将数据与信息质量作为独立研究领域进行系统描述的同时，还涉及源自其他领域的理论框架，如概率论、统计数据分析、数据挖掘、知识表示和机器学习。同时，本书对非常实用的解决方案也进行了详细介绍，包括方法论、最有效技术的基准测试、案例研究以及示例。

本书主要针对数据库和信息管理领域或者自然科学领域的研究人员，可以为他们探究对实验、流程以及现实生活产生影响的数据与信息提供帮助。相关资料涵盖了所有的基础知识和领域主题，并且包含了硕士和博士研究生课程的内容，而不需要其他辅助教科书。当面对被数据质量问题困扰的系统时，那些需要对领域主题和实践方法进行系统梳理的数据和信息系统的管理人员，也可以从完善的理论体系和具体的实践方法的结合中获得收益。